Springer-Lehrbuch

Springer

Berlin
Heidelberg
New York
Barcelona
Budapest
Hong Kong
London
Mailand
Paris
Tokyo

Gerd Schulz

Regelungstechnik

Grundlagen, Analyse und Entwurf von Regelkreisen, rechnergestützte Methoden

Mit 288 Abbildungen

Springer

Professor Dr.-Ing. Gerd Schulz
Fachhochschule München
Fachbereich Elektrotechnik
Lothstraße 34
80335 München

ISBN-13: 978-3-540-59326-3 e-ISBN-13: 978-3-642-79783-5
DOI: 10.1007/978-3-642-79783-5

CIP-Eintrag beantragt

Satz: Reproduktionsfertige Vorlage des Autors
SPIN: 10470142 62/3020 - 5 4 3 2 1 0 - Gedruckt auf säurefreiem Papier

Vorwort

Dieses Buch wendet sich an den Studenten der Elektrotechnik und des Maschinenbaus in praktisch orientierten Studiengängen an Fachhochschulen und Hochschulen sowie an den in der Praxis tätigen Ingenieur. Die Regelungstechnik zählt bei den Studenten zu den schwierigen und „theoretischen" Studienfächern, die sie gern umgehen würden. Dies mag in der Vergangenheit eine gewisse Berechtigung gehabt haben. Heute jedoch stehen den Studenten und Ingenieuren eine Vielzahl von einfach anzuwendenden Reglerentwurfs- und Simulationsprogrammen zur Verfügung, die ohne großen Aufwand den Zugang zur Regelungstechnik wesentlich erleichtern können. Die effektive Anwendung des rechnergestützten Reglerentwurfs geht jedoch nicht ohne die Kenntnis der Grundlagen der Regelungstechnik. Dabei erleichtern nach Auffassung des Autors weder eine Überfrachtung mit „theoretischen" Lösungsansätzen noch eine allzu „Hardware-nahe" Betrachtung den richtigen Einstieg.

In diesem Buch erfolgt daher die Einführung in die Methoden der Regelungstechnik möglichst lange auf der Basis der in Anfangssemestern vermittelten Kenntnisse des Aufstellens und Lösens von Differentialgleichungen. Damit soll das Erlernen des regelungstechnischen Lehrstoffes ohne die gleichzeitige Einführung einer neuen Theorie, der Laplace-Transformation, gefördert werden. Auch die Untersuchung der Stabilität von Regelkreisen wird derart begonnen. Schrittweise wird dann, parallel zu den Differentialgleichungen, auf die Verwendung der Laplace-Transformation übergeleitet. Hierzu wird als Lernhilfe im Anhang eine mit vielen Beispielen versehene Zusammenfassung der wichtigsten Regeln der Laplace-Transformation angeboten. Bei der Darstellung der verschiedenen Methoden zur Untersuchung der Stabilität von Regelkreisen wird auf Anschaulichkeit Wert gelegt. Zur Erleichterung der Einarbeitung werden an drei typischen Anwendungen (Regelung von Temperaturregelstrecken, Drehzahlregelung eines Gleichstrommotors und Stabilisierung eines instabilen Stabes) an verschiedenen Stellen des Buches die erarbeiteten Methoden demonstriert. Zum Verstehen des Stoffes ist oft die Bearbeitung der zahlreichen Aufgaben (mit Lösungsangaben) erforderlich.

Der Schwerpunkt des Buches liegt bei der Behandlung der Methoden des Entwurfs linearer Regler. Dabei wird besonderer Wert auf eine Vereinheitlichung der Darstellung der Kriterien für den Reglerentwurf im Zeitbereich, Frequenzbereich und mit der Wurzelortskurve gelegt. Das Erkennen dieser Zusammenhänge soll das Gesamtverständnis für die Methoden der Regelungstechnik fördern. Der Leser soll verstehen, welche Auswirkung z.B. die Erfüllung einer Entwurfsanforderung im Frequenzbereich auf das Zeitverhalten des Einschwingvorgangs des Regelkreises hat und umgekehrt. Der Einsatz rechnergestützter Entwurfsmethoden erlaubt heute die schnelle Realisierung verschiedener Entwürfe und umso wichtiger ist daher das Erkennen der verbindenden regelungstechnischen Zusammenhänge. Einen Einblick in die mathematischen Ansätze, die in den Rechnerprogrammen zur Anwendung kommen, vermittelt ein separates Kapitel.

War man früher bei der Untersuchung nichtlinearer Regelvorgänge auf die Verwendung von Beschreibungsfunktion und Ortskurvenverfahren angewiesen, so erlauben die heutigen Simulationsprogramme die ausführliche Untersuchung dieser nichtlinearen Regelvorgänge auch im Zeitbereich. Die angesprochenen Analysemethoden werden vorgestellt und auch hier miteinander verglichen. Die Linearisierung nichtlinearer Vorgänge wird dabei am Beispiel des instabilen Stabes behandelt.

Bedankung

Vom Konzipieren eines derartigen Buches bis zum endgültigen Erstellen der Zeichnungen und des Textes ist ein langer Weg, der viel Verständnis von der Familie erfordert. Daher gilt mein besonderer Dank an erster Stelle meiner Frau, die dieses Vorhaben immer unterstützt hat und dabei tatkräftig mitgeholfen hat. Meine Kinder bitte ich um Verzeihung für die Zeit, die ich ihnen genommen habe.

Bei den Herren Prof. Dr. G. Dorn und Prof. Dr. H. Gieseler und Herrn Dipl.-Ing. W. Schwartz bedanke ich mich für das sorgfältige Korrekturlesen und die zahlreichen Verbesserungsvorschläge.

Seefeld-Hechendorf

Mai 1995 Gerd Schulz

Inhaltsverzeichnis

1 Einführung in die Regelung und Steuerung

Regelungen findet man heute auf vielen technischen und nichttechnischen Gebieten, angefangen von Regelungen in Haushaltsgeräten (Bügeleisen, Heizkissen, ...) über die Regelung in Fahrzeugen (Niveauregelung im Kfz., Kennfeldregelung, ...) bis hin zu Prozeßregelungen in industriellen Großanlagen, automatisch gesteuerten Produktionsabläufen, Energierückgewinnungsanlagen, Positions- und Lageregelung von Flugzeugen und Satelliten. Auch die Konstanthaltung der menschlichen Körpertemperatur oder die Beeinflußung des Wirtschaftswachstums durch politische Korrekturmaßnahmen sind Beispiele für Regelungsvorgänge in nichttechnischen Bereichen.

1.1 Einfache Regelungen

Es sollen zur Einführung zunächst einige einfache, technische Regelvorgänge betrachtet werden, die das Grundsätzliche einer Regelung erkennen lassen. Als erstes Beispiel für einen *langsamen Regelvorgang* wird die Regelung der Raumtemperatur in einem Wohnhaus betrachtet (siehe Abb. 1.1). Der im Keller befindliche Heizkessel wird z.B. mit einem Ölbrenner aufgeheizt und erwärmt das in den Rohrleitungen strömende Wasser. Über einen motorgetriebenen Mischer wird vor- und rücklaufendes Wasser gemischt und dem Heizkörper im Raum zugeführt. Die Wärmeabgabe an den Wohnraum geschieht durch Heizkörper des Raumes.

Bei der „einfachen Regelung“ wird nur die Innentemperatur ϑ_i des Raumes gemessen, und mit einem eingestellten Sollwert verglichen. Aus diesem Vergleichssignal bildet der Regler sein Steuersignal, mit dem der Stellmotor des Mischers angetrieben wird. Die mittlere Temperatur des Heizkessels wird dabei über einen Vorwahlschalter fest „von Hand“ eingestellt. Die zusätzliche Verwendung von Thermostatventilen an jedem Heizkörper ist außer Acht gelassen.

Eine „komfortablere Regelung“ enthält zusätzlich eine Messung der Außentemperatur ϑ_a. Über die Messung dieser Temperatur wird die Kesseltemperatur geregelt (gestrichelt gezeichnet). Die Einstellung der Kesseltemperatur „von Hand“ entfällt. Es liegen zwei mehr oder weniger voneinander abhängige Regelkreisläufe vor.

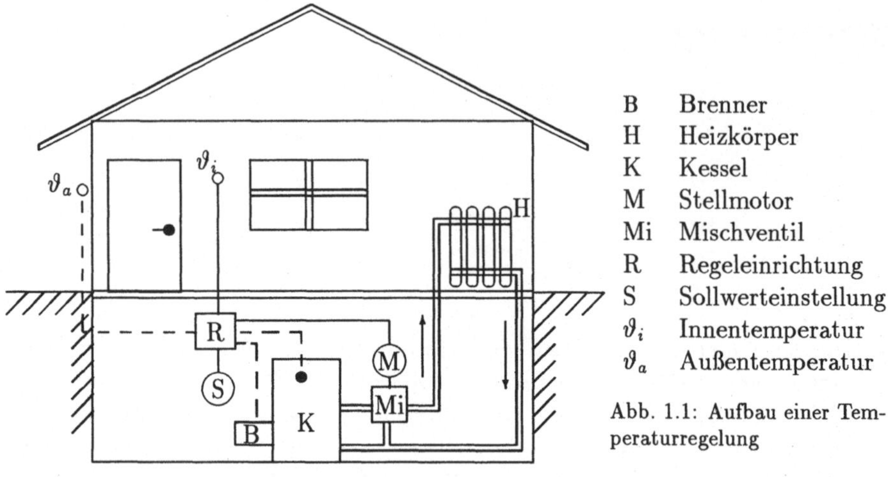

B Brenner
H Heizkörper
K Kessel
M Stellmotor
Mi Mischventil
R Regeleinrichtung
S Sollwerteinstellung
ϑ_i Innentemperatur
ϑ_a Außentemperatur

Abb. 1.1: Aufbau einer Temperaturregelung

Dieses Beispiel enthält bereits alle Merkmale einer *selbstätigen Regelung*, nämlich das *fortlaufende Vergleichen* des Istwerts der Regelgröße mit dem Sollwert, wobei aus der Differenz der beiden ein Signal gebildet wird, das den Istwert stets in Richtung des Sollwerts führt. Würde die obengenannte Regelung „von Hand“ erfolgen (Steuerung), so müßte der Mensch an einem Thermometer die jeweilige Raumtemperatur ablesen und hätte dann aufgrund des Meßergebnisses zu entscheiden, in welche Richtung das Mischventil zu betätigen ist.

Das zweite Beispiel einer Füllstandsregelung kommt ohne externe Stellenergie für den Regelvorgang aus und ist im Zeitverhalten *schneller* als die vorangehende Temperaturregelung. Ein im Behälter drehbar gelagerter Hebel H wird infolge der Auftriebskraft eines Schwimmers S gedreht. Über dieses Gestänge wird der Hebelarm so eingestellt, daß bei Erreichen der gewünschten Füllstandshöhe der Zufluß abgedichtet wird. Als Sicherheitseinrichtung dient der im Abflußrohr integrierte innenliegende Überlauf A. Auch bei dieser Wasserstandsregelung sind alle Merkmale einer Regelung vorhanden: Istwert und Sollwert der Regelgröße, Messung der gewünschten Füllstandshöhe, integrierte Regel- und Stelleinrichtung (Hebel).

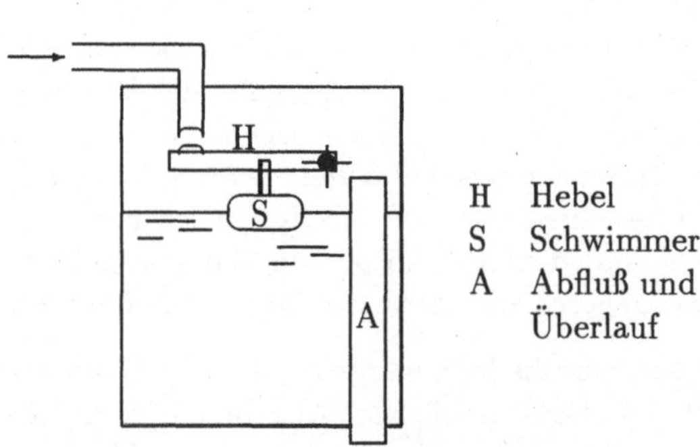

H Hebel
S Schwimmer
A Abfluß und Überlauf

Abb. 1.2: Füllstandsregelung eines Behälters

Während die Raumtemperaturregelung „typische Reaktionszeiten“ von ca. 15 bis 30 Minuten aufweist, läuft die Füllstandsregelung in ein paar Minuten ab. Die nachfolgend betrachtete Drehzahlregelung eines Gleichstrommotors ist dagegen im Zeitbereich von Sekunden abgeschlossen. Sie stellt somit eine *schnelle Regelung* dar. Das Erregerfeld des in Abb. 1.3 gezeigten fremderregten Gleichstrommotors wird über die Gleichrichterschaltung GR gespeist.

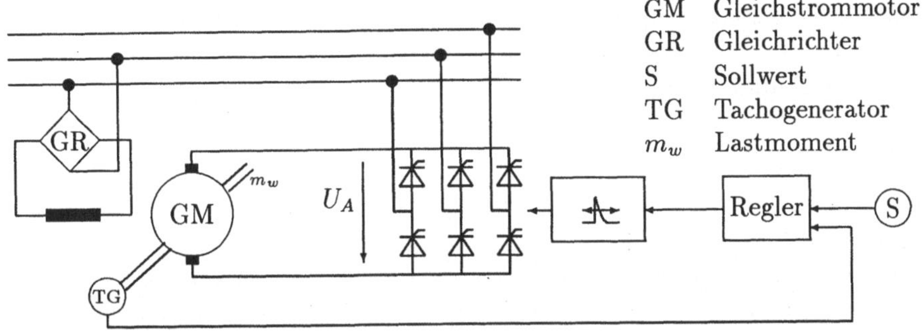

Abb. 1.3: Drehzahlregelung eines Gleichstrommotors

Die mit einem Tachogenerator TG gemessene Drehzahl wird mit dem geforderten Sollwert der Drehzahl verglichen, und daraus wird im Regler das Stellsignal gebildet. Dieses Stellsignal wird im anschließenden Pulsgeber in einen Zündimpuls für die nachfolgende Gleichrichterschaltung, hier eine B6-Brückenschaltung, umgeformt. Die geglättete Ausgangsspannung der Brückenschaltung ist dann die Ankerspannung des Gleichstrommotors. Die Drehzahl des Motors stellt sich proportional zur angelegten Ankerspannung ein.

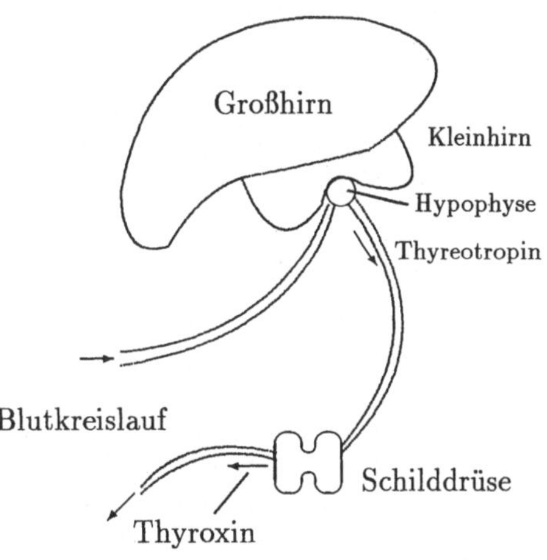

Abb. 1.4: Regelung des Thyroxingehaltes im Blut des Menschen

Als ein Beispiel für *biologische Regelvorgänge* zeigt Abb. 1.4 die Regelung des stoffwechselregulierenden Thyroxingehaltes des Blutes. Der Thyroxingehalt des Blutes wird durch sogenannte Beta-Zellen des Hypophysen-Vorderlappens (Hirnanhangdrüse) erfaßt. Die Beta-Zellen schütten bei einem zu geringen Thyroxingehalt des Blutes das Hormon Thyreotropin aus. Dieses Hormon gelangt über den Blutkreislauf zur Schilddrüse und regt wiederum die Schilddrüse zur Ausschüttung des Thyroxins an. Die Beta-Zellen sind sozusagen Meßfühler und Regler in einer Funktion. Das Regelsignal Thyreotropin wiederum regt das „Stellglied“ Schilddrüse zur Abgabe des Stellsignals Thyroxin an. Der Blutkreislauf mit seinem Thyroxingehalt stellt die Regelstrecke dar.

Auch die Maßnahmen der Regierungen, Parlamente ... zur *Lenkung der Volkswirtschaft* Bundesrepublik Deutschland sind Teil eines Regelprozesses. Durch Steuersätze, Subventionen, Fördermaßnahmen, Investitionen ... wird die Lenkung der Volkswirtschaft durchgeführt. Ziele sind dabei die Erhaltung der Geldwertstabilität, die Erreichung eines Wirtschaftswachstums, eine niedrige Arbeitslosenquote, sowie ein Außenhandelsgleichgewicht. Durch Ministerien, Ämter, Behörden und Institute werden die aktuellen Zahlen der Inflationsrate, des Wirtschaftswachstums, der Arbeitslosenquote, sowie des Außenhandels in regelmäßigen Abständen ermittelt und entsprechende Gegenmaßnahmen eingeleitet. Dieses Eingreifen entspricht der Funktion eines Reglers. Die Volkswirtschaft als Regelstrecke reagiert nach einer gewissen Zeit auf die Maßnahmen (oder auch nicht) und erfordert dann weitere Eingriffe.

Die oben betrachteten technischen Regelungen sind in erster Linie sogenannte *Festwertregelungen*. Bei einer solchen Regelung bleibt der Sollwert der Regelgröße über längere Zeit konstant. Im Gegensatz dazu spricht man von einer *Folgeregelung*, wenn die Regelgröße einem (zeitlich) veränderlichen Sollwert folgen soll. Dieser zeitlich veränderliche Sollwert wird durch einen Zeitplan oder ein Programm vorgegeben. Beispiele derartiger Folgeregelungen sind der Drehzahlhochlauf eines Motors entlang einer „Rampe“, die Bahnverfolgung eines Satelliten durch eine Nachrichtenantenne oder ein Fräsvorgang nach Vorlage eines skalierten Modells.

Alle bisherigen Beispiele beinhalten das *Charakteristische eines Regelvorgangs*, das in DIN 19226 definiert ist:

Das Regeln - die Regelung - ist ein Vorgang, bei dem eine Größe, die zu regelnde Größe (Regelgröße), fortlaufend erfaßt, mit einer anderen Größe, der Führungsgröße, verglichen und abhängig vom Ergebnis dieses Vergleichs im Sinne einer Angleichung an die Führungsgröße beeinflußt wird. Der sich dabei ergebende *Wirkungsablauf* findet *in einem geschlossenen Kreis*, dem Regelkreis, statt.

Läßt man nichttechnische Regelvorgänge außer Acht, so können sich die technischen Regelungen unter Zuhilfenahme unterschiedlicher Medien abspielen:

- Mechanische Regelungen sind im allgemeinen robust, temperaturunanfällig und häufig ohne Hilfsenergie. Beispiele sind die Regelung des Benzinstands im Vergaser, die Wasserstandsregelung, ...
- Die hervorragende Eigenschaft pneumatischer Regelungen ist ihre Explosionssicherheit. Beispiele sind die vielen chemischen und verfahrenstechnischen Regelungen in der Industrie.
- Hydraulische Regelungen eignen sich besonders gut zur schnellen Übertragung und Ausübung großer Kräfte und Momente. Beispiele sind die Klappenverstellung bei Flugzeugen, die Regelung von Bau- und Werkzeugmaschinen, ...
- Elektrische Regelungen zeichnen sich durch die problemlose Signalübertragung, ihre Schnelligkeit und gute Miniaturisierbarkeit aus. Beispiele sind die Drehzahlregelung von Antrieben, und alle Arten der Regelung unter Verwendung von Analog- und Digitalrechnern (Mikroprozessoren).

1.2 Steuerungen

Das Wesen der *Steuerung* im Unterschied zur Regelung wird in der englischen Sprache präzise erfaßt durch das Wort „open loop control" im Unterschied zu „closed loop control" als Kennzeichnung für die Regelung. Es muß also der geschlossene Wirkungskreislauf fehlen, damit man von einer Steuerung sprechen kann. Betrachtet man unter diesem Aspekt die drei technischen Beispiele von Abschnitt 1.1, so sind für die Umwandlung dieser Anlagen in eine Steuerung die folgenden Maßnahmen erforderlich:

1. Bei der Raumheizung kann jeglicher Temperatursensor entfallen, sowohl für die Innen- als auch für die Außentemperatur. Ebenso sind Stellmotor und Regler überflüssig, da „von Hand" der Mischer auf eine Marke eingestellt wird. Findet man die richtige Stellung, so arbeitet die Raumheizung einwandfrei, solange Fenster und Tür nicht geöffnet werden. Beim Auftreten einer derartigen *„Störung"* sinkt die Raumtemperatur, denn es findet ja „keine fortlaufende Rückmeldung und kein Vergleich" mit einem Sollwert statt.
2. Der Fortfall des Schwimmers (Sensor) bei der Füllstandsregelung macht die Anlage zwar nicht total unbrauchbar, da der Sicherheitsüberlauf für den Abfluß sorgt. Es findet jedoch eine enorme Wasserverschwendung statt.
3. Bei der Drehzahlregelung entfällt mit dem Tachogenerator (Sensor) auch die Rückmeldung. Der Regler wird überflüssig, und über den Impulsgeber für den Gleichrichter kann man einen geeigneten Steuerwinkel α so einstellen, daß der Motor mit der gewünschten Drehzahl läuft. Ändert sich jedoch das Belastungsmoment (Störung), so bleibt wie bei der Raumheizung die Regelgröße nicht auf dem gewünschten Wert.

Durch den Wegfall des geschlossenen Wirkungskreislaufes kann die Anlage bei Auftreten von Laständerungen (Störungen) den Sollwert bei einer Steuerung nicht mehr halten.

Das *Charakteristische einer Steuerung* ist somit:

1. Die Steuersignale durchlaufen die zu steuernde Anlage in einer bestimmten Richtung und in einer vorgegebenen Reihenfolge.
2. Bei einer Steuerung tritt kein in sich geschlossener Signalkreislauf auf, d.h. die (Ausgangs-)größe wirkt nicht auf die steuernde (Eingangs-)größe zurück. Es liegt demnach ein *offener Wirkungsablauf* vor.

1.3 Signalflußplan (Blockschaltbild)

Betrachtet man noch einmal die Abb. 1.1 und 1.3, so erkennt man in ihrer Funktion abgegrenzte Bauelemente oder Baugruppen. Bei der Raumheizung sind dies die Einheiten:

(1) Sollwertgeber	(2) Regler	(3) Stellmotor
(4) Mischer	(5) Heizkörper	(6) Wohnraum
(7) Temperaturfühler	sowie Leitungen, Rohre ...	

Bei der Drehzahlregelung sind die folgenden Einheiten erkennbar:

Motor	Tachogenerator	Regler	Sollwertgeber
Pulsgeber	Gleichrichter	....	

Diese Einheiten besitzen unterschiedliche physikalische Eingänge und Ausgänge, und sie sind über elektrische Leitungen, Rohrleitungen, Luftströmungen (Wohnraum) ... miteinander verbunden.

In der Regelungstechnik werden diese Einheiten durch *rechteckige Blöcke* dargestellt, die durch Verbindungslinien (Wirkungsrichtungen) miteinander verbunden sind. Die Darstellung einer Anlage durch derartige Blöcke bezeichnet man als *Blockschaltbild* oder *Signalflußplan.*

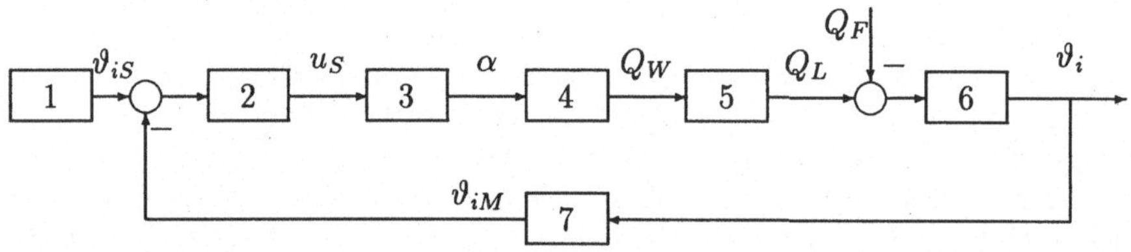

Abb. 1.5: Blockschaltbild der Temperaturregelung mit den oben aufgeführten Baugruppen; Bezeichnungen: ϑ_{is} - Solltemperatur, u_s - Steuerspannung, α - Winkel Mischventil, Q_W - Wämemenge (Zulauf), Q_L - Wärmemenge des Raumes, Q_F - Wärmeverlust (Fenster), ϑ_i - Raumtemperatur, ϑ_{iM} - Meßwert der Raumtemperatur

Die Blöcke sind mit den Nummern der obigen Auflistung bezeichnet. Jeder Block weist unterschiedliche physikalische Eingangsgrößen und Ausgangsgrößen auf. Das Charakteristische einer Regelung, der geschlossene Wirkungsablauf, kommt durch die *Kreisstruktur* von Abb. 1.5 gut zur Geltung. Würde man auf jegliche Regelung bei der Raumheizung verzichten, so würde die Temperatureinstellung direkt am Mischer erfolgen. Dann ergäbe sich folgendes Bild der Steuerung der Raumtemperatur.

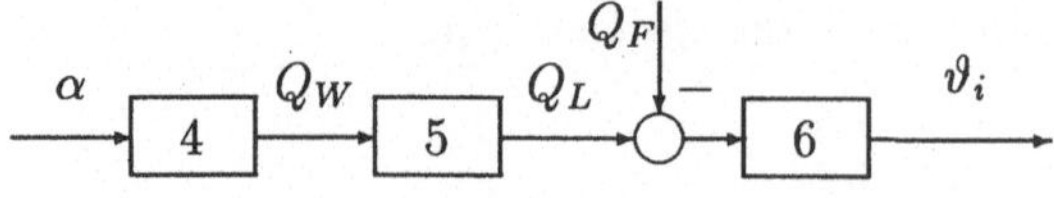

Abb. 1.6: Blockschaltbild der Steuerung der Raumtemperatur

Kennzeichnend für die Steuerung ist der *offene Wirkungsablauf.* Wie in den vorangehenden Bildern gezeigt, treten in den Signalleitungsverbindungen Additions- bzw. Mischstellen und Verzweigungsstellen auf, deren Wirkung Abb. 1.7 verdeutlicht.

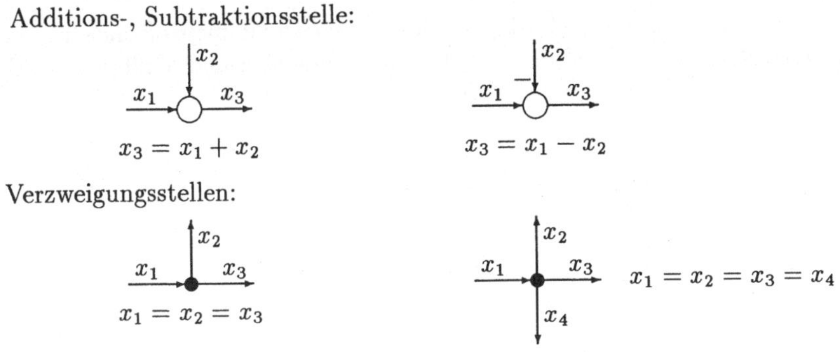

Additions-, Subtraktionsstelle:
x2
x1
x3
x3 = x1 + x2
x2
x1
−
x3
x3 = x1 − x2
Verzweigungsstellen:
x2
x1
x3
x1 = x2 = x3
x2
x1
x3
x4
x1 = x2 = x3 = x4

Abb. 1.7: Signalleitungsverbindungen

Deutlich erkennbar ist in beiden Blockschaltbildern 1.5 und 1.6 der Einfluß der *Störgröße* Q_F, die dem Öffnen des Fensters entspricht. Die Wärmemenge Q_F entweicht durch das Fenster (Minusvorzeichen). Während die Regelung durch den geschlossenen Wirkungsablauf den Einfluß der Störgröße erfassen kann, unterbleibt dies bei der Steuerung.

Entscheidend für die Wirkung einer Regelung ist außerdem die *Vorzeichenumkehr* im Regelkreis, die in Abb. 1.5 an der Subtraktionsstelle „Sollwert ϑ_{iS} minus Istwert ϑ_{iM}" auftritt. Bei einer positiven Regelabweichung ($\vartheta_{iM} > \vartheta_{iS}$) wirkt die Stellgröße ($\alpha$) so auf die Regelstrecke ein, daß die Regelgröße wieder auf ihren Sollwert ($\vartheta_i = \vartheta_{iS}$) zurückgeht. Umgekehrt gilt das auch bei einer negativen Regelabweichung.

Ausgehend von der Darstellung eines Regelkreises in der Form von Abb. 1.5 ist man in der Regelungstechnik zu einer genormten Darstellung übergegangen. Die Normierung kommt sowohl durch Kennzeichnung der Blöcke als auch durch die Bezeichnung der Signale zum Ausdruck. Die nachfolgende Abb. 1.8 zeigt eine allgemeine Regelkreisstruktur mit den üblichen Bezeichungen.

Regler
Regelstrecke
z
w
y1
y2
y
x1
x
−
−
R
St1
St2
S1
S2
xM
M

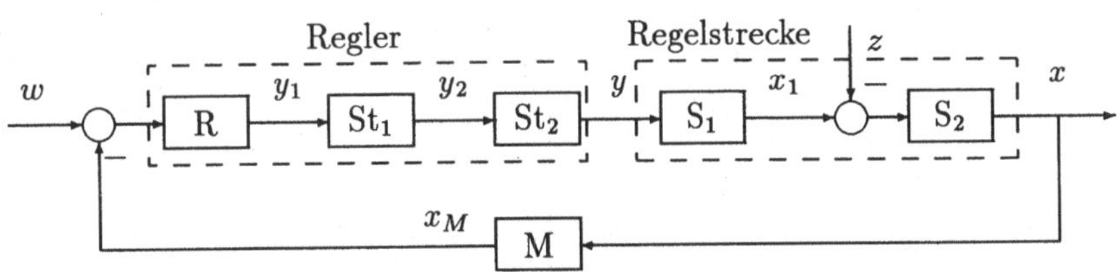

Abb. 1.8: Allgemeine Regelkreisstruktur

Dabei sind die nachfolgenden Bezeichnungen gewählt:

R	Regler	St_1	Stellglied 1 (Motor)	St_2	Stellgl. 2
S_1	Teilstrecke 1 (Heizkörper)	S_2	Teilstrecke 2 (Raum)	M	Temp.fühler
x	Regelgröße	y	Stellgröße	z	Störgröße
w	Führungsgröße	x_M	Meßwert (Regelgröße)	x_i	Hilfsgröße
$x_w = x - w$	Regelabweichung	$x_d = w - x$	Regeldifferenz	y_i	Hilfsgrößen

Wie in Abb. 1.8 gestrichelt eingezeichnet, bezeichnet man oftmals Regler und Stellglied zusammen als Regler. Für Regler, Vergleicher und Meßfühler wird auch der Begriff *Regeleinrichtung* gebraucht. Die Teilstrecken 1 und 2 ergeben die gesamte *Regelstrecke.*

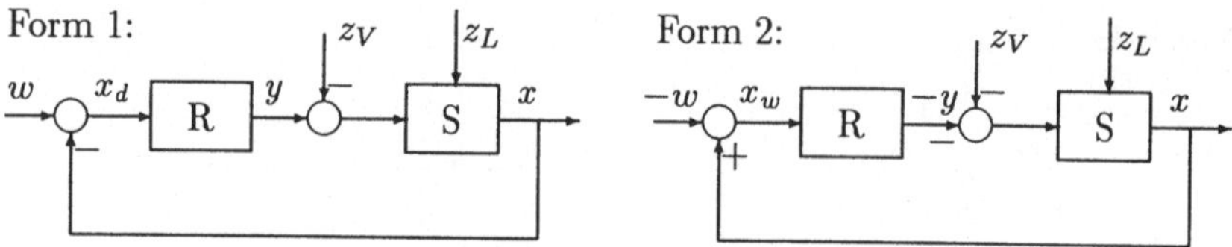

Abb. 1.9: Standardformen des Regelkreises

Für diese *einschleifigen Regelkreise* mit den Vereinfachungen aus Abb. 1.8 haben sich die in Abb. 1.9 dargestellten Standarddarstellungen eingebürgert. Der wesentliche Unterschied beider Formen liegt in der Führungsgröße, die einmal positiv und einmal negativ eingeführt wird. Die notwendige Vorzeichenumkehr im Regelkreis geschieht dann bei Form 2 nach dem Regler. *Die gebräuchlichere Form ist Form 1.* Bei beiden Darstellungen wurde auf das Meßglied M im Rückführzweig verzichtet, was häufig zulässig ist. Neu eingeführt wurde die Größe z_V, auch als *Versorgungsstörgröße* (z.B. ein Loch in der Leitung) bezeichnet. Die Störgröße z (von Abb. 1.5) wird im Unterschied zu z_V dann als *Laststörgröße* z_L (z.B. Fenster AUF) bezeichnet.

Die Regelkreisglieder werden als rückwirkungsfrei und linear angenommen!

Rückwirkungsfreiheit bedeutet, daß die Ausgangsgröße eines Regelkreisgliedes nicht auf die Eingangsgröße zurückwirkt. Z.B. wirkt die Temperatur des Raumes nicht zurück auf die Temperatur des Heizkörpers, oder die Winkelstellung des Mischers nicht auf die Steuerspannung des Motors.

Unter *Linearität* versteht man, daß alle Systembeschreibungen linear sind, d.h. es liegen lineare Kennlinien, lineare Gleichungen, lineare Differentialgleichungen ... vor. Diese Systemeigenschaft ist häufig nicht gegeben, da viele Nichtlinearitäten vorliegen. Z.B. besteht bei jeder Ventilkennlinie ein nichtlinearer Zusammenhang zwischen der Winkelstellung α und dem Strömungsvolumen Q. Ebenso ist das Isolationsverhalten eines Raumes bei 0° C anders als bei 20° C. Hier kommt einem die Tatsache entgegen, daß die meisten (durchaus nichtlinearen) Regelanlagen an einem Arbeitspunkt (Betriebspunkt) betrieben werden. Bei der Raumheizung liegt dieser Arbeitspunkt meist bei ca. 20° C. Das Wärmeverhalten des Raumes in der Umgebung von 20° C ist aber nun weitgehend zu der Temperaturänderung direkt proportional, ebenso wie das Strömungsvolumen am Mischventil in der Nähe der Winkelstellung α, die für 20° C Raumtemperatur erforderlich ist, der Winkeländerung $\Delta\alpha$ direkt proportional ist. Damit kann man davon ausgehen, daß alle Regelparameter in der Nähe des Arbeitspunktes linear voneinander abhängen; der Regelkreis ist in der Nähe des Arbeitspunktes linear. Der Arbeitspunkt selber wird z.B. durch eine getrennte Steuerung eingestellt, wie Abb. 1.10 zeigt.

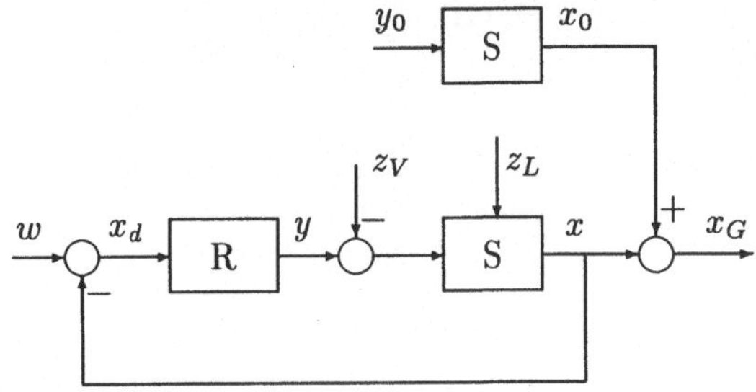

Abb. 1.10: Linearisierter Regelkreis mit Einstellung des Arbeitspunktes; x - Regelgröße (Temperaturänderung am Arbeitspunkt), x_0 - Arbeitspunkt und x_G - Gesamttemperatur

Die Untersuchung des Regelkreises wird nur für den linearisierten Teil durchgeführt, die Arbeitspunkteinstellung ist davon unabhängig. Bei der Raumtemperaturregelung erfolgt die Einstellung des Arbeitspunktes des nichtlinearen Mischventils beispielsweise durch Einstellung der Kesseltemperatur auf 60° oder 70° C.

Die Linearisierung für ein Regelkreisglied erfolgt mathematisch durch Bildung der Ableitung am Arbeitspunkt (Betriebspunkt). Dies zeigt das folgende Bild am Beispiel der nichtlinearen Ventilkennlinie.

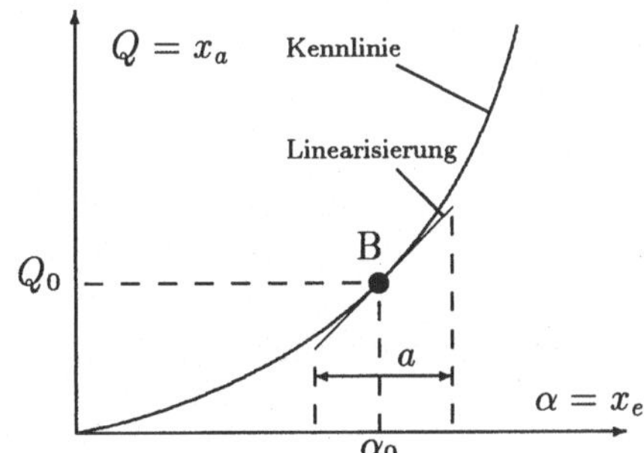

Abb. 1.11: Linearisierung einer Ventilkennlinie; B - Arbeitspunkt, a - linearer Arbeitsbereich, α_0 - Arbeitspunkt des Ventils (Winkelstellung)

Mit dem Winkel $\alpha = x_e$ als Eingangsgröße und dem Wärmestrom $Q = x_a$ als Ausgangsgröße des betrachteten Mischventils wird

$$Q = f(\alpha) = \alpha_0 + \left.\frac{\partial Q}{\partial \alpha}\right|_B \cdot \Delta\alpha \, .$$

Der Wert α_0 legt den Arbeitspunkt fest (*stationäres Verhalten*, oberer Bildteil von Abb. 1.10) und die Linearisierung am Arbeitspunkt B wird durch die partielle Ableitung und den linearen Regelkreis beschrieben (*dynamisches Verhalten*, unterer Bildteil von Abb. 1.10). Anstelle von $\Delta\alpha$ verwendet man im Regelkreis jedoch zur Vereinfachung der Schreibweise nur α. (Bei der Raumtemperaturregelung müßte die *Kesseltemperatur so eingestellt werden*, daß der Arbeitspunkt des Ventils in B liegt.)

Rückwirkungsfreiheit und Linearität sind wichtige Eigenschaften bei der Untersuchung von Regelkreisen, und sie werden für die weiteren Betrachtungen vorausgesetzt.

1.4 Leitfaden durch das Buch

Nach diesen einführenden Abschnitten in das Wesen der Regelung ist die Aufeinanderfolge der Kapitel eng an die Hauptaufgaben der Regelungstechnik angelehnt. Nachfolgend wird ein kurzer Abriß der Inhalte der einzelnen Kapitel gegeben.

1. Als erstes stellt sich die Frage, *wie beschreibt man mathematisch den Regelkreis und die einzelnen Regelkreisglieder.* Dazu bieten sich Beschreibungen im Zeitbereich wie Differentialgleichungen oder Beschreibungen im Frequenzbereich wie die Übertragungsfunktion oder der Frequenzgang an. (Kapitel 2)
2. Daran schließt sich ein Kapitel über die *Grundformen von Regelstrecken* an. Es endet mit der *Ermittlung des Modells (Abbild) der Regelstrecke* in der gewählten Beschreibungsform. Diese Modellparameter können analytisch oder empirisch bestimmt werden. (Kapitel 3)
3. Nach der Bestimmung der Regelstrecke schließt sich die *Ermittlung des Reglers* und die Synthese des gesamten Regelkreises unter Beachtung der Stabilitätsforderungen an. Die Grundformen der Regler und die Stabilität von Regelkreisen sind Themen der Kapitel 4 und 5.
4. Die Reglerauslegung wird in den folgenden Kapiteln untersucht. Dabei werden zunächst sogenannte Standardverfahren in Kapitel 6 betrachtet. In Kapitel 7 und 8 schließen sich Entwurfsverfahren mit dem Bode-Diagramm sowie das Wurzelortskurvenverfahren an.
5. Sonderprobleme der Regelungstechnik betreffen die *Berücksichtigung nichtlinearer Regelkreisglieder* wie Schalter, Hysterese, ... im Regelkreis, die in Kapitel 9 und 10 untersucht werden.
6. Die Anwendung des Reglerentwurfs auf ausgewählte Beispiele wird in Kapitel 11 betrachtet.
7. Beim Entwurf der Regler bedient man sich heute vorzugsweise moderner Simulationswerkzeuge auf dem Digitalrechner. Einen Einblick in einige typische Rechenverfahren gibt Kapitel 12.
8. Der abschließende Anhang gibt eine kurze Einführung in die Laplace-Transformation.

2 Mathematische Behandlung von Regelkreisgliedern

Das Ziel der mathematischen Behandlung von Regelkreisgliedern besteht darin, die Zusammenhänge, die zwischen Struktur und Kennwerten einzelner Bauelemente einerseits und dem sich daraus ergebenden Bewegungsvorgang andererseits bestehen, in allgemeingültiger Form zu erfassen. Die Möglichkeit, ein Regelsystem zu analysieren und sein Verhalten zu bestimmen, hängt entscheidend davon ab, wie gut die Eigenschaften der einzelnen Komponenten mathematisch erfaßt werden können.

2.1 Die Beschreibung von Regelkreisgliedern durch Differentialgleichungen

2.1.1 Die Differentialgleichung

Um das *Verhalten von Regelkreisgliedern* beschreiben zu können, benötigt man eine Gleichung, in der die Abhängigkeit der *Ausgangsgröße* x_a von der *Eingangsgröße* x_e dargestellt ist. Solche Gleichungen lassen sich für die einzelnen Glieder technischer Systeme aus den *physikalischen Grundgleichungen* entwickeln. Dazu dienen bei mechanischen Systemen z.B. das Newtonsche Gesetz, oder das Hookesche Gesetz, bei elektrischen Systemen z.B. das Ohmsche Gesetz, oder die Kirchhoffschen Sätze. Bei thermischen oder anderen Systemen existieren ähnliche Grundgesetze. In diesen so angewendeten Gleichungen spielen nicht nur die Augenblickswerte (Momentanwerte) $x_a(t)$ und $x_e(t)$ eine Rolle, sondern auch deren zeitliche Ableitungen wie Geschwindigkeiten $\dot{x}_a(t)$ und $\dot{x}_e(t)$, Beschleunigungen $\ddot{x}_a(t)$ und $\ddot{x}_e(t)$ usw.. Auf diese Weise erhält man eine *Differentialgleichung*, die den Zusammenhang zwischen der Ausgangsgröße $x_a(t)$ und der Eingangsgröße $x_e(t)$ zu jedem Zeitpunkt beschreibt.

In allgemeiner Form lautet eine derartige *lineare Differentialgleichung mit konstanten Koeffizienten* wie folgt:

$$\ldots a_3 \cdot \dddot{x}_a(t) + a_2 \cdot \ddot{x}_a(t) + a_1 \cdot \dot{x}_a(t) + a_0 \cdot x_a(t) = b_0 \cdot x_e(t) + b_1 \cdot \dot{x}_a(t) + b_2 \cdot \ddot{x}_e(t) + \ldots \tag{2.1}$$

Die willkürlich verwendeten Variablen x_a und x_e können beliebige physikalische Größen sein, wie z.B. Kraft, Weg, Spannung, Strom, Druck, Temperatur usw. Die Parameter $a_0, a_1, a_2 \ldots b_0, b_1 \ldots$ sind konstante Beiwerte (Koeffizienten), in denen sich bekannte Kenngrößen des untersuchten Regelkreisgliedes niederschlagen.

Aufstellen von Differentialgleichungen

Bei der Aufstellung der Differentialgleichungen technischer Systeme geht man meist von physikalischen Grundgesetzen aus. Durch Verknüpfung der Grundgesetze wird die Differentialgleichung zur Beschreibung des Ein-/Ausgangsverhaltens des Systems entwickelt. Dies soll an mehreren Beispielen gezeigt werden.

Beispiel 2.1 (Elektrisches System): Als erstes werde ein einfaches RL-Netzwerk untersucht, das z.B. dem Erregerfeld eines Gleichstrommotors entspricht. Mit den Grundgesetzen

$u_L = L \cdot \frac{di_a}{dt}$	Spulengleichung
$u_R = R \cdot i_a$	Ohmsches Gesetz
$u_e = u_R + u_L$	2. Kirchhoffsches Gesetz

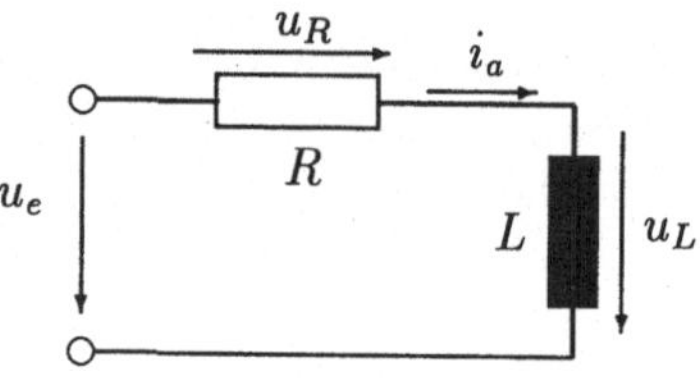

Abb. 2.1: RL-Netzwerk

läßt sich durch Einsetzen eine Differentialgleichung ableiten, die den Zusammenhang zwischen der angelegten Spannung u_e (Eingangsspannung) und dem sich einstellenden Strom i_a (Ausgangsgröße) wiedergibt:

$$\frac{L}{R} \cdot \frac{di_a(t)}{dt} + i_a(t) = \frac{1}{R} \cdot u_e(t) \ . \tag{2.2}$$

In dieser Differentialgleichung erster Ordnung ist die Eingangsgröße $x_e = u_e$, die Ausgangsgröße $x_a = i_a$, und die Koeffizienten der Differentialgleichung lauten $a_1 = L/R$, $a_0 = 1$ und $b_0 = 1/R$. □

Beispiel 2.2 (Mechanisches System): Im zweiten Beispiel wird ein Feder-Masse-Schwinger untersucht. Eingangsgröße bei diesem schwingungsfähigen Gebilde ist der Druck p_e der über die Kolbenfläche A eines Zylinders eine Kraft F_M auf die Masse M ausübt.

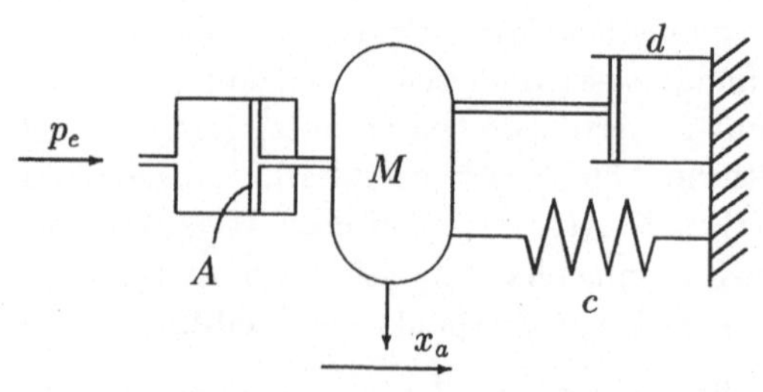

Abb. 2.2: Feder-Masse-Schwinger

Die Masse wird dann um die Wegstrecke x_a ausgelenkt. Die dieser Auslenkung entgegenwirkenden Kräfte sind zum einen die Federkraft F_c, die der Auslenkung x_a proportional ist (Federkonstante c), sowie zum anderen die geschwindigkeitsproportionale Dämpferkraft F_d (Dämpfungsbeiwert d). Ausgangsgröße der Anordnung ist die Auslenkung x_a.

Die Differentialgleichung für einen derartigen Feder-Masse-Schwinger wird mittels „Freischneiden“ der Einzelelemente und Aufstellen der Grundgleichungen ermittelt.

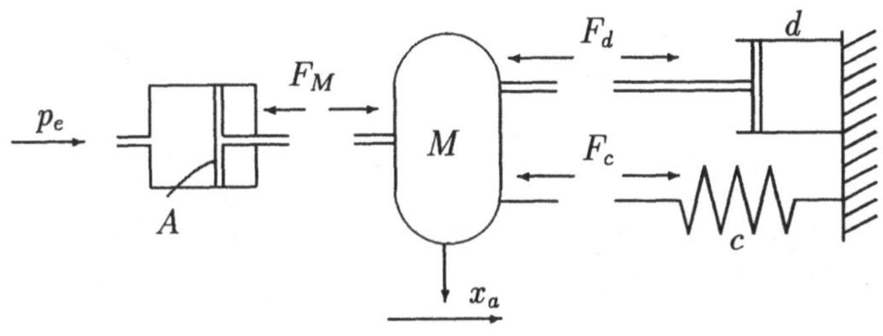

Abb. 2.3: „Freigeschnittener“ Feder-Masse-Schwinger

Mit den Grundgleichungen

$F_M = A \cdot p_e$		Druckkraft-Gleichung
$F_c = c \cdot x_a$		Federkraft-Gleichung
$F_d = d \cdot \dot{x}_a$		Dämpfer-Kraft-Gleichung
$M \cdot \ddot{x}_a = F_M - F_c - F_d$		Impulssatz, Newtonsches Gesetz

erhält man durch Einsetzen die folgende Differentialgleichung 2. Ordnung für dieses mechanische System:

$$M \cdot \ddot{x}_a + d \cdot \dot{x}_a + c \cdot x_a = A \cdot p_e \quad . \tag{2.3}$$

Eingangsgröße ist der Druck p_e und Ausgangsgröße der Weg x_a der Masse M. Koeffizienten dieser Differentialgleichung sind die Masse M, die Federkraft c, der Dämpfungsbeiwert d und die Kolbenfläche A des Zylinders. □

Beispiel 2.3 (Gleichstrommotor): Als drittes einführendes Beispiel wird die Aufstellung der Bewegungsgleichungen eines Gleichstrommotors mit Permanentmagnetfeld untersucht. Im elektromechanischen Ersatzschaltbild des Ankerstromkreises sind Ankerkreiswiderstand bzw. -induktivität mit R_A bzw. L_A bezeichnet. Die Pole des

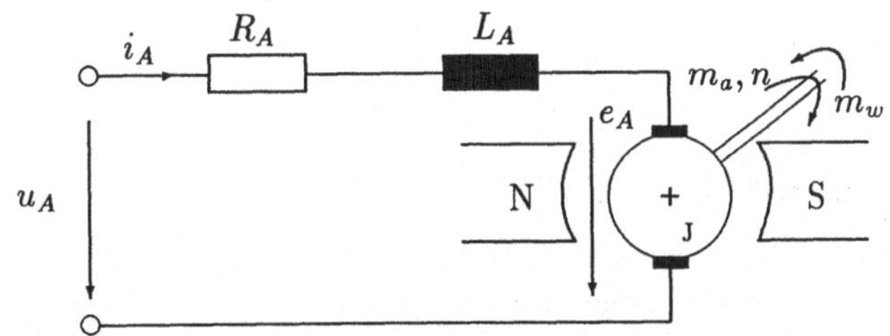

Abb. 2.4: Gleichstrommotor mit Permanenterregung

Permanentmagneten sind Nordpol N und Südpol S. Im Ankerkreis wird infolge des Induktionsgesetzes die mit e_A bezeichnete Spannung induziert. m_a und m_w bilden Antriebs- und Widerstandsmoment des Antriebs. Trägheitsmoment J, Drehzahl n, Fluß Ψ_f sowie die Motorkonstante c sind die weiteren Bezeichnungen.

Die Grundgleichungen für die Beschreibung des Gleichstrommotors lauten:

$$\begin{aligned} u_A &= R_A\, i_A + L_A \frac{\mathrm{d}i_A}{\mathrm{d}t} + e_A && \text{Maschengleichung} \\ e_A &= 2\pi n \cdot c\Psi_f && \text{Induktionsgesetz} \\ m_a &= i_A \cdot c\Psi_f && \text{Momentengleichung} \\ m_a - m_w &= 2\,\pi J \cdot \frac{\mathrm{d}n}{\mathrm{d}t} && \text{Impulssatz (Bewegungsgl.).} \end{aligned}$$

Durch Ersetzen von i_A und e_A in der Maschengleichung ermittelt man die resultierende Differentialgleichung des Gleichstrommotors. Im Laufe der Berechnung werden dabei m_a bzw. $\dot{m}_a$ durch die Größen der Bewegungsgleichung ersetzt. Mit dieser Vorgehensweise erhält man als resultierende Differentialgleichung für die Beschreibung des dynamischen Verhaltens eines Gleichstrommotors

$$\frac{2\pi J L_A}{c\Psi_f} \cdot \ddot{n} + \frac{2\pi J R_A}{c\Psi_f} \cdot \dot{n} + 2\pi c\Psi_f \cdot n = u_A - \frac{R_A}{c\Psi_f} \cdot m_w - \frac{L_A}{c\Psi_f} \cdot \dot{m}_w. \tag{2.4}$$

Ausgangsgröße des Motors ist die Drehzahl n. Der Motor besitzt zwei Eingangsgrößen, zum einen die Ankerspannung u_A und zum anderen das Lastmoment m_w. Die Ankerspannung ist die Stellgröße des Motors, und das Lastmoment m_w ist die Störgröße. Die Differentialgleichung ist von der Ordnung 2. Nun ist jedoch eine der Eingangsgrößen, d.h. m_w, auf der rechten Seite der Differentialgleichung abgeleitet.

Betrachtet man den stationären Anteil von Gleichung 2.4 (Nullsetzen aller Ableitungen), so erkennt man, daß die Drehzahl n der Ankerspannung u_A direkt proportional ist. Aufgrund des negativen Vorzeichens führt ein Lastmoment m_w zu einem Drehzahlabfall. □

Aufgabe 2.1: Stellen Sie die Differentialgleichung für das folgende RLC-Netzwerk, mit u_e als Eingangspannung und u_a als Ausgangsspannung auf.

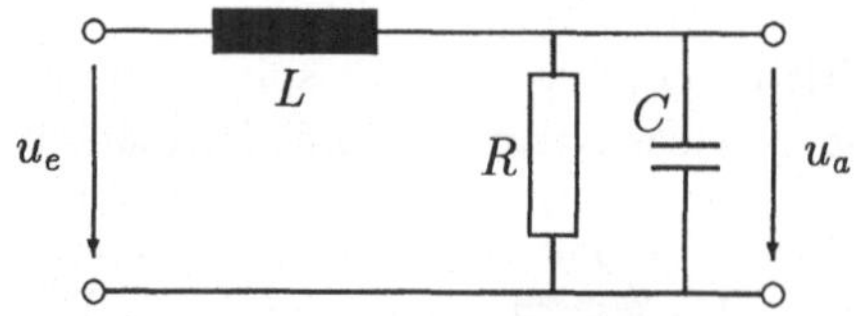

u_e L R C u_a

Lösung:
$$LC \cdot \frac{\mathrm{d}^2 u_a}{\mathrm{d}t^2} + \frac{L}{R} \cdot \frac{\mathrm{d}u_a}{\mathrm{d}t} + u_a = u_e\,.$$ □

Lösung der Differentialgleichung durch einen geeigneten Ansatz

Nach dem Aufstellen einer Differentialgleichung ist deren Lösung zu bestimmen. Obwohl in der Regelungstechnik die Lösung meist mit Hilfe der Laplace-Transformation (siehe Anhang A) berechnet wird, soll hier zunächst der „mathematische Standardansatz" verwendet werden. Dadurch wird, besonders am Anfang derartiger Untersuchungen, der Einblick in die Grundstrukturen von Differentialgleichungen gefördert. Dieser Einblick kann bei der schematischen Anwendung der Laplace-Transformation leicht verloren gehen. Außerdem lassen sich auf diese Weise leicht die Grundforderungen der Stabilität ableiten. In späteren Kapiteln wird dann jedoch meist die Laplace-Transformation angewendet.

Die Lösung von linearen Differentialgleichungen mit konstanten Koeffizienten mit dem Standardansatz, dem $e^{\lambda t}$-Ansatz, erfolgt in drei Schritten. Im ersten Schritt wird die Lösung der *homogenen Differentialgleichung* bestimmt. Die homogene Differentialgleichung erhält man, wenn man die rechte Seite der Differentialgleichung gleich Null setzt. Dann wird für die spezielle Anregungsfunktion eine spezielle *(partikuläre) Lösung* ermittelt. Zuletzt werden die *Anfangsbedingungen eingearbeitet.* Diese Vorgehensweise wird nachfolgend an einem Beispiel 1. Ordnung erläutert.

Beispiel 2.4 (Differentialgleichung erster Ordnung mit konstanter Anregung): Gegeben sei die Differentialgleichung 2.2 des schon zuvor untersuchten RL-Gliedes, welches das Erregerfeld eines Gleichstrommotors darstellen soll:

$$\frac{L}{R} \cdot \frac{\mathrm{d}i_a(t)}{\mathrm{d}t} + i_a(t) = \frac{1}{R} \cdot u_e(t) \ .$$

i) Die *homogene Differentialgleichung* lautet hierzu

$$\frac{L}{R} \cdot \frac{\mathrm{d}i_a(t)}{\mathrm{d}t} + i_a(t) = 0 \ . \tag{2.5}$$

Mit dem $e^{\lambda t}$-Ansatz, d.h. mit $i_{ah} = e^{\lambda t}$ erhält man eingesetzt:

$$\begin{aligned} \frac{L}{R} \cdot \lambda \cdot e^{\lambda t} + e^{\lambda t} &= 0 \\ \Rightarrow e^{\lambda t} \cdot (\frac{L}{R} \cdot \lambda + 1) &= 0 \end{aligned}$$

Die Differentialgleichung 2.5 wird durch die Lösung $i_{ah}(t)$ erfüllt, wenn der Wert λ eine Wurzel der sogenannten *charakteristischen Gleichung*

$$\frac{L}{R} \lambda + 1 = 0$$

der Differentialgleichung ist. Die Wurzel der charakteristischen Gleichung lautet in diesem Fall

$$\lambda_1 = -R/L = -1/T_1$$

mit $T_1 = L/R$ als Zeitkonstante des Netzwerks. Somit lautet die Lösung der homogenen Differentialgleichung

$$i_{ah} = c_1 \cdot e^{-t/T_1} \quad , \tag{2.6}$$

mit c_1 als Konstante, die durch die Anfangsbedingungen festgelegt wird.

ii) Nun wird die Lösung der *inhomogenen Differentialgleichung*,

$$\frac{L}{R} \cdot \dot{i}_a + i_a = \frac{1}{R} \cdot u_e \quad ,$$

die sogenannte partikuläre Lösung durch einen „Ansatz vom Typ der Störfunktion" ermittelt. Es sei angenommen, daß das RL-Netzwerk mit der konstanten Gleichspannung $u_e(t) = \hat{U}_e$ angeregt wird. Dann lautet der Ansatz für die partikuläre Lösung der Differentialgleichung $i_{ai} = k \cdot \hat{U}_e$. Eingesetzt folgt

$$\begin{aligned} \frac{L}{R} \cdot \dot{i}_{ai} + i_{ai} &= \frac{1}{R} \cdot u_e \\ \frac{L}{R} \cdot 0 + k \cdot \hat{U}_e &= \frac{1}{R} \cdot \hat{U}_e \\ \Rightarrow k &= \frac{1}{R} \ . \end{aligned}$$

Die partikuläre Lösung lautet damit $i_{ai} = \frac{\hat{U}_e}{R}$.

iii) Mit der willkürlichen *Anfangsbedingung* $i_a(0) = \hat{i}_{a0}$ erhält man dann nach dem Einsetzen von Gleichung 2.6 in die Gesamtlösung $i_a = i_{ah} + i_{ai}$

$$i_a(0) = c_1 \cdot e^0 + \frac{\hat{U}_e}{R} = \hat{i}_{a0} \qquad \rightarrow c_1 = \hat{i}_{a0} - \frac{\hat{U}_e}{R} \ .$$

Damit lautet dann die vollständige Lösung der Differentialgleichung

$$i_a = i_{ah} + i_{ai} = \hat{i}_{a0} \cdot e^{-t/T_1} + \frac{\hat{U}_e}{R} \cdot \left(1 - e^{-t/T_1}\right) \ .$$

Ist die Anregungsfunktion anstelle einer konstanten Spannung z.B. eine sinusförmige Spannung $u_e(t) = \hat{U}_e \cdot \sin \omega t$, dann wählt man für die Bestimmung der Partikulärlösung als Ansatz vom Typ der Störfunktion $u_{ai}(t) = k_0 \cdot \sin \omega t + k_1 \cdot \cos \omega t$.

Fehlt auf der linken Seite der Differentialgleichung die Größe x_a und treten nur deren Ableitungen auf, so ist bei einer konstanten Anregung $x_e = K$ als Ansatzfunktion zu wählen $x_{ai} = k_1 \cdot t \cdot K$. □

Aufgabe 2.2: Bestimmen Sie die vollständige Lösung der Differentialgleichung des RL-Gliedes mit der $u_e(t) = \hat{U}_e \cdot \sin \omega t$ und der Anfangsbedingung $i_a(0) = 0\ A$.

Lösung: $i_a(t) = \frac{\hat{U}_e}{R^2 + (\omega L)^2} \cdot \left(R \cdot \sin \omega t + (\omega L) \cdot \left[e^{-t/T_1} - \cos \omega t\right]\right)$. □

Aufgabe 2.3: Bestimmen Sie die vollständige Lösung der Differentialgleichung des Feder-Masse-Schwingers von Gleichung 2.3 mit den Zahlenwerten

$$\ddot{x}_a + (4s^{-1}) \cdot \dot{x}_a + (20s^{-2}) \cdot x_a = (2cm^3 N^{-1} s^{-2})\ p_e$$

und der Anfangsbedingung $x_a(0) = 0\ cm$ und $\dot{x}_a(0) = 0\ cm/s$ für die Anregungsfunktion $p_e(t) = 2\ N/cm^2$ für $t > 0$. Die Einheiten von x_a und p_e sind cm bzw N/cm^2.

Lösung: $x_a(t)/cm = 0,2 - e^{-2t/s} \cdot (0,2 \cdot \cos(4t/s) + 0,1 \cdot \sin(4t/s))$. □

Aufgabe 2.4: Bestimmen Sie die vollständige Lösung der Differentialgleichung 2.4 des Gleichstrommotors

$$2 \cdot \ddot{n} + (10\ s^{-1}) \cdot \dot{n} + (12\ s^{-2}) \cdot n = (V^{-1} s^{-2}) \cdot u_A$$

mit den Anfangswerten $n(0) = 0\ U/s$ und $\dot{n}(0) = 0\ U/s^2$ für eine Ankerspannung $U_A = 240\ V$ für $t > 0$.

Lösung: $n(t)/(U/s) = 20 \cdot \left(1 + 2e^{-3t/s} - 3e^{-2t/s}\right)$. □

2.1.2 Spezielle Eingangssignale in der Regelungstechnik

Regelkreisglieder werden in der Regelungstechnik nach ihrem dynamischen Verhalten beurteilt. Dabei spielt weniger das Schwingungsverhalten, ausgehend von einem bestimmten Anfangszustand eine Rolle, als vielmehr die Antwort des Regelkreisgliedes auf ein bestimmtes Eingangssignal (Anregungssignal). Bei der Analyse des Zeitverhaltens werden dabei nicht beliebige Eingangssignale herangezogen, sondern man beschränkt sich auf einige Grundtypen von Signalen. Diese Signale werden dann auch für die Bestimmung der partikulären Lösung der inhomogenen Differentialgleichung verwendet. Man beurteilt dann die verschiedenen Regelkreisglieder, indem man den zeitlichen Verlauf ihrer Ausgangsgrößen für diese Grundtypen von Eingangssignalen vergleicht.

Das am häufigsten verwendete Eingangssignal ist die mit $\sigma(t)$ bezeichnete Sprungfunktion (Abb. 2.5). Sie entspricht einer großen Zahl von in der Praxis vorkommenden Schaltvorgängen:

- In einem elektrischen Netzwerk wird ein Schalter geschlossen und dadurch eine Spannung angelegt.
- Ein Lastmoment wird an einen Motor angekuppelt.
- Der Brenner einer Heizung wird eingeschaltet.
- Der Sollwert eines Regelkreises wird aufgeschaltet.

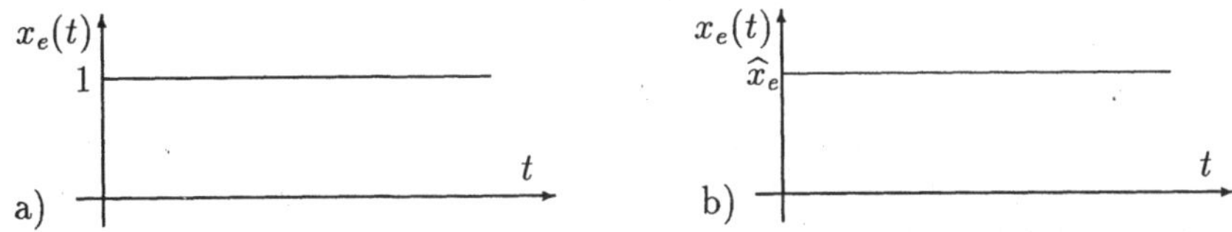

Abb. 2.5: Einheitssprungfunktion (Abb. a) und allgemeine Sprungfunktion (Abb. b)

Die *Einheitssprungfunktion* wird beschrieben durch die Gleichung

$$\left.\begin{array}{lll} x_e = 0 & \text{für} & t < 0 \\ x_e = 1 & \text{für} & t \geq 0 \end{array}\right\} x_e(t) = \sigma(t) ,$$

und für die *allgemeine Sprungfunktion* gilt:

$$\left.\begin{array}{lll} x_e = 0 & \text{für} & t < 0 \\ x_e = \widehat{x}_e & \text{für} & t \geq 0 \end{array}\right\} x_e(t) = \widehat{x}_e \cdot \sigma(t) \, .$$

Die sogenannte *Rampenfunktion* (Anstiegsfunktion) stellt ein Signal dar, welches mit konstanter Steigung linear ins Unendliche anwächst (Abb. 2.6). Sie repräsentiert ein zeitveränderliches Signal, welches häufig als Bezugssignal für sogenannte Folgeregelungen verwendet wird. Soll eine Antenne oder ein Fernrohr einem bewegten Ziel nachgeführt werden, so kann als Testsignal für die Auslegung eines für eine derartige Aufgabe zu entwerfenden Nachführregelkreises diese Rampenfunktion eingesetzt werden. Die Rampenfunktion wird definiert durch die Gleichung

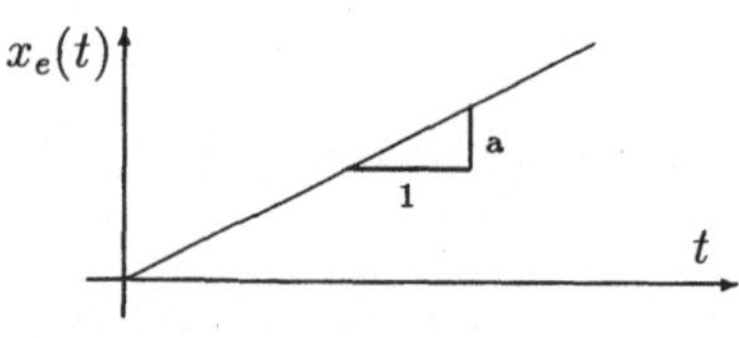

Abb. 2.6: Rampenfunktion

$$\begin{array}{lll} x_e = 0 & \text{für} & t < 0 \\ x_e = a \cdot t & \text{für} & t \geq 0 \, . \end{array}$$

Soll eine kurzzeitige Störung auf einen Regelkreis einwirken, so wird hierzu oft die *Impulsfunktion* $\delta(t)$ verwendet. Dieses Signal führt zu einer kurzzeitigen Anregung des Regelkreises. Das Signal ist nur zum Zeitnullpunkt von Null verschieden, sein Wert ist dann Unendlich. Zu allen anderen Zeiten ist die Impulsfunktion (oder auch Deltafunktion) gleich Null. Die Impulsfunktion wird beschrieben durch die Beziehung:

Abb. 2.7: Impulsfunktion

$$\begin{array}{llll} x_e = \infty & \text{für} & t = 0 & \\ x_e = 0 & \text{für} & t \neq 0 & \text{wobei gilt} \quad \int\limits_{-\infty}^{+\infty} \delta(t) \, \mathrm{d}t = 1 \, . \end{array}$$

Die Sinusfunktion dient als Referenzsignal für oszillierende Eingangssignale in einem Regelkreis. Dies kann z.B. der Fall sein, wenn als Störsignale in einem System Vibrationen einer bestimmten Frequenz vorkommen, die auszuregeln sind. Auch Oberwellen bei elektrischen Netzwerken sind Störungen, die ähnlich modelliert werden. Die Sinusfunktion wird beschrieben durch die Beziehung:

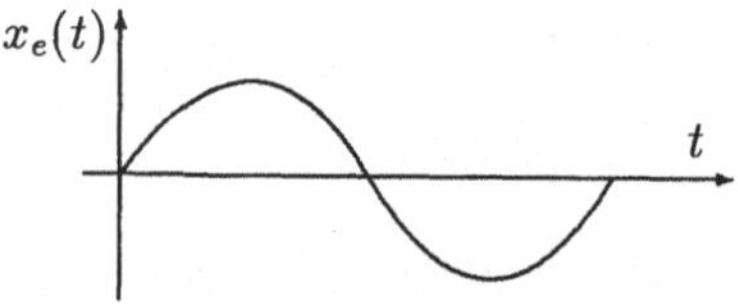

Abb. 2.8: Sinusfunktion

$$\begin{array}{lll} x_e = 0 & \text{für} & t < 0 \\ x_e = \widehat{x}_e \cdot \sin \omega t & \text{für} & t \geq 0 \, . \end{array}$$

2.1.3 Die Übergangsfunktion (Sprungantwort)

Zur Charakterisierung des Übertragungsverhaltens eines Regelkreisgliedes wird die Systemantwort in Abhängigkeit von bestimmten Eingangssignalen berechnet und dargestellt. Von den in Abschnitt 2.1.2 aufgeführten speziellen Eingangssignalen wird, wie schon erwähnt, am häufigsten der Sprungeingang verwendet.

Man bezeichnet nun den zeitlichen Verlauf des Ausgangssignals $x_a(t)$ (d.h. die Lösung der Differentialgleichung) für eine Sprungfunktion $x_e(t)$ am Eingang als *Sprungantwort* $x_a(t)$. Die Normierung von $x_a(t)$ durch die Sprunghöhe $\widehat{x}_e$ bezeichnet man als *Übergangsfunktion* $h(t)$. Die Anfangsbedingungen der Differentialgleichung sind zu Null gesetzt. Es gilt somit

$$h(t) = \frac{x_a(t)}{\widehat{x}_e} \qquad \text{für die Anregung} \qquad x_e(t) = \widehat{x}_e \cdot \sigma(t) \ .$$

Betrachtet man das zuvor untersuchte RL-Glied als Beispiel, so lautete die Lösung der Differentialgleichung für ein sprungförmiges Eingangssignal $x_e(t) = u_e(t) = \hat{U}_e \cdot \sigma(t)$

$$i_a(t) = i_{ah} + i_{ai} = c_1 \cdot \mathrm{e}^{-t/T_1} + \hat{U}_e/R \ ,$$

mit $T_1 = L/R$. Als Anfangsbedingung muß man nun $i_a(0) = i_{a0} = 0$ einarbeiten und erhält die Konstante c_1 zu

$$i_a(0) = c_1 \cdot \mathrm{e}^0 \ + \ \hat{U}_e/R = 0 \qquad \Rightarrow \qquad c_1 = -\hat{U}_e/R \ .$$

Damit lautet dann die Übergangsfunktion

$$h(t) = \frac{x_a(t)}{\widehat{x}_e} = \frac{1}{R} \cdot \left(1 \ - \ \mathrm{e}^{-t/T_1}\right) \ .$$

Den Zeitverlauf dieser Lösung zeigt Abb. 2.9.

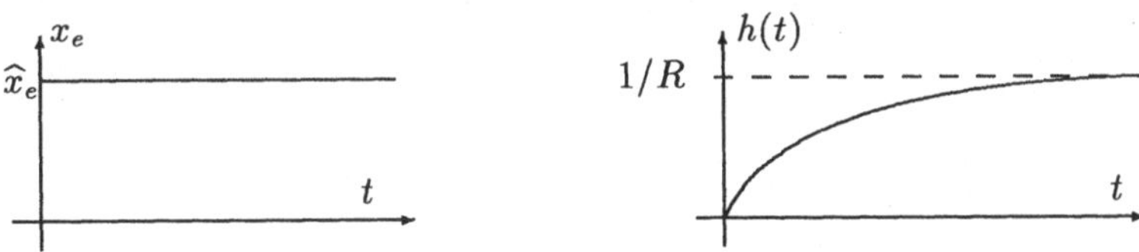

Abb. 2.9: Sprungeingang und Übergangsfunktion für das RL-Glied

In Anlehnung an die Bezeichnung Sprungantwort wird die Antwort eines Regelkreisgliedes auf ein rampenförmiges Eingangssignal als *Rampenantwort* (Anstiegsantwort) und auf ein impulsförmiges Eingangssignal als *Impulsantwort* bezeichnet. Diese Impulsantwort wird bei der Laplace-Transformation auch mit Gewichtsfunktion bezeichnet. Sie spielt bei der Lösung von Differentialgleichungen mittels des Faltungsintegrals eine Rolle.

Aufgabe 2.5: Bestimmen Sie die Rampenantwort des RL-Gliedes für die rampenförmige Eingangsspannung $u_e(t) = k \cdot t$, mit k in V/s.

Lösung: $i_a(t) = \frac{k}{R} \cdot \left(t - T_1 \cdot (1 - e^{-t/T_1})\right)$. □

Aufgabe 2.6: Bestimmen Sie die Impulsantwort des RL-Gliedes.

Lösung: $i_a(t) = \frac{V}{R} \cdot e^{-t/T_1}$. □

Aufgabe 2.7: Bestimmen Sie die Übergangsfunktion, Rampen- und Impulsantwort des Feder-Masse-Schwingers mit der Differentialgleichung $\ddot{x}_a + (4s^{-1}) \cdot \dot{x}_a + (3s^{-2}) \cdot x_a = (2cm^3 N^{-1} s^{-2})\, p_e$.

Lösung:

Übergangsfkt.:	$h(t)/(cm^3/N)$	$=$	$\frac{1}{3} \cdot (2 + e^{-3t/s} - 3 \cdot e^{-t/s})$
Rampenantwort:	$x_a(t)/(cm)$	$=$	$\frac{1}{9}(6t/s - 8 - e^{-3t/s} + 9e^{-t/s})$
Impulsantwort:	$x_a(t)/(cm)$	$=$	$e^{-3t/s} - e^{-t/s}$ □

2.2 Darstellung von Regelkreisgliedern durch Übertragungsfunktion und Frequenzgang

2.2.1 Die Übertragungsfunktion

Wie in Abschnitt 2.1.1 erläutert, kann man die Lösungen von Differentialgleichungen auch mittels Anwendung der Laplace-Transformation bestimmen. Dies wird im Anhang A gezeigt und soll hier für das Beispiel der RL-Schaltung demonstriert werden, da diese Darstellungsart auf die Beschreibung von Regelkreisgliedern durch die Übertragungsfunktion und den Frequenzgang überleitet.

Transformiert man die einzelnen Terme der Differentialgleichung 2.2

$$T_1 \dot{i}_a + i_a = \frac{1}{R} \cdot u_e$$

mit $T_1 = L/R$ in den Bildbereich, so resultiert

$$\mathcal{L}\{T_1 \cdot \dot{i}_a\} = T_1 \cdot (s \cdot I_a(s) - i_a(0^+)) \tag{2.7}$$

$$\mathcal{L}\{i_a\} = I_a(s) \tag{2.8}$$

$$\mathcal{L}\{u_e\} = U_e(s) \ . \tag{2.9}$$

Somit lautet die Differentialgleichung im Bildbereich

$$I_a(s) \cdot (1 + T_1 \cdot s) = T_1 \cdot i_a(0^+) + U_e(s) \ , \quad \text{oder}$$

$$I_a(s) = \frac{1/R}{1 + T_1 \cdot s} \cdot U_e(s) + \frac{T_1}{1 + T_1 \cdot s} \cdot i_a(0^+) \ . \tag{2.10}$$

Mit $u_e(t) = \hat{U}_e \cdot \sigma(t)$ wird dann $\mathcal{L}\{u_e(t)\} = \frac{\hat{U}_e}{s}$. Die Rücktransformation in den Zeitbereich mit Hilfe der Tabelle A.1 wird dann für $i_a(0^+) = i_{a0}$

$$i_a(t) = \frac{\hat{U}_e}{R} \cdot (1 - e^{-t/T_1}) + i_{a0} \cdot e^{-t/T_1} .$$

Aus der Darstellung der Differentialgleichung im Laplace-Bereich in Gleichung 2.10 kann man für $i_{a0} = 0$ den folgenden Ausdruck ableiten:

$$\frac{I_a(s)}{U_e(s)} = \frac{X_a(s)}{X_e(s)} = \frac{1/R}{1 + T_1 \cdot s} .$$

Man bezeichnet dieses Verhältnis der Laplace-transformierten Ausgangsgröße $X_a(s)$ zur Laplace-transformierten Eingangsgröße $X_e(s)$ als *Übertragungsfunktion* $F(s)$.

Die Übertragungsfunktion ist in der Regelungstechnik die meist gebrauchte Darstellungsart für die Beschreibung des Ein-/Ausgangsverhaltens von Regelkreisgliedern.

Für die allgemeine Form einer Differentialgleichung nach Gleichung 2.1

$$a_n \overset{n}{x_a} + a_{n-1} \overset{n-1}{x_a} + \ldots + a_2 \ddot{x}_a + a_1 \dot{x}_a + a_0 x_a = b_0 x_e + b_1 \dot{x}_e + b_2 \ddot{x}_e + \ldots + b_{m-1} \overset{m-1}{x_e} + b_m \overset{m}{x_e}$$

mit $x_e(t)$ als Eingangsgröße und $x_a(t)$ als Ausgangsgröße führt die Laplace-Transformation zur Gleichung

$$\left[a_n s^n + a_{n-1} s^{n-1} + \ldots + a_2 s^2 + a_1 s + a_0\right] \cdot X_a(s) = \left[b_0 + b_1 s + b_2 s^2 + \ldots + b_{m-1} s^{m-1} + b_m s^m\right] \cdot X_e(s) .$$

Dabei sind alle Anfangsbedingungen zu Null gesetzt. Hieraus folgt dann die Übertragungsfunktion zu

$$F(s) = \frac{X_a(s)}{X_e(s)} = \frac{b_0 + b_1 s + b_2 s^2 + \ldots + b_m s^m}{a_0 + a_1 s + a_2 s^2 + \ldots + a_n s^n} = \frac{Z(s)}{N(s)} \tag{2.11}$$

mit $Z(s)$ und $N(s)$ als Zähler- bzw. Nennerpolynom in s sowie $n \geq m$.

Mit Hilfe dieser Übertragungsfunktion $F(s)$ kann bei gegebener Laplace-transformierter Eingangsgröße $X_e(s)$ die Laplace-transformierte Ausgangsgröße $X_a(s)$ eines Systems gemäß

$$X_a(s) = F(s) \cdot X_e(s) \tag{2.12}$$

berechnet werden. Die nebenstehende Abbildung zeigt die Darstellung der Übertragungsfunktion als Blockschaltbild mit Eingangsgröße $X_e(s)$ und Ausgangsgröße $X_a(s)$.

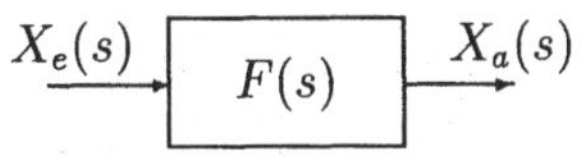

Abb. 2.10: Blocksymbol $F(s)$

Aufgabe 2.8: Bestimmen Sie die Übertragungsfunktionen $F(s)$ des Feder-Masse-Schwingers aus Gleichung 2.3 und des Gleichstrommotors aus Gleichung 2.4. Welche Ordnung haben jeweils die Zähler- und Nennerpolynome?

Lösung:

$$\begin{aligned}
F_1(s) &= \frac{X_a(s)}{P_e(s)} = \frac{A}{c + ds + Ms^2} \\
F_2(s) &= \frac{N(s)}{U_A(s)} = \frac{1}{Nenner} \\
F_3(s) &= \frac{N(s)}{M_w(s)} = \frac{-(R_A + L_A \cdot s)}{c\Psi_f \cdot Nenner} \\
Nenner &= (2\pi\ c\Psi_f) + \frac{2\pi\ J\ R_A}{c\Psi_f} \cdot s + \frac{2\pi\ J\ L_A}{c\Psi_f} \cdot s^2
\end{aligned}$$

Die Ordnung der Zählerpolynome beträgt 0 bzw. 1 und die der Nennerpolynome beträgt 2. □

2.2.2 Der Frequenzgang

Die bisher untersuchten Beschreibungen von Regelkreisgliedern durch Differentialgleichung bzw. Übertragungsfunktion erfolgten im Zeitbereich bzw. Bildbereich. Beide Beschreibungsarten sind für beliebige Eingangssignale gültig. Schränkt man die Eingangssignale auf *periodische Signale* ein, so gelangt man zur Beschreibung von Regelkreisgliedern durch den Frequenzgang. Dies soll zunächst am RLC-Glied von Aufgabe 2.1 untersucht werden.

Die Differentialgleichung des RLC-Gliedes lautete

$$LC \cdot \frac{\mathrm{d}^2 u_a}{\mathrm{d}t^2} + \frac{L}{R} \cdot \frac{\mathrm{d}u_a}{\mathrm{d}t} + u_a = u_e(t)\ .$$

Mit den Zahlenwerten $R = 100\ \Omega$, $L = 0,1\ H$ und $C = 50\ \mu F$ ergibt sich für das sinusförmige Eingangssignal (Wechselspannung) $u_e(t) = \hat{U}_e \cdot \sin\omega t$ mit $\hat{U}_e = 20\ V$ und $\omega = 1000\ s^{-1}$ der in Abb. 2.11 dargestellte Einschwingverlauf des Netzwerkes.

Die Ausgangsspannung $u_a(t)$ führt nach Abklingen des *Einschwingvorgangs* eine Dauerschwingung mit der Frequenz der Eingangsspannung $u_e(t)$ aus. Diesen Zustand bezeichnet man als *eingeschwungenen Zustand.* Beide Spannungen unter-

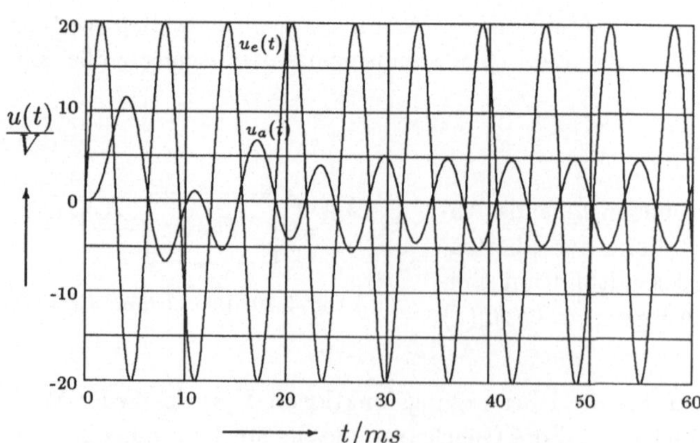

Abb. 2.11: Einschwingvorgang des RLC-Gliedes mit dem Eingangssignal $u_e(t)$ und Ausgangssignal $u_a(t)$

scheiden sich im eingeschwungenen Zustand in der Amplitude und im Phasenwinkel. Die Amplitude von u_a beträgt nur noch ca 25% der Eingangsamplitude und die Phasennacheilung liegt bei ca. 170 ... 180° . Der eingeschwungene Zustand wird dabei nach ca. 40 ms erreicht.

In der nebenstehenden Abbildung ist dieser eingeschwungene Zustand eines Ausgangssignals $x_a(t)$ nach erfolgter Anregung des Regelkreisgliedes mit dem sinusförmigen Eingangssignal $x_e(t)$ isoliert herausgezeichnet. Amplitude $\widehat{x}_a$ und Phasenverschiebung φ der Ausgangsspannung sind abhängig von der Frequenz ω der Eingangsspannung x_e, sodaß gilt:

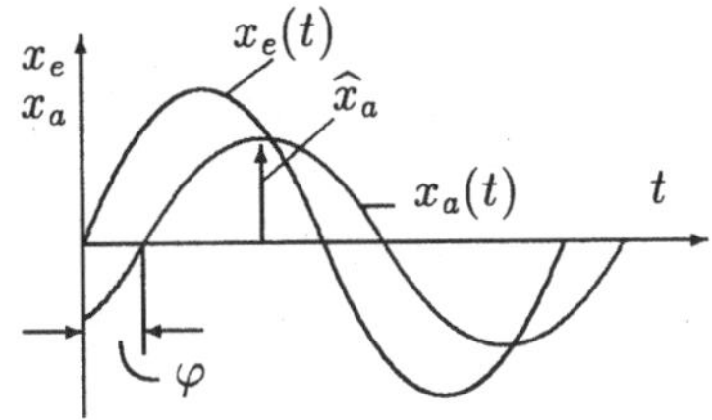

Abb. 2.12: Eingeschwungener Zustand

$$
\begin{aligned}
x_e(t) &= \widehat{x}_e \cdot \sin \omega t \\
x_a(t) &= \widehat{x}_a \cdot \sin(\omega t + \varphi) \\
&= \widehat{x}_a(\omega) \cdot \sin(\omega t + \varphi(\omega)) \ .
\end{aligned}
$$

Die Abhängigkeit von $\widehat{x}_a(\omega)$ und $\varphi(\omega)$ von den Koeffizienten a_i und b_i eines Regelkreisgliedes wird nachfolgend auf zwei Arten ermittelt.

Herleitung aus der Differentialgleichung

Als erste Methode zur Aufstellung des Frequenzgangs eines Systems soll die Differentialgleichung als Ausgangsbeziehung gewählt werden. In der allgemeinen Differentialgleichung eines Regelkreisgliedes

$$
\ldots + a_2 \, \ddot{x}_a + a_1 \, \dot{x}_a + a_0 \, x_a = b_0 \, x_e + b_1 \, \dot{x}_e + b_2 \ddot{x}_e + \ldots \tag{2.13}
$$

ersetzt man die sinusförmigen Ein-/Ausgangssignale durch ihre komplexe Beschreibung durch einen mitlaufenden und gegenlaufenden Zeiger $\mathrm{e}^{\mathrm{j}\omega t}$ bzw. $\mathrm{e}^{-\mathrm{j}\omega t}$ wie folgt:

$$
\begin{aligned}
x_e(t) &= \widehat{x}_e \cdot \sin \omega t = \frac{\widehat{x}_e}{2\mathrm{j}} \cdot \left\{\mathrm{e}^{\mathrm{j}\omega t} - \mathrm{e}^{-\mathrm{j}\omega t}\right\} \\
x_a(t) &= \widehat{x}_a \cdot \sin\left(\omega t + \varphi\right) = \frac{\widehat{x}_a}{2\mathrm{j}} \cdot \left\{\mathrm{e}^{\mathrm{j}(\omega t+\varphi)} - \mathrm{e}^{-\mathrm{j}(\omega t+\varphi)}\right\} \ .
\end{aligned}
$$

Bildet man die Ableitungen dieser Größen so folgt:

$$
\begin{aligned}
\dot{x}_e(t) &= \frac{\widehat{x}_e}{2\mathrm{j}} \cdot \left\{(\mathrm{j}\omega) \cdot \mathrm{e}^{\mathrm{j}\omega t} - (-\mathrm{j}\omega) \cdot \mathrm{e}^{-\mathrm{j}\omega t}\right\} \\
\dot{x}_a(t) &= \frac{\widehat{x}_a}{2\mathrm{j}} \cdot \left\{(\mathrm{j}\omega) \cdot \mathrm{e}^{\mathrm{j}(\omega t+\varphi)} - (-\mathrm{j}\omega) \cdot \mathrm{e}^{-\mathrm{j}(\omega t+\varphi)}\right\} \\
\ddot{x}_e(t) &= \frac{\widehat{x}_e}{2\mathrm{j}} \cdot \left\{(\mathrm{j}\omega)^2 \cdot \mathrm{e}^{\mathrm{j}\omega t} - (-\mathrm{j}\omega)^2 \cdot \mathrm{e}^{-\mathrm{j}\omega t}\right\}
\end{aligned}
$$

$$\ddot{x}_a(t) = \frac{\widehat{x}_a}{2\mathrm{j}} \cdot \left\{(\mathrm{j}\omega)^2 \cdot \mathrm{e}^{\mathrm{j}(\omega t+\varphi)} - (-\mathrm{j}\omega)^2 \cdot \mathrm{e}^{-\mathrm{j}(\omega t+\varphi)}\right\}$$

$$\vdots$$

Eingesetzt in Gleichung 2.13 und geeignet zusammengefaßt resultiert dann:

$$\frac{\widehat{x}_a}{2\mathrm{j}}\Big[\dots a_2\left\{(\mathrm{j}\omega)^2\mathrm{e}^{\mathrm{j}(\omega t+\varphi)} - (-\mathrm{j}\omega)^2\mathrm{e}^{-\mathrm{j}(\omega t+\varphi)}\right\} + a_1\left\{(\mathrm{j}\omega)\mathrm{e}^{\mathrm{j}(\omega t+\varphi)} -\right.$$
$$\left. - (-\mathrm{j}\omega)\mathrm{e}^{-\mathrm{j}(\omega t+\varphi)}\right\} + a_0\left\{\mathrm{e}^{\mathrm{j}(\omega t+\varphi)} - \mathrm{e}^{-\mathrm{j}(\omega t+\varphi)}\right\}\Big] = \frac{\widehat{x}_e}{2\mathrm{j}}\Big[b_0\left\{\mathrm{e}^{\mathrm{j}\omega t} - \mathrm{e}^{-\mathrm{j}\omega t}\right\} +$$
$$+ b_1\left\{(\mathrm{j}\omega)\mathrm{e}^{\mathrm{j}\omega t} - (-\mathrm{j}\omega)\mathrm{e}^{-\mathrm{j}\omega t}\right\} + b_2\left\{(\mathrm{j}\omega)^2\mathrm{e}^{\mathrm{j}(\omega t+\varphi)} - (-\mathrm{j}\omega)^2\mathrm{e}^{-\mathrm{j}(\omega t+\varphi)}\right\}\dots\Big]$$

Nach dem Kürzen und Zusammenfassen resultiert dann die Gleichung

$$\widehat{x}_a\mathrm{e}^{\mathrm{j}\varphi}\Big[\dots a_2(\mathrm{j}\omega)^2 + a_1(\mathrm{j}\omega) + a_0\Big]\mathrm{e}^{\mathrm{j}\omega t} + \widehat{x}_a\mathrm{e}^{\mathrm{j}\varphi}\Big[\dots a_2(-\mathrm{j}\omega)^2 + a_1(-\mathrm{j}\omega) + a_0\Big]\mathrm{e}^{-\mathrm{j}\omega t} =$$
$$\widehat{x}_e\Big[b_0 + b_1(-\mathrm{j}\omega) + b_2(-\mathrm{j}\omega)^2 + \dots\Big]\mathrm{e}^{-\mathrm{j}\omega t} + \widehat{x}_e\Big[b_0 + b_1(\mathrm{j}\omega) + b_2(\mathrm{j}\omega)^2 + \dots\Big]\mathrm{e}^{\mathrm{j}\omega t}\,.$$

Damit diese Gleichung für alle Zeiten t gültig ist, müssen die Ausdrücke in den eckigen Klammern vor $\mathrm{e}^{\mathrm{j}\omega t}$ und $\mathrm{e}^{-\mathrm{j}\omega t}$ gleich sein. Da in der Regelungstechnik nur die positiven Frequenzen (d.h. die $+\mathrm{j}\omega$-Terme) von Interesse sind, folgt daraus die Definitionsgleichung für den *Frequenzgang* $F(\mathrm{j}\omega)$

$$F(\mathrm{j}\omega) = \frac{X_a(\mathrm{j}\omega)}{X_e(\mathrm{j}\omega)} = \frac{\widehat{x}_a \cdot \mathrm{e}^{\mathrm{j}\varphi}}{\widehat{x}_e} = \frac{b_0 + b_1(\mathrm{j}\omega) + b_2(\mathrm{j}\omega)^2 + \dots + b_m(\mathrm{j}\omega)^m}{a_0 + a_1(\mathrm{j}\omega) + a_2(\mathrm{j}\omega)^2 + \dots + a_n(\mathrm{j}\omega)^n} \tag{2.14}$$

mit $m \leq n$.

Der Frequenzgang $F(\mathrm{j}\omega)$ ist eine frequenzabhängige komplexe Größe. Er beschreibt das Verhältnis der Ausgangsamplitude eines Systems zur Eingangsamplitude unter Berücksichtigung des Phasenwinkels.

Herleitung aus der Übertragungsfunktion

Der zweite Ansatz geht aus von der Übertragungsfunktion. Die Herleitung des Frequenzgangs aus der Übertragungsfunktion Gleichung 2.11 ist besonders einfach, da man in Gleichung 2.11 nur s durch $\mathrm{j}\omega$ zu ersetzen braucht. Aus

$$F(s) = \frac{X_a(s)}{X_e(s)} = \frac{b_0 + b_1\,s + b_2\,s^2 + \dots + b_m\,s^m}{a_0 + a_1\,s + a_2\,s^2 + \dots + a_n\,s^n}$$

wird dann

$$F(\mathrm{j}\omega) = \frac{X_a(\mathrm{j}\omega)}{X_e(\mathrm{j}\omega)} = \frac{\widehat{x}_a \cdot \mathrm{e}^{\mathrm{j}\varphi}}{\widehat{x}_e} = \frac{b_0 + b_1(\mathrm{j}\omega) + b_2(\mathrm{j}\omega)^2 + \dots + b_m(\mathrm{j}\omega)^m}{a_0 + a_1(\mathrm{j}\omega) + a_2(\mathrm{j}\omega)^2 + \dots + a_n(\mathrm{j}\omega)^n}\,. \tag{2.15}$$

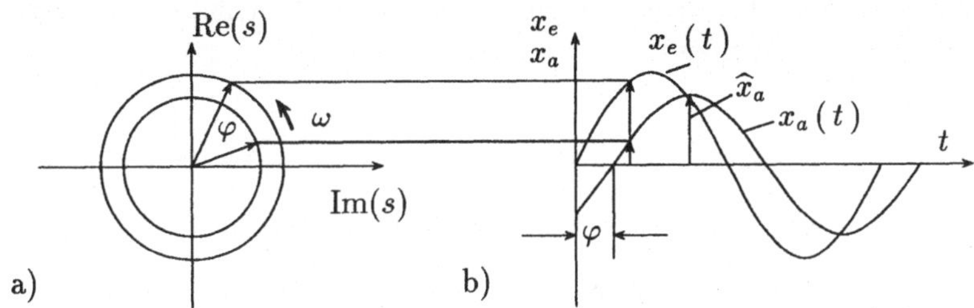

Abb. 2.13: Zeigerdarstellung der Ein-/Ausgangsschwingungen bei der Frequenz ω; Rotierende Zeiger (Abb. a) sowie zugehörige Sinusschwingungen (Abb. b)

2.2.3 Graphische Darstellungen des Frequenzgangs

Man kann sich die Schwingungen des Eingangssignals $x_e(t)$ und des Ausgangssignals $x_a(t)$ erzeugt denken durch rotierende Zeiger, die mit der jeweiligen Frequenz ω rotieren. Dies ist die übliche Interpretation der Zeigerdarstellungen in der Wechselstromlehre wie sie Abb. 2.13 zeigt.

Die aus dieser Zeigerdarstellung entwickelte graphische Darstellung des Frequenzgangs kann auf zwei Arten erfolgen. Da der Frequenzgang eine komplexe Größe ist, kann man ihn entweder in der komplexen Ebene durch eine sogenannte *Ortskurve* darstellen, oder man stellt Betrag und Phasenwinkel des Frequenzgangs getrennt dar. Diese Darstellung nennt man die Darstellung im *Bode-Diagramm.*

Die Ortskurve

Die Ortskurve des Frequenzgangs $F(\mathrm{j}\omega)$ wird in der komplexen Ebene dargestellt. Sie ist der geometrische Ort des Zeigers der Ausgangsgröße $X_a(\mathrm{j}\omega)$ bezogen auf die Amplitude des Eingangszeigers $\hat{x}_e$.

Falls ein Regelkreisglied dies zuläßt (und es z.B. nicht instabil wird), kann man die Ortskurve *experimentell ermitteln.* Zu diesem Zweck wird als Eingangsgröße eine Sinusschwingung verwendet und die Amplitude und Phasenlage der Ausgangsschwingung für alle Frequenzen der Eingangsschwingung im Bereich von $0 \leq \omega \leq \omega_{Max}$ gemessen.

Zur *rechnerischen Ermittlung* sind Betrag und Phasenwinkel des Frequenzgangs nach Gleichung 2.14 zu bestimmen.

Für das zuvor schon mehrfach untersuchte Beispiel des *RL*-Gliedes, beschrieben durch die Differentialgleichung

$$\frac{L}{R} \cdot \frac{\mathrm{d}i_a(t)}{\mathrm{d}t} + i_a(t) = \frac{1}{R} \cdot u_e(t) \quad ,$$

resultiert für $R = 1\ \Omega$ und $L = 3\ H$ der Frequenzgang zu:

$$F(\mathrm{j}\omega) = \frac{1/\Omega}{1 + 3\ (\mathrm{j}\omega)} \ .$$

Für die Darstellung der Ortskurve müssen Real- und Imaginärteil des Frequenzgangs berechnet werden zu:

$$\mathrm{Re}\{F(\mathrm{j}\omega)\} = \frac{1}{1+9\omega^2}\cdot\frac{1}{\Omega} \qquad \mathrm{Im}\{F(\mathrm{j}\omega)\} = -\frac{3\omega}{1+9\omega^2}\cdot\frac{1}{\Omega} \ .$$

Die Berechnung einer Wertetabelle für verschiedene ω ergibt:

ω in s^{-1}	0	0,1	0,2	1/3	0,5	1	10
$\frac{\mathrm{Re}\{F(\mathrm{j}\omega)\}}{1/\Omega}$	1	0,92	0,73	0,5	0,308	0,1	0,001
$\frac{\mathrm{Im}\{F(\mathrm{j}\omega)\}}{1/\Omega}$	0	-0,28	-0,44	-0,5	-0,46	-0,3	-0,033

Die Darstellung der Ortskurve in der komplexen Ebene ergibt den bekannten Halbkreis im vierten Quadranten, da bei dem RL-Glied eine Phasennacheilung des Ausgangsstroms gegen die Eingangsspannung vorliegt.

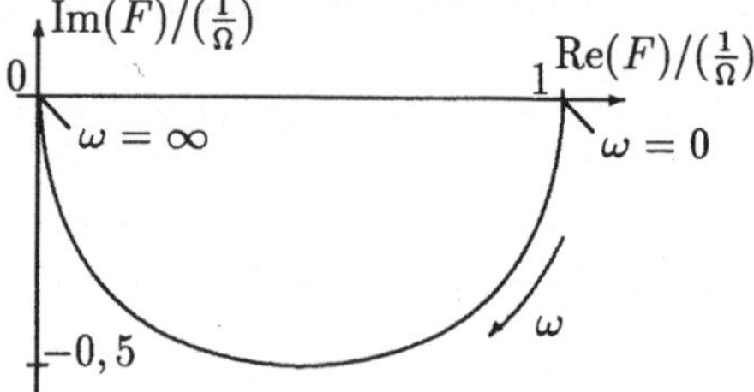

Abb. 2.14: Ortskurve des RL-Gliedes

Aufgabe 2.9: Berechnen Sie die Ortskurve des Feder-Masse-Schwingers für unterschiedliche Parametersätze beschrieben durch die Differentialgleichungen $\ddot{x}_a + (4s^{-1})\cdot\dot{x}_a + (20s^{-2})\cdot x_a = (2cm^3N^{-1}s^{-2})\ p_e$ und $\ddot{x}_a + (4s^{-1})\cdot\dot{x}_a + (2s^{-2})\cdot x_a = (2cm^3N^{-1}s^{-2})\ p_e$. Stellen Sie beide Ortskurven in einem Diagramm dar. □

Das Bode-Diagramm

Die Darstellung des Frequenzgangs durch seinen Betrag und Phasenwinkel, (d.h. Amplitudengang und Phasengang) abhängig von der Frequenz ω der Eingangsschwingung nennt man Bode-Diagramm. Die Achsenskalierung wird beim Amplitudengang $|F(\mathrm{j}\omega)|$ üblicherweise doppellogarithmisch gewählt, und beim Phasengang $\angle F(\mathrm{j}\omega)$ einfachlogarithmisch. Der Betrag $|F(\mathrm{j}\omega)| = \widehat{x}_a/\widehat{x}_e$ des Amplitudengangs wird dabei in Dezibel (dB) angegeben, mit der Definition

$$\widehat{x}_a/\widehat{x}_e\ [dB] = 20\cdot\log(\widehat{x}_a/\widehat{x}_e) \ .$$

Berechnet werden Amplitudengang und Phasengang aus dem Frequenzgang 2.15 mit Hilfe der komplexen Rechnung zu

$$\begin{aligned} |F(\mathrm{j}\omega)| &= \frac{|b_0 \ + \ b_1(\mathrm{j}\omega) + b_2(\mathrm{j}\omega)^2 + \ldots + b_m(\mathrm{j}\omega)^m|}{|a_0 \ + \ a_1(\mathrm{j}\omega) + a_2(\mathrm{j}\omega)^2 + \ldots + a_n(\mathrm{j}\omega)^n|} \\ &= \sqrt{\mathrm{Re}\{F(\mathrm{j}\omega)\}^2 + \mathrm{Im}\{F(\mathrm{j}\omega)\}^2} && (2.16) \\ \angle F(\mathrm{j}\omega) &= \arctan\{\mathrm{Im}[F(\mathrm{j}\omega)]/\mathrm{Re}[F(\mathrm{j}\omega)]\} \ . && (2.17) \end{aligned}$$

Betrachtet man wieder das zuvor untersuchte RL-Glied mit $F(j\omega) = \frac{1}{1+3(j\omega)} \cdot \frac{1}{\Omega}$, so resultieren für Amplitudengang und Phasengang

$$\frac{|F(j\omega)|}{1/\Omega} = \frac{1}{\sqrt{1+9\,\omega^2}} \qquad \text{und} \qquad \angle\, F(j\omega) = -\arctan(3\omega) \quad .$$

Die Berechnung einer Wertetabelle (mit $|F| \hat{=} |F|/(1/\Omega)$) für verschiedene ω ergibt:

ω in s^{-1}	0,01	0,1	0,2	1/3	0,5	1,0	5,0	10	100
$\|F\|$ in dB	-0,004	-0,374	-1,33	-3,0	-5,11	-10,0	- 23,5	-29,5	-49,5
$\angle(F)$ in °	-1,71	-16,7	- 31,0	-45,0	-56,3	-71,6	- 86,2	-88,1	-89,8

Die graphische Darstellung der Tabelle im Bode-Diagramm zeigt Abb. 2.15. Der Amplitudengang beginnt für niedrige Frequenzen bei 0 dB, hat bei der Eckfrequenz $\omega_E = 1/3\ s^{-1}$ den Wert $-3dB$ und geht dann für steigende Frequenzen mit einem Abfall von $-20dB/$Dekade gegen Null. Der Phasengang beginnt für niedrige Frequenzen bei 0°, hat bei der Eckfrequenz eine Phasennacheilung von $-45°$ und geht für hohe Frequenzen gegen $-90°$.

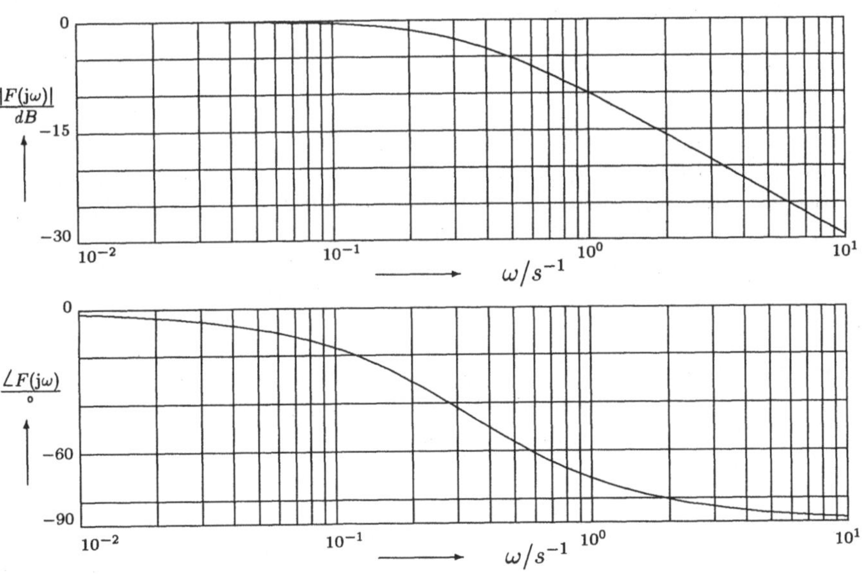

Abb. 2.15: Amplitudengang (oben) und Phasengang (unten) des RL-Gliedes

Aufgabe 2.10: Untersuchen Sie den Feder-Masse-Schwinger von Aufgabe 2.8 unter Vernachlässigung der Dimensionen (Gleichung 1: $\ddot{x}_a + 4 \cdot \dot{x}_a + 20 \cdot x_a = 2 \cdot p_e$; Gleichung 2: $\ddot{x}_a + 4 \cdot \dot{x}_a + 2 \cdot x_a = 2 \cdot p_e$):

1. Stellen Sie zunächst eine Wertetabelle für Amplituden- und Phasengang für beide Frequenzgänge auf.

2. Zeichnen Sie anschließend beide Bode-Diagramme in ein Bild.
3. Wie groß ist der Amplitudenabfall für große Frequenzen?
4. Wie groß ist der Phasenwinkel für große Frequenzen?

Lösung:

1.) Wertetabelle (Gleichung 1):

ω in s^{-1}	1	2	3	4	5	8	10	100
Re $\{F(j\omega)\}$	-19,74	-19,03	-18,21	-18,32	-20,26	-28,69	-33,01	-73,97
Im $\{F(j\omega)\}$	-11,89	-26,57	-47,49	-75,96	-104,0	-144,0	153,4	-177,7

Wertetabelle (Gleichung 2):

ω in s^{-1}	0,1	0,4	1	2	3	4	8	100
Re $\{F(j\omega)\}$	-0,12	-1,72	-6,28	-12,30	-16,84	-20,53	-30,85	-73,98
Im $\{F(j\omega)\}$	-11,37	-41,01	-75,96	-104,0	-120,3	-131,2	-152,7	-177,7

3.) Der Amplitudenabfall beträgt jeweils $40dB$ pro Dekade.

4.) Der Phasenwinkel beträgt -180° . □

Aufgabe 2.11: Untersuchen Sie den Gleichstrommotor von Abschnitt 2.1.1 unter Vernachlässigung der Dimensionen, beschrieben durch die Differentialgleichung:

$$2 \cdot \ddot{n} + 10 \cdot \dot{n} + 12 \cdot n = 60 \cdot u_A \ .$$

1. Berechnen und zeichnen Sie das Bode-Diagramm.
2. Wie groß ist der Amplitudenabfall für große Frequenzen?
3. Wie groß ist der Phasenwinkel für große Frequenzen?

Lösung:

1.) Wertetabelle:

ω in s^{-1}	0,1	0,4	1	2	3	4	8	100
Re $\{F(j\omega)\}$	13,96	13,73	12,55	9,37	5,85	2,55	-7,42	-50,46
Im $\{F(j\omega)\}$	-4,77	-18,90	-45,00	-78,69	-101,3	-116,6	-145,4	-177,1

2.) Der Abfall beträgt $40dB$ pro Dekade.

3.) Der Phasenwinkel beträgt -180° . □

2.3 Das Rechnen mit Regelkreisgliedern im Blockschaltbild

2.3.1 Darstellung von Regelkreisgliedern durch Blocksymbole

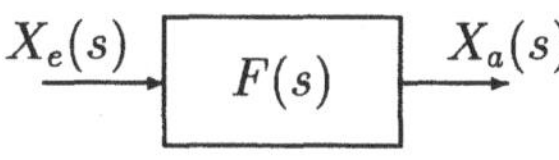

Abb. 2.16: Blocksymbol

In Abschnitt 2.2.1 wurde das Übertragungsverhalten eines Regelkreisgliedes durch ein Blocksymbol repräsentiert, wobei in den Block die Übertragungsfunktion $F(s)$ eingetragen wird. Die nebenstehende Abb. zeigt die Darstellung der Übertragungsfunktion im Blockschaltbild mit der Eingangsgröße $X_e(s)$ und der Ausgangsgröße $X_a(s)$. Für einfache Regelkreisglieder kann man die Übertragungsfunktion direkt aus der Differentialgleichung ermitteln, wie z.B. für das RL-Glied

$$F(s) = \frac{1/R}{1 + T_1 \cdot s} \, .$$

Bei komplizierteren Baugliedern, wie z.B. dem Gleichstrommotor, ist es empfehlenswert, das Regelkreisglied aus den Grundgleichungen, die es beschreiben, schrittweise aufzubauen. Die Grundgleichungen des Gleichstrommotors lauten:

$$\begin{aligned}
u_A &= R_A\, i_A + L_A \frac{\mathrm{d}i_A}{\mathrm{d}t} + e_A && \text{Maschengleichung} \\
e_A &= 2\pi \cdot c\Psi_f \cdot n && \text{Induktionsgesetz} \\
m_a &= c\Psi_f \cdot i_A && \text{Momentengleichung} \\
m_a - m_w &= 2\pi J \cdot \frac{\mathrm{d}n}{\mathrm{d}t} && \text{Impulssatz}
\end{aligned}$$

Zunächst werden diese Grundgleichungen Laplace-transformiert zu:

$$\begin{aligned}
U_A(s) &= (R_A + L_A\, s) \cdot I_A(s) + E_A(s) && \text{Maschengleichung} \\
E_A(s) &= c\Psi_f \cdot 2\pi \cdot N(s) && \text{Induktionsgesetz} \\
M_a(s) &= c\Psi_f \cdot I_A(s) && \text{Momentengleichung} \\
M_a(s) - M_w(s) &= 2\pi J \cdot s \cdot N(s) && \text{Impulssatz .}
\end{aligned}$$

Danach müssen die Ein- und Ausgangsgrößen einer jeden Gleichung festgelegt werden. Damit liegt dann für jede Gleichung ihre Darstellung durch eine Übertragungsfunktion fest, die in einem Blockschaltbild dargestellt wird (Abb. 2.17). Anschließend werden die zusammengehörenden Eingänge und Ausgänge der einzelnen Übertragungsfunktionen (Blöcke) verknüpft, und es entsteht das Blockschaltbild des Gesamtsystems (Abb. 2.18). In diesem Blockschaltbild sind die Regelkreisglieder durch Reihenschaltungen und eine Kreisschaltung miteinander verknüpft. Um das Blockschaltbild zu vereinfachen, müssen zunächst die Rechenregeln für die Verknüpfung von Regelkreisgliedern erarbeitet werden. Neben Kreis- und Reihenschaltung kann dabei zusätzlich auch noch eine Parallelschaltung auftreten. Mit diesen Rechenregeln können dann die Übertragungsfunktionen von den Eingangsgrößen $U_A(s)$ und $M_w(s)$ zur Ausgangsgröße $N(s)$ berechnet werden.

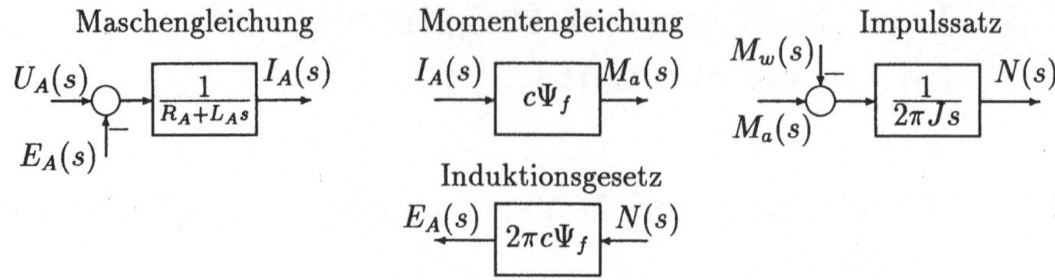

Abb. 2.17: Darstellung der Grundgleichungen durch Einzelblöcke

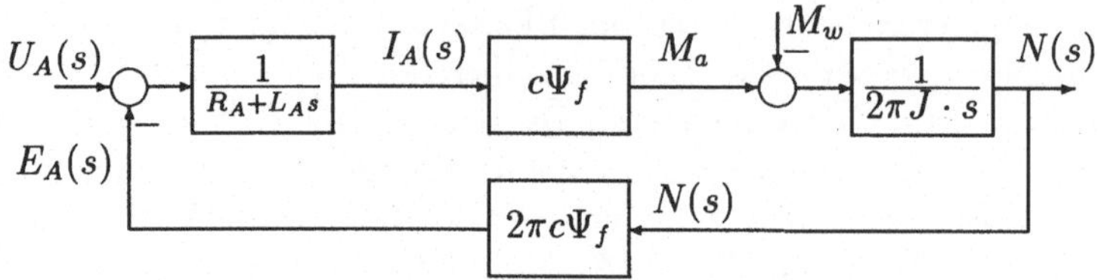

Abb. 2.18: Der Gleichstrommotor als Blockschaltbild

2.3.2 Reihen-, Parallel- und Kreisschaltung von Regelkreisgliedern

Die Berechnung der Übertragungsfunktion $F(s)$ der Reihenschaltung von Regelkreisgliedern geschieht in folgenden Schritten: Mit $X_1 = F_1(s) \cdot X_e$ und $X_a = F_2(s) \cdot X_1$ wird durch Einsetzen von X_1 dann $X_a = F_1(s) \cdot F_2(s) \cdot X_e$, und somit folgt für die Reihenschaltung von Regelkreisgliedern

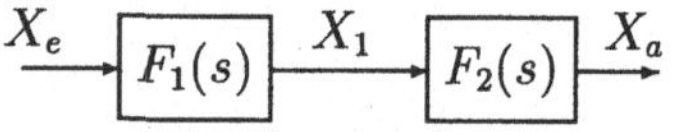

Abb. 2.19: Reihenschaltung

$$\boxed{F(s) = F_1(s) \cdot F_2(s)} \quad .$$

Auch bei der nun untersuchten Parallelschaltung von Regelkreisgliedern werden zunächst die Einzelübertragungsfunktionen aufgestellt und dann zusammengefaßt: Aus $X_1 = F_1(s) \cdot X_e$ und $X_2 = F_2(s) \cdot X_e$ wird durch Einsetzen von X_1 und X_2 dann

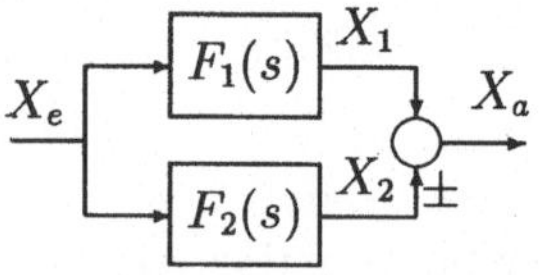

Abb. 2.20: Parallelschaltung

$$X_a = X_1 \pm X_2 = \{F_1(s) \pm F_2(s)\} \cdot X_e$$

und somit folgt für die Parallelschaltung von Regelkreisgliedern

$$\boxed{F(s) = F_1(s) \pm F_2(s)} \quad .$$

Die Kreisschaltung ist die in jedem Regelkreis vorkommende Verknüpfung von Regelkreisgliedern. Die Berechnung der Übertragungsfunktion einer Kreisschaltung richtet sich nach der obigen Vorgehensweise. In der nebenstehenden Abb. sind F_v und F_r die Übertragungsfunktionen des Vorwärts- und Rückwärtsgliedes. Nach der Berechnung von $E = X_e \mp F_r(s) \cdot X_a$ wird dieser Ausdruck in $X_a = F_v \cdot E(s) = F_v(s) \cdot \{X_e \mp F_r \cdot X_a(s)\}$ eingesetzt.

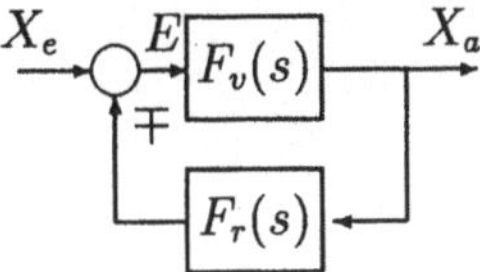

Abb. 2.21: Kreisschaltung

Die Auflösung nach $X_a(s)$ ergibt dann:
$X_a(s) \cdot \{1 \pm F_v(s) \cdot F_r(s)\} = F_v(s) \cdot X_e(s)$.
Damit lautet die gesuchte Übertragungsfunktion der Kreisschaltung:

$$X_a = \frac{F_v(s)}{1 \pm F_v(s) \cdot F_r(s)} \cdot X_e \ .$$

Die Übertragungsfunktion bei *Mitkopplung („+" Vorzeichen im Blockschaltbild)* lautet dann

$$\boxed{F(s) = \frac{F_v(s)}{1 - F_v(s) \cdot F_r(s)}}$$

und bei *Gegenkopplung („−" Vorzeichen im Blockschaltbild)*

$$\boxed{F(s) = \frac{F_v(s)}{1 + F_v(s) \cdot F_r(s)}} \ . \qquad (2.18)$$

2.3.3 Verlegen von Summations- und Verzweigungsstellen

Weitere Regeln für das Rechnen mit Blockschaltbildern betreffen die Verlegung von Summations- und Verzweigungsstellen in Blockschaltbildern, die in Abb. 2.22 aufgeführt sind. Folgen mehrere Summationsstellen aufeinander, ohne daß ein Block oder eine Verzweigungsstelle dazwischen liegen, dann können diese Summationsstellen zu einer Summationsstelle zusammengefaßt werden. Die gleiche Aussage trifft sinngemäß auf mehrere aufeinanderfolgende Verzweigungsstellen zu. Eine Zusammenfassung von Summationsstellen mit dazwischenliegender Verzweigung, bzw. von Verzweigungsstellen mit dazwischenliegender Summationsstelle, ist jedoch nicht möglich.

2.3.4 Anwendung der Regeln für das Rechnen mit Blockschaltbildern

Die Anwendung der in den vorangehenden Abschnitten erarbeiteten Regeln soll am Beispiel des Gleichstrommotors von Abb. 2.18 demonstriert werden. Dieses Beispiel beinhaltet Summations- und Verzweigungsstellen sowie die Reihen- und Kreisschaltung von Übertragungsfunktionen.

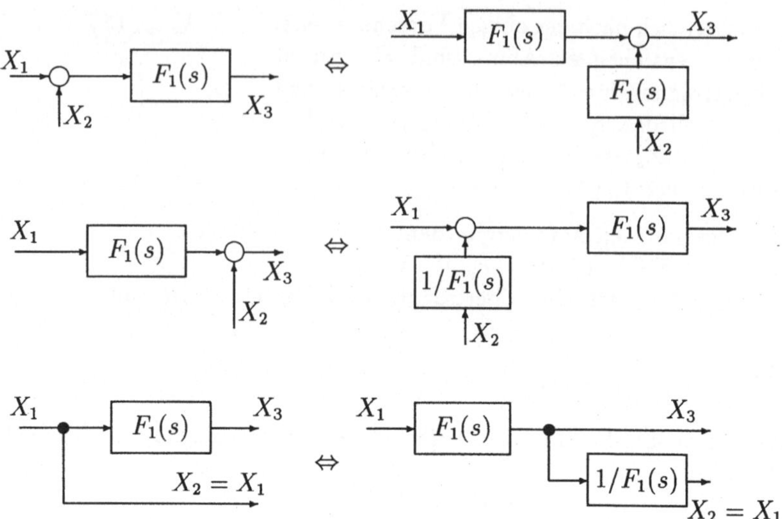

Abb. 2.22: Verlegen von Summations- und Verzweigungsstellen in Blockschaltbildern

Als erstes wird die Reihenschaltung der drei Übertragungsfunktionen im Vorwärtszweig der Kreisschaltung zusammengefaßt. Setzt man im Vorwärtszweig die Ein-

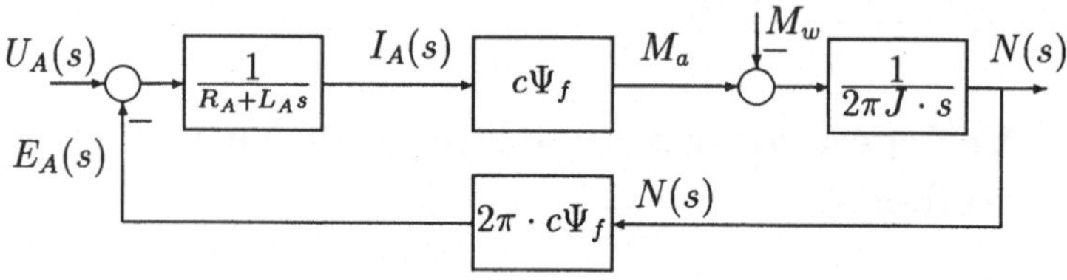

Abb. 2.23: Der Gleichstrommotor als Blockschaltbild

gangsgröße Störmoment $M_w(s)$ gleich Null, dann resultiert als Übertragungsfunktion der *Reihenschaltung* der drei einzelnen Übertragungsfunktionen im Vorwärtszweig

$$F_v(s) = \frac{1}{R_A + L_A\ s} \cdot c\Psi_f \cdot \frac{1}{2\pi J \cdot s} = \frac{c\Psi_f}{2\pi J \cdot s \cdot (R_A + L_A\ s)} \quad .$$

Die vereinfachte Schaltung ist dann eine Kreisschaltung mit einem Block im Vorwärtszweig und einem Block im Rückwärtszweig. Mit $F_r(s) = 2\pi \cdot c\Psi_f$ kann man dann nach den Rechenregeln der *Kreisschaltung* die Gesamtübertragungsfunktion ermitteln zu:

$$\begin{aligned} F(s) &= \frac{N(s)}{U_A(s)} = \frac{F_v(s)}{1 + F_v(s) \cdot F_r(s)} \\ &= \frac{\dfrac{c\Psi_f}{2\pi J \cdot s \cdot (R_A + L_A\ s)}}{1 + \dfrac{c\Psi_f}{2\pi J \cdot s \cdot (R_A + L_A\ s)} \cdot 2\pi \cdot c\Psi_f} \end{aligned}$$

$$F(s) \;=\; \frac{c\Psi_f}{2\pi J\cdot s\cdot(R_A + L_A\ s) \;+\; 2\pi\cdot(c\Psi_f)^2}\ . \tag{2.19}$$

Diese Übertragungsfunktion des Gleichstrommotors mit der Spannung $U_A(s)$ als Eingangsgröße und der Drehzahl $N(s)$ als Ausgangsgröße kann dann als einzelne Übertragungsfunktion in einem Block dargestellt werden (Abb. 2.24). Eine entsprechende Übertragungsfunktion mit dem Störmoment $M_w(s)$ als Eingangsgröße und der Drehzahl $N(s)$ als Ausgangsgröße kann auf gleiche Art und Weise entwickelt werden (siehe hierzu Aufgabe 2.12).

$U_A(s)$ → $\boxed{\dfrac{c\Psi_f}{2\pi J\cdot s\cdot(R_A + L_A\ s) \;+\; 2\pi\cdot(c\Psi_f)^2}}$ → $N(s)$

Abb. 2.24: Gesamtübertragungsfunktion des Gleichstrommotors

Diese so berechnete Übertragungsfunktion wird mit der Laplace-transformierten Gleichung 2.4 für $m_w = 0$ verglichen. Multipliziert man die modifizierte Gleichung 2.4 noch mit $c\Psi_f$ und bildet nach den Regeln von Abschnitt 2.2.1 die Übertragungsfunktion, so erhält man dieselbe Übertragungsfunktion wie in Gleichung 2.19. Die Ermittlung der Übertragungsfunktion durch Einsetzen und Auflösen der Grundgleichungen und anschließende Laplace-Transformation liefert dasselbe Ergebnis wie die Ermittlung der Übertragungsfunktion aus dem Blockschaltbild des Gleichstrommotors und Anwendung der Rechenregeln für Blockschaltbilder.

Aufgabe 2.12: Berechnen Sie mit den Rechenregeln für Blockschaltbilder die Übertragungsfunktion des Gleichstrommotors $F(s) = N(s)/M_W(s)$ für $U_A(s) = 0$. Vergleichen Sie das Ergebnis mit der aus Gleichung 2.4 ermittelten Übertragungsfunktion. □

Aufgabe 2.13: Stellen Sie ausgehend von den Grundgleichungen des Feder-Masse-Schwingers das Blockschaltbild der Anordnung dar. Vereinfachen Sie dann mit den Rechenregeln für Blockschaltbilder das Schaltbild und ermitteln Sie die Gesamtübertragungsfunktion $F(s)$.

Lösung: $F(s) = \dfrac{X_a(s)}{P_e(s)} = \dfrac{A}{c + d\ s + M\ s^2}$. □

Aufgabe 2.14: Berechnen Sie mit den Rechenregeln für Blockschaltbilder die Übertragungsfunktion der folgenden Anordnung:

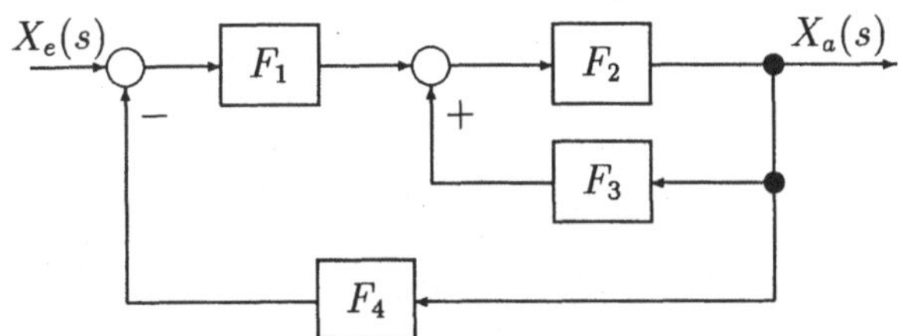

Lösung:

$$F = \frac{F_1\cdot F_2}{1 - F_2\cdot F_3 + F_1\cdot F_2\cdot F_4}$$ □

Aufgabe 2.15: Berechnen Sie mit den Rechenregeln für Blockschaltbilder die Übertragungsfunktion der folgenden Anordnung:

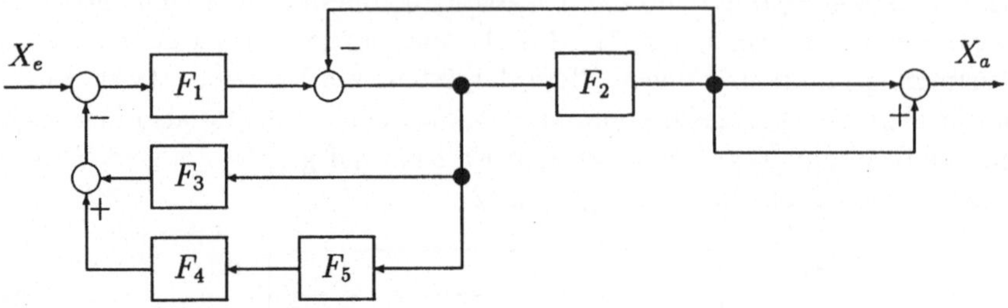

Lösung: $F = \dfrac{2 \cdot F_1 \cdot F_2}{1 + F_2 + F_1 \cdot (F_3 + F_4 \cdot F_5)}$ □

3 Regelstrecken

Die *Regelstrecke* ist derjenige Teil einer Anlage, in dem eine *Regelgröße* wie z.B. Temperatur, Druck, Weg, Drehzahl ... durch eine Regeleinrichtung beeinflußt werden soll. Die Regelgröße ist in den meisten Fällen fest vorgegeben. Bei einer Raumheizung ist die Raumtemperatur $\vartheta(t)$ zu regeln, bei einem Gleichstrommotor meist die Drehzahl $n(t)$, bei einem Flüssigkeitsbehälter meist die Füllstandshöhe $h(t)$ usw.. Während die Regelgröße in den meisten Fällen also bekannt ist, sind die *Parameter der Regelstrecke* a priori jedoch in den seltensten Fällen bekannt. Mit Parametern der Regelstrecke sind die Koeffizienten a_i und b_i der Differentialgleichung bzw. der Übertragungsfunktion der Regelstrecke gemeint. Diese Parameter der Regelstrecke müssen durch Berechnungen und/oder Messungen an der Regelstrecke ermittelt werden. Je genauer diese Parameter bekannt sind, umso besser kann man den Regler auf diese Parameter abstimmen. Die Ermittlung der Parameter der Regelstrecke (Identifizierung) ist ein Spezialgebiet der Regelungstechnik und wird in Abschnitt 3.4 gestreift.

Da die Regelgröße meist vorgegeben ist, liegt es nahe, zunächst die Regelstrecken anhand ihrer Regelgrößen zu klassifizieren. Beispielsweise würden dann Strecken aus elektrischen Bauelementen (wie z.B. Widerstand R, Spule L und Kondensator C) zu den elektrischen Strecken zählen, und Feder-Masse-Dämpfer Anordnungen zu den mechanischen Strecken. Bei näherer Betrachtung sieht man jedoch, daß beiden Strecken die gleiche Differentialgleichung zugrunde liegen kann, wie Aufgabe 3.1 zeigt.

Aufgabe 3.1: Bestimmen Sie die Differentialgleichung des nachfolgenden RLC-Reihenschwingkreises mit $u_e(t)$ als Eingangsspannung und $u_a(t)$ als Ausgangsspannung.

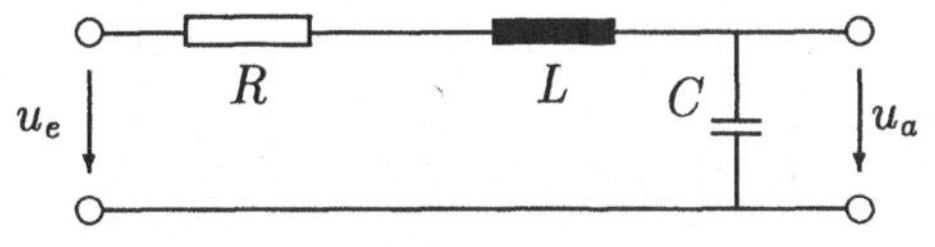

u_e R L C u_a

Lösung:

$$LC \cdot \ddot{u}_a \ + \ RC \cdot \dot{u}_a \ + \ u_a = u_e \qquad \square$$

Die Differentialgleichung von Aufgabe 3.1 stimmt in der Form überein mit der Differentialgleichung des mechanischen Systems von Gleichung 2.3, allein die Koeffizienten der Differentialgleichungen sind unterschiedlich. Daran zeigt sich, daß es wenig Sinn machen würde, zunächst elektrische Regelstrecken zu untersuchen, sie durch Differentialgleichungen und Übertragungsfunktionen zu beschreiben, und anschließend bei mechanischen Regelstrecken wieder Differentialgleichungen und Übertragungsfunktionen mit der gleichen Struktur zu behandeln.

Daher klassifiziert man in der Regelungstechnik Regelstrecken nach ihrem *zeitlichen Verhalten.* Dieses zeitliche Verhalten wird beschrieben durch Differentialgleichungen oder Übertragungsfunktionen. Man unterscheidet die folgenden Grundformen:

- *Proportionale Regelstrecken (Regelstrecken mit Ausgleich)* und
- *Integrierende Regelstrecken (Regelstrecken ohne Ausgleich).*

Proportionale Regelstrecken sind Regelstrecken wie z.B. ein Spannungsteiler, ein *RC*-Glied, ein *RLC*-Reihenschwingkreis oder ein Feder-Masse-Dämpfer Schwinger. Bei einer sprungförmigen Verstellung der Eingangsgröße strebt die Ausgangsgröße nach Abklingen eines Einschwingvorgangs gegen einen endlichen Wert (stationärer Endwert) der Ausgangsgröße, welcher der Eingangsgröße proportional ist. Man nennt diese Strecken auch Strecken mit Ausgleich. Typische Sprungantworten zeigt Abb. 3.1.

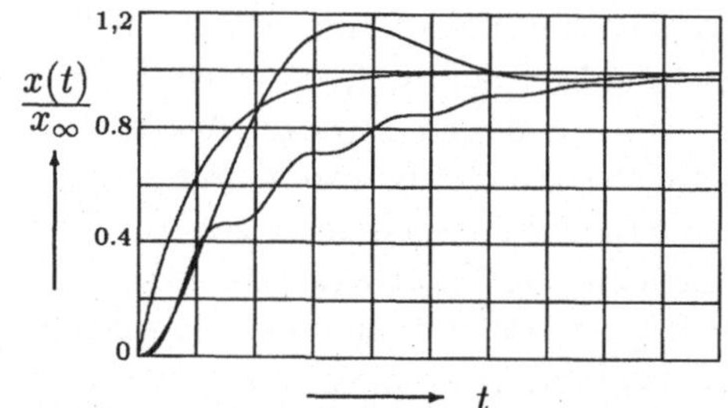

Abb. 3.1: Normierte Sprungantworten verschiedener proportionaler Strecken (Strecken mit Ausgleich)

Proportionale Regelstrecken werden durch Differentialgleichungen gemäß Gleichung 3.1 beschrieben, wobei Voraussetzung ist, daß der Koeffizient a_0 *nicht* verschwindet:

$$\ldots a_3 \dddot{x}_a(t) + a_2 \ddot{x}_a(t) + a_1 \dot{x}_a(t) + a_0 x_a(t) = b_0 x_e(t) . \tag{3.1}$$

Integrierende Regelstrecken sind Strecken, bei denen ein integrierendes Verhalten auftritt. Als Beispiele seien genannt Flüssigkeitsbehälter, Hydraulikzylinder und bewegte Massen. Bei einer sprungförmigen Verstellung der Eingangsgröße (Ventil, Stellkraft ..) strebt die Ausgangsgröße nach Abklingen eines Einschwingvorgangs aufgrund der Integrationswirkung gegen Unendlich (bzw. gegen einen Anschlag). Es findet kein Ausgleich wie bei den proportionalen Strecken statt. Sie heißen daher auch Strecken ohne Ausgleich (siehe Abb. 3.2).

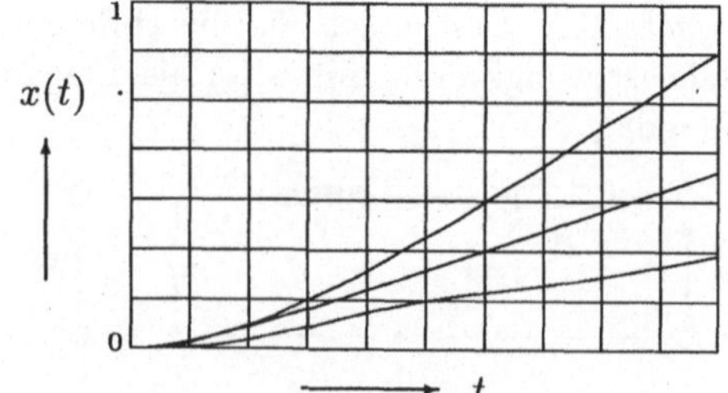

Abb. 3.2: Sprungantworten verschiedener integrierender Strecken (Strecken ohne Ausgleich)

Kennzeichend für die beschreibenden Differentialgleichungen integrierender Strecken ist das Fehlen des $x_a(t)$-Terms, d.h. es ist der Koeffizient $a_0 = 0$,

$$\ldots a_3 \dddot{x}_a(t) + a_2 \ddot{x}_a(t) + a_1 \dot{x}_a(t) = b_0 \, x_e(t)$$

bzw. es gilt

$$\ldots a_3 \ddot{x}_a(t) + a_2 \dot{x}_a(t) + a_1 x_a(t) = \int_0^t b_0 \, x_e(\tau) \mathrm{d}\tau \; .$$

Zu den *speziellen Formen von Regelstrecken* zählt man z.B. Regelstrecken mit Totzeit, mit Allpaßverhalten oder mit differenzierendem Verhalten. Sie werden in einem gesonderten Abschnitt behandelt.

3.1 Proportionale Regelstrecken

3.1.1 Proportionale Strecken ohne Verzögerung (P-Glied)

Proportionale Strecken ohne Verzögerung sind Strecken bzw. Übertragungsglieder, bei denen ein direkter proportionaler Zusammenhang zwischen der Eingangsgröße x_e und der Ausgangsgröße x_a gegeben ist. Beispiele hierzu zeigt Abb. 3.4. Aufgrund der Proportionalität zwischen x_a und x_e gilt für das Übertragungsverhalten die (triviale) Differentialgleichung

$$a_0 \cdot x_a(t) = b_0 \cdot x_e(t) \; . \tag{3.2}$$

Aus Gleichung 3.2 folgen Übertragungsfunktion $F(s)$ und Frequenzgang $F(\mathrm{j}\omega)$ zu:

$$F(s) = \frac{X_a(s)}{X_e(s)} = \frac{b_0}{a_0} = K_s \qquad \text{und} \qquad F(\mathrm{j}\omega) = \frac{b_0}{a_0} = K_s \; .$$

Auf ein sprungförmiges Eingangssignal $x_e(t) = \hat{x}_e \cdot \sigma(t)$ antwortet ein P-Glied sofort mit einem sprungförmigen Ausgangssignal $x_a(t) = K_s \cdot \hat{x}_e \; \sigma(t)$. Dies führt zur nebenstehenden graphischen Darstellung der Sprungantwort.

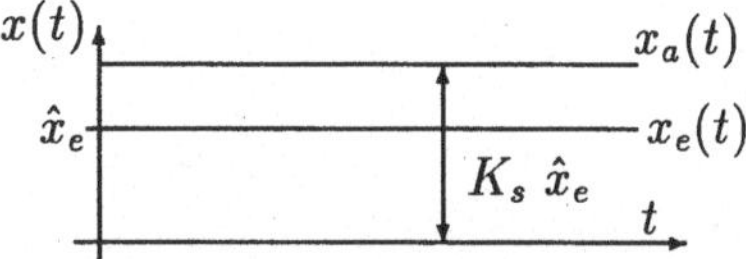

Abb. 3.3: Sprungantwort des P-Gliedes

Zur Kennzeichung des P-Gliedes durch ein Blocksymbol verwendet man entweder die Übertragungsfunktion $F(s)$ oder die Sprungantwort (Abb. 3.5).

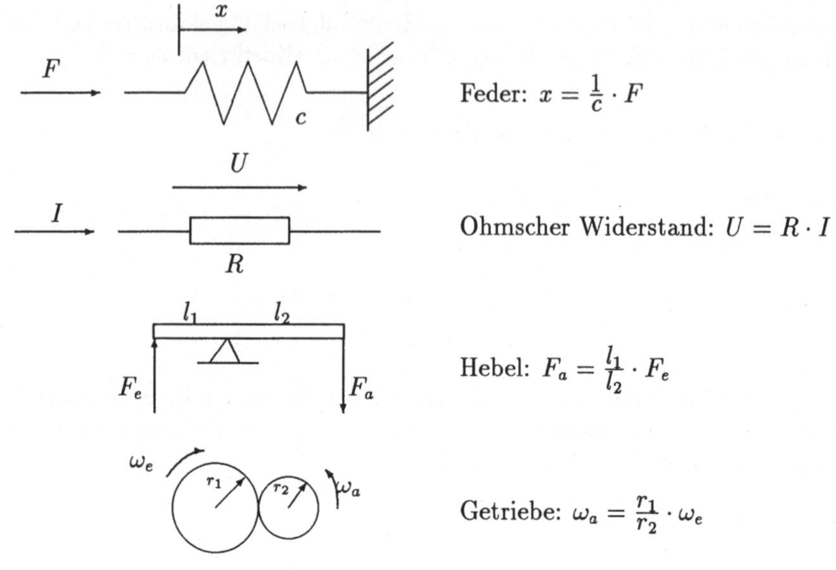

Abb. 3.4: Beispiele für P-Strecken (P-Übertragungsglieder)

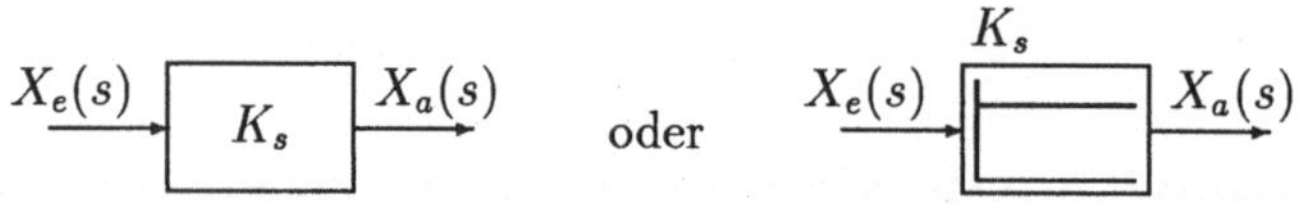

$X_e(s)$ → K_s → $X_a(s)$ oder $X_e(s)$ → K_s → $X_a(s)$

Abb. 3.5: Blocksymbol des P-Gliedes

3.1.2 Proportionale Strecken mit Verzögerung 1. Ordnung (PT_1-Glied)

Im Unterschied zu den idealen P-Gliedern antwortet die PT_1-Regelstrecke nicht mehr sofort auf ein Eingangssignal, sondern mit einer gewissen Verzögerung. Diese Verzögerung wird durch Energiespeicher im betrachteten System hervorgerufen, welche Energie nur verzögert abgeben oder aufnehmen. Bei den in Abb. 3.6 gezeigten Beispielen stellen ein elektrisches Magnetfeld, eine Feder, ein Druckbehälter oder ein Wasserbehälter diese Energiespeicher dar.

Die beschreibenden Differentialgleichungen dieser Anordnungen lauten

RL-Glied	$\frac{L}{R} \cdot \dot{i}_a + i_a$	$=$	$\frac{1}{R} \cdot u_e$
Feder-Dämpfer	$d \cdot \dot{x}_a + c \cdot x_a$	$=$	F_e
Druckbehälter	$T_s \cdot \dot{p}_a + p_a$	$=$	p_e
Heizkessel	$T_k \cdot \dot{\vartheta}_a + \vartheta_a$	$=$	$K_k \cdot U_e$.

In den Differentialgleichungen sind die Parameter der Anordnung explizit (R, L, d, ..) oder in komprimierter Form als zusammengefaßte Konstanten (T_s, T_k

..) enthalten. Diese Konstanten enthalten die bestimmenden Einflußgrößen der Behälter wie z.B. Volumen V, Heizwiderstand R_k, Masse der Flüssigkeit m_f. Die

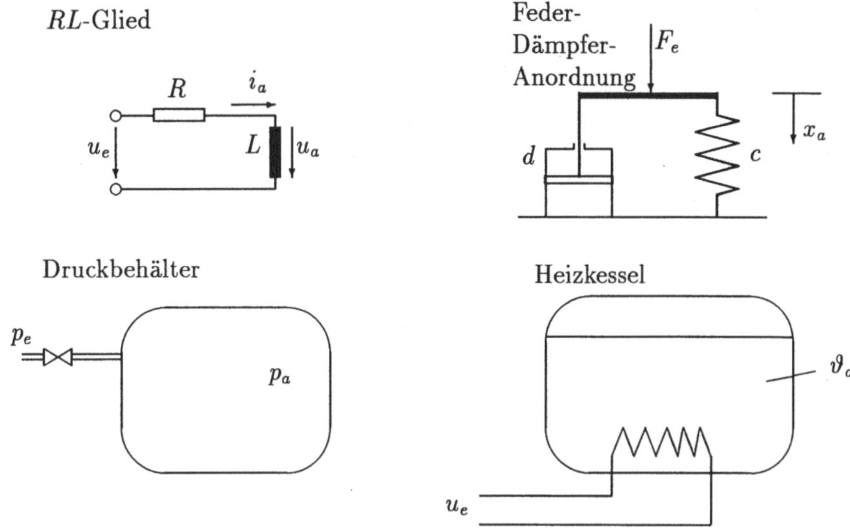

Abb. 3.6: Beispiele von Proportionalstrecken mit Verzögerung

Grundform der zugrunde liegenden Differentialgleichung für derartige Anordnungen lautet:

$$a_1 \cdot \dot{x}_a + a_0 \cdot x_a = b_0 \cdot x_e \ ,$$

bzw. in normierter Darstellung

$$T_s \cdot \dot{x}_a + x_a = K_s \cdot x_e \tag{3.3}$$

mit T_s als Zeitkonstante und K_s als Verstärkungsfaktor (Übertragungsbeiwert). Aus Gleichung 3.3 folgen Übertragungsfunktion $F(s)$ und Frequenzgang $F(\mathrm{j}\omega)$ zu:

$$F(s) = \frac{X_a(s)}{X_e(s)} = \frac{K_s}{1 + T_s \cdot s} \qquad \text{und} \qquad F(\mathrm{j}\omega) = \frac{K_s}{1 + T_s \cdot \mathrm{j}\omega} \ . \tag{3.4}$$

Zur Bestimmung der Übergangsfunktion (Sprungantwort) kann man die Differentialgleichung 3.3 z.B. nach der Methode von Abschnitt 2.1.1 lösen.

i) Die *homogene Differentialgleichung* lautet

$$T_s \cdot \dot{x}_a \ + \ x_a = 0 \ .$$

Mit dem $\mathrm{e}^{\lambda t}$ Ansatz, d.h. $x_{ah} = \mathrm{e}^{\lambda t}$ erhält man eingesetzt:

$$\begin{aligned} T_s \cdot \lambda \cdot \mathrm{e}^{\lambda\, t} \ + \ \mathrm{e}^{\lambda\, t} &= 0 \\ \Rightarrow \mathrm{e}^{\lambda\, t} \cdot (T_s\, \lambda \ + \ 1) &= 0 \ . \end{aligned}$$

Diese Gleichung ist nur dann für alle Zeiten gleich Null, wenn die *charakteristische Gleichung* der Differentialgleichung Null ist, d.h. wenn $T_s\lambda + 1 = 0$ erfüllt ist [31]. Daraus folgt

$$\lambda_1 = -1/T_s \; .$$

Somit lautet die homogene Lösung

$$x_{ah} = c_1 \cdot \mathrm{e}^{-t/T_s} \; .$$

ii) Nun wird die Lösung der *inhomogenen Differentialgleichung*

$$T_s \cdot \dot{x}_a + x_a = x_e$$

durch einen „Ansatz vom Typ der Störfunktion" ermittelt. Da die rechte Seite vereinbarungsgemäß der Sprungeingang $x_e(t) = \hat{x}_e\, \sigma(t)$ ist, wählt man als Lösungsansatz $x_{ai} = k \cdot \sigma(t)$. Eingesetzt resultiert

$$\begin{aligned} T_s \cdot \dot{x}_{ai} + x_{ai} &= K_s \cdot x_e \\ T_s \cdot 0 + k \cdot \sigma(t) &= K_s \cdot \hat{x}_e\, \sigma(t) \\ \Rightarrow k &= K_s\, \hat{x}_e \; . \end{aligned}$$

Die partikuläre Lösung lautet damit $x_{ai} = K_s \cdot \hat{x}_e\, \sigma(t)$.

iii) Mit der für Übergangsfunktionen vorgeschriebenen *Anfangsbedingung* $x_a(0) = 0$ erhält man dann mit $x_a = x_{ah} + x_{ai}$ eingesetzt

$$x_a(0) = c_1 \cdot \mathrm{e}^0 + K_s \cdot \hat{x}_e = 0 \qquad \rightarrow c_1 = -K_s\, \hat{x}_e \qquad \rightarrow x_{ah} = -K_s\, \hat{x}_e \cdot \mathrm{e}^{-t/T_s} \; .$$

Damit lautet dann die vollständige Lösung der Differentialgleichung

$$x_a(t) = x_{ah} + x_{ai} = K_s\, \hat{x}_e \cdot (1 - \mathrm{e}^{-t/T_s}) \; . \tag{3.5}$$

Abb. 3.7 zeigt den Zeitverlauf der Antwort eines PT_1-Gliedes auf einen Sprung am Eingang sowie das zugehörige Blocksymbol. Die Steigung des Signals $x_a(t)$ zum Zeitnullpunkt beträgt $\hat{x}_e \cdot K_s/T_s$.

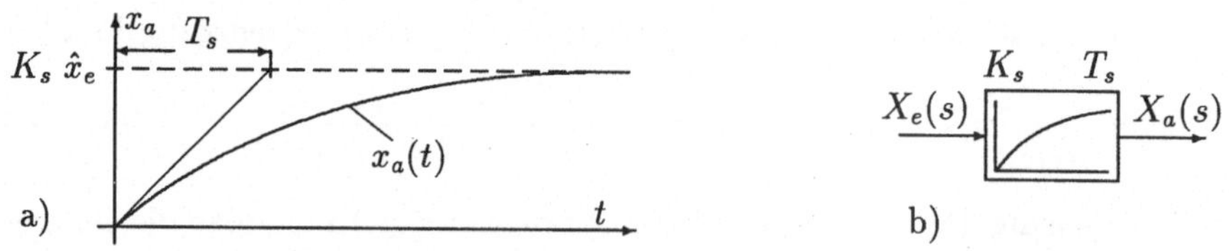

Abb. 3.7: Sprungantwort (Abb. a) und Blocksymbol eines PT_1-Gliedes (Abb. b)

Die Werte der Ortskurve des PT_1-Gliedes berechnet man nach Abschnitt 2.2.3 aus

$$F(\mathrm{j}\omega) = \frac{K_s}{1 + T_s \cdot \mathrm{j}\omega}$$

zu

$$\mathrm{Re}\{F(\mathrm{j}\omega)\} = \frac{K_s}{1 + (\omega T_s)^2} \qquad \text{und} \qquad \mathrm{Im}\{F(\mathrm{j}\omega)\} = -\frac{K_s \omega T_s}{1 + (\omega T_s)^2} \; . \tag{3.6}$$

Dividiert man in Gleichung 3.6 den Imaginärteil durch den Realteil, so erhält man $\mathrm{Re}\{F(j\omega)\}/\mathrm{Im}\{F(j\omega)\} = -\omega T_s$. Diesen Term setzt man wieder in den Imaginärteil ein und erhält nach einer Umrechnung als Ergebnis eine Kreisgleichung

$$(\mathrm{Re}\{F(j\omega)\} - K_s/2)^2 + (\mathrm{Im}\{F(j\omega)\})^2 = (K_s/2)^2 \; .$$

Die Ortskurve des $\mathrm{PT_1}$-Gliedes ist damit ein Halbkreis mit dem Mittelpunkt $(-K_s/2; 0)$ und dem Radius $K_s/2$. Die Ortskurve beginnt bei $\omega = 0$ auf der reellen Achse, geht dann in den negativ imaginären Bereich und endet für $\omega \to \infty$ im Ursprung. Die Frequenz, bei der Real- und Imaginärteil der Ortskurve den gleichen Betrag aufweisen, nennt man Eckfrequenz des $\mathrm{PT_1}$-Gliedes. Sie beträgt hier $\omega_E = 1/T_s$.

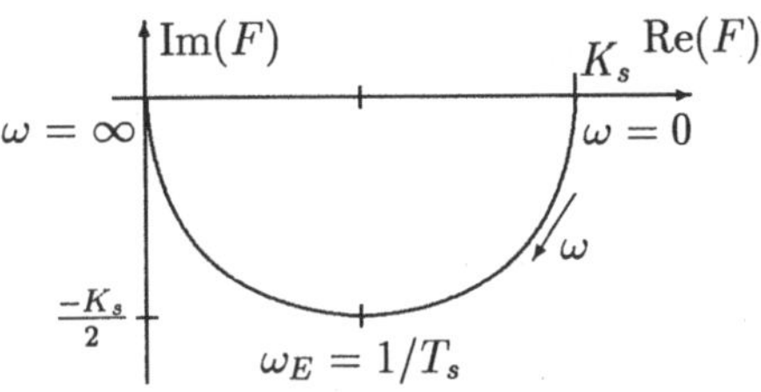

Abb. 3.8: Ortskurve des $\mathrm{PT_1}$-Gliedes

Aufgabe 3.2: Berechnen Sie die Übertragungsfunktion eines RC-Gliedes mit der angelegten Spannung $u_e(t)$ als Eingangsgröße und der Spannung $u_a(t)$ als Ausgangsgröße.

Lösung: $F(s) = \dfrac{U_a(s)}{U_e(s)} = \dfrac{1}{1 + RC \cdot s}$ □

3.1.3 Reihenschaltung von mehreren Strecken mit Verzögerung 1. Ordnung

Häufig bestehen Regelstrecken aus Reihenschaltungen von Verzögerungsstrecken 1. Ordnung. Beispiele hierfür sind jegliche Art von Temperaturregelstrecken, Raumheizungen (Aufheizung des Heizkörpers und danach Aufheizung des Raumes), Wärmetauscher, Aufeinanderfolge von Druckkesseln, Reihenschaltungen von RC-Gliedern oder RL-Gliedern. Abb. 3.9 zeigt einige dieser Beispiele.

Eine echte Reihenschaltung von Verzögerungsgliedern 1. Ordnung liegt nur dann vor, wenn die nachfolgende Einheit nicht auf die vorhergehende Einheit zurückwirkt. Daher ist z.B. bei den RC-Gliedern ein zusätzlicher Trennverstärker erforderlich, wenn die Rückwirkung verhindert werden soll.

Reihenschaltungen von $\mathrm{PT_1}$-Gliedern, wie sie Abb. 3.9 zeigt, gehören zu den am häufigsten anzutreffenden Regelstrecken. Die beschreibenden Differentialgleichungen der einzelnen Einheiten dieser Anordnungen lauten:

RC-Glieder	$R_1C_1 \cdot \dot{u}_1 + u_1 = u_e$	$R_2C_2 \cdot \dot{u}_a + u_a = u_1$
Druckbehälter	$T_{s1} \cdot \dot{p}_1 + p_1 = p_e$	$T_{s2} \cdot \dot{p}_a + p_a = p_1$
Heizung	$T_h \cdot \dot{\vartheta}_h + \vartheta_h = K_h \cdot Q_{zu}$	$T_r \cdot \dot{\vartheta}_r + \vartheta_r = K_r \cdot \vartheta_h$.

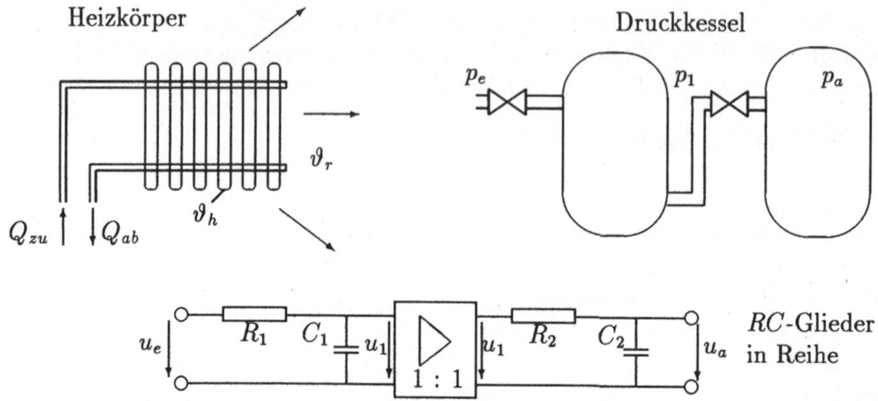

Abb. 3.9: Beispiele für Reihenschaltungen von Verzögerungsgliedern

Setzt man die Eingangsgröße der zweiten Differentialgleichung als Ausgangsgröße in die vorangehende Differentialgleichung ein, so resultiert eine Differentialgleichung 2. Ordnung der Form

$$a_2 \cdot \ddot{x}_a + a_1 \cdot \dot{x}_a + a_0 \cdot x_a = b_0 \cdot x_e \,, \tag{3.7}$$

bzw. in normierter Darstellung

$$T_{s1}T_{s2} \cdot \ddot{x}_a + (T_{s1} + T_{s2}) \cdot \dot{x}_a + x_a = K_1 K_2 \cdot x_e = K_s \cdot x_e \,.$$

Die Reihenschaltung der Einzelanordnungen erkennt man in der Übertragungsfunktion bzw. der Frequenzgangdarstellung besonders gut, wie die folgenden Gleichungen zeigen

$$\begin{aligned} F(s) &= \frac{X_a(s)}{X_e(s)} = \frac{K_1}{1 + T_{s1}s} \cdot \frac{K_2}{1 + T_{s2}s} = \frac{K_s}{(1 + T_{s1}s) \cdot (1 + T_{s2}s)} = \\ &= \frac{K_s}{1 + (T_{s1} + T_{s2})s + T_{s1}T_{s2}s^2} = \frac{K_s}{1 + T_1\, s + T_2^2\, s^2} \end{aligned} \tag{3.8}$$

$$F(j\omega) = \frac{K_s}{(1 + T_{s1}j\omega) \cdot (1 + T_{s2}j\omega)} = \frac{K_s}{1 + (T_{s1} + T_{s2})j\omega + T_{s1}T_{s2}(j\omega)^2} \,. \tag{3.9}$$

Die Größen T_{s1}, T_{s2} heißen Zeitkonstanten der Einzelstrecken, und K_1, K_2 bzw. K_s sind die Übertragungsbeiwerte. Die zweite Form von Gleichung 3.8 mit den Zeitkonstanten T_1 und T_2 wird vorwiegend bei schwingungsfähigen Strecken 2. Ordnung (siehe Kapitel 3.1.4) gebraucht. Prinzipiell kann sie jedoch auch bei den nicht schwingungsfähigen Strecken 2. Ordnung verwendet werden. Die Parameter T_{s1}, T_{s2} und K_s ergeben sich je nach Regelstrecke unter Verwendung der Grundgleichungen der Mechanik, Elektrotechnik oder z.B. der Thermodynamik.

Die Berechnung der Übergangsfunktion (Sprungantwort) einer Reihenschaltung von PT_1-Gliedern erfolgt wieder in drei Schritten:

i) Lösung der *homogenen Differentialgleichung*:

$$T_{s1}T_{s2} \cdot \ddot{x}_a + (T_{s1} + T_{s2}) \cdot \dot{x}_a + x_a = 0$$

Mit dem $e^{\lambda t}$ Ansatz, d.h $x_{ah} = e^{\lambda t}$ erhält man eingesetzt

$$\begin{aligned} e^{\lambda t} \cdot \{(T_{s1}\lambda + 1) \cdot (T_{s2}\lambda + 1)\} &= 0 \\ \Rightarrow \lambda_1 &= -1/T_{s1} \\ \Rightarrow \lambda_2 &= -1/T_{s2} \\ \Rightarrow x_{ah} &= c_1 \cdot e^{-t/T_{s1}} + c_2 \cdot e^{-t/T_{s2}} \,. \end{aligned}$$

ii) Lösung der *inhomogenen Differentialgleichung*:
Für einen Sprungeingang $x_e(t) = \hat{x}_e\, \sigma(t)$ ist der Lösungsansatz vom Typ der Störfunktion $x_{ai}(t) = k \cdot \hat{x}_e\, \sigma(t)$ und es resultiert nach dem Einsetzen $k = K_s\, \hat{x}_e$. Die inhomogene Lösung lautet damit

$$x_{ai} = K_s \cdot \hat{x}_e\, \sigma(t).$$

iii) Die *Einarbeitung der Anfangsbedingungen* $x_a(0) = \dot{x}_a(0) = 0$ unter Benutzung von $x_a = x_{ah} + x_{ai}$ ergibt:

$$\begin{aligned} x_a(0) = 0 &= K_s\, \hat{x}_e + c_1 + c_2 \\ \dot{x}_a(0) = 0 &= -c_1/T_{s1} - c_2/T_{s2} \,. \end{aligned}$$

Aufgelöst nach c_1 und c_2 folgt $c_1 = -K_s\, \hat{x}_e \cdot \frac{T_{s1}}{T_{s1} - T_{s2}}$ und $c_2 = K_s\, \hat{x}_e \cdot \frac{T_{s2}}{T_{s1} - T_{s2}}$.

Damit lautet die vollständige Lösung $x_a(t)$ für einen Sprungeingang

$$x_a(t) = K_s\, \hat{x}_e \cdot \left(1 - \frac{T_{s1}}{T_{s1} - T_{s2}} \cdot e^{-t/T_{s1}} + \frac{T_{s2}}{T_{s1} - T_{s2}} \cdot e^{-t/T_{s2}}\right) . \qquad (3.10)$$

Den Zeitverlauf der Lösung $x_a(t)$ dieser Reihenschaltung von zwei Verzögerungsgliedern 1. Ordnung zeigt Abb. 3.10. Legt man im Wendepunkt des Zeitverlaufs von $x_a(t)$ in Abb. 3.10 eine Tangente an, so kann man an der Zeitachse, wie eingezeichnet, die sogenannten Zeitkonstanten T_u (Verzugszeit) und T_g (Ausgleichszeit) ablesen. Diese beiden Zeitkonstanten werden oft zur Kennzeichung der Reihenschaltung von Verzögerungsgliedern 1. Ordnung verwendet, wenn man die einzelnen Zeitkonstanten T_{s1}, T_{s2}, $T_{s3}\ldots$ nicht berechnen kann. Je mehr Verzögerungsglieder hintereinandergeschaltet sind, umso größer werden T_u und T_g, d.h. umso langsamer nähert sich $x_a(t)$ seinem Endwert $K_s \cdot \hat{x}_e$. Basierend auf diesen ermittelten Werten T_u und T_g können dann für diese Strecken Regler entworfen werden. Das Verhältnis T_u/T_g wird auch als Maß für die Regelbarkeit von Regelstrecken herangezogen. Je kleiner T_u/T_g, umso besser ist die Regelbarkeit einer Strecke.

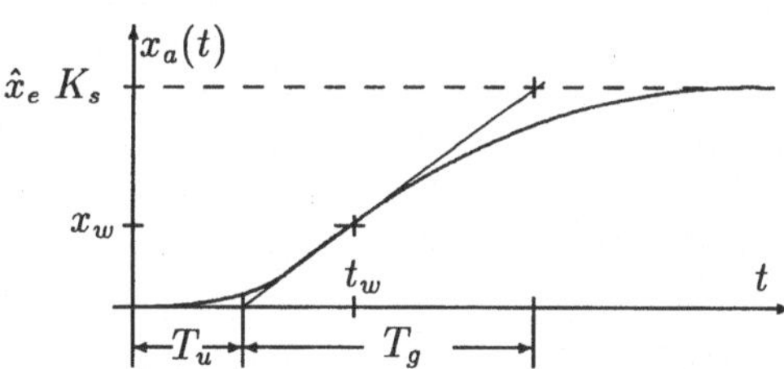

Abb. 3.10: Sprungantwort $x_a(t)$ der Reihenschaltung von zwei Verzögerungsgliedern mit eingezeichneter Wendetangente

Während die Sprungantwort eines einzelnen Verzögerungsgliedes 1. Ordnung im Zeitnullpunkt mit der Steigung K_s/T_s beginnt, ist die *Steigung* der Sprungantwort der Reihenschaltung von zwei oder mehr Verzögerungsgliedern *im Ursprung* immer Null. Dies zeigt die Ableitung von Gleichung 3.10.

$$\dot{x}_a(0) = \hat{x}_e\, K_s \cdot \left(\frac{1}{T_{s1} - T_{s2}} - \frac{1}{T_{s1} - T_{s2}}\right) = 0\ .$$

Ein *Sonderfall* der Reihenschaltung liegt dann vor, wenn die Reihenschaltung aus identischen Einzelanordnungen besteht (identische Druckkessel, identische *RC*-Glieder). Zeitkonstanten T_{si} und Verstärkungsfaktoren K_{si} sind dann auch identisch, und die Übertragungsfunktion nimmt die folgende Form an:

$$F(s) = \frac{K_s}{(1 + T_s \cdot s)^n}\ ,$$

mit $K_s = K_{s1} \cdot \ldots \cdot K_{sn}$ und $T_s = T_{s1} = T_{s2} = \ldots$ und n als Anzahl der aufeinanderfolgenden Anordnungen. Bei der Berechnung der Sprungantwort weist die homogene Lösung der Differentialgleichung nun eine Mehrfachwurzel bei $\lambda = -1/T_s$ auf. Die homogene Lösung ist dann wie folgt anzusetzen:

$$x_{ah} = c_1 \cdot \mathrm{e}^{\lambda t} + c_2 \cdot t \cdot \mathrm{e}^{\lambda t} + c_3 \cdot t^2 \cdot \mathrm{e}^{\lambda t} + \ldots$$

Aufgabe 3.3: Eine Regelstrecke besteht aus einer Hintereinanderschaltung von zwei identischen Druckkesseln mit Drosselventil, beschrieben durch Verstärkungsfaktor K_s und Zeitkonstante T_s. Berechnen Sie die Übertragungsfunktion dieser Reihenschaltung. Wie lautet die Übergangsfunktion?

Lösung: $F(s) = \dfrac{K_s^2}{(1 + T_s \cdot s)^2}$

$h(t) = \dfrac{x_a(t)}{\hat{x}_e} = K_s \cdot \left(1 - (1 + t/T_s) \cdot \mathrm{e}^{-t/T_s}\right)$ □

Aufgabe 3.4: Eine Regelstrecke besteht aus einer Hintereinanderschaltung von drei unterschiedlichen Druckkesseln mit Drosselventil, beschrieben durch Verstärkungsfaktoren $K_{s1} \ldots K_{s3}$ und Zeitkonstante $T_{s1} \ldots T_{s3}$. Berechnen Sie die Übertragungsfunktion dieser Reihenschaltung. Wie lautet die Übergangsfunktion?

Lösung: $F(s) = \dfrac{\overbrace{K_{s1} \cdot K_{s2} \cdot K_{s3}}^{K_s}}{(1 + T_{s1} \cdot s) \cdot (1 + T_{s2} \cdot s) \cdot (1 + T_{s3} \cdot s)}$

$$h(t) = K_s \cdot \left(1 - \frac{T_{s1}^2}{(T_{s1} - T_{s2})(T_{s1} - T_{s3})} \cdot \mathrm{e}^{-t/T_{s1}} - \frac{T_{s2}^2}{(T_{s2} - T_{s1})(T_{s2} - T_{s3})} \cdot \mathrm{e}^{-t/T_{s2}} - \frac{T_{s3}^2}{(T_{s3} - T_{s1}) \cdot (T_{s3} - T_{s2})} \cdot \mathrm{e}^{-t/T_{s3}}\right)$$ □

Aufgabe 3.5: Stellen Sie die Differentialgleichung der Reihenschaltung von 2 *RC*-Gliedern (siehe Abb. 3.9) ohne Trennverstärker und für $R_1 = R_2$ sowie $C_1 = C_2$ mit $u_e(t)$ als Eingangsgröße und $u_a(t)$ als Ausgangsgröße auf. Wie lautet die Differentialgleichung der Reihenschaltung mit Trennverstärker? Begründen Sie den Unterschied.

Lösung (ohne:) $(RC)^2\ddot{u}_a + 3RC\dot{u}_a + u_a = u_e$
(mit:) $(RC)^2\ddot{u}_a + 2RC\dot{u}_a + u_a = u_e$
Begründung: Ohne Trennverstärker nicht rückwirkungsfrei. □

Die Blocksymbole einer Reihenschaltung von mehreren Verzögerungsgliedern 1. Ordnung zeigt Abb. 3.11

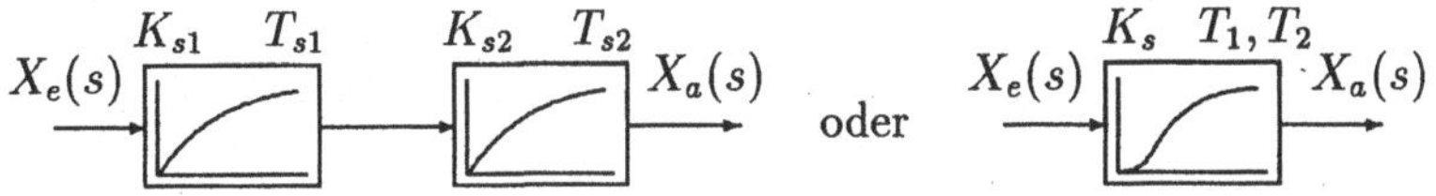

K_{s1} T_{s1} K_{s2} T_{s2} K_s T_1, T_2
$X_e(s)$ $X_a(s)$ oder $X_e(s)$ $X_a(s)$

Abb. 3.11: Blocksymbole einer Reihenschaltung von Verzögerungsgliedern 1. Ordnung

Die Ortskurve einer Reihenschaltung von 2 Verzögerungsgliedern 1. Ordnung wird aus Gleichung 3.9 berechnet. Mit

$$\mathrm{Re}\{F(\mathrm{j}\omega)\} = \frac{K_s \cdot (1 - \omega^2 T_{s1} T_{s2})}{(1 - \omega^2 T_{s1} T_{s2})^2 + \omega^2 \cdot (T_{s1} + T_{s2})^2} \tag{3.11}$$

$$\mathrm{Im}\{F(\mathrm{j}\omega)\} = \frac{-K_s \cdot \omega \cdot (T_{s1} + T_{s2})}{(1 - \omega^2 T_{s1} T_{s2})^2 + \omega^2 \cdot (T_{s1} + T_{s2})^2} \tag{3.12}$$

erhält man nach dem Einsetzen von Zahlenwerten den folgenden typischen Ortskurvenverlauf. Die Ortskurve beginnt für $\omega = 0$ auf der reellen Achse und strebt mit wachsender Frequenz in den 4. Quadranten. Sie schneidet die negativ imaginäre Achse bei $-\mathrm{j}a$ mit der Frequenz ω_1 und geht dann in den Ursprung. Die

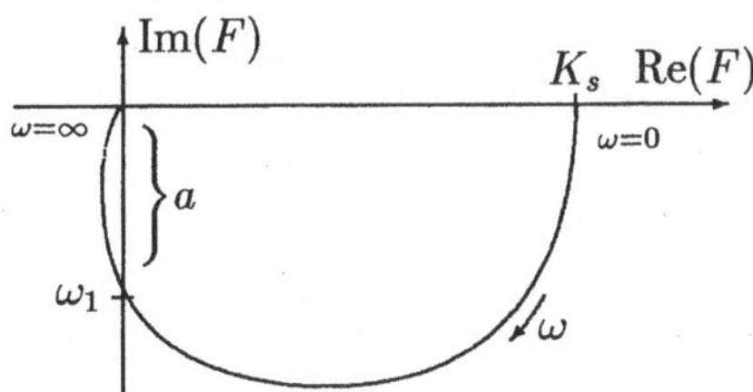

Abb. 3.12: Ortskurve der Reihenschaltung von zwei Verzögerungsgliedern 1. Ordnung

Werte für ω_1 und a können aus den Gleichungen 3.11 und 3.12 berechnet werden. Aus $\mathrm{Re}\{F(\mathrm{j}\omega)\} = 0$ erhält man die Frequenz ω_1, die dann in $\mathrm{Im}\{F(\mathrm{j}\omega)\}$ eingesetzt wird und a ergibt:

$$\omega_1 = \frac{1}{\sqrt{T_{s1} \cdot T_{s2}}} \quad \text{und} \quad a = K_s \cdot \frac{\sqrt{T_{s1} \cdot T_{s2}}}{T_{s1} + T_{s2}} \; .$$

Für die Reihenschaltung von drei Verzögerungsgliedern verläuft die Ortskurve durch drei Quadranten der komplexen Ebene $F(\mathrm{j}\omega)$, wie in Abb. 3.13 gezeigt.

Aufgabe 3.6: Berechnen Sie für eine Reihenschaltung von drei Verzögerungsgliedern 1. Ordnung mit der Verstärkung K_s und den Zeitkonstanten $T_{s1} \ldots T_{s3}$ die in Abb. 3.13 eingezeichneten Frequenzen ω_1, ω_2 und ebenso die Achsenabschnitte a und b.

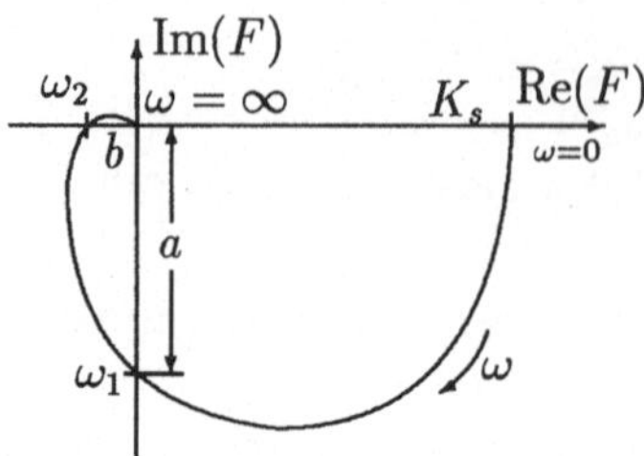

Abb. 3.13: Ortskurve der Reihenschaltung von drei Verzögerungsgliedern 1. Ordnung

Lösung:

$$\omega_1 = \frac{1}{\sqrt{T_{s1}T_{s2} + T_{s1}T_{s3} + T_{s2}T_{s3}}} \qquad \omega_2 = \sqrt{\frac{T_{s1} + T_{s2} + T_{s3}}{T_{s1}T_{s2}T_{s3}}}$$

$$a = \frac{K_s}{\omega_1} \cdot \frac{1/(T_{s1}T_{s2}T_{s3})}{\omega_2^2 - \omega_1^2} \qquad b = \frac{K_s\omega_1^2}{\omega_2^2 - \omega_1^2}$$

□

3.1.4 Schwingungsfähige Proportionalstrecken (PT$_2$-Glied)

Bei den bisher untersuchten Regelstrecken näherte sich die Ausgangsgröße $x_a(t)$ aperiodisch ihrem stationären Endwert. Die Strecken waren nicht schwingungsfähig. Voraussetzung für die Schwingungsfähigkeit einer Regelstrecke ist das Vorhandensein mehrerer Energiespeicher derart, daß ein Energieaustausch zwischen den Speichern stattfinden kann. Beispiele für Energiespeicher in elektrischen Systemen sind Spule und Kondensator als Speicherelemente elektrischer und magnetischer Energie. Energiespeicher in mechanischen Systemen sind z.B. Feder und Masse als Speicher von Verformungs- bzw. kinetischer Energie. Daß das Vorhandensein zweier Speicher nicht hinreichend für die Schwingungsfähigkeit eines Systems ist, zeigt das Beispiel der zwei RC-Glieder, die in Reihe geschaltet sind. Ob mit oder ohne Trennverstärker verschaltet, geht die Ausgangsspannung dennoch aperiodisch gegen ihren Endwert. Damit ein System schwingt, muß die Energieform periodisch wechseln; elektrische Energie muß in magnetische Energie umgewandelt werden und vice versa. In mechanischen Systemen muß z.B. eine Umwandlung von potentieller in kinetischer Energie und umgekehrt stattfinden, dann kann ein System schwingen.

Die Schwingungsfähigkeit eines Systems soll im allgemeinen durch die Regelung beeinflußt werden. Da aufklingende Schwingungen immer unerwünscht sind, müssen z.B. Dämpfungselemente in ein solches System eingeführt werden. Solche Dämpfungselemente setzen die im System vorhandene Energie in Wärme um. In elektrischen Systemen dämpft z.B. ein Ohmscher Widerstand auftretende Schwingungen, und in mechanischen Systemen sind es spezielle Dämpfungselemente wie z.B. ein Dämpfertopf. Zusätzlich greift dann die Regelung aktiv in die Dämpfung schwingender Systeme ein.

Beispiele schwingungsfähiger Systeme zeigt Abb. 3.14.

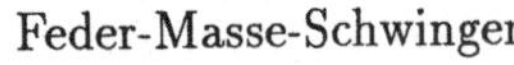

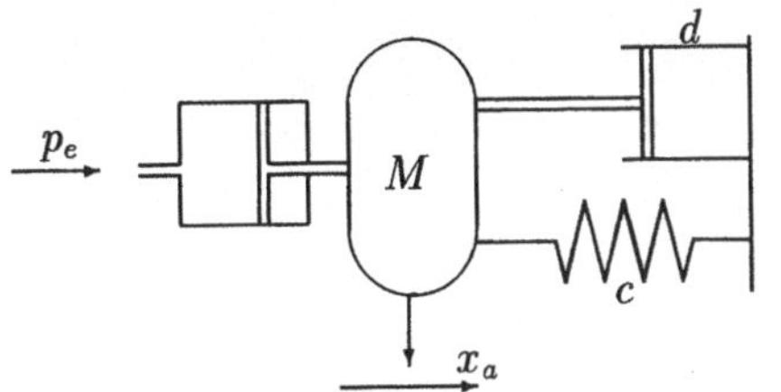

RLC-Schwingkreis

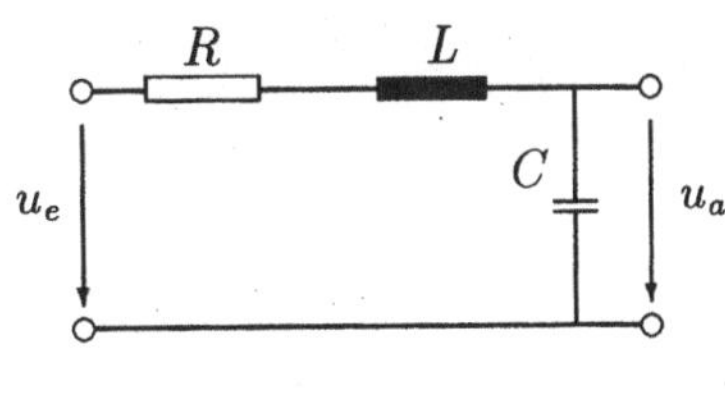

Permanentmagnet-Gleichstrommotor

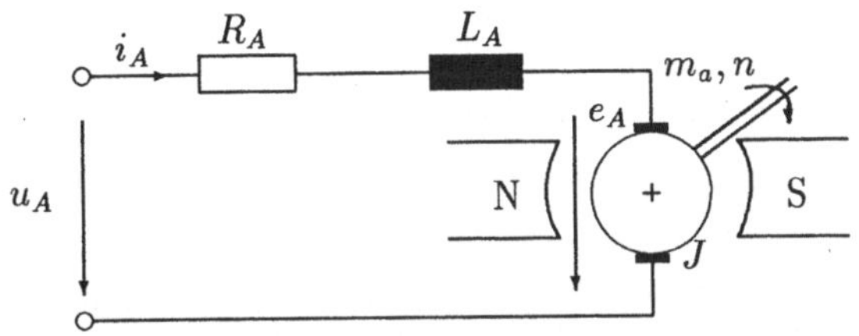

Abb. 3.14: Beispiele schwingungsfähiger Systeme

Die Differentialgleichungen dieser Beispiele wurden in Kapitel 2 in den Gleichungen 2.4 und 2.3 sowie in Aufgabe 3.1 ermittelt, sie lauten:

Feder-Masse-Schwinger	$M \cdot \ddot{x}_a \;+\; d \cdot \dot{x}_a \;+\; c \cdot x_a = A \cdot p_e \;.$
RLC-Schwingkreis	$LC \cdot \ddot{u}_a \;+\; RC \cdot \dot{u}_a \;+\; u_a = u_e$
Gleichstrommotor	$\frac{2\pi\; J\; L_A}{c\Psi_f} \cdot \ddot{n} \;+\; \frac{2\pi\; J\; R_A}{c\Psi_f} \cdot \dot{n} \;+\; 2\pi \cdot c\Psi_f \cdot n = u_A \;.$

Voraussetzung für das Auftreten von Schwingungen in einem derartigen System ist, daß die im System vorhandene Dämpfung nicht zu groß ist. Aus der Mathematik ist bekannt, daß die Lösungen von Differentialgleichungen dann schwingungsfähig sind, wenn die Eigenwerte der homogenen Differentialgleichung (bzw. die Wurzeln der charakteristischen Gleichung) konjugiert komplex sind. Dies soll an den obigen Beispielen überprüft werden.

Feder-Masse-Schwinger:

Charakteristische Gleichung:	$\lambda^2 + \frac{d}{M} \cdot \lambda + \frac{c}{M} = 0$
Wurzeln:	$\lambda_{1,2} = -\frac{d}{2M} \pm \sqrt{\frac{d^2}{4M^2} - \frac{4cM}{4M^2}}$
Wurzeln konjugiert komplex sofern:	$d^2 < 4cM$

RLC-Schwingkreis:

Charakteristische Gleichung:	$\lambda^2 + \frac{R}{L} \cdot \lambda + \frac{1}{LC} = 0$
Wurzeln:	$\lambda_{1,2} = -\frac{R}{2L} \pm \sqrt{\frac{CR^2}{4L^2C} - \frac{4L}{4L^2C}}$
Wurzeln konjugiert komplex sofern:	$R^2 < 4L/C$

Gleichstrommotor:

Charakteristische Gleichung: $\lambda^2 + \frac{R_A}{L_A} \cdot \lambda + \frac{(c\Psi_f)^2}{JL_A} = 0$

Wurzeln: $\lambda_{1,2} = -\frac{R_A}{2L_A} \pm \sqrt{\frac{JR_A^2}{4L_A^2 J} - \frac{4L_A(c\Psi_f)^2}{4L_A^2 J}}$

Wurzeln konjugiert komplex sofern: $R_A^2 < 4L_A(c\Psi_f)^2/J$

Beim Feder-Masse-Schwinger darf der Reibungsbeiwert d des Dämpfertopfes nicht größer sein als ein vorgegebener Wert; beim RLC-Schwingkreis darf der Ohmsche Widerstand eine Grenze nicht überschreiten und beim Gleichstrommotor (hier ohne Lagerreibung) darf der Widerstand im Ankerkreis einen Maximalwert nicht überschreiten. Sofern diese Bedingungen erfüllt sind, treten konjugiert komplexe Wurzeln der charakteristischen Gleichung auf, und das System kann Schwingungen ausführen.

Aufgabe 3.7: Es soll nun ein Gleichstrommotor mit geschwindigkeitsproportionaler Reibung untersucht werden, d.h. es gilt $m_w = 2\pi r \cdot n$ mit r als Lagerreibungskoeffizient. Stellen Sie mit Hilfe von Kapitel 2 die Differentialgleichung des Gleichstrommotors auf und leiten Sie daraus die charakteristische Gleichung ab.

Lösung: Charakteristische Gleichung $\lambda^2 + \left(\frac{R_A}{L_A} + \frac{r}{J}\right) \lambda + \frac{(c\Psi_f)^2 + R_A r}{L_A J} = 0$ □

Ist der Energieverzehr innerhalb des Systems „sehr“ groß, dann kann ein System keine Schwingungen ausführen. Die Vermeidung von Schwingungen kann somit ohne eine Regelung allein durch *passive Maßnahmen* (großer Widerstand, große Dämpfung, große Reibung) erzielt werden. Diese passiven Maßnahmen führen jedoch zu einem dauernden Energieverbrauch und reduzieren den Wirkungsgrad des Systems. Mit *aktiven Maßnahmen* (d.h. mit einer Regelung) kann dieser Nachteil vermieden werden, und das System kann ohne Schwingungen (monoton) an seinen Endwert herangeführt werden. D.h. die Masse des Schwingers nähert sich monoton ihrer Endauslenkung, die Ausgangsspannung geht monoton gegen ihren Endwert, und die Motordrehzahl strebt nach Anlegen einer Ankerspannung monoton gegen ihre Enddrehzahl.

Sofern beim ungeregelten System die interne Dämpfung einen Grenzwert überschreitet werden die Wurzeln der charakteristischen Gleichung reell. Damit kann *mathematisch* das System durch eine Reihenschaltung von zwei Verzögerungsgliedern 1. Ordnung dargestellt werden und es können die Ergebnisse von Abschnitt 3.1.3 herangezogen werden. *Physikalisch* liegt diese Aufspaltung in eine Reihenschaltung von zwei Teilsystemen allerdings nicht vor; allein aufgrund der Wurzeln der charakteristischen Gleichung wird diese mathematische Behandlung ermöglicht.

Die Grundform der Differentialgleichung schwingungsfähiger Systeme stimmt mit der Differentialgleichung 3.7 für nicht schwingungsfähige Systeme überein

$$a_2 \cdot \ddot{x}_a + a_1 \cdot \dot{x}_a + a_0 \cdot x_a = b_0 \cdot x_e \ . \tag{3.13}$$

Aufgrund der Schwingungsfähigkeit der Regelstrecken werden jedoch andere normierte Darstellungen dieser Differentialgleichung eingeführt. Man unterscheidet die folgenden Normierungen

$$T_2^2 \cdot \ddot{x}_a + T_1 \cdot \dot{x}_a + x_a = K_s \cdot x_e \tag{3.14}$$

$$\frac{1}{\omega_0^2} \cdot \ddot{x}_a + \frac{2D}{\omega_0} \cdot \dot{x}_a + x_a = K_s \cdot x_e \tag{3.15}$$

$$\ddot{x}_a + 2D\omega_0 \cdot \dot{x}_a + \omega_0^2 \cdot x_a = K_s \omega_0^2 \cdot x_e \,. \tag{3.16}$$

In diesen Gleichungen sind die Kenngrößen D, ω_0, T_1, T_2 und K_s eingeführt, die unten näher erläutert werden. Die Zeitkonstanten T_1 und T_2 der Gleichungen 3.14 und 3.8 entsprechen formal einander. Man kann nun die folgenden Darstellungen der Übertragungsfunktion aus den obigen Differentialgleichungen ableiten:

$$F(s) = \frac{K_s}{1 + \frac{2D}{\omega_0} \cdot s + \frac{1}{\omega_0^2} \cdot s^2} = \frac{K_s \cdot \omega_0^2}{\omega_0^2 + 2D\omega_0 \cdot s + s^2} = \frac{K_s}{1 + T_1 \cdot s + T_2^2 \cdot s^2} \,. \tag{3.17}$$

Durch Ersetzen von s durch $\mathrm{j}\omega$ folgen dann die Darstellungen des Frequenzgangs z.B. zu:

$$F(\mathrm{j}\omega) = \frac{K_s}{1 + T_1 \cdot \mathrm{j}\omega + T_2^2 \cdot (\mathrm{j}\omega)^2} \,. \tag{3.18}$$

Die *Berechnung der Übergangsfunktion (Sprungantwort)* erfolgt wieder in drei Schritten:

i) Lösung der *homogenen Differentialgleichung*:

$T_2^2 \cdot \ddot{x}_a + T_1 \cdot \dot{x}_a + x_a = 0$

Mit dem $\mathrm{e}^{\lambda t}$ Ansatz, d.h $x_{ah} = \mathrm{e}^{\lambda t}$ erhält man eingesetzt

$$\mathrm{e}^{\lambda t} \cdot \{T_2^2 \cdot \lambda^2 + T_1 \cdot \lambda + 1\} = 0 \tag{3.19}$$

$$\Rightarrow \lambda_{1,2} = -\frac{T_1}{2T_2^2} \pm \sqrt{\left(\frac{T_1}{2T_2^2}\right)^2 - \frac{1}{T_2^2}} \,. \tag{3.20}$$

Man führt nun die folgenden Kenngrößen ein:

$$\omega_0 = \frac{1}{T_2} \quad \text{Kennkreisfrequenz des dämpfungslos gedachten Systems,} \tag{3.21}$$

$$D = \frac{T_1}{2T_2} \quad \text{Dämpfungsgrad (Dämpfung),} \tag{3.22}$$

$$\delta (= D\,\omega_0) = \frac{T_1}{2T_2^2} \quad \text{Abklingkonstante,} \tag{3.23}$$

$$\omega_e = \left\{ \begin{array}{l} \sqrt{\omega_0^2 - \delta^2} \\ \omega_0 \cdot \sqrt{1 - D^2} \end{array} \right. \quad \text{Eigenkreisfrequenz des gedämpft schwingenden Systems.} \tag{3.24}$$

Mit diesen Abkürzungen lauten dann die Wurzeln der charakteristischen Gleichung

$$\lambda_{1,2} = -\delta \pm \mathrm{j} \cdot \sqrt{\omega_0^2 - \delta^2} = -\delta \pm \mathrm{j} \cdot \omega_e \tag{3.25}$$

$$\Rightarrow x_{ah} = c_1 \cdot \mathrm{e}^{\lambda_1 t} + c_2 \cdot \mathrm{e}^{\lambda_2 t} \,. \tag{3.26}$$

ii) Lösung der *inhomogenen Differentialgleichung*:
Für einen Sprungeingang $x_e(t) = \hat{x}_e\ \sigma(t)$ ist der Lösungsansatz vom Typ der Störfunktion $x_{ai}(t) = k \cdot \sigma(t)$ und es resultiert nach dem Einsetzen $k = K_s\ \hat{x}_e$. Die partikuläre Lösung lautet damit

$$x_{ai} = K_s \cdot \hat{x}_e\ \sigma(t).$$

iii) Die *Einarbeitung der Anfangsbedingungen* $x_a(0) = \dot{x}_a(0) = 0$ unter Benutzung von $x_a = x_{ah} + x_{ai}$ ergibt:

$$\begin{aligned} x_a(0) = 0 &= \hat{x}_e \cdot K_s + c_1 + c_2 \\ \dot{x}_a(0) = 0 &= c_1 \cdot (-\delta + \mathrm{j}\omega_e) - c_2 \cdot (\delta + \mathrm{j}\omega_e) \end{aligned}$$

Aufgelöst nach c_1 und c_2 folgt

$$\begin{aligned} c_1 &= \hat{x}_e\ K_s \cdot \frac{-\delta - \mathrm{j}\omega_e}{2\mathrm{j}\omega_e} \\ c_2 &= \hat{x}_e\ K_s \cdot \frac{\delta - \mathrm{j}\omega_e}{2\mathrm{j}\omega_e}\ . \end{aligned}$$

Nach Einarbeitung dieser Anfangsbedingungen lautet dann die vollständige Lösung $x_a(t)$ für einen Sprungeingang:

$$x_a(t) = \hat{x}_e\ K_s \cdot \left(1 - \frac{\mathrm{e}^{-\delta t}}{\omega_e} \cdot (\delta \cdot \sin \omega_e t + \omega_e \cdot \cos \omega_e t)\right) \tag{3.27}$$

$$= \hat{x}_e\ K_s \cdot \left(1 - \mathrm{e}^{-\delta t} \cdot \sqrt{1 + \frac{\delta^2}{\omega_e^2}} \cdot \sin(\omega_e t + \varphi)\right) \tag{3.28}$$

mit $\varphi = \arctan(\omega_e/\delta)$.

Für diese Lösung sind die *folgenden Fälle* zu unterscheiden:

1. Dämpfung $D = 0$ (ungedämpftes System):
   Dieser Fall wird erreicht für $T_1 = 0$ und $\lambda_{1,2} = \pm \mathrm{j}\omega_0$.
   $\Rightarrow x_a(t) = \hat{x}_e\ K_s \cdot (1 - \cos \omega_0 t)$.
2. Dämpfung $0 < D < 1$ (gedämpftes System):
   Dieser Fall tritt auf für $0 < T_1 < 2T_2$ und $\lambda_{1,2} = -\delta \pm \mathrm{j}\omega_e$ und es gilt:
   $$\Rightarrow x_a(t) = \hat{x}_e\ K_s \cdot \left(1 - \mathrm{e}^{-\delta t} \cdot \sqrt{1 + \frac{\delta^2}{\omega_e^2}} \cdot \sin(\omega_e t + \varphi)\right)\ .$$
3. Dämpfung $D = 1$ (aperiodischer Grenzfall):
   Dieser Fall tritt auf für $T_1 = 2T_2$ und $\lambda_{1,2} = -\delta$
   $\Rightarrow x_a(t) = \hat{x}_e\ K_s \cdot \left(1 - (1 + \delta t) \cdot \mathrm{e}^{-\delta t}\right)$.
4. Dämpfung $D > 1$ (aperiodischer Verlauf):
   Der Fall tritt auf für $T_1 > 2T_2$ und $\lambda_{1,2} = \begin{cases} \lambda_1 = -\alpha_1 \\ \lambda_2 = -\alpha_2 \end{cases}$ (reelle Wurzeln) .
   Er entspricht (mathematisch) einer Reihenschaltung von 2 Strecken mit Verzögerung 1. Ordnung.
   $$\Rightarrow x_a(t) = \hat{x}_e\ K_s \cdot \left(1 - \frac{\alpha_2}{\alpha_2 - \alpha_1} \cdot \mathrm{e}^{-\alpha_1 t} + \frac{\alpha_1}{\alpha_2 - \alpha_1} \cdot \mathrm{e}^{-\alpha_2 t}\right)\ .$$

5. Dämpfung $D < 0$ (instabile Regelstrecke):
Die Regelstrecke nähert sich keinem Endwert, sondern geht oszillatorisch bzw. monoton gegen Unendlich. Auf die auch hier auftretenden Fallunterscheidungen wird verzichtet, da der Strecke durch die nun erforderliche Regelung ein anderes Zeitverhalten aufgeprägt wird.

Die Übergangsfunktionen für verschiedene Dämpfungen D eines PT_2-Gliedes zeigt Abb. 3.15. Für $D = 0$ verläuft die Sprungantwort ungedämpft zwischen den Werten 0 und 2. Mit zunehmender Dämpfung D nehmen die Amplituden der Schwingung ab. Beim aperiodischen Grenzfall ($D = 1$) tritt kein Überschwingen

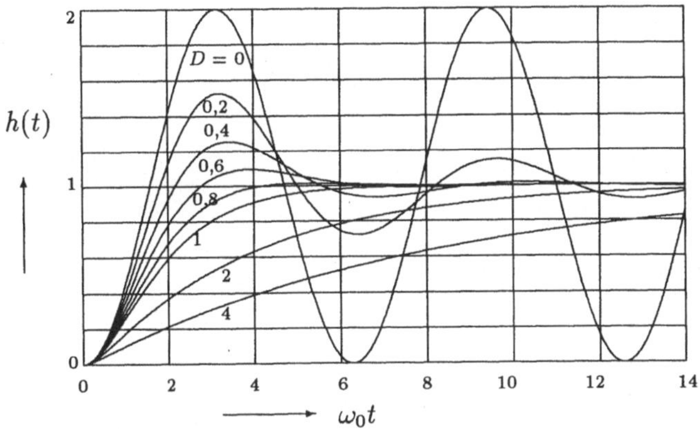

Abb. 3.15: Übergangsfunktionen eines PT_2-Systems mit verschiedenen Dämpfungen $D = 0, 0.2, \ldots 1, 2, 4$ und $K_S = 1$

mehr auf. Für größere Dämpfungen zeigt sich dann der von der Reihenschaltung von Verzögerungsstrecken 1. Ordnung her bekannte Verlauf.

Auch hier wird die Sprungantwort zur Kennzeichnung von PT_2-Gliedern im Blockschaltbild verwendet. Die Ortskurve einer schwingungsfähigen Regelstrecke 2. Ordnung wird aus Gleichung 3.18 berechnet. Mit dem daraus berechneten Real- und Imaginärteil des Frequenzgangs

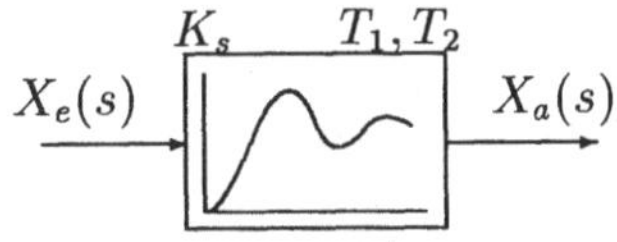

K_s T_1, T_2

$X_e(s)$ $X_a(s)$

Abb. 3.16: Blocksymbol des PT_2-Gliedes

$$\mathrm{Re}\{F(\mathrm{j}\omega)\} = \frac{K_s \cdot (1 - \omega^2 T_2^2)}{(1 - \omega^2 T_2^2)^2 + \omega^2 T_1^2} \tag{3.29}$$

$$\mathrm{Im}\{F(\mathrm{j}\omega)\} = \frac{-K_s \cdot \omega T_1}{(1 - \omega^2 T_2^2)^2 + \omega^2 T_1^2} \tag{3.30}$$

erhält man nach dem Einsetzen von Zahlenwerten den in Abb. 3.17 gezeigten Ortskurvenverlauf. Die Ortskurve ähnelt dem Verlauf der Ortskurve von Abb. 3.12. Bei Dämpfungen im Bereich $0 < D < 1$ kann beim schwingungsfähigen PT_2-Glied der Betrag von F größer als K_s werden, es tritt also eine Amplitudenüberhöhung auf. Die Werte für ω_0 und a können aus den Gleichungen 3.29

und 3.30 berechnet werden. Aus $\mathrm{Re}\{F(\mathrm{j}\omega)\} = 0$ erhält man die Frequenz ω_0, die dann in $\mathrm{Im}\{F(\mathrm{j}\omega)\}$ eingesetzt wird und a ergibt:

$$\omega_0 = \frac{1}{T_2} \qquad \text{und} \qquad a = K_s \cdot \frac{T_2}{T_1} = \frac{K_s}{2D} \; .$$

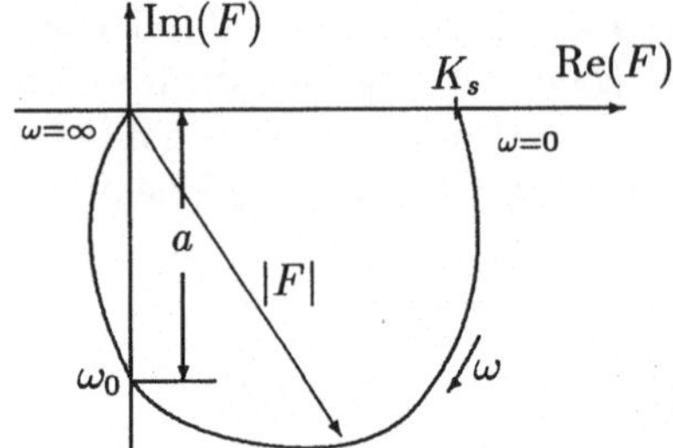

Abb. 3.17: Ortskurve eines PT_2-Gliedes

3.2 Integrierende Regelstrecken

3.2.1 Integrierende Strecken ohne Verzögerung (I-Glied)

Bei integrierenden Regelstrecken strebt die Ausgangsgröße keinem stationären Endwert zu, sie steigt aufgrund der Integratorwirkung ständig an. Bei derartigen Strecken ist ein regelnder Eingriff erforderlich, da sonst das Ausgangssignal (Druck, Temperatur, Drehzahl) über alle Grenzen wachsen würde und zur Zerstörung der Anlage führen könnte. Drei Beispiele derartiger Strecken zeigt Abb. 3.18.

Die diesen Strecken zugrunde liegende Differentialgleichung hat die Form

$$a_1 \cdot \dot{x}_a(t) = b_0 \cdot x_e(t) \; .$$

Es fehlt auf der linken Seite der Differentialgleichung der Term mit $x_a(t)$. Durch Integration und Normierung gelangt man zur folgenden Form:

$$x_a(t) = \frac{b_0}{a_1} \cdot \int_0^t x_e(\tau)\mathrm{d}\tau = K_I \cdot \int_0^t x_e(\tau)\mathrm{d}\tau \; . \tag{3.31}$$

Die Ausgangsgröße x_a ist das Integral der Eingangsgröße x_e. Für die gezeigten Beispiele gelten die Beziehungen:

$h(t) = \frac{1}{A} \cdot \int (Q_{zu}(\tau) - Q_{ab}(\tau))\mathrm{d}\tau$	Wasserbehälter
$x_a(t) = K_I \cdot \int x_e(\tau)\mathrm{d}\tau$	Stellzylinder
$\omega(t) = \frac{r}{J} \cdot \int F(\tau)\mathrm{d}\tau$	Satellit.

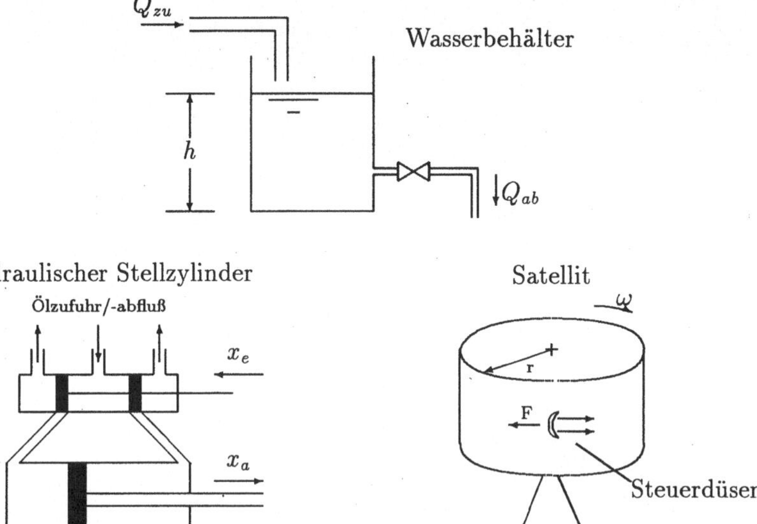

Abb. 3.18: Beispiele integrierender Regelstrecken

Darin sind A die Querschnittsfläche des Behälters sowie Q_{zu} und Q_{ab} die Zu- und Abflußmengen pro Zeiteinheit. K_I ist der Integrierbeiwert des Stellzylinders und r, J bedeuten Radius und Trägheitsmoment des Satelliten. F ist die Stellkraft der Steuerdüse. Die Lösung $x_a(t)$ der Differentialgleichung 3.31 auf einen Sprungeingang $x_e(t)$ lautet:

$$x_a(t) = \hat{x}_e \, K_I \cdot t \; .$$

Sprungantwort und Blocksymbol sind in Abb. 3.19 dargestellt.

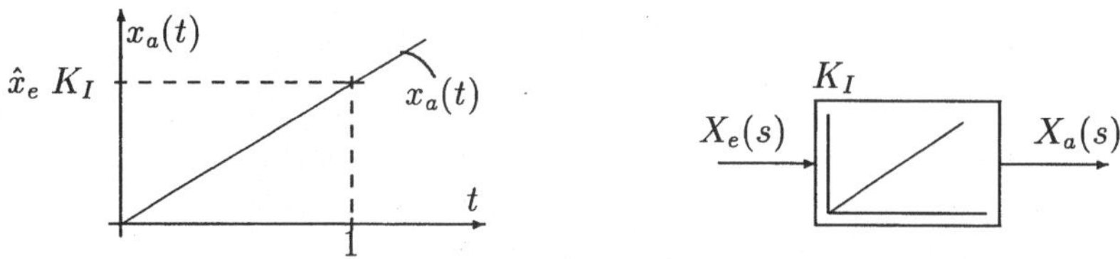

Abb. 3.19: Sprungantwort und Blocksymbol des I-Gliedes

Aus Gleichung 3.31 folgen Übertragungsfunktion und Frequenzgang zu

$$F(s) = \frac{K_I}{s} \quad \text{bzw.} \tag{3.32}$$

$$F(\mathrm{j}\omega) = \frac{K_I}{\mathrm{j}\omega} = -\mathrm{j} \cdot \frac{K_I}{\omega} \; . \tag{3.33}$$

Die graphische Darstellung der Ortskurve des Frequenzgangs zeigt Abb. 3.20.

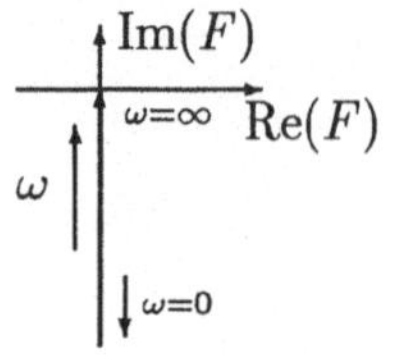

$\text{Im}(F)$, $\text{Re}(F)$, $\omega=\infty$, ω, $\omega=0$

Die Ortskurve des Frequenzgangs verläuft auf der negativ imaginären Achse von - ∞ bis in den Ursprung.

Abb. 3.20: Ortskurve des I-Gliedes

3.2.2 Integrierende Strecken mit Verzögerungen (IT_n-Glied)

Werden integrierende Strecken mit Verzögerungsstrecken in Reihe geschaltet, ergibt sich das Übertragungsverhalten verzögerter integrierender Regelstrecken. Je nach der Ordnung der Verzögerungsglieder entstehen IT_1, IT_2 ... IT_n-Glieder. Abb. 3.38 zeigt Beispiele derartiger Strecken.

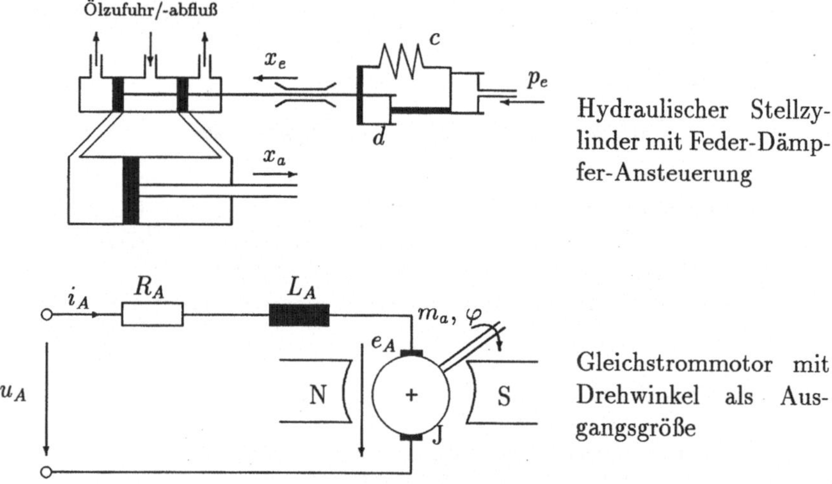

Abb. 3.21: Beispiele von integrierenden Strecken mit Verzögerung

Die Differentialgleichungen dieser Anordnungen sind weitgehend schon aus den vorangehenden Beispielen bekannt. Bei der Stellzylinderanordnung sind näherungsweise die Massen des Steuerzylinders sowie des Dämpfertopfes vernachlässigt. Dann ergibt sich eine integrierende Strecke mit Verzögerung 1. Ordnung. Der Gleichstrommotor mit der Ankerspannung u_A als Eingangsgröße und der Drehzahl n als Ausgangsgröße ist ein reines Verzögerungsglied 2. Ordnung. Da aber der Drehwinkel φ das Integral der Drehzahl n darstellt, ist der Motor mit dem Drehwinkel als Ausgangsgröße eine integrierende Strecke mit Verzögerung 2. Ordnung. Die Differentialgleichungen lauten

$$K_s d \cdot \ddot{x}_a + K_s c \cdot \dot{x}_a = A \cdot p_e \qquad \text{Hydraulischer Zylinder,}$$

$$\frac{J\,L_A}{c\Psi_f} \cdot \dddot{\varphi} + \frac{J\,R_A}{c\Psi_f} \cdot \ddot{\varphi} + c\Psi_f \cdot \dot{\varphi} = u_A \qquad \text{Gleichstrommotor.}$$

Die Grundform dieser Differentialgleichungen ist

$$\ldots + a_3 \cdot \dddot{x}_a + a_2 \cdot \ddot{x}_a + a_1 \cdot \dot{x}_a = b_0 \cdot x_e \,.$$

Man kann die verschiedenen normierten Darstellungen der Verzögerungsglieder auch hier verwenden und erhält z.B. für die beiden obigen Beispiele in normierter Form:

$$T_1 \cdot \dot{x}_a + x_a = K_I \cdot \int x_e(\tau)\mathrm{d}\tau \quad \text{und} \tag{3.34}$$

$$T_2^2 \cdot \ddot{x}_a + T_1 \cdot \dot{x}_a + x_a = K_I \cdot \int x_e(\tau)\mathrm{d}\tau\ . \tag{3.35}$$

Gleichung 3.34 ist die Integro-Differentialgleichung eines IT_1-Gliedes und Gleichung 3.35 die eines IT_2-Gliedes. Daraus folgen dann die Übertragungsfunktionen und Frequenzgänge zu

$$F(s) = \frac{K_I}{s \cdot (1 + T_1 \cdot s)} \quad \text{bzw.} \quad F(\mathrm{j}\omega) = \frac{K_I}{\mathrm{j}\omega - T_1\omega^2} \tag{3.36}$$

$$F(s) = \frac{K_I}{s \cdot (1 + T_1 \cdot s + T_2^2 \cdot s^2)} \quad \text{bzw.}$$

$$F(\mathrm{j}\omega) = \frac{K_I}{-T_1\omega^2 + \mathrm{j}(\omega - \omega^3 T_2^2)}\ . \tag{3.37}$$

Die Antwort des *IT_1-Gliedes* auf einen Sprungeingang folgt aus der Lösung der Differentialgleichung zu

$$x_a(t) = \hat{x}_e\, K_I \cdot \left(t - T_1 \cdot (1 - \mathrm{e}^{-t/T_1})\right)\ . \tag{3.38}$$

Der Zeitverlauf von $x_a(t)$ und das Blocksymbol des IT_1-Gliedes ergeben sich dann zu:

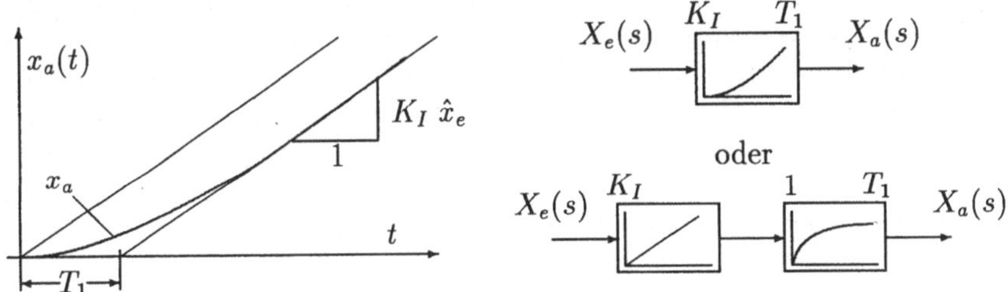

Abb. 3.22: Sprungantwort $x_a(t)$ und Blocksymbole des IT_1-Gliedes

Aufgabe 3.8: Berechnen Sie die Lösungen der homogenen Differentialgleichung, der inhomogenen Differentialgleichung, und ermitteln Sie nach Einarbeitung der Anfangsbedingungen die Sprungantwort nach Gleichung 3.38 für ein IT_1-Glied. □

Aufgabe 3.9: Berechnen Sie die Lösungen der homogenen Differentialgleichung, der inhomogenen Differentialgleichung, und ermitteln Sie nach Einarbeitung der Anfangsbedingungen die Sprungantwort der Gleichung 3.35 für ein *IT_2-Glied.*

Lösung: $x_a(t) = \hat{x}_e\, K_I \cdot \left(t - \frac{1}{\delta} \cdot \left[1 + (\frac{\delta}{\omega_e})^2\right] \cdot \left[1 - \mathrm{e}^{-\delta t} \cdot \cos(\omega_e t)\right]\right)$ □

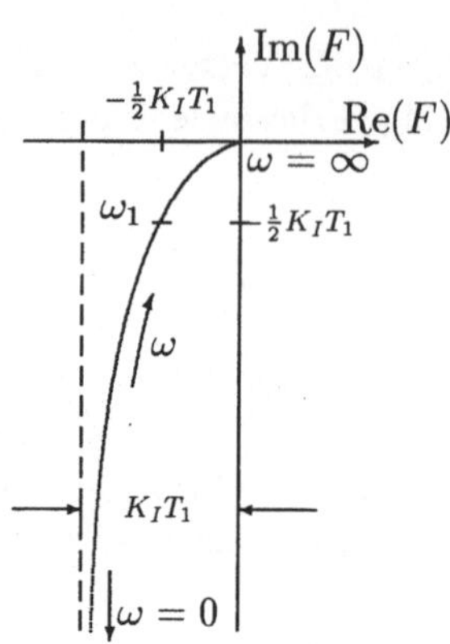

Die Ortskurve des IT_1-Gliedes wird aus Gleichung 3.36 berechnet. Mit

$$\mathrm{Re}\{F(\mathrm{j}\omega)\} = -\frac{K_I \cdot T_1}{1+(\omega T_1)^2}$$

$$\mathrm{Im}\{F(\mathrm{j}\omega)\} = -\frac{K_I}{\omega \cdot [1+(\omega T_1)^2]}$$

erhält man nach dem Einsetzen von Zahlenwerten für ω den in Abb. 3.23 gezeigten Verlauf.

Abb. 3.23: Ortskurve IT_1-Glied

3.3 Spezielle Formen von Regelstrecken

3.3.1 Strecken mit Totzeit (T_t-Glied)

Strecken mit Totzeit unterscheiden sich von den bisher betrachteten Regelstrecken dadurch, daß bei Anregung eines Systems mit Totzeit durch ein Eingangssignal der Systemausgang für eine gewisse Zeit unverändert bleibt, bis eine Reaktion erfolgt. Dies tritt bei allen Regelstrecken auf, bei denen Transportvorgänge von Massen oder Laufzeiten von Signalen stattfinden. Bei einer Rohrleitung vergeht eine gewisse Zeit bis, abhängig von der Strömungsgeschwindigkeit, ein Wasserstrom am Rohrende ankommt. Ähnlich baut sich bei einer Gasleitung erst nach einer Zeitdauer ein Gasdruck am Rohrende auf. Bei einem Förderband vergeht eine gewisse Transportzeit bis das Fördergut das Förderband verläßt, und bei einer Regelung mit Datenfernübertragung beträgt die Laufzeit der Meßsignale einige Millisekunden oder Sekunden. Die Zeit für den Massentransport bzw. die Signalübertragung nennt man Totzeit T_t. Beispiele für derartige Regelstrecken mit Totzeit zeigt Abb. 3.24.

Mit l als Rohr- bzw. Bandlänge oder Übertragungsstrecke und v als Strömungs- bzw. Transportgeschwindigkeit betragen die jeweiligen Laufzeiten (Totzeiten) $T_t = l/v$ und damit lauten die Gleichungen für die obigen Regelstrecken

$Q_{1a}(t) = Q_{1e}(t - T_t)$	und	$Q_{2a}(t) = Q_{2e}(t - T_t)$	Leitungen der Heizung
$p_a(t) = p_e(t - T_t)$			Rohrleitung
$M_a(t) = M_e(t - T_t)$			Förderband

Die Ein- und Ausgangssignale eines Totzeitgliedes sind einander gleich, aber das Eingangssignal $x_e(t)$ erscheint erst nach der Totzeit T_t am Ausgang. Bis auf

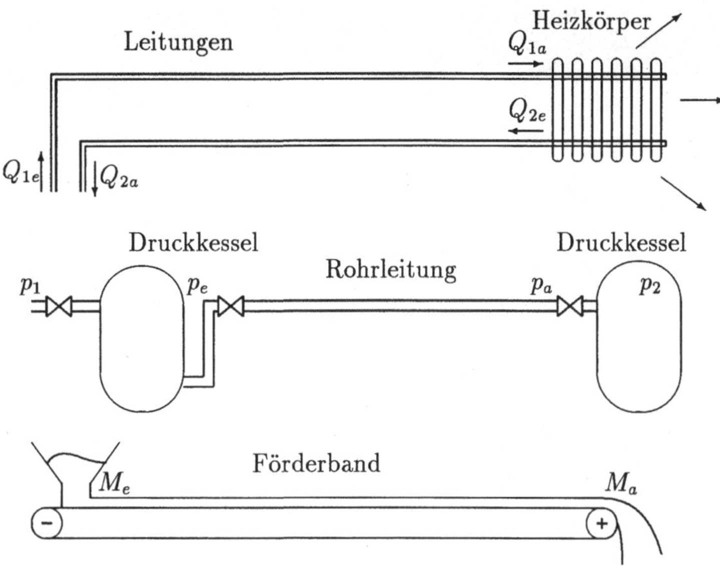

Abb. 3.24: Beispiele von Totzeitgliedern

die Zeitverschiebung gleicht das Totzeitglied somit dem reinen P-Glied mit der Verstärkung Eins. Aus diesen Überlegungen ergibt sich die Antwort des Totzeitgliedes auf einen Eingangssprung zu:

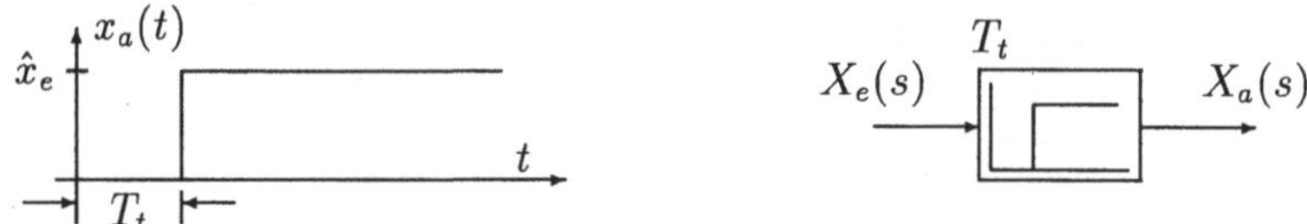

Abb. 3.25: Sprungantwort und Blocksymbol des Totzeitgliedes

Die Laplace-Transformation beschreibt die Zeitverschiebung von Signalen durch einen Exponentialterm mit $-sT_t$ im Exponenten. Dies ergibt sich aufgrund der Definition der Laplace-Transformation. Damit lauten Übertragungsfunktion bzw. Frequenzgang

$$F(s) = \mathrm{e}^{-sT_t} \qquad \text{bzw.} \qquad F(\mathrm{j}\omega) = \mathrm{e}^{-\mathrm{j}\omega T_t} \ .$$

Die Ortskurve des Totzeitgliedes ist ein Kreis in der komplexen Ebene mit dem Radius $r = |F(\mathrm{j}\omega)| = 1$ und dem Phasenwinkel $\varphi = -\omega T_t$. Mit wachsender Frequenz ω nimmt der Phasenwinkel linear ab, siehe Abb. 3.26.

Totzeitglieder treten oft zusammen mit Verzögerungsgliedern auf, Heizkörper mit Rohrleitung, Druckkessel mit Rohrleitung, usw. .... Die entsprechende Darstellung im Blockschaltbild ist dann z.B. eine Reihenschaltung von Totzeitglied und Verzögerungsgliedern 1. oder 2. Ordnung.

Aufgabe 3.10: Wie lautet die Übertragungsfunktion der Druckkesselanordnung

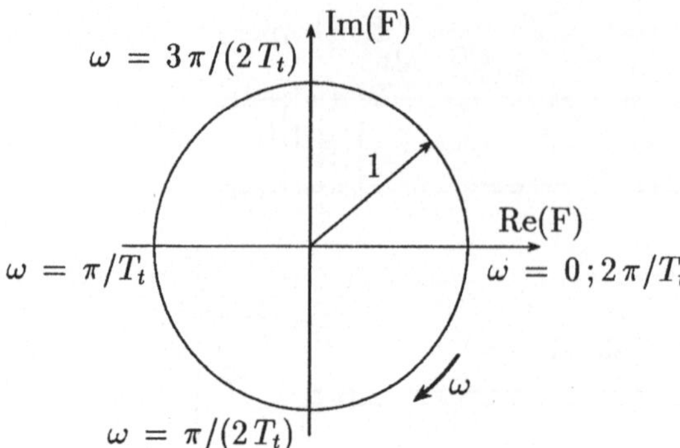

Abb. 3.26: Ortskurve des Totzeitgliedes

von Abb. 3.24, wenn identische Druckkessel vorliegen und die Eingangsgröße der Druck p_1 und die Ausgangsgröße der Druck p_2 ist?

Lösung: $F(s) = \dfrac{P_2(s)}{P_1(s)} = \dfrac{1}{(1+T_1 s)^2} \cdot \mathrm{e}^{-sT_t}$. □

3.3.2 Strecken mit differenzierendem Verhalten (DT_n-Glied)

Eine ideale Differentiation (Ableitung) eines Signals tritt bei technischen Systemen nicht auf. Die Ableitung der Eingangsgröße kann nur mit einer Verzögerung erfolgen. Beispiele für ein derartiges Verhalten sind elektrische Netzwerke und Feder-Dämpfer-Anordnungen.

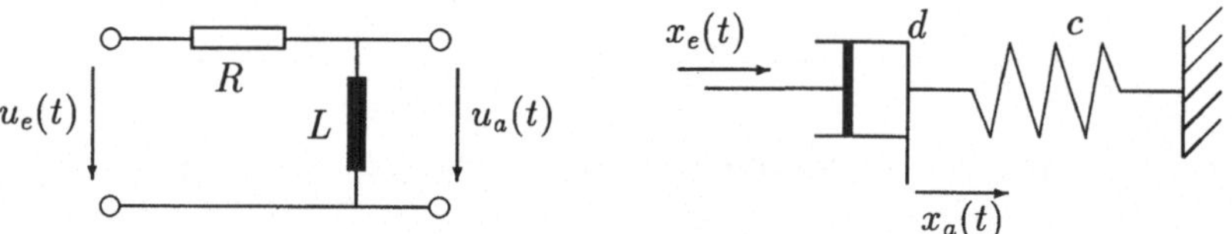

Abb. 3.27: Beispiele für differenzierende Strecken mit Verzögerung 1. Ordnung

Die Differentialgleichungen dieser Beispiele lauten

$L \cdot \dot{u}_a + R \cdot u_a = L \cdot \dot{u}_e$ $\quad$ RL-Glied

$d \cdot \dot{x}_a + c \cdot x_a = d \cdot \dot{x}_e$ $\quad$ Feder-Dämpfer-Anordnung.

Die allgemeine Form eines derartigen Differenziergliedes mit Verzögerung 1. Ordnung lautet

$$a_1 \cdot \dot{x}_a + a_0 \cdot x_a = b_1 \cdot \dot{x}_e \; ,$$

bzw. in normierter Darstellung

$$T_1 \cdot \dot{x}_a + x_a = K_D \cdot \dot{x}_e \; . \tag{3.39}$$

Daraus folgen dann Übertragungsfunktion und Frequenzgang des DT_1-Gliedes zu

$$F(s) = \frac{K_D \cdot s}{1 + T_1 \cdot s} \qquad \text{und} \qquad F(\mathrm{j}\omega) = \frac{K_D \cdot \mathrm{j}\omega}{1 + T_1 \cdot \mathrm{j}\omega} \; . \tag{3.40}$$

Beim *idealen D-Glied* entfällt die Zeitkonstante, d.h. es ist $T_1 = 0$. Die Lösung der Differentialgleichung 3.39 enthält man am einfachsten auf folgendem Weg. Man zerlegt das Ausgangssignal $x_a(t)$ in die Differenz zweier Signale:

$$x_a(t) = x_{a2}(t) - x_{a1}(t) \qquad \text{wobei gilt}$$

$$T_1 \cdot \dot{x}_{a1} + x_{a1} = \frac{K_D}{T_1} \cdot x_e \tag{3.41}$$

$$x_{a2} = \frac{K_D}{T_1} \cdot x_e \, . \tag{3.42}$$

Aus Gleichung 3.42 läßt sich ableiten

$$T_1 \cdot \dot{x}_{a2} + x_{a2} = K_D \cdot \dot{x}_e + \frac{K_D}{T_1} \cdot x_e \, . \tag{3.43}$$

Die Differenz der Differentialgleichungen 3.43 und 3.41 führt mit $x_{a2} - x_{a1} = x_a$ wieder zur Differentialgleichung 3.39 von $x_a(t)$. Da aber die Lösungen der Differentialgleichungen 3.41 und 3.42 für Sprungeingänge bekannt sind als

$$x_{a2}(t) = \hat{x}_e \frac{K_D}{T_1} \cdot \sigma(t) \qquad \text{und}$$

$$x_{a1}(t) = \hat{x}_e \frac{K_D}{T_1} \cdot \left(1 - \mathrm{e}^{-t/T_1}\right) ,$$

lautet die Antwort $x_a(t) = x_{a_2}(t) - x_{a_1}(t)$ des DT_1-Gliedes auf einen Sprungeingang damit

$$x_a(t) = \hat{x}_e \frac{K_D}{T_1} \cdot \mathrm{e}^{-t/T_1} \, .$$

Sprungantwort und Blocksymbol dieses DT_1-Gliedes zeigt Abb. 3.28.

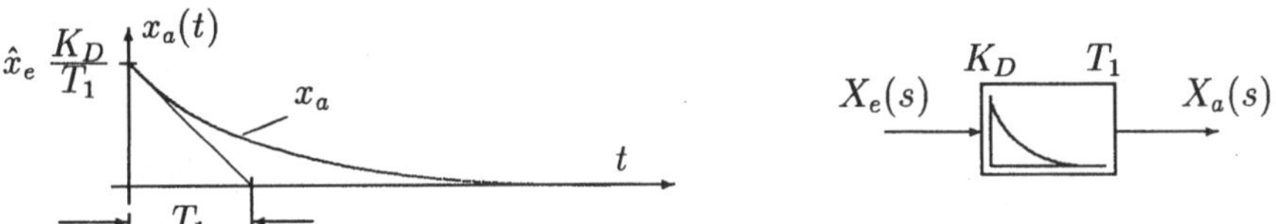

Abb. 3.28: Sprungantwort $x_a(t)$ und Blocksymbol des DT_1-Gliedes

Die Ortskurve des DT_1-Gliedes wird aus Gleichung 3.40 berechnet. Mit

$$\mathrm{Re}\{F(\mathrm{j}\omega)\} = \frac{K_D \cdot \omega^2 T_1}{1 + (\omega T_1)^2}$$

$$\mathrm{Im}\{F(\mathrm{j}\omega)\} = \frac{K_D \cdot \omega}{1 + (\omega T_1)^2}$$

erhält man nach dem Einsetzen von Zahlenwerten für ω den in Abb. 3.29 gezeigten Verlauf. Die differenzierenden Regelkreisglieder sind phasenvoreilende Regelkreisglieder. Die Ortskurve z.B des DT_1-Gliedes beginnt für $\omega = 0$ mit einem Phasenwinkel von $+90°$ und endet für $\omega \to \infty$ beim Phasenwinkel $0°$. Diese Eigenschaft der Phasenvoreilung kann, wie später gezeigt wird, zur Verbesserung der Stabilität von Regelkreisen eingesetzt werden.

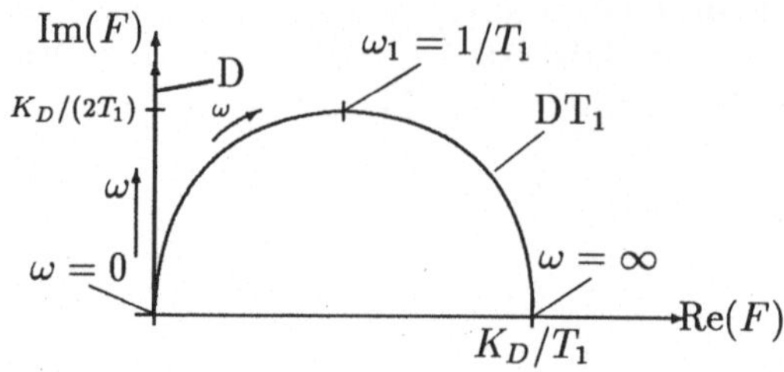

Abb. 3.29: Ortskurve des D- und DT_1–Regelkreisgliedes

3.3.3 Strecken mit Allpaßverhalten

Unter dem Allpaßverhalten einer Regelstrecke versteht man eine spezielle Reaktion des Ausgangssignals auf ein Eingangssignal. Bei allen bisher untersuchten Regelstrecken antwortete die Strecke auf einen positiven Eingang mit einem positiven Ausgangssignal. Dies ist bei einer Strecke mit Allpaßverhalten nicht der Fall. Das Ausgangssignal beginnt mit einem negativen Wert bzw. schlägt nach einem positiven Ausschlag in die negative Richtung aus. Diese Reaktion tritt bei speziellen Feder-Dämpfer-Anordnungen auf, bei Dampferzeugern, bei speziellen RLC-Netzwerken und auch unter besonderen Bedingungen bei der Steuerung der Drehzahl einer Gleichstrommaschine durch das Erregerfeld. Abb. 3.30 zeigt zwei Beispiele von Regelstrecken mit Allpaßverhalten. Die Differentialgleichungen dieser Beispiele von Regelstrecken mit Allpaßverhalten resultieren zu

$2L \cdot \dot{u}_a + 2R \cdot u_a = R \cdot u_e - L \cdot \dot{u}_e$ RL-Brückenschaltung

$4d \cdot \dot{x}_a + 4c \cdot x_a = c \cdot x_e - d \cdot \dot{x}_e$ Feder-Dämpfer-Hebel-Anordnung

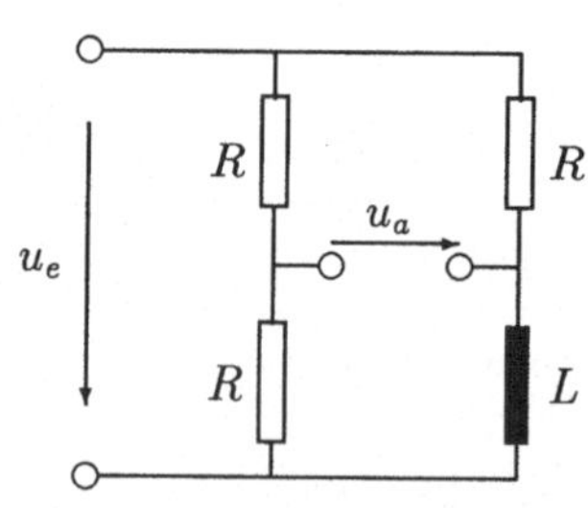

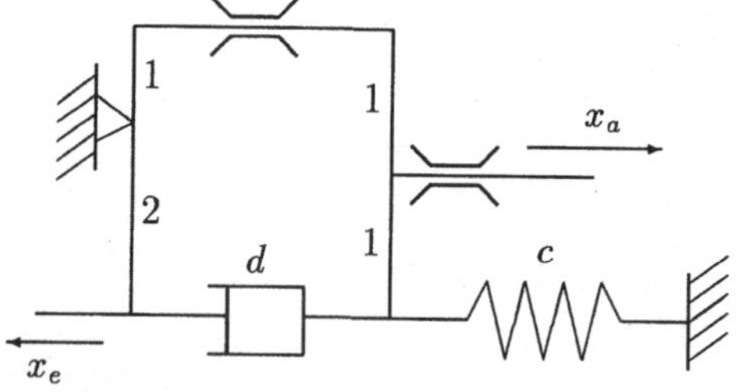

Abb. 3.30: Beispiele für Strecken mit Allpaßverhalten

Die allgemeine Form eines Allpasses 1. Ordnung lautet

$$a_1 \cdot \dot{x}_a + a_0 \cdot x_a = K \cdot (a_0 \cdot x_e - a_1 \cdot \dot{x}_e) ,$$

bzw. in normierter Form

$$T_1 \cdot \dot{x}_a + x_a = K \cdot (x_e - T_1 \cdot \dot{x}_e) . \qquad (3.44)$$

Daraus folgen die Übertragungsfunktion und der Frequenzgang zu

$$F(s) = K \cdot \frac{1 - T_1 \cdot s}{1 + T_1 \cdot s} \quad \text{und} \quad F(j\omega) = K \cdot \frac{1 - T_1 \cdot j\omega}{1 + T_1 \cdot j\omega} . \qquad (3.45)$$

Den Zeitverlauf der Sprungantwort des Allpasses erhält man über eine Aufspaltung der Differentialgleichung 3.44 in zwei getrennte Differentialgleichungen und anschließende Überlagerung der Ergebnisse. Nimmt man als 1. Anregung auf der rechten Seite nur den $x_e(t)$-Term, so liegt die Differentialgleichung einer Verzögerungsstrecke 1. Ordnung vor: $T_1 \cdot \dot{x}_a + x_a = K \cdot x_e$. Diese hat die Lösung

$$x_{a1} = \hat{x}_e\, K \cdot (1 - \mathrm{e}^{-t/T_1}) \ .$$

Als 2. Anregung wählt man den $\dot{x}_e$-Term. Die Differentialgleichung entspricht dann der Differentialgleichung eines $\mathrm{DT_1}$-Gliedes: $T_1 \cdot \dot{x}_a + x_a = -K \cdot T_1 \cdot \dot{x}_e$. Diese Differentialgleichung besitzt die Lösung

$$x_{a2} = -\hat{x}_e\, K \cdot \mathrm{e}^{-t/T_1} \ .$$

Die Gesamtlösung der Differentialgleichung des Allpaßgliedes lautet damit $x_a = x_{a1} + x_{a2}$, d.h.

$$x_a(t) = \hat{x}_e\, K \cdot (1 - 2 \cdot \mathrm{e}^{-t/T_1}) \ ,$$

die in Abb. 3.31 dargestellt ist.

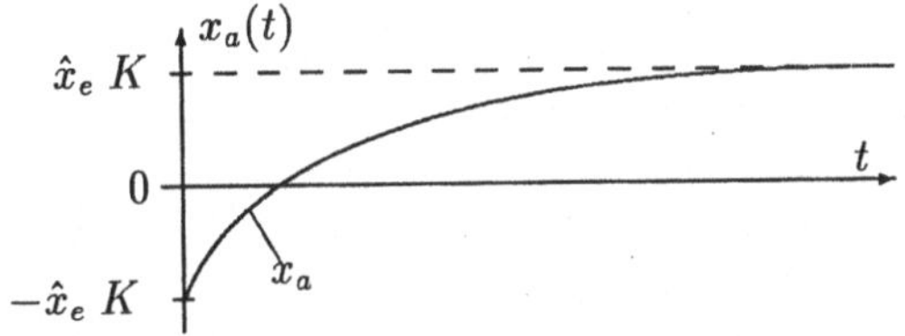

Abb. 3.31: Sprungantwort eines Allpaßgliedes

Die Ausgangsgröße $x_a(t)$ beginnt nach einer Sprunganregung beim negativen Wert $-\hat{x}_e\, K$ und nähert sich dann mit einem exponentiellen Verlauf dem positiven Endwert $\hat{x}_e\, K$. Der Nulldurchgang findet zum Zeitpunkt $t = 0{,}6931\ T_1$ statt. Die Ortskurve des Allpaßgliedes wird aus Gleichung 3.45 berechnet. Mit

$$\begin{aligned} \mathrm{Re}\{F(\mathrm{j}\omega)\} &= K \cdot \frac{1 - (\omega T_1)^2}{1 + (\omega T_1)^2} \\ \mathrm{Im}\{F(\mathrm{j}\omega)\} &= K \cdot \frac{-2\omega T_1}{1 + (\omega T_1)^2} \end{aligned}$$

erhält man nach dem Einsetzen von Zahlenwerten für ω den in Abb. 3.32 gezeigten halbkreisförmigen Verlauf. Die Ortskurve des Allpaßgliedes hat somit eine gewisse Ähnlichkeit mit dem Totzeitglied, bei dem ebenso der Betrag der Ortskurve konstant ist und der Phasenwinkel mit steigender Frequenz abnimmt.

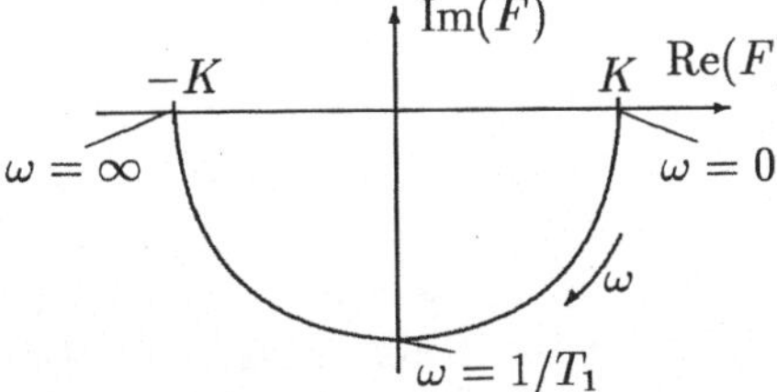

Abb. 3.32: Ortskurve eines Allpasses

3.4 Regelstrecken höherer Ordnung und instabile Regelstrecken

3.4.1 Regelstrecken höherer Ordnung

Bei der Untersuchung von Bewegungsvorgängen von Fahrzeugen ist es oft erforderlich, Translations- oder Rotationsbewegungen eines Körpers oder mehrerer Körper zu beschreiben. Die Ordnung der diese Vorgänge beschreibenden Differentialgleichungen steigt mit der Anzahl der Freiheitsgrade (Achsen der Translation, Achsen der Rotation) dieser Körper an. Typische Beispiele derartiger Anwendungen sind

- die Regelung der Lage und Geschwindigkeit eines Flugzeugs (Vertikal- und Drehbewegung eines Körpers),
- die Regelung des Schwebevorgangs einer Magnetschwebebahn (Vertikalbewegung „zweier" Körper: Schwebegestell und Fahrzeugzelle) oder
- die aktive Dämpfung von Kraftfahrzeugen (Vertikalbewegung von Rad und Fahrzeug).

Will man den kompletten Bewegungsvorgang derartiger Fahrzeuge in allen Achsen beschreiben, so führt dies zu Differentialgleichungen sehr hoher Ordnung (> 6. Ordnung). Für vereinfachte Untersuchungen reicht es oft aus, die Bewegungsvorgänge z.B. nur in der Ebene oder als reine Translationsbewegung zu beschreiben. Dies soll am Beispiel der aktiven Dämpfung eines Kraftfahrzeugs gezeigt werden.

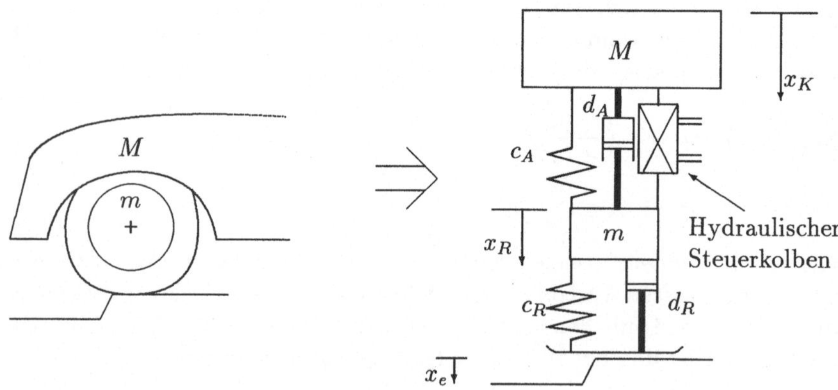

Abb. 3.33: Ebenes Modell einer aktiven Fahrzeugdämpfung

Die in Abb. 3.33 eingezeichneten Parameter c und d bezeichnen die Federsteifigkeiten und Dämpfungsbeiwerte von Reifen (R) und Aufhängung (A). M bzw. m sind die Massen von Karosserieteil und Rad mit Aufhängung. Die steuernde Kraft des hydraulischen Stellgliedes sei F_H; x_e ist die Tiefe des Schlaglochs im Straßenbelag; x_K und x_R stellen die Auslenkungen von Karosserie und Aufhängung dar.

Nach dem Freischneiden der Massen von Rad und Karosserieteil lassen sich die folgenden Gleichungen ansetzen:

Impulssatz des Rades	$m \cdot \ddot{x}_R = F_{cA} + F_{dA} + F_H - F_{cR} - F_{dR}$
Impulssatz der Karosserie	$M \cdot \ddot{x}_K = -F_{cA} - F_{dA} - F_H$
Federkraft des Reifen	$F_{cR} = c_R \cdot (x_R - x_e)$
Federkraft der Aufhängung	$F_{cA} = c_A \cdot (x_K - x_R)$
Dämpfungskraft des Reifens	$F_{dR} = d_R \cdot (\dot{x}_R - \dot{x}_e)$
Dämpfungskraft der Aufhängung	$F_{dA} = d_A \cdot (\dot{x}_K - \dot{x}_R)$.

Die Gravitationskräfte fallen aus den Ansatzgleichungen heraus, wenn man x_K und x_R als Auslenkungen aus der Gleichgewichtslage annimmt. Nach längerer Rechnung erhält man unter Zuhilfenahme der *Laplace-Transformation* aus den obigen Ansatzgleichungen die Differentialgleichung der Auslenkung x_K der Karosserie aus der Ruhelage.

$$\begin{aligned} Mm \overset{IV}{x}_K &+ (d_A m + M[d_A + d_R]) \dddot{x}_K + (M(c_A + c_R) + m c_A + d_A d_R)\ddot{x}_K + \\ &+ (d_A c_R + d_R c_A)\dot{x}_K + c_A c_R x_K = \\ & d_A d_R \ddot{x}_e + (c_A d_R + d_A c_R)\dot{x}_e + c_A c_R x_e - m\ddot{F}_H - d_R\dot{F}_H - c_R F_H \ . \end{aligned} \tag{3.46}$$

Zunächst sollen die *stationären Bedingungen* des Systems untersucht werden. Hierzu werden alle Ableitungen zu Null gesetzt. Damit erhält man

$$c_A x_K = c_A x_e - F_H \ .$$

Mit $F_H = 0$ erkennt man aus der Bedingung $x_K = x_e$, daß die Karosserie dem „Weg" des Schlaglochs folgt. Die Absenkung ist unabhängig von anderen Parametern. Für $x_e = 0$ (kein Schlagloch) ist die Auslenkung der Karosserie $x_K = -F_H/c_A$, d.h. die Karosserie wird angehoben.

Aus der Differentialgleichung folgen die Übertragungsfunktionen und Frequenzgänge zu

$$F_1(s) = \frac{X_K(s)}{X_e(s)} = \frac{c_A c_R + (c_A d_R + d_A c_R)s + d_A d_R s^2}{Nenner_a} \tag{3.47}$$

$$F_2(s) = \frac{X_K(s)}{F_H(s)} = -\frac{c_R + d_R s + m s^2}{Nenner_a} \tag{3.48}$$

$$\begin{aligned} Nenner_a = & \ c_A c_R + (d_A c_R + d_R c_A)s + (M[c_A + c_R] + m c_A + d_A d_R)s^2 \\ & + (d_A m + M[d_A + d_R])s^3 + M m s^4 \end{aligned}$$

$$F_1(j\omega) = \frac{X_K(j\omega)}{X_e(j\omega)} = \frac{c_A c_R + (c_A d_R + d_A c_R)j\omega + d_A d_R (j\omega)^2}{Nenner_b} \tag{3.49}$$

$$F_2(j\omega) = \frac{X_K(j\omega)}{F_H(j\omega)} = -\frac{c_R + d_R j\omega + m(j\omega)^2}{Nenner_b} \tag{3.50}$$

$$\begin{aligned} Nenner_b = & \ c_A c_R + (d_A c_R + d_R c_A)j\omega + (M[c_A + c_R] + m c_A + d_A d_R)(j\omega)^2 \\ & + (d_A m + M[d_A + d_R])(j\omega)^3 + M m (j\omega)^4 \ . \end{aligned}$$

Mit F_1 wird die Übertragungsfunktion „Karosserieauslenkung x_K infolge des Schlaglochs x_e" erfaßt. Dagegen beschreibt F_2 die Reaktion der Karosseriebewegung auf die Stellkraft F_H. Die Zählerpolynome von F_1 und F_2 enthalten Terme bis zur Ordnung s^2, d.h. die Übertragungsfunktionen weisen differenzierendes Verhalten auf. Die jeweiligen Nenner enthalten Terme bis zur Ordnung s^4, d.h. sie stellen Verzögerungen 4. Ordnung dar. Die Gesamtstrecke ist somit eine Überlagerung von proportionalen und differenzierenden Anteilen mit einer Verzögerung 4. Ordnung.

Strecken höherer Ordnung stellen oft eine Überlagerung von proportionalen, integrierenden und differenzierenden Streckenanteilen mit einer Verzögerung dar. Die analytische Ermittlung der Sprungantwort scheidet im allgemeinen wegen der hohen Systemordnung aus.

Mit den Zahlenwerten $M = 250\ kg$, $m = 30\ kg$, $c_A = 19000\ N/m$, $c_R = 20000\ N/m$, $d_A = 2500\ Ns/m$ und $d_R = 1000\ Ns/m$ ergeben sich die in Abb. 3.34 gezeigten Sprungantworten für

a) $x_e = 10\ cm$ und $F_H = 0$ und
b) $x_e = 0$ und $F_H = -450\ N$.

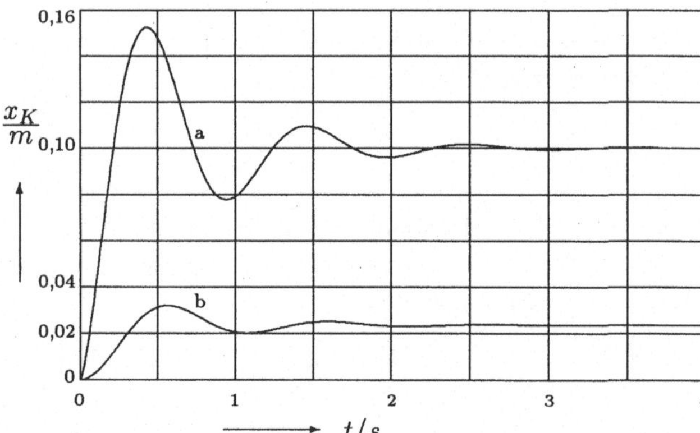

Abb. 3.34: Reaktion der Karosserie auf ein Schlagloch (Kurve a) sowie auf eine sprungförmige Verstellung der Stellkraft (Kurve b)

Nach ca. 3 s hat sich die Karosserie nach einem Schlagloch von 10 cm auch um 10 cm abgesenkt. Bei Anlegen einer Stellkraft des hydraulischen Stellzylinders von -450 N hebt sich die Karosserie nach ca 3 s um 2 cm. Die Sprungantworten ähneln der Sprungantwort eines Verzögerungsgliedes 2. Ordnung. Die bestimmenden Größen sind die Werte der Aufhängung und nicht die des Reifens, sie *dominieren* den Bewegungsverlauf. Bevor man an eine aktive Regelung der Fahrzeugdämpfung herangeht, ist zunächst eine Abstimmung der Federn und Dämpfungseigenschaften der Aufhängung vorzunehmen (passive Dämpfung). Erst danach kann mit weiteren Maßnahmen durch aktive Methoden (Regelung) die Fahrzeugdämpfung verbessert werden.

Aufgabe 3.11: Berechnen Sie aus den Ansatzgleichungen der aktiven Fahrzeugfederung die Differentialgleichung der Schwingung der Fahrzeugkarosserie nach Gleichung 3.46. □

3.4.2 Instabile Regelstrecken

Ohne zunächst auf den Begriff der Stabilität an dieser Stelle eingehen zu wollen, sollen die instabilen Regelstrecken hier kurz erwähnt werden. Instabile Strecken sind keine eigene Klasse von Strecken. Es können Strecken mit proportionalem, integrierendem oder auch differenzierendem Verhalten instabil sein. Als ein Beispiel soll der Transport einer aufrecht stehenden Rakete von ihrem Montageplatz zur Startrampe dienen (Abb. 3.35). Diese Anordnung kann in grober Vereinfachung durch ein senkrecht stehendes Pendel dargestellt werden. Ohne eine Stabilisierung des Pendels durch Verfahren des Wagens kippt das Pendel um, es ist instabil. Daher rührt auch die Bezeichnung instabiles Pendel [29].

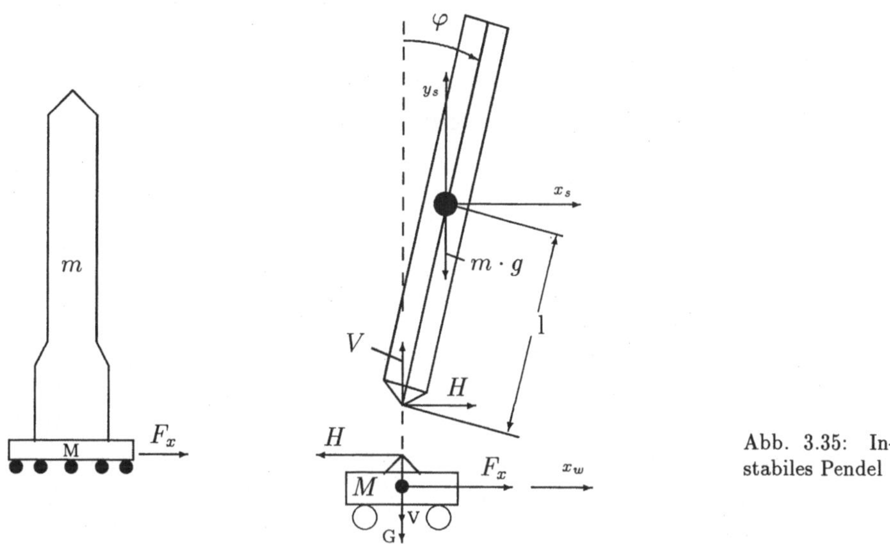

Abb. 3.35: Instabiles Pendel

Zur Ermittlung der Bewegungsgleichungen dieser Anordnung sind der Wagen (Masse M) und Pendel (Masse m, Länge $2\,l$, Trägheitsmoment $J = ml^2/3$) freigeschnitten. Der Wagen kann horizontal (Koordinatenrichtung x_w) bewegt werden. Das Pendel kann sich um den Montagepunkt drehen (Winkel φ) und sein Schwerpunkt kann sich bewegen (Koordinatenrichtungen x_s und y_s). F_x ist die Antriebskraft des Wagens, und G bzw. $m \cdot g$ sind Gravitationskräfte. Die Kräfte H und V sind die Reaktionskräfte am Befestigungspunkt des Stabes. Die Ansatzgleichungen für die Linearbewegung des Wagens sowie für Linear- und Drehbewegungen des Stabes lauten:

$M \cdot \ddot{x}_w = F_x - H$	Impulssatz Wagen (horizontal)	(3.51)
$m \cdot \ddot{x}_s = H$	Impulssatz Stab (horizontal)	(3.52)
$m \cdot \ddot{y}_s = V - m \cdot g$	Impulssatz Stab (vertikal)	(3.53)
$J \cdot \ddot{\varphi} = Vl \cdot \sin\varphi - Hl \cdot \cos\,\varphi$	Impulssatz um Stabschwerpunkt	(3.54)
$x_s = x_w + l \cdot \sin\varphi$	x-Koordinate Stabschwerpunkt	(3.55)
$y_s = l \cdot \cos\varphi$	y-Koordinate Stabschwerpunkt.	(3.56)

Die Koordinaten des Stabschwerpunkts, Gleichung 3.55 und 3.56, werden in Gleichung 3.52 und 3.53 eingesetzt und ausdifferenziert. Diese Rechnungen führen zu einem nichtlinearen Gleichungssystem für die Bewegungen von Stab und Wagen. Das Gleichungssystem wird nun um den Arbeitspunkt $\varphi = 0$ linearisiert, indem für kleine Winkel $\sin\varphi \approx \varphi$ sowie $\cos\varphi \approx 1$ eingeführt wird. Für kleine Winkel $\varphi \approx 0$ können dann alle Glieder höherer Ordnung wie z.B. $\dot{\varphi}^2$, $\ddot{\varphi}^2\varphi \ldots$ vernachlässigt werden, da sie klein gegenüber den anderen Termen sind. Damit ergibt sich das folgende linearisierte Gleichungssystem:

$$M \cdot \ddot{x}_w = F_x - H \tag{3.57}$$
$$m \cdot \ddot{x}_w + ml \cdot \ddot{\varphi} = H \tag{3.58}$$
$$m \cdot g = V \tag{3.59}$$
$$J \cdot \ddot{\varphi} = Vl \cdot \varphi - Hl\,. \tag{3.60}$$

Die Elimination der Schnittkräfte (Reaktionskräfte) H und V am Befestigungspunkt des Stabes führt dann zu dem folgenden Gleichungssystem

$$\ddot{\varphi} + a_0 \cdot \varphi = b_0 \cdot F_x \tag{3.61}$$
$$\ddot{x}_w = b_f \cdot F_x + b_\varphi \cdot \varphi\,, \tag{3.62}$$

mit den Koeffizienten:

$$\begin{aligned} a_0 &= -\frac{g}{l} \cdot \frac{3 \cdot (M+m)}{4M+m} \\ b_0 &= -\frac{3}{l \cdot (4M+m)} \\ b_f &= -g \cdot \frac{3\,m}{4M+m} \\ b_\varphi &= \frac{4}{4M+m}\,. \end{aligned} \tag{3.63}$$

Gleichung 3.61 beschreibt die linearisierte Drehbewegung des Stabes und Gleichung 3.62 die Wagenbewegung infolge Vorschubkraft F_x und Stabbewegung φ. Die Übertragungsfunktion der Drehbewegung mit Kraft F_x als Eingangsgröße und dem Drehwinkel φ als Ausgangsgröße lautet dann:

$$F_\varphi(s) = \frac{\phi(s)}{F_x(s)} = \frac{b_0}{s^2 + a_0}\,. \tag{3.64}$$

Dies ist die Übertragungsfunktion der Regelstrecke des Stabes.

Aufgabe 3.12: Ermitteln Sie ausgehend von den Gleichungen 3.51 bis 3.56 die linearisierten Bewegungsgleichungen 3.57 bis 3.60. □

Aufgabe 3.13: Berechnen Sie aus den linearisierten Bewegungsgleichungen 3.57 bis 3.60 das resultierende Gleichungssystem 3.61 und 3.62 des instabilen Pendels. □

Aufgabe 3.14: Es soll der Bewegungsverlauf des Stabes für die folgenden Zahlenwerte untersucht werden: $M/m = 10$ und $l = 1\ m$.

1. Berechnen Sie für eine Anfangsauslenkung des Stabes von $\varphi(0) = \varphi_0 = 1°$ und $\dot{\varphi}(0) = 0$ den Verlauf von $\varphi(t)$ ohne Einwirkung einer Vorschubkraft F_x.
2. Was geschieht mit dem Stab?

Lösung:

1. $\varphi(t) = \frac{\varphi_0}{2} \cdot \left(e^{-2{,}81t/s} + e^{2{,}81t/s}\right)$
2. Der Stab kippt infolge der Erdanziehung um, er ist instabil. □

Wie Aufgabe 3.13 zeigt, wird ohne eine Regelung der Antriebskraft F_x der Stab umkippen, also instabil sein. Es ist hier zwingend erforderlich, daß eine Regelung der Vorschubkraft vorgenommen wird, damit der Stab sicher im Stand gehalten werden kann.

3.5 Modellbildung realer Regelstrecken

In den vorangehenden Abschnitten wurden die verschiedenen Grundformen von Regelstrecken hinsichtlich ihres dynamischen Verhaltens und ihrer mathematischen Beschreibung untersucht. Für die in den späteren Kapiteln behandelten Regler ist die genaue Kenntnis der Parameter der Regelstrecke von entscheidender Bedeutung. Daher sollen in diesem Abschnitt die verschiedenen Möglichkeiten der Ermittlung dieser Parameter der Regelstrecke kurz angeschnitten werden.

3.5.1 Analytische Berechnung der Parameter

Es werden bei der Bestimmung der Parameter, wie in den Abschnitten 3.4.1 und 3.4.2 gezeigt, die Ansatzgleichungen für die Strecke aufgestellt. Je nach der Art der Regelstrecke sind diese Ansatzgleichungen elektrische, mechanische, thermodynamische, pneumatische, chemische ... Grundgleichungen. In diese Gleichungen gehen die bestimmenden Größen wie Widerstand R, Induktivität L, Kapazität C, Masse M, Federsteifigkeit c ... ein, die zuvor zu ermitteln sind. Aus diesen Grundgleichungen wird dann durch Umformung das regelungstechnische Modell der Regelstrecke mit den Parametern K_s, K_I, T_1, T_2 ... berechnet. Je genauer die physikalischen Werte R, L, C ... bekannt sind, umso genauer ergeben sich auch die regelungstechnischen Parameter K_s, K_I, T_1, T_2 ..., die man als Übertragungsbeiwerte und Zeitkonstanten bezeichnet.

So resultieren z.B. für das RL-Glied (PT_1-Glied) von Abschnitt 3.1.2 der Verstärkungsfaktor zu $K_s = 1/R$ und die Zeitkonstante zu $T_1 = L/R$. Entsprechend ergeben sich für den Feder-Masse-Schwinger von Abschnitt 3.1.4 die Werte $K_s = A/c$, $T_1 = d/c$ und $T_2^2 = M/c$.

Diese Vorgehensweise ist bei mechanischen und elektrischen Regelstrecken meist möglich. Die Ermittlung der physikalischen Parameter ist jedoch nicht immer problemlos, wenn man z.B. an eine Raumheizung denkt. Hier gehen die Wärmeübergangszahlen der beheizten Räume, Dämmwerte von Mauerwerk und Fenstern, ... ein, die nur ungenau bekannt sind. Bei derartigen Regelstrecken kann es günstiger sein, die nachfolgende Methode anzuwenden.

3.5.2 Parameterbestimmung aus der Sprungantwort

Bei Regelstrecken niedriger Ordnung und bei Regelstrecken, die aus einer Reihenschaltung von Verzögerungsgliedern bestehen, kann die Ermittlung der Parameter der Regelstrecke aus der Sprungantwort oft sehr einfach sein.

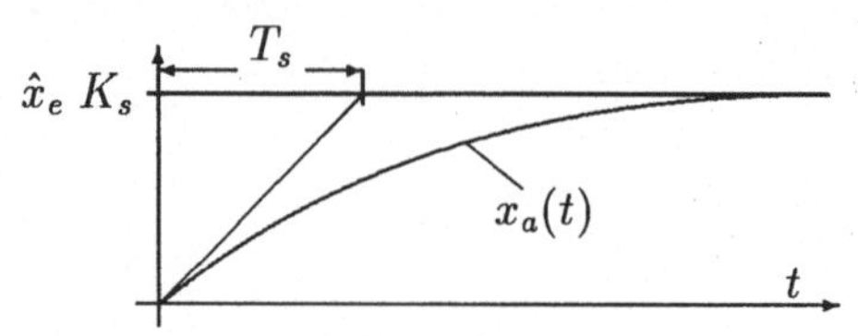

Abb. 3.36: Sprungantwort eines PT_1-Regelkreisgliedes

Aus der Sprungantwort einer PT_1-Strecke gemäß Gleichung 3.4 kann man z.B., wie die obige Abb. zeigt, den Verstärkungsfaktor K_s und die Zeitkonstante T_1 ablesen.

Die gleiche Vorgehensweise kann auf eine Verzögerungsstrecke 2. Ordnung angewendet werden. Aus der Sprungantwort einer PT_2-Strecke nach Gleichung 3.17, kann man z.B. gemäß Abb. 3.37 den Verstärkungsfaktor K_s, die verschiedenen Überschwingwerte $\ddot{u}_i$ sowie die Zeit T_e ablesen. Mit den Abkürzungen $\Lambda_1 = \ln\,(\ddot{u}_i/\ddot{u}_{i+2})$ bzw. $\Lambda_2 = \ln\,(\ddot{u}_i/\ddot{u}_{i+1})$ können dann die Dämpfung D und die Kreisfrequenz ω_0 mit Hilfe der nachfolgenden Gleichungen berechnet werden.

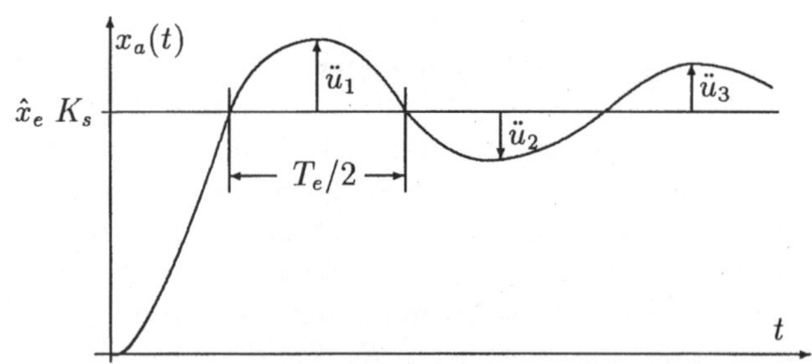

Abb. 3.37: Sprungantwort eines PT_2-Gliedes

$$D = \frac{\Lambda_1}{\sqrt{4\pi^2 + \Lambda_1^2}} \quad \text{bzw.} \quad D = \frac{\Lambda_2}{\sqrt{\pi^2 + \Lambda_2^2}}\,. \tag{3.65}$$

sowie

$$\omega_e = 2\pi/T_e \quad \text{bzw.} \quad \omega_0 = \omega_e/\sqrt{1 - D^2}\,. \tag{3.66}$$

Entsprechende Formeln existieren für integrierende Regelstrecken und die anderen Formen von Regelstrecken. Für Strecken höherer Ordnung ist dieser Lösungsansatz jedoch nicht immer so einfach.

Aufgabe 3.15: Berechnen Sie die Formeln von Gleichung 3.65 und 3.66 aus der Sprungantwort von Gleichung 3.27 bzw. 3.28. □

3.5.3 Parameterbestimmung aus der Ortskurve

Bei manchen Anwendungen kann man die zu untersuchende Regelstrecke mit sinusförmigen Eingangssignalen von sehr niedrigen bis zu sehr hohen Frequenzen anregen. Aus der gemessenen Ausgangsamplitude und der Phasenverschiebung des Ausgangssignals im eingeschwungenen Zustand läßt sich dann die Ortskurve der Regelstrecke darstellen. Aus ausgezeichneten Werten dieser Ortskurve können dann die gesuchten Parameter der Regelstrecke ermittelt werden.

Dies soll wieder für ein PT_1- und ein PT_2-Glied gezeigt werden. Für die Anregung mit der Frequenz $\omega = 0$ (konstanter Eingang) ergibt die Amplitude des Ausgangs die Verstärkung K_s. Die bei der Frequenz $\omega_E = 1/T_1$ auftretende Phasenverschiebung 45° zwischen Eingangs- und Ausgangsschwingung führt zur Festlegung der Zeitkonstanten T_1.

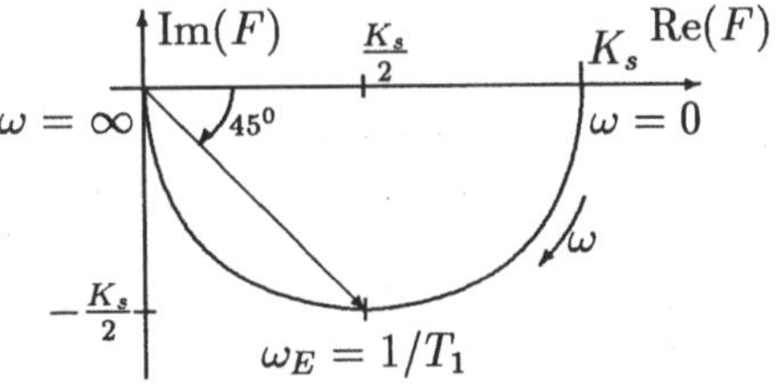

Abb. 3.38: Ortskurve des PT_1-Gliedes

Ähnliche Beziehungen existieren für das PT_2-Glied, welches mit sinusförmigen Signalen angeregt wird. Bei Anregung mit einem Signal der Frequenz $\omega = 0$ (konstanter Eingang) liefert der konstante Endwert des Ausgangssignals den Verstärkungsfaktor K_s. Dann wird die Erregerfrequenz solange erhöht, bis das Ausgangssignal dem Eingang um 90° nacheilt. Bei dieser Frequenz ω_0 wird die Amplitude a des Ausgangssignals abgelesen. Mit diesen beiden Werten werden die Zeitkonstanten T_1 und T_2 des PT_2-Gliedes mit Hilfe der folgenden Gleichungen berechnet zu:

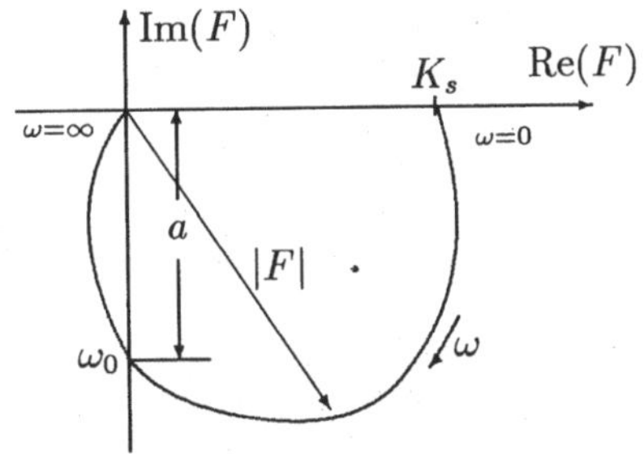

Abb. 3.39: Ortskurve eines PT_2-Gliedes

$$T_2 = 1/\omega_0 \qquad \text{und} \qquad T_1 = K_s \cdot T_2/a \ .$$

Auch für andere Übertragungsglieder gibt es ähnliche Beziehungen. Die Genauigkeit der berechneten Regelstreckenparameter hängt von der Genauigkeit der Amplituden- und Phasenmessung ab.

3.5.4 Parameteridentifizierung

Bei sehr vielen Anwendungen besteht keine Möglichkeit, die Regelstrecke ohne eine Regelung zu betreiben, oder sie überhaupt mit normierten Eingangssignalen anzuregen. Dann muß versucht werden, die Parameter der Strecke entweder analytisch zu berechnen oder aus den Messungen der Ein- und Ausgangssignale im Betrieb zu ermitteln. Die dabei eingesetzten Verfahren heißen Verfahren zur Parameteridentifizierung. Sie beruhen auf der numerischen Minimierung eines Fehlerkriteriums. Die gesuchten Parameter der Regelstrecke werden solange durch einen numerischen Optimierungsalgorithmus verändert, bis der Fehler zwischen gemessenem Streckenausgang und berechnetem Modellausgang minimal ist. Je genauer die Messungen der Eingangs- und Ausgangssignale sind, umso besser werden die Streckenparameter berechnet.

Dies wird für eine Verzögerungsstrecke 2. Ordnung gezeigt, die mit einem beliebigen Eingangssignal angeregt wird. Die Übertragungsfunktion der Regelstrecke lautet:

$$F_S(s) = \frac{b_0 + b_1\, s + b_2\, s^2}{a_0 + a_1\, s + s^2} ,$$

mit $b_0 = 1$, $b_1 = b_2 = 0$, $a_0 = 3$ und $a_1 = 2$. Diese Regelstrecke wird mit einem Eingangssignal $x_e(t)$ angeregt, und das Ausgangssignal $x_a(t)$ wird gemessen. Aus den beiden Meßsignalen $x_e(t)$ und $x_a(t)$ werden mit der Methode der Parameteridentifizierung die Parameter b_0, b_1, b_2, a_0 und a_1 berechnet bzw. genauer gesagt, geschätzt. Ein Schätzergebnis für den in Abb. 3.40 dargestellten Verlauf der Ein- und Ausgangssignale ist:

$$\begin{array}{lll} \hat{b}_0 = 1,0567 & \hat{b}_1 = -0,0070 & \hat{b}_2 = 0,0001 \\ \hat{a}_0 = 3,0801 & \hat{a}_1 = 2,3754 & \end{array}$$

Mit diesen geschätzten Parameterwerten der Regelstrecke ergibt sich für den gegebenen Verlauf des Eingangssignals der in Abb. 3.40 ebenfalls dargestellte sogenannte Modellausgang $\hat{x}_a(t)$.

Obwohl die Zahlenwerte der wahren und geschätzten Streckenparameter sich unterscheiden, liegen der wahre Streckenausgang $x_a(t)$ und der Modellausgang $\hat{x}_a(t)$ nur unwesentlich auseinander. Für den Reglerentwurf hängt es vom jeweils angewendeten Entwurfsverfahren ab, ob die genaue Kenntnis der Streckenparameter oder die Übereinstimmung der Signalverläufe von $x_a(t)$ und $\hat{x}_a(t)$ wichtiger ist. Dies zeigen die Untersuchungen in den Kapiteln über den Reglerentwurf.

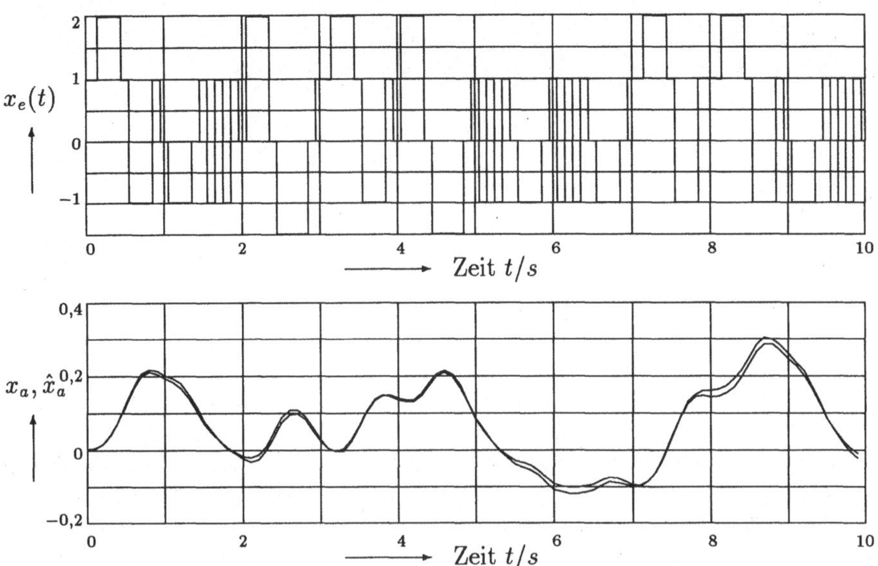

Abb. 3.40: Eingangssignal $x_e(t)$ (obere Abb.) sowie gemessenenes Ausgangssignal $x_a(t)$ und Modellausgang $\hat{x}_a(t)$ (untere Abb.)

4 Regler und ihre Strukturen

Ähnlich wie die Regelstrecken klasssifiziert man die Regler nach ihrem Zeitverhalten (dynamischen Verhalten). Damit unterscheidet man Regler mit proportionalem, integrierendem und differenzierendem Verhalten. Weitere Streckeneigenschaften wie Totzeit- und Allpaßverhalten sind, wie später gezeigt wird, aufgrund ihrer destabilisierenden Wirkung für das dynamische Verhalten eines Reglers ungeeignet. Diese drei Eigenschaften, proportionales, integrierendes und differenzierendes Verhalten sind wie bei den Regelstrecken auch bei den Reglern häufig gemeinsam anzutreffen. Während die Regelstrecke das jeweilige Verhalten als systemimmanentes Verhalten aufweist, wird dem Regler aufgrund regelungstechnischer Überlegungen das jeweilige Verhalten gezielt gegeben. Der Regler muß also das Eingangssignal linear verstärken (proportionales Verhalten), integrieren und differenzieren können.

4.1 Realisierung elektrischer Regler

4.1.1 Analoger Regler

Der zentrale Baustein in der modernen analogen Schaltungstechnik ist der Operationsverstärker. Er verstärkt mit einem Verstärkungsfaktor $V > 10^4$ die Differenz zwischen der angelegten positiven und negativen Eingangsspannung. Abb. 4.1 zeigt die Prinzipschaltung und die Ein-/Ausgangskennlinie eines derartigen Operationsverstärkers, der oft als Differenzverstärker aufgebaut ist.

Zur Erzielung hoher Differenzverstärkungen V werden die Operationsverstärker als mehrstufige Verstärker (wie z.B. der μA 741 Operationsverstärker) mit Eingangsdifferenzverstärker, Darlington-Transistor und zwei Transistoren in Emitterschaltung als Ausgangsstufe betrieben.

Die universelle Verwendungsmöglichkeit des Operationsverstärkers beruht auf der Beschaltung des Verstärkers durch ausgesuchte Ein- und Ausgangsnetzwerke. Dabei wird der positive Eingang des Verstärkers auf Masse gelegt. Abb. 4.2 zeigt

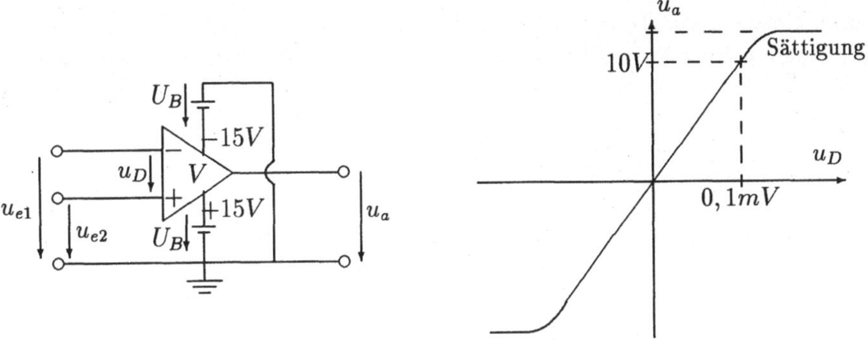

Abb. 4.1: Prinzipschaltbild und Kennlinie eines Operationsverstärkers

einen beschalteten Operationsverstärker mit einem beliebigen Eingangsnetzwerk Z_e und einem beliebigen Ausgangsnetzwerk Z_r. Mit Z wird dabei der komplexe Scheinwiderstand (Impedanz) eines Netzwerks bezeichnet.

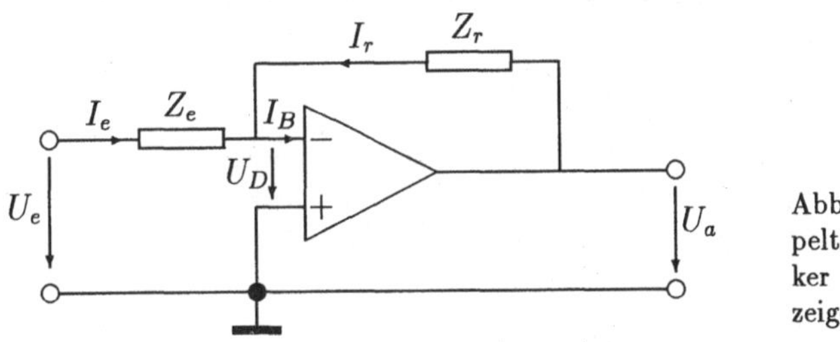

Abb. 4.2: Rückgekoppelter Operationsverstärker (U, I Wechselstromzeiger)

Die Anwendung der Kirchhoffschen Sätze liefert für dieses Netzwerk mit U und I als Wechselstromzeiger

$$\begin{aligned} U_e &= I_e \cdot Z_e + U_D \\ U_a &= I_r \cdot Z_r + U_D \\ U_a &= -V \cdot U_D \\ I_B &= I_e + I_r \, . \end{aligned}$$

Da der Basisstrom $I_B \approx 0$ ist, gilt $I_e \approx -I_r$. Mit

$$\frac{U_e - U_D}{Z_e} = I_e = -I_r = -\frac{U_a - U_D}{Z_r}$$

resultiert dann für das Übertragungsverhalten

$$\frac{U_a}{U_e} = -\frac{Z_r}{Z_e + (Z_e + Z_r)/V} \, .$$

Da der Operationsverstärker einen großen Verstärkungsfaktor V ($\geq 10^4$) aufweist, vereinfacht sich das Übertragungsverhalten des rückgekoppelten Verstärkers zu:

$$F(j\omega) = \frac{U_a(j\omega)}{U_e(j\omega)} \approx -\frac{Z_r(j\omega)}{Z_e(j\omega)} \, .$$

Durch Ersetzen des Terms $j\omega$ durch die Laplace-Variable s ergibt sich dann die Übertragungsfunktion des Ein-/Ausgangsverhaltens des Operationsverstärkers mit $U_e(s)$ als Laplace-transformierter Eingangsspannung und $U_a(s)$ als Laplace-transformierter Ausgangsspannung zu

$$F(s) = \frac{U_a(s)}{U_e(s)} = -\frac{Z_r(s)}{Z_e(s)} .$$

Dabei ist die Vorzeichenumkehr des Eingangssignals zu beachten.

1. Proportionales Verhalten (P-Glied)

Wählt man als Ein- und Ausgangsnetzwerk Ohmsche Widerstände $Z_e = R_e$ und $Z_r = R_r$, dann weist der rückgekoppelte Operationsverstärker ein proportionales Übertragungsverhalten auf:

$$F_P(s) = \frac{U_a(s)}{U_e(s)} = -\frac{R_r}{R_e} = -K_P .$$

Der Verstärkungsfaktor (Proportionalbeiwert) beträgt damit $K_P = R_r/R_e$.

2. Integrierendes Verhalten (I-Glied)

Wählt man als Eingangsnetzwerk einen Ohmschen Widerstand R_e und als Ausgangsnetzwerk einen Kondensator $Z_r(\mathrm{j}\omega) = 1/(\mathrm{j}\omega C_r)$ (d.h. $Z_r(s) = 1/(sC_r)$), dann weist der rückgekoppelte Operationsverstärker ein integrierendes Verhalten auf:

$$F_I(s) = \frac{U_a(s)}{U_e(s)} = -\frac{1}{s \cdot R_e C_r} = -\frac{K_I}{s} = -\frac{1}{T_I \cdot s} .$$

Der Integrierbeiwert K_I wird über die Wahl von Widerstand und Kondensator festgelegt zu $K_I = 1/(R_e \cdot C_r)$. Die Größe $T_I = 1/K_I = R_e \cdot C_r$ wird auch als Integrierzeit bezeichnet.

3. Differenzierendes Verhalten mit Verzögerung (DT$_D$-Glied)

Wie bei den Regelstrecken ist ein ideales differenzierendes Verhalten nicht realisierbar; die Ableitung eines Eingangssignals erfolgt immer mit einer „Verzögerung T_D". Diese verzögerte Differentiation wird erreicht durch eine RC-Reihenschaltung als Eingangsnetzwerk und einen Ohmschen Widerstand als Ausgangsnetzwerk. Mit $Z_e(\mathrm{j}\omega) = R_e + 1/(\mathrm{j}\omega C_e)$ und $Z_r = R_r$ resultiert dann als Übertragungsverhalten:

$$F_D(s) = \frac{U_a(s)}{U_e(s)} = -\frac{R_r C_e \cdot s}{1 + s \cdot R_e C_e} = -\frac{K_D \cdot s}{1 + T_D \cdot s}. \qquad (K_D = \text{Differenzierbeiwert})$$

4. Überlagerung der Übertragungseigenschaften (PIDT$_D$-Glied)

Über ein Summationsnetzwerk werden die drei unterschiedlichen Signalverläufe aufsummiert und ergeben die in Abb. 4.3 gezeigte Gesamtschaltung eines Reglers mit proportionalem, integrierendem und differenzierendem Verhalten (PIDT$_D$-Regler).

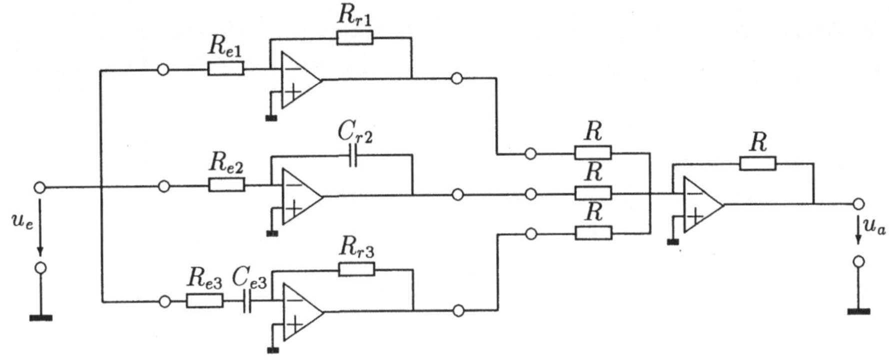

Abb. 4.3: Regler mit proportionalem, integrierendem und differenzierendem Verhalten - PIDT$_D$-Regler

Die Übertragungsfunktion des Reglers von Abb. 4.3 lautet:

$$F(s) = \frac{U_a(s)}{U_e(s)} = K_P + \frac{K_I}{s} + \frac{K_D \cdot s}{1 + T_D \cdot s} \,. \tag{4.1}$$

Aufgabe 4.1: Ein PIDT$_D$-Regler soll durch rückgekoppelte Operationsverstärker realisiert werden. Bauelemente mit den folgenden Werten sind gegeben:

$R_{e1} = R_{e2} = R_{r3} = 100k\Omega$; $R_{e3} = 10k\Omega$; $R_{r1} = 1M\Omega$;
$C_{r2} = 5\mu F$; $C_{e3} = 1\mu F$; $R = 100k\Omega$;

Berechnen Sie K_P, K_I, K_D sowie T_D.

Lösung: $K_P = 10$; $K_I = 2\ s^{-1}$; $K_D = 0{,}1\ s$; $T_D = 0{,}01\ s$ □

Für eine sprungförmige Eingangsspannung der Amplitude $\hat{u}_e$ resultiert für den PIDT$_D$-Regler die in Abb. 4.4 gezeigte Sprungantwort. Zum Zeitpunkt 0 „springt“ die Ausgangsspannung infolge der Differentiation auf den Maximalwert. Sie klingt dann nach der Zeit $t > T_D$ auf ihren Minimalwert ab, bevor sie dann infolge der Integrationswirkung monoton weiter ansteigt. Die obere Grenze der Ausgangsspannung ist durch die Versorgungsspannung des Operationsverstärkers von ca. 15 V vorgegeben. Der Linearitätsbereich endet bei ca. 10 bis 12 V Ausgangsspannung.

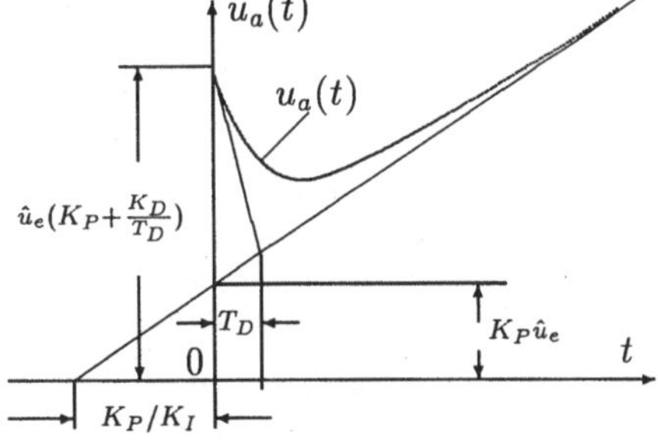

Abb. 4.4: Sprungantwort des PIDT$_D$-Reglers auf eine sprungförmige Eingangsspannung $u_e(t)$

Obwohl infolge des Sättigungseffektes eines jeden Operationsverstärkers eine natürliche obere Grenze der Ausgangsspannung vorliegt, ist für manche Anwendungen eine einstellbare maximale Ausgangsspannung erforderlich. Die Begrenzung der Ausgangsspannung eines Operationsverstärkers geschieht durch eine Begrenzerschaltung mit Zenerdioden, wie in Abb. 4.5 gezeigt. Über die Potentiometer P_1 und P_2 kann dabei getrennt die maximale Ausgangsspannung u_a^+ und die minimale Ausgangsspannung u_a^- eingestellt werden. Die Spannung $u_a(t)$ liegt dann innerhalb der Schranken u_a^- und u_a^+.

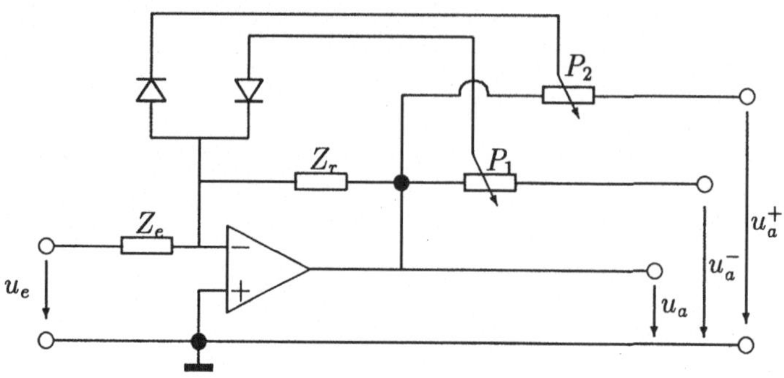

Abb. 4.5: Diodenschaltung zur Begrenzung der Ausgangsspannung u_a

4.1.2 Digitaler Regler

Das Kernstück der digitalen Signalverarbeitung ist der Mikrocontroller. In ihm werden Signale digital verarbeitet. Da die in einem Regelkreis auftretenden Signale jedoch analoge Signale sind, ist zuvor eine Wandlung des Eingangssignals $x_e(t)$ erforderlich. Die Eingangssignale eines Mikrocontrollers werden somit einer Analog/Digital-Wandlung unterworfen. Die digitalen Signale (Zahlen) werden dann im Prozessor verarbeitet, d.h. miteinander multipliziert, addiert, dividiert .... Der *Regler* ist somit *als Gleichung im Mikroprozessor programmiert.* Die Verarbeitungsgeschwindigkeit der Signale hängt von der Taktzeit des Prozessors ab. Nach der Berechnung des Ausgangssignals $x_a(t)$ (Stellgröße) wird dieses dann wieder in ein analoges Signal gewandelt (D/A-Wandlung) und bis zur Berechnung des nächsten Ausgangssignals als konstantes Ausgangssignal ausgegeben. Die Ausgangssignale des Mikrocontrollers weisen somit einen treppenförmigen Verlauf auf, die Eingangssignale sind jedoch stetige analoge Signale. Abb. 4.6 verdeutlich schematisch die Signalverarbeitung in einem Mikrocontroller.

In Abb. 4.6 treten Signale x_e und x_a auf, die durch Impulse (Pfeile) gekennzeichnet sind. Sie stellen Signale dar, die nur zu den sogenannten *Abtastzeitpunkten* definiert sind. Die Abtastzeit ist das Zeitintervall, in dem der Prozessor einen neuen Ausgabewert x_a berechnet. In diesem Zeitabstand wird ein neuer Wert des Eingangssignals x_e eingegeben. Diese Eingabe wird durch den Abtaster, gekennzeichnet durch einen Schalter mit der Frequenzangabe ω_T, gesteuert. Auch das Ausgangssignal x_a wird für diese Zeitdauer durch ein Halteglied konstant gehalten und ergibt die gezeigte Treppenkurve. Diese *Abtastzeit T bzw. Abtastfrequenz* ω_T hat in der digitalen Regelung einen bestimmenden Einfluß. Die mit $x_e(k)$ und $x_a(k)$ gekennzeichneten Signale sind Signale, die nur zu diesen Abtastzeitpunkten definiert sind. Der Regelalgorithmus (Gleichung des Reglers) verarbeitet diese

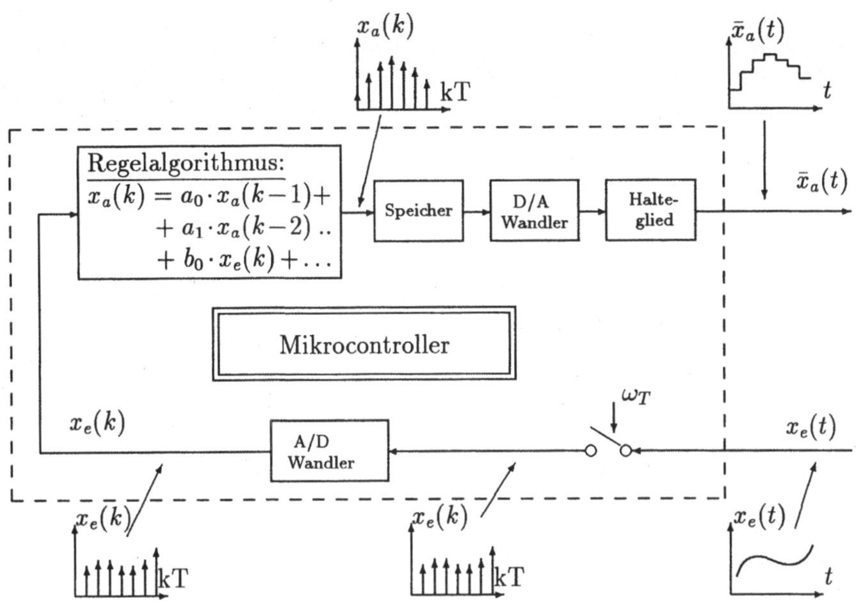

Abb. 4.6: Mikrocontroller als Regler

Signale zu den Abtastzeitpunkten, da er nur eine endliche Rechengeschwindigkeit besitzt.

Die *Festlegung dieser Abtastzeit* T hängt von dem zu regelnden Prozeß ab. So reicht es z.B. bei der Temperaturregelung eines Raumes aus, dem Regler alle paar Sekunden eine neue gemessene Temperatur mitzuteilen, die dann zur Berechnung eines neuen Stellsignals verwendet wird. Bei der Drehzahlregelung eines Motors muß jedoch ungefähr im Millisekundenabstand eine Drehzahlmessung für die Berechnung eines neuen Stellsignals (Ankerspannung) vorliegen. Die Abtastzeit des Mikrocontrollers muß somit deutlich schneller als die dominierenden Zeitkonstanten des Regelkreises sein. Im allgemeinen wird verlangt, daß die Abtastfrequenz ω_T mehr als 6 ... 10 mal größer als die höchste im System vorkommende Frequenz sein soll.

Während in einem Mikrocontroller über den Interrupt-Timer die Abtastfrequenz nahezu beliebig eingestellt werden kann, ist sie bei den sogenannten *speicherprogrammierbaren Steuerungen (SPS)*, dem zweiten großen Einsatzbereich digitaler Regelungen, meist fest vorgegeben. Speicherprogrammierbare Steuerungen werden in erster Linie zur Steuerung von dynamischen Prozessen in der Automatisierungstechnik verwendet. Da eng verbunden mit der Steuerung von Prozessen oft auch eine Regelung notwendig ist, enthält eine SPS meist auch ein Reglermodul, bestehend wiederum aus einem Mikrocontroller mit Wandlern. Die Abtastzeit einer SPS ist meist fest vorgegeben mit z.B. 10 ms oder 40 ms.

Für viele praktische Anwendungen reichen diese groben Richtlinien für die Verwendung digitaler Regler aus, ohne weiter in die Theorie der digitalen Regelung einzusteigen müssen. Bei Einhaltung dieser Empfehlungen hinsichtlich der Abtastfrequenz ω_T ist es weitgehend belanglos, ob der eingesetzte Regler ein analoger oder digitaler Regler ist. Es wird nun anschließend, wie beim analogen Regler, die schrittweise Berechnung der einzelnen Anteile eines digitalen PIDT$_D$-Reglers gezeigt.

1. Proportionales Verhalten (P-Glied)

Die im Mikrocontroller zu programmierende Gleichung eines Reglers mit proportionalem Verhalten lautet

$$x_{a1}(k) = K_P \cdot x_e(k) \ . \tag{4.2}$$

Die Eingangsgröße x_e zum Zeitpunkt kT wird mit dem Verstärkungsfaktor K_P multipliziert und als Stellsignal ausgegeben.

2. Integrierendes Verhalten (I-Glied)

Die Integration eines Signals wird über die Flächenberechnung unter einer Kurve mit Hilfe der Trapezregel durchgeführt. Die Vorgehensweise verdeutlicht Abb. 4.7. Die Integralbildung eines Signals ist gleichbedeutend mit der Berechnung der Fläche unter dem Signalverlauf. Diese Flächenberechnung kann mit der Rechteckregel oder genauer mit der Trapezregel durchgeführt werden. Es sei $x_{a2}(k-1)$ die Fläche zum Zeitpunkt $(k-1)T$. Dann nimmt die Fläche mit jedem Abtastschritt um die Fläche eines Trapezes zu. Die Fläche des Trapezes ist gleich der Breite des Trapezes mal der mittleren Länge von x_e, d.h. $T \cdot \{x_e(k-1) + x_e(k)\}/2$. Diesen Zusammenhang kann man formelmäßig erfassen durch die Gleichung

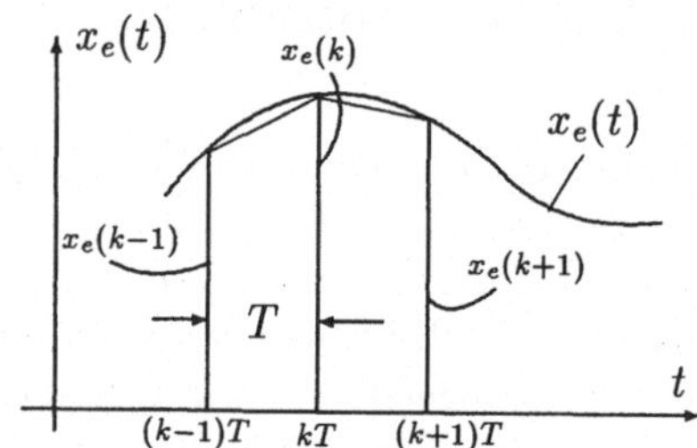

Abb. 4.7: Integralberechnung

$$x_{a2}(k) = x_{a2}(k-1) + T \cdot \frac{x_e(k-1) + x_e(k)}{2} \ .$$

In dieser Gleichung ist $x_{a2}(k)$ dann die neue Fläche (= Wert des Integrals) zum Zeitpunkt kT.

In der Reglergleichung für einen integrierenden Regler muß jetzt zusätzlich nur noch der Integrierbeiwert K_I berücksichtigt werden. Damit lautet die Gleichung des integrierenden Anteils dann

$$x_{a2}(k) = x_{a2}(k-1) + K_I \cdot T \cdot \frac{x_e(k-1) + x_e(k)}{2} \ . \tag{4.3}$$

3. Differenzierendes Verhalten mit Verzögerung (DT$_D$-Glied)

Bei der Ableitung eines Signals wird die Differentiation durch eine Differenzenbildung ersetzt. Man approximiert die Ableitung eines Signals $x(t)$ nach der Zeit durch den Rückwärtsdifferenzenquotienten wie folgt:

$$\frac{\mathrm{d}x(t)}{\mathrm{d}t} = \lim_{\Delta t \to 0} \frac{x(t) - x(t - \Delta t)}{\Delta t} \approx \frac{x(k) - x(k-1)}{T} \; . \tag{4.4}$$

Die Ableitung wird damit durch die Differenz der Signale $x(t)$ zu den Abtastzeitpunkten kT und $(k-1)T$ ersetzt.

Für die Realisierung des DT$_D$-Anteils des Reglers wird zunächst die Übertragungsfunktion des Reglers in eine Differentialgleichung transformiert und ergibt:

$$x_{a3}(t) + T_D \cdot \dot{x}_{a3}(t) = K_D \cdot \dot{x}_e(t) \; .$$

Für die Ableitungen auf der rechten und linken Seite der Gleichung wird der Rückwärtsdifferenzenquotient nach Gleichung 4.4 eingesetzt und man erhält:

$$x_{a3}(k) + T_D \cdot \frac{x_{a3}(k) - x_{a3}(k-1)}{T} = K_D \cdot \frac{x_e(k) - x_e(k-1)}{T} \; .$$

Ordnet man diese Gleichung, so führt dies zu

$$(1 + \frac{T_D}{T}) \cdot x_{a3}(k) = \frac{T_D}{T} \cdot x_{a3}(k-1) + \frac{K_D}{T} \cdot [(x_e(k) - x_e(k-1)] \; .$$

Damit lautet die Gleichung für die Nachbildung der verzögerten Ableitung dann endgültig

$$x_{a3}(k) = \frac{1}{1 + \frac{T_D}{T}} \cdot \left[\frac{T_D}{T} \cdot x_{a3}(k-1) + \frac{K_D}{T} \cdot [(x_e(k) - x_e(k-1)] \right] \; . \tag{4.5}$$

4. Überlagerung der Übertragungseigenschaften (PIDT$_D$-Glied)

Der komplette PIDT$_D$-Regler setzt sich dann aus allen drei Anteilen zusammen, d.h. es ist $x_a(k) = x_{a1}(k) + x_{a2}(k) + x_{a3}(k)$. Zur Aufstellung der endgültigen Reglergleichung sind jedoch einige Zwischenschritte erforderlich.

Schritt 1: Die Gleichungen 4.2, 4.3 und 4.5 werden mit $(1 + T_D/T)$ multipliziert.

Schritt 2: Gleichung 4.2 wird um einen Abtastschritt später dargestellt, d.h. es wird k durch $k-1$ ersetzt, und sie wird dann mit $-(1 + 2\,T_D/T)$ multipliziert.

Schritt 3: Gleichung 4.3 wird um einen Abtastschritt später dargestellt und mit $-T_D/T$ multipliziert.

Schritt 4: Gleichung 4.5 wird mit $-(1 + T_D/T)$ multipliziert und um einen Abtastschritt später dargestellt.

Schritt 5: Gleichung 4.2 wird zusätzlich um 2 Abtastschritte später dargestellt und mit T_D/T multipliziert.

Die in Schritt 1 bis 5 aufgestellten Gleichungen werden addiert und zur Gleichung 4.6 zusammengefaßt.

$$(1+\frac{T_D}{T})\{\overbrace{x_{a1}(k)+x_{a2}(k)+x_{a3}(k)}^{x_a(k)}\} = (1+\frac{2T_D}{T})\{\overbrace{x_{a1}(k-1)+x_{a2}(k-1)+x_{a3}(k-1)}^{x_a(k-1)}\}-$$

$$-(\frac{T_D}{T})\{\overbrace{x_{a1}(k-2)+x_{a2}(k-2)+x_{a3}(k-2)}^{x_a(k-2)}\} + \{K_P + \frac{T+T_D}{2/K_I} + \frac{K_P T_D + K_D}{T}\}x_e(k)+$$

$$+\{-K_P - \frac{2K_P T_D + 2K_D}{T} + \frac{K_I T}{2}\}x_e(k-1) + \{\frac{K_P T_D + K_D}{T} - \frac{K_I T_D}{2}\}x_e(k-2) \quad (4.6)$$

Die Summationen von x_{ai}, für $i = 1$, 2 und 3, zu den verschiedenen Abtastzeitpunkten werden, wie angedeutet, durch $x_a(k)$, $x_a(k-1)$ und $x_a(k-2)$ ersetzt und das Ergebnis umgestellt zum Endergebnis eines digitalen PIDT$_D$-Reglers:

$$x_a(k) = d_0 \cdot x_e(k) + d_1 \cdot x_e(k-1) + d_2 \cdot x_e(k-2)+$$

$$+(1-c_1)\cdot x_a(k-1) + c_1 \cdot x_a(k-2) \quad (4.7)$$

mit

$$d_0 = \frac{K_P}{1+T_D/T}\cdot\left\{1+\frac{T+T_D}{2\cdot K_P/K_I}+\frac{T_D+K_D/K_P}{T}\right\} \quad (4.8)$$

$$d_1 = \frac{K_P}{1+T_D/T}\cdot\left\{-1+\frac{T}{2\cdot K_P/K_I}-\frac{2\cdot(T_D+K_D/K_P)}{T}\right\} \quad (4.9)$$

$$d_2 = \frac{K_P}{1+T_D/T}\cdot\left\{\frac{T_D+K_D/K_P}{T}-\frac{T_D}{2\cdot K_P/K_I}\right\} \quad (4.10)$$

$$c_1 = -\frac{T_D}{T+T_D}\ . \quad (4.11)$$

Aufgabe 4.2: Berechnen Sie die Reglergleichung 4.7 durch schrittweises Bearbeiten der in Schritt 1 bis 5 angegebenen Anweisungen. □

Aufgabe 4.3: Berechnen Sie die Parameter c_1, $d_0 \ldots d_2$ für einen digitalen PIDT$_D$-Regler mit den Koeffizienten $K_P = 10$, $K_I = 2\ s^{-1}$, $K_D = 0,1\ s$, $T_D = 100\ ms$ und $T = 10\ ms$.

Lösung: c_1 = -0,9091 , d_0 = 10,9191 , d_1 = -20,9082 , d_2 = 9,9909 □

Das im Mikrocontroller zu programmierende Programm lautet dann in einer fiktiven Makrosprache wie folgt:

```
INITIAL: d_0 = ... (siehe Gleichung 4.8)
         d_1 = ... (siehe Gleichung 4.9)
         d_2 = ... (siehe Gleichung 4.10)
         c_1 = ... (siehe Gleichung 4.11)
         x_e(k-1) = 0
         x_e(k-2) = 0
         x_a(k-1) = 0
         x_a(k-2) = 0
START:   IN x_e(k)
         x_a(k) = d_0 · x_e(k) + d_1 · x_e(k-1) + ...     (Gleichung 4.7)
         OUT x_a(k+1)
         x_a(k-1) = x_a(k)
         x_a(k-2) = x_a(k-1)
         x_e(k-1) = x_e(k)
         x_e(k-2) = x_e(k-1)
END:     RETURN
```

In der Initialisierungsphase INITIAL des Programms werden die Konstanten berechnet und die Startwerte der Ein- und Ausgangssignale zu den Zeitpunkten $k-1$ und $k-2$ mit 0 vorbelegt. Der Einsprung in die Startadresse START des Programms erfolgt dann zu jedem Abtastzeitpunkt durch den Interrupt-Controller. In diesem Hauptteil wird das Eingangssignal $x_e(k)$ eingelesen, die Reglergleichung berechnet und das berechnete Stellsignal $x_a(k)$ ausgegeben. Anschließend werden die Signale umgespeichert. Nach Erreichen des RETURN Statements verläßt der Prozessor die Reglerroutine bis zum nächsten Interrupt.

Die Sprungantwort $x_a(k)$ eines derartigen digitalen PIDT$_D$-Reglers für eine relativ große Abtastzeit T zeigt Abb. 4.8. Der treppenförmige Verlauf des Signals entspricht dem Verlauf von $\bar{x}_a(t)$ in Abb. 4.6 für einen Sprungeingang $x_e(t)$. Mit kleiner werdender Abtastzeit T nähert sich der Verlauf von $x_a(k)$ immer mehr dem Verlauf von $u_a(t)$ des kontinuierlichen PIDT$_D$-Reglers von Abb. 4.4 an.

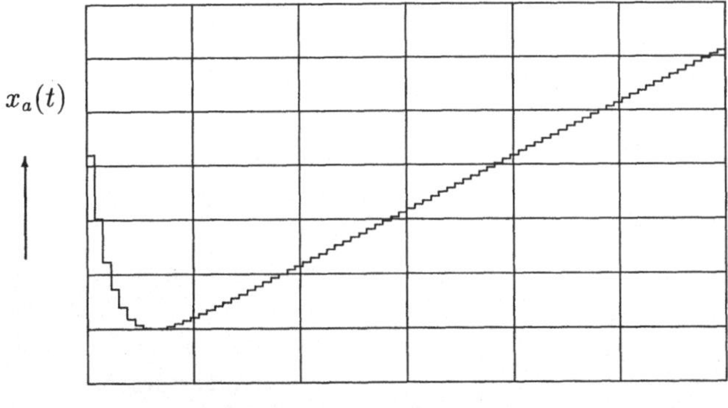

Abb. 4.8: Sprungantwort eines digitalen PIDT$_D$-Reglers

4.2 Regler im geschlossenen Regelkreis

Betrachtet man die in Kapitel 1 vorgestellten Beispiele von Regelkreisen, wie Regelung der Raumtemperatur und Drehzahlregelung eines Gleichstrommotors sowie die daraus abgeleiteten Blockschaltbilder 1.5 und 1.9, so liegen bei diesen Regelkreisen mindestens zwei Eingangsgrößen vor. Die eine Eingangsgröße ist die Führungsgröße $w(t)$ und die zweite Eingangsgröße ist die Störgröße $z(t)$. Die Störgröße z kann als Versorgungsstörgröße $z_V(t)$ und/oder als Laststörgröße $z_L(t)$ auftreten. Die Führungsgröße teilt dem Regelkreis mit, welchen Wert die Regelgröße $x(t)$ annehmen soll. Die Störgröße stört den Prozeß und führt zu Änderungen der Regelgröße x. Eine der Aufgaben des Reglers im Regelkreis ist es, dafür zu sorgen, daß die Regelgröße $x(t)$ den Wert der Führungsgröße $w(t)$ annimmt (*Führungsverhalten*) und zum anderen, daß die Regelgröße $x(t)$ den Wert der Führungsgröße $w(t)$ beibehält, wenn Störgrößen $z(t)$ einwirken (*Störverhalten*). Unabhängig von weiteren Forderungen, die später noch an den Regelkreis gestellt werden, ist die Untersuchung des Führungs- und Störverhaltens des Regelkreises das zentrale Problem bei der Regelkreisanalyse.

Soll der Regelkreis sowohl für ein „gutes" Führungsverhalten als auch für ein „gutes" Störverhalten ausgelegt werden, so kann jede Teilaufgabe durch einen eigenen Regler erfüllt werden. Der Regler R im Regelkreis von Abb. 4.9 ist für das Störverhalten zuständig. Das Führungsverhalten wird durch sogenannte Vorfilter V und/oder V′ realisiert. Dies ist für Spezialanwendungen ein durchaus übliches Vorgehen, das jedoch über diese Einführung hinausgeht und daher hier nicht weiter verfolgt wird. In den meisten Fällen wird auf die Verwendung eines Vorfilters verzichtet, und der Regler R im Regelkreis wird so ausgelegt, daß er sowohl ein zufriedenstellendes Führungsverhalten als auch ein zufriedenstellendes Störverhalten gewährleistet. Es wird somit ein Kompromiß bei der Reglerauslegung gewählt.

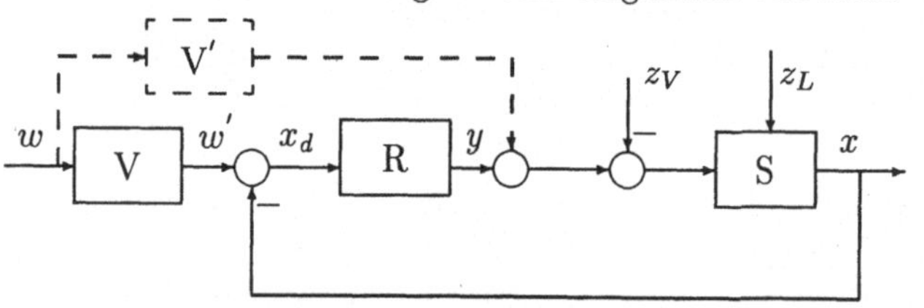

Abb. 4.9: Regelkreis mit Vorfilter

Zur Untersuchung des Führungs- und Störverhaltens von Regelkreisen wird hier meist die in Abb. 1.5 angegebene Form 1 ohne Laststörgröße z_L und nur mit Versorgungsstörgröße z_V, kurz als Störgröße $z(t)$ bezeichnet, betrachtet. Da viele Störgrößen zu einer Reduzierung der Regelgröße führen, wird die Störung z mit dem Minusvorzeichen in den

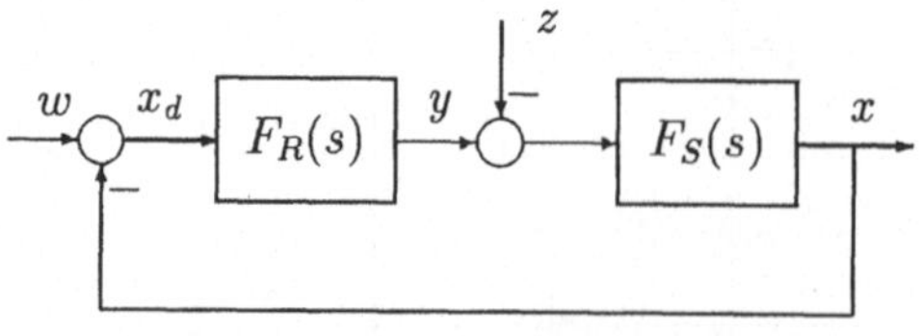

Abb. 4.10: Standardregelkreis

Kreis eingeführt. Weiter wird vorausgesetzt, daß eine ideale Stelleinrichtung (Ventil, Heizspirale, Gleichrichter ...) und ein ideales Meßelement (Temperatursensor, Drehzahlsensor ...), jeweils ohne jegliche Verzögerung mit der Übertragungsfunktion $F(s) = K$ bzw. 1 vorliegen und somit nicht zusätzlich im Regelkreis auftauchen. Bei einem nichtidealen Stellglied wird dessen Übertragungsfunktion im allgemeinen der Regelstrecke zugerechnet. Die Übertragungsfunktion eines nichtidealen Meßelementes dagegen wird in den Rückwärtszweig des Regelkreises gelegt.

Das zu untersuchende Führungs- und Störverhalten des Regelkreises wird durch die nachfolgend berechneten Führungs- und Störübertragungsfunktionen erfaßt.

4.2.1 Führungsverhalten

Das Führungsverhalten des geschlossenen Regelkreises wird durch die Übertragungsfunktion $F_W(s)$ mit $W(s)$ als Laplace-transformierte Führungsgröße $w(t)$ und $X(s)$ als Laplace-transformierte Regelgröße $x(t)$ für $z(t)$ gleich Null beschrieben. Zur Berechnung dieser Führungsübertragungsfunktion wird Gleichung 2.18 der Kreisübertragungsfunktion herangezogen:

$$F = \frac{F_v(s)}{1 + F_v(s) \cdot F_r(s)} \, .$$

F_v und F_r sind die Übertragungsfunktionen des Vorwärtszweiges und Rückwärtszweiges. In Abb. 4.10 ist das Vorwärtsglied $F_v(s) = F_R(s) \cdot F_S(s)$ und das Rückwärtsglied ist 1. Somit lautet die *Führungsübertragungsfunktion des geschlossenen Regelkreises* von Abb. 4.10

$$\boxed{F_W(s) = \frac{X(s)}{W(s)} = \frac{F_R(s) \cdot F_S(s)}{1 + F_R(s) \cdot F_S(s)}} \, . \tag{4.12}$$

4.2.2 Störverhalten

Das Störverhalten des geschlossenen Regelkreises wird durch die Übertragungsfunktion $F_Z(s)$ mit $Z(s)$ als Laplace-transformierte Störgröße $z(t)$ und $X(s)$ als Laplace-transformierte Regelgröße $x(t)$ für $w(t)$ gleich Null beschrieben.

Mit $z(t)$ als Eingangsgröße und $x(t)$ als Ausgangsgröße ist nun $F_v(s) = F_S(s)$ und weiterhin wird $F_r(s) = F_R(s)$. Berücksichtigt man nun noch, daß die Störgröße $z(t)$ mit negativem Vorzeichen einwirkt, so resultiert als *Störübertragungsfunktion des geschlossenen Regelkreises* von Abb. 4.10

$$\boxed{F_Z(s) = \frac{X(s)}{Z(s)} = \frac{-F_S(s)}{1 + F_R(s) \cdot F_S(s)} \, .} \tag{4.13}$$

4.3 Regler für proportionale Strecken

4.3.1 Verzögerungsstrecke 1. Ordnung (PT_1-Strecke)

Als Beispiele für proportionale Strecken mit einer Verzögerung 1. Ordnung werden in Abschnitt 3.1.2 Druck- und einfache Temperaturregelstrecken aufgeführt. Die Beschreibung derartiger Strecken durch ein PT_1-Glied stellt meist nur eine Näherung dar, die aber für prinzipielle Betrachtungen durchaus ausreichend ist. Eine derartige Strecke soll mit verschiedenen Reglern geregelt werden. Ein Temperaturregelkreis könnte dann das in Abb. 4.11 gezeigte Aussehen haben.

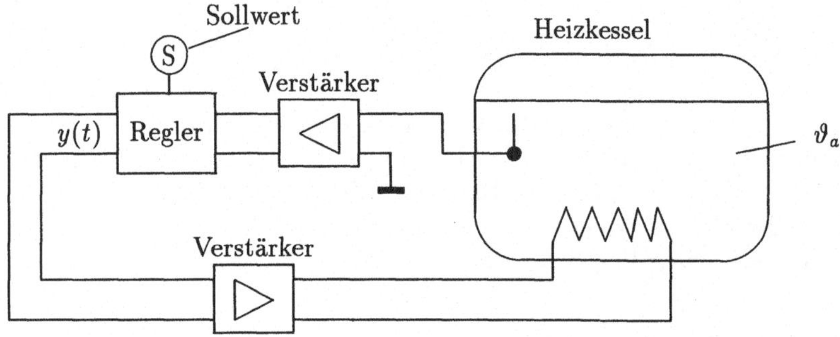

Abb. 4.11: Temperaturregelkreis

Ein Thermoelement dient als Meßelement für die Temperatur ϑ_a. Aufgrund der geringen Ausgangsspannung muß diese in einem Verstärker auf einen Normsignalbereich (z.B. $0 \ldots \pm 10\ V$) verstärkt werden. Der anschließende analoge oder digitale Regler verarbeitet entsprechend seiner Charakteristik die Differenz zwischen Sollwert und Meßsignal und liefert das Stellsignal $y(t)$. Der Soll-/Istwertvergleich wird beim analogen Regler als Signaldifferenz über einen Operationsverstärker, oder beim digitalen Regler als Subtraktion einer Zahl durchgeführt. Das Stellsignal (hier Ausgangsspannung) wird über einen Leistungsverstärker zur Ansteuerung der Heizspirale verwendet.

1. P-Regler

Für die regelungstechnische Untersuchung dieser Regelanlage werden die einzelnen Baugruppen dann als Blöcke in einem Regelkreis dargestellt. Unter der Annahme eines idealen Temperatursensors und idealer Verstärker ergibt sich dann die in Abb. 4.12 gezeigte Struktur.

In der Streckenverstärkung K_s sind die Umrechnungsfaktoren von Temperatur auf Spannung, eventuelle Verstärkungen und Pegelumsetzungen enthalten. T_1 ist die mit den Methoden von Abschnitt 3.5 ermittelte Zeitkonstante des Heizvorgangs. Ein P-Regler ist ein reiner proportionaler Verstärker mit dem

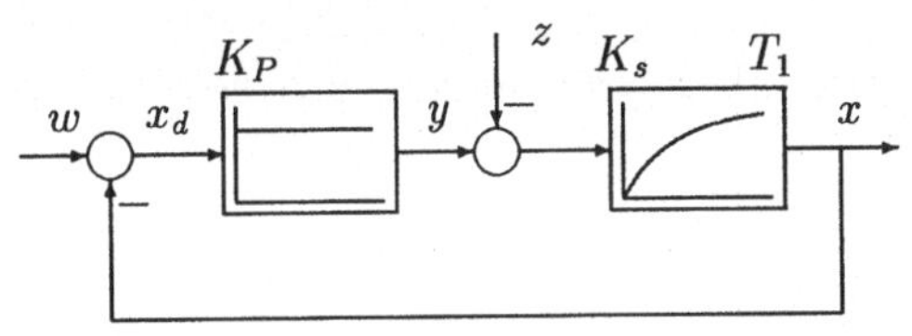

Abb. 4.12: Regelkreis mit P-Regler und PT_1-Strecke

Verstärkungsfaktor K_P, der frei wählbar ist. Ein derartiger P-Regler, aufgebaut als Operationsverstärkerschaltung oder als Mikrocontroller, soll für die Temperaturregelung des Heizkessels eingesetzt werden. Für dieses proportionale Übertragungsverhalten vereinfachen sich die Schaltungen bzw. Gleichungen des Reglers von Abb. 4.3 bzw. Gleichung 4.7 auf den reinen proportionalen Signalkanal.

Führungsverhalten des Regelkreises

Mit $F_R(s) = K_P$ als Regler und $F_S(s) = \frac{K_s}{1 + T_1\, s}$ als Regelstrecke berechnet man mit Hilfe von Gleichung 4.12 dann als Führungsübertragungsfunktion für den geschlossenen Regelkreis

$$F_W(s) = \frac{X(s)}{W(s)} = \frac{K_P \cdot K_s}{(1 + K_P\, K_s) + T_1\, s} = \frac{K_W}{1 + T_W\, s}\,, \tag{4.14}$$

mit $K_W = K_P K_s/(1 + K_P K_s)$ und $T_W = T_1/(1 + K_P K_s)$. Der Verlauf für $x(t)$ für ein sprungförmiges Führungssignal $w(t) = \hat{w} \cdot \sigma(t)$ soll auf zwei Arten berechnet werden.

(i) Berechnung des Zeitverlaufs der Regelgröße mit Hilfe der Differentialgleichung: Die Übertragungsfunktion von Gleichung 4.14 ist in der Form identisch zur Übertragungsfunktion des PT_1-Gliedes von Gleichung 3.4. Aufgrund dieser Identität ergibt sich dann der Zeitverlauf der Regelgröße $x(t)$ bei einem Sprungeingang $w(t) = \hat{w} \cdot \sigma(t)$, analog zu Gleichung 3.5 zu

$$x(t) = \hat{w} \cdot K_W \cdot (1 - \mathrm{e}^{-t/T_W})\,,$$

mit $K_W = K_P K_s/(1 + K_P K_s)$ und $T_W = T_1/(1 + K_P K_s)$.

Für $t \to \infty$ nähert sich die Regelgröße $x(t)$ dem Wert $\hat{w} \cdot K_W$ und nicht dem Wert $\hat{w}$ des Führungssignals. Es tritt somit für $t \to \infty$ eine *bleibende Regeldifferenz* auf.

$$x_d(\infty) = w(\infty) - x(\infty) = \hat{w} \cdot (1 - (K_P\, K_s)/(1 + K_P\, K_s)) = \hat{w}/(1 + K_P\, K_s)$$

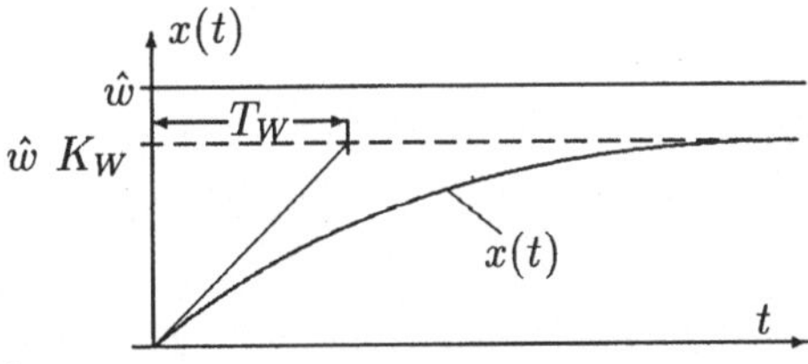

Abb. 4.13: Verlauf der Regelgröße $x(t)$ für einen Sprungeingang $w(t) = \hat{w}\sigma(t)$

Die Regelgröße $x(t)$ erreicht den Sollwert $\hat{w}$ nicht. Je größer der Verstärkungsfaktor K_P des Reglers, umso kleiner wird die Regeldifferenz. Es liegt nahe, den

Verstärkungsfaktor K_P des Reglers soweit zu vergrößern, daß die Größe der Regeldifferenz verschwindend klein wird. Berechnet man jedoch den Verlauf des Stellsignals $y(t)$ so erhält man

$$\begin{aligned} y(t) &= K_P \cdot x_d(t) = K_P \cdot (w(t) - x(t)) = K_P \, \hat{w} \cdot (1 - x(t)) = \\ &= K_P \hat{w} \cdot \left(1 - K_W \, (1 - \mathrm{e}^{-t/T_W})\right) \, . \end{aligned}$$

Zum Zeitpunkt $t = 0^+$, d.h. um eine infinitesimale Zeit $+\epsilon$ nach einem eventuell vorhandenen Sprung zum Zeitpunkt $t = 0$, wird die Stellgröße damit $y(0^+) = \hat{w} \, K_P$, also sehr groß. Für praktische Anwendungen ist eine sehr große Stellgröße jedoch ungeeignet, da die Stelleinrichtung (Stellventil, Stellmotor, ...) nicht beliebig große Stellsignale liefern kann.

Man kann ebenso die Änderungsgeschwindigkeit $\dot{x}(t)$ der Regelgröße $x(t)$ berechnen. Die Ableitung von $x(t)$ nach der Zeit ergibt

$$\dot{x}(t) = \hat{w} \cdot \frac{K_W}{T_W} \cdot \mathrm{e}^{-t/T_W} \, .$$

Zum Zeitpunkt $t = 0^+$ wird die Änderungsgeschwindigkeit $\dot{x}(0^+) = \hat{w} \cdot K_W / T_W = \hat{w} K_P K_s / T_1$, also für großes K_P ebenfalls sehr groß. Ebenso kann man zeigen, daß die Stellgeschwindigkeit $\dot{y}(0^+)$ der Stellgröße $y(t)$ für großes K_P auch unzulässig groß wird. Aus diesen Gründen kann eine Vergrößerung der Reglerverstärkung nicht zur Reduzierung der Regeldifferenz verwendet werden.

Für eine proportionale Strecke mit Verzögerung 1. Ordnung ist daher ein proportionaler Regler (P-Regler) als ungeeignet anzusehen, da er für endliche Verstärkungen K_P zu einer bleibenden Regeldifferenz $x_d(\infty) > 0$ führt.

(ii) Berechnung des Zeitverlaufs der Regelgröße mit Hilfe der Laplace-Transformation (siehe Anhang A): Aus der Führungsübertragungsfunktion (Gleichung 4.14) kann mit Hilfe von Gleichung 2.12 die Laplace-transformierte Ausgangsgröße $X(s)$ angegeben werden zu:

$$X(s) = \frac{K_P \cdot K_s}{(1 + K_P \, K_s) + T_1 \, s} \cdot W(s) \, .$$

Für einen Sprungeingang $\hat{w}\sigma(t)$ für die Führungsgröße $w(t)$ lautet die Laplace-transformierte Führungsgröße dann $W(s) = \hat{w}/s$. Damit ergibt sich die Laplace-transformierte Ausgangsgröße $X(s)$ zu

$$X(s) = \frac{K_P \cdot K_s}{(1 + K_P \, K_s) + T_1 \, s} \cdot \frac{\hat{w}}{s} = \frac{K_W \cdot \hat{w}}{s \cdot (1 + T_W \, s)} = \frac{\hat{w} \cdot K_W / T_W}{s \cdot ([1/T_W] + s)} \, , \qquad (4.15)$$

mit $K_W \widehat{=} (K_P \, K_s)/(1 + K_P \, K_s)$ und $T_W \widehat{=} T_1/(1 + K_P \, K_s)$. Den Zeitverlauf der Regelgröße $x(t)$ für ein sprungförmiges Führungsignal $w(t)$ kann man mit Hilfe der Laplace-Transformation (siehe Anhang A) auf verschiedene Arten berechnen:

a. Sofern in einer Korrespondenztabelle der Laplace-Transformation die Lösung im Zeitbereich angegeben ist, kann man, wie in diesem Fall, sie direkt verwenden und erhält
$$x(t) = \hat{w} \, K_W \cdot (1 - \mathrm{e}^{-t/T_W}) \, .$$

b. Man führt eine Partialbruchzerlegung durch und transformiert die Einzelterme mit Hilfe der Korrespondenztabelle zurück in den Zeitbereich. Dazu macht man einen Lösungsansatz für Gleichung 4.15 wie folgt:
$$X(s) = \frac{c_1}{s} + \frac{c_2}{s + 1/T_W} \ .$$
Das „Gleichnamig machen" der Summe führt zu:
$$X(s) = \frac{(c_1 + c_2) \cdot s + c_1/T_W}{s \cdot (s + 1/T_W)} \ .$$
Der Koeffizientenvergleich mit Gleichung 4.15 ergibt dann
$$\begin{aligned} c_1 + c_2 &= 0 \\ c_1/T_W &= \hat{w} \cdot K_W/T_W \ . \end{aligned}$$
Damit gilt $c_1 = \hat{w}K_W$ und $c_2 = -\hat{w}K_W$ und die Rücktransformation in den Zeitbereich anhand der Korrespondenztabelle für die Funktionen c_1/s und $c_2/(s + 1/T_W)$ ergibt dieselbe Lösung wie zuvor über die Differentialgleichung berechnet
$$x(t) = c_1 \cdot 1 + c_2 \cdot \mathrm{e}^{-t/T_W} = \hat{w}K_W \cdot (1 - \mathrm{e}^{-t/T_W}) \ .$$
c. Man ermittelt mit Hilfe des Residuensatzes die Lösung $x(t)$. Für die Verwendung dieser Methode wird auf die weiterführende Literatur [33] verwiesen.

Der Vorteil bei der Verwendung der Laplace-Transformation liegt darin, daß die Aussagen über die Regeldifferenz (für $t \to \infty$) und die Stellamplitude (für $t = 0$) ohne die aufwendige Bestimmung der Regelgröße $x(t)$ möglich sind. Die Berechnung von $\dot{x}(0)$ und $\dot{y}(0)$ ist ebenso leicht möglich. Hierzu ist die Verwendung der Grenzwertsätze (Anhang A.2) der Laplace-Transformation erforderlich. Diese lauten:

Sofern die Laplace-Transformierten von $f(t)$ und $\dot{f}(t)$ existieren, gilt:

Satz 9 (Anfangswertsatz) *Der Anfangswert der Funktion $f(t)$ zum Zeitpunkt $t = 0^+$ beträgt:*
$$f(0^+) = \lim_{t \to 0^+} f(t) = \lim_{s \to \infty} s \ F(s) \quad ,$$
sofern $\lim_{t \to 0} f(t)$ existiert.

Satz 10 (Endwertsatz) *Der Endwert der Funktion $f(t)$ zum Zeitpunkt $t \to \infty$ beträgt:*
$$f(\infty) = \lim_{t \to \infty} f(t) = \lim_{s \to 0} s \ F(s) \quad ,$$
sofern $\lim_{t \to \infty} f(t)$ existiert.

Angewendet auf Gleichung 4.15 resultiert für den Endwert von $x(t)$ für $t \to \infty$ durch Einsetzen
$$x(\infty) = \lim_{t \to \infty} x(t) = \lim_{s=0} s \cdot X(s) = \lim_{s=0} \frac{s \cdot K_W \cdot \hat{w}}{s(1 + T_W \ s)} = \lim_{s=0} \frac{K_W \cdot \hat{w}}{1 + T_W \ s} = K_W \cdot \hat{w} \ .$$

Zur Berechnung des Anfangswertes der Stellgröße $y(0^+)$ wird zunächst die Laplace-Transformierte der Stellgröße wie folgt ermittelt. Es gilt
$$Y(s) = K_P \cdot X_d(s) = K_P \cdot (W(s) - X(s)) = \hat{w}K_P \cdot \left(\frac{1}{s} - \frac{K_W}{s \cdot (1 + T_W \ s)} \right) \ .$$

Die Anwendung des Anfangswertsatzes auf $Y(s)$ führt zu

$$\begin{aligned} y(0^+) &= \lim_{t=0} y(t) = \lim_{s\to\infty} s \cdot Y(s) = \lim_{s\to\infty} s \cdot K_P \cdot \left(\frac{1}{s} - \frac{K_W}{s \cdot (1 + T_W\, s)}\right) \cdot \hat{w} \\ &= \lim_{s\to\infty} K_P \cdot \left(1 - \frac{K_W}{1 + T_W\, s}\right) \cdot \hat{w} = \hat{w} \cdot K_P \,. \end{aligned}$$

Aufgabe 4.4: Berechnen Sie mit Hilfe der Laplace-Transformation die Änderungsgeschwindigkeit der Regelgröße x und der Stellgröße y zum Zeitpunkt Null.

Lösung: $\dot{x}(0^+) = \frac{\hat{w} \cdot K_W}{T_W} = \frac{\hat{w} K_P \cdot K_s}{T_1}$

und $\dot{y}(0^+) = -\hat{w} \cdot \frac{K_P \cdot K_W}{T_W} = -\hat{w} \cdot \frac{K_P^2 \cdot K_s}{T_1}$ □

Größen wie z.B. bleibende Regeldifferenz und Stellamplitude zum Zeitpunkt Null, die für die Beurteilung eines Regelkreises wichtig sind, können mit Hilfe der Laplace-Transformation sehr einfach berechnet werden. Daher wird für die Beurteilung von Regelkreisen weitgehend die Laplace-Transformation verwendet.

Störverhalten des Regelkreises

Mit Hilfe der Gleichung 4.13 wird die Störübertragungsfunktion des Regelkreises mit P-Regler und PT_1-Strecke berechnet zu:

$$F_Z(s) = \frac{X(s)}{Z(s)} = \frac{-K_s}{(1 + K_P\, K_s) + T_1\, s} = \frac{-K_Z}{1 + T_Z\, s}\,, \tag{4.16}$$

mit $K_Z = K_s/(1 + K_P\, K_s)$ und $T_Z = T_W = T_1/(1 + K_P\, K_s)$.

Gleichung 4.16 beschreibt wiederum das Zeitverhalten eines PT_1-Übertragungsgliedes. Die Antwort auf ein sprungförmiges Störsignal $z(t) = \widehat{z} \cdot \sigma(t)$ berechnet man wie zuvor mit Hilfe der Lösung der Differentialgleichung oder mit Hilfe der Laplace-Transformation zu

$$x(t) = -\widehat{z} \cdot K_z \cdot (1 - \mathrm{e}^{-t/T_z})\,.$$

Der Endwertsatz der Laplace-Transformation liefert wiederum den Endwert der Regelgröße $x(t)$ für einen Sprung der Störgröße $z(t) = \widehat{z} \cdot \sigma(t)$. Wegen $X(s) = F_Z(s) \cdot Z(s)$ und $Z(s) = \widehat{z}/s$ bei einem Sprungeingang vereinfacht sich die Berechnung des Endwertes wie folgt:

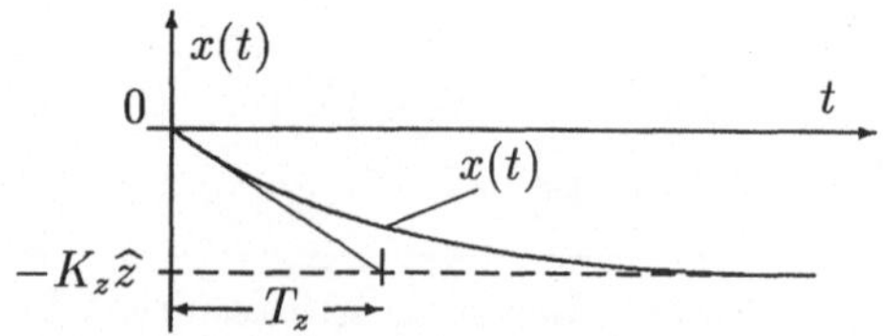

Abb. 4.14: Verlauf der Regelgröße $x(t)$ für einen Sprungeingang $z(t) = \widehat{z}\, \sigma(t)$

$$\begin{aligned} x(\infty) &= \lim_{t\to\infty} x(t) = \lim_{s=0} s \cdot X(s) = \lim_{s=0} s \cdot F_Z(s) \cdot \frac{\widehat{z}}{s} = \lim_{s=0} \widehat{z} \cdot F_Z(s) = \\ &= \lim_{s=0} \frac{-K_s \cdot \widehat{z}}{(1 + K_P\, K_s) + T_1\, s} = \frac{-K_s \cdot \widehat{z}}{1 + K_P\, K_s} = -\widehat{z} \cdot K_z \end{aligned} \tag{4.17}$$

Der P-Regler kann eine sprungförmige Störung $\hat{z} \cdot \sigma(t)$ nicht ausregeln, die Temperatur des Heizkessels sinkt ab. Wünschenswert wäre für die Regelung die Beibehaltung der Solltemperatur auch bei Einwirkung einer Störung.

Wie beim Führungsverhalten führt eine Vergrößerung des Verstärkungsfaktors K_P zu einer Verringerung der Regeldifferenz bei Einwirken der Störung $z(t)$. Aus den zuvor aufgezeigten Gründen ist diese Anhebung des Faktors K_P jedoch nicht möglich.

Normalerweise treten in einem Regelkreis Führungsgrößen und Störgrößen gleichzeitig auf, sodaß man das Regelkreisverhalten in einem Diagramm (Abb. 4.15) darstellen kann.

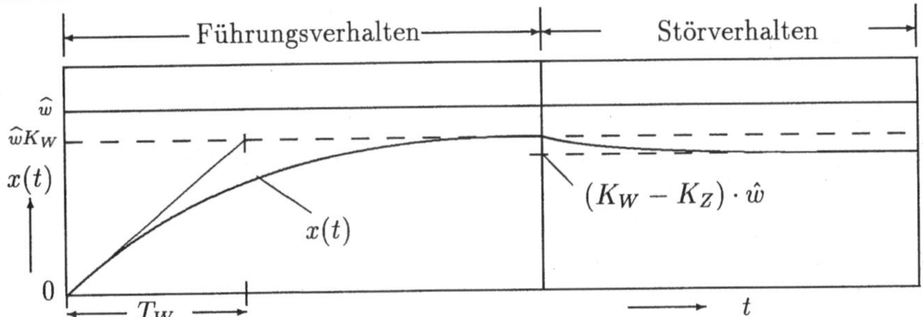

Abb. 4.15: Führungs- und Störverhalten des Regelkreises für $\hat{w} = \hat{z}$

Zunächst wird der Heizkessel aufgeheizt, ohne daß eine Störgröße einwirkt. Aufgrund des wenig geeigneten Reglers (P-Regler) tritt eine bleibende Regeldifferenz auf. Nach einiger Zeit tritt eine Störung auf, bei der z.B. über eine längere Zeit die Heizspannung abfällt. Die Heizkesseltemperatur sinkt weiter ab, da der P-Regler diese Störung nicht ausregeln kann. Dieser Gesamtvorgang wird bei der Regelkreisanalyse jedoch, wie zuvor gezeigt, in ein getrenntes Führungs- und Störverhalten aufgespalten und untersucht.

Da ein P-Regler für die Regelung einer PT_1-Strecke ungeeignet ist, soll als nächstes für dieselbe Regelstrecke ein I-Regler eingesetzt werden.

2. I-Regler

Die Struktur des gesamten Regelkreises bleibt unverändert, wie in Abb. 4.11 gezeigt. Allein der rein proportionale Zweig des Reglers wird durch einen integrierenden Anteil ersetzt. Beim Operationsverstärker wird eine andere Schaltung verwendet, beim Mikrocontroller eine andere Reglergleichung programmiert. Die neue Regelkreisstruktur zeigt Abb. 4.16.

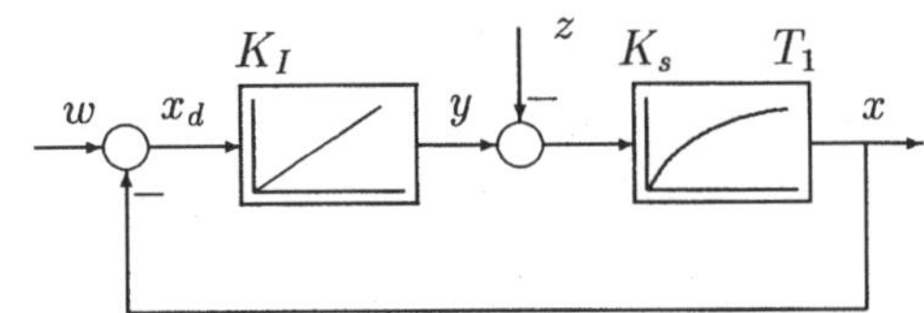

Abb. 4.16: Regelkreis mit I-Regler und PT_1-Strecke

Wie beim P-Regler wird nun das Führungs- und Störverhalten dieses Temperaturregelkreises untersucht.

Führungsverhalten: Mit $F_R(s) = \frac{K_I}{s}$ als Regler und $F_S(s) = \frac{K_s}{1+T_1\ s}$ als Regelstrecke berechnet man mit Hilfe von Gleichung 4.12 als Führungsübertragungsfunktion für den geschlossenen Regelkreis

$$F_W(s) = \frac{X(s)}{W(s)} = \frac{K_I \cdot K_s}{K_I\ K_s + s + T_1\ s^2}\ . \tag{4.18}$$

Das Übertragungsverhalten des Regelkreises mit der Führungsgröße $w(t)$ als Eingangsgröße ist das Verhalten eines PT_2-Gliedes, das in Abschnitt 3.1.4 untersucht wurde. Gleichung 4.18 kann man leicht umformen auf die Form

$$F_W(s) = \frac{1}{1 + T_a \cdot s + T_b^2 \cdot\ s^2}\ ,$$

mit $T_a = 1/(K_I\ K_s)$ und $T_b^2 = T_1/(K_I\ K_s)$.

Dies ist eine Normalform eines PT_2-Gliedes, wie sie in Gleichung 3.17 angegeben wurde. Eine Überprüfung des Endwertes der Regelgröße $x(t)$ mit Hilfe des Endwertsatzes der Laplace-Transformation führt wie in Gleichung 4.17 gezeigt für einen Sprungeingang $w(t) = \widehat{w} \cdot \sigma(t)$ und $W(s) = \widehat{w}/s$ zu

$$\begin{aligned} x(\infty) &= \lim_{t\to\infty} x(t) = \lim_{s=0} s \cdot X(s) = \lim_{s=0} s \cdot F_W(s) \cdot \frac{\widehat{w}}{s} = \lim_{s=0} \widehat{w} \cdot F_W(s) \\ &= \lim_{s=0} \frac{\widehat{w}}{1 + T_a \cdot s + T_b^2 \cdot\ s^2} = \widehat{w} \end{aligned} \tag{4.19}$$

Der I-Regler führt bei einer PT_1-Regelstrecke zu keiner bleibenden Regelabweichung, es wird $x(\infty) = w(\infty) = \widehat{w}$.

Störverhalten: Die Störungsübertragungsfunktion des Regelkreises mit I-Regler führt unter Verwendung von Gleichung 4.13 zu

$$F_Z(s) = \frac{X(s)}{Z(s)} = \frac{-K_s \cdot s}{K_I\ K_s + s + T_1\ s^2}\ . \tag{4.20}$$

Die Anwendung des Endwertsatzes für einen Störsprung ergibt

$$x(\infty) = \lim_{t\to\infty} x(t) = \lim_{s=0} F_Z(s) \cdot \widehat{z} = \lim_{s=0} \frac{-K_s \cdot s \cdot \widehat{z}}{K_I\ K_s + s + T_1\ s^2} = 0\ .$$

Der I-Regler regelt die Störung aus, die Regeldifferenz wird Null.

In Abb. 4.17 wird das Einschwingverhalten des Regelkreises für verschiedene Integrierbeiwerte K_I dargestellt. In der linken Hälfte der Abbildung wird das Führungsverhalten und rechts das Störverhalten gezeigt. Für ein großes K_I (Kurve a) liegt ein gutes Störverhalten aber ein schlechteres Führungsverhalten aufgrund des großen Überschwingens vor. Umgekehrt ist es bei Auswahl eines kleinen Integrierbeiwertes (Kurve c). Nun schwingt die Regelgröße beim Führungsverhalten kaum über, dagegen ist das Störverhalten deutlich schlechter. Ein mittleres K_I (Kurve b) stellt einen guten Kompromiß für die Reglerauslegung dar.

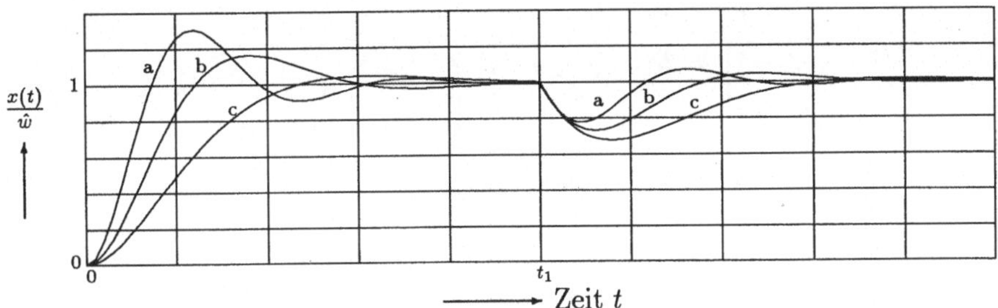

Abb. 4.17: Führungs- und Störverhalten des Regelkreises für $\hat{w} = \hat{z}$ sowie ein großes K_I (Kurve a), mittleres K_I (Kurve b) und kleines K_I (Kurve c)

Aufgabe 4.5: Berechnen Sie für den obigen Regelkreis mit den Zahlenwerten $K_s = 0,5$, $T_1 = 2\ min$ und $K_I = 2\ min^{-1}$ die Dämpfung D und die Eigenkreisfrequenz ω_0 der Führungsübertragungsfunktion.

Lösung: $D = 0,3536$ und $\omega_0 = 0,0118 s^{-1}$ □

3. PI-Regler

Anstelle eines reinen P bzw. I-Reglers wird nun die Kombination beider Regleranteile, also ein proportional integrierend wirkender Regler (PI-Regler) als Regler eingesetzt. Die Übertragungsfunktion des PI-Reglers lautet

$$F_R = \frac{X_a(s)}{X_e(s)} = K_P + \frac{K_I}{s} = K_P + \frac{K_P}{T_N\ s} = \frac{K_P \cdot (1 + T_N\ s)}{T_N\ s}\ .$$

Mit K_P und K_I als Proportional- bzw. Integrierbeiwert ergibt sich die als Nachstellzeit T_N bezeichnete Größe zu $T_N = K_P/K_I$. Die Sprungantwort dieses Reglers ist die Überlagerung der Sprungantworten eines P-Gliedes und eines I-Gliedes. Abb. 4.18 zeigt die Sprungantwort des PI-Reglers und sein Blocksymbol.

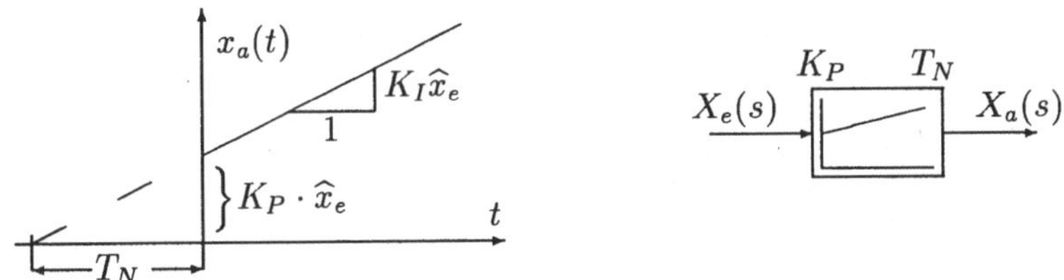

Abb. 4.18: Sprungantwort und Blocksymbol des PI-Reglers

Der Temperaturregelkreis für den Heizkessel mit PI-Regler hat dann die in Abb. 4.19 gezeigte Struktur.

Führungsverhalten: Für die Untersuchung des Führungsverhaltens wird zunächst der Begriff der *Übertragungsfunktion F_0 des aufgeschnittenen Regelkreises* eingeführt. Schneidet man den Regelkreis an einer beliebigen Stelle auf, so ergibt sich bei Vernachlässigung der Vorzeichenumkehr als Übertragungsfunktion F_0 die

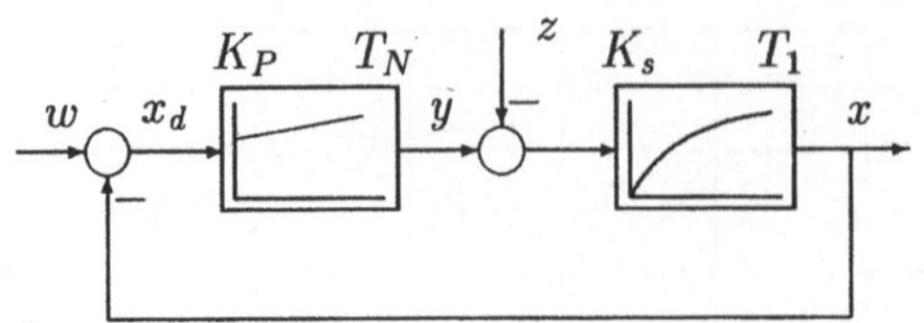

Abb. 4.19: Regelkreis mit PI-Regler und PT₁-Strecke

Reihenschaltung aller in der Regelschleife auftretenden Regelkreisglieder. Es gilt damit

$$F_0(s) = F_R(s) \cdot F_S(s) \,.$$

Dann lautet die Führungsübertragungsfunktion gemäß Gleichung 4.12

$$F_W(s) = \frac{X(s)}{W(s)} = \frac{F_R(s) \cdot F_S(s)}{1 + F_R(s) \cdot F_S(s)} = \frac{F_0(s)}{1 + F_0(s)} \,. \tag{4.21}$$

Für den PI-Regler mit PT_1-Strecke lautet dieses F_0

$$F_0(s) = \frac{K_P \cdot (1 + T_N\, s)}{T_N\, s} \cdot \frac{K_s}{1 + T_1\, s} \,.$$

Es fällt auf, daß Zähler und Nenner von F_0 beide einen Term $(1+Ts)$ aufweisen. Im Zähler ist $T = T_N$ die Nachstellzeit des PI-Reglers, und im Nenner ist $T = T_1$ die Zeitkonstante der Strecke. Da T_1 als Zeitkonstante der Strecke den Heizvorgang langsam macht, liegt es nahe, durch den Regler diese Verzögerung zu eliminieren. Dies wird durch die Wahl von $T_N = T_1$ erreicht. Dann „kompensieren" sich die Terme $(1 + T_N s)$ und $(1 + T_1 s)$ in Zähler und Nenner. Diese Festlegung von Reglerparametern heißt *dynamische Kompensation*, und sie wird später in Abschnitt 6.3.1 noch ausführlich diskutiert. Aufgrund dieser Wahl $T_N = T_1$ vereinfacht sich F_0 zu

$$F_0(s) = \frac{K_P \cdot (1 + T_N\, s) \cdot K_s}{(T_N\, s) \cdot (1 + T_1\, s)} = \frac{K_P \cdot K_s}{T_N\, s} \,.$$

Eingesetzt in Gleichung 4.21 lautet dann die Führungsübertragungsfunktion

$$F_W(s) = \frac{\dfrac{K_P\, K_s}{T_N\, s}}{1 + \dfrac{K_P\, K_s}{T_N\, s}} = \frac{1}{1 + \left(\dfrac{T_N}{K_P\, K_s}\right) \cdot s} = \frac{1}{1 + T_a \cdot s} \,.$$

Wie man leicht sieht, ist aufgrund des I-Anteils des Reglers die bleibende Regeldifferenz $x_d(\infty)$ für einen Sprung der Führungsgröße w gleich Null, denn es gilt

$$x(\infty) = \lim_{t \to \infty} x(t) = \lim_{s=0} F_W(s) \cdot \widehat{w} = \lim_{s=0} \frac{1}{1 + \left(\frac{T_N}{K_P\, K_s}\right) \cdot s} \cdot \widehat{w} = \widehat{w} \,.$$

Anders als beim reinen I-Regler kann nun aber die Zeitkonstante $T_a = \dfrac{T_N}{K_P\, K_s}$ mit dem noch freien Reglerparameter K_P gezielt auf einen gewünschten Wert eingestellt werden. Ein zu großes K_P führt wie beim P-Regler auch hier zu einer viel zu großen Stellgröße zum Einschaltzeitpunkt. Abb. 4.20 zeigt die Sprungantworten für verschiedene Werte von K_P.

Aufgabe 4.6: Berechnen Sie die Stellamplitude $y(0^+)$ des Regelkreises von Abb. 4.19 in Abhängigkeit von den übrigen Regelkreisparametern für einen Sprung der Führungsgröße $w(t) = \widehat{w} \cdot \sigma(t)$.

Lösung: $y(0^+) = K_P \cdot \widehat{w}$ □

Störverhalten: Mit der Einführung von $F_0(s)$ lautet die Störübertragungsfunktion

$$F_Z(s) = \frac{-F_S(s)}{1 + F_0(s)} \ .$$

Aufgrund der Wahl von $T_N = T_1$ (dynamische Kompensation) werden zwar die Zähler- und Nennerterme in $F_0(s)$ kompensiert jedoch nicht in $F_Z(s)$

$$F_Z(s) = \frac{\dfrac{-K_s}{1 + T_1\ s}}{1 + \dfrac{K_P\ K_s}{T_N\ s}} = \frac{-K_s\ T_N \cdot s}{(1 + T_1\ s) \cdot (K_P\ K_s + T_N\ s)} \ .$$

Für einen Störsprung wird der Endwert der Regelgröße

$$x(\infty) = \lim_{t \to \infty} x(t) = \lim_{s=0} F_Z(s) \cdot \widehat{z} = \lim_{s=0} \frac{-K_s\ T_N \cdot s \cdot \widehat{z}}{(1 + T_1\ s) \cdot (K_P\ K_s + T_N\ s)} = 0 \ .$$

Auch die Störung wird durch einen PI-Regler ausgeregelt, es tritt keine bleibende Regeldifferenz infolge eines Störsprungs auf.

Den Einfluß der Reglerverstärkung K_P auf das Führungs- und Störverhalten des Regelkreises bei Festlegung von $T_N = T_1$ zeigt Abb. 4.20. Im oberen Teilbild ist der Verlauf der Regelgröße $x(t)$ dargestellt, und im unteren Teilbild die zugehörige Stellgröße $y(t)$. Für ein großes K_P (Kurven a) wird $\hat{w}$ schnell erreicht, allerdings zulasten einer großen maximalen Stellamplitude. Die Maximalablage der Regelgröße nach Einwirkung einer Störung zum Zeitpunkt $t = t_1$ ist relativ klein. Für ein mittleres K_P (Kurven b) wird $\hat{w}$ langsamer erreicht, dafür wird auch die Stellamplitude kleiner. Die maximale Abweichung bei Auftreten einer Störung nimmt zu. Die kleinsten Stellamplituden treten für ein kleines K_P auf (Kurven c), dafür nimmt die Abweichung der Regelgröße im Störfall jedoch zu.

Aufgabe 4.7: Berechnen Sie die Übertragungsfunktionen für die Stellgröße $Y(s)$ als Ausgangsgröße und $W(s)$ bzw. $Z(s)$ als Eingangsgröße, d.h. $F_{y1}(s) = Y(s)/W(s)$ und $F_{y2}(s) = Y(s)/Z(s)$ bei Auslegung des Reglers $F_R(s)$ nach der dynamischen Kompensation. Prüfen Sie das Vorzeichen von $F_{y2}(s)$.

Lösung: $F_{y1}(s) = \dfrac{1}{K_s} \cdot \dfrac{1 + T_N\ s}{1 + (T_N/[K_P\ K_s]) \cdot s}$

und $F_{y2}(s) = +\dfrac{1}{1 + (T_N/[K_P\ K_s]) \cdot s}$. □

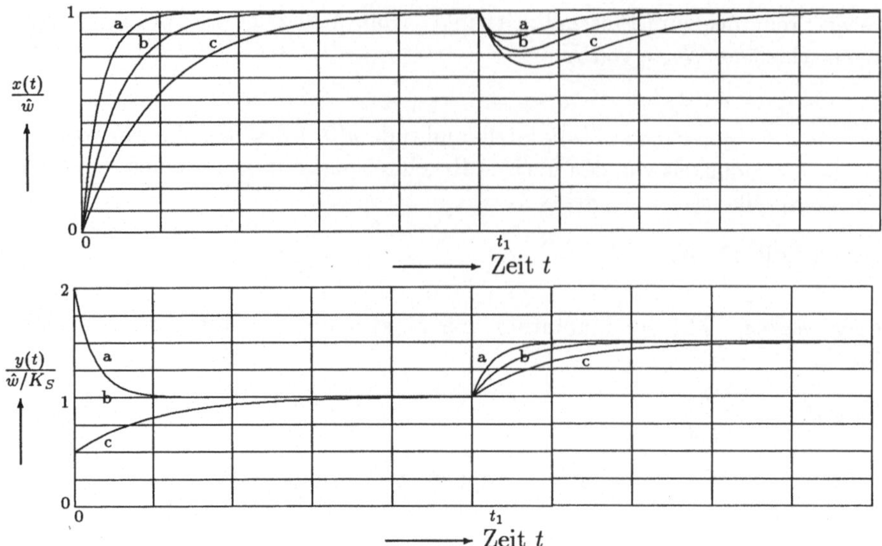

Abb. 4.20: Führungs- und Störverhalten des Regelkreises für $\hat{w} = \hat{z}$ sowie ein großes K_P (Kurve a), mittleres K_P (Kurve b) und kleines K_P (Kurve c)

4.3.2 Verzögerungsstrecke 2. Ordnung (PT_2-Strecke)

Als Beispiele für Verzögerungsstrecken 2. Ordnung werden in Kapitel 3 Temperaturregelstrecken, Kaskaden von Druckspeichern aber auch Gleichstrommotoren aufgeführt. Abhängig von ihrer physikalischen Struktur können diese Strecken ein schwingungsfähiges oder nicht schwingungsfähiges Verhalten aufweisen. Zunächst soll als Beispiel für eine nicht schwingungsfähige Strecke die Regelung der Temperatur eines Raumes untersucht werden. Ein derartiger Regelkreis könnte wie in Abb. 4.21 gezeigt aufgebaut sein.

Das Signal eines Meßfühlers im Raum wird in ein elektrisches Signal umgeformt und verstärkt. Im elektrischen Regler wird nach dem Soll-/Istwertvergleich das elektrische Stellsignal gebildet, verstärkt und als Steuersignal auf den Stellmotor gegeben. Der als Stellmotor eingesetzte (quasikontinuierliche) Schrittmotor verändert aufgrund einer speziellen Ansteuerung den Stellwinkel proportional zum Steuersignal des Reglers. Der Motor verstellt das Mischerventil und steuert das Mischungsverhältnis zwischen dem Warmwasser aus dem Heizkessel und dem Rücklaufwasser. Über die Rohrleitungen und den Heizkörper wird die Heizung des Raumes durchgeführt. Die Modellbildung des Aufheizvorgangs durch ein Verzögerungsglied 2. Ordnung vernachlässigt vorhandene Laufzeiteffekte, die durch ein Totzeitglied geeignet berücksichtigt werden können. Sonstige Verzögerungen sollen als klein gegenüber den zwei dominierenden Verzögerungen angenommen werden, die von den physikalischen Vorgängen (i) Aufheizung des Heizkörpers und (ii) Aufheizung des Raumes herrühren.

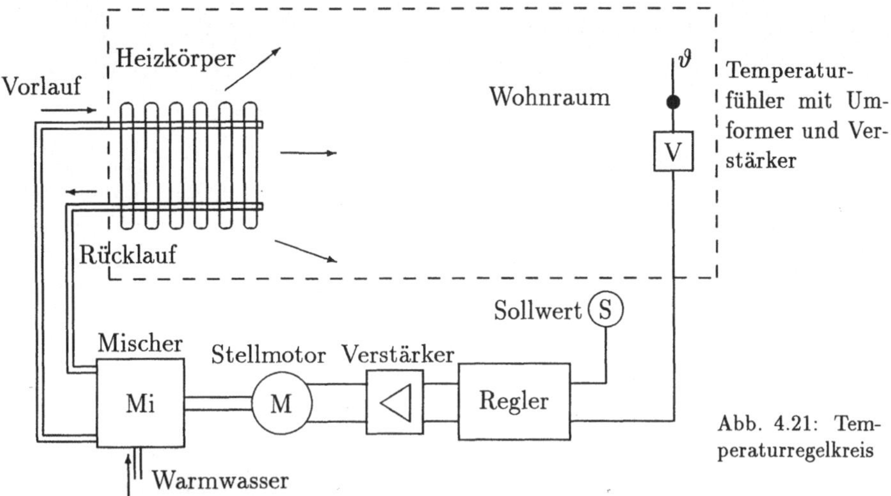

Abb. 4.21: Temperaturregelkreis

1. PI-Regler

Für die regelungstechnische Untersuchung dieser Regelung werden die einzelnen Baugruppen als Blöcke in einem Regelkreis dargestellt. Unter der Annahme eines idealen Temperatursensors und idealer Verstärker ergibt sich für den Kreis die in Abb. 4.22 gezeigte Struktur.

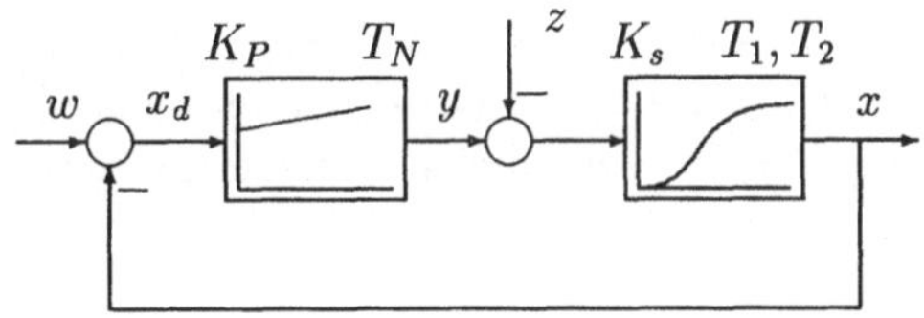

Abb. 4.22: Regelkreis mit PI-Regler und PT_2-Strecke

Die Verstärkungsfaktoren der Verstärker, die Umrechnungsfaktoren von Stellmotor und Mischer usw. sind in der Streckenverstärkung K_s zusammengefaßt. Die Zeitkonstanten T_1 und T_2 sind die dominierenden Zeitkonstanten für die Aufheizung des Heizkörpers und des Raumes.

Führungsverhalten: Mit $F_s(s) = \dfrac{K_s}{(1+T_1\ s)\cdot(1+T_2\ s)}$ lautet die Übertragungsfunktion des aufgeschnittenen Regelkreises

$$F_0(s) = F_R(s)\cdot F_S(s) = \frac{K_s\cdot K_P(1+T_N\ s)}{T_N\ s\cdot(1+T_1\ s)\cdot(1+T_2\ s)}\ .$$

Für die Auslegung des Reglers nach dem Verfahren der dynamischen Kompensation kompensiert man den Zählerterm $(1+T_Ns)$ mit dem Term im Nenner mit der größeren Zeitkonstanten, z.B. $(1+T_1s)$ sofern $T_1 > T_2$, d.h. es wird gewählt $T_N = T_1$. Dann resultiert für $F_0(s)$

$$F_0(s) = \frac{K_s\cdot K_P}{T_N\ s\cdot(1+T_2\ s)}\ .$$

Als Führungsübertragungsfunktion resultiert dann Gleichung 4.22

$$F_W(s) = \frac{X(s)}{W(s)} = \frac{K_s K_P}{K_s K_P + T_N s(1+T_2 s)} = \frac{1}{1 + \frac{T_N}{K_s K_P} s + \frac{T_N T_2}{K_s K_P} s^2} \,. \tag{4.22}$$

Dies ist die Übertragungsfunktion eines Verzögerungsgliedes 2. Ordnung, das abhängig von den Parametern schwingungsfähig oder nicht schwingungsfähig sein kann. Als freier Reglerparameter steht noch die Verstärkung K_P zur Verfügung, die geeignet gewählt werden kann. Für einen Sprung der Führungsgröße tritt keine bleibende Regeldifferenz auf, wie die Anwendung des Grenzwertsatzes zeigt:

$$x(\infty) = \lim_{t\to\infty} x(t) = \lim_{s=0} F_W(s) \cdot \widehat{w} = \lim_{s=0} \frac{\widehat{w}}{1 + \frac{T_N}{K_s\, K_P} \cdot s + \frac{T_N\, T_2}{K_s\, K_P} \cdot s^2} = \widehat{w} \,.$$

Da diese entscheidende Anforderung an den Regelkreis erfüllt ist, kann man eine Festlegung der freien Verstärkung K_P z.B. so vornehmen, daß die Dämpfung $D = 1/\sqrt{2}$ wird. Mit Hilfe der Beziehung $D = T_1/(2\ T_2) = (\frac{T_N}{K_s\, K_P})/(2\sqrt{\frac{T_N\, T_2}{K_s\, K_P}}) = 1/\sqrt{2}$ resultiert dann für den Verstärkungsfaktor $K_P = \frac{T_N}{2\, K_s\, T_2}$. Abb. 4.23 zeigt Sprungantworten für verschiedene Reglerparameter K_P mit $T_N = T_1$. In der Tendenz gelten dabei die bei der Regelung einer PT_1-Strecke mit einem PI-Regler gefundenen Aussagen. Mit zunehmender Verstärkung K_P wird der Sollwert der Regelgröße schneller erreicht, und die maximale Ablage bei Auftreten einer Störung nimmt ab. Dies wird jedoch erkauft mit einer verhältnismäßig großen maximalen Stellamplitude $y(t)$.

Aufgabe 4.8: Berechnen Sie allgemein für die obige Regelstrecke bei Verwendung eines PI-Reglers und Auslegung des Reglers nach dem Verfahren der dynamischen Kompensation die Reglerverstärkung K_P in Abhänigkeit von der gewünschten Dämpfung D.

Lösung: $K_P = \dfrac{T_N}{4D^2\, T_2\, K_s}$. □

Störverhalten: Die Störübertragungsfunktion dieses Regelkreises bei Auslegung des PI-Reglers nach der dynamischen Kompensation ($T_N = T_1$) lautet

$$\begin{aligned} F_Z(s) &= \frac{X(s)}{Z(s)} = \frac{-F_S(s)}{1+F_0(s)} = \\ &= \frac{-K_s\, T_N\, s}{T_N\, s \cdot (1+T_1\, s) \cdot (1+T_2\, s) + K_s\, K_P \cdot (1+T_1\, s)} \end{aligned} \tag{4.23}$$

Für einen Sprung der Störgröße zeigt die Anwendung des Grenzwertsatzes, daß keine bleibende Regeldifferenz auftritt, es wird

$$x(\infty) = \lim_{t\to\infty} x(t) = \lim_{s=0} F_Z(s) \cdot \widehat{z} = 0 \,.$$

Damit führt ein PI-Regler bei einer PT_2-Strecke weder beim Führungs- noch beim Störverhalten zu einer bleibenden Regeldifferenz. Ein typisches Einschwingverhalten für verschiedene Reglerverstärkungen K_P bei Auslegung des PI-Reglers nach der dynamischen Kompensation zeigt Abb. 4.23. Unter K_P^* wird dabei

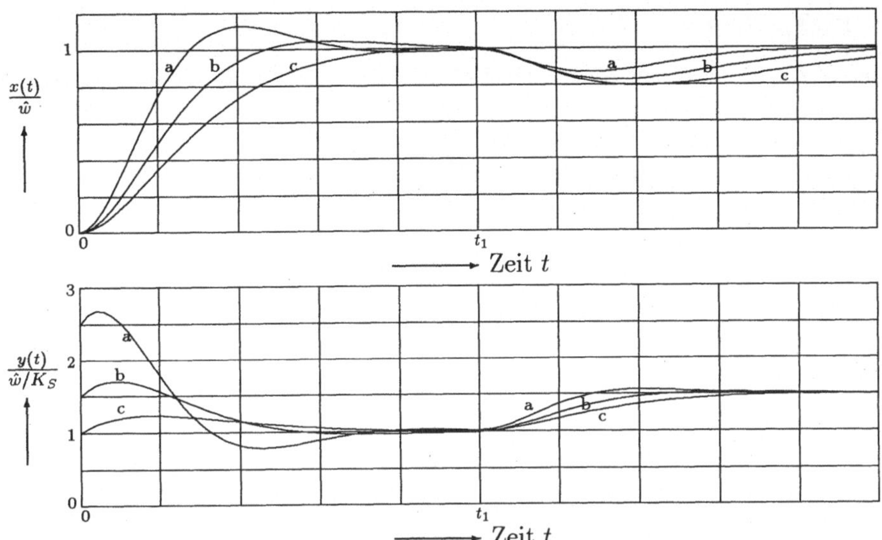

Abb. 4.23: Führungs- und Störverhalten des Regelkreises für $\hat{w} = \hat{z}$ sowie ein $K_P > K_P^*$ (Kurve a), $K_P = K_P^*$ (Kurve b) und $K_P < K_P^*$ (Kurve c) mit $K_P^* = T_N/(2K_sT_2)$

die Verstärkung verstanden, die zu der Dämpfung $D = 1/\sqrt{2}$ des geschlossenen Kreises führt.

Je größer die Verstärkung, umso größer wird auch die maximale Stellamplitude y beim Führungsverhalten. Das Störverhalten ist dagegen deutlich unempfindlicher gegen Änderungen der Verstärkung K_P. Die Verstärkung $K_P = K_P^*$ stellt einen guten Kompromiß dar, die Regelgröße schwingt nur wenig über, und die Stellamplitude bleibt klein genug.

Der PI-Regler ist ein geeigneter Regler für die Regelung von Verzögerungsstrecken 2. Ordnung und, wie schon gezeigt, auch 1. Ordnung. Generell kann man einen PI-Regler für die Regelung von Verzögerungsstrecken beliebiger Ordnung einsetzen, es treten weder beim Führungs- noch beim Störverhalten bleibende Regeldifferenzen auf. Wählt man das Verfahren der dynamischen Kompensation, so wird mit der Nachstellzeit T_N die größte Zeitkonstante der Strecke kompensiert, und mit K_P kann eine gewünschte Dämpfung D (hier z.B. $D = 1/\sqrt{2}$) eingestellt werden.

Aufgabe 4.9: Berechnen Sie die Übertragungsfunktionen für die Stellgröße $Y(s)$ als Ausgangsgröße und $W(s)$ bzw. $Z(s)$ als Eingangsgröße, d.h. $F_{y1}(s) = Y(s)/W(s)$ und $F_{y2}(s) = Y(s)/Z(s)$ bei Auslegung des Reglers $F_R(s)$ nach der dynamischen Kompensation. Prüfen Sie das Vorzeichen von $F_{y2}(s)$.

Lösung:

$$\begin{aligned} F_{y1}(s) &= \frac{K_P \cdot (1 + T_N\ s)(1 + T_2\ s)}{K_s\ K_P + T_N\ s(1 + T_2\ s)} \quad \text{und} \\ F_{y2}(s) &= +F_W(s) = \frac{K_s\ K_P}{K_s\ K_P + T_N\ s \cdot (1 + T_2\ s)}. \end{aligned}$$

□

2. PDT$_D$-Regler

Der PI-Regler wird nun ersetzt durch einen PDT$_D$-Regler, also eine Kombination eines proportionalen und differenzierenden Reglers mit Verzögerung. Die Übertragungsfunktion des PDT$_D$-Reglers lautet

$$F_R = \frac{X_a(s)}{X_e(s)} = K_P + \frac{K_D s}{1 + T_D s} = \frac{K_P(1 + T_V s + T_D s)}{1 + T_D s} = \frac{K_P(1 + T_V' s)}{1 + T_D s}, \quad (4.24)$$

wobei $T_V' = T_V + T_D$. Die hier eingeführte Größe $T_V = K_D/K_P$ wird als Vorhaltzeit bezeichnet. Im allgemeinen gilt $T_V \gg T_D$, sodaß in erster Annäherung der Term $T_D s$ im Zähler vernachlässigt werden kann. Sprungantwort und Blocksymbol dieses Reglers zeigt die folgende Abb. 4.24.

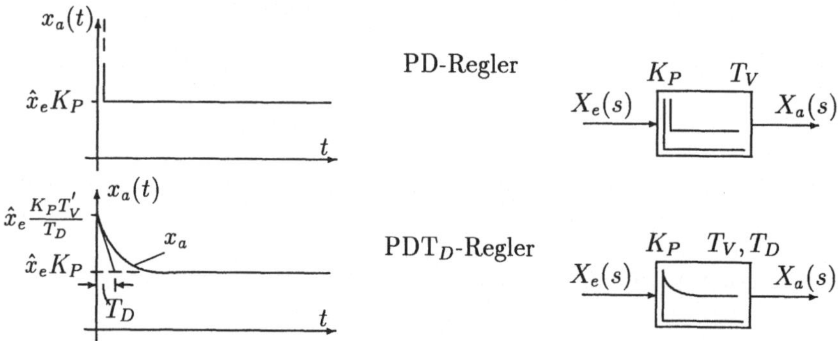

Abb. 4.24: Sprungantwort und Blocksymbol des PD- und PDT$_D$-Reglers

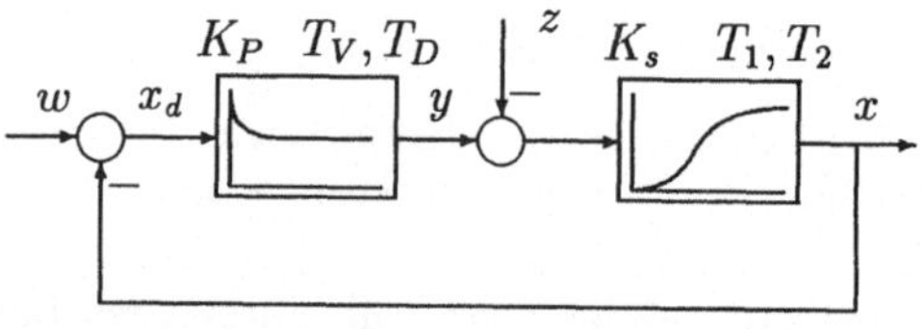

Abb. 4.25: Regelkreis mit PDT$_D$-Regler und PT$_2$-Strecke

Der PD-Regler stellt den Grenzfall eines PDT$_D$-Reglers dar, bei dem die Verzögerungszeit T_D gegen Null geht. Für viele grundsätzliche Untersuchungen wird oft der (nicht realisierbare) ideale PD-Regler verwendet. Die Realisierung kann jedoch nur der reale PDT$_D$-Regler sein, da eine verzögerungslose Differentiation nicht möglich ist. In Abb. 4.26 wird gezeigt, daß der Einfluß der Verzögerung T_D bei Auftreten von hochfrequenten Störsignalen im Regelkreis jedoch sehr wünschenswert ist.

Den anschließend untersuchten geschlossenen Regelkreis der Temperaturregelung mit einem PDT$_D$-Regler zeigt Abb. 4.25.

Führungsverhalten: Verwendet man für den PDT$_D$-Regler die in Gleichung 4.24 eingeführte Näherung, so resultiert als Übertragungsfunktion des aufgeschnittenen Regelkreis

$$F_0(s) = F_R(s) \cdot F_S(s) = \frac{K_P\ K_s \cdot (1 + T_V' s)}{(1 + T_1\ s) \cdot (1 + T_2\ s) \cdot (1 + T_D\ s)}\ .$$

Bei Auslegung des Reglers nach dem Verfahren der dynamischen Kompensation liegt es nahe, die größte Zeitkonstante der Regelstrecke (hier T_1) durch die Vorhaltzeit T'_V des Reglers zu kompensieren. Dies führt allerdings, wie in [21] gezeigt wird, zu einer größeren Verstärkung K_P. Damit wird $F_0(s)$ dann vereinfacht zu

$$F_0(s) = \frac{K_P\ K_s}{(1+T_2\ s)\cdot(1+T_D\ s)}\ .$$

Die Führungsübertragungsfunktion des geschlossenen Regelkreises berechnet man dann zu

$$F_W(s) = \frac{K_P\ K_s}{K_P\ K_s + (1+T_2\ s)\cdot(1+T_D\ s)}\ .$$

Dies ist wiederum die Übertragungsfunkton eines Verzögerungsgliedes 2. Ordnung. Als freier Regelparameter steht noch die Verstärkung K_P zur Verfügung, wobei die Wahl von T_D zunächst noch offen gelassen werden soll. Für einen Sprung der Führungsgröße $w(t)$ erbringt die Anwendung des Grenzwertsatzes nun jedoch eine *bleibende Regeldifferenz*, denn es gilt:

$$\begin{aligned} x(\infty) &= \lim_{t\to\infty} x(t) = \lim_{s=0} F_W(s)\cdot\widehat{w} = \lim_{s=0} \frac{\widehat{w}\ K_P\ K_s}{K_P\ K_s + (1+T_2\ s)\cdot(1+T_D\ s)} = \\ &= \frac{K_P\ K_s\cdot\widehat{w}}{K_P\ K_s+1} \neq \widehat{w}\ . \end{aligned} \tag{4.25}$$

Die Größe der Regeldifferenz $x_d(\infty)$ ist unabhängig von der Verzögerungszeit T_D des Reglers, und sie ist exakt genau so groß wie die Regeldifferenz bei der Regelung einer PT_1-Strecke mit einem P-Regler:

$$x_d(\infty) = w(\infty) - x(\infty) = \widehat{w}\{1-(K_P\ K_s)/(1+K_P\ K_s)\} = \widehat{w}/(1+K_P\ K_s)\ .$$

Das Fehlen eines integrierenden Anteils im Regler bei der Regelung von Verzögerungsstrecken führt zu einer bleibenden Regeldifferenz. Offen bleibt der Einfluß der Vorhaltzeit T_V, der jetzt untersucht werden soll. Zu diesem Zweck wird die Dämpfung D der Übertragungsfunktion des geschlossenen Regelkreises berechnet. Diese Berechnungen lassen sich besonders einfach durchführen, wenn man den (idealen) PD-Regler verwendet. Dann ergibt sich die Führungsübertragungsfunktion des geschlossenen Regelkreises zu:

$$F_W(s) = \frac{K_P\ K_s\cdot(1+T_V\ s)}{K_P\ K_s\ (1+T_V\ s) + (1+T_1\ s)\cdot(1+T_2\ s)}\ ,$$

bzw. nach der Normierung und unter Benutzung von $K^* = 1 + K_P\ K_s$ zu:

$$F_W(s) = \frac{K_P\ K_s\cdot(1+T_V\ s)/K^*}{1+\underbrace{[(T_1+T_2+K_P\ K_s\ T_V)/K^*]}_{T'_1}\cdot s+\underbrace{[T_1\ T_2/K^*]}_{T'^2_2}\cdot s^2}\ .$$

Der Dämpfungsgrad dieser Übertragungsfunktion resultiert dann unter Benutzung der Beziehung $D = T'_1/(2T'_2)$ zu:

$$D = \frac{T_1+T_2+K_P\ K_s\ T_V}{2\cdot\sqrt{T_1\ T_2}\cdot\sqrt{1+K_P\ K_s}}\ .$$

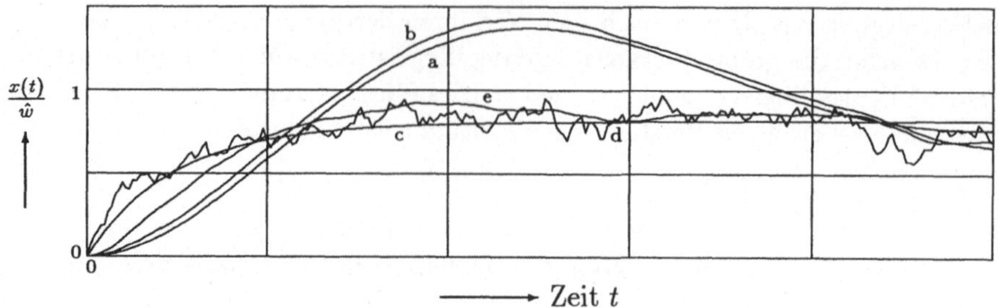

Abb. 4.26: Führungsverhalten einer PT_2-Strecke mit einem P-, PD- und PDT_D-Regler

Der differenzierende D-Anteil des Reglers, d.h. die Vorhaltzeit T_V, erhöht die Dämpfung D des Regelkreises. Dies soll Abb. 4.26 verdeutlichen.

Die Regelung der PT_2-Strecke mit einem *P-Regler* führt zu dem schwach gedämpften, schwingenden Verlauf der Regelgröße (Kurve a). Treten im Regelkreis dann hochfrequente Störsignale (z.B. Rauschen) auf, so verläuft die Regelgröße gemäß Kurve b. Die Dämpfung der Regelgröße ist relativ schlecht, sie schwingt um ca 40 % über. Verwendet man nun einen idealen *PD-Regler*, so wird infolge der Vorhaltzeit T_V (wie oben gezeigt) die Dämpfung erhöht (Kurve c). Sobald jedoch ebenfalls hochfrequente Störsignale im Regelkreis auftreten, so werden diese durch den D-Anteil verstärkt (Kurve d). Dies zeigt die Ableitung von $\sin \omega t$, die zu $\omega \cdot \cos \omega t$ führt, d.h. je hochfrequenter die Sinusschwingung, umso größer wird die Amplitude der Ableitung. Dieser unruhige Verlauf der Regelgröße wird glatter, wenn ein realer *PDT_D-Regler* mit einer Verzögerung T_D eingesetzt wird (Kurve e). Dies zeigt, daß trotz Verbesserung des Dämpfungsverhaltens des Regelkreises durch den D-Anteil immer eine genügende große „Verzögerung T_D“ beim realen Regler vorzusehen ist.

Störverhalten: Die Störübertragungsfunktion des Regelkreises bei Auslegung des PDT_D-Reglers nach der dynamischen Kompensation ($T_V' = T_1$) lautet:

$$F_Z(s) = \frac{-F_S(s)}{1 + F_0(s)} = \frac{-K_s \cdot (1 + T_D\ s)}{K_P\ K_s\ (1 + T_1\ s) + (1 + T_1\ s)\ (1 + T_2\ s)\ (1 + T_D\ s)}\ .$$

Auch beim Störübertragungsverhalten tritt eine bleibende Regeldifferenz nach einem Störsprung auf. Es gilt

$$x(\infty) = \lim_{t \to \infty} x(t) = \lim_{s=0} F_Z(s) \cdot \hat{z} = \frac{\hat{z} \cdot K_s}{1 + K_P\ K_s}\ .$$

Abb. 4.27 zeigt das Führungs- und Störverhalten des Regelkreises bei Regelung mit einem PDT_D-Regler mit $T_D \leq T_V/10$ und $T_1 > T_2$.

Mit $T_V' = T_1$ wird das Führungsverhalten schnell und das Störverhalten langsam. Umgekehrt ist es bei der Wahl von $T_V' = T_2$. Für diese letzte Wahl kann dann jedoch eine größere Verstärkung K_P eingestellt, und damit eine kleinere Regeldif-

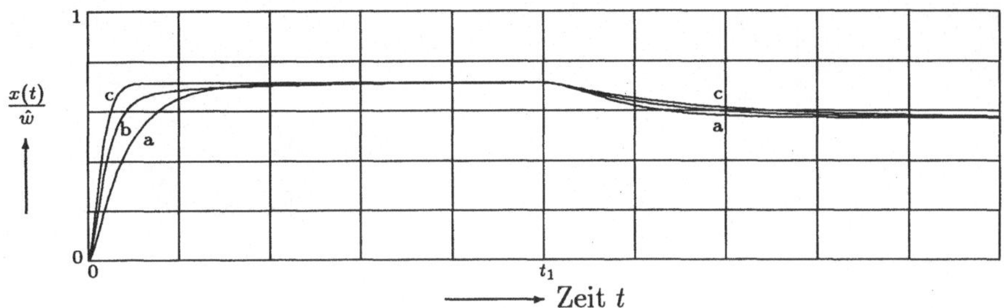

Abb. 4.27: Führungs- und Störverhalten des Regelkreises mit $T_V' = T_2$ (Kurve a); $T_1 > T_V' > T_2$ (Kurve b) und $T_V' = T_1$ (Kurve c) und $\hat{w} = \hat{z}$

ferenz erzielt werden.

Aufgabe 4.10: Berechnen Sie für die obige Temperaturregelstrecke ($T_1 > T_2$) bei Verwendung eines PDT$_D$-Reglers und Auslegung des Reglers nach der dynamischen Kompensation die Verstärkung K_P so, daß die Dämpfung $D = 1/\sqrt{2}$ wird.

Lösung: $K_P = \frac{1}{K_s} \cdot \frac{T_2^2 + T_D^2}{2\,T_2\,T_D}$. □

Aufgabe 4.11: Die obige Temperaturregelstrecke weist die folgenden Parameter auf: $T_1 = 1\ min$, $T_2 = 3\ min$ und $K_s = 0{,}5$. Als Reglerparameter eines idealen PD-Reglers werden die Werte $K_P = 5$ und $T_V = 2\ min$ ausgewählt. Wie groß wird die Dämpfung D des geschlossenen Regelkreises? Ist der Regelkreis schwingungsfähig (Begründung)? Welchen Wert muß die Reglerverstärkung K_P mindestens aufweisen, damit die bleibende Regeldifferenz des Führungsverhaltens kleiner 10 % bleibt?

Lösung: $D = 1{,}39$; Nein, da $D > 1$; $K_P > 18$. □

3. PIDT$_D$-Regler

Der fehlende I-Anteil beim PD-Regler führt bei einer Verzögerungsstrecke zu einer Regeldifferenz. Dieser I-Anteil wird hinzugefügt und ergibt damit den PIDT$_D$-Regler, dessen Aufbau schon in Abschnitt 4.1 dargestellt wurde. Die Übertragungsfunktion des Reglers lautet gemäß Gleichung 4.1

$$F_R(s) = \frac{X_a(s)}{X_e(s)} = K_P + \frac{K_I}{s} + \frac{K_D \cdot s}{1 + T_D \cdot s}.$$

Diese Reglergleichung wird nun so umgeformt, daß die zuvor definierten Größen Nachstellzeit T_N und Vorhaltzeit T_V verwendet werden. Dies führt zu

$$F_R(s) = K_P \cdot \frac{1 + T_N' \cdot s + T_N\,T_V' \cdot s^2}{T_N\,s \cdot (1 + T_D\,s)} \tag{4.26}$$

mit $T_N' = T_N + T_D$ und $T_V' = T_V + T_D$.

Sprungantwort und Blocksymbol des PIDT$_D$-Reglers zeigt Abb. 4.28.

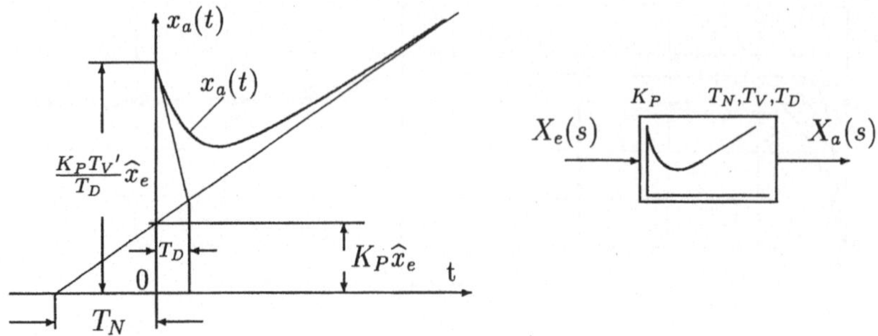

Abb. 4.28: Sprungantwort und Blocksymbol des PIDT$_D$-Reglers

Für grundsätzliche Betrachtungen setzt man oft $T_D = 0$. Die Reglergleichung vereinfacht sich damit zu

$$F_R(s) = K_P \cdot \frac{1 + T_N \cdot s + T_N\, T_V \cdot s^2}{T_N\; s} \,. \tag{4.27}$$

Die zugehörige Sprungantwort und das Blocksymbol vereinfachen sich dann zu der Darstellung von Abb. 4.29. Wie beim idealen PD-Regler ist die Sprunghöhe des Ausgangssignals zum Zeitpunkt Null gleich Unendlich. Es soll hier nochmals betont werden daß der ideale PID- genauso wie der ideale PD-Regler nicht realisierbar sind. Sie erleichtern die Analyse jedoch bei prinzipiellen Untersuchungen.

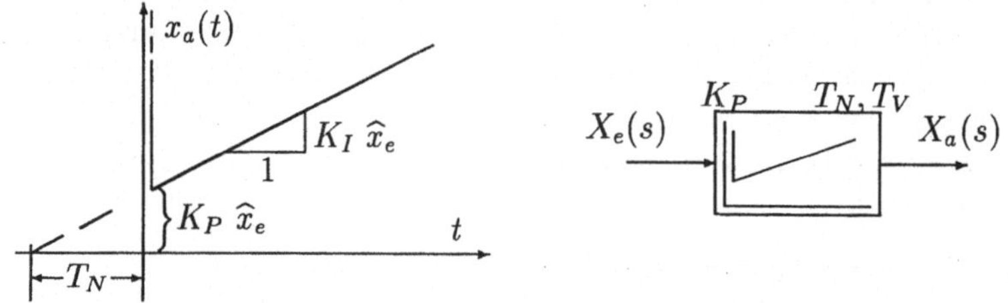

Abb. 4.29: Sprungantwort und Blocksymbol des idealen PID-Reglers

Mit Verwendung des PIDT$_D$-Reglers resultiert dann das Strukturbild 4.30 des Temperaturregelkreises.

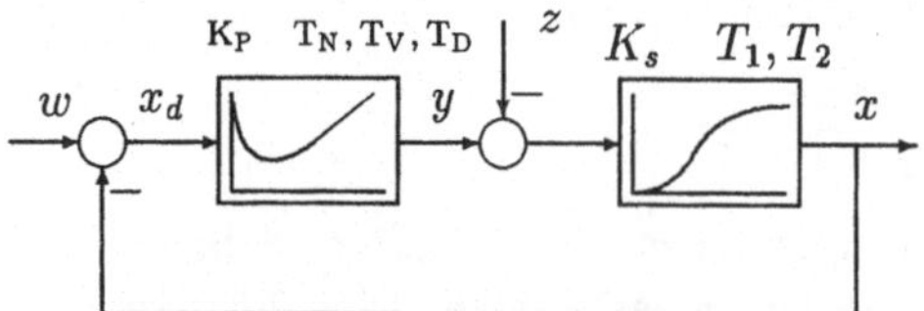

Abb. 4.30: Regelkreis mit PIDT$_D$-Regler und PT$_2$-Strecke

Führungsverhalten: Für die Anwendung des PIDT$_D$-Reglers bei der Regelung einer Verzögerungsstrecke 2. Ordnung, die aus einer Reihenschaltung von zwei Verzögerungen 1. Ordnung besteht, liegt es nahe, die Gleichung des Reglers so umzuformen, daß beide Zeitkonstanten der Regelstrecke mittels dynamischer

Kompensation kompensiert werden können. Die Reglergleichung wird wie folgt angesetzt:

$$F_R(s) = K_P^* \cdot \frac{(1 + T_N^*\ s) \cdot (1 + T_V^*\ s)}{T_N^*\ s}\ . \tag{4.28}$$

Die Umrechnung dieser Gleichung führt zu der PID-Reglergleichung 4.27 mit den folgenden Parametern

$$K_P = K_P^* \left(1 + \frac{T_V^*}{T_N^*}\right) \qquad T_N = T_N^* + T_V^* \qquad T_V = \frac{T_N^* \cdot T_V^*}{T_N^* + T_V^*}\ .$$

Die Umkehrung dieser Umrechnung geht nur sofern $T_N \geq 4\ T_V$.

Mit dieser Umformung nach Gleichung 4.28 lautet dann die Übertragungsfunktion des aufgeschnittenen Regelkreises

$$F_0(s) = F_R(s) \cdot F_S(s) = \frac{K_P^* \cdot K_s \cdot (1 + T_N^*\ s) \cdot (1 + T_V^*\ s)}{T_N^*\ s \cdot (1 + T_1\ s) \cdot (1 + T_2\ s)}\ .$$

Welche der beiden „Reglerzeitkonstanten“ zur Kompensation der Streckenzeitkonstanten verwendet wird ist beliebig, es ändert sich nur die Verstärkung K_P^*. Setzt man $T_N^* = T_1$ und $T_V^* = T_2$ so resultiert für $F_0(s)$

$$F_0(s) = \frac{K_P^* \cdot K_s}{T_N^* \cdot s}\ ,$$

und es folgt die Führungsübertragungsfunktion des geschlossenen Regelkreises zu

$$F_W(s) = \frac{1}{1 + \dfrac{T_N^*}{K_P^*\ K_s} \cdot s} = \frac{1}{1 + T_a s}\ .$$

Dies ist Übertragungsfunktion eines Verzögerungsgliedes 1. Ordnung. Es entsteht der Eindruck, daß durch die Auswahl eines großen K_P^* die Regelgröße $x(t)$ beliebig schnell an den Sollwert $\widehat{w}$ herangeführt werden kann. Dies geht jedoch wie zuvor zu Lasten der Stellamplitude $y(0^+)$. Beim idealen PID-Regler ist sie ohnehin gleich Unendlich. Doch auch beim realen PIDT$_D$-Regler wächst die Stellamplitude $y(0^+)$ proportional mit der Verstärkung K_P.

Setzt man einen realen PIDT$_D$-Regler nach Gleichung 4.26 an, so kann man nach dem Ausmultiplizieren des Nenners der Regelstrecke die Reglerkoeffizienten für die dynamische Kompensation relativ einfach berechnen. Es gilt

$$F_0(s) = \frac{K_P \cdot (1 + T_N'\ s + T_N\ T_V'\ s^2)}{T_N\ s \cdot (1 + T_D\ s)} \cdot \frac{K_s}{1 + (T_1 + T_2)\ s + T_1\ T_2\ s^2}\ .$$

Damit wird

$$T_N' = T_1 + T_2 \quad \Rightarrow \quad T_N = T_N' - T_D = T_1 + T_2 - T_D \tag{4.29}$$

$$T_1 T_2 = T_N T_V' \quad \Rightarrow \quad T_V' = \frac{T_1 T_2}{T_N} \quad \Rightarrow \quad T_V = \frac{T_1 T_2}{T_N} - T_D \tag{4.30}$$

Mit diesen Reglerparametern für T_N, T_V und $T_D \leq T_V/10$ werden in Abb. 4.31 verschiedene Einschwingverläufe des Führungs- und Störverhaltens verglichen.

Störverhalten: Wiederum soll für den idealen PID-Regler das Störverhalten untersucht werden. Die Störübertragungsfunktion ergibt sich nach wenigen Rechenschritten zu

$$F_Z(s) = \frac{-F_S(s)}{1 + F_0(s)} = \frac{-(T_N^*/K_P^*) \cdot s}{(1 + T_1\ s)\,(1 + T_2\ s)\,(1 + \frac{T_N^*}{K_P^*\ K_s}\ s)}\ .$$

Die Anwendung des Grenzwertsatzes zeigt, daß auch beim Störverhalten nach einem Störsprung keine bleibende Regeldifferenz auftritt. Es wird

$$x(\infty) = \lim_{t\to\infty} x(t) = \lim_{s=0} F_Z(s) \cdot \hat{z} = 0\ .$$

Abb. 4.31 zeigt einige Verläufe des Führungs- und Störverhaltens für einen realen PIDT$_D$-Regler, ausgelegt nach den Gleichungen 4.29 und 4.30. Die Ergebnisse werden verglichen mit dem Regelverhalten des schon zuvor untersuchten

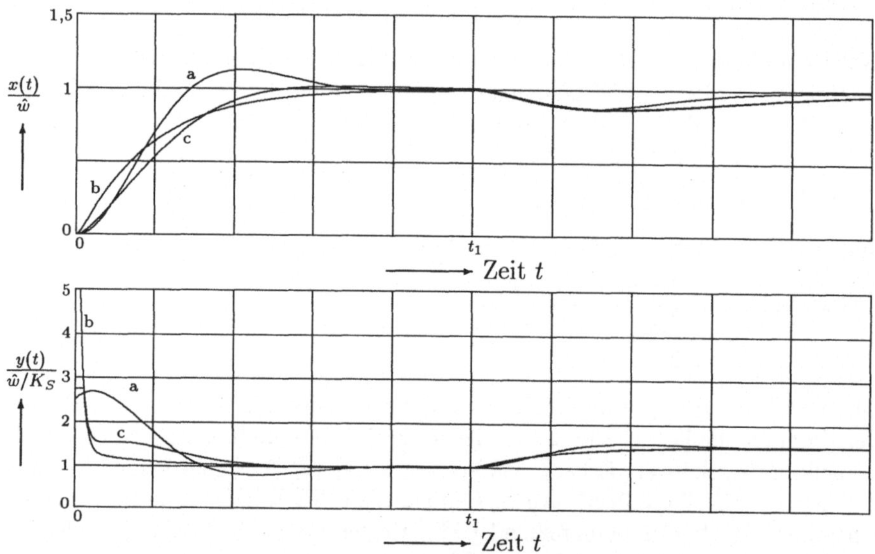

Abb. 4.31: Führungs- und Störverhalten des Regelkreises für einen PI-Regler (Kurve a), PIDT$_D$-Regler (Kurve b) sowie einen PIDT$_D$-Regler mit Stellgrößenbeschränkung (Kurve c)

PI-Reglers (Kurve a). Die Regelgröße erreicht ungefähr zum Zeitpunkt t_1, dem Einwirken einer Störung den Sollwert. Die Störung wird ohne bleibende Regeldifferenz ausgeregelt (Kurve a). Deutlich schneller ist das Regelverhalten des nach den Gleichungen 4.29 und 4.30 ausgelegten PIDT$_D$-Reglers, allerdings zu Lasten einer wesentlich größeren Stellamplitude (Kurve b). Begrenzt man die Stellamplitude des PIDT$_D$-Reglers auf den Maximalwert der Stellamplitude des PI-Reglers (hier auf den Wert von ca. 2,75), so verschlechtert sich das Einschwingverhalten wieder (Kurve c). Die Regelgröße erreicht den Sollwert später als bei Verwendung des PI-Reglers. Das Regelverhalten bei der Ausregelung der Störgröße zeigt keine signifikanten Unterschiede, obwohl die Regelabweichung beim Einsatz des PID-Reglers deutlich zurückgeht.

Diese Untersuchungen zeigen, daß das schnellere Erreichen des Sollwertes bei Verwendung des PID-Reglers erkauft wird mit einem deutlichen Anstieg der Stellamplitude. Es wird mehr Stellenergie benötigt, um die Strecke schneller reagieren zu lassen.

4.4 Regler für integrierende Regelstrecken

In Kapitel 3 werden als Beispiele für integrierende Regelstrecken ohne (wesentliche) Verzögerung genannt ein Wasserbehälter, ein hydraulischer Stellzylinder, sowie die Drehbewegung eines Satelliten. Als Beispiele für verzögerte integrierende Regelstrecken werden ein über eine mechanische Feder-Dämpfer-Anordnung angesteuerter Stellzylinder sowie der Gleichstrommotor aufgeführt. Der Gleichstrommotor stellt eine integrierende Regelstrecke mit Verzögerung dar, sofern als Eingangsgröße die Ankerspannung u_A und als Ausgangsgröße der Drehwinkel φ betrachtet wird. Eine typische Anwendung stellt die Drehwinkelregelung eines Roboterarms mit einem Gleichstrommotor als Stellglied dar. Den prinzipiellen Aufbau eines derartigen Regelkreises zeigt Abb. 4.32.

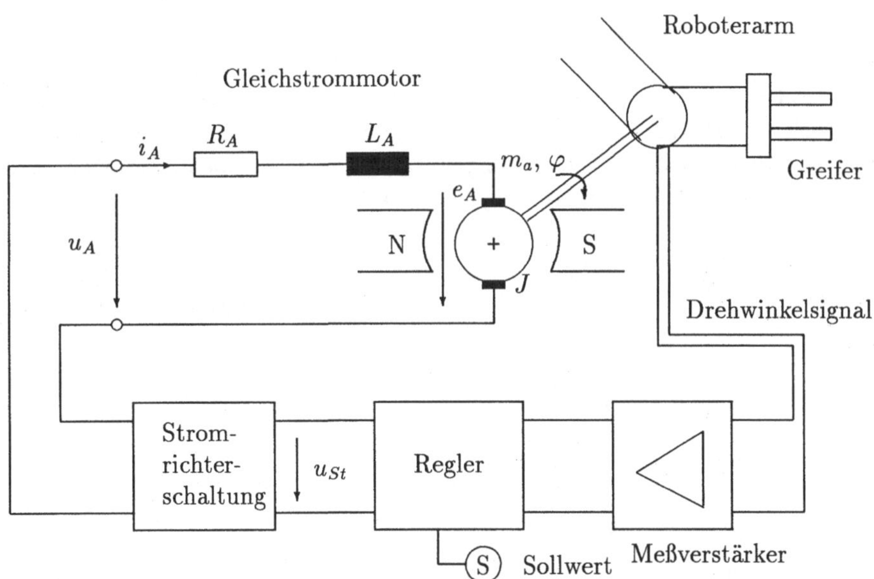

Abb. 4.32: Drehwinkelregelkreis eines Roboterarms

In den Roboterarm sind zur Drehwinkelmessung im allgemeinen digitale Winkelsensoren integriert. Der gemessene Drehwinkel φ wird über einen Meßverstärker dem Regler zugeführt. Aus der Soll-/Istwertdifferenz bildet der elektrische Regler das Steuersignal u_{St} für die Stromrichterschaltung. In dieser Stromrichterschaltung wird durch eine Gleichrichterschaltung eine der Steuerspannung proportionale Gleichspannung u_A erzeugt. Je nach erforderlicher Leistung sind diese Gleichrichterschaltungen mit Transistoren oder Thyristoren bestückte Brückenschaltungen. Die Dynamik dieser Gleichrichterschaltungen ist im allgemeinen so hoch im Vergleich zur Stellgeschwindigkeit des Roboterarms, daß man den Gleichrichter als ideales verzögerungsfreies Stellglied bei der Reglerauslegung betrachten kann. Mit dieser Ankerspannung wird dann der in den Roboterarm integrierte Gleichstrommotor geregelt. Vernachlässigt man in der Differentialgleichung des Gleichstrommotors, die in Abschnitt 3.2.2 angegeben wurde, die Ankerkreisinduktivität L_A, dann stellt der Gleichstrommotor mit Roboterarm eine integrierende Regelstrecke mit einer Verzögerung 1. Ordnung dar.

4.4.1 P-Regler

Die Darstellung der Baugruppen des Winkelregelkreises in einem Blockschaltbild führt zu Abb. 4.33. Die Verstärkungsfaktoren der Verstärker, Umrechnungsfaktoren von Motor und Gleichrichter sind zum Integrierbeiwert K_{is} zusammengefaßt. Die dominierende Verzögerung T_1 des Kreises wird bestimmt durch den Fluß und den Ankerwiderstand des Motors sowie das Trägheitsmoment von Motor und Roboterarm. Als Störgröße z soll eine Versorgungsstörgröße z_V (z.B. Spannungseinbruch des versorgenden Drehstromnetzes) angenommen werden.

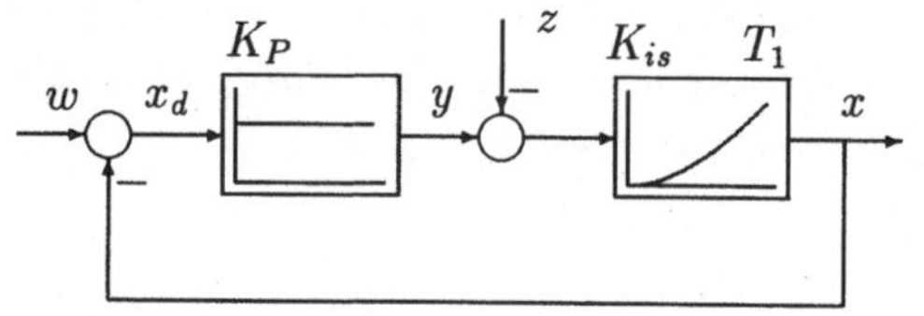

Abb. 4.33: Regelkreis mit P-Regler und IT$_1$-Strecke

Führungsverhalten: Mit $F_R(s) = K_P$ als Regler und $F_S(s) = \dfrac{K_{is}}{s \cdot (1 + T_1\ s)}$ als Regelstrecke berechnet man die Führungsübertragungsfunktion des geschlossenen Regelkreises zu

$$F_W(s) = \frac{X(s)}{W(s)} = \frac{K_P \cdot K_{is}}{K_P\ K_{is} + s \cdot (1 + T_1\ s)} = \frac{K_P \cdot K_{is}}{K_P\ K_{is} + s + T_1\ s^2}\ . \tag{4.31}$$

Die Umformung von Gleichung 4.31 ergibt

$$F_W(s) = \frac{1}{1 + T_a \cdot s + T_b^2 \cdot\ s^2}\ ,$$

mit $T_a = 1/(K_P\ K_{is})$ und $T_b^2 = T_1/(K_P\ K_{is})$.

Die Überprüfung des Endwertes der Regelgröße $x(t)$ mit Hilfe des Endwertsatzes der Laplace-Transformation führt für einen Sprung der Führungsgröße $w(t) = \widehat{w} \cdot \sigma(t)$ zu keiner bleibenden Regelabweichung, da gilt $x(\infty) = \widehat{w}$. Dämpfung D und Kennkreisfrequenz ω_0 werden über die proportionale Reglerverstärkung eingestellt. Eine unabhängige Einstellung beider Größen ist mit einem Reglerparameter jedoch nicht möglich.

Störverhalten: Die Störübertragungsfunktion des Regelkreises wird ermittelt zu

$$F_Z(s) = \frac{X(s)}{Z(s)} = \frac{-\,K_{is}}{K_P\;K_{is} + s\cdot(1+T_1\;s)} = \frac{-\,K_{is}}{K_P\;K_{is} + s + T_1\;s^2}. \tag{4.32}$$

Für eine sprungförmige Störgröße tritt eine bleibende Regeldifferenz auf. Es wird $x(\infty) = -\,\widehat{z}/K_P$. Aufgrund dieser bleibenden Regeldifferenz ist der P-Regler für integrierende Strecken wenig geeignet, es sei denn, daß der Störgrößeneinfluß unbedeutend ist.

4.4.2 I-Regler

Wird anstelle des P-Reglers nun ein reiner I-Regler eingesetzt, so weist der Winkelregelkreis die in Abb. 4.34 gezeigte Struktur auf.

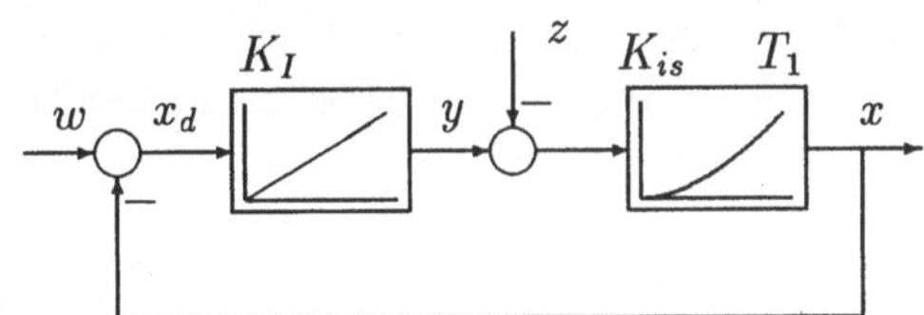

Abb. 4.34: Regelkreis mit I-Regler und IT$_1$-Strecke

Führungsverhalten: Die Übertragungsfunktion des aufgeschnittenen Regelkreises bei Einsatz eines I-Reglers wird ermittelt zu

$$F_0(s) = F_R(s)\cdot F_S(s) = \frac{K_I\;K_{is}}{s^2\cdot(1+T_1\;s)}\;.$$

Damit lautet dann die Führungsübertragungsfunktion

$$F_W(s) = \frac{X(s)}{W(s)} = \frac{K_I\cdot K_{is}}{K_I\;K_{is} + s^2\cdot(1+T_1\;s)} = \frac{K_I\cdot K_{is}}{K_I\;K_{is} + s^2 + T_1\;s^3}\;. \tag{4.33}$$

In Gleichung 4.33 fehlt im Nenner der Term mit s^1. Zur Bestimmung des Zeitverhaltens der Regelgröße wird auf die Betrachtungen von Abschnitt 3.1.4 zurückgegriffen, und zunächst die Übertragungsfunktion in eine Differentialgleichung überführt mit $x(t)$ als Ausgangsgröße und $w(t)$ als Eingangsgröße. Diese Differentialgleichung lautet dann

$$T_1\cdot\dddot{x} + \ddot{x} + K_I\;K_{is}\cdot x = K_I\;K_{is}\cdot w\;. \tag{4.34}$$

Zur Berechnung des Zeitverhaltens von $x(t)$ muß zunächst die Lösung der homogenen Differentialgleichung bestimmt werden. Die homogene Differentialgleichung kann auf die allgemeine Form

$$\dddot{x} + a_2\cdot\ddot{x} + a_0\cdot x = 0$$

gebracht werden. Mit dem $\mathrm{e}^{\lambda\,t}$ Ansatz, d.h. $x_{ah} = \mathrm{e}^{\lambda\,t}$ erhält man eingesetzt

$$\mathrm{e}^{\lambda\,t}\cdot(\lambda^3 + a_2\;\lambda^2 + a_0) = 0\;.$$

Da jede Gleichung 3. Grades 3 Wurzeln aufweist, kann der Ausdruck in der Klammer wie folgt faktorisiert werden:

$$(\lambda^3 + a_2\,\lambda^2 + a_0) = (\lambda - \lambda_1)\cdot(\lambda - \lambda_2)\cdot(\lambda - \lambda_3) = 0\;, \tag{4.35}$$

mit λ_1 bis λ_3 als Wurzeln der Gleichung. Für z.B. zwei konjugiert komplexe und eine reelle Wurzel

$$\begin{aligned}\lambda_{1,2} &= -\sigma \pm \mathrm{j}\,\omega\\ \lambda_3 &= -\alpha\end{aligned}$$

resultiert dann in Gleichung 4.35 eingesetzt:

$$\begin{aligned}0 &= \lambda^3 + a_2\,\lambda^2 + a_0 = (\lambda - \lambda_1)\cdot(\lambda - \lambda_2)\cdot(\lambda - \lambda_3)\\ &= \lambda^3 + (2\sigma + \alpha)\,\lambda^2 + [(\sigma^2 + \omega^2) + 2\alpha\sigma]\,\lambda + \alpha\,(\sigma^2 + \omega^2)\;.\end{aligned} \tag{4.36}$$

Der Koeffizientenvergleich mit Gleichung 4.35 führt zu $a_1 = (\sigma^2 + \omega^2) + 2\alpha\sigma = 0$. Diese Bedingung kann aber nur erfüllt werden, wenn entweder α oder σ negativ werden. Negatives α oder σ bedeuten aber Wurzeln mit positivem Realteil der Wurzeln λ_i. Die Lösung der homogenen Differentialgleichung besitzt somit mindestens eine gegen ∞ strebende Teillösung $x_{ah} = \mathrm{e}^{+|\sigma|t}\cdot\mathrm{e}^{\pm\mathrm{j}\omega t}$ oder $x_{ah} = \mathrm{e}^{+|\alpha|t}$. Der Regelkreis ist instabil. Ein reiner I-Regler ist für die Regelung einer IT_1-Strecke unbrauchbar.

Aufgabe 4.12: Gleichung 4.35 möge drei reelle Wurzeln $\lambda_1 = -\alpha_1$, $\lambda_2 = -\alpha_2$ und $\lambda_3 = -\alpha_3$ besitzen. Welcher Bedingung müssen die Wurzeln gehorchen, damit Gleichung 4.35 erfüllt ist? Kann diese Bedingung für positive α_i erfüllt werden?

Lösung: $\alpha_1\cdot\alpha_2 + \alpha_3\cdot\alpha_1 + \alpha_2\cdot\alpha_3 = 0$; Nein □

Aufgabe 4.13: Eine Regelstrecke mit reinem integrierenden Verhalten ($F_S(s) = K_{is}/s$) soll mit einem reinen I-Regler geregelt werden. Wie lautet die Führungsübertragungsfunktion des Regelkreises? Wie groß ist der Dämpfungsgrad D?

Lösung: $F_W(s) = K_I\;K_{is}/(s^2 + K_I\;K_{is})$; $D = 0$; □

4.4.3 PI-Regler

Anstelle der bisher verwendeten reinen proportionalen und integrierenden Regler wird ein PI-Regler verwendet. Dies führt zu der in Abb. 4.35 gezeigten Regelkreisstruktur.

Führungsverhalten: Die Übertragungsfunktion des aufgeschnittenen Regelkreises lautet

$$F_0(s) = F_R(s)\cdot F_S(s) = \frac{K_P\;K_{is}\cdot(1 + T_N\;s)}{T_N\;s^2\cdot(1 + T_1\;s)}\;. \tag{4.37}$$

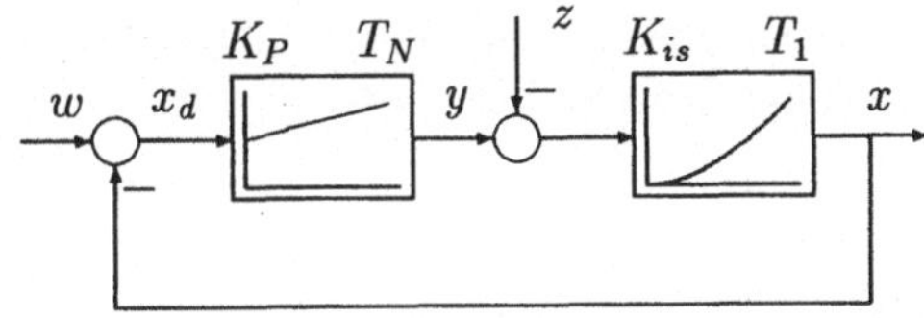

Abb. 4.35: Regelkreis mit PI-Regler und IT_1-Strecke

Würde man nun die als Nachstellzeit bezeichnet Größe $T_N = T_1$ setzen, so erhielte man

$$F_0(s) = \frac{K_P \; K_{is}}{s^2 \cdot T_N} = \frac{a^2}{s^2} \; .$$

Die Führungsübertragungsfunktion erhält man dann zu

$$F_W(s) = \frac{X(s)}{W(s)} = \frac{F_0(s)}{1 + F_0(s)} = \frac{a^2}{a^2 + s^2} \; . \tag{4.38}$$

Gleichung 4.38 stellt die Übertragungsfunktion eines PT_2-Systems mit $D = 0$, also fehlender Dämpfung dar. Die Wahl der Nachstellzeit $T_N = T_1$ ist für die Regelung der IT_1-Strecke ungeeignet.

Daher wird die Übertragungsfunktion des geschlossenen Regelkreises aus Gleichung 4.37 ausgerechnet, ohne eine Festlegung von T_N im voraus zu treffen. Es resultiert für $F_W(s)$:

$$F_W(s) = \frac{K_P \; K_{is} \cdot (1 + T_N \; s)}{K_P \; K_{is} \cdot (1 + T_N \; s) + T_N \; s^2 \cdot (1 + T_1 \; s)} \; . \tag{4.39}$$

Die Anwendung des Grenzwertsatzes auf Gleichung 4.39 für eine sprungförmige Führungsgröße w ergibt:

$$x(\infty) = \lim_{t \to \infty} x(t) = \lim_{s=0} \{F_W(s) \cdot \widehat{w}\} = \widehat{w} \; .$$

Es tritt keine bleibende Regeldifferenz auf. Außerdem sind anders als in Gleichung 4.33 im Nenner alle Terme mit s^0, $s^1 \ldots s^3$ vorhanden. Abb. 4.36 zeigt einige Einschwingverläufe für verschiedene Werte von K_P und T_N. Für $T_N \approx 10 \cdot T_1$ sowie großem K_P (Kurve a), mittlerem $K_P = \bar{K}_P$ (Kurve b) und kleinem K_P (Kurve c) wird der Sollwert $\widehat{w}$ verschieden schnell erreicht. Das Einschwingverhalten für ein mittleres K_P ist für die meisten IT_1-Strecken eine sinnvolle Einstellung. Bei der hier betrachteten Positionsregelung eines Roboterarms ist jedoch ein Überschwingen des Arms über die Sollposition verboten, sodaß in diesem Fall ein kleines K_P einzustellen ist. Je kleiner das K_P umso kleiner wird auch die maximale Stellamplitude.

Störverhalten: Die Störübertragungsfunktion des Regelkreises resultiert zu

$$F_Z(s) = \frac{X(s)}{Z(s)} = \frac{K_{is} \cdot T_N \cdot s}{K_P \; K_{is} \cdot (1 + T_N \; s) + T_N \; s^2 \cdot (1 + T_1 \; s)} \; .$$

Mit Anwendung des Endwertsatzes folgt für die Störübertragungsfunktion für eine sprungförmige Störgröße $\widehat{z} \cdot \sigma(t)$:

$$x(\infty) = \lim_{t \to \infty} x(t) = \lim_{s=0} \{F_Z(s) \cdot \widehat{z}\} = 0 \; .$$

Eine konstante Störung verursacht keine bleibende Regeldifferenz. Die Zeitverläufe des Störverhaltens für eine sprungförmige Störung bei $t = t_1$ zeigt Abb. 4.36.

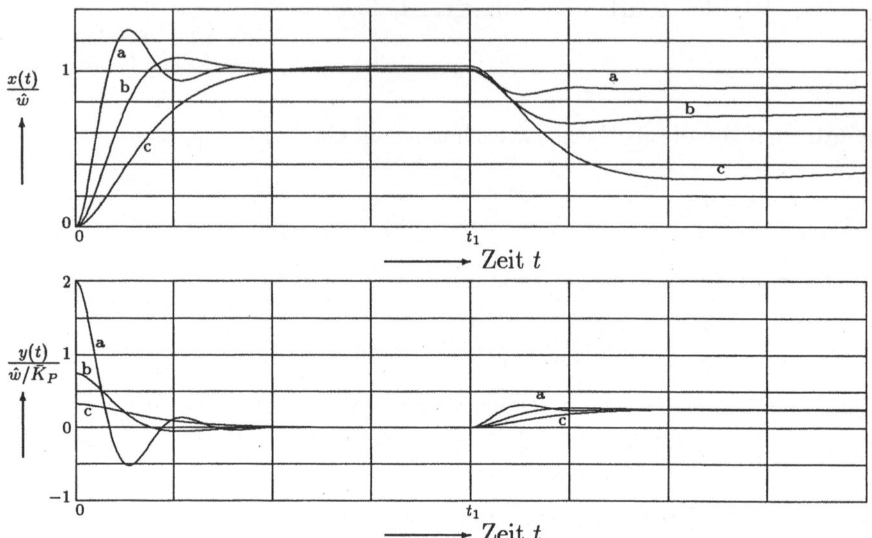

Abb. 4.36: Führungs- und Störverhalten des Regelkreises für $\hat{w} = \hat{z}$ sowie ein großes K_P (Kurve a), mittleres $K_P = \bar{K}_P$ (Kurve b) und kleines K_P (Kurve c) sowie $T_N \approx 10T_1$

Der Einfluß des Verstärkungsfaktors auf das Störverhalten zeigt sich primär in der Verringerung der maximalen Regeldifferenz mit steigendem K_P. Die Einwirkung der Störung klingt für alle drei Verstärkungen K_P jedoch nur sehr langsam ab. Dies hängt mit der gewählten Nachstellzeit T_N zusammen.

Aufgabe 4.14: Eine Regelstrecke mit reinem integrierenden Verhalten ($F_S(s) = K_{is}/s$) soll mit einem PI-Regler geregelt werden.

1. Wie lautet die Führungsübertragungsfunktion des Regelkreises?
2. Wie groß ist der Dämpfungsgrad D?
3. Wie groß sind die bleibenden Regeldifferenzen bei Einwirkung sprungförmiger Führungs- und Störsignale?

Lösung: 1.) $F_W(s) = \dfrac{K_P\ K_{is} \cdot (1 + T_N\ s)}{K_P\ K_{is} \cdot (1 + T_N\ s) + T_N\ s^2}$

2.) $D = \frac{1}{2} \cdot \sqrt{T_N\ K_P\ K_{is}}$

3.) In beiden Fällen gleich Null. □

5 Stabilität von Regelkreisen

In Kapitel 4 wurde die Zusammenschaltung von Regler und Regelstrecke zu einem Regelkreis eingeführt. Für die Regler im Regelkreis wurden verschiedene Reglerkoeffizienten vorgegeben und dann das Zeitverhalten der Regelgröße $x(t)$ nach einem Sprung der Führungsgröße $w(t)$ bzw. der Störgröße $z(t)$ untersucht. Dieses betreffende Zeitverhalten wurde mit Führungs- und Störverhalten des Regelkreises bezeichnet. Bei fast allen Beispielen von Regelstrecken und Reglern erreicht die Regelgröße ihren Sollwert $\widehat{w}$, oder einen konstanten Wert in der Umgebung von $\widehat{w}$. Nur bei der Drehwinkelregelung des Gleichstrommotors mit einem I-Regler weist die Lösung der homogenen Differentialgleichung gegen Unendlich strebende Teillösungen auf. Dies wurde als instabiles Verhalten bezeichnet. In diesem Kapitel werden die Bedingungen dafür angegeben, wann die Regelgröße $x(t)$ sich einem stationären Endwert nähert oder gegen Unendlich strebt.

5.1 Grundlegendes Stabilitätskriterium

Die bisher betrachteten Regelkreise waren Regelkreise in der Standardform, so wie sie Abb. 5.1 zeigt.

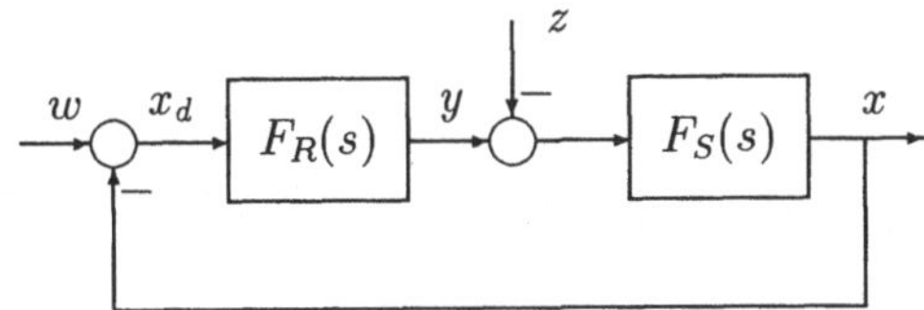

Abb. 5.1: Standardregelkreis

Die Übertragungsfunktionen von Regler und Regelstrecke weisen hierin die folgende allgemeine Form auf:

$$F_R(s) = \frac{Z_R(s)}{N_R(s)} = \frac{b_{0r} + b_{1r}\ s + \ldots + b_{m_r r}\ s^{m_r}}{a_{0r} + a_{1r}\ s + \ldots + a_{n_r r}\ s^{n_r}}\ ,$$

sowie

$$F_S(s) = \frac{Z_S(s)}{N_S(s)} = \frac{b_{0s} + b_{1s}\ s + \ldots + b_{m_s s}\ s^{m_s}}{a_{0s} + a_{1s}\ s + \ldots + a_{n_s s}\ s^{n_s}}\ ,$$

mit $m_r \leq n_r$ und $m_s \leq n_s$. Für diesen allgemeinen Regelkreis lauten dann die sogenannten Führungs- und Störübertragungsfunktionen

$$\begin{aligned} F_W(s) &= \frac{X(s)}{W(s)} = \frac{F_R(s) \cdot F_S(s)}{1 + F_R(s) \cdot F_S(s)} = \frac{F_0(s)}{1 + F_0(s)} = \\ &= \frac{b_{0w} + b_{1w}\ s + \ldots + b_{m_w w}\ s^{m_w}}{a_0 + a_1\ s + \ldots + a_n\ s^n} \quad \text{und} \end{aligned} \tag{5.1}$$

$$\begin{aligned} F_Z(s) &= \frac{X(s)}{Z(s)} = -\frac{F_S(s)}{1 + F_R(s) \cdot F_S(s)} = -\frac{F_S(s)}{1 + F_0(s)} = \\ &= -\frac{b_{0z} + b_{1z}\ s + \ldots + b_{m_z z}\ s^{m_z}}{a_0 + a_1\ s + \ldots + a_n\ s^n} . \end{aligned} \tag{5.2}$$

Die Zähler- und Nennerpolynome von Führungs- und Störübertragungsfunktion ergeben sich durch Ausmultiplizieren nach Anwendung der Rechenregeln für die Kreisschaltung von Regelkreisgliedern. Es fällt sofort auf, daß die Nennerpolynome von Führungs- und Störübertragungsfunktion gleich sind, also damit unabhängig von der Eingangsgröße sind. Dies deutet daraufhin, daß das Nennerpolynom eine den *Kreis* kennzeichnende Beziehung darstellt. Dies soll weiter untersucht werden.

Spaltet man die Führungs- und Störübertragungsfunktion wieder in die ursprünglichen Bestandteile der Zähler- und Nennerpolynome von Regler und Strecke auf, so erhält man hierfür

$$F_W(s) = \frac{X(s)}{W(s)} = \frac{Z_R(s) \cdot Z_S(s)}{Z_R(s) \cdot Z_S(s) + N_R(s) \cdot N_S(s)} \tag{5.3}$$

$$F_Z(s) = \frac{X(s)}{Z(s)} = -\frac{Z_S(s) \cdot N_R(s)}{Z_R(s) \cdot Z_S(s) + N_R(s) \cdot N_S(s)} . \tag{5.4}$$

Die Führungsübertragungsfunktion stellt das Übertragungsverhalten von der Eingangsgröße $W(s)$ zur Ausgangsgröße $X(s)$ dar. Dabei ist die Störgröße $Z(s)$ zu Null angenommen. Und ebenso stellt die Störübertragungsfunktion das Übertragungsverhalten von der Eingangsgröße $Z(s)$ zur Ausgangsgröße $X(s)$ dar und dabei ist die Führungsgröße $W(s)$ zu Null angenommen. Treten beide Eingangsgrößen gleichzeitig auf, und das ist in einem Regelkreis immer der Fall, dann berechnet sich die Ausgangsgröße $X(s)$ zu

$$\begin{aligned} X(s) &= F_W(s) \cdot W(s) + F_Z(s) \cdot Z(s) \\ &= \frac{[Z_R(s) \cdot Z_S(s)] \cdot W(s) - [Z_S(s) \cdot N_R(s)] \cdot Z(s)}{Z_R(s) \cdot Z_S(s) + N_R(s) \cdot N_S(s)} . \end{aligned} \tag{5.5}$$

Diese Gleichung 5.5 wird auf die folgende Form gebracht:

$$\{Z_R(s)Z_S(s) + N_R(s)N_S(s)\}X(s) = [Z_R(s)Z_S(s)]W(s) - [Z_S(s)N_R(s)]Z(s). \tag{5.6}$$

Die Rücktransformation dieser Gleichung 5.5 vom Bildbereich in den Zeitbereich ergibt die Differentialgleichung

$$\begin{aligned} a_n \overset{n}{x}(t) + \ldots + a_1\ \dot{x}(t) + a_0\ x(t) = b_{0w}\ w(t) + b_{1w}\ \dot{w}(t) + \ldots + b_{m_w} \overset{m_w}{w}(t) + \\ + b_{0z}\ z(t) + b_{1z}\ \dot{z}(t) + \ldots + b_{m_z} \overset{m_z}{z}(t) . \end{aligned} \tag{5.7}$$

Die linke Seite dieser Differentialgleichung ist die sogenannte homogene Differentialgleichung

$$a_n \overset{n}{x}(t) + \ldots + a_1\, \dot{x}(t) + a_0\, x(t) = 0\ , \tag{5.8}$$

die gleich Null gesetzt wird, und die rechte Seite enthält die Anregungsfunktionen oder Eingangsfunktionen dieser Differentialgleichung.

Für die Stabilität einer Differentialgleichung, bzw. die Stabilität des oben untersuchten Regelkreises, ist die homogene Differentialgleichung entscheidend. Wachsen ihre homogenen Teillösungen $x_{h,i}(t)$ gegen Unendlich an, so bezeichnet man dies als *instabiles Verhalten*, klingen sie nach Null ab, so bezeichnet man es als *stabiles Verhalten.*

In Kapitel 2 wurden die Lösungen der homogenen Differentialgleichung mit dem $e^{\lambda\, t}$-Ansatz, d.h. mit dem Ansatz $x_h(t) = \mathrm{e}^{\lambda\, t}$ berechnet. Einsetzen dieses Lösungsansatzes in die *homogene Differentialgleichung* 5.8 ergibt:

$$e^{\lambda\, t} \cdot (a_n\, \lambda^n + \ldots + a_1\, \lambda + a_0) = 0\ .$$

Diese Gleichung ist für alle Zeiten t erfüllt, wenn die *charakteristische Gleichung*, d.h. der Ausdruck in der Klammer, gleich Null wird. Es sind damit die n Wurzeln $\lambda_1 \ldots \lambda_n$ der charakteristischen Gleichung n-ten Grades

$$a_n\, \lambda^n + \ldots + a_1\, \lambda + a_0 = 0 \tag{5.9}$$

zu bestimmen. In dieser Form ähnelt Gleichung 5.9 der zu Null gesetzten Gleichung aus den Nennerpolynomen von Gleichung 5.1 und 5.2

$$a_n\, s^n + \ldots + a_1\, s + a_0 = 0\ , \tag{5.10}$$

die ebenfalls als *charakteristische Gleichung* bezeichnet wird. Die linke Seite der Gleichung 5.10 wird auch *charakteristisches Polynom* genannt. Die charakteristische Gleichung wurde in Gleichung 5.1 bzw. 5.2 berechnet aus

$$1 + F_0(s) = 1 + F_R(s) \cdot F_S(s) = Z_R(s) \cdot Z_S(s) + N_R(s) \cdot N_S(s) = 0\ .$$

Die n Nullstellen $s_1 \ldots s_n$ der charakteristischen Gleichung 5.10 sind identisch mit den n Wurzeln $\lambda_1 \ldots \lambda_n$ des $e^{\lambda t}$-Ansatzes für die Lösung der homogenen Differentialgleichung. Man nennt die n Nullstellen der Gleichung 5.10 auch die *Pole der Übertragungsfunktion.* Die Lösungen der homogenen Differentialgleichung klingen genau dann gegen Null ab, wenn alle n Wurzeln der Gleichung 5.9 negativen Realteil ($\sigma < 0$) besitzen, unabhängig davon, ob die Wurzeln reell oder konjugiert komplex sind:

$$\begin{aligned} \lambda_i &= \sigma_i \\ \lambda_{j,j+1} &= \sigma_j \pm \mathrm{j}\omega_j \end{aligned}$$

für $i, j \in \{1, \ldots, n\}$ und $\sigma_{i,j} < 0$.

Diese Überlegungen führen zu dem *grundlegenden Stabilitätskriterium* von Übertragungsfunktionen. Die Übertragungsfunktionen können dabei für einen *Regelkreis* gelten wie z.B. $F_W(s) = \dfrac{F_0(s)}{1 + F_0(s)}$ oder $F_Z(s) = \dfrac{-F_S(s)}{1 + F_0(s)}$ oder auch nur für ein einzelnes *Regelkreisglied* wie z.B. $F_S(s) = \dfrac{Z_S(s)}{N_S(s)}$. Dabei ist vorausgesetzt, daß gemeinsame Terme in Zähler und Nenner der jeweiligen Übertragungsfunktion, wie z.B. $(1 \pm Ts)$, nicht herausgekürzt werden dürfen.

Eine Übertragungsfunktion ist dann stabil, wenn die charakteristische Gleichung $1 + F_0(s) = 0$ bzw. der Nenner $N(s)$ der Übertragungsfunktion nur Pole in der linken s-Halbebene, also mit negativem Realteil $\sigma < 0$ aufweisen. Für *alle n* Pole

$$\begin{aligned} s_i &= \sigma_i \\ s_{j,j+1} &= \sigma_j \pm \mathrm{j}\omega_j \end{aligned} \tag{5.11}$$

mit $i, j \in \{1, \ldots, n\}$ muß also gelten

$$\sigma_{i,j} < 0\,. \tag{5.12}$$

Die Lage zweier konjugiert komplexer Pole und das zugehörige Zeitverhalten stabiler, grenzstabiler und instabiler Bewegungen zeigt Abb. 5.2. Dabei sind die sogenannten *Eigenbewegungen* eines Systems dargestellt. Die Eigenbewegungen sind die Bewegungen der Teillösungen $x_{h,i}(t) = \mathrm{e}^{\sigma_i t}$ bzw. $x_{h,j}(t) = \mathrm{e}^{(\sigma_j \pm \mathrm{j}\omega_j)t}$ der homogenen Differentialgleichung von einem von Null verschiedenen Anfangszustand. Die Überlagerung aller Eigenbewegungen ergibt die Antwort des nicht angeregten Systems, das von einem Anfangszustand „frei ausschwingt". Bei Polen auf der reellen Achse verläuft die jeweilige Bewegung von $x(t)$ aperiodisch, d.h. entsprechend einer Exponentialfunktion.

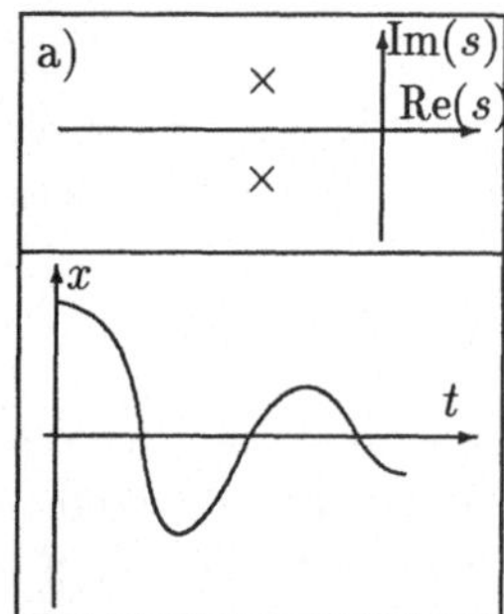

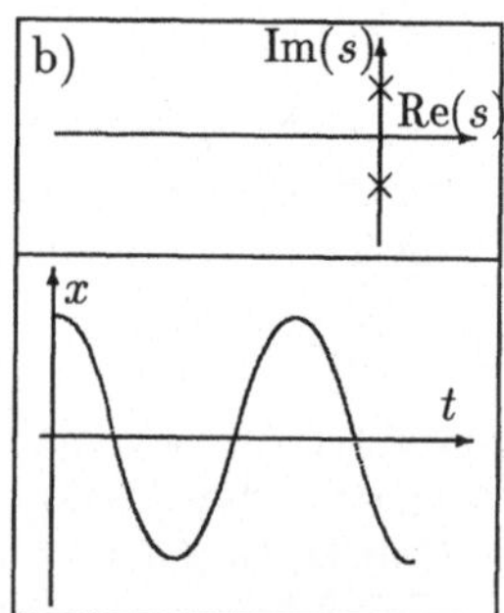

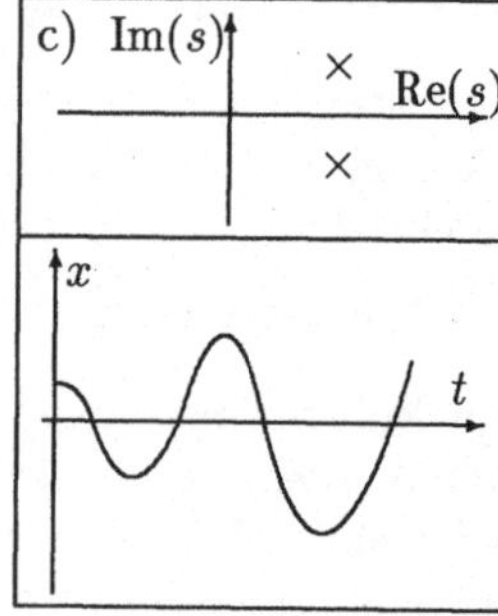

Abb. 5.2: Eigenbewegung eines stabilen (Abb. a), grenzstabilen (Abb. b) und instabilen Systems (Abb. c) für ein konjugiert komplexes Polpaar

Die *praktische Anwendung* des grundlegenden Stabilitätskriteriums ist mit den heutigen Rechnern kein Problem mehr, da sogar schon Taschenrechner leistungsfähige Wurzelberechnungsprogramme enthalten. Auf die Rechenverfahren zur Wurzelbestimmung wird in Kapitel 12.3 eingegangen.

Im Unterschied zu den *Polen der Übertragungsfunktion* nennt man die Nullstellen des Zählers der Übertragungsfunktion auch kurz die *Nullstellen der Übertragungsfunktion.* Diese Nullstellen der Übertragungsfunktion haben für die Stabilität keine Bedeutung, obwohl sie natürlich das Zeitverhalten ebenso beeinflußen.

Die Übertragungsfunktionen 5.1 und 5.2 weisen m_w bzw. m_z Nullstellen auf

$$\begin{aligned} s_{0i} &= \sigma_{0i} \\ s_{0j,j+1} &= \sigma_{0j} \pm \mathrm{j}\omega_{0j} \end{aligned}$$

mit $i, j \in \{1, \ldots, m\}$ und $m = m_w$ bzw. $m = m_z$.

Sind alle Pole und Nullstellen einer Übertragungsfunktion bekannt, dann kann man die Übertragungsfunktion auch in der sogenannten *Pol-/Nullstellendarstellung* angeben:

$$F(s) = \frac{b_0 + b_1\, s + \ldots + b_m\, s^m}{a_0 + a_1\, s + \ldots + a_n\, s^n} = K \cdot \frac{(s - s_{01}) \cdot (s - s_{02}) \cdot \ldots \cdot (s - s_{0m})}{(s - s_1) \cdot (s - s_2) \cdot \ldots \cdot (s - s_n)} \,,$$

mit dem Verstärkungsfaktor $K = b_m / a_n$ und $m \leq n$.

Die graphische Darstellung der Pole und Nullstellen einer Übertragungsfunktion in der komplexen s-Ebene zeigt Abb. 5.3. Die Übertragungsfunktion besitzt 3 Pole („$\times$") in der linken s-Halbebene und 1 Nullstelle („$\circ$") ebenfalls in der linken s-Halbebene. Das Regelkreisglied bzw. der Regelkreis, falls die Übertragungsfunktion eines Regelkreises untersucht wird, ist stabil.

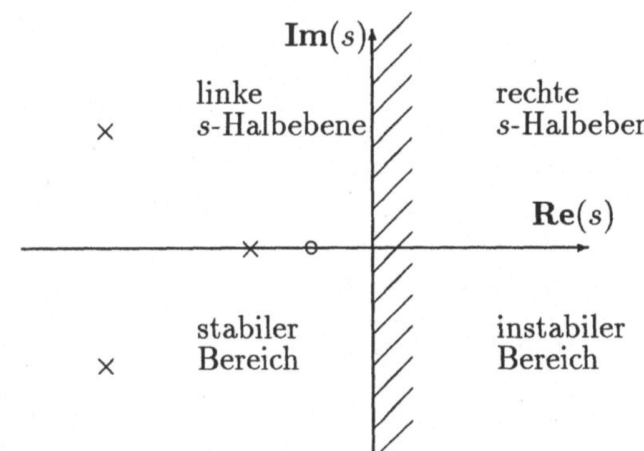

Abb. 5.3: Pol-/Nullstellenverteilung einer Übertragungsfunktion; $\times$ = Pole und $\circ$ = Nullstellen

Die zwei folgenden Beispiele sollen die Anwendung des grundlegenden Stabilitätskriteriums verdeutlichen. Zunächst wird ein einzelnes Regelkreisglied untersucht.

Beispiel 5.1: Betrachtet man als Beispiel den Feder-Masse-Schwinger von Kapitel 3 Abb. 3.14, so lautet die Differentialgleichung des Schwingers

$$M \cdot \ddot{x}_a + d \cdot \dot{x}_a + c \cdot x_a = A \cdot p_e \,,$$

und die zugehörige Übertragungsfunktion des Regelkreisgliedes heißt

$$F_S(s) = \frac{X_a(s)}{P_e(s)} = \frac{A}{M\, s^2 + d\, s + c} \,.$$

Mit $M = 10\ kg$, $d = 4\ kgs^{-1}$ und $c = 0,3\ kgs^{-2}$ lautet das Nennerpolynom (nach Weglassen der Dimensionen)

$$10s^2 + 4s + 0,3 = 0 \,.$$

Die Pole der Übertragungsfunktion des Regelkreisgliedes ergeben sich zu

$$s_1 = -\,0{,}1 \qquad \text{und} \qquad s_2 = -\,0{,}3 \;.$$

Der Feder-Masse-Schwinger besitzt zwei reelle Pole in der linken s-Halbebene, die Eigenbewegungen klingen monoton ab. Folglich ist der Feder-Masse-Schwinger ein stabiles System.

Wenn die Federsteifigkeit auf $c = 0{,}5\ kgs^{-2}$ ansteigt, dann wandern die Pole nach

$$s_{1,2} = -\,0{,}1 \pm \mathrm{j}0{,}1 \;.$$

Der Schwinger bleibt stabil, da die Pole ebenso in der linken Halbebene liegen. Die Eigenbewegungen klingen nun jedoch oszillatorisch ab, da das Polpaar konjugiert komplex wird. □

Beispiel 5.2: Als Beispiel für einen kompletten Regelkreis wird die Drehwinkelregelung des Gleichstrommotors von Abschnitt 4.4.2 mit einem reinen I-Regler untersucht. Die Führungsübertragungsfunktion des geschlossenen Regelkreises lautete gemäß Gleichung 4.33

$$F_W(s) = \frac{Z_R(s) \cdot Z_S(s)}{1 + F_0(s)} = \frac{K_I \cdot K_{is}}{K_I\ K_{is} + s^2 + T_1\ s^3}.$$

Für die Beispielwerte $K_I = 2s^{-1}$, $K_{is} = 1s^{-1}$ und $T_1 = 0{,}1s$ lautet die charakteristische Gleichung nach Weglassen der Dimensionen

$$2 + s^2 + 0{,}1\ s^3 = 0 \;.$$

Die Pole der Übertragungsfunktion berechnet man dann zu

$$s_1 = -10{,}19 \qquad \text{und} \qquad s_{2,3} = +\,0{,}096 \pm \mathrm{j}1{,}40 \;.$$

Zwei Pole liegen in der rechten s-Halbebene, der Regelkreis ist instabil. Die Eigenbewegung klingt oszillatorisch auf, so wie in Abb. 5.2c gezeigt. □

5.2 Das Hurwitz-Kriterium

Obwohl mit den heute zur Verfügung stehenden Rechenprogrammen die Anwendung des grundlegenden Stabilitätskriteriums problemlos ist, kann für Systeme niedriger Ordnung eine einfachere Stabilitätsprüfung erfolgen. Diese Stabilitätsprüfung geht von den Koeffizienten der charakteristischen Gleichung aus und erfordert keine explizite Wurzelberechnung. Sie wurde von Routh und Hurwitz entwickelt und ist in der Form von Hurwitz bekannt geworden [13], [27].

Der Regelkreis mit der charakteristischen Gleichung

$$a_n\ s^n + \ldots + a_1\ s + a_0 = 0$$

kann *monotone Instabilität* (dann liegt mindestens eine positiv reelle Wurzeln vor) oder *oszillatorische Instabilität* (dann liegt mindestens eine konjugiert komplexe Wurzel mit positivem Realteil vor) aufweisen. Damit ein Regelkreis *stabil* ist müssen die folgenden sogenannten *Hurwitz Bedingungen* erfüllt sein:

1. Es müssen alle Koeffizienten a_i der charakteristischen Gleichung von a_0 bis a_n vorhanden sein und gleiches Vorzeichen aufweisen.
2. Ordnet man man die Koeffizienten der charakteristischen Gleichung wie folgt in Form einer quadratischen Matrix an und bestimmt die sogenannte Hurwitz-Determinante H:

$$H = \begin{vmatrix} a_1 & a_3 & a_5 & a_7 & \cdots \\ a_0 & a_2 & a_4 & a_6 & \cdots \\ 0 & a_1 & a_3 & a_5 & \cdots \\ 0 & a_0 & a_2 & a_4 & \cdots \\ 0 & 0 & a_1 & a_3 & \cdots \\ 0 & 0 & a_0 & a_2 & \cdots \\ \vdots & \vdots & \vdots & \vdots & \vdots \end{vmatrix} \qquad n \times n \text{ Matrix}$$

dann müssen zur Erfüllung der Stabilität die Hurwitz-Determinante H und die Unterdeterminanten H_i, für $i = 1, \ldots n-1$, der hervorgehobenen Matrizen, also

$$H_1 = a_1 \qquad H_2 = \begin{vmatrix} a_1 & a_3 \\ a_0 & a_2 \end{vmatrix} = a_1 a_2 - a_0 a_3 \qquad \text{usw.}$$

positives Vorzeichen aufweisen.

Diese Hurwitz-Bedingungen sagen nichts über den „Grad der Stabilität oder Instabilität“ aus, also ob die Wurzeln der charakteristischen Gleichung nahe der imaginären Achse oder weit entfernt davon liegen. Es wird nur eine Aussage darüber getroffen, ob das System stabil, grenzstabil oder instabil ist.

Bedingung 1 ist leicht einzusehen, wenn man z.B. die folgenden drei Wurzeln der charakteristischen Gleichung annimmt:

$$s_1 = +\alpha \qquad s_2 = -\beta \qquad s_3 = -\gamma \,.$$

Dann folgt die charakteristische Gleichung zu:

$$(s - s_1)(s - s_2)(s - s_3) = s^3 + (\beta + \gamma - \alpha)s^2 + (\beta\gamma - \alpha[\beta + \gamma])s - \alpha\beta\gamma = 0.$$

Unabhängig von den Zahlenwerten von α, β und γ weisen der Koeffizient a_0 immer ein negatives und $a_3 (\equiv 1)$ immer ein positives Vorzeichen auf. Sie haben unterschiedliche Vorzeichen und die Hurwitz Bedingung 1 ist nicht erfüllt.

Aufgabe 5.1: Die charakteristische Gleichung besitze die drei Wurzeln $s_1 = -\alpha$ und $s_{2,3} = +\sigma \pm \mathrm{j}\omega$. Überprüfen Sie die Gültigkeit der ersten Hurwitz-Bedingung. □

Bedingung 2 wird plausibel, wenn man die Dauerschwingungen eines Systems an der Stabilitätsgrenze betrachtet. Für ein System 3. Ordnung lautet die homogene Differentialgleichung

$$a_3 \dddot{x}(t) + a_2\ddot{x}(t) + a_1\dot{x}(t) + a_0 x(t) = 0 \; .$$

Führt der Regelkreis an der Stabilitätsgrenze Dauerschwingungen aus, so lautet $x(t)$ z.B.

$$x(t) = \widehat{x} \cdot \sin \omega t \; .$$

Setzt man $x(t)$ in die homogene Differentialgleichung ein, so resultiert:

$$\widehat{x} \cdot \{-a_3\omega^3 \cos \omega t - a_2\omega^2 \sin \omega t + a_1\omega \cos \omega t + a_0 \sin \omega t\} = 0 \; .$$

Ordnet man die Gleichung nach Sinus- und Kosinus-Termen so ergibt sich:

$$\widehat{x} \sin \omega t \cdot \{a_0 - a_2\,\omega^2\} \;=\; 0 \qquad (5.13)$$

$$\widehat{x} \cos \omega t \cdot \{a_1\omega - a_3\omega^3\} \;=\; 0 \; . \qquad (5.14)$$

Gleichung 5.14 ist erfüllt für $\omega^2 = \frac{a_1}{a_3}$. Mit dieser Frequenz $\omega = \omega_K$ schwingt der Regelkreis an der Stabilitätsgrenze. Einsetzen dieser Bedingung von ω in 5.13 ergibt:

$$a_0 a_3 - a_1 a_2 = 0 \qquad \text{bzw.} \qquad a_1 a_2 - a_0 a_3 = 0 \; . \qquad (5.15)$$

D.h. an der Stabilitätsgrenze erfüllen die Koeffizienten der charakteristischen Gleichung die Bedingung von Gleichung 5.15. Man kann nun zeigen, daß die Ungleichung

$$a_1 a_2 - a_0 a_3 \;>\; 0 \quad \text{zu Wurzeln mit negativem Realteil, und} \qquad (5.16)$$

$$a_1 a_2 - a_0 a_3 \;<\; 0 \quad \text{zu Wurzeln mit positivem Realteil führt.} \qquad (5.17)$$

Gleichung 5.15 ist aber identisch mit den Bedingungen aus den Hurwitz-Determinanten, denn für $n = 3$ muß gelten

$$H_1 \;=\; a_1 > 0$$

$$H_2 \;=\; \begin{vmatrix} a_1 & a_3 \\ a_0 & a_2 \end{vmatrix} = a_1\,a_2 - a_0\,a_3 > 0$$

$$H_3 \;=\; H = \begin{vmatrix} a_1 & a_3 & 0 \\ a_0 & a_2 & 0 \\ 0 & a_1 & a_3 \end{vmatrix} = a_3 \cdot H_2 \; .$$

Sofern $a_3 > 0$ ist auch $H > 0$ wenn $H_2 > 0$ erfüllt ist.

Für eine charakteristische Gleichung *4. Ordnung* weisen die Wurzeln negativen Realteil auf sofern mit $a_4 > 0$ zusätzlich zu den Bedingungen für ein System 3. Ordnung die nachfolgende Ungleichung erfüllt ist:

$$a_1 a_2 a_3 - a_0 a_3^2 - a_1^2 a_4 > 0 \; .$$

Beispiel 5.3: Es wird wieder der Feder-Masse-Schwinger wie in Beispiel 5.1 untersucht. Die charakteristische Gleichung dieser Anordnung lautet:

$$M\,s^2 + d\,s + c = 0 \; .$$

Hurwitz Bedingung 1 ist erfüllt, alle Koeffizienten der charakteristischen Gleichung sind vorhanden, $a_2 = M$, $a_1 = d$ und $a_0 = c$, und sie besitzen positives Vorzeichen. Die Hurwitz Determinante $H_1 = a_1\, a_2 - a_0 \cdot 0 > 0$ ist bei Erfüllung von Bedingung 1 immer erfüllt. Eine Übertragungsfunktion 2. Ordnung, deren Nenner alle Koeffizienten mit gleichem Vorzeichen enthält, ist immer stabil. □

Beispiel 5.4: Bei der Drehwinkelregelung des Gleichstrommotors mit einem I-Regler in Beispiel 5.2 lautet die charakteristische Gleichung

$$1 + F_0(s) = K_I\, K_{is} + s^2 + T_1\, s^3 = 0\ .$$

Es fehlt der Koeffizient a_1 vor s^1. Damit ist Hurwitz-Bedingung 1 nicht erfüllt, der Regelkreis weist mindestens einen Pol in der rechten s-Halbebene auf und ist instabil. Die Überprüfung der Hurwitz-Determinanten erübrigt sich. □

Beispiel 5.5: Der I-Regler der Drehwinkelregelung von Beispiel 5.2 wird durch einen PI-Regler ersetzt. Es soll untersucht werden, mit welcher Frequenz der Regelkreis an der Stabilitätsgrenze schwingt und wie groß die Nachstellzeit T_N des PI-Reglers mindestens werden muß, damit der Regelkreis stabil wird.

Die Übertragungsfunktion F_0 des aufgeschnittenen Regelkreises lautet

$$F_0(s) = \frac{K_{is}}{s \cdot (1 + T_1\, s)} \cdot \frac{K_P \cdot (1 + T_N\, s)}{T_N\, s}\ .$$

Daraus folgt die charakteristische Gleichung zu:

$$1 + F_0(s) = K_{is}\, K_P + K_{is}\, K_P\, T_N\, s + T_N\, s^2 + T_N\, T_1\, s^3 = 0\ .$$

Die Frequenz ω_K der Schwingung der Regelgröße $x(t)$ an der Stabilitätsgrenze berechnet man aus

$$\omega_K^2 = \frac{a_1}{a_3} = \frac{K_{is}\, K_P\, T_N}{T_N\, T_1} = \frac{K_{is}\, K_P}{T_1}\ .$$

Für Stabilität folgt aus der Forderung der Hurwitz-Determinanten

$$a_1\, a_2 - a_0\, a_3 = K_{is}\, K_P\, T_N^2 - K_{is}\, K_P\, T_N\, T_1 > 0\ ,$$

und somit muß für einen stabilen Regelkreis gelten: $T_N > T_1$. □

Aufgabe 5.2: Wie lauten die Hurwitz-Bedingungen für eine charakteristische Gleichung 5. Ordnung:

Lösung: 1.) $(a_0\, a_3 - a_1\, a_2) \cdot (a_2\, a_5 - a_3\, a_4) - (a_0\, a_5 - a_1\, a_4)^2 > 0$

2.) $a_3\, a_4 - a_2\, a_5 > 0$ □

5.3 Das Nyquist-Kriterium

Die bisher betrachteten Stabilitätskriterien gingen aus von der charakteristischen Gleichung

$$1 + F_0(s) = 1 + F_R(s) \cdot F_S(s) = 0 \ . \tag{5.18}$$

Das charakteristische Polynom $1 + F_0(s)$ bildete den Nenner der Übertragungsfunktion des geschlossenen Regelkreises. Die Lage der Wurzeln dieser Gleichung ist entscheidend für die Stabilität des Regelkreises.

Das Nyquist-Kriterium geht ebenso von dieser charakteristischen Gleichung aus, führt aber zu einem graphischen Stabilitätskriterium. Hierzu wird Gleichung 5.18 umgeformt zu

$$F_0(s) = F_R(s) \cdot F_S(s) = -1 \ .$$

$F_0(s)$ ist die Übertragungsfunktion des aufgeschnittenen Regelkreises, wenn man die Vorzeichenumkehr außer acht läßt. Diesen aufgeschnittenen Regelkreis zeigt die folgende Abb. 5.4.

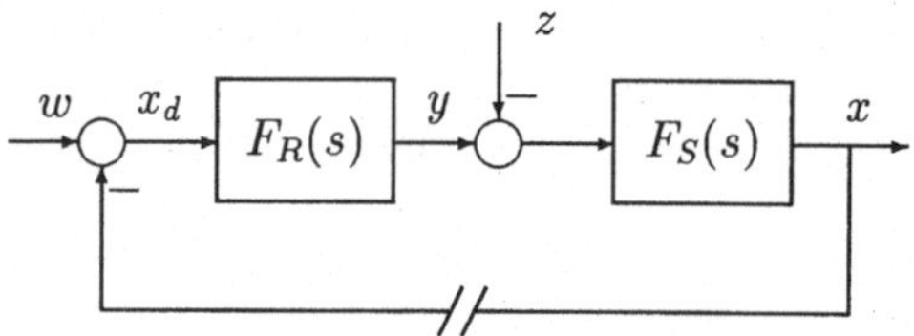

Abb. 5.4: Aufgeschnittener Regelkreis

Die Stelle im Regelkreis, an der aufgeschnitten wird, ist für die Bestimmung von $F_0(s)$ unbedeutend. Regt man den aufgeschnittenen Regelkreis an der Schnittstelle in Wirkungsrichtung mit einer Sinusschwingung der Frequenz ω_1 und der Amplitude 1 an, so durchläuft diese Sinusschwingung den Regelkreis und tritt am anderen freien Ende der Schnittstelle phasenverschoben mit gleicher Frequenz aber neuer Amplitude A_1 wieder aus. Ob die Amplitude A_1 am Ausgang größer oder kleiner als Eins ist spielt zunächst keine Rolle, solange die Phasenverschiebung zwischen dem Eingangssinus und dem Ausgangssinus nicht gerade genau $-360°$ beträgt. Ist für diese Phasenverschiebung von $-360°$ zusätzlich noch die Amplitude A_1 der Ausgangsschwingung genau gleich der 1, also gleich der Amplitude des Eingangssinus, dann führt der geschlossene Regelkreis nach einer einmal erfolgten Anregung Dauerschwingungen aus. Eine einmal aufgetretene Sinusschwingung der Frequenz ω_1 wird im Regelkreis nicht gedämpft, der Regelkreis schwingt an der Stabilitätsgrenze.

Eine Analyse dieser Dauerschwingung zeigt, daß die an der Schnittstelle angelegte Sinusschwingung an der Stelle der Bildung der Soll-/Istwertdifferenz infolge des Minuszeichens eine Phasenverschiebung von $-180°$ erfährt. Da beim Auftreten einer Dauerschwingung die gesamte Phasenverschiebung $-360°$ beträgt, muß die fehlende Phasenverschiebung von $-180°$ vom Durchlauf der Schwingung durch $F_0(j\omega) = F_R(j\omega) \cdot F_S(j\omega)$ verursacht werden. Weiterhin muß die Verstärkung von $F_0(j\omega)$ also $|F_0(j\omega)|_{\omega=\omega_1} = V_0(\omega_1)$ genau 1 betragen, da die Amplituden des Eingangssignals und des Ausgangssignals gleich sind. Hierbei heißt die Größe V_0 Kreisverstärkung.

An der Stabilitätsgrenze beträgt dann nach diesen Überlegungen der Betrag von $|F_0(j\omega)| = 1$ und der Phasenwinkel $\angle F_0(j\omega) = -180°$ bzw. als komplexe Zahl

$$F_0(j\omega) = -1 = 1 \cdot e^{-j\pi} .$$

Der Punkt $F_0(j\omega) = -1$ ist also für die Stabilitätsbeurteilung eines Regelkreises von entscheidender Bedeutung und man bezeichnet ihn als *kritischen Punkt* -1. Wenn die Ortskurve von F_0 durch den Punkt -1 in der komplexen Ebene verläuft, dann befindet sich der Regelkreis an der Stabilitätsgrenze und führt Dauerschwingungen mit der Frequenz ω_1 durch. Die Frequenz ω_1 ist gleich dem ω-Wert der Ortskurve an der Stelle -1. Die Amplitude der Dauerschwingungen hängt von der erfolgten Anregung ab.

Dieses Ergebnis soll für die Regelung einer Verzögerungsstrecke 2. Ordnung (z.B. Temperaturregelstrecke) mit einem reinen I-Regler näher untersucht werden. Die Übertragungsfunktion des aufgeschnittenen Regelkreises F_0 lautet dann

$$F_0(s) = F_R(s) \cdot F_S(s) = \frac{K_P \cdot K_I}{s \cdot (1 + T_1\, s) \cdot (1 + T_2\, s)} . \tag{5.19}$$

Die Stabilitätsgrenze für einen derartigen Regelkreis findet man mit dem Hurwitz-Kriterium an der Stelle $K_I = K_{I,krit} = \frac{T_1 + T_2}{K_s\, T_1\, T_2}$. Trägt man nun für diesen Regelkreis die Ortskurve $F_0(j\omega)$ in der komplexen Ebene auf, so kommt die Ortskurve für $\omega \to 0$ von $-j\infty$ und strebt für $\omega \to \infty$ gegen Null. Abb. 5.5 zeigt drei verschiedene Ortskurven, die linke für $K_I > K_{I,krit}$, die mittlere für $K_I = K_{I,krit}$ und die rechte für $K_I < K_{I,krit}$.

Die Kurve für $K_I = K_{I,krit}$ verläuft genau durch den Punkt -1 in der komplexen Ebene. Bei der stabilen Lösung ($K_I < K_{I,krit}$) liegt der Punkt -1 in Richtung ansteigender ω-Werte links der Ortskurve, und bei der instabilen Lösung ($K_I > K_{I,krit}$) liegt der Punkt -1 rechts der Ortskurve.

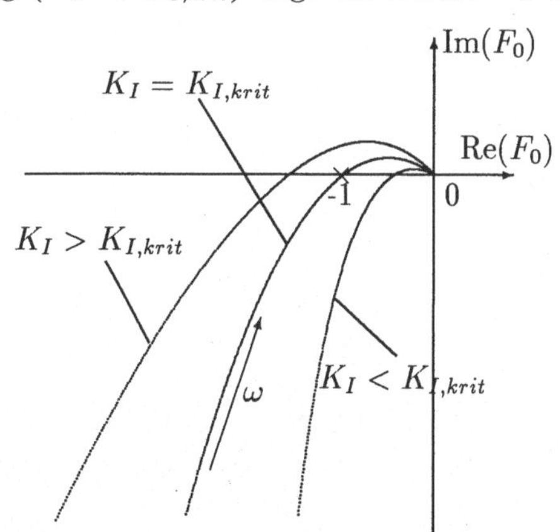

Abb. 5.5: Nyquist-Ortskurven des Regelkreises mit verschiedenen Reglerverstärkungen K_I

Man bezeichnet diese Ortskurven von $F_0(j\omega) = F_R(j\omega) \cdot F_S(j\omega)$ als sogenannte *Nyquist-Ortskurven*. Diese Nyquist-Ortskurven sind die Abbildung der positiven imaginären Achse $s = +j\omega$ der s-Halbebene gemäß der Abbildungsvorschrift $F_0(s)$ in die Ortskurvenebene mit der reellen Achse $\mathrm{Re}(F_0(j\omega))$ und der imaginären Achse $\mathrm{Im}(F_0(j\omega))$. Man spricht hierbei auch von der Darstellung der Ortskurve in der sogenannten F_0-Ebene.

Zum besseren Verständnis der nun folgenden Stabilitätsaussagen soll nicht nur die Ortskurve $F_0(j\omega)$, also die Abbildung der imaginären Achse in die F_0-Ebene untersucht werden, sondern es soll die gesamte obere s-Halbebene $s = \sigma + j\omega$ in die F_0-Ebene abgebildet werden.

Diese obere s-Halbebene zeigt Abb. 5.6 mit einigen hervorgehobenen Linien für $\sigma = const.$ und $\omega = const.$. Die positive imaginäre $j\omega$-Achse ist darin als Spezialfall für $\sigma = 0$ enthalten.

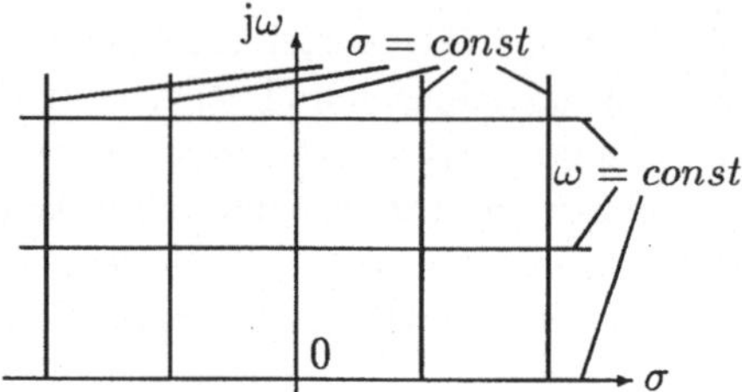

Abb. 5.6: Abgebildetes σ/ω-Netz

Das σ/ω-Netz der s-Ebene von Abb. 5.6 mit $s = \sigma + j\omega$ wird nun gemäß der Abbildungsvorschrift von Gleichung 5.19 in die F_0-Ebene abgebildet. Die Geraden von Bild 5.6 in der komplexen s-Ebene werden dabei in ein Netz von Kurven in der F_0-Ebene abgebildet (Bild 5.7a und 5.7b).

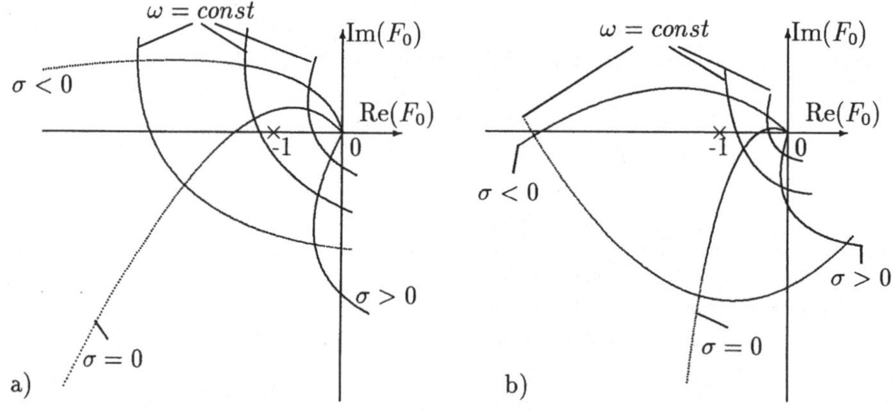

Abb. 5.7: Abbildung des σ/ω-Netzes für ein „instabiles K_I" (Abb. a) und ein „stabiles K_I" (Abb. b) in der F_0-Ebene

In Abb. 5.7a liegt der kritische Punkt -1 rechts der Linie für $\sigma = 0$. Der Punkt -1 liegt damit in dem Gebiet, in das die Linien der s-Ebene für $\sigma > 0$ abgebildet werden, also im Gebiet aufklingender Schwingungen. Die betrachtete Abbildung $F_0(s)$ führt damit zu aufklingenden Schwingungen und der geschlossene Regelkreis ist instabil.

In Abb. 5.7b liegen dagegen andere Verhältnisse vor. Die Abbildung des σ/ω-Netzes gemäß der Abbildungsvorschrift $F_0(s)$ — die nun z.B. eine andere Reglerverstärkung K_I beinhaltet — ergibt ein geändertes Kurvennetz. Der kritische

Punkt -1 liegt nun links der Linie für $\sigma = 0$. Er liegt damit in dem Gebiet, in das die Linien der s-Ebene mit $\sigma < 0$ abgebildet werden, also im Gebiet abklingender Schwingungen. Der geschlossene Regelkreis ist also stabil. Diese Linie für $\sigma = 0$ ist aber die oben eingeführte Nyquist-Ortskurve $F_0(\mathrm{j}\omega)$, also die Abbildung der imaginären Achse $s = \mathrm{j}\omega$ in die F_0-Ebene.

Aus diesen Betrachtungen läßt sich für einfache Regler und Strecken aus der Lage des kritischen Punktes -1 in der F_0-Ortskurvenebene ein Stabilitätskriterium ableiten, das als *Nyquist-Stabilitätskriterium der vereinfachten Form* bezeichnet wird.

Gegeben ist die Übertragungsfunktion des aufgeschnittenen Regelkreises in der folgenden Form

$$F_0(s) = F_R(s) \cdot F_S(s) = \frac{1}{s^q} \cdot \frac{b_0 + b_1\ s + b_2\ s^2 + \ldots + b_m\ s^m}{a_0 + a_1\ s + a_2\ s^2 + \ldots + a_{n-q}\ s^{n-q}} \cdot \mathrm{e}^{-sT_t} \quad (5.20)$$

mit $q \leq 2$ und $m < n$.

Liegen die Pole des aufgeschnittenen Regelkreises mit der Übertragungsfunktion $F_0(s)$ links der $\mathrm{j}\omega$-Achse mit höchstens einem Doppelpol im Ursprung, dann ist der geschlossene Regelkreis stabil, wenn beim Durchlaufen der Ortskurve $F_0(\mathrm{j}\omega)$ in Richtung steigender ω-Werte der kritische Punkt -1 immer links der Ortskurve liegt.

Dieses vereinfachte Kriterium setzt somit die Stabilität des Reglers und der Regelstrecke voraus. Diese Voraussetzung ist jedoch in vielen Fällen erfüllt.

Betrachtet man z.B. stabile Verzögerungsstrecken 1. und 2. Ordnung, die mit einem P-Regler geregelt werden, so verläuft die Nyquist-Ortskurve $F_0(\mathrm{j}\omega)$, wie in Abb. 5.8 gezeigt, nur im 3. und 4. Quadranten. Die negative reelle Achse wird nicht geschnitten, der Regelkreis ist *strukturstabil.*

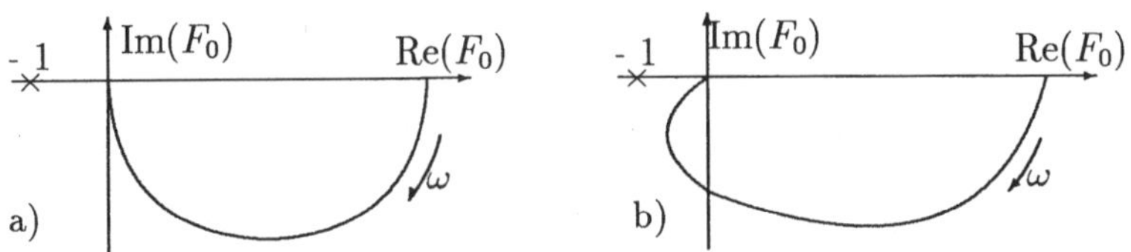

Abb. 5.8: Nyquist-Ortskurven strukturstabiler Regelkreise: P-Regler und PT_1-Strecke (Bild a) bzw. PT_2-Strecke (Bild b)

Dagegen verläuft die Nyquist-Ortskurve einer integrierenden Regelstrecke, die mit einem I-Regler geregelt wird, d.h. es gilt $F_0(s) = K/s^2$ bzw. $F(\mathrm{j}\omega) = -K/\omega^2$, genau entlang der negativ reellen Achse. Die Nyquist-Ortskurve kommt für $\omega = 0$ aus dem negativen, reellen Unendlichen und strebt für $\omega \to \infty$ gegen 0. Da die Ortskurve entlang der negativ reellen Achse verläuft, geht sie genau durch den Punkt -1, der Regelkreis ist *grenzstabil.*

Betrachtet man nun die Nyquist-Ortskurve einer IT_1- oder IT_2-Regelstrecke, die mit einem I-Regler geregelt wird, so verläuft die Nyquist-Ortskurve von $F_0(\mathrm{j}\omega)$, so wie in Abb. 5.9 gezeigt.

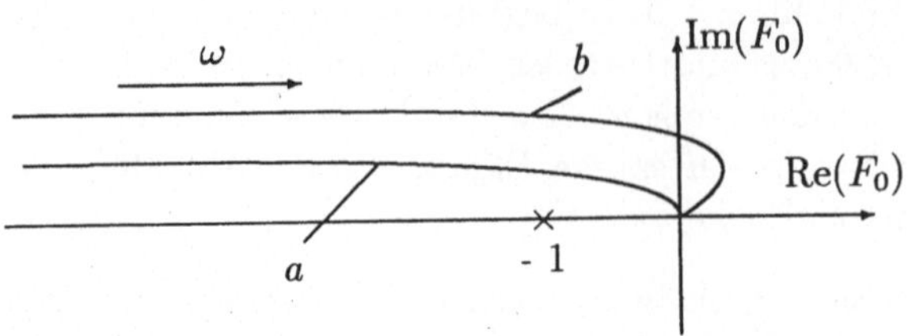

Abb. 5.9: Nyquist-Ortskurve eines I-Reglers mit IT_1-Regelstrecke (Kurve a) und IT_2-Regelstrecke (Kurve b)

Die Regelkreise von Abb. 5.9 sind aufgrund des Verlaufs der Nyquist-Ortskurve *instabil*, der Punkt -1 liegt „rechts" der Ortskurve in Richtung anwachsender ω. Dagegen ist der Regelkreis mit der Nyquist-Ortskurve von Abb. 5.10 stabil, da der Punkt -1 in Richtung wachsender ω-Werte links der Ortskurve liegt.

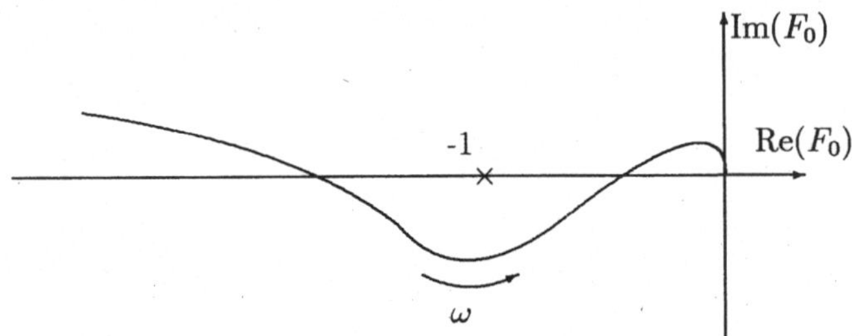

Abb. 5.10: Nyquist-Ortskurve für einen stabilen Regelkreis

Die Stabilitätsuntersuchung und Reglerauslegung anhand der Nyquist-Ortskurve soll an einem einfachen Beispiel ausführlich behandelt werden.

Beispiel 5.6: Eine Verzögerungsstrecke 3. Ordnung (wie beispielsweise eine Temperaturregelstrecke bestehend aus drei Verzögerungsanteilen) mit den Zeitkonstanten T_1, T_2, T_3 und der Streckenverstärkung K_s soll mit einem reinen I-Regler geregelt werden. Die Zahlenwerte von Strecke und Regler lauten: $K_s = 2$, $T_1 = 1s$, $T_2 = 2s$, $T_3 = 3s$ und $K_I = 0,2s^{-1}$.

Dann ergibt sich die Übertragungsfunktion des aufgeschnittenen Regelkreises zu

$$F_0(s) = \frac{K_s \cdot K_I}{s \cdot (1 + T_1\ s) \cdot (1 + T_2\ s) \cdot (1 + T_3\ s)},$$

und mit den angegebenen Zahlenwerten lautet dann die Frequenzganggleichung von F_0:

$$F_0(\mathrm{j}\omega) = \frac{0,4}{(6\omega^4 - 6\omega^2) + \mathrm{j}(\omega - 11\omega^3)}.$$

Man erstellt nun eine Wertetabelle von F_0 für verschiedene ω-Werte

ω/s^{-1}	0	0,05	0,1	0,15	0,2	0,3	0,3015
Re{F_0(jω)}	- 2,4	-2,3142	- 2,0752	- 1,7505	-1,4043	-0,8141	-0,8067
Im{F_0(jω)}	$-\infty$	-7,5147	- 3,1093	- 1,4973	-0,6826	-0,0050	0

ω/s^{-1}	0,4	0,5	0,7	0,9	1	2	∞
Re{F_0(jω)}	- 0,4343	-0,2215	- 0,0513	- 0,0072	0	0,0023	0
Im{F_0(jω)}	0,1637	0,1723	0,1051	0,0553	0,04	0,0027	0

und stellt sie graphisch dar. Diese graphische Darstellung der Ortskurve zeigt Abb. 5.11.

Die Ortskurve kommt für $\omega \to 0$ aus dem negativ imaginären Unendlichen, schneidet zuerst für $\omega_1 = 0,3015 s^{-1}$ die reelle Achse bei $-0,8067$, schneidet dann für $\omega_2 = 1 s^{-1}$ die imaginäre Achse kaum sichtbar bei +j0,04 und geht für $\omega \to \infty$ gegen Null. Bild 5.11 zeigt den Verlauf der Nyquist-Ortskurve anhand der berechneten Tabelle.

Die Anwendung des vereinfachten Nyquist-Kriteriums erfordert zunächst die Überprüfung der Bedingung von Gleichung 5.20. Da $F_0(s)$ einen Pol im Ursprung und ansonsten nur Pole in der linken s-Halbebene aufweist, kann das vereinfachte Nyquist-Kriterium angewendet werden. Der kritische Punkt -1 (als „×" dargestellt) liegt in Richtung anwachsender ω links von der dargestellten Nyquist-Ortskurve. Somit ist der geschlossene Regelkreis stabil.

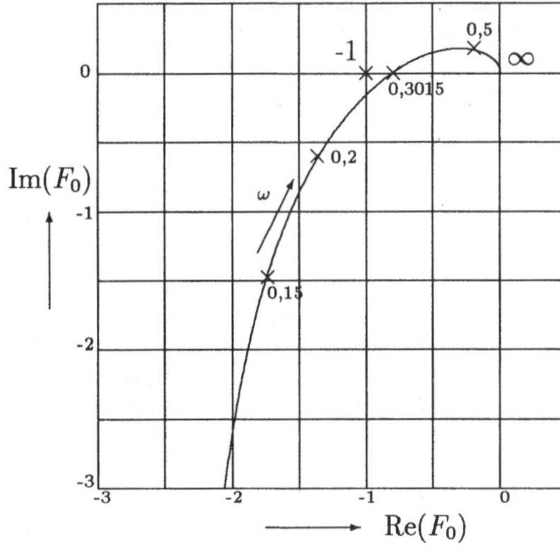

Abb. 5.11: Nyquist-Ortskurve der PT$_3$-Strecke mit I-Regler

□

Aufgabe 5.3: Die Regelstrecke von Beispiel 5.6 soll mit einem PI-Regler, ausgelegt nach dem Verfahren der dynamischen Kompensation, geregelt werden. Berechnen Sie

1. für $K_P = 1$ die Nyquist-Ortskurve für $\omega = 0$ und $\omega \to \infty$,
2. die Frequenz ω_1, bei welcher der Imaginärteil von $F_0 = 0$ ist. Wie groß ist der Realteil?
3. Stellen Sie die Ortskurve graphisch dar.
4. Ist der geschlossene Regelkreis stabil?

Lösung:

1.) $F_0(0) = -2 - j\infty$ $\qquad$ $F_0(j\infty) = 0$
2.) $\omega_1 = 1/\sqrt{2}\ s^{-1}$ $\qquad$ $\mathrm{Re}\{F_0(j\omega_1)\} = -4/9$
4.) Stabil

□

5.3.1 Amplitudenrand und Phasenrand

Es ist zu erwarten, daß der Abstand der Nyquist-Ortskurve $F_0(j\omega)$ vom kritischen Punkt -1 nicht ohne Einfluß auf das Schwingungsverhalten des Regelkreises ist. Diesen Abstand vom sogenannten *kritischen Punkt* -1 beschreibt man durch die Begriffe „Amplitudenrand" und „Phasenrand", die in Abb. 5.12 definiert werden.

Den Abstand vom Ursprung bis zum Schnittpunkt der Nyquist-Ortskurve $F_0(j\omega)$ mit der negativ reellen Achse bezeichnet man als $1/A_{Rand}$, mit A_{Rand} als „Amplitudenrand". Den Winkel zwischen der negativ reellen Achse bis zum Schnittpunkt der Nyquist-Ortskurve mit dem Einheitskreis um den Ursprung bezeichnet man als „Phasenrand" φ_{Rand}.

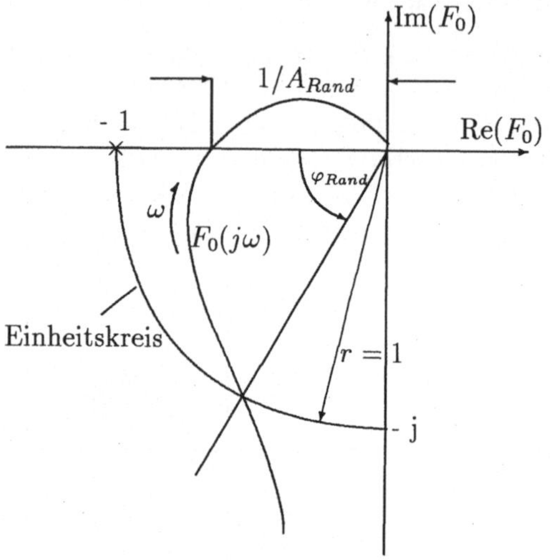

Abb. 5.12: Definition von Amplitudenrand und Phasenrand

Der *Amplitudenrand* ist der Faktor, um den man die Verstärkung des geschlossenen Regelkreises vergrößern kann, bis die Stabilitätsgrenze erreicht ist. Der *Phasenrand* ist der Winkel, um den ein zusätzlich in den Regelkreis eingebautes Totzeitglied, die Ortskurve an der Stelle $|F_0(j\omega)| = 1$ in mathematisch negativer Richtung „weiterdrehen" darf, bis die Stabilitätsgrenze erreicht ist. Je größer Amplitudenrand und Phasenrand, umso weiter verläuft die Nyquist-Ortskurve vom kritischen Punkt entfernt, und umso „stabiler" ist der geschlossene Regelkreis.

Diese Betrachtungen führen zu einer anderen Formulierung des vereinfachten Nyquist-Kriteriums:

> Erfüllt die Übertragungsfunktion des aufgeschnittenen Regelkreises die Bedingungen des Nyquist-Kriteriums in der vereinfachten Form, dann ist der geschlossene Regelkreis stabil, sofern der Phasenrand positiv ist.

Die Größen Ampliuden- und Phasenrand werden auch, wie unten später gezeigt wird, als Kriterien für die Erfüllung eines guten Führungs- und Störverhaltens verwendet. Den Gebrauch beider Größen zeigt das nachfolgende Beispiel.

Beispiel 5.7: Für das betrachtete Beispiel 5.1 der PT_3-Temperaturregelstrecke mit einem I-Regler liest man aus der Wertetabelle ab, daß die Ortskurve bei der Frequenz $\omega_1 = 0,3015 s^{-1}$ die negativ reelle Achse bei dem Wert $\mathrm{Re}\{F_0(\omega_1)\} = -0,8067$ schneidet. Der *Amplitudenrand* beträgt somit $A_{Rand} = 1/0,8067 = 1,2396$. Der Integrierbeiwert K_I des I-Reglers kann um den Faktor 1,2396, also vom alten Wert 0,2 auf den Wert 0,2479 erhöht werden, bis die Stabilitätsgrenze erreicht wird. Der maximal zulässige Integrierbeiwert des I-Reglers beträgt somit $K_I = 0{,}2479$.

Den Phasenrand kann man berechnen oder aus der Nyquist-Ortskurve ausmessen. Zur Berechnung ist zunächst die Ermittlung der Frequenz ω_R erforderlich, bei der der Betrag von $F_0 = 1$ wird. Mit dieser Frequenz werden dann Real- und Imaginärteil von F_0 und daraus dann der Winkel φ_{Rand} berechnet. Hier resultieren Frequenz und Phasenrand zu $\omega_R = 0,2665 s^{-1}$ und $\varphi = +8{,}3°$. Es kann somit bei der Temperaturregelung bis zum Erreichen der Stabilitätsgrenze eine zusätzliche Totzeit (z.B. aufgrund der Verlängerung einer Rohrleitung) zugelassen werden, die zu einer Phasennacheilung von $8,3°$ führt. Das Totzeitglied wird beschrieben durch

$$F_{T_t}(\mathrm{j}\omega) = \mathrm{e}^{-\mathrm{j}\omega\, T_t} ,$$

und es resultiert dann bei $\omega = \omega_R$

$$\omega_R\, T_t = 8,3° \cdot 0,01745 = 0,1448\ Rad .$$

Die maximal zulässige Totzeit infolge der Verlängerung der Rohrleitung folgt damit zu

$$T_t = \frac{0,1448}{\omega_R} = 0,5433\ s .$$

Aus der zulässigen Totzeit und der Strömungsgeschwindigkeit des Wassers ergibt sich dann die zulässige Rohrverlängerung. Wird das Rohr länger, als aus diesen Überlegungen erlaubt, muß der Integrierbeiwert K_I reduziert werden. □

Für nicht zu komplizierte Verläufe von $F_0(\mathrm{j}\omega)$ werden der Amplitudenrand und Phasenrand als Entwurfskriterium herangezogen. Für ein gutes Führungsverhalten fordert man

$$A_{Rand} > 4 \ldots 10 \qquad \text{und} \qquad \varphi_{Rand} > 50° \ldots 60°$$

und für ein gutes Störverhalten

$$A_{Rand} > 2 \ldots 3 \qquad \text{und} \qquad \varphi_{Rand} > 30° .$$

Zur Anwendung dieser graphischen Methode wird im allgemeinen auf regelungstechnische Entwurfssoftware zurückgegriffen, die Programme zur Berechnung und Darstellung der Nyquist-Ortskurven enthalten.

Aufgabe 5.4: Die Regelung der Temperaturregelstrecke von Aufgabe 5.3 mit einem PI-Regler soll untersucht werden.

1. Berechnen Sie den Amplituden- und Phasenrand sowie die Frequenz ω_R bei der $|F_0(\mathrm{j}\omega)| = 1$ ist.
2. Wie haben sich die Werte durch Einsatz des PI-Reglers verändert?
3. Um welchen Faktor K darf die Reglerverstärkung angehoben werden bis die Stabilitätsgrenze erreicht ist?
4. Welche zusätzliche Totzeit T_t im Regelkreis macht den Kreis grenzstabil?

5. Welchen Einfluß zeigt der PI-Regler gegenüber dem I-Regler?

Lösung:

1.) $A_{Rand} = 9/4, \qquad \varphi_{Rand} = 23,6°, \qquad \omega_R = 0,4512\ s^{-1}$
2.) Amplituden- und Phasenrand sind größer geworden.
3.) $K = A_{Rand} = 9/4 = 2{,}25$
4.) $T_t = 0,9129\ s$
5.) Verbesserung des Stabilitätsverhaltens. □

5.3.2 Das verallgemeinerte Nyquist-Stabilitätskriterium

Die vereinfachte Fassung des Nyquist-Kriteriums gilt für nicht zu komplexe, stabile Übertragungsfunktionen des aufgeschnittenen Regelkreises. Die Stabilitätsuntersuchung derartiger Regelkreise *ohne Totzeit* kann jedoch auch mit dem grundlegenden Stabilitätskriterium durch Bestimmung der Pole des geschlossenen Regelkreises erfolgen. Das grundlegende Stabilitätskriterium versagt jedoch beim Auftreten von Totzeiten im Regelkreis, da das Totzeitglied nicht durch eine rationale Übertragungsfunktion beschrieben werden kann. Die allgemeine Form des Nyquist-Kriteriums erlaubt zusätzlich Pole von F_0 auf und rechts der imaginären Achse (also auch instabile Strecken bzw. Regler). Es wird die Nyquist-Ortskurve wie zuvor berechnet und dargestellt. Dann wird vom kritischen Punkt -1 ein Fahrstrahl $\vec{E}$ an die Ortskurve gelegt und von $0 \leq \omega \leq \infty$ die Ortskurve entlanggeführt. Die Winkeländerung dieses Fahrstrahls muß bei Stabilität des geschlossenen Regelkreises bestimmte Forderungen erfüllen.

Unter Zuhilfenahme der Funktionentheorie kann die folgende *allgemeine Fassung des Nyquist-Kriteriums* hergeleitet werden [10]:

Gegeben sei die folgende Übertragungsfunktion $F_0(s)$ des aufgeschnittenen Regelkreises

$$F_0(s) = F_R(s) \cdot F_S(s) = \frac{1}{s^q} \cdot \frac{b_0 + b_1\ s + b_2\ s^2 + \ldots + b_m\ s^m}{a_0 + a_1\ s + a_2\ s^2 + \ldots + a_{n-q}\ s^{n-q}} \cdot e^{-sT_t}$$

mit $q \leq 2$ und $m < n$.
Die Übertragungsfunktion $F_0(s)$ enthalte n_p Pole mit positivem Realteil und n_i Pole auf der imaginären Achse. Wenn der vom kritischen Punkt -1 an die Nyquist-Ortskurve gezogene Fahrstrahl $\vec{E}$ beim Durchlauf von $\omega = 0$ bis $\omega \to \infty$ die Winkeländerung

$$\Delta\varphi = \pi \cdot (n_p + n_i/2)$$

beschreibt, dann ist der geschlossene Kreis stabil.

Zur Erläuterung dieses allgemeinen Nyquist-Kriteriums wird eine Verzögerungsstrecke 2. Ordnung, die zusätzlich ein Totzeitglied enthält, als erstes mit einem P-Regler geregelt. Eine derartige Regelstrecke entspricht der Temperaturregelstrecke von Abschnitt 4.3.2 mit einer langen Rohrleitung, welche durch ein Totzeitglied beschrieben wird. Die Untersuchung der Stabilität eines derartigen Regelkreises ist mit dem grundlegenden Stabilitätskriterium nicht möglich, da eine Totzeit im Kreis auftritt.

Die Übertragungsfunktion $F_0(s)$ des aufgeschnittenen Regelkreises lautet für einen derartigen Kreis:

$$F_0(s) = \frac{K_P \cdot K_s}{(1 + T_1\ s) \cdot (1 + T_2\ s)} \cdot e^{-sT_t} \ .$$

Bild 5.13 zeigt drei verschiedene Nyquist-Ortskurven für diese Übertragungsfunktion $F_0(s)$. Kurve a stellt den Verlauf der Nyquist-Ortskurve für eine PT$_2$-Regelstrecke und P-Regler dar. Sie beginnt für $\omega = 0$ auf der reellen Achse und läuft mit wachsendem ω in den Ursprung. Sie verläuft nur im 3. und 4. Quadranten, der kritische Punkt -1 liegt immer links der Ortskurve unabhängig von der Reglerverstärkung K_P, der Regelkreis ist strukturstabil.

Kurve b zeigt die Nyquist-Ortskurve für die PT$_2$T$_t$-Regelstrecke mit demselben P-Regler. Infolge des Totzeitgliedes wird die Kurve a für jeden Frequenzpunkt ω um den jeweiligen Winkel $-\omega \cdot T_t$ gedreht und führt zu Kurve b. Zieht man den Fahrstrahl $\vec{E}$ vom kritischen Punkt -1 an die Ortskurve bei $\omega = 0$, so liegt der Winkel $\varphi_0 = 0°$ vor. In Richtung wachsender ω-Werte geht der Fahrstrahl zunächst bis ca. $-70°$ ins Negative, geht dann wieder bis ca. $+40°$ ins Positive, wieder ins Negative usw. Der Fahrstrahl wandert die Ortskurve entlang und endet für $\omega \to \infty$ wieder bei $\varphi_\infty = 0°$. Die gesamte Winkeländerung des Fahrstrahls beträgt $\Delta\varphi_{Mess} = \sum_{\omega} \Delta\ \varphi(\omega) = 0°$. Den Amplitudenrand für Kurve b kann man aus der Grafik ablesen zu $A_{Rand} \approx 1/0,8 = 1,25$.

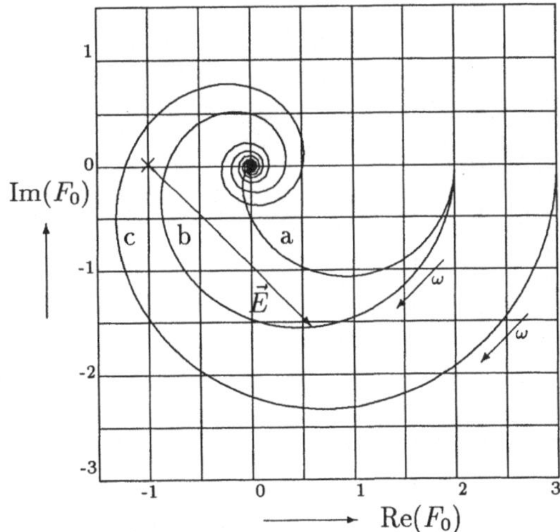

Abb. 5.13: Nyquist-Ortskurven der PT$_2$T$_t$-Strecke mit P-Regler

Für die Berechnung der zulässigen Winkeländerung nach dem allgemeinen Nyquist-Kriterium werden zunächst die Pole von $F_0(s)$ rechts und auf der imaginären Achse bestimmt. Für das stabile PT$_2$-Glied liegt kein Pol auf oder rechts der imaginären Achse, es sind $n_i = n_p = 0$. Für einen stabilen Regelkreis muß dann die zulässige Winkeländerung $\Delta\varphi_{zulässig} = \pi \cdot (n_p + n_i/2) = 0°$ betragen. Da $\Delta\varphi_{Mess} = \Delta\varphi_{zulässig} = 0°$ ist der geschlossene Regelkreis für die Kurve b stabil.

Für die Ortskurve c wird nun die Reglerverstärkung K_P soweit erhöht, daß die Ortskurve den kritischen Punkt -1 einmal umschlingt. Der Fahrstrahl $\vec{E}$ beginnt für $\omega = 0$ bei dem Winkel $\varphi_0 = 0°$, dreht sich beim Wandern entlang der Ortskurve entgegen dem Uhrzeigersinn um $\varphi \approx 360° \pm 10° \ldots 20°$ und endet für $\omega \to \infty$ bei $\omega_\infty = -360°$. Die durchlaufende Winkeländerung beträgt damit $\Delta\varphi_{Mess} = -360°$. Da $\Delta\varphi_{zulässig} = 0°$ (wie oben berechnet), ist der geschlossene Regelkreis, der zu der Ortskurve c gehört, instabil.

Als ein wesentliches Ergebnis dieser Anwendung der allgemeinen Form des Nyquist-Stabilitätskriteriums erhält man, daß die Stabilisierung der PT_2T_t-Strecke mit einem P-Regler möglich ist. Mit der vereinfachten Form des Nyquist-Kriteriums wäre man zu demselben Ergebnis gekommen, da die Anwendung des vereinfachten Kriteriums auch bei Vorhandensein einer Totzeit zulässig ist. Berechnet man die bleibende Regeldifferenz für diesen Kreis, so führt die Anwendung des P-Reglers nicht zur Regeldifferenz Null, da ein I-Anteil im Regler fehlt. Es gilt mit der Anwendung des Endwertsatzes für eine sprungförmige Führungsgröße w:

$$\begin{aligned} x(\infty) &= \lim_{t\to\infty} x(t) = \lim_{s=0} s \cdot X(s) = \lim_{s=0} s \cdot F_W(s) \cdot \frac{\widehat{w}}{s} = \lim_{s=0} \widehat{w} \cdot F_W(s) \qquad (5.21) \\ &= \lim_{s=0} \widehat{w} \cdot \frac{F_0(s)}{1+F_0(s)} = \frac{K_P\, K_s}{1+K_P\, K_s} \cdot \widehat{w} \neq \widehat{w} \,. \end{aligned}$$

Zur Beseitigung der Regeldifferenz wird der P-Regler nun durch einen I-Regler ersetzt. Dann lautet die Übertragungsfunktion des aufgeschnittenen Regelkreises

$$F_0(s) = \frac{K_I \cdot K_s}{s \cdot (1+T_1\, s) \cdot (1+T_2\, s)} \cdot e^{-sT_t} \,.$$

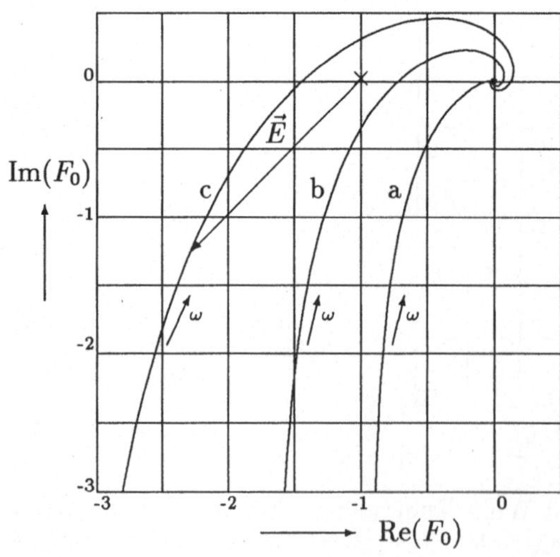

Abb. 5.14: Nyquist-Ortskurven der PT_2T_t-Strecke mit I-Regler

Bild 5.14 zeigt wiederum drei Nyquist-Ortskurven für die Verzögerungsstrecke mit I-Regler. Kurve a stellt die Ortskurve für die Verzögerungsstrecke ohne Totzeit dar. Da $F_0(s)$ „stabil“ ist und in Richtung wachsender ω-Werte der kritische

Punkt -1 links der Ortskurve liegt, ist auch der geschlossene Kreis stabil (und die bleibende Regeldifferenz ist verschwunden).

Das Totzeitglied dreht die Ortskurve a im Uhrzeigersinn und führt zu Kurve b, die somit die Nyquist-Ortskurve der PT_2T_t-Strecke mit I-Regler ist. Der Fahrstrahl $\vec{E}$ durchwandert in Richtung wachsender ω-Werte einen Winkelbereich von $\Delta\varphi_{Mess} = +90°$. Da der offene Kreis infolge des I-Reglers nun einen Pol auf der imaginären Achse aufweist (also $n_i = 1$), führt die Anwendung des allgemeinen Nyquist-Kriteriums zu $\Delta\varphi_{zulässig} = n_i \cdot \pi/2 \equiv 90°$. Der zu Kurve b gehörige geschlossene Regelkreis ist stabil. Die Anwendung des Endwertsatzes der Laplace-Transformation zeigt, daß für den Regelkreis, der zu Kurve b gehört, auch die bleibende Regeldifferenz verschwunden ist.

Vergrößert man den Integrierbeiwert K_I soweit, daß die Nyquist-Ortskurve links vom kritischen Punkt -1 liegt (Kurve c), dann beträgt der durchlaufende Winkelbereich des Fahrstrahls $\Delta\varphi_{Mess} = -270°$. Da damit nicht die zulässige Winkeländerung von +90° durchlaufen wird, ist der zu Kurve c gehörende geschlossene Kreis instabil.

Aufgabe 5.5: Gegeben ist eine PT_2T_t-Regelstrecke mit den Daten $T_t = 0.5\ s$; $D = 0,9$; $\omega_0 = 6,28\ s^{-1}$; $K_s = 0,5$. Diese Strecke soll mit einem PI-Regler mit den Daten $T_N = 0,5\ s$ und $K_P = 3$ geregelt werden.

1. Stellen Sie eine Wertetabelle für $F_0(j\omega)$ auf.
2. Skizzieren Sie den Verlauf der Nyquist-Ortskurve.
3. Welche Winkeländerung durchläuft der Fahrstrahl $\vec{E}$?
4. Ist der geschlossene Regelkreis stabil?
5. Wie groß sind der Stabilitätsrand A_{Rand} und das zugehörige ω_R ?

Lösung:

2.) Ortskurve

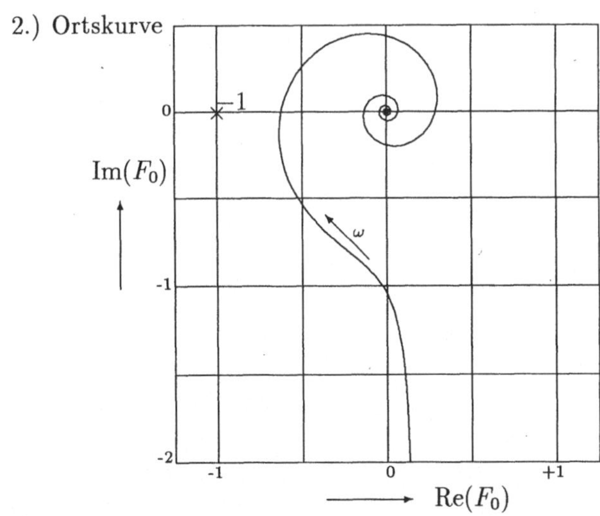

1.) Wertetabelle siehe grafischer Verlauf der Ortskurve

3.) $\Delta\varphi_{Mess} = +90°$

4.) Ja

5.) $A_{Rand} = 1,6057$ bei $\omega_R = 3,7125\ s^{-1}$ □

6 Synthese von Regelkreisen

In den vorangehenden Kapiteln wurden die Baugruppen eines einschleifigen Regelkreises, wie Regler und Regelstrecke, hinsichtlich ihres dynamischen Verhaltens untersucht. Die anschließende Zusammenschaltung von Regler und Strecke führte zum geschlossenen Regelkreis. Die Hauptforderung an den geschlossenen Regelkreis stellt seine Stabilität dar, die im letzten Kapitel behandelt wurde. Alle bisherigen Betrachtungen kann man unter den Oberbegriff *Analyse von Regelkreisen* zusammenfassen.

Die nun folgende *Synthese von Regelkreisen* beschäftigt sich in erster Linie mit der Auswahl der für die Erfüllung der jeweiligen Aufgabe erforderlichen Reglerstruktur und der Bestimmung der Parameter dieses Reglers. Zunächst werden die grundlegenden Anforderungen an einen Regelkreis zusammengestellt und daraus eine Reglerstruktur abgeleitet. Es folgen verschiedene Verfahren der Festlegung der Reglerparameter.

6.1 Grundlegende Anforderungen an den Regelkreis

Die Entwurfsanforderungen an einen Regelkreis werden nachfolgend für einen Standardregelkreis in der Struktur von Abb. 6.1 formuliert.

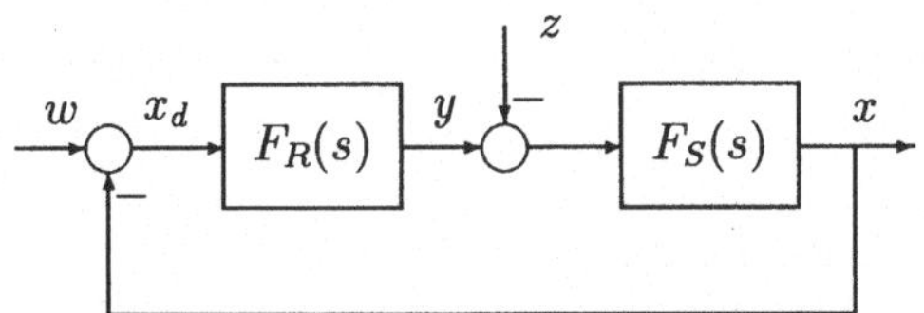

Abb. 6.1: Standardregelkreis

Diese Anforderungen lauten:

1. **Der Regelkreis muß stabil sein.** Ohne diese Hauptforderung ist die Erfüllung weiterer Anforderungen nicht möglich, bzw. hinfällig.

2. **Der Regelkreis soll ein „gutes" Führungsverhalten aufweisen.** D.h., nach Vorgabe einer Führungsgröße $w(t)$ soll die Regelgröße $x(t)$ auf die Führungsgröße einschwingen. Dieser Einschwingvorgang ist näher zu spezifizieren. Falls die Führungsgröße zeitveränderlich ist, soll die Regelgröße der Führungsgröße folgen.

3. **Der Regelkreis soll ein „gutes" Störverhalten aufweisen.** D.h., der Einfluß einer Störung $z(t)$ auf die Regelgröße $x(t)$ soll gering sein. Dieser Einfluß wird beschrieben durch Größen eines Einschwingvorgangs.

4. **Der Einfluß von Parameteränderungen auf das dynamische Verhalten des Regelkreises soll gering sein.** D.h., der Regelkreis soll möglichst unempfindlich gegenüber Schwankungen von Parametern (z.B. der Regelstrecke) sein.

Die obigen Forderungen werden anschließend näher untersucht und quantifiziert.

6.1.1 Forderung 1 : Stabilität

Diese Hauptforderung der Stabilität des geschlossenen Regelkreises wurde ausführlich in Kapitel 5 untersucht, und mündete in Forderungen an die Lage der Pole des geschlossenen Kreises bzw. an den Verlauf der Nyquist-Ortskurve. Für einen Kreis ohne Totzeitglied müssen die Pole negativen Realteil aufweisen, damit der Regelkreis stabil ist. Für einen Kreis mit Totzeitglied muß der an die Nyquist-Ortskurve gezogene Fahrstrahl eine vorgeschriebene Winkeländerung durchlaufen.

6.1.2 Forderung 2 : „Gutes" Führungsverhalten

Diese „Globalforderung" kann in einzelne Anforderungen an den Regelkreis aufgeschlüsselt werden. Die *erste Teilforderung* betrifft die stationäre Genauigkeit der Regelgröße.

Die Regelgröße $x(t)$ soll eine vorgegebene stationäre Genauigkeit aufweisen.

Wird eine konstante Führungsgröße $\widehat{w}$ als Sollwert auf den Regelkreis gegeben, so soll die Regelgröße $x(t)$ möglichst auf den Sollwert $\widehat{w}$ einschwingen. Es wurde in Abschnitt 4.3 gezeigt, daß für Verzögerungsstrecken mit P-Regler die bleibende Regeldifferenz $x_d(\infty) = \widehat{w} - x(\infty) = \frac{1}{1 + K_P\, K_s} \cdot \widehat{w}$ wird. Je größer die Reglerverstärkung K_P, umso kleiner wird die Regeldifferenz. Bei manchen Anwendungen kann eine kleine prozentuale Regeldifferenz $x_d(\infty)/\widehat{w} < \epsilon\ \%$ zugunsten einer einfachen Reglerstruktur (P-Regler) toleriert werden.

Bei den meisten Anwendungen ist eine bleibende Regeldifferenz jedoch nicht zulässig, d.h. die Regeldifferenz $x_d(\infty)$ muß Null werden. Zur Vermeidung der Regeldifferenz ist dann ein Regler mit I-Anteil erforderlich, wenn nicht die Regelstrecke schon einen integrierenden Anteil aufweist. Der I-Anteil im Regler führt zur Regeldifferenz Null, da Abweichungen aufintegriert und solange zurückgeführt werden, bis sie zu Null geworden sind. Berechnet man $X_d(s)$ so resultiert

$$\begin{aligned} X_d(s) &= W(s) - X(s) = W(s) - \frac{F_R(s)\, F_S(s)}{1 + F_R(s)\, F_S(s)} \cdot W(s) = \\ &= \frac{1}{1 + F_R(s)\, F_S(s)} \cdot W(s) = \\ &= \frac{1}{1 + \frac{K_I}{s} \cdot \frac{K_s}{1 + T_1\, s + T_2^2\, s^2 + \ldots}} \cdot W(s) = \\ &= \frac{s \cdot (1 + T_1\, s + T_2^2\, s^2 + \ldots)}{K_I\, K_s + s \cdot (1 + T_1\, s + T_2^2\, s^2 + \ldots)} \cdot W(s) \end{aligned} \tag{6.1}$$

Für eine konstante Führungsgröße $W(s) = \widehat{w}/s$ ergibt sich bei Anwendung des Endwertsatzes der Laplace-Transformation

$$x_d(\infty) = \lim_{t \to \infty} x_d(t) = \lim_{s=0} s \cdot X_d(s) = 0 \ ,$$

d.h. wegen des führenden s im Zähler von $X_d(s)$ wird die Abweichung Null. Wie Gleichung 6.1 zeigt, ist es dabei unerheblich, ob der s-Term bei einer P-Strecke vom I-Regler, oder bei einem P-Regler von der I-Strecke herrührt.

Der Nachteil bei der Einführung eines I-Anteils im Regler liegt in der daraus folgenden Verringerung der Stabilität des Regelkreises, wie Abb. 6.2 zeigt. Als Regelstrecke wird eine PT_2-Strecke verwendet. Mit P-Regler ist der Regelkreis strukturstabil. Die Nyquist-Ortskurve schneidet die negativ reelle Achse nicht, der Amplitudenrand A_{Rand} ist Unendlich. Bei Einsatz eines I-Reglers wird die Ortskurve im Uhrzeigersinn gedreht und verformt. Die Ortskurve schneidet die negativ reelle Achse bei ca. -0,5. Der Amplitudenrand beträgt damit nur noch ca. 2. Die Verstärkung kann bis zum Erreichen der Stabilitätsgrenze nur noch verdoppelt werden. Mit zunehmender Verzögerung der Regelstrecke wird in der Tendenz der Amplitudenrand immer kleiner, sodaß durch den Einsatz eines I-Reglers die Gefahr der Instabilität anwächst.

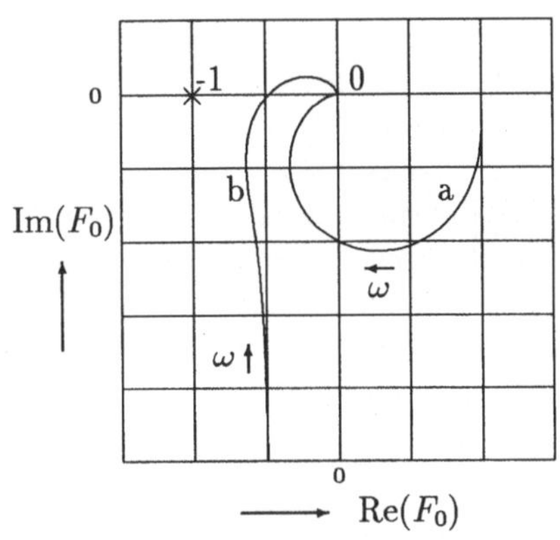

Abb. 6.2: Nyquist-Ortskurve einer PT_2-Strecke mit P- (Kurve a) und I-Regler (b)

Die *weiteren Teilforderungen* betreffen das dynamische Verhalten des Einschwingvorgangs. Dieses dynamische Verhalten wird durch Größen der Sprungantwort für eine sprungförmige Führungsgröße $\widehat{w}$ beschrieben, die in Abb. 6.3 dargestellt ist. In dieser Abb. wird der Verlauf der Regelgröße $x(t)$ nach einem Sprung der Führungsgröße $w(t)$ durch die Größen $\ddot{u}$, T_{An} und T_{Aus} charakterisiert. Es bedeuten $\ddot{u}$

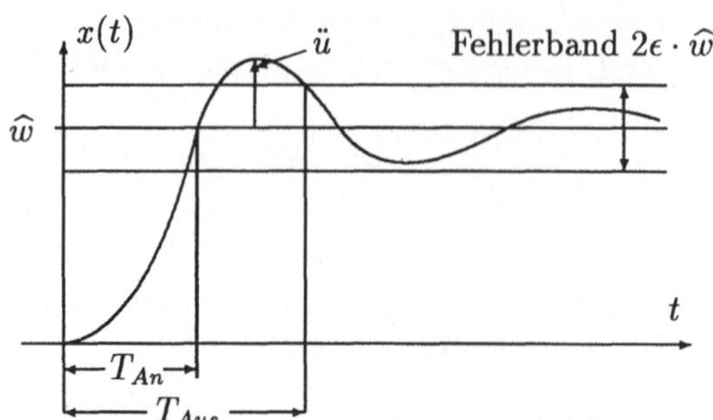

Abb. 6.3: Sprungantwort der Regelgröße nach einem Führungssprung

die maximale Überschwingweite, T_{An} die Anregelzeit bis zum erstmaligen Erreichen des Sollwertes $\widehat{w}$ und T_{Aus} die Ausregelzeit bis zum letztmaligen Erreichen des Fehlerbandes $\pm\epsilon$ um den Sollwert $\widehat{w}$. Für $t > T_{Aus}$ verbleibt die Regelgröße innerhalb des Fehlerbandes, wobei ϵ z.B. 2 %, 5% oder 10 % beträgt. Als *Forderung* für diese Größen gilt:

> Die Überschwingweite der Regelgröße, ihre An- und Ausregelzeit sollen innerhalb vorgegebener Schranken liegen.

Diese Kenngrößen beschreiben die Schnelligkeit des Einschwingvorgangs und sein Dämpfungsverhalten (Überschwingweite). Im allgemeinen soll der Regelkreis möglichst schnell sein und möglichst wenig überschwingen. Die Auswahl eines Reglers und die Erfüllung dieser Entwurfsbedingungen läuft häufig auf ein systematisches Probieren hinaus. Dabei stellen die Anforderungen „schnell" und „wenig überschwingen" kontroverse Forderungen dar, für die ein Kompromiß zu finden ist. Wird das Führungsverhalten im wesentlichen durch ein Verzögerungsglied 2. Ordnung beschrieben, so genügt im allgemeinen die Auswahl eines geeigneten Dämpfungsgrades D zur Erzielung eines zufriedenstellenden Verhaltens. Abb. 6.4 zeigt die Einschwingverläufe für einen Regelkreis mit einem PT_2-Führungsverhalten.

In Abb. 6.4 nimmt die Dämpfung von 0,1 bis 1 in Schritten von 0,1 zu. Die Überschwingweite geht dabei kontinuierlich zurück. Die Zeitachse ist normiert auf $\omega_0 \cdot t$, mit ω_0 als Kreisfrequenz des ungedämpften Systems. Soll die Regelgröße $x(t)$ möglichst schnell auf $\widehat{w}$ einschwingen, so muß man ω_0 vergrößern und die Dämpfung so einstellen, daß die maximale Überschwingweite den gewünschten Wert annimmt. Für den Dämpfungsbereich $0 < D < 1$ gilt gemäß Gleichung 3.28

$$x_a(t) = \hat{x}_e\, K_s \cdot \left(1 - \mathrm{e}^{-\delta t} \cdot \sqrt{1 + \frac{\delta^2}{\omega_e^2}} \cdot \sin(\omega_e t + \varphi)\right) . \tag{6.2}$$

mit $\delta = D \cdot \omega_0$; $\omega_e = \omega_0 \cdot \sqrt{1 - D^2}$ und $\varphi = \arctan(\omega_e/\delta)$.

Aus der Berechnung des Maximums von Gleichung 6.2 kann zwischen der Dämpfung D und der Überschwingweite $\ddot{u}$ der folgende Zusammenhang ermittelt werden:

$$\ddot{u} = \exp \frac{-\pi \cdot D}{\sqrt{1 - D^2}} \qquad \text{bzw.} \qquad D = \frac{|\ln \ddot{u}|}{\sqrt{\pi^2 + (\ln \ddot{u})^2}} . \tag{6.3}$$

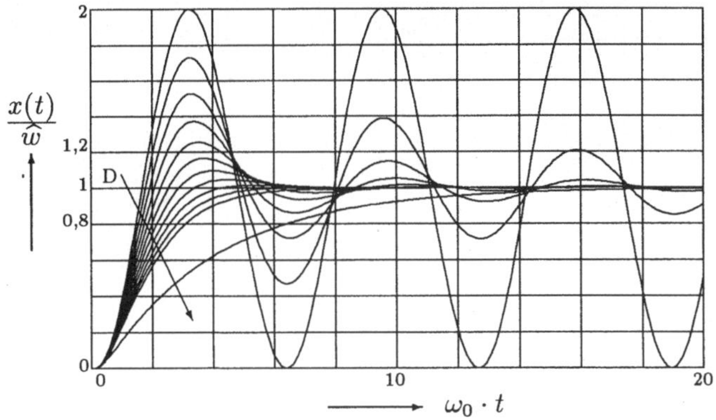

Abb. 6.4: Übergangsfunktionen eines PT_2-Gliedes mit in Pfeilrichtung wachsenden Dämpfungen $D = 0; 0{,}1; 0{,}2; \ldots 0{,}9; 1; 2$

Für die Dämpfung $D = 1/\sqrt{2} \approx 0{,}7$ beträgt die maximale Überschwingweite $\ddot{u} = 4,3$ %. Dieser Wert für die Dämpfung wird häufig als Entwurfsziel gewählt.

Ferner können für die An- und Ausregelzeiten des obigen PT_2-Gliedes die folgenden Ausdrücke angegeben werden:

$$\begin{aligned} T_{An} &= \frac{\pi/2 + \arcsin D}{\omega_e} \\ T_{Aus} &= -\frac{\ln[\epsilon \cdot \sqrt{1-D^2}]}{\delta} \, . \end{aligned}$$

Die bisher aufgestellten Entwurfsforderungen für ein zufriedenstellendes Führungsverhalten gelten für eine sprungförmige Führungsgröße w, d.h. für die sogenannte Festwertregelung. Soll die Regelgröße $x(t)$ einer veränderlichen Führungsgröße $w(t)$ folgen, so spricht man von einer *Folgeregelung.* Beispiele hierfür sind die Positionsregelung bei Werkzeugmaschinen oder die Bahnverfolgung von Satelliten. Bei einer Werkzeugmaschine muß z.B. ein Fräskopf möglichst genau an einer vorgegebenen Sollkontur $w(t)$ entlanggeführt werden. Bei der Bahnverfolgung muß eine Bodenantenne der vorausberechneten Satellitenbahn $w(t)$ möglichst exakt folgen. Die Zeitverläufe der Führungsgröße $w(t)$ sind im allgemeinen beliebig.

In der Regelungstechnik wählt man als Bezugsgröße zur Reglerauslegung für die Führungsgröße $w(t)$ gern ein rampenförmiges Signal, wie es in Kapitel 2.1.2 eingeführt wurde.

Der Integrierbeiwert c des Rampensignals $w(t)$ in Abb. 6.5 ist bei einer Positionsregelung gleich der Sollgeschwindigkeit V. Kann die Regelgröße $x(t)$ dem Sollwert $w(t)$ nach Abklingen eines Einschwingvorgangs nicht exakt folgen, so tritt ein sogenannter Folgefehler (oder Schleppfehler) μ auf. Abb. 6.5 zeigt diesen Schleppfehler μ der Regelgröße $x(t)$ bei einer rampenförmigen Führungsgröße $w(t)$.

Bei einer Positionsregelung wird der Schleppfehler μ bezogen auf die Geschwindigkeit V des Führungssignals $w(t)$ und durch den sogenannten K_V-Wert beschrie-

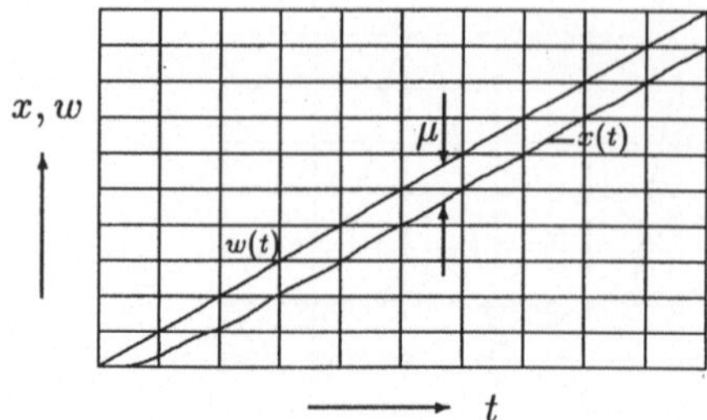

Abb. 6.5: Führungsgröße $w(t)$ und Rampenantwort der Regelgröße $x(t)$

ben. Man definiert

$$K_V = \frac{V}{\mu} \qquad \text{bzw.} \qquad \mu = \frac{V}{K_V} \,. \tag{6.4}$$

Weist ein geregeltes System z.B. eine Führungsübertragungsfunktion $F_W(s)$ mit PT_2-Verhalten auf, so gilt

$$F_W(s) = \frac{1}{1 + T_1\, s + T_2^2\, s^2} \,.$$

Wie man leicht zeigen kann, ist in diesem Fall für eine konstante Führungsgröße die bleibende Regeldifferenz Null. Für eine rampenförmige Führungsgröße $w(t) = V \cdot t$, d.h. $W(s) = V/s^2$, ergibt sich jedoch ein Schleppfehler wie folgt zu:

$$\begin{aligned} \mu(\infty) &= \lim_{t \to \infty} \mu(t) = \lim_{t \to \infty} \{w(t) - x(t)\} = \\ &= \lim_{s=0} s \cdot \{W(s) - X(s)\} = \lim_{s=0} s \cdot \frac{V}{s^2} \cdot \{1 - F_W(s)\} = V \cdot T_1 \,. \end{aligned} \tag{6.5}$$

Mit Hilfe von Gleichung 6.4 kann man damit den K_V-Wert angeben zu

$$K_V = \frac{V}{\mu(\infty)} = \frac{1}{T_1} \,.$$

Für Folgeregelungen formuliert man als *Anforderung* an die Regelung einen Maximalwert des Schleppfehlers bzw. einen Mindestwert von K_V:

> Für eine Folgeregelung darf der Schleppfehler einen gegebenen Maximalwert nicht überschreiten, bzw. der K_V-Wert muß einen Mindestwert aufweisen.

Die dynamischen Anforderungen für den Übergangsvorgang können ähnlich wie bei den Festwertregelungen erfolgen.

6.1.3 Forderung 3 : „Gutes“ Störverhalten

Wie beim Führungsverhalten unterscheidet man zwischen den stationären und den dynamischen Anforderungen an das Störverhalten eines Regelkreises. Bezüglich der *stationären Genauigkeit* gilt:

> Die Regelgröße soll eine vorgegebene stationäre Genauigkeit aufweisen.

Diese Forderung bezieht sich beim Störverhalten auf die Einwirkung der Störgröße $z(t)$. Nach Einwirkung einer konstanten Störgröße der Amplitude $\widehat{z}$, soll die bleibende Regeldifferenz $x_d(\infty)$ wieder gegen Null gehen. Für *proportionale Regelstrecken* genügt wie beim Führungsverhalten die Verwendung eines I-Anteils im Regler, um die Regeldifferenz zu Null zu machen. Man berechnet hierzu die Regeldifferenz für eine Führungsgröße $w(t) = 0$ und erhält:

$$\begin{aligned} X_d(s) &= W(s) - X(s) = 0 - F_Z(s) \cdot Z(s) = -\frac{-F_S(s)}{1 + F_R(s) \cdot F_S(s)} \cdot Z(s) = \\ &= \frac{\dfrac{K_s}{1 + T_1\, s + T_2^2\, s^2 + \ldots}}{1 + \dfrac{K_I \cdot K_s}{s \cdot \{1 + T_1\, s + T_2^2\, s^2 + \ldots\}}} \cdot Z(s) = \\ &= \frac{K_s \cdot s}{K_I\, K_s + s \cdot \{1 + T_1\, s + T_2^2\, s^2 + \ldots\}} \cdot Z(s)\,. \end{aligned} \tag{6.6}$$

Damit resultiert die bleibende Regeldifferenz nach dem Endwertsatz der Laplace-Transformation zu:

$$x_d(\infty) = \lim_{s=0} s \cdot X_d(s) = \lim_{s=0} s \cdot \frac{K_s \cdot s}{K_I\, K_s + s\, \{1 + T_1\, s + T_2^2\, s^2 + \ldots\}} \cdot \frac{\hat{z}}{s} = 0\,.$$

Der Integralanteil im Regler beseitigt bei proportionalen Regelstrecken sowohl beim Führungs- als auch beim Störverhalten die bleibende Regelabweichung. Diese positive Wirkung bei beiden Systemantworten tritt nicht immer auf. Häufig entstehen durch die Entwurfsanforderungen an das Führungs- und Störverhalten kontroverse Anforderungen. Dann ist bei dem bisher betrachteten Standardregelkreis ein Kompromiß zwischen der Güte des Führungs- und Störverhaltens zu schließen. Bei vielen Anwendungen dominiert jedoch eine Entwurfsanforderung, sodaß die Betrachtung des Führungs- oder Störverhaltens ausreicht. Z.B. ist bei der Drehzahlregelung von Arbeitsmaschinen meist nur das Störverhalten bei Laständerungen von Bedeutung, da die Maschine in einem gesonderten Anfahrvorgang langsam auf ihre Solldrehzahl gefahren wird. Ebenso dominiert bei der Lageregelung von Satelliten das Führungsverhalten wegen der nur geringen Störungen.

Man nennt die bisher eingeführte Regelkreisstruktur auch Konfiguration mit „*einem* Freiheitsgrad“. „*Ein*“ Regler muß zur Erfüllung der Bedingungen an Führungs- und Störverhalten ausreichen. Durch Veränderung der Regelkreisstruktur, wie in Abb. 4.9 angedeutet, kann eine Struktur mit „*zwei* Freiheitsgraden“ eingeführt werden. Diese erlaubt dann die getrennte Erfüllung der Entwurfsanforderungen jeweils für das Führungs- und das Störverhalten mit je einem dafür vorgesehenen Regelkreisglied (Regler/Vorfilter).

Die *dynamischen Anforderungen* an das Störverhalten werden ebenfalls anhand des Einschwingvorgangs der Regelgröße nach einem Störsprung beschrieben. Abb. 6.6 zeigt das Einschwingverhalten der Regelgröße, oder besser „Rückschwingen“ der Regelgröße $x(t)$ auf den Sollwert $\hat{w}$, nach dem Einwirken einer sprungförmigen Störgröße.

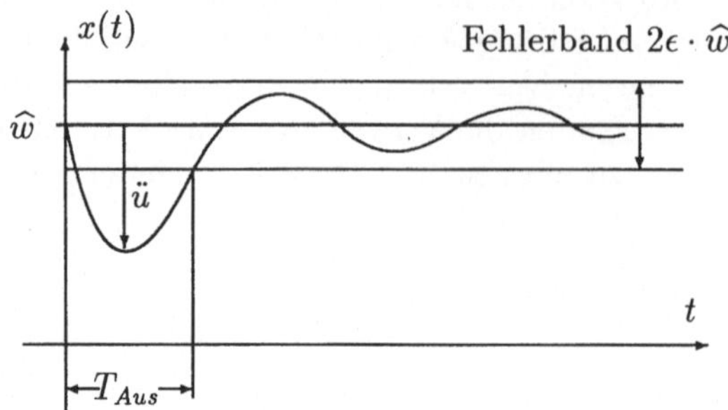

Abb. 6.6: Einschwingvorgang der Regelgröße $x(t)$ nach einem Sprung der Störgröße $w(t)$

Das maximale Überschwingen wird wieder durch die Überschwingweite $\ddot{u}$ gekennzeichnet, und die Zeit bis zum letztmaligen Eintreten in das Fehlerband mit T_{Aus}. Eine Anregelzeit ist beim Störverhalten nicht definiert. Zur Unterscheidung dieser Größen von denen des Führungsverhaltens kann eine Indizierung mit „W“ für Führung und „Z“ für Störung erfolgen. Die dynamischen Anforderungen an die Regelgröße beim Störverhalten lauten:

Die Überschwingweite der Regelgröße und ihre Ausregelzeit sollen innerhalb vorgegebener Schranken liegen.

Auch diese Anforderungen an Maximalablage und Schnelligkeit des Störverhaltens sind häufig kontrovers zueinander. Zusätzlich können die dynamischen Anforderungen an das Führungs- und Störverhalten zueinander kontrovers sein. „Gutes“ Führungsverhalten zieht oft ein „schlechtes“ Störverhalten nach sich und umgekehrt, sodaß auch hier ein Kompromiß zu wählen ist.

6.1.4 Forderung 4 : Reduzierung des Einflusses von Parameteränderungen

Regelstrecken besitzen häufig die unangenehme Eigenschaft, daß sich im Laufe des Betriebs ihre Parameter ändern. Beispiele hierfür sind die Erwärmung des Ankerwiderstandes eines Gleichstrommotors im Betrieb, die Drift eines elektronischen Verstärkers, die Abnahme der Transportmasse eines Fahrzeugs infolge Treibstoffverbrennung, die Zunahme des Trägheitsmoments eines Mediums in einer Zentrifuge usw. Wird ein derartiges System gesteuert und nicht geregelt, so wirkt sich die Änderung von Streckenparametern unkompensiert auf den Systemausgang aus.

Ein Ziel der Regelung ist die Reduzierung dieses Einflusses von Parameteränderungen *ohne* eine eventuell mögliche meßtechnische Erfassung und Berücksichtigung bei der Reglerauslegung. Als Entwurfskriterium wird dazu ein sogenanntes

Empfindlichkeitsmaß $S_W(j\omega)$ im Frequenzbereich eingeführt:

$$S_W(j\omega) = \frac{\dfrac{F_W(j\omega) - F_{W0}(j\omega)}{F_{W0}(j\omega)}}{\dfrac{F_S(j\omega) - F_{S0}(j\omega)}{F_{S0}(j\omega)}} .$$

Dieses Maß ist der Quotient der normierten Änderung des Frequenzgangs der Führungsübertragungsfunktion zu der normierten Änderung des Frequenzgangs der Streckenübertragungsfunktion. Als Normierungsgröße wird der nominale Führungsfrequenzgang $F_{W0}(j\omega)$ bzw. der nominale Streckenfrequenzgang $F_{S0}(j\omega)$ verwendet. Als Ergebnis resultiert ein Maß S_W, welches von der Frequenz ω abhängt. Dieses Maß ist eine rationale Funktion mit einem Zähler- und Nennerpolynom in $j\omega$.

In die *Entwurfsforderung* geht dann der Betrag dieses Empfindlichkeitsmaßes ein:

> Der Betrag des Empfindlichkeitsmaßes $S_W(j\omega)$ soll unterhalb einer vorgegebenen Schranke $\kappa(j\omega)$ liegen, $|S_W(j\omega)| \leq \kappa(j\omega)$.

Anstelle dieses Empfindlichkeitsmaßes, welches mehr eine indirekte Forderung darstellt, kann man auch *direkte Empfindlichkeitsforderungen* stellen. Diese lauten z.B.:

> Bei Änderungen der Regelstreckenparameter a_i im Bereich $a_i \pm \Delta a_i$ soll die Dämpfung des Regelkreises mindestens D_{Min} betragen.

Die Lösung dieser letzten Problemstellung ist Thema der robusten Regelung und soll hier nicht weiter vertieft werden [1].

6.2 Grundsätzliche Reglerstruktur und Entwurfsempfehlungen

Die Betrachtungen über die grundlegenden Anforderungen an einen Regelkreis im vorangehenden Abschnitt lassen sich wie folgt zusammenfassen: Der geschlossene Regelkreis muß

- stabil sein,
- die Regeldifferenz Null aufweisen, sowie
- möglichst schnell bei
- ausreichender Dämpfung und
- geringer Parameterempfindlichkeit sein.

Betrachtet man die Ursachen der *Instabilität*, so zeigt die Betrachtung der Nyquist-Ortskurve, daß Verzögerungen und Totzeiten eines Regelkreisgliedes die Stabilitätsreserve verringern bis es zur Instabilität kommt.

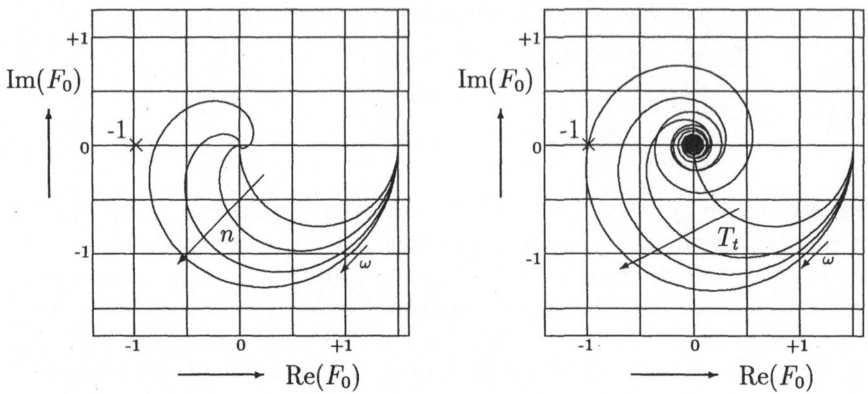

Abb. 6.7: Nyquist-Ortskurven von Verzögerungsgliedern mit wachsender Ordnung n (linke Abb.) sowie eines Verzögerungsglieds 1. Ordnung mit wachsender Totzeit T_t (rechte Abb.)

In Abb. 6.7 sind im linken Diagramm die Nyquist-Ortskurven für Verzögerungsglieder der Form

$$F_0(s) = \frac{1,5}{(1 + T_1\ s)^n} \qquad \text{mit } n = 1,\ 2,\ 4 \text{ und } 8 \text{ sowie } T_1 = 1\ s$$

aufgetragen. Eine derartige Übertragungsfunktion $F_0(s)$ des aufgeschnittenen Kreises resultiert, wenn ein Einheitsregler $F_R(s) = 1$ und die entsprechenden Regelstrecken in Reihe geschaltet sind. Je mehr Verzögerungsstrecken 1. Ordnung in Reihe geschaltet sind (wachsendes n), umso geringer wird die Stabilitätsreserve des geschlossenen Kreises. Denn Amplitudenrand (Schnittpunkt der Ortskurve mit der negativ reellen Achse) und Phasenrand (Winkel von -180° bis zum Schnittpunkt der Ortskurve mit dem Einheitskreis) werden mit jeder weiteren Reihenschaltung kleiner. Dieselbe Tendenz zeigt sich auch bei der Reihenschaltung von Regelstrecken mit unterschiedlichen Zeitkonstanten sowie bei Regelstrecken mit PT_2-Verhalten.

Im rechten Diagramm von Abb. 6.7 sind die Nyquist-Ortskurven für ein Verzögerungsglied mit Totzeit der Form

$$F_0(s) = \frac{1,5}{1 + T_1\ s} \cdot e^{-sT_t} \qquad \text{mit } T_t = 0,1,2 \text{ und } 4s \text{ sowie } T_1 = 1\ s$$

aufgetragen. Die Reduzierung der Stabilitätsreserve mit zunehmender Totzeit T_t ist auch hier deutlich ersichtlich.

Um bei der Reihenschaltung der Verzögerungsglieder (linke Abb. 6.7) die Stabilitätsreserve wieder anzuheben, muß der Regler die $(1+T_1 s)$-Terme im Nenner der Strecke durch geeignete $(1+T_1 s)$-Terme im Zähler des Reglers wieder kompensieren. Je mehr $(1+T_1 s)$-Terme im Zähler des Reglers in Reihe geschaltet werden, umso mehr Verzögerungsterme im Nenner der Strecke werden kompensiert und die Stabilitätsreserve nimmt wieder zu. Ein derartiger $(1+T_1 s)$-Term im Zähler des Reglers entspricht einem *PD-Anteil des Reglers.*

Um bei dem Verzögerungsglied mit Totzeit (rechte Abb. 6.7) die Stabilitätsreserve wieder anzuheben muß die Totzeit kompensiert werden. Eine derartige Kompensation erfordert für den Regler eine „Vorhersage“ des Verhaltens der Regelstrecke. Der Regler muß „in die Zukunft“ schauen können. Eine derartige Vorhersage wird realisiert durch eine sogenannte *Prädiktion* im Regler. Der Regler ermittelt aus dem ihm zum Zeitpunkt t_i zur Verfügung gestellten Meßsignal (z.B. einer Geschwindigkeitsmessung $v(t_i)$) durch Differenzieren die Beschleunigung $b(t_i)$. Mit diesen beiden Informationen schätzt dann der Regler, wie groß die Geschwindigkeit im Zeitpunkt $t_i + T_t$ sein wird. Im einfachsten Fall wird für diese Schätzung die Beziehung $v(t_i + T_t) = v(t_i) + T_t \cdot b(t_i)$ angesetzt. In die Berechnung des Regelsignals zum Zeitpunkt t_i geht dann die vorhergesagte (geschätzte) Geschwindigkeit $v(t_i + T_t)$ zum Zeitpunkt $t_i + T_t$ ein. Auf derartige Regler mit Prädiktion soll jedoch im Rahmen dieses Lehrbuches nicht weiter eingegangen werden.

Die nächste Forderung an den Regelkreis betrifft die Erzielung der *Regeldifferenz Null.* Wie in Abschnitt 6.1 gezeigt, genügt zur Erfüllung dieser Forderung die Einführung eines *I-Anteils im Regler.* Jedoch auch dieser I-Anteil führt zu einer Verringerung der Stabilitätsreserve (siehe Abb. 6.2), sodaß diese Reduzierung der Stabilität durch PD-Anteile im Regler, wie oben gezeigt, wieder ausgeglichen werden muß.

Die Reihenschaltung von Reglern, die die beiden obigen Anteile (PD- + I-Anteile) aufweisen, führt zur Struktur des klassischen PID-Reglers [10]

$$F_R(s) = K \cdot (1 + T_1\ s)^n \cdot \frac{1}{s} = K_P + \frac{K_i}{s} + K_D\ s + K_{D2}\ s^2 + \ldots \quad (6.7)$$

Ausmultiplizieren der Produktterme führt zu einer Addition von proportionalen, integralen, differenzierenden, doppelt differenzierenden, usw. Anteilen in Gleichung 6.7. Durch die differenzierenden Anteile wird der *Regelkreis schneller und besser gedämpft.* Der *D*-Anteil im Regler trägt somit auch zur Erfüllung der Anforderungen bezüglich *Schnelligkeit und Dämpfung des Regelkreises* bei. Dies geht allerdings zulasten eines stark anwachsenden Stellsignals, siehe Abb. 4.31. Da außerdem, wie schon in Abb. 4.26 gezeigt, der differenzierende Anteil im Regler hochfrequente Störsignale im Regelkreis verstärkt, müssen diese geeignet bedämpft werden. Die Bedämpfung ergibt den PDT_D-Regler, Gleichung 4.24, der einen Verzögerungsterm aufweist,

$$F_R(s) = K_P + \frac{K_D\ s}{1 + T_D\ s}\ .$$

Diese Überlegungen gelten für einfache und höhere Ableitungen des Eingangssignals in den Regler, sodaß meist Ableitungen zweiter und höherer Ordnung erst recht ausscheiden. Die Betrachtungen zur Erfüllung der Entwurfsanforderungen führen somit zu einem idealen PID-Regler der Form

$$F_R(s) = K_P + \frac{K_I}{s} + K_D \cdot s = K_P \cdot \left\{ 1 + \frac{1}{T_N\ s} + T_V\ s \right\}\ ,$$

bzw. zu einem realen PID-Regler der Form

$$F_R(s) = K_P + \frac{K_I}{s} + \frac{K_D \cdot s}{1 + T_D\ s}\ .$$

In Kapitel 4 wurden diese P-, PI- und PID-Regler in verschiedenen Regelkreisen eingesetzt und ihre Wirksamkeit unter Beweis gestellt. Die Untersuchungen in diesem Abschnitt liefern eine nachträgliche Bestätigung für den Einsatz von Reglern mit einer derartigen Struktur.

Nach Klärung dieses Sachverhalts folgen weitere Untersuchungen zu den anfangs aufgestellten Anforderungen bezüglich *Schnelligkeit* und *Parameterempfindlichkeit* von Regelkreisen. Wie oben angesprochen, wird durch Verwendung differenzierender Anteile im Regler der *Regelkreis schneller*, aber das Stellsignal wächst an. Dies kann beim praktischen Einsatz (wie in Abb. 4.26 gezeigt) dazu führen, daß „das Stellglied in die Begrenzung fährt“ und im Endeffekt die Regelung langsamer als beim Einsatz eines PI-Reglers wird. Begrenzungen sind z.B. der Anschlag eines Ventils bei einer Heizung oder der Maximalauschlag einer Ruderklappe beim Flugzeug. Wenn das Stellglied in die Begrenzung fährt, wird für die Erzielung des gewünschten schnellen Regelvorgangs nicht genügend Stellenergie zur Verfügung gestellt. Man könnte sich nun jedoch z.B. bei einer Raumheizung vorstellen, daß man die Heizleistung um den Faktor 10 erhöht, damit die Zimmer in kürzester Zeit von $0^\circ\ C$ auf $20^\circ\ C$ aufgeheizt werden können (schnelles Führungsverhalten). Dadurch wird erreicht, daß das Mischerventil nicht in die Begrenzung fährt. Am Ende dieses Aufheizvorgangs wird die Regelung zum Ausgleich von Störungen jedoch nur noch 1/10 der Heizleistung benötigen (Störverhalten). Die Heizung ist für den normalen Betriebsmodus total überdimensioniert und arbeitet nicht wirtschaftlich.

Als ein *Maß für die Schnelligkeit eines Regelkreises* wurde in Kapitel 6.1 die Anregelzeit T_{An} genannt, für die nachfolgend eine Abschätzung entwickelt wird. In Abschnitt 6.1 wird eine Führungsübertragungsfunktion mit PT_2-Verhalten und einer Dämpfung $D = 1/\sqrt{2} \approx 0{,}7$ als angestrebtes Ziel beim Entwurf eines Reglers angesehen. Abb. 6.4 mit der normierten Zeitachse $\omega_0 \cdot t$ zeigt, daß die Schnelligkeit des Einschwingvorgangs zunimmt, je größer die Kreisfrequenz ω_0 des geschlossenen Regelkreises wird. Zwischen dieser Kreisfrequenz ω_0 und der Bandbreite ω_B eines Übertragungsgliedes kann man einen Zusammenhang herstellen. Dabei ist die Bandbreite ω_B eines Übertragungsgliedes die Frequenz, bei welcher der Betrag des Frequenzgangs auf $1/\sqrt{2}$ abgefallen ist:

$$|F(\mathrm{j}\omega)|_{\omega=\omega_B} = \frac{1}{\sqrt{2}} \,.$$

Der Begriff Bandbreite kommt aus der Nachrichtentechnik und kennzeichnet das Übertragungsverhalten eines Übertragungsgliedes. Sinusförmige Eingangssignale mit der Frequenz $\omega < \omega_B$ werden mit nahezu voller Amplitude übertragen, die Amplitude höherfrequenter Eingangssignale wird stark reduziert. Die Absenkung der Ausgangsamplitude auf den 0,7 fachen Teil (also auf $1/\sqrt{2}$) der Eingangsamplitude entspricht in Dezibel (dB) einer Absenkung um $3dB$. Berechnet man nun diese Bandbreite ω_B für die Führungsübertragungsfunktion

$$F_W(\mathrm{j}\omega) = \frac{\omega_0^2}{(\mathrm{j}\omega)^2 + 2D\omega_0\,\mathrm{j}\omega + \omega_0^2} \,,$$

so resultiert für eine Dämpfung $D = 1/\sqrt{2}$ gerade

$$\omega_B = \omega_0 \ .$$

Will man die Schnelligkeit eines Regelkreises erhöhen, d.h. nach Abb. 6.4 ω_0 erhöhen, so muß man bei geeigneter Dämpfung des Kreises ($D \approx 0{,}7$) also die Bandbreite ω_B erhöhen. Liest man in Abb. 6.4 für die Sprungantwort mit der Dämpfung $D = 0,7$ die Zeit ab, bei der die Regelgröße $x(t)$ zum ersten Mal den Sollwert $\widehat{w}$ erreicht, so gilt an der Stelle näherungsweise

$$\omega_0 \cdot t \approx 3 \approx \pi \ .$$

Der Zeitpunkt des erstmaligen Erreichens des Sollwertes ist laut Abb. 6.3 definiert als die Anregelzeit T_{An}. Mit der zuvor berechneten Analogiebeziehung $\omega_B = \omega_0$ folgt dann für die Anregelzeit

$$T_{An} = \frac{\pi}{\omega_B} = \frac{\pi}{2\pi \cdot f_B} = \frac{1}{2\ f_B} \ . \tag{6.8}$$

mit f_B als Bandbreitenfrequenz in Hz.

Damit ist der Zusammenhang zwischen der Bandbreite eines Regelkreises und der Anregelzeit hergestellt. Soll der Regelkreis schneller werden, so ist die Bandbreite des Führungsfrequenzganges $F_W(\mathrm{j}\omega)$ zu erhöhen. Die Darstellung der Ortskurve des Führungsfrequenzgangs in der sogenannten F_W-Ebene zeigt Abb. 6.8. Bei der Frequenz $\omega = \omega_B$ schneidet die F_W-Ortskurve den *Bandbreitenkreis* B mit dem Radius $1/\sqrt{2}$. Damit kann man dann mit Gleichung 6.8 die Anregelzeit der Regelgröße abschätzen.

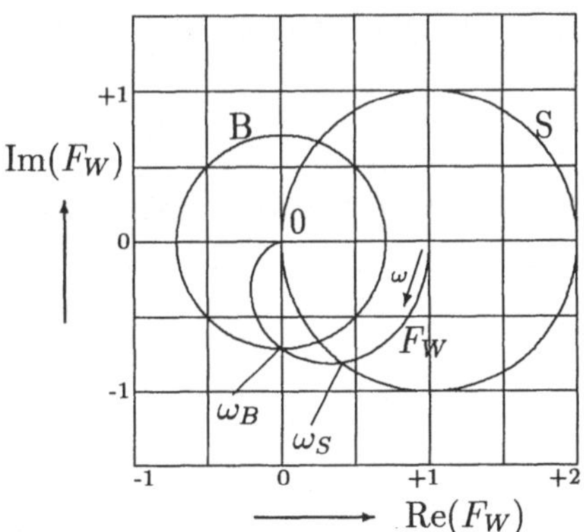

Abb. 6.8: Ortskurve von F_W mit Bandbreitenkreis B und Empfindlichkeitskreis S

Weiterhin ist in Abb. 6.8 ein Kreis S mit dem Radius 1 um den Punkt +1 in der F_W-Ebene eingezeichnet. Dieser Kreis ist der sogenannte *Empfindlichkeitskreis.* Die F_W-Ortskurve schneidet diesen Kreis S bei der Frequenz ω_S. In [20] wird gezeigt, daß für Frequenzen $\omega < \omega_S$ bei einer Regelung die Wirkung von Störgrößen als auch die Wirkung von relativen Schwankungen des Streckenfrequenzgangs abgeschwächt werden gegenüber einer reinen Steuerung. Oberhalb ω_S ist das Verhalten gegenüber Störgrößen und Schwankungen des Streckenfrequenzgangs jedoch schlechter als bei einer Steuerung. Durch die Regelung wird die Bandbreite des Frequenzgangs von $F_W(\mathrm{j}\omega)$ gegenüber der Bandbreite der gesteuerten Strecke $F_S(\mathrm{j}\omega)$ angehoben, d.h. das geregelte System wird schneller als die gesteuerte Strecke, aber dadurch im Frequenzbereich $\omega > \omega_S$ auch empfindlicher für die angesprochenen Störungen.

Abschließend soll noch der Zusammenhang zwischen der *Dämpfung* einer Übertragungsfunktion und dem Phasenrand φ_{Rand} in der F_0-Ebene untersucht werden. Für die Führungsübertragungsfunktion $F_W(s)$ eines Regelkreises wurde schon mehrmals ein PT$_2$-Verhalten als wünschenswert dargestellt. Wenn die Führungsübertragungsfunktion PT$_2$-Verhalten zeigt, dann weist die Übertragungsfunktion des aufgeschnittenen Kreises $F_0(s)$, wie man leicht zeigen kann, ein IT$_1$-Verhalten auf. Es gilt somit

$$F_0(s) = \frac{K_I \cdot K_s}{s \cdot (1 + T_1\, s)} = \frac{K}{s \cdot (1 + T_1\, s)} ,$$

und daraus folgt

$$F_W(s) = \frac{K}{K + s + T_1\, s^2} = \frac{1}{1 + s/K + s^2 \cdot T_1/K} = \frac{1}{1 + T_1'\, s + T_2'^2\, s^2} .$$

Für die Dämpfung D von $F_W(s)$ gilt die Beziehung

$$D = \frac{T_1'}{2\, T_2'} = \frac{1}{2 \cdot \sqrt{K \cdot T_1}} . \tag{6.9}$$

Der Phasenrand von F_0 errechnet sich zu

$$\tan \varphi_{Rand} = \frac{1}{\omega_R \cdot T_1} , \tag{6.10}$$

mit ω_R als Frequenz von $F_0(\mathrm{j}\omega)$ an der Stelle, wo der Einheitskreis geschnitten wird. Berechnet man für F_0 diese Frequenz ω_R, so führt diese Berechnung (Gleichung für $|F_0| = 1$ aufstellen) zu der Beziehung

$$K^2 = \omega_R^2 + T_1^2\, \omega_R^4 . \tag{6.11}$$

Nach Einsetzen von K und ω_R aus Gleichung 6.9 und 6.10 in Gleichung 6.11 folgt nach einigen Rechenschritten die Beziehung

$$D = \frac{\sin \varphi_{Rand}}{2 \cdot \sqrt{\cos \varphi_{Rand}}} , \tag{6.12}$$

die in Abb. 6.9 dargestellt ist.

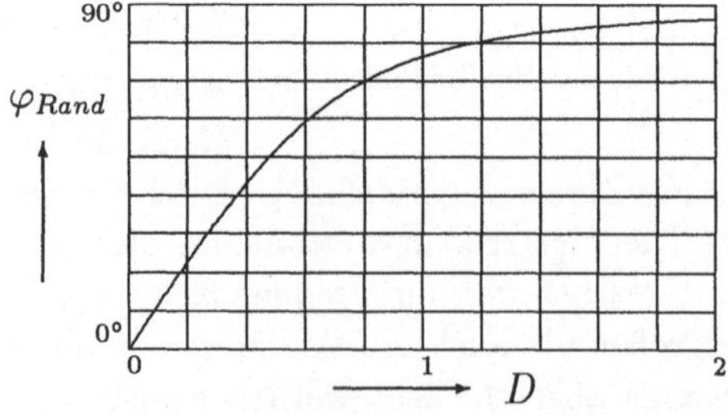

Abb. 6.9: Zusammenhang zwischen Phasenrand φ_{Rand} und Dämpfungsgrad D

Für die Dämpfung $D = 0,7$ liest man aus dem Diagramm einen Phasenrand von $\varphi_{Rand} \approx 65°$ ab. Als anzustrebender Phasenrand wurde in Abschnitt 5.3.1 ein Bereich von $\varphi_{Rand} > 50° \ldots 60°$ angegeben, welches mit dem obigen Ergebnis übereinstimmt.

6.3 Analytische Bestimmung der Regelparameter

6.3.1 Dynamische Kompensation

Die Methode der dynamischen Kompensation, oder auch Pol-/Nullstellenkompensation genannt, wurde in Kapitel 4 über „Regler im Regelkreis“ ohne nähere Erläuterung häufig angewendet. Der Grundgedanke ist dabei, die Verzögerungen der Regelstrecke durch entsprechende Reglerterme zu kompensieren. Diese Verzögerungen der Regelstrecke werden beschrieben durch $(1+T_1 s)$- bzw $(1+s \cdot 2D/\omega_0 + s^2/\omega_0^2)$-Terme im Nenner der Streckenübertragungsfunktion. Die Verwendung der Nyquist-Ortskurve macht deutlich, daß diese Verzögerungen der Strecke den Regelkreis destabilisieren. Somit ist es zweckmäßig zur *Erhöhung der Stabilität* diese störenden Verzögerungen zu kompensieren. Dies geschieht durch entsprechende PD-Terme im Zähler der Reglerübertragungsfunktion. Zur Vermeidung einer bleibenden Regeldifferenz ist bei P-Strecken zusätzlich im Regler noch ein integrierender Anteil erforderlich, sodaß die Übertragungsfunktion des aufgeschnittenen Regelkreises für eine *PT_2-Strecke* folgende Form annimmt:

$$F_0(s) = F_S(s) \cdot F_R(s) = \frac{K_S}{(1+T_1\ s)\cdot(1+T_2\ s)} \cdot \frac{K_P \cdot (1+T_N\ s)}{T_N\ s} \, . \tag{6.13}$$

Die Reihenschaltung des I- und PD-Reglers ergibt den in Gleichung 6.13 verwendeten PI-Regler. Da die größte Zeitkonstante der Strecke den größten Anteil an der Destabilisierung aufweist, muß durch die Nachstellzeit T_N des PI-Reglers gerade diese größte Zeitkonstante (z.B. T_2) der Regelstrecke kompensiert werden. Die Entwurfsvorschrift lautet also in diesem Fall:

$$\boxed{T_N = T_2} \qquad \text{für } T_2 > T_1 . \tag{6.14}$$

Dann resultiert $F_0(s)$ zu

$$F_0(s) = \frac{K_P \cdot K_S}{T_N s \cdot (1+T_1\ s)} = \frac{K}{T_N s \cdot (1+T_1\ s)} \, .$$

Damit lautet die Führungsübertragungsfunktion für den Standardregelkreis

$$F_W(s) = \frac{F_0(s)}{1+F_0(s)} = \frac{K}{K + T_N s + T_N T_1 s^2} = \frac{1}{1 + s \cdot 2D/\omega_0 + s^2/\omega_0^2} \, ,$$

und die Störübertragungsfunktion

$$F_Z(s) = \frac{F_S(s)}{1+F_0(s)} = \frac{K_S T_N s}{K \cdot (1+T_2\ s) + T_N s \cdot (1+T_1\ s)\cdot(1+T_2\ s)} \, .$$

Die bleibende Regeldifferenz für konstante Führungs- bzw. Störgrößen ist Null. Die noch freie Reglerverstärkung K_P wird über die Führungs- bzw. Störübertragungsfunktion bestimmt. Üblich ist oft die Festlegung der Dämpfung D von F_W(s) auf einen vorgegebenen Wert, z.B. $D = 1/\sqrt{2}$. Damit ergibt sich dann

$$\boxed{K_P = \frac{T_N}{2\ K_S\ T_1} \, .} \tag{6.15}$$

In ähnlicher Weise wird bei *Verzögerungsstrecken höherer Ordnung* vorgegangen. Ist jedoch eine Zeitkonstante der Strecke im Vergleich zu den anderen besonders groß (z.B. $T_1 \gg T_2, T_3$), so wird in [21] gezeigt, daß mit der Wahl $T_N = T_1$ das Störverhalten besonders langsam wird. Wenn das nicht akzeptiert werden kann, dann bringt die Vorgabe von

$$T_2 < T_N < T_1$$

Vorteile.

Die *Kompensation mehrerer* $(1+T_is)$*-Terme* im Nenner der Strecke durch entsprechende PD-Terme im Zähler des Reglers ist möglich. Dabei sind jedoch mehrere Randbedingungen zu beachten. Zum einen wird mit jeder weiteren Kompensation der Regelkreis immer schneller. Dies wird häufig mit einem unzulässigen Anwachsen der Stellamplitude erkauft, die dann den Anschlag der Stelleinrichtung erreicht. Zum anderen ist eine verzögerungslose Realisierung von PD-Termen technisch nicht möglich, sodaß bei der praktischen Verwirklichung immer noch eine Verzögerung vorzusehen ist. Diese Verzögerung ist jedoch auch zur Dämpfung hochfrequenter Störsignale im Regelkreis notwendig. Sollen also bei einer PT_3-Strecke zwei Verzögerungen im Nenner kompensiert werden, so ist folgender Regler zu wählen:

$$F_R(s) = \frac{K_P \cdot (1 + T_N\ s)}{T_N\ s} \cdot \frac{1 + T_V\ s}{1 + T_D\ s} . \tag{6.16}$$

Gleichung 6.16 stellt einen realen PID-Regler mit Verzögerung dar ($PIDT_D$-Regler). Mit $T_1 > T_2 > T_3$ für die Zeitkonstanten der Regelstrecke, führt die Wahl von $T_N = T_1$ und $T_V = T_2$ zu

$$\begin{aligned} F_0(s) &= \frac{K_S}{(1+T_1\ s)(1+T_2\ s)(1+T_3\ s)} \cdot \frac{K_P \cdot (1+T_N\ s)}{T_N\ s} \cdot \frac{1+T_V\ s}{1+T_D\ s} \\ &= \frac{K_P \cdot K_S}{T_N\ s \cdot (1+T_3\ s) \cdot (1+T_D\ s)} , \end{aligned} \tag{6.17}$$

mit $T_D < T_V$. Ist aber $T_1 \gg T_3$, so wird wie bei der obigen PT_3-Strecke das Störverhalten sehr langsam. Abhilfe wird nach [21] auch hier durch die Wahl von $T_3 < T_N < T_1$ geschaffen.

Da in Kapitel 4 diese Methode der Auslegung von Reglern ausführlich angewendet wurde, wird hier auf die Darstellung von Beispielen verzichtet. Es soll allerdings nicht versäumt werden darauf hinzuweisen, daß die obige Pol-/Nullstellenkompensation nur bei *„stabilen"* $(1 + T_is)$*-Termen* zulässig ist, d.h. es muß gelten $T_i > 0$. Aufgrund der unvermeidlichen (wenn auch noch so kleinen) Diskrepanz zwischen der Polstelle des Nenners und der Nullstelle des Zählers von $F_0(s)$ kann eine einmal vorhandene Instabilität nicht eliminiert werden. Dies zeigt folgende Betrachtung. Für eine instabile PT_1-Strecke und PI-Regler folgt für $F_0(s)$

$$F_0(s) = \frac{K_S}{1 - T_1\ s} \cdot \frac{K_P \cdot (1 + T_N\ s)}{T_N\ s} .$$

Mit $T_N = -T_1' = -(T_1 + \Delta T_1)$ und $K = K_P \cdot K_S$ wird dann

$$F_0(s) = \frac{K \cdot (1 - T_1'\ s)}{-T_1'\ s \cdot (1 - T_1\ s)}$$

und damit

$$F_W(s) = \frac{K \cdot (1 - T_1' \, s)}{K - T_1' \cdot (1 + K) \, s + T_1 \, T_1' \, s^2} \, .$$

Unabhängig von der Wahl von K besitzen die Koeffizienten des Nenners von $F_W(s)$ unterschiedliche Vorzeichen. Damit ist nach dem Hurwitz-Kriterium der geschlossene Kreis instabil.

Das Verfahren der dynamischen Kompensation kann bei proportionalen und integrierenden Regelstrecken angewendet werden, und es gehört zu den leistungsfähigsten Verfahren der Reglerbestimmung.

6.3.2 Reglereinstellung durch Parameteroptimierung

Nachdem Stabilität, bleibende Regeldifferenz und Einschwingverhalten eines Regelkreises die wesentlichen Kriterien für die Auslegung der Reglerparameter darstellen, liegt es nahe, den Zeitverlauf der Regelgröße $x(t)$ bzw. der Regeldifferenz $x_d(t)$ direkt für die Parameterfestlegung heranzuziehen. Beide Verläufe sind für eine sprungförmige Führungsgröße $w(t)$ in Abb. 6.10 dargestellt.

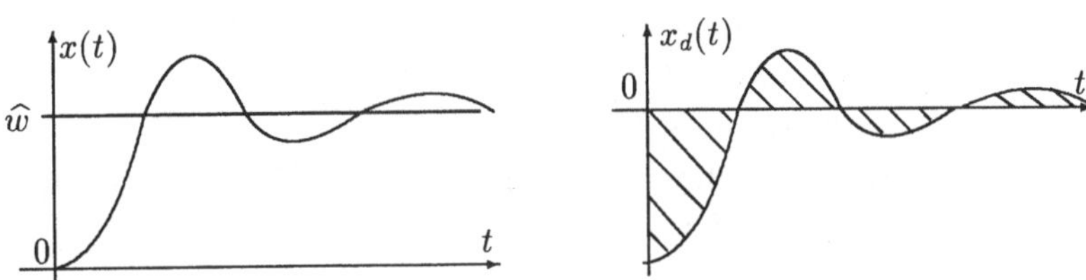

Abb. 6.10: Sprungantwort der Regelgröße (linke Abb.) und Verlauf der Regeldifferenz (rechte Abb.)

Je kleiner die schraffiert gezeichnete Regeldifferenz $x_d(t)$ ist, umso schneller ist die Regelgröße auf den Sollwert $\widehat{w}$ eingeschwungen. Folglich bietet sich die Minimierung dieser schraffierten Fläche als Kriterium für die Festlegung von Reglerparametern an. Da damit jedoch positive und negative Flächen sich z.B. bei einer ungedämpften Dauerschwingung aufheben würden, setzt man besser den Betrag der Regeldifferenz als Optimierungskriterium an. Man nennt dieses Kriterium J_a dann auch *IAE-Kriterium (Integral of Absolute Error)*

$$J_a = \int_{\tau=0}^{\infty} |\widehat{w} - x(\tau)| \mathrm{d}\tau = \int_{\tau=0}^{\infty} |x_d(\tau)| \mathrm{d}\tau \qquad \Rightarrow \text{Minimum} \, .$$

Das Minimum dieses Gütekriteriums über die Parameter K_P, T_N ... des Reglers liefert die gesuchten „optimalen“ Werte von K_P, T_N ....

Weitere Kriterien sind die *quadratische Regelfläche* J_q

$$J_q = \int_{\tau=0}^{\infty} (\widehat{w} - x(\tau))^2 \mathrm{d}\tau = \int_{\tau=0}^{\infty} x_d(\tau)^2 \mathrm{d}\tau \qquad \Rightarrow \text{Minimum}$$

und zeitgewichtete Kriterien wie z.B. das *ITAE-Kriterium (Integral of Time multiplied by Absolute Error)* J_i, mit

$$J_i = \int_{\tau=0}^{\infty} \tau \cdot |\widehat{w} - x(\tau)| \mathrm{d}\tau = \int_{\tau=0}^{\infty} \tau \cdot |x_d(\tau)| \mathrm{d}\tau \qquad \Rightarrow \text{Minimum}\,.$$

Für das Kriterium der quadratischen Regelfäche J_q sind in [22], [9] und [10] geschlossene Lösungen für Regeldifferenzen der Form

$$X_d(s) = \frac{c_0 + c_1\ s + \ldots + c_{n-1}\ s^{n-1}}{d_0 + d_1\ s + \ldots + d_n\ s^n}$$

mit $d_n > 0$ angegeben. Die Kriterien $J_{q,n}$ lauten für $n = 1 \ldots 4$

$$\begin{aligned}
J_{q,1} &= \frac{c_0^2}{2d_0d_1} \\
J_{q,2} &= \frac{c_1^2d_0 + c_0^2d_2}{2d_0d_1d_2} \\
J_{q,3} &= \frac{c_2^2d_0d_1 + (c_1^2 - 2c_0c_2)d_0d_3 + c_0^2d_2d_3}{2d_0d_3(d_1d_2 - d_0d_3)} \\
J_{q,4} &= \frac{\text{Zähler}}{2d_0d_4(-d_0d_3^2 - d_1^2d_4 + d_1d_2d_3)} \\
\text{Zähler} &= c_3^2(-d_0^2d_3 + d_0d_1d_2) + (c_2^2 - 2c_1c_3)d_0d_1d_4 + (c_1^2 - 2c_0c_2)d_0d_3d_4 + \\
&\quad + c_0^2(-d_1d_4^2 + d_2d_3d_4)\,. \qquad (6.18)
\end{aligned}$$

Mit zunehmendem Grad von $X_d(s)$ werden die geschlossenen Lösungen immer komplexer. Für die Ermittlung der Reglerparameter sind die Koeffizienten c_0, c_1 … d_0, d_1 … als Funktionen der Reglerparameter K_P, T_N … darzustellen. Durch Differentation oder numerische Optimierung werden das Minimum von J_q gesucht und die Parameter bestimmt.

Beispiel 6.1: Als Beispiel für die Anwendung der Reglereinstellung nach der quadratischen Regelfläche wird die folgende PT_3-Regelstrecke untersucht.

$$F_S(s) = \frac{2}{(1 + 1{,}2\ s) \cdot (1 + 0{,}5\ s) \cdot (1 + 0{,}1\ s)}\,.$$

Die Zeitkonstanten sind somit $T_1 = 1{,}2\ s$, $T_2 = 0{,}5\ s$, $T_3 = 0{,}1\ s$ und die Streckenverstärkung lautet $K_S = 2$. Wählt man einen PI-Regler und legt ihn mit dem Verfahren der dynamischen Kompensation aus, so setzt man die Nachstellzeit des PI-Reglers gleich der größten Zeitkonstanten, d.h. $T_N = T_1 = 1{,}2\ s$. Die noch freie Reglerverstärkung soll durch Minimierung des Güteindex der quadratischen Regelfäche berechnet werden. Dazu muß zunächst $X_d(s)$ ermittelt werden.

Mit

$$F_R(s) = \frac{K_P \cdot (1 + 1,2\ s)}{1,2\ s}$$

wird dann $F_0(s)$

$$F_0(s) = \frac{2 \cdot K_P}{1,2\ s \cdot (1 + 0,5\ s) \cdot (1 + 0,1\ s)} .$$

Dann resultiert $X_d(s)$ zu

$$X_d(s) = \frac{1}{1 + F_0(s)} \cdot \frac{\widehat{w}}{s} = \frac{0,06\ s^2 + 0,72\ s + 1,2}{0,06\ s^3 + 0,72\ s^2 + 1,2\ s + 2K_P} \cdot \widehat{w} .$$

Damit lauten die Koeffizienten des Gütemasses $J_{q,3}$ wie folgt:

$$\begin{array}{llll} c_0 = 1{,}2 & c_1 = 0{,}72 & c_2 = 0{,}06 & c_3 = 0{,}0 \\ d_0 = 2K_P & d_1 = 1{,}2 & d_2 = 0{,}72 & d_3 = 0{,}06 . \end{array}$$

Die Minimierung von $J_{q,3}$ mit einem Optimierungsprogramm ergibt für K_P den Wert

$$K_P = 1,9548 .$$

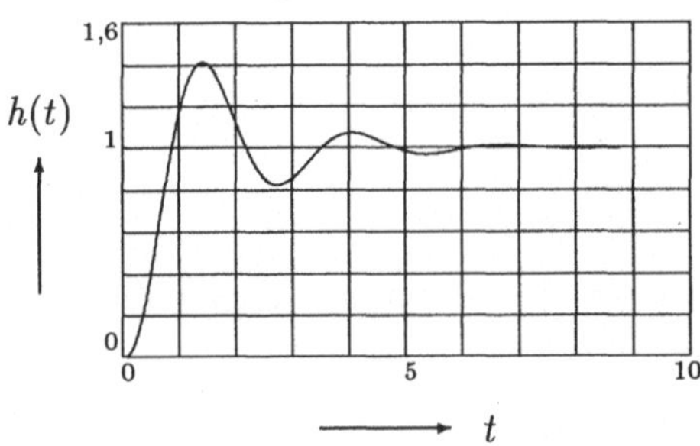

Abb. 6.11: Übergangsfunktion der PT_3-Regelstrecke mit PI-Regler

Abb. 6.11 zeigt die Übergangsfunktion des geschlossenen Regelkreises für den PI-Regler mit $T_N = 1,2\ s$ und $K_P = 1,9548$ und einen Sprung der Führungsgröße. Das maximale Überschwingen beträgt ca. 40 % und die Regelgröße ist nach ca. 7 s auf den Endwert $h(\infty) = 1$ eingeschwungen.

Die steigende Leistungsfähigkeit der Rechnertechnik ermöglicht heute den Einsatz wesentlich komplexerer Gütekriterien [18], in denen sowohl Regeldifferenz, als auch Stellamplitude, Dämpfungsgrad ... gezielt mittels numerischer Optimierung eingestellt werden können. □

6.3.3 Das Betragsoptimum

In Abschnitt 6.2 wurde gezeigt, daß die Schnelligkeit des Einschwingens einer Regelgröße $x(t)$ auf einen konstanten Sollwert $\widehat{w}$ durch die Anregelzeit T_{An} quantifiziert werden kann. Zwischen dieser Anregelzeit und der Bandbreite ω_B der Führungsübertragungsfunktion besteht nach Gleichung 6.8 die Beziehung

$$T_{An} = \frac{\pi}{\omega_B} = \frac{\pi}{2\pi \cdot f_B} = \frac{1}{2\ f_B} ,$$

falls $F_W(s)$ näherungsweise durch ein Übertragungsverhalten 2. Ordnung mit der Dämpfung $D = 1/\sqrt{2}$ beschrieben wird.

Bei dem als Reglerauslegung nach dem *Betragsoptimum* bezeichneten Verfahren wird durch geeignete Wahl der Reglerparameter versucht, die Bandbreite von $F_W(s)$ möglichst groß zu machen. D.h, im Frequenzbereich soll der Betrag $|F_W(j\omega)|$ für möglichst große Frequenzen ω gleich 1 werden. Man spricht auch von einer „Betragsanschmiegung" von $F_W(j\omega)$ an Eins. Der Regelkreis kann dann hochfrequenten Führungsgrößen $w(t)$ ohne Betragsabsenkung folgen. Nach den obigen Überlegungen wird aber mit einer Anhebung der Bandbreite ω_B von $F_W(j\omega)$ gleichzeitig eine Verringerung der Anregelzeit T_{An} erzielt.

Die Berechnungen der Reglerparameter nach dem Betragsoptimum erfolgen durch Approximierung von $F_W(j\omega)$ im Frequenzbereich. Für Verzögerungsstrecken der Form

$$F_S(s) = \frac{1}{a_0 + a_1\, s + a_2\, s^2 + \ldots}$$

werden in [15] die in Tabelle 6.1 auf der folgenden Seite zusammengestellten Reglerparameter angegeben. Dieses Entwurfsverfahren soll wiederum auf diesselbe Regelstrecke von Beispiel 6.1 angewendet werden.

Beispiel 6.2: Mit den Daten der Regelstrecke

$$F_S(s) = \frac{2}{(1 + 1,2\ s) \cdot (1 + 0,5\ s) \cdot (1 + 0,1\ s)}$$

lauten die für die Auslegung des Reglers nach dem Betragsoptimum gemäß Tabelle 6.1 benötigten a_i Parameter nach dem Ausmultiplizieren des Nenners:

$$a_0 = 0,5 \qquad a_1 = 0,9 \qquad a_2 = 0,385 \qquad a_3 = 0,03$$

Die Reglerparameter eines PI-Reglers ergeben sich dann nach Tabelle 6.1 auf der folgenden Seite zu:

$$r_0 = 0,9314 \qquad r_1 = 1,1765\ .$$

Damit lauten Verstärkungsfaktor und Nachstellzeit dann

$$K_P = \frac{r_1}{2} = 0,5882 \qquad \text{und} \qquad T_N = \frac{r_1}{r_0} = 1,2632\ .$$

Abb. 6.12 zeigt die Übergangsfunktion des Regelkreises für die obigen Reglerparameter (Kurve a). Die anderen Kurven stellen die Übergangsfunktionen für die Auslegung des PI-Reglers nach dem Betragsoptimum für die Annahmen „eine große Zeitkonstante"($T_1 \gg T_2 + T_3$, Kurve b) und die Annahme „zwei große Zeitkonstanten" ($T_1, T_2 \gg T_3$, Kurve c) dar. Die beiden Annahmen sind nicht besonders gut erfüllt, und demzufolge sind die Übergangsfunktionen ebenso weniger gut als die Übergangsfunktion von Kurve a.

Strecke $F_S(s)$	Regler $F_R(s)$	Einstellregeln
$\frac{1}{a_0 + a_1\ s + a_2\ s^2 + \ldots}$	$\frac{r_0 + r_1\ s}{2\ s}$	$r_0 = \frac{a_0}{D_1} \cdot (a_1^2 - a_0 a_2)$ $r_1 = \frac{a_1}{D_1} \cdot (a_1^2 - a_0 a_2) - a_0$ $D_1 = \begin{vmatrix} a_1 & a_0 \\ a_3 & a_2 \end{vmatrix}$
$\frac{1}{a_0 + a_1\ s + a_2\ s^2 + \ldots}$	$\frac{r_0 + r_1\ s + r_2\ s^2}{2\ s}$	$r_0 = \frac{a_0}{D_2} \cdot \begin{vmatrix} a_1 & a_2 a_0 \\ a_3 & a_2^2 - a_1 a_3 + a_0 a_4 \end{vmatrix}$ $r_1 = \frac{a_1}{D_2} \begin{vmatrix} a_1 & a_2 a_0 \\ a_3 & a_2^2 - a_1 a_3 + a_0 a_4 \end{vmatrix} - a_0$ $r_2 = \frac{\begin{vmatrix} a_1 & a_0 & 0 \\ a_3 & a_2 & a_0 a_2 \\ a_5 & a_4 & a_2^2 - a_1 a_3 + a_0 a_4 \end{vmatrix}}{D_2} - a_1$ $D_2 = \begin{vmatrix} a_1 & a_0 & 0 \\ a_3 & a_2 & a_1 \\ a_5 & a_4 & a_3 \end{vmatrix}$
$\frac{K_S}{\prod_{\nu=1}^{n}(1 + T_\nu\ s)}$ 1 große Zeitkonstante $T_1 \gg T_\Sigma = \sum_{\nu=2}^{n} T_\nu$	$\frac{K_P \cdot (1 + T_N\ s)}{T_N\ s}$	$K_P = \frac{T_1}{2\ K_S\ T_\Sigma}, \qquad T_N = T_1$
$\frac{K_S}{\prod_{\nu=1}^{n}(1 + T_\nu\ s)}$ 2 große Zeitkonstanten $T_1, T_2 \gg T_\Sigma = \sum_{\nu=3}^{n} T_\nu$	$\frac{K_P \cdot (1 + T_N\ s)}{T_N\ s}$	$K_P = \frac{T_1^2 + T_2^2}{2 K_s T_1 T_2}$ $T_N = \frac{(T_1^2 + T_2^2) \cdot (T_1 + T_2)}{T_1^2 + T_1 T_2 + T_2^2}$
	$\frac{K_P(1 + T_N s)(1 + T_V s)}{T_N\ s}$	$K_P = \frac{T_1}{2\ K_S\ T_\Sigma},\ T_N = T_1,\ T_V = T_2$

Tabelle 6.1: Einstellregeln für den Reglerentwurf nach dem Betragsoptimum

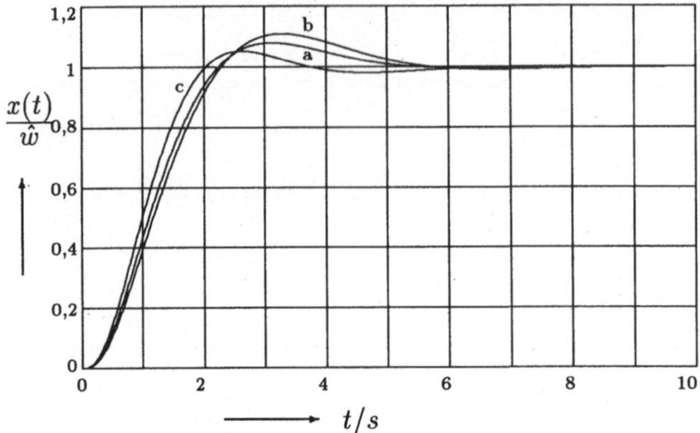

Abb. 6.12: Übergangsfunktionen der PT_3-Regelstrecke mit PI-Regler für verschiedene Auslegungen nach dem Betragsoptimum; Standardauslegung (Kurve a), Annahme: eine große Zeitkonstante (Kurve b) und Annahme: zwei große Zeitkonstanten (Kurve c)

Die Berechnung der Reglerparameter für Kurve a führt nicht zu einer Pol-/Nullstellenkompensation des $(1 + T_1 s)$-Terms. Die Nachstellzeit T_N wird etwas größer als die größte Zeitkonstante. □

Aufgabe 6.1: Berechnen Sie die Reglerparameter für die Regelstrecke von Beispiel 6.2 unter der Annahme

1.) $T_1 \gg T_2 + T_3$
2.) $T_1, T_2 \gg T_3$

Lösung: 1.) $K_P = 0{,}5$ und $T_N = 1,2\ s$;
2.) $K_P = 0{,}7042$ und $T_N = 1,2546\ s$; □

6.3.4 Der Kompensationsregler

Zwischen den Übertragungsfunktionen von Regler und Strecke und der Führungsübertragungsfunktion besteht die bekannte Beziehung

$$F_W(s) = \frac{F_R(s) \cdot F_S(s)}{1 + F_R(s) \cdot F_S(s)} .$$

Schreibt man nun $F_W(s)$ vor, so kann man diese Gleichung direkt nach $F_R(s)$ auflösen und erhält damit eine Bestimmungsgleichung für den Regler. Für $F_W(s) = 1/N_W(s)$, mit $N_W(s)$ als Nennerpolynom, ergibt die Auflösung nach $F_R(s)$

$$F_R(s) = \frac{1}{F_S(s) \cdot (N_W(s) - 1)} = \frac{N_S(s)}{Z_S(s) \cdot (N_W(s) - 1)} . \qquad (6.19)$$

Darin sind $Z_S(s)$ und $N_S(s)$ Zähler- und Nennerpolynom der Regelstrecke. Für spezielle Formen von $N_W(s)$ wird in [34], [35] gezeigt, wie man mit Hilfe von Gleichung 6.19 die Gleichung des Reglers so berechnen kann, daß die Regelgröße nach einem Sprung der Führungsgröße $\widehat{w}$ den vorgeschriebenen Verlauf nimmt. Als geeignete Führungsübertragungsfunktion gibt Weber Reihenschaltungen identischer PT_1-Glieder an, die folgende Form aufweisen:

$$F_W(s) = \frac{1}{N_W(s)} = \frac{1}{\left(1 + \frac{s}{\alpha}\right)^r} \qquad (6.20)$$

mit $\alpha = 1/T$ als Inverse einer Zeitkonstanten. Den Verlauf der zugehörigen Übergangsfunktionen zeigt Abb. 6.13

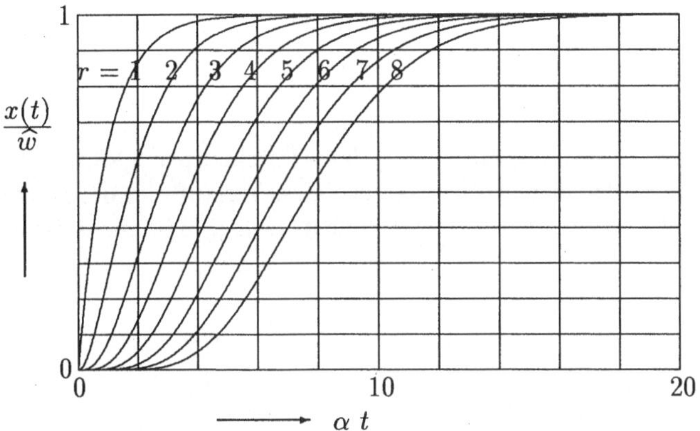

Abb. 6.13: Übergangsfunktionen für die Auswahl der Parameter α und r für den Entwurf von Kompensationsreglern

Die Berechnung der Reglergleichung erfolgt in drei Schritten und soll am Beispiel der Regelstrecke von Beispiel 6.1 untersucht werden.

Beispiel 6.3: Die zu regelnde Regelstrecke ist wiederum

$$F_S(s) = \frac{2}{(1 + 1{,}2\ s) \cdot (1 + 0{,}5\ s) \cdot (1 + 0{,}1\ s)} \ . \qquad (6.21)$$

Schritt 1 (Berechnung des Exponenten r in Gleichung 6.20): Man ermittelt den Exponenten r als Differenz des Nenner- und Zählergrades der Regelstrecke. Es gilt

$$r = Grad\ N_S(s) - Grad\ Z_S(s) = n - m \ .$$

Für die Regelstrecke 6.21 sind $n = 3$ und $m = 0$. Damit wird $r = n - m = 3$. Durch diese Forderung wird erreicht, daß der berechnete Regler realisierbar bleibt, d.h. es folgt $Grad\ Z_R(s) \leq Grad\ N_R(s)$.

Schritt 2 (Ermittlung des Koeffizienten α in Gleichung 6.20): Die Forderung für die Auslegung des Kompensationsreglers sei:

„Die Regelgröße $x(t)$ soll nach spätestens $T_{Aus} = 8\ s$ innerhalb des 5 % Fehlerbandes verlaufen.“

Aus Abb. 6.13 liest man für den Verlauf der Sprungantwort für das ausgewählte $r = 3$ ab, daß diese Kurve bei $\alpha \cdot T_{Aus} \approx 6,4$ das 5 % Fehlerband erreicht. Damit wird das gesuchte $\alpha = 6,4/8\ s^{-1} = 0,8\ s^{-1}$, bzw. $1/\alpha = 1,25\ s$.

Schritt 3 (Berechnung von $F_R(s)$): Dieser letzte Schritt erfolgt durch Einsetzen der ermittelten Polynome in Gleichung 6.19

$$\begin{aligned} F_R(s) &= \frac{N_S(s)}{Z_S(s) \cdot (N_W(s) - 1)} = \frac{(1 + 1,2\ s) \cdot (1 + 0,5\ s) \cdot (1 + 0,1\ s)}{2 \cdot ((1 + 1,25\ s)^3 - 1)} \\ &= 0,5 \cdot \frac{1 + 1,8\ s + 0,77\ s^2 + 0,06\ s^3}{3,75\ s + 4,6875\ s^2 + 1,9531\ s^3} . \end{aligned} \tag{6.22}$$

Mit diesem Regler hat die Regelgröße $x(t)$ dann für eine sprungförmige Führungsgröße w den in der folgenden Abb. 6.14 gezeigten Verlauf, der dem angestrebten Verlauf entspricht. Die Regelgröße $x(t)$ erreicht nach ca 8 s, wie gefordert, das 5 % Fehlerband.

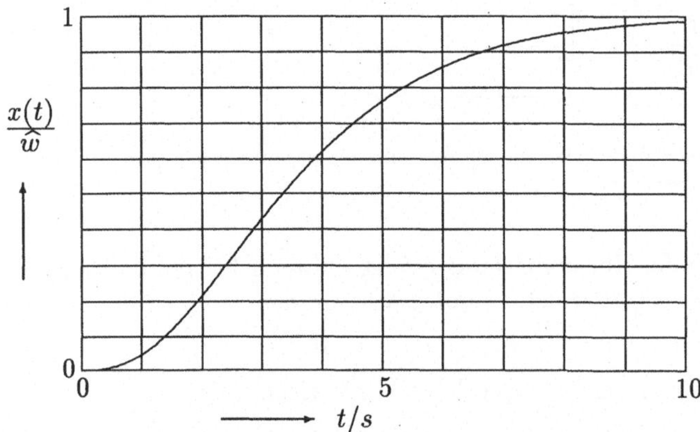

Abb. 6.14: Einschwingverhalten der Regelgröße $x(t)$ für einen Kompensationsregler

□

Dieses Entwurfsverfahren kann sowohl bei proportionalen als auch bei integrierenden Regelstrecken angewendet werden. Der Kompensationsregler erfüllt gezielt die gestellten quantitativen Forderungen. Seine Berechnung ist sehr einfach. Der ermittelte Regler ist jedoch relativ aufwendig zu realisieren, er weist eine hohe Ordnung auf. Der resultierende Regler ist kein klassischer P-, PI- oder PID-Regler. Da der Regler von der genauen Kenntnis der Streckenparameter abhängt, ist er entsprechend empfindlich gegenüber Parameterschwankungen.

Es existieren Erweiterungen dieser Entwurfsmethode, die auch ein schwingungsfähiges Einschwingen der Regelgröße auf die Führungsgröße $\widehat{w}$ erlauben [35].

6.4 Empirische Einstellregeln

6.4.1 Einstellregeln nach Ziegler und Nichols

Viele Regelstrecken in der Verfahrenstechnik lassen sich durch Verzögerungsstrecken 1. Ordnung mit einer zusätzlichen Totzeit, also als sogenannte PT_1T_t-Strecken, darstellen, mit T_t und T_1 als Ersatztotzeit bzw. Ersatzzeitkonstante. Für derartige Regelstrecken haben Ziegler und Nichols [36] Einstellregeln angegeben, die in der nachfolgenden Tabelle 6.2 zusammengefaßt sind. Diese Regeln erfordern die Kenntnis von Streckenverstärkung K_S, Zeitkonstante T_1 und Totzeit T_t.

Regler	K_P	T_N	T_V
P	$\frac{T_1}{K_S \cdot T_t}$	-	-
PI	$0,9 \cdot \frac{T_1}{K_S \cdot T_t}$	$3,3\ T_t$	-
PID	$1,2 \cdot \frac{T_1}{K_S \cdot T_t}$	$2\ T_t$	$0,5\ T_t$

Tabelle 6.2: Reglereinstellung nach Ziegler und Nichols für bekannte Regelstreckenparameter

Wenn die Streckenverstärkung, Zeitkonstante und Totzeit der Regelstrecke nicht bekannt sind, dann empfehlen Ziegler und Nichols folgendes Vorgehen:

1. Man verwende als Regler im Regelkreis einen P-Regler.
2. Die Reglerverstärkung K_P wird solange erhöht, bis der Regelkreis an der Stabilitätsgrenze Dauerschwingungen durchführt. Die eingestellte Verstärkung K_P ist die sogenannte kritische Verstärkung $K_{P,Krit}$. Die gemessene Periodendauer der Dauerschwingungen heißt kritische Periodendauer T_{Krit}.
3. Abhängig von den Größen $K_{P,Krit}$ und T_{Krit} werden nach Tabelle 6.3 die Reglerparameter eingestellt.

Regler	K_P	T_N	T_V
P	$0,5\ K_{P,Krit}$	-	-
PI	$0,45\ K_{P,Krit}$	$0,83\ T_{Krit}$	-
PID	$0,6\ K_{P,Krit}$	$0,5\ T_{Krit}$	$0,125\ T_{Krit}$

Tabelle 6.3: Reglereinstellung nach Ziegler und Nichols für unbekannte Regelstreckenparameter

Für diese Einstellung ist eine Dämpfung von $D \approx 0,2 \ldots 0,3$ angenommen. Daher ist ein relativ stark schwingender Verlauf der Regelgröße zu erwarten.

Obwohl diese Regler für PT_1T_t-Strecken entworfen wurden, können sie auch für reine Verzögerungsstrecken höherer Ordnung verwendet werden, wenn man diese Strecken durch ihre Verzugszeit T_u und ihre Ausgleichszeit T_g beschreibt. Die Definition dieser Größen T_u und T_g zeigt Abb. 3.10. Man kann sie, wie in Abb. 3.10 gezeigt, graphisch aus der Sprungantwort ermitteln, oder bei Kenntnis der

Übertragungsfunktion der Regelstrecke durch Berechnung des Wendepunktes und der Wendetangente auch rechnerisch bestimmen.

Für die Regelstrecke von Beispiel 6.1 lauten diese Ersatzwerte $T_u = 0,3018\ s$ und $T_g = 2,2655\ s$. Außerdem war die Streckenverstärkung $K_S = 2$. Nach Tabelle 6.2 ergeben sich bei Verwendung von $T_t = T_u$ und $T_1 = T_g$ die Parameter eines PI-Reglers zu:

$$K_P = 3,3780 \qquad \text{und} \qquad T_N = 0,9959 \; .$$

Abb. 6.15 zeigt die Übergangsfunktion für diese Reglereinstellung.

6.4.2 Reglereinstellung nach Chien, Hrones und Reswick

Chien, Hrones und Reswick [7] geben für proportionale Regelstrecken, die durch Streckenverstärkung K_S, Ersatztotzeit T_u und Ersatzzeitkonstante T_g beschrieben werden können Einstellregeln an, die unterschiedliche Empfehlungen für ein günstiges Führungs- bzw. Störverhalten beinhalten. Außerdem unterscheiden sie zwischen einem aperiodischen und schwingenden Einschwingverhalten. Nachfolgend sind in Tabelle 6.4 die Einstellempfehlungen nach Chien, Hrones und Reswick für die Standardregler angegeben.

		Aperiodischer Einschwingvorgang kürzester Dauer		Kleinste Schwingungsdauer mit 20 % Überschwingen	
Regler		Führung	Störung	Führung	Störung
P	K_P	$0,3 \cdot \frac{T_g}{K_S \cdot T_u}$	$0,3 \cdot \frac{T_g}{K_S \cdot T_u}$	$0,7 \cdot \frac{T_g}{K_S \cdot T_u}$	$0,7 \cdot \frac{T_g}{K_S \cdot T_u}$
PI	K_P	$0,35 \cdot \frac{T_g}{K_S \cdot T_u}$	$0,6 \cdot \frac{T_g}{K_S \cdot T_u}$	$0,6 \cdot \frac{T_g}{K_S \cdot T_u}$	$0,7 \cdot \frac{T_g}{K_S \cdot T_u}$
	T_N	$1,2\ T_g$	$4\ T_u$	T_g	$2,3\ T_u$
PID	K_P	$0,6 \cdot \frac{T_g}{K_S \cdot T_u}$	$0,95 \cdot \frac{T_g}{K_S \cdot T_u}$	$0,95 \cdot \frac{T_g}{K_S \cdot T_u}$	$1,2 \cdot \frac{T_g}{K_S \cdot T_u}$
	T_N	T_g	$2,4\ T_u$	$1,35\ T_g$	$2\ T_u$
	T_V	$0,5\ T_u$	$0,42\ T_u$	$0,47\ T_u$	$0,42\ T_u$

Tabelle 6.4: Einstellregeln nach Chien, Hrones und Reswick

Für die Regelstrecke von Beispiel 6.1 mit den Zeitkonstanten $T_u = 0,3018\ s$, $T_g = 2,2655\ s$ und der Streckenverstärkung $K_S = 2$ lauten dann mit Tabelle 6.4 die Werte eines PI-Reglers ausgelegt für ein Führungsverhalten mit aperiodischem Verlauf kürzester Dauer

$$K_P = 1,3137 \qquad \text{und} \qquad T_N = 2,7186\ s.$$

Abb. 6.15 zeigt die Übergangsfunktion der Regelgröße für diesen Regler zusätzlich mit dem Regler ausgelegt nach dem Verfahren von Ziegler und Nichols.

Der Regler nach Ziegler und Nichols führt zu einem stark schwingenden Verlauf der Regelgröße $x(t)$. Dagegen nähert sich bei der Auslegung nach Chien, Hrones und Reswick die Regelgröße nach einem einmaligen Überschwingen „kriechend" dem Endwert. Obwohl die Auslegung für einen aperiodischen Einschwingvorgang kürzester Dauer erfolgt war, zeigt das Ergebnis, daß die Regelgröße dennoch überschwingt. Dies liegt daran, daß die Parameter K_S, T_u und T_g die Strecke nur ungenügend beschreiben.

Für eine genauere Beurteilung dieser beiden Regler und auch der zuvor schon an derselben Strecke getesteten Regler ist neben dem Führungsverhalten noch das Störverhalten zu untersuchen. Außerdem muß ebenso der Verlauf der Stellgröße mit betrachtet werden.

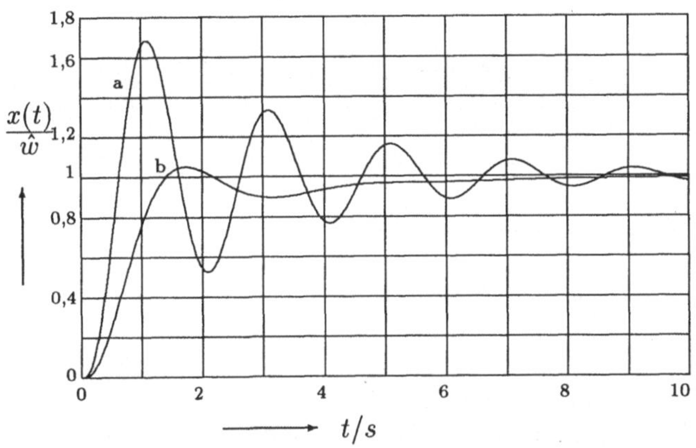

Abb. 6.15: Übergangsfunktion für einen Regler nach Ziegler/Nichols (Kurve a) und Chien, Hrones und Reswick (b)

6.5 Änderungen der Regelkreisstruktur

Die bisher in diesem Kapitel untersuchten Regelstrukturen waren Regelkreise in der Standardform. Es lag ein einschleifiger Regelkreis mit einer Reihenschaltung von Regler und Regelstrecke im Vorwärtszweig vor. In den folgenden Abschnitten werden geänderte Regelkreisstrukturen betrachtet.

6.5.1 Kaskadenregelung

Häufig besteht eine Regelstrecke aus verschiedenen Teilstrecken, die zudem noch ein unterschiedliches dynamisches Verhalten aufweisen. Beispiele hierfür sind die

Temperaturregelung in einem chemischen Reaktionsgefäß oder die Drehzahlregelung bei einem Gleichstrommotor. Bei der Temperaturregelung erfolgt über einen schnellen Regelkreis die Regelung der Temperatur des Heizdampfes (z.B. in einem Wärmetauscher). In dem nachfolgenden langsamen Kreis wird dann über den Heizdampf die Temperatur im Reaktionsgefäß geregelt. Ähnlich verläuft bei der Drehzahlregelung eines Gleichstrommotors die schnelle Einstellung des Stellmoments über den Ankerstrom, während die Regelung der Drehzahl wesentlich langsamer erfolgt.

Da die Dynamik der Teilstrecken der Regelstrecke unterschiedlich ist, liegt es nahe, die unterschiedlich schnellen Anteile der Strecke mit verschiedenen Reglern zu regeln. Dies führt zu einer Regelstruktur, die mit Kaskadenregelung bezeichnet wird und in Abb. 6.16 dargestellt ist.

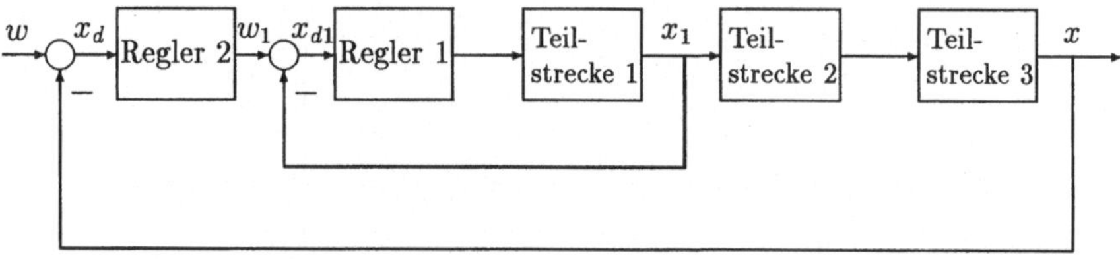

Abb. 6.16: Grundstruktur der Kaskadenregelung

Das Blockschaltbild zeigt eine Struktur von überlagerten Regelschleifen. Regler 1 verarbeitet das Meßsignal von Teilstrecke 1 und läßt die Teilstrecken 2 und 3 unberücksichtigt. Diese *innere Schleife* stellt den schnelleren Anteil der Regelung dar. Wenn Teilstrecke 1 eine „langsame" Regelstrecke ist, dann führt die Einführung einer „schnellen" Regelung an dieser Stelle zu unerwünschten großen Stellamplituden. Ist der Regler für die innere Schleife berechnet, dann stellt die Führungsübertragungsfunktion der inneren Schleife eine neue Teilstrecke 0 für die Auslegung des äußeren Reglers 2 dar. Die Führungsübertragungsfunktion des inneren Kreises weist im allgemeinen kleine Zeitkonstanten aus. Die *äußere Regelschleife* besteht dann aus Regler 2 und den Teilstrecken 0, 2 und 3. Die äußere Schleife ist die langsamere Regelschleife. Wichtige Voraussetzung für die Anwendung einer derartigen Kaskadenregelung ist, daß sowohl die Regelgröße $x(t)$ als auch die „Hilfsregelgröße" $x_1(t)$ gemessen werden können.

Die Auslegung einer derartigen Kaskadenregelung soll am Beispiel der Regelstrecke von Beispiel 6.1 demonstriert werden.

Beispiel 6.4: Die Kaskadenregelung für die Regelstrecke von Beispiel 6.1 soll die Struktur von Abb. 6.17 aufweisen. Wie zuvor beträgt die Streckenverstärkung $K_S = 2$. Sie resultiert als Produkt der Verstärkungen aller Teilstrecken.

Die Auslegung der Regler geschieht in zwei Schritten. Zuerst wird der *Regler 1* für die Teilstrecke 1 ausgelegt. Da der inneren Regelschleife eine äußere Schleife überlagert ist, kann beim inneren Regelkreis sogar eine bleibende Regelabweichung

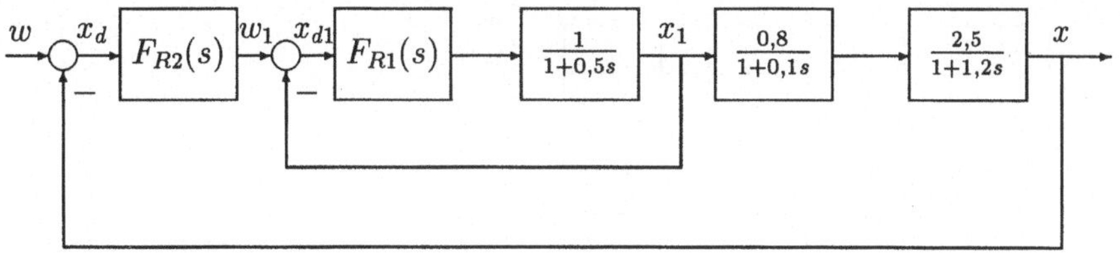

Abb. 6.17: Kaskadenregelung

toleriert werden. Wählt man für Regler 1 einen P-Regler mit der Verstärkung K_{P1} = 4, so resultiert

$$F_{01}(s) = F_{R1} \cdot F_{S1} = \frac{4}{1 + 0,5\ s} \quad \text{und}$$

$$F_{W1}(s) = \frac{F_{01}}{1 + F_{01}} = 0,8 \cdot \frac{1}{1 + 0,1\ s}\ . \tag{6.23}$$

Die innere Schleife weist eine Zeitkonstante von 0,1 s auf, der Verstärkungsfaktor beträgt jedoch nur 0,8. Für die Auslegung des *äußeren Reglers* $F_{R2}(s)$ liegt dann die folgende Struktur zugrunde:

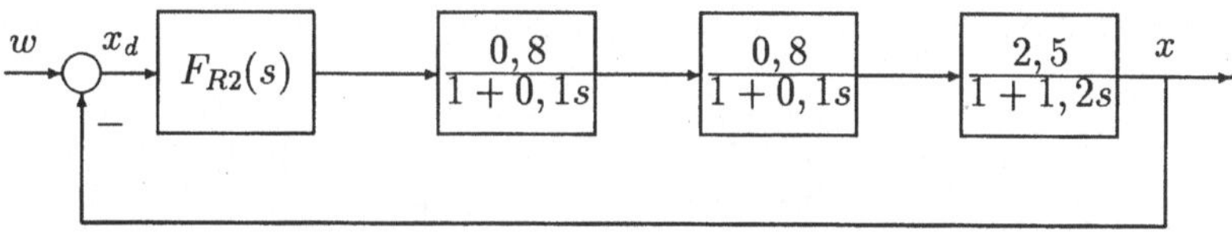

Abb. 6.18: Äußere Regelschleife der Kaskadenregelung

Die Auslegung des äußeren Reglers kann z.B. nach dem Betragsoptimum erfolgen. Da die Regelstrecke eine große Zeitkonstante und zwei wesentlich kleinere Zeitkonstanten aufweist, bietet sich für die Auswahl der Reglerparameter die Anwendung des Spezialfalls von Tabelle 6.1 für eine große Zeitkonstante an. Hiernach wird

$$T_{N2} = 1,2\ s \qquad \text{und} \qquad K_{P2} = \frac{1,2}{2 \cdot 1,6 \cdot 0,2} = 1,875\ .$$

Die Übergangsfunktion für die Kaskadenregelung mit den oben berechneten Reglerparametern für die Regler 1 und 2 zeigt Abb. 6.19.

Schon nach 2 Sekunden hat die Regelgröße den Sollwert nach einem kurzen Überschwinger erreicht. Dieses Ergebnis übertrifft die bisher erzielten Ergebnisse des Einschwingvorgangs für die PT_3-Regelstrecke nach einem Sprung der Führungsgröße. □

Abhängig vom Angriffspunkt der Störgröße kann man die Regelkreise der Kaskadenregelung für ein gutes Störverhalten oder für ein gutes Führungsverhalten auslegen. Greift die Störgröße z.B. zwischen der 1. und der 2. Teilstrecke an, so kann man den Ausgang der 2. Teilstrecke als Hilfsregelgröße $x_2(t)$ rückführen, und die innere Regelschleife für ein gutes Störverhalten auslegen. Die Wirkung der

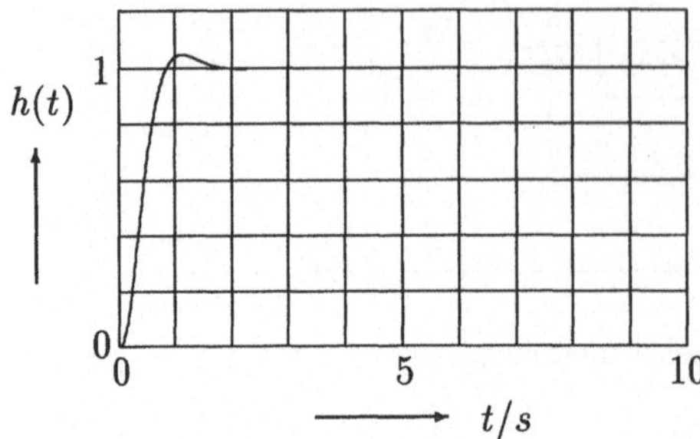

Abb. 6.19: Übergangsfunktion der PT_3-Regelstrecke mit einer Kaskadenregelung

Störung wird kompensiert bevor die äußere Teilstrecke die Wirkung der Störung an den äußeren Regler melden kann. Den äußeren Regler kann man dann z.B. für ein gutes Führungsverhalten auslegen.

Bei der Drehzahlregelung einer Gleichstrommaschine nach dem Prinzip der Kaskadenregelung ist es genau umgekehrt. Das Blockschaltbild der Regelstrecke Gleichstrommotor wurde in Kapitel 2.3.1 hergeleitet. Hier wird der innere Kreis für optimales Führungsverhalten und der äußere für optimales Störverhalten ausgelegt. Die innere Schleife der Kaskadenregelung ist die Stromregelung des Antriebs, die äußere Schleife ist die Drehzahlregelung. Abb. 6.20 zeigt das Blockschaltbild der Drehzahlregelung. Beide Regler sind im allgemeinen PI-Regler.

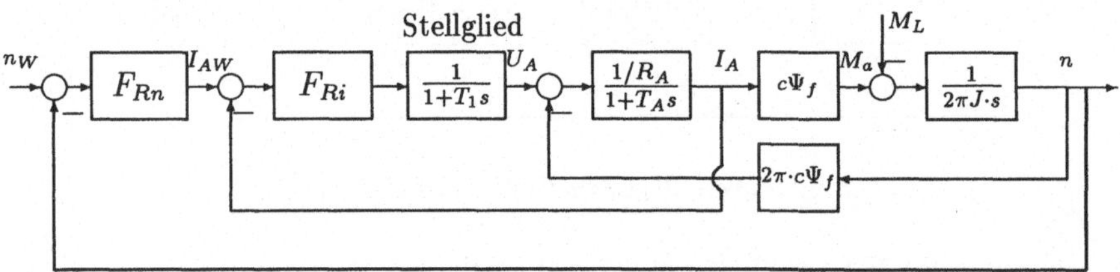

Abb. 6.20: Gleichstrommotor mit Kaskadenregelung

Das eingezeichnete Stellglied ist ein netzgeführter Gleichrichter, der durch ein PT_1-Glied mit kleiner Zeitkonstante approximiert werden kann.

6.5.2 Störgrößenaufschaltung

Bei manchen technischen Prozessen besteht die Möglichkeit, die Störgröße $z(t)$, die auf die Regelstrecke einwirkt, direkt zu messen.

- Wird z.B. bei der Temperaturregelung einer Flüssigkeit permanent über einen Mischer Fremdflüssigkeit beliebiger Temperatur zugeführt, so stellt die Wärmemenge dieser Fremdflüssigkeit eine Störgröße $z(t)$ dar. Mißt man Temperatur und Menge der Fremdflüssigkeit, so kann man diese Information sofort verwerten und muß nicht erst abwarten, bis die Störgröße ihre Wirkung nach der Beimischung entfaltet.

- Bei der Flugzeugbewegung stellen die auftretenden Böen eine Störgröße dar, die man z.B. durch einen langen Stab an der Spitze des Rumpfes messen kann. Damit ist es möglich, schon gegenzusteuern, bevor die Wirkung der Bö über die Lageänderung des Flugzeugs meßbar wird. In beiden Fällen liegt der Vorteil der Messung der Störgröße darin, daß man sofort Gegenmaßnahmen ergreifen kann und nicht erst abwarten muß, bis die Störgröße sich auf die Regelgröße auswirkt.
- Bei der Spannungsregelung eines Synchrongenerators stellt der Laststrom eine Störgröße dar, die zur Spannungsstabilisierung eingesetzt werden kann.

Bei all diesen Beispielen macht man sich die direkte Messung und geeignete Aufschaltung der gemessenen Störgröße zunutze. Die Struktur eines Regelkreises mit Störgrößenaufschaltung zeigt Abb. 6.21. Dabei wird die gemessene Störgröße $z(t)$ über ein Kompensationsglied $F_{RZ}(s)$ geführt und dem Stellsignal des Reglers überlagert.

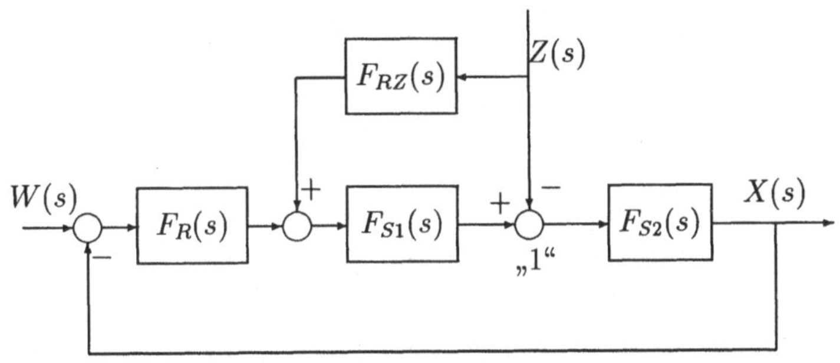

Abb. 6.21: Störgrößenaufschaltung

Die Wirkung der Störgröße kann man kompensieren, wenn am Ort des Einwirkens der Störung $z(t)$, d.h. an der Summationsstelle „1“, die Messung von $z(t)$ sich so auswirkt, daß beide Anteile sich gegenseitig aufheben. Diese Forderung führt zu der Gleichung

$$-Z(s) + Z(s) \cdot F_{RZ} \cdot F_{S1} = 0 \qquad \text{bzw} \qquad F_{RZ}(s) = \frac{1}{F_{S1}(s)} \; .$$

Wenn das Kompensationsglied F_{RZ} das inverse Übertragungsverhalten der 1. Teilstrecke F_{S1} aufweist, dann heben sich am Summationspunkt die Wirkungen auf. Sind die Teilstrecken Verzögerungsstrecken, dann müßte F_{RZ} ideales PD-Verhalten also rein proportional differenzierendes Verhalten aufweisen. Da dies nicht realisierbar ist, begnügt man sich gegebenenfalls mit einem reinen P-Glied (starre) oder einem verzögerten PDT$_D$-Verhalten (nachgebende Störgrößenaufschaltung).

Überlagert man den Ausgang des Kompensationsgliedes dem *Reglereingang*, dann muß das Kompensationsglied mit Hilfe der Gleichung

$$F^*_{RZ}(s) = \frac{1}{F_R(s) \cdot F_{S1}(s)}$$

berechnet werden, wobei auch hierbei auf die Realisierbarkeit zu achten ist.

Das folgende Beispiel zeigt die Wirkung der Störgrößenaufschaltung an der PT_3-Strecke von Beispiel 6.4.

Beispiel 6.5: Die Störgröße soll nach der zweiten Teilstrecke eingreifen. Abb. 6.22 zeigt das Blockschaltbild der Störgrößenaufschaltung mit einem proportionalen Kompensator $F_{RZ} = 1/0,8 = 1,25$.

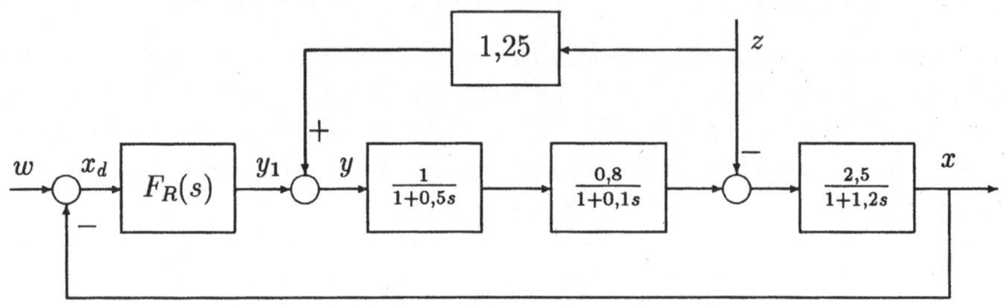

Abb. 6.22: PT_3-Strecke mit Störgrößenaufschaltung

Als Regler wird für diese Strecke ein PI-Regler verwendet, ausgelegt nach der Methode des Betragsoptimums, wie er in Beispiel 6.2 berechnet wurde zu: $K_P = 0,5882$ und $T_N \doteq 1,2632s$.

Mit diesem Regler resultiert dann das in Abb. 6.23 gezeigte Führungs- und Störverhalten des Regelkreises. Nach dem Einschwingen auf den Sollwert wird nach ca. 8 s eine Störung $\hat{z}$ von 10 % der Führungsgröße $\hat{w}$ aufgeschaltet. Die starre Störgrößenaufschaltung reduziert die Maximalablage der Regelgröße infolge der Störung auf ca. die Hälfte.

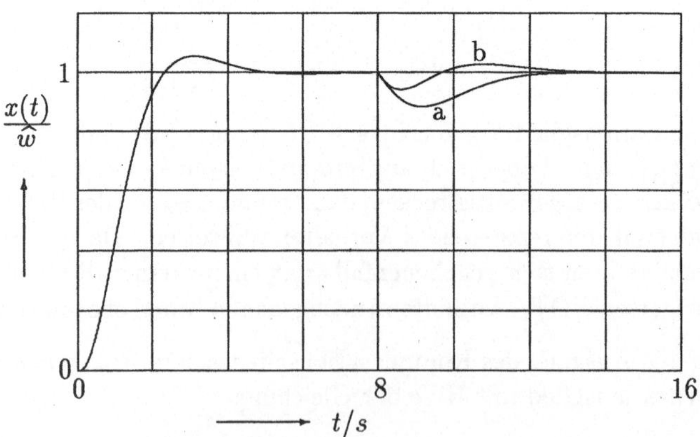

Abb. 6.23: Übergangsfunktion ohne (Kurve a) und mit (Kurve b) Störgrößenaufschaltung

6.5.3 Weitere Strukturänderungen

1. Hilfsregelgrößenaufschaltung

Nicht ganz so wirksam wie bei der Kaskadenregelung ist die Verwendung der *Hilfsregelgröße* $x_1(t)$ in der nachfolgenden Regelkreisstruktur, die man als Hilfsregelgrößenaufschaltung bezeichnet.

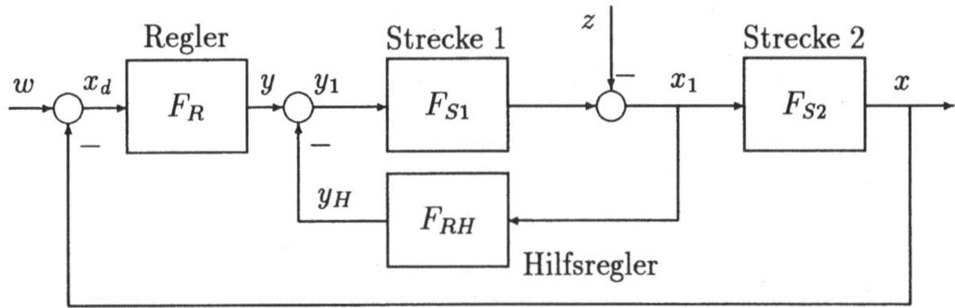

Abb. 6.24: Regelkreis mit Hilfsregelgrößenaufschaltung

Im Unterschied zur Kaskadenregelung von Abschnitt 6.5.1 befindet sich der Regler F_{RH} des unterlagerten Hilfsregelkreises im Rückwärtszweig der unterlagerten Regelschleife. Die Wirkung der Hilfsregelgrößenaufschaltung läßt sich am Beispiel von zwei PT_1-Strecken gut erläutern, d.h. es gilt:

$$F_{S1} = \frac{K_1}{1+T_1 s} \qquad \text{und} \qquad F_{S2} = \frac{K_2}{1+T_2 s} \ .$$

Als Hilfsregler wird ein P-Regler verwendet, $F_{RH} = K_{PH}$, während der andere Regler ein PI-Regler sein soll, $F_R(s) = \frac{K_P \cdot (1+T_N s)}{T_N s}$. Mit dem Hilfsregler F_{RH} ergibt sich als Übertragungsfunktion von y nach x_1

$$F_{W1}(s) = \frac{x_1(s)}{y(s)} = \frac{K_1}{1+K_1 K_{PH}} \cdot \frac{1}{1+\frac{T_1}{1+K_1 K_{PH}} \cdot s} = \frac{K_H}{1+T_H s} \ .$$

Durch Verwendung des Hilfsreglers wird der „Durchgriff" (Verstärkung) schlechter als ohne Regler, da $K_H < K_1$ wird, dafür reagiert wegen $T_H < T_1$ der innere Kreis jedoch schneller. Deutlich verbessert ist auch das Störverhalten, wie die Berechnung der Störübertragungsfunktion zeigt:

$$F_{Z1}(s) = \frac{x_1(s)}{z(s)} = \frac{-1}{1+K_1 K_{PH}} \cdot \frac{1+T_1 s}{1+\frac{T_1}{1+K_1 K_{PH}} \cdot s} \ .$$

Für eine sprungförmige Störung $z(t) = \hat{z} \cdot \sigma(t)$ wird (bis zum Eingreifen von F_R) ohne Hilfsregler $x_1(t) = -\hat{z}$. Mit Hilfsregler ist im ersten Augenblick zwar $x_1(0) = -\hat{z}$, für $t \to \infty$ geht die Wirkung der Störung jedoch zurück, da gilt

$$\lim_{t\to\infty} x_1(t) = \lim_{s=0} F_{Z1}(s) \cdot s \cdot Z(s) = \frac{-\hat{z}}{1+K_1 K_{PH}} \ .$$

Je größer K_{PH}, umso mehr wird die Wirkung der Störung durch den Hilfsregler reduziert.

Als Führungsübertragungsfunktion des gesamten Regelkreises resultiert bei Verwendung von $T_N = T_2$ dann

$$F_W(s) = \frac{X(s)}{W(s)} = \frac{1}{1 + \frac{T_2}{K}s + \frac{T_2 T_H}{K}s}$$

mit $K = K_P K_H K_2$. Damit resultieren dann für den geschlossenen Kreis die Kreisfrequenz ω_0 und die Dämpfung D zu

$$\omega_0 = \frac{K_P K_1 K_2}{T_1 T_2} \quad \text{und} \quad D = \frac{T_2}{4T_1} \cdot \frac{(1 + K_1 K_{PH})^2}{K_P K_1 K_2} .$$

Die Kreisfrequenz ω_0 wird durch die Verwendung des Hilfsreglers nicht beeinflußt, die Dämpfung D nimmt jedoch zu.

Der Einfluß der Hilfsregelgrößenaufschaltung auf einen Regelkreis soll anhand eines Beispiels demonstriert werden.

Beispiel 6.6: Die Regelstrecke von Beispiel 6.5 soll mit und ohne Hilfsregelgrößenaufschaltung untersucht werden. Die Regelkreisstruktur der untersuchten Anordnung zeigt Abb. 6.25.

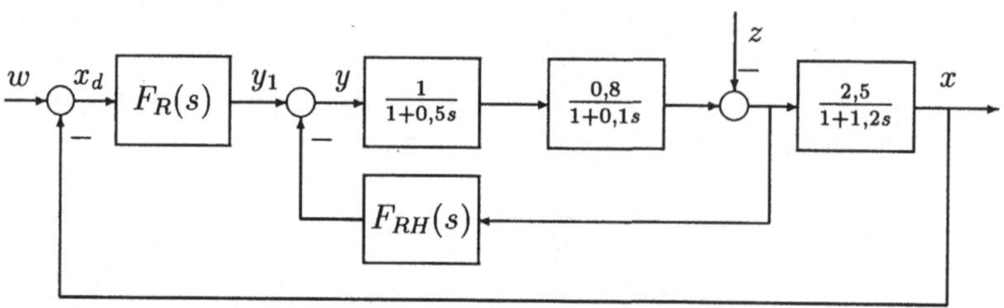

Abb. 6.25: Struktur des Regelkreises mit Hilfsregelgrößenaufschaltung

Als Hilfsregler wird ein P-Regler mit der Verstärkung $K_{PH} = 1$ eingesetzt, der Standardregler im Kreis sei ein PI-Regler mit der Verstärkung $K_P = 1,5$ und der Nachstellzeit $T_N = 1,2\ s$. Für diese Auslegung resultiert das in Abb. 6.26 gezeigte Führungs- und Störverhalten. Als Störgröße wird hierbei nach 8 s eine sprungförmige Störung $\hat{z}$ von 10% der Führungsgröße $\hat{w}$ aufgeschaltet.

Durch die Verwendung des Hilfsreglers wird das Führungsverhalten des Regelkreises verbessert. Die aufgrund der vorangehenden Berechnungen erwartete Erhöhung der Dämpfung ist deutlich ersichtlich, die Regelgröße schwingt mit ca. 4% Überschwingen nach 4 s auf den Sollwert ein. Außerdem wird der Einfluß der sprungförmigen Störgröße $z(t)$ reduziert. Das Maß der Reduktion erreicht jedoch nicht die Güte wie bei der im Beispiel 6.5 verwendeten Störgrößenaufschaltung.

□

2. Hilfsstellgrößenaufschaltung

Als letzte Strukturänderung des Regelkreises zur Verbesserung des Regelverhaltens wird die sogenannte Hilfsstellgrößenaufschaltung betrachtet. Die Verwendung einer Hilfsstellgröße setzt voraus, daß zusätzlich zum „normalen“ Stellglied

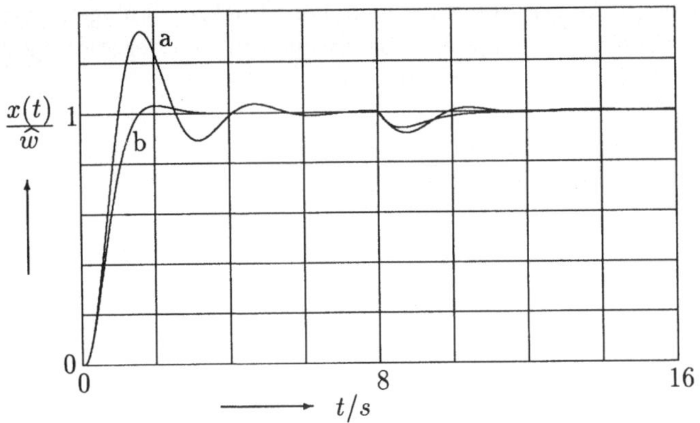

Abb. 6.26: Übergangsfunktionen ohne (Kurve a) und mit (Kurve b) Hilfsregelgrößenaufschaltung

ein weiteres Stellglied zur Beeinflußung des Regelprozesses vorhanden ist. Derartige Hilfsstellgrößen können vorteilhaft verwendet werden, wenn die Regelstrecke Anteile unterschiedlicher Dynamik aufweist. Ein typisches Beispiel hierfür ist die Zielverfolgung eines Objektes durch eine Teleskopeinrichtung. Im Strahlengang des Teleskops sorgen z.B. verstellbare Spiegel (Hilfsstellgröße) für die schnelle Feinausrichtung des Strahlenverlaufs auf den lichtempfindlichen Sensor des Teleskops. Das Teleskoprohr dagegen wird über eine zweite Nachführeinrichtung (Stellmotor) der „mittleren" Bewegung des Zielobjektes nachgeführt. Über den Stellmotor (Hauptstellgröße) wird quasi der Arbeitsbereich des Regelkreises festgelegt. Die Dynamik dieses Regelkreises muß so groß sein, daß das Zielobjekt nicht aus dem Sichtbereich verschwindet. Die Hilfstellgröße dient sowohl zur Ausregelung hochfrequenter Störsignale als auch zur Ausregelung kurzzeitiger schneller Bewegungsänderungen des Zielobjekts. Die Struktur einer derartigen Hilfsstellgrößenaufschaltung zeigt Abb. 6.27.

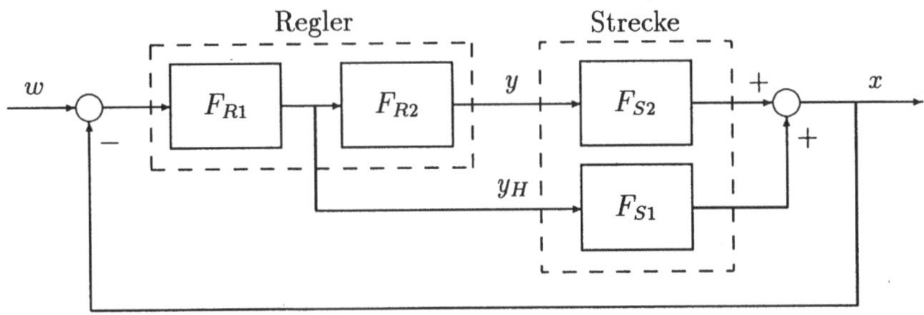

Abb. 6.27: Regelkreisstruktur mit Hilfsstellgrößenaufschaltung

Die Hilfsstellgröße y_H wirkt auf den hochdynamischen Anteil F_{S1} der Regelstrecke. Dabei wird das Stellsignal aus dem Regleranteil F_{R1} gebildet. Die Dynamik dieses Teilkreises wird oft so ausgelegt, daß die Wirkung der Hilfsstellgröße im eingeschwungenen Zustand verschwindet. Sie ist dann nur während des Einschwingvorgangs wirksam. Im Beharrungszustand wirkt dann allein die Stellgröße y.

Derartige Hilfsstellgrößen werden z.B. auch bei Druckregelanlagen verwendet, wenn über die Drehzahl einer Pumpe im Beharrungszustand der stationäre Druck geregelt wird, während für die schnelle Ausregelung von Störungen ein Stellventil in der Zuführungsleitung eingreift. Dieses Stellventil steht im Beharrungszustand in einer nominalen Position (z.B. Mittenlage) und wandert nur während des Einschwingvorgangs aus seiner Mittenlage heraus [23].

7 Synthese von Regelkreisen mit dem Bode-Diagramm

In Kapitel 2 wurden Regelkreisglieder durch zwei verschiedene Methoden beschrieben. Dies war zum einen die Beschreibung im Zeitbereich durch Differentialgleichungen und ihre Lösungen und zum anderen die Beschreibung im Frequenzbereich durch Übertragungsfunktion und Frequenzgang und dessen graphische Darstellungen wie Ortskurve und Bode-Diagramm.

Der bisher behandelte Entwurf von Reglern basierte vorwiegend auf analytischen Methoden wie z.B. der Bestimmung der Wurzeln der charakteristischen Gleichung oder auf Kriterien im Zeitbereich wie An-/Ausregelzeit und Überschwingweite. Bei Vorhandensein von Totzeitgliedern im Regelkreis zeigte sich jedoch der Nutzen von graphischen Verfahren. Bei der Stabilitätsuntersuchung mittels der Nyquist-Ortskurve wird die Ortskurve des Frequenzgangs der Reihenschaltung von Regler und Strecke in der komplexen s-Ebene aufgetragen. Der Verlauf dieser Ortskurve relativ zum kritischen Punkt -1 bestimmt die Stabilität des geschlossenen Kreises. Die nachfolgend beschriebenen Entwurfsverfahren basieren auf dieser Analyse des Regelkreises im Frequenzbereich.

7.1 Regelkreisanalyse im Frequenzbereich

Als alternative Darstellungsart der Ortskurve in der komplexen Ebene ist in Abschnitt 2.2.3 die getrennte graphische Darstellung von Betrag und Phasenwinkel über der Kreisfrequenz ω gezeigt worden. Diese Art der Darstellung nennt man *Bode-Diagramm*, die Amplitudendarstellung den *Amplitudengang* und die Phasendarstellung *den Phasengang.* Beim Amplitudengang wird die doppellogarithmische Darstellung ($20 \cdot \log|F|$ und $\log\omega$) gewählt, und beim Phasengang die einfachlogarithmische Darstellung (Winkel φ und $\log\omega$). Die Skalierung mit $20 \cdot \log|F|$ nennt man Skalierung in Dezibel (dB). Als Beispiel ist in Abschnitt 2.2.3 der Amplituden- und Phasengang des RL-Gliedes (PT_1-Glied) dargestellt.

Den prinzipiellen Verlauf von Amplituden- und Phasengang eines derartigen PT_1-Gliedes zeigt Abb. 7.1.

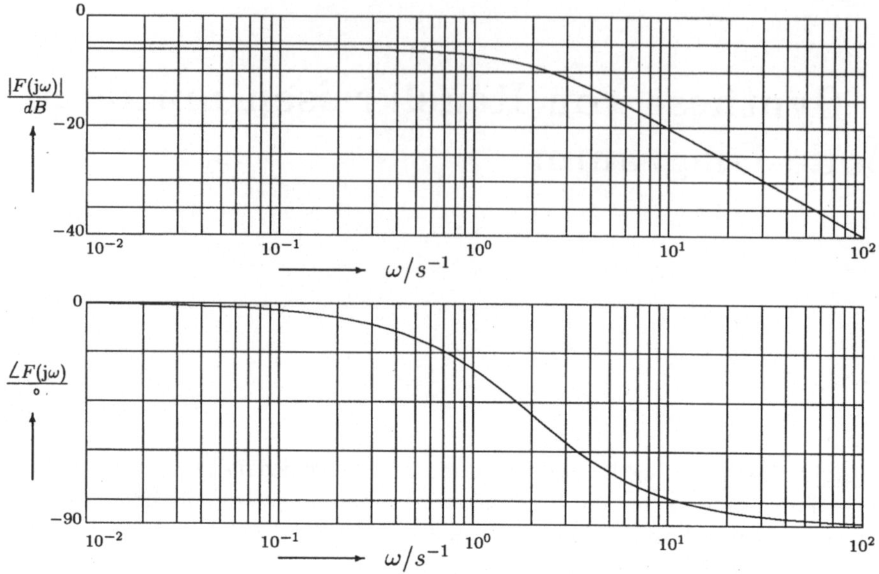

Abb. 7.1: Amplituden- und Phasengang von $F(j\omega) = 0,5/(1 + 0,5\, j\omega)$

Für niedrige Frequenzen ω ist bei dem gewählten Zahlenbeispiel der Betrag von $|F(j\omega)| \approx 0{,}5$, das entspricht $-6,02dB$, und für große Frequenzen nimmt der Betrag mit $20dB$ pro Dekade ab. In der doppellogarithmischen Darstellung kann daher der Amplitudengang $|F(j\omega)|$ durch zwei Geradenstücke approximiert werden, die sich bei der Eck- oder Knickfrequenz $\omega_E = 1/T_E$ (hier $T_E = 0,5\ s$) schneiden. Bei der Eckfrequenz $\omega_E = 2\ s^{-1}$ ist der Amplitudengang um $3dB$ gegenüber dem Maximalwert abgesunken. Der Phasenwinkel nimmt mit wachsender Frequenz monoton von 0° bis −90° ab. Bei der Eckfrequenz beträgt der Phasenwinkel gerade −45°.

Häufig wird anstelle des exakten Amplitudengangs von Abb. 7.1 nur die Näherungsdarstellung, bestehend aus den zwei Geradenstücken, benutzt wie sie Abb. 7.2 zeigt. Der Amplitudengang sehr vieler Regelkreisglieder kann, wie im folgenden Abschnitt gezeigt wird, durch derartige Geradenstücke approximiert werden.

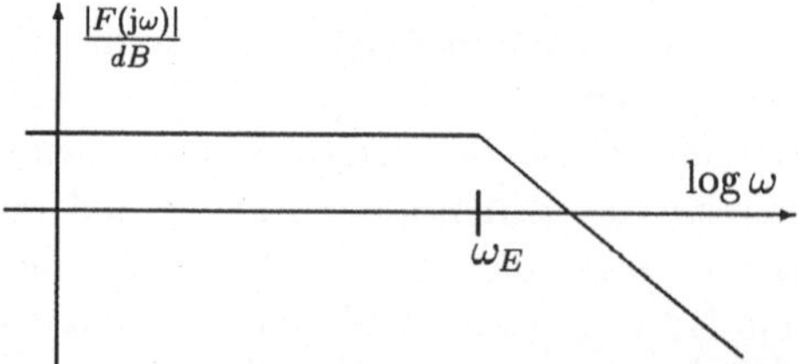

Abb. 7.2: Amplitudengang

Ein weiterer Vorteil bei der Darstellung der Ortskurve von Regelkreisgliedern durch Amplituden- und Phasengang liegt darin, daß der Amplituden- und Phasengang der *Reihenschaltung von Regelkreisgliedern* sich durch einfache *Addititon der einzelnen Amplituden- und Phasengänge* ergibt. Dies zeigt die folgende Berechnung. Es gilt

$$\begin{aligned} F(\mathrm{j}\omega) &= F_1(\mathrm{j}\omega)\cdot F_2(\mathrm{j}\omega) \qquad \text{bzw. in Exponentialdarstellung} \\ |F(\mathrm{j}\omega)|\cdot \mathrm{e}^{\mathrm{j}\angle F} &= |F_1(\mathrm{j}\omega)|\cdot \mathrm{e}^{\mathrm{j}\angle F_1}\cdot |F_2(\mathrm{j}\omega)|\cdot \mathrm{e}^{\mathrm{j}\angle F_2} \\ &= |F_1(\mathrm{j}\omega)|\cdot |F_2(\mathrm{j}\omega)|\cdot \mathrm{e}^{\mathrm{j}\angle F_1+\mathrm{j}\angle F_2}\,. \end{aligned} \tag{7.1}$$

Der Betrag von F ist gleich dem Produkt der Beträge von F_1 und F_2, und der Phasenwinkel der Reihenschaltung zweier Regelkreisglieder ist gleich der Summe der Phasenwinkel der einzelnen Regelkreisglieder

$$\angle F(\mathrm{j}\omega) = \angle F_1(\mathrm{j}\omega) + \angle F_2(\mathrm{j}\omega)\,.$$

Die Logarithmierung der Beträge führt dann schließlich zu dem Ergebnis

$$\log|F(\mathrm{j}\omega)| = \log|F_1(\mathrm{j}\omega)| + \log|F_2(\mathrm{j}\omega)|\,.$$

Werden z.B. zwei PT_1-Glieder in Reihe geschaltet, so resultieren Amplituden- und Phasengang der Reihenschaltung durch Addition der einzelnen Amplitudengänge und Phasenwinkel.

Als Beispiel für eine derartige Reihenschaltung werden die zwei folgenden PT_1-Glieder gewählt:

$$F_1(\mathrm{j}\omega) = \frac{0,5}{1+0,1\mathrm{j}\omega} \qquad \text{und} \qquad F_2(\mathrm{j}\omega) = \frac{8}{1+10\mathrm{j}\omega}\,.$$

Der Frequenzgang der Reihenschaltung lautet dann

$$F(\mathrm{j}\omega) = \frac{4}{(1+0,1\mathrm{j}\omega)\cdot(1+10\mathrm{j}\omega)}\,.$$

Abb. 7.3 zeigt die Amplituden- und Phasengänge der drei Frequenzgänge F, F_1 und F_2. Für niedrige Frequenzen $\omega < 0,1\ s^{-1}$ ergibt die Addition der Amplitudengänge $|F_1| = -6,02dB$ plus $|F_2| = +18,06dB$ als Ergebnis $|F| = +12,04dB$. Bis zur Eckfrequenz $\omega_{E2} = 1/(10s) = 0,1s^{-1}$ verläuft der Amplitudengang der Reihenschaltung F nahezu horizontal. Ab der Eckfrequenz ω_{E2} fällt der Amplitudengang mit $20dB$ pro Dekade bis zur Eckfrequenz $\omega_{E1} = 1/(0,1s) = 10s^{-1}$. Ab ω_{E1} nimmt die Amplitude dann mit $40dB$ pro Dekade ab. Der Amplitudengang von F kann durch die Asymptoten von Abb. 7.4 dargestellt werden.

Der Phasengang von F ergibt sich aus der Addition der Phasengänge von F_1 und F_2. Der Phasenwinkel nimmt zunächst für kleine Frequenzen monoton bis fast $-90°$ ab, bevor dann für größere Frequenzen das zweite Verzögerungsglied wirksam wird und der Winkel auf $-180°$ absinkt.

Je näher die beiden Eckfrequenzen ω_{E1} und ω_{E2} zusammen liegen, umso weniger deutlich erkennt man die Eckfrequenzen im Bode-Diagramm. Im Grenzfall $\omega_{E1} = \omega_{E2}$ geht der Abfall der Amplitude der Reihenschaltung dann vom horizontalen Verlauf direkt auf $40dB$ pro Dekade über (Abb. 7.4).

Ein wesentlicher Vorteil der Darstellung der Frequenzgänge von Regelkreisgliedern durch Amplituden- und Phasengang liegt darin, daß man die für Stabilitätsuntersuchungen wichtige *Nyquist-Ortskurve im Bode-Diagramm* leicht konstruieren

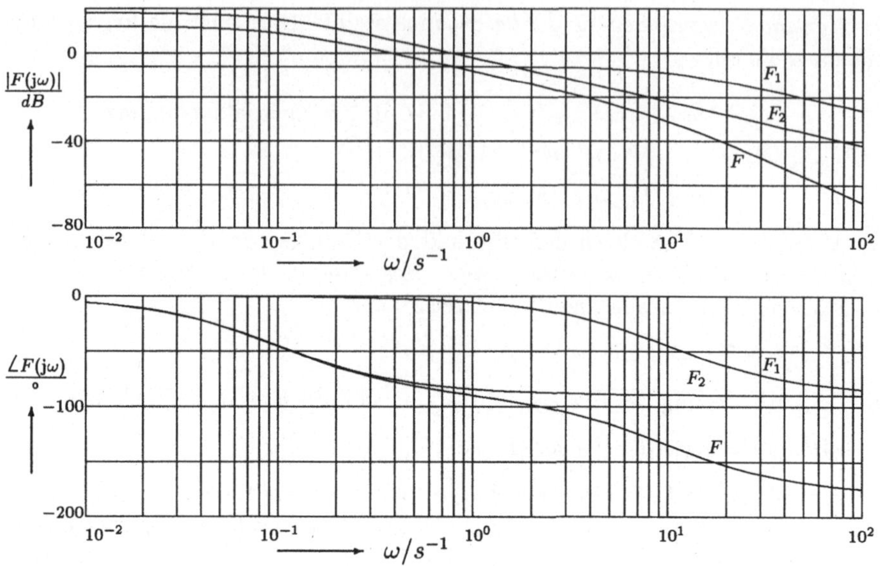

Abb. 7.3: Bode-Diagramm der Frequenzgänge F, F_1 und F_2

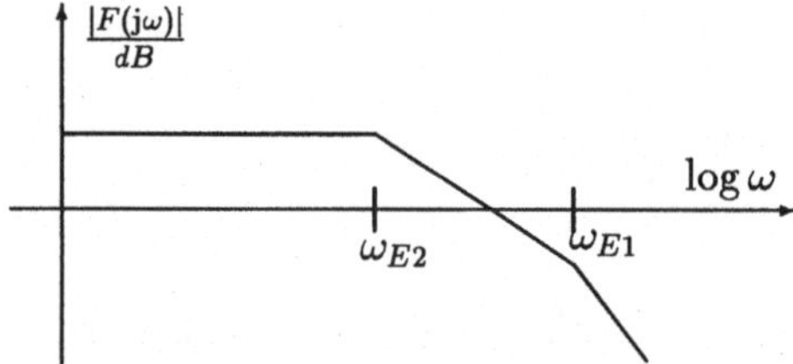

Abb. 7.4: Approximierter Amplitudengang der Reihenschaltung

kann. Die Nyquist-Ortskurve ist wie in Abschnitt 5.3 definiert, die Ortskurve der Reihenschaltung von Regler und Regelstrecke. Das Bode-Diagramm dieser Reihenschaltung von Regelkreisgliedern ermittelt man, wie oben gezeigt, durch Addition der Amplitudengänge und Phasengänge von Regler und Regelstrecke. Hierfür reicht beim Amplitudengang meist schon die Näherungsdarstellung durch die Asymptoten des Amplitudengangs aus. Damit kann man auf relativ einfache Art und Weise mit Hilfe des Bode-Diagramms der Nyquist-Ortskurve die Stabilität von Regelkreisen untersuchen.

Die Bedeutung der näherungsweisen graphischen Konstruktion von Bode-Diagrammen ist durch die moderne Rechentechnik deutlich geringer geworden, da leistungsfähige Rechenprogramme und komfortable Grafikausgaben die exakte Berechnung und Darstellung der Amplituden- und Phasengänge wesentlich vereinfacht haben. Zur Vorbereitung auf die Regelkreisanalyse mit dem Bode-Diagramm werden im folgenden Abschnitt die Bode-Diagramme von einigen bisher behandelten Regelstrecken und Reglern abgeleitet.

7.2 Bode-Diagramme einfacher Regelkreisglieder

7.2.1 Bode-Diagramme von Verzögerungsgliedern

P-Glied: Die Frequenzganggleichung des verzögerungsfreien P-Gliedes lautet

$$F(\mathrm{j}\omega) = K \ .$$

Dann wird

$$|F(\mathrm{j}\omega)| = K \qquad \text{und} \qquad \angle F(\mathrm{j}\omega) = \arctan \frac{\mathrm{Im}(F)}{\mathrm{Re}(F)} = 0 \ .$$

Für z.B. $K = 5$ hat dann das Bode-Diagramm folgendes Aussehen:

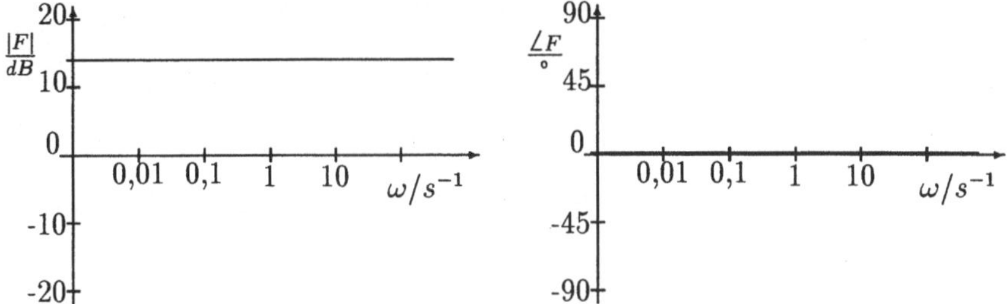

Abb. 7.5: Bode-Diagramm eines idealen P-Gliedes

Der Amplitudengang verläuft unabhängig von der Frequenz ω bei $+13,98dB$, und der Phasenwinkel ist gleich Null.

PT$_1$-Glied: Der Frequenzgang des PT$_1$-Gliedes lautet

$$F(\mathrm{j}\omega) = \frac{K}{1 + T_1\,\mathrm{j}\omega} \ .$$

Aufgespalten in Real- und Imaginärteil folgt

$$F(\mathrm{j}\omega) = \frac{K}{1 + \omega^2\,T_1^2} - \mathrm{j} \cdot \frac{K\;\omega\;T_1}{1 + \omega^2\,T_1^2} \ .$$

Der Betrag von Real- und Imaginärteil sind, wie Abb. 3.8 zeigt, bei der Eckfrequenz gleich groß, d.h. die Eckfrequenz beträgt $\omega_{E1} = 1/T_1$. Betrag und Phasenwinkel ergeben sich zu:

$$\begin{aligned} |F(\mathrm{j}\omega)| &= \frac{K}{\sqrt{1 + \omega^2\,T_1^2}} \\ \angle F(\mathrm{j}\omega) &= \arctan \frac{\mathrm{Im}\{F(\mathrm{j}\omega)\}}{\mathrm{Re}\{F(\mathrm{j}\omega)\}} = -\arctan\,\omega T_1 \ . \end{aligned} \qquad (7.2)$$

Damit wird der Logarithmus des Betrages von F

$$\log|F(\mathrm{j}\omega)| = \log K - \frac{1}{2}\,\log\{1 + (\omega\;T_1)^2\} \ .$$

Für kleine ω-Werte ist der Logarithmus des Betrages $\approx \log K$ (horizontale Gerade), und für große ω-Werte gilt

$$20 \cdot \log |F(\mathrm{j}\omega)| \approx 20 \cdot \log K - 20 \cdot \log(\omega T_1) \ .$$

Die Amplitudenabsenkung beträgt für große Frequenzen genau $20dB$ pro Dekade (geneigte Gerade). Abb. 7.6 zeigt Amplituden- und Phasengang des PT_1-Gliedes

$$F(\mathrm{j}\omega) = \frac{K}{1 + T_1\,\mathrm{j}\omega} = \frac{5}{1 + 10\,\mathrm{j}\omega} \ .$$

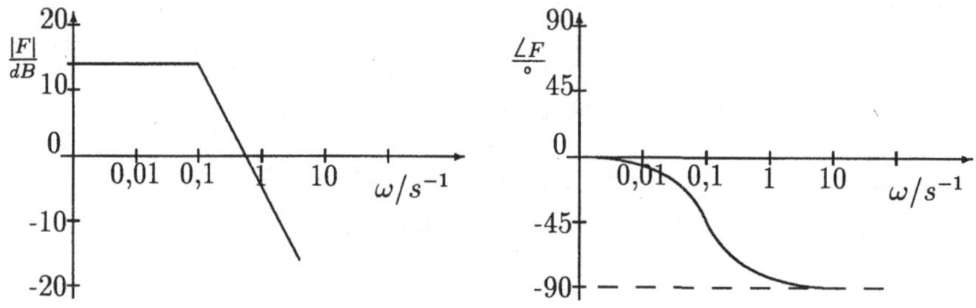

Abb. 7.6: Bode-Diagramm eines PT_1-Gliedes

Die Eckfrequenz liegt bei $\omega_{E1} = 0,1\ s^{-1}$ und der Amplitudengang beginnt für kleine Frequenzen bei $+13,98dB$ und fällt ab der Eckfrequenz mit $20dB$ pro Dekade. Bei der Eckfrequenz ω_{E1} gilt

$$\begin{aligned} 20 \cdot |F(\mathrm{j}\omega)|_{\omega_{E1}} &= 20 \log K - 10 \log\{1 + (\frac{\omega}{\omega_{E1}})^2\} = 20 \log K - 10 \log 2 \\ &= 20 \log K - 3,01 \ . \end{aligned}$$

Die Amplitude ist (bei genauer Darstellung) an der Stelle der Eckfrequenz um $3,01dB$ gegenüber dem Maximalwert abgesunken.

PT_2-Glied: Das PT_2-Glied kann zum einen aus einer *Reihenschaltung von zwei PT_1-Gliedern* aufgebaut sein. Der Frequenzgang hat dann die Form

$$F(\mathrm{j}\omega) = \frac{K_1}{1 + T_1\,\mathrm{j}\,\omega} \cdot \frac{K_2}{1 + T_2\,\mathrm{j}\,\omega} \ .$$

Amplituden- und Phasengang werden dann durch Addition der einzelnen Amplituden- und Phasengänge, so wie in Abschnitt 7.1 gezeigt, entwickelt. Das PT_2-Glied besitzt dann zwei Eckfrequenzen und der Phasenwinkel verläuft für wachsende Frequenzen von 0° bis −180°, es ist nicht schwingungsfähig.

Zum anderen kann ein *schwingungsfähiges PT_2-Glied* wie folgt vorliegen:

$$F(\mathrm{j}\omega) = \frac{K \cdot \omega_0^2}{(\mathrm{j}\omega)^2 + 2\,D\,\omega_0 \cdot \mathrm{j}\,\omega + \omega_0^2} \ .$$

Aufgespalten in Real- und Imaginärteil gilt dann

$$\mathrm{Re}\{F(\mathrm{j}\omega)\} = K \cdot \frac{\omega_0^2 \cdot (\omega_0^2 - \omega^2)}{(\omega_0^2 - \omega^2)^2 + (2\,D\,\omega_0\,\omega)^2}$$

$$\text{Im}\{F(j\omega)\} = -K \cdot \frac{\omega_0^2 \cdot 2\,D\,\omega_0\omega}{(\omega_0^2-\omega^2)^2+(2\,D\,\omega_0\,\omega)^2}\,. \tag{7.3}$$

Damit folgen Betrag und Phasenwinkel zu

$$\begin{aligned} |F(j\omega)| &= K \cdot \frac{\omega_0^2}{\sqrt{(\omega_0^2-\omega^2)^2+(2\,D\,\omega_0\,\omega)^2}} \\ \angle F(j\omega) &= -\arctan\frac{2\,D\,\omega_0\,\omega}{\omega_0^2-\omega^2}\,. \end{aligned} \tag{7.4}$$

Die Verläufe von Amplituden- und Phasengang für verschiedene Dämpfungsbeiwerte D und $K = 1$ zeigen die Bilder 7.7 und 7.8.

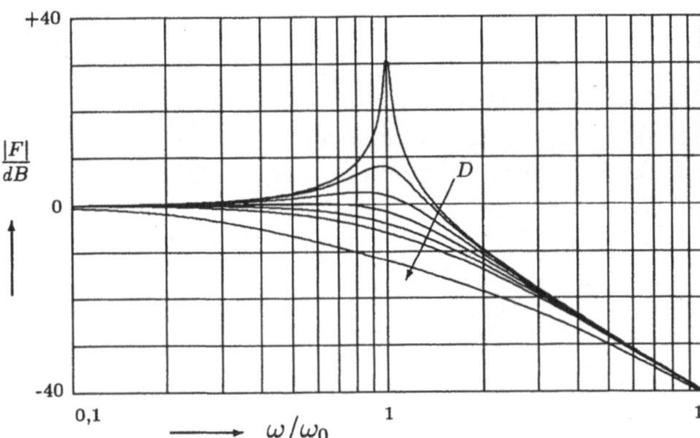

Abb. 7.7: Amplitudengang des PT_2-Gliedes für die Dämpfungen D = 0,01; 0,2; 0,4; 0,6; 0,8; 1 und 2

Der Amplitudengang beginnt für kleine Frequenzen ω bei $0dB$. Abhängig von der Dämpfung D steigt oder fällt der Amplitudengang mit wachsender Frequenz. Für *kleine Dämpfungen D* ist im Bereich der Kreisfrequenz ω_0 eine große Überhöhung im Amplitudengang abzulesen. Die Amplitude des Ausgangssignals wächst für $D = 0$ und Anregung mit einem Sinussignal der Frequenz $\omega \to \omega_0$ sogar gegen Unendlich. Je kleiner die Dämpfung D umso größer die Überhöhung von $|F(j\omega)|$. Oberhalb der Resonanzfrequenz ω_M (siehe Aufgabe 7.2) geht der Amplitudengang dann auf einen Abfall von $40dB$ pro Dekade über. Für *große Dämpfungen D* nimmt der Amplitudengang monoton bis auf den Abfall von $40dB$ pro Dekade ab.

Der Phasenwinkel geht von 0° über −90° bei der Frequenz ω_0 für große Frequenzen gegen −180°. Der Phasenwinkel fällt im Bereich der Resonanzfrequenz umso steiler ab, je kleiner die Dämpfung D ist. Für $D = 0$ schlägt der Phasenwinkel bei ω_0 sprungförmig von 0° nach −180° um.

Die Kurven für $D = 1$ und $D = 2$ gehören nicht zu einem schwingungsfähigen Verzögerungsglied 2. Ordnung und dienen nur der Verdeutlichung des Übergangs vom schwingungsfähigen zum nicht schwingungsfähigen Verhalten.

Aufgabe 7.1: Gegeben sind drei Verzögerungsglieder 1. Ordnung mit den Verstärkungsfaktoren $K_1 = 1$; $K_2 = 2$ und $K_3 = 4$ sowie den Zeitkonstanten $T_1 = 3\ s$; $T_2 = 5\ s$ und $T_3 = 6\ s$.

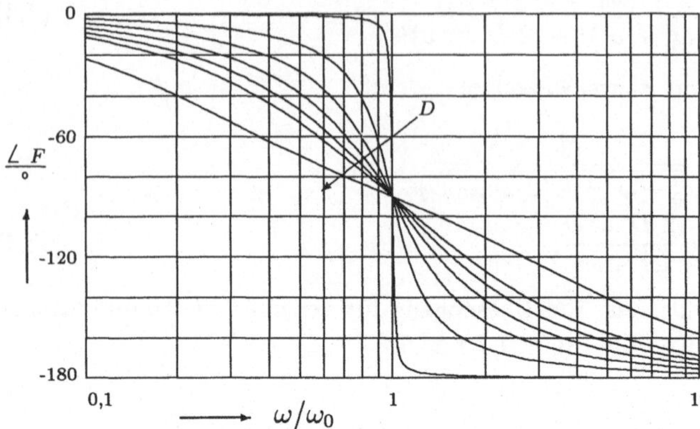

Abb. 7.8: Phasengang des PT_2-Gliedes für die Dämpfungen D = 0,01; 0,2; 0,4; 0,6; 0,8; 1 und 2

1. Wie lauten die Eckfrequenzen der drei Regelkreisglieder?
2. Wie groß ist der Betrag des Amplitudengangs in dB für niedrige Frequenzen bei einer Reihenschaltung der drei Regelkreisglieder?
3. Konstruieren Sie mit Hilfe der Approximation des Amplitudengangs durch Geradenstücke den Amplitudengang der Reihenschaltung der drei Übertragungsglieder.
4. Konstruieren Sie den Phasengang der Reihenschaltung der drei Übertragungsglieder.

Lösung:

1. $\omega_{E1} = 0,3333\ s^{-1}$; $\omega_{E2} = 0,2\ s^{-1}$; $\omega_{E3} = 0,1666\ s^{-1}$;
2. $|F(\mathrm{j}\omega)|_{\omega \ll 1} = 18,06\ dB$
3. und 4. Wertetabelle mit Kontrollwerten:

ω/s^{-1}	0,001	0,01	0,1	0,2	0,3	0,6	1,0	10
$\frac{\lvert F(\mathrm{j}\omega)\rvert}{dB}$	18,06	18,03	15,38	9,84	4,09	-9,66	-21,77	-81,03
$\frac{\angle F(\mathrm{j}\omega)}{°}$	-0,8	-8,0	-74,2	-126,2	-159,2	-207,0	-230,8	-266,0

□

Aufgabe 7.2: Gegeben ist der Frequenzgang eines PT_2-Gliedes zu

$$F(\mathrm{j}\omega) = \frac{\omega_0^2}{(\mathrm{j}\omega)^2 + 2\ D\ \omega_0 \cdot \mathrm{j}\ \omega + \omega_0^2} .$$

1. Wie groß ist $|F(\mathrm{j}\omega)|$ bei der Frequenz ω_0 ?
2. Bei welcher Frequenz ω_D schneidet der Amplitudengang die $0dB$ Linie?
3. Bei welcher Frequenz ω_M (Resonanzfrequenz) tritt das Maximum des Amplitudengangs auf und wie groß ist es?

Lösung:

1. $|F(\mathrm{j}\omega)| = 1/(2\ D)$
2. $\omega_D = \omega_0 \cdot \sqrt{2 - 4\ D^2}$
3. $\omega_M = \omega_0 \cdot \sqrt{1 - 2\ D^2}$; $\quad |F(\mathrm{j}\omega)|_{\omega=\omega_M} = 1/(2D\sqrt{1 - D^2})$ □

7.2.2 Bode-Diagramme von integrierenden Regelkreisgliedern

I-Glied: Die Frequenzganggleichung des verzögerungsfreien I-Gliedes lautet

$$F(\mathrm{j}\omega) = \frac{K_I}{\mathrm{j}\omega} \, .$$

Betrag und Phasenwinkel für dieses Glied lauten dann

$$|F(\mathrm{j}\omega)| = \frac{K_I}{\omega} \quad \text{und} \quad \angle F(\mathrm{j}\omega) = \arctan\frac{\mathrm{Im}(F)}{\mathrm{Re}(F)} = -\arctan\frac{K_I/\omega}{0} = -90^\circ \, .$$

Der Phasenwinkel beträgt konstant $-90°$. Berechnet man den Amplitudengang in dB so resultiert

$$20\ \log|F(\mathrm{j}\omega)| = 20 \cdot \log K_I - 20 \cdot \log\omega \, .$$

Die Amplitude $|F(\mathrm{j}\omega)|$ nimmt mit wachsender Frequenz mit $20dB$ pro Dekade ab. Die Darstellung von Amplituden- und Phasengang für ein I-Glied mit $K_I = 1$ zeigt Abb. 7.9.

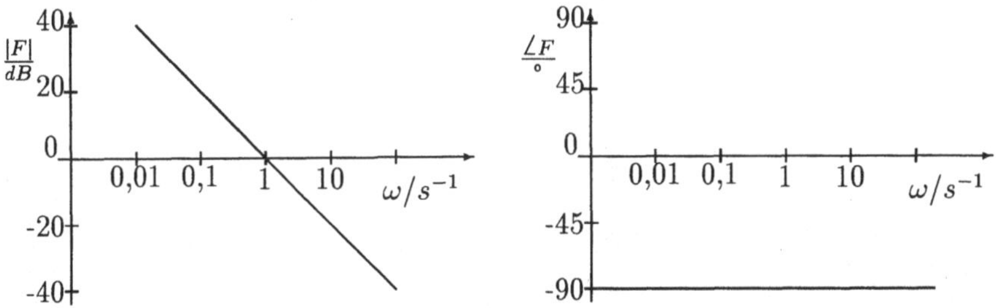

Abb. 7.9: Bode-Diagramm des verzögerungsfreien I-Gliedes

IT_1-Glied: Der Frequenzgang des „verzögerten“ I-Gliedes lautet

$$F(\mathrm{j}\omega) = \frac{K_I}{\mathrm{j}\omega \cdot (1 + \mathrm{j}\omega T_1)} \, .$$

Die Aufspaltung in Real- und Imaginärteil ergibt

$$F(\mathrm{j}\omega) = -\frac{K_I T_1}{1 + (\omega T_1)^2} - \frac{\mathrm{j}\ K_I}{\omega \cdot (1 + (\omega T_1)^2)} \, .$$

Die Eckfrequenz ω_{E1}, bei der Real- und Imaginärteil dem Betrag nach gleich groß sind, berechnet man daraus zu

$$\omega_{E1} = 1/T_1 \, .$$

Betrag und Phasenwinkel des IT_1-Gliedes werden ermittelt zu

$$\begin{aligned} |F(\mathrm{j}\omega)| &= \frac{K_I}{\sqrt{\omega^2 + (\omega^2\ T_1)^2}} \\ \angle F(\mathrm{j}\omega) &= \arctan\frac{\mathrm{Im}(F)}{\mathrm{Re}(F)} = \arctan\{-1/(-\omega\ T_1)\} \, . \end{aligned} \qquad (7.5)$$

Für sehr kleine ω wird der Phasenwinkel $-90°$ und für sehr große ω geht der Phasenwinkel gegen $-180°$. Der Amplitudengang wird berechnet zu

$$\begin{aligned} 20\ \log|F(j\omega)| &= 20\ \log K_I - 20\ \log\sqrt{\omega^2 + \omega^4\ T_1^2} \\ &= 20\ \log K_I - 10\ \log\{\omega^2 \cdot [1 + (\omega T_1)^2]\}\ . \end{aligned} \tag{7.6}$$

Für Frequenzen kleiner als die Eckfrequenz ω_{E1} fällt der Amplitudengang mit $20dB$ pro Dekade, da der ω^2-Term in Gleichung 7.6 überwiegt, für Frequenzen größer als die Eckfrequenz überwiegt der ω^4-Term und der Amplitudenabfall beträgt $40dB$ pro Dekade. Abb. 7.10 zeigt als Beispiel den Amplituden- und Phasengang für ein IT_1-Glied mit $K_I = 1$ und $T_1 = 1\ s$.

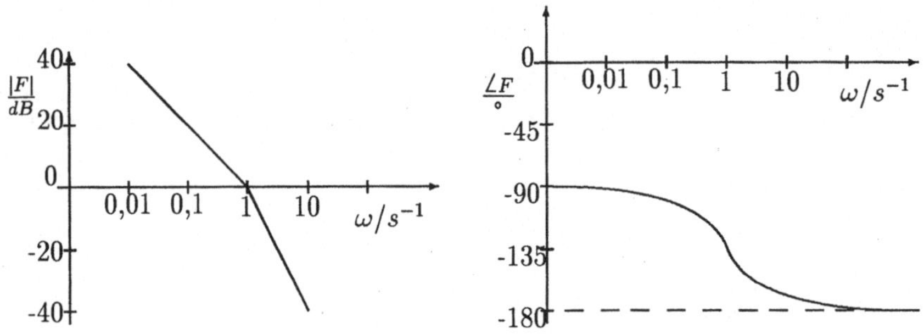

Abb. 7.10: Amplituden- und Phasengang für ein IT_1-Glied

Der Knick des Amplitudengangs bei der Eckfrequenz $\omega_{E1} = 1/T_1 = 1\ s^{-1}$ ist deutlich erkennbar.

Für integrierende Regelkreisglieder mit Verzögerungen höherer Ordnung kann durch Addition eines reinen I-Gliedes und z.B. eines PT_2-Gliedes auf einfache Art und Weise der entsprechende Amplituden- und Phasengang eines IT_2-Gliedes konstruiert werden.

Für die Reihenschaltung zweier I-Glieder, also ein II- oder I^2-Glied, ergibt sich damit ein Amplitudenabfall von $40dB$ pro Dekade und ein Phasenwinkel von konstant $-180°$.

7.2.3 Bode-Diagramme anderer Strecken

Totzeitstrecke, T_t-Glied: Der Frequenzgang eines Totzeitgliedes lautet

$$F(j\omega) = e^{-j\omega T_t} = \cos(\omega\ T_t) - j\sin(\omega T_t)\ .$$

Der Betrag des Totzeitgliedes ist immer gleich Eins. Der Phasenwinkel fällt monoton mit der Frequenz ω

$$\angle F(j\omega) = \arctan\frac{\mathrm{Im}(F)}{\mathrm{Re}(F)} = -\omega T_t\ .$$

Abb. 7.11 zeigt das Bode-Diagramm für eine Totzeit von $T_t = 1\ s$.

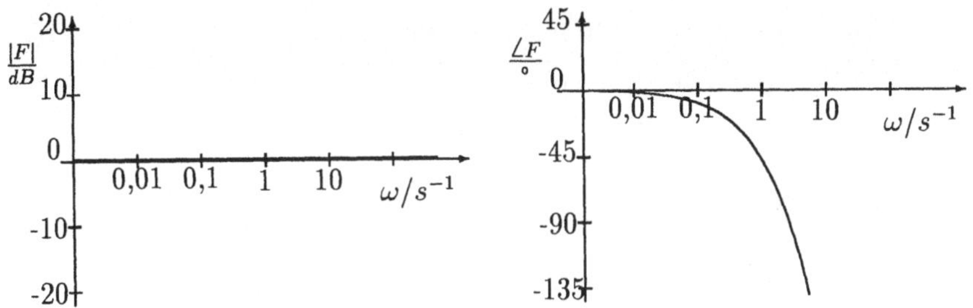

Abb. 7.11: Bode-Diagramm eines Totzeitgliedes

Der Amplitudengang verläuft bei $0dB \widehat{=} 1$ und der Phasenwinkel geht mit steigendem ω sehr schnell gegen $-\infty$. Im gezeichneten logarithmischen Maßstab nimmt der Phasenwinkel φ für die Totzeit $T_t = 1\ s$ die folgenden Werte an:

ω/s^{-1}	0,01	0,1	1	10	100
$\angle F(j\omega)/°$	-0,57	-5,7	-57	-573	-5730

Allpaßglied: Als Beispiel für ein Allpaßglied wurde in Abschnitt 3.3.3 ein Regelkreisglied mit dem folgenden Frequenzgang untersucht:

$$F(j\omega) = K \cdot \frac{1 - j\omega\, T_1}{1 + j\omega\, T_1} = K \cdot \frac{1 - (\omega\, T_1)^2 - 2j\omega\, T_1}{1 + (\omega\, T_1)^2} \, .$$

Auch beim Allpaß bleibt der Betrag des Frequenzgangs unabhängig von der Frequenz ω gleich Eins bzw. K. Der Phasenwinkel verläuft in Richtung wachsender ω von 0° nach $-180°$. Abb. 7.12 zeigt das Bode-Diagramm des obigen Allpasses mit $K = 3{,}1623$ und $T_1 = 1\ s$.

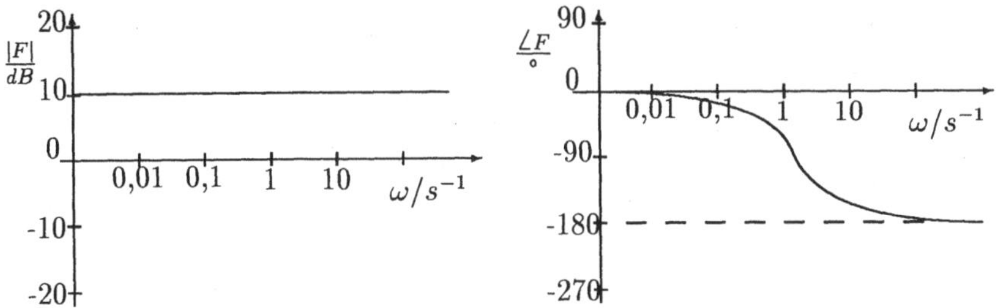

Abb. 7.12: Bode-Diagramm eines Allpasses

Ein Allpaß ist ein Regelkreisglied mit nichtminimalem Phasenwinkel. Obwohl die Ordnung des Nennerpolynoms nur gleich Eins ist, d.h. $(j\omega)^1$, wird der Phasenwinkel dennoch kleiner als $-90°$. Für große Frequenzen strebt der Phasenwinkel gegen $-180°$.

Aufgabe 7.3: Gegeben ist die Reihenschaltung eines Verzögerungsgliedes 1. Ordnung mit einem Totzeitglied mit den Zahlenwerten $K_1 = 8$; $T_1 = 2\ s$ und $T_t = 6\ s$. Berechnen und zeichnen Sie den Amplituden- und Phasengang dieser Reihenschaltung.

Lösung: Kontrollwerte des Amplituden- und Phasengangs:

ω/s^{-1}	0,001	0,01	0,1	1	10
$\lvert F(j\omega)\rvert/dB$	18,1	18,1	17,9	11,1	-8,0
$\angle F(j\omega)/°$	-0,4	-3,5	-45,7	-407,2	-3525,5

□

Aufgabe 7.4: Gegeben ist die Reihenschaltung eines Verzögerungsgliedes 1. Ordnung mit einem Allpaß 1. Ordnung mit den Zahlenwerten $K = 8$; $T_1 = 2\ s$ und $T_{1,\ Allpaß} = 4\ s$. Berechnen und zeichnen Sie den Amplituden- und Phasengang dieser Reihenschaltung.

Lösung: Kontrollwerte des Amplituden- und Phasengangs:

ω/s^{-1}	0,001	0,01	0,1	1	10
$\lvert F(j\omega)\rvert/dB$	18,1	18,1	17,9	11,1	-8,0
$\angle F(j\omega)/°$	-0,6	-5,7	-54,9	-215,4	- 264,3

□

7.2.4 Bode-Diagramme einfacher Regler

P-Regler: Amplituden- und Phasengang eines P-Reglers sind identisch mit dem schon angegebenen Amplituden- und Phasengang eines P-Gliedes, wie es in Abschnitt 7.2.1 untersucht wurde.

PI-Regler: Der Frequenzgang eines PI-Reglers lautet

$$F(j\omega) = \frac{K_P \cdot (1 + T_N\, j\omega)}{T_N\, j\omega} = K_P - j \cdot \frac{K_P}{\omega T_N}\ .$$

Betrag und Phasenwinkel ergeben sich damit zu

$$\begin{aligned} |F(j\omega)| &= \sqrt{K_P^2 + (\frac{K_P}{T_N\,\omega})^2} \qquad \text{bzw.} \\ 20 \log |F(j\omega)| &= 20 \cdot \log K_P + 10\ \log\{1 + (\frac{1}{T_N\,\omega})^2\} \qquad \text{und} \\ \angle F(j\omega) &= \arctan \frac{\mathrm{Im}(F)}{\mathrm{Re}(F)} = -\arctan\ 1/(T_N\,\omega)\ . \end{aligned} \tag{7.7}$$

Die Eckfrequenz des PI-Reglers liegt bei $\omega_{E1} = 1/T_N$. Für Frequenzen kleiner ω_{E1} fällt der Amplitudengang mit $20dB$ pro Dekade. Für Frequenzen größer als die Eckfrequenz verläuft der Amplitudengang konstant bei $\log K_P$. Der Phasenwinkel beginnt bei $-90°$ für niedrige Frequenzen und geht für große Frequenzen gegen 0°. Bei der Eckfrequenz ω_{E1} beträgt der Phasenwinkel $-45°$.

Abb. 7.13 zeigt den Amplituden- und Phasengang für einen PI-Regler mit $K_P =$ 0,1 und $T_N = 1\ s$.

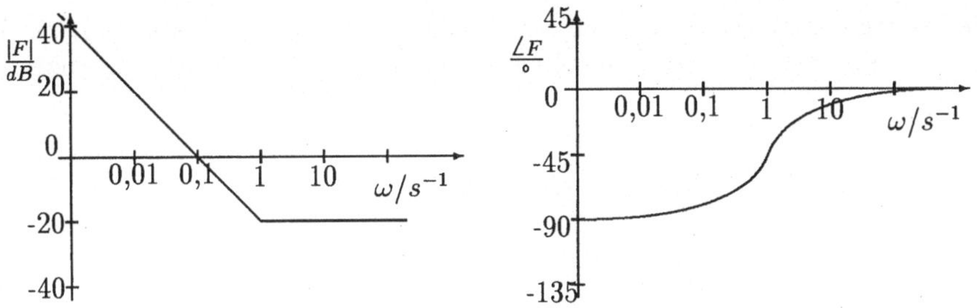

Abb. 7.13: Amplituden- und Phasengang eines PI-Reglers

PD- und PDT$_D$-Regler: Als erstes soll der *ideale PD-Regler* untersucht werden. Seine Frequenzganggleichung lautet

$$F(j\omega) = K_P \cdot \{1 + j\omega\, T_V\} \ .$$

Betrag und Phasenwinkel lassen sich direkt aus dieser Gleichung berechnen zu:

$$\begin{aligned} |F(j\omega)| &= K_P \cdot \sqrt{1 + (\omega\, T_V)^2} \qquad \text{bzw.} \\ 20 \log |F(j\omega)| &= 20\ \log K_P + 10\ \log\{1 + (\omega\, T_V)^2\} \qquad \text{und} \\ \angle F(j\omega) &= \arctan \frac{\mathrm{Im}(F)}{\mathrm{Re}(F)} = \arctan\, \omega T_V \ . \end{aligned} \tag{7.8}$$

Für kleine Frequenzen verläuft der Amplitudengang konstant bei $20 \log K_P$. Für Frequenzen größer als die Eckfrequenz $\omega_{E1} = 1/T_V$ steigt der Amplitudengang mit $20dB$ pro Dekade. Der Phasenwinkel ist positiv. Er beginnt bei 0°, ist bei der Eckfrequenz +45° und geht für große Frequenzen gegen +90°. Abb. 7.14 zeigt Amplituden- und Phasengang für einen PD-Regler mit den Werten $K_P = 0{,}1$ und $T_V = 10\ s$.

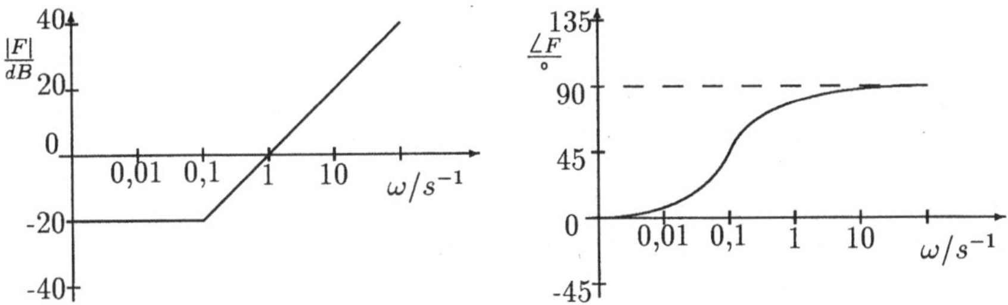

Abb. 7.14: Amplituden- und Phasengang eines idealen PD-Reglers

Der *reale PD-Regler* unterscheidet sich vom idealen PD-Regler durch einen Verzögerungsterm im Nenner der Übertragungsfunktion. Der Frequenzgang des realen PD-Reglers (mit $T_V' = T_V + T_D$) lautet

$$F(j\omega) = K_P \cdot \frac{1 + j\ \omega T_V'}{1 + j\ \omega T_D} \ .$$

Die Vorhaltzeit T_V ist im allgemeinen deutlich größer (ca. > Faktor 10) als die Verzögerungszeit T_D. Betrag und Phasenwinkel folgen aus dieser Frequenzganggleichung zu

$$\begin{aligned} |F(\mathrm{j}\omega)| &= K_P \cdot \frac{\sqrt{1+(\omega\, T_V')^2}}{\sqrt{1+(\omega\, T_D)^2}} \qquad \text{und} \\ \angle F(\mathrm{j}\omega) &= \arctan \frac{(T_V' - T_D)\,\omega}{1+T_V' T_D \omega^2} \, . \end{aligned} \tag{7.9}$$

Der reale PD-Regler besitzt Eckfrequenzen bei $\omega_{E1} = 1/T_V'$ und $\omega_{E2} = 1/T_D$. Für Frequenzen kleiner als ω_{E1} wird der Amplitudengang approximiert durch eine horizontale Gerade, zwischen ω_{E1} und ω_{E2} steigt er mit $20dB$ pro Dekade, und ab ω_{E2} verläuft er wieder horizontal. Der Phasenwinkel beginnt für niedrige Frequenzen bei 0°, nimmt dann positive Winkel an und fällt für sehr große Frequenzen wieder nach 0° ab. Der Maximalwert des Phasenwinkels hängt davon ab, wie eng die beiden Eckfrequenzen beieinander liegen. Abb. 7.15 zeigt den Amplituden- und Phasengang für einen realen PD-Regler mit $K_P = 0{,}1$; $T_V' = 10\ s$ und $T_D = 0{,}1\ s$.

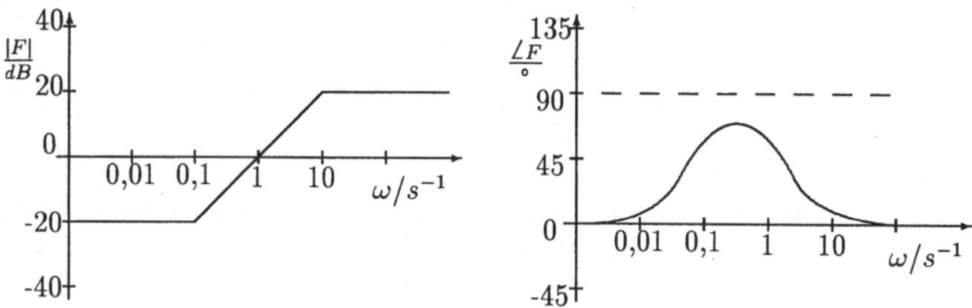

Abb. 7.15: Amplituden- und Phasengang eines realen PD-Reglers

Der PD-Regler bewirkt eine Phasenanhebung bzw. Phasenvoreilung (Lead-Verhalten) im Regelkreis. Dies zeigt der Phasengang sehr deutlich. Der Phasenwinkel ist positiv, die Phasennacheilung durch integrierende und verzögernde Anteile im Regelkreis wird durch einen PD-Anteil des Reglers reduziert. Der PD-Anteil wirkt dadurch im Regelkreis stabilisierend.

PID- und PIDT$_D$-Regler: Wiederum werden der ideale und reale PID-Regler gemeinsam untersucht. Die Frequenzganggleichung des *idealen PID-Reglers* lautet:

$$F(\mathrm{j}\omega) = K_P \cdot \{1 + \frac{1}{\mathrm{j}\omega T_N} + \mathrm{j}\omega T_V\} = K_P \cdot \frac{1+\mathrm{j}\omega T_N + (\mathrm{j}\omega)^2 T_N T_V}{\mathrm{j}\omega T_N} \, .$$

Für kleine Frequenzen ($\omega < \overline{\omega}$) ist der Einfluß des quadratischen Terms von ω im Zähler gering, der PID-Regler hat damit im wesentlichen das Verhalten eines PI-Reglers

$$F(\mathrm{j}\omega) = K_P \cdot \frac{1+\mathrm{j}\ \omega\ T_N + \overbrace{(\mathrm{j}\omega)^2 T_N\ T_V}^{\approx 0}}{\mathrm{j}\ \omega\ T_N} \approx K_P \cdot \frac{1+\mathrm{j}\ \omega\ T_N}{\mathrm{j}\ \omega\ T_N} \, . \tag{7.10}$$

Für große Frequenzen ($\omega > \overline{\omega}$) dominieren die ω-Terme im Zähler, und der Regler zeigt im wesentlichen das Verhalten eines PD-Reglers

$$F(\mathrm{j}\omega) = K_P \cdot \frac{1 + \overbrace{\mathrm{j}\ \omega\ T_N + (\mathrm{j}\omega)^2 T_N\ T_V}^{\gg 1}}{\mathrm{j}\ \omega\ T_N} \approx K_P \cdot \{1 + \mathrm{j}\ \omega\ T_V\}\ . \qquad (7.11)$$

Die Frequenz $\overline{\omega}$ ist in etwa das geometrische Mittel der beiden Eckfrequenzen $\omega_{E1} = 1/T_N$ und $\omega_{E2} = 1/T_V$, d.h. $\overline{\omega} \approx \sqrt{\omega_{E1} \cdot \omega_{E2}}$.

Der Phasenwinkel des PID-Reglers verläuft von $-90°$ über den Winkel $0°$ bei $\overline{\omega}$ für große Frequenzen gegen $+90°$. Dies entspricht im wesentlichen der Addition der Phasenwinkel eines PI- und PD-Reglers. Abb. 7.16 zeigt Amplituden- und Phasengang für einen PID-Regler mit den Parametern $K_P = 0{,}1$; $T_N = 10\ s$ und $T_V = 0{,}1\ s$.

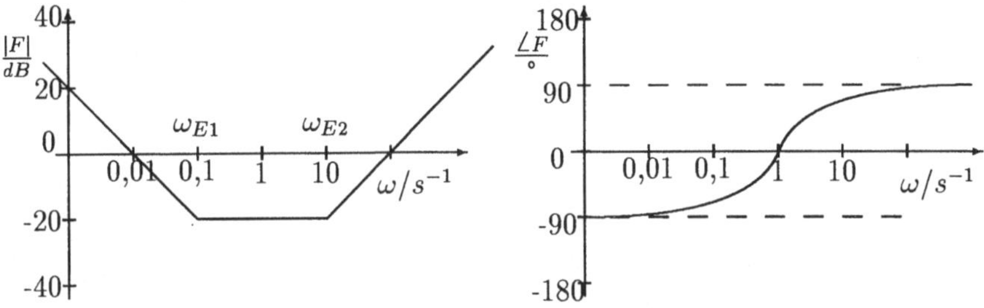

Abb. 7.16: Amplituden- und Phasengang eines idealen PID-Reglers

Der Amplitudengang zeigt deutlich die in den Gleichungen 7.10 und 7.11 berechneten approximierten Verläufe. Für Frequenzen unterhalb $\overline{\omega} = 1\ s^{-1}$ entspricht der Amplitudenverlauf dem eines PI-Reglers, oberhalb $\overline{\omega}$ entspricht er dem eines PD-Reglers. Der Phasenwinkel verläuft von $-90°$ über $0°$ gegen $+90°$ für große Frequenzen.

Der *reale PID-Regler*, d.h. der PIDT$_D$-Regler, unterscheidet sich vom idealen PID-Regler durch die Verzögerung des differenzierenden Anteils. Seine Frequenzganggleichung lautet

$$F(\mathrm{j}\omega) = K_P \cdot \{1 + \frac{1}{\mathrm{j}\ \omega\ T_N} + \frac{\mathrm{j}\ \omega\ T_V}{1 + \mathrm{j}\ \omega\ T_D}\}\ .$$

Infolge der Verzögerung des D-Anteils wird der Amplitudengang für Frequenzen $\omega \gg \omega_{E3} = 1/T_D$ begrenzt auf $|F(\mathrm{j}\omega)| = K_P \cdot \dfrac{T_V + T_D}{T_D}$ und der Phasenwinkel geht für diese Frequenzen wieder gegen $0°$.

Abb. 7.17 zeigt den Amplituden- und Phasengang für einen realen PID-Regler mit den Werten $K_P = 0{,}1$; $T_N = 10\ s$; $T_V = 0{,}1\ s$ und $T_D = 0{,}01\ s$.

Der Amplitudengang (gezeichnet ab $\omega = 10^{-2}s^{-1}$) beginnt für kleine ω bei $+\infty dB$ und fällt mit $20dB$ pro Dekade. Ab der ersten Eckfrequenz ist $|F(\mathrm{j}\omega)|$ dann näherungsweise konstant und steigt ab der zweiten Eckfrequenz wieder mit $20dB$

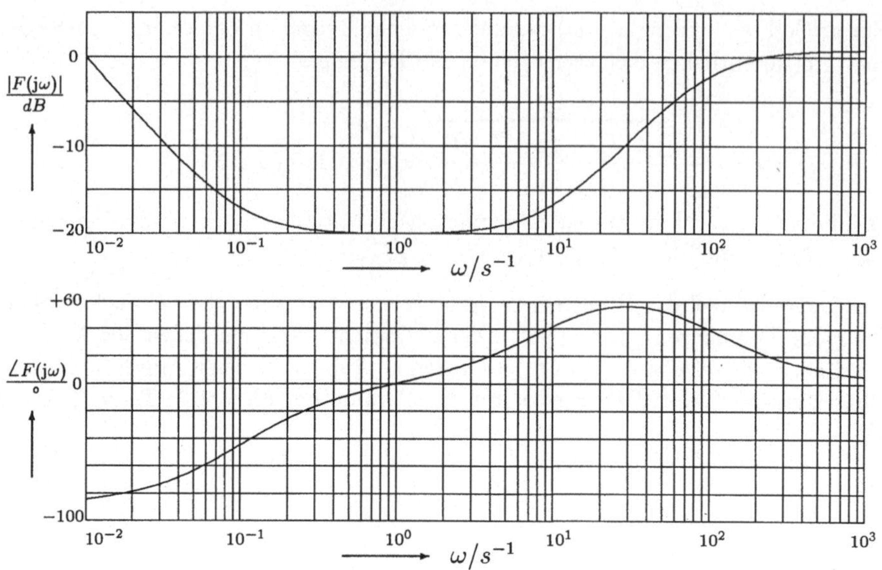

Abb. 7.17: Bode-Diagramm eines realen PID-Reglers

pro Dekade. Ab der dritten Eckfrequenz nähert sich der Amplitudengang dann der $0dB$ Linie. Der Phasenwinkel beginnt bei $-90°$, steigt dann bis auf fast $+60°$ bevor er für große Frequenzen wieder auf $0°$ absinkt.

Aufgabe 7.5: Gegeben ist ein realer PID-Regler mit den Zahlenwerten $K_P = 6$; $T_N = 8\ s$; $T_V = 0,15\ s$ und $T_D = 0,0075\ s$.

1. Wie lauten die Eckfrequenzen ω_{E1}, ω_{E2} und ω_{E3} ?
2. Wie groß ist die Betragskennlinie für $\omega \to \infty$?
3. Berechnen und zeichnen Sie den Amplituden- und Phasengang des realen PID-Reglers.

Lösung:

1. $\omega_{E1} = 1/T_N = 0,125\ s^{-1}$ $\quad\omega_{E2} = 1/T_V = 6,6667\ s^{-1}$
   $\omega_{E3} = 1/T_D = 133,3\ s^{-1}$
2. $|F(j\omega)|_{\omega\to\infty} = K_P \cdot \dfrac{T_V + T_D}{T_D} = 126 \mathrel{\hat{=}} 42,01\ dB$
3. Kontrollwerte des Amplituden- und Phasengangs:

ω/s^{-1}	0,01	0,1	1	10	100	1000
$\lvert F(j\omega)\rvert/dB$	37,5	19,6	15,6	20,9	37,6	41,9
$\angle F(j\omega)/°$	-85,4	-51,0	+1,43	53,1	49,5	7,2

□

7.3 Entwurfsanforderungen im Frequenzbereich

In Abschnitt 6.1 sind die grundlegenden Anforderungen an den Regelkreis zusammengestellt. Sie betreffen die Stabilität, das Führungs- und Störverhalten, sowie die Parameterempfindlichkeit von Regelkreisen. Diese Anforderungen sind formuliert als Forderungen an Ortskurven, sowie an das Zeit- und Frequenzverhalten des aufgeschnittenen oder geschlossenen Regelkreises. Für den Entwurf von Regelkreisen mit dem Bode-Diagramm sollen diese Anforderungen nun, soweit es möglich ist, als Anforderungen im Bode-Diagramm neu formuliert werden.

7.3.1 Stabilitätsanforderungen

Nach den Aussagen in Abschnitt 5.3 ist der geschlossene Regelkreis stabil, wenn die Nyquist-Ortskurve in Richtung wachsender Frequenzen ω rechts vom kritischen Punkt -1 verläuft. Ist diese Forderung erfüllt, dann sind für „einfache“ Regelkreise der sogenannte Amplituden- und Phasenrand positiv. Der in Abschnitt 5.3.1 eingeführte Amplitudenrand wird am Schnittpunkt der Nyquist-Ortskurve mit der negativ reellen Achse definiert, und der Phasenrand ist der Winkel zwischen der negativ reellen Achse und dem Schnittpunkt der Nyquist-Ortskurve mit dem Einheitskreis.

Diese Nyquist-Ortskurve ist die Ortskurve des Frequenzgangs des aufgeschnittenen Regelkreises ohne Berücksichtigung der Vorzeichenumkehr an der Stelle des Soll-/Istwertvergleiches. Der Frequenzgang des aufgeschnittenen Kreises ist bei Vorliegen des Standardregelkreises der Frequenzgang der Reihenschaltung von Regler und Regelstrecke. Aufgrund der logarithmischen Darstellung des Amplituden- und Phasengangs im Bode-Diagramm kann damit durch „Addition der Frequenzgänge“ von Regler und Strecke im Bode-Diagramm auf einfache Art und Weise das Bode-Diagramm dieser Reihenschaltung konstruiert werden. Dies trifft insbesondere dann zu, wenn man für die Darstellung der Amplitudengänge die approximierte Darstellung durch Geradenstücke verwendet. Dem Schnittpunkt der Nyquist-Ortskurve mit dem Einheitskreis entspricht im Bode-Diagramm der Schnittpunkt des Amplitudengangs mit der $0dB$ Linie.

Die folgende Abb. 7.18 demonstriert die Konstruktion des Bode-Diagramms der Nyquist-Ortskurve für die nicht schwingungsfähige PT_2-Strecke

$$F_S(s) = \frac{K_S}{(1+T_1\, s)\cdot(1+T_2\, s)} = \frac{5}{(1+2\, s)\cdot(1+10\, s)}\,,$$

und den PI-Regler

$$F_R(s) = \frac{K_P\cdot(1+T_N\, s)}{T_N\, s} = \frac{2\cdot(1+10\, s)}{10\, s}\,.$$

Die Bode-Diagramme von Regler und Strecke werden dabei aus den zuvor in Abschnitt 7.2 entwickelten Bode-Diagrammen übernommen. Die punktweise Addition der Amplituden- und Phasengänge führt dann zum Bode-Diagramm der Nyquist-Ortskurve. Der Amplitudengang fällt bis zur Frequenz $\omega_1 = 0,5s^{-1}$ mit $20dB$ pro Dekade und danach mit $40dB$ pro Dekade in der approximierten Darstellung. Der Phasenwinkel geht in Richtung steigender ω-Werte von $-90°$ gegen $-180°$. Da kein Schnittpunkt des Phasengangs mit dem Winkel $-180°$ vorliegt, ist der Amplitudenrand $A_{Rand} = \infty$. Der Amplitudengang schneidet die $0dB$ Linie bei der Durchtrittsfrequenz $\omega_D \approx 0,6\ s^{-1}$. Bei dieser Frequenz kann man dann in der Kurve des Phasengangs (siehe Pfeil) den Phasenrand von ca. $+30°$ ablesen. Der Phasenrand ist größer Null, somit ist der geschlossene Regelkreis für dieses Beispiel stabil.

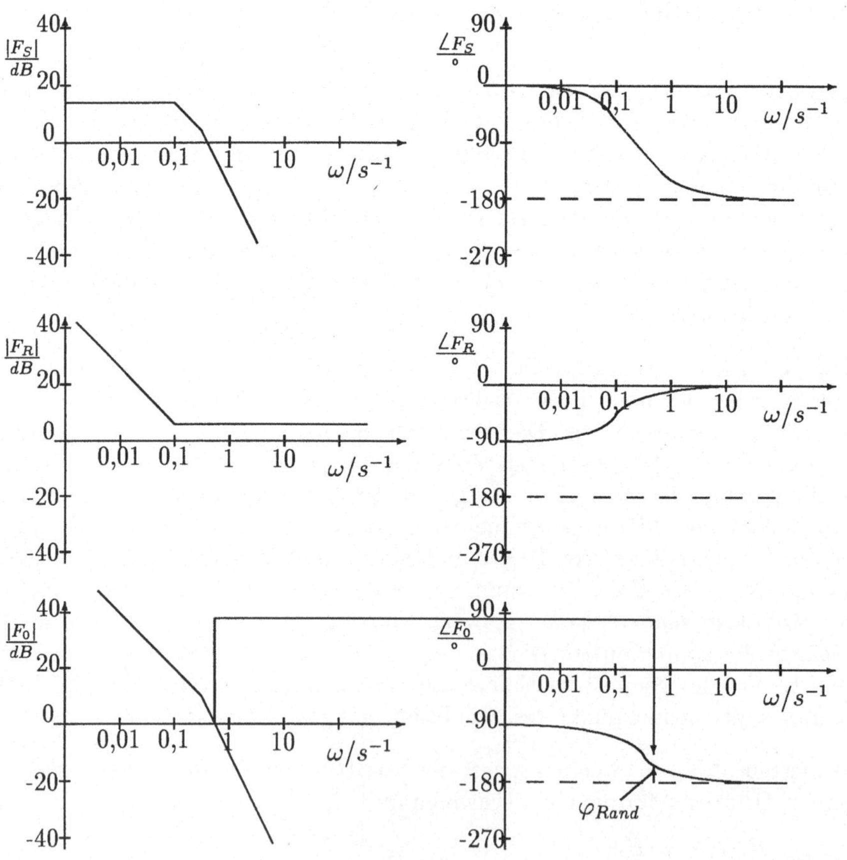

Abb. 7.18: Konstruktion des Bode-Diagramms von $F_0(j\omega)$ durch Addition der Bode-Diagramme von Regelstrecke $F_S(j\omega)$ und Regler $F_R(j\omega)$

Bode [5] hat gezeigt, daß für Phasenminimumsysteme ein analytischer Zusammenhang zwischen dem Amplituden- und Phasengang eines Systems besteht. Unter einem Phasenminimumsystem versteht man dabei ein System, dessen Übertragungsfunktion nur Pole und Nullstellen in der linken s-Halbebene aufweist und dessen Verstärkungsfaktor positiv ist. Für derartige Systeme reicht im Prinzip die Beschreibung durch den Amplituden- *oder* Phasengang aus, da man den fehlenden Verlauf aus dem anderen herleiten kann. Folglich kann man auch allein aus dem Amplitudengang des aufgeschnittenen Systems auf die Stabilität des geschlossenen Kreises schließen. Die daraus abgeleitete Stabilitätsaussage lautet:

> Der Phasenrand ist positiv, d.h. der geschlossene Regelkreis ist genau dann stabil, wenn
> 1. der aufgeschnittene Regelkreis ein Phasenminimumsystem mit Tiefpaßeigenschaft darstellt,
> 2. beim Durchgang des Amplitudengangs durch die $0dB$ Linie die Steigung des Amplitudengangs negativ und betragsmäßig kleiner als $40dB$ pro Dekade ist,
> 3. in der Umgebung des Nulldurchgangs die Änderung der Steigung des Amplitudengangs gering ist.

Das zuvor untersuchte Beispiel (PT_2-Strecke mit PI-Regler) ist ein Phasenminimumsystem mit Tiefpasseigenschaft. Bei der Frequenz ω_D (Nulldurchgang des Amplitudengangs) ist die Steigung des Amplitudengangs negativ und (dem Betrage nach) kleiner als $40dB$ pro Dekade. Der Abfall der Amplitude geht von $-20dB$ pro Dekade langsam auf $-40dB$ pro Dekade über. Folglich ist gemäß der obigen Stabilitätsaussage der geschlossene Kreis stabil.

7.3.2 Anforderungen an das Führungsverhalten

Ein „gutes" Führungsverhalten liegt laut Abschnitt 6.1 dann vor, wenn die Regelgröße die vorgeschriebene stationäre Genauigkeit aufweist sowie Überschwingweite, An- und Ausregelzeit innerhalb vorgegebener Schranken liegen.

Die *stationäre Genauigkeit* wird durch den integrierenden Anteil des Reglers (oder auch falls vorhanden) der Regelstrecke erreicht. Im Bode-Diagramm ist ein einfach integrierender Anteil im Regelkreis an dem Amplitudenabfall von $F_0(j\omega)$ von $20dB$ pro Dekade bei niedrigen Frequenzen erkennbar.

Zwischen *Überschwingweite* $\ddot{u}$ der Regelgröße $x(t)$ und Phasenrand von $F_0(j\omega)$ besteht ein einfacher Zusammenhang, wenn die Führungsübertragungsfunktion näherungsweise durch ein Verzögerungsglied 2. Ordnung beschrieben werden kann. Unter Verwendung der Gleichungen 6.3 und 6.12 lautet dieser Zusammenhang:

$$\ddot{u} = \exp \frac{-\pi \cdot D}{\sqrt{1-D^2}} \qquad \text{bzw.} \qquad D = \frac{\sin \varphi_{Rand}}{2 \cdot \sqrt{\cos \varphi_{Rand}}} .$$

Für ein zufriedenstellendes Führungsverhalten mit der Überschwingweite $\ddot{u} \approx 4$ - 5 % resultiert dann ein erforderlicher Phasenrand von ca. 50 ... 60°.

Da in dem untersuchten Beispiel der PT_2-Strecke mit PI-Regler der Phasenrand nur ca. 30° beträgt, muß zur Erzielung eines zufriedenstellenden Einschwingverhaltens der Phasenrand vergrößert werden. Verringert man die Verstärkung K_P des PI-Reglers, so wird die Amplitudenkennlinie parallel nach unten verschoben, und dadurch wandert der Schnittpunkt des Amplitudengangs von F_0 nach links (ω_D wandert nach links). Folglich nimmt der Phasenrand zu. Man kann nun den Phasenrand (z.B. 60°) vorschreiben und dann die erforderliche Verstärkungsänderung aus dem Amplitudengang entnehmen. Dies wird im folgenden Abschnitt ausführlich demonstriert.

Bei einem Phasenminimumsystem kann man auch bei der Festlegung des Führungsverhaltens auf die Analyse des Phasenrands verzichten, da nach [5] zwischen Amplituden- und Phasengang ein eindeutiger Zusammenhang besteht. Verlangt man in der Umgebung der Frequenz ω_D (Durchgang von $|F_0(\mathrm{j}\omega)|$ durch $0dB$), daß die Steigung des Amplitudengangs ca. $-20dB$ beträgt, so reicht dies für die Erzielung eines zufriedenstellenden Einschwingverhaltens mit genügender Dämpfung im allgemeinen aus.

Um ein Maß für die *Anregelzeit* im Bode-Diagramm zu formulieren, wird auf den in Gleichung 6.8 berechneten Zusammenhang zwischen der Bandbreite und der Anregelzeit der Regelgröße nach einem Führungssprung zurückgegriffen

$$T_{An} = \pi/\omega_B \ .$$

Vorausgesetzt ist auch hier wieder, daß die Führungsübertragungsfunktion F_W durch ein Verzögerungssystem 2. Ordnung beschrieben werden kann. Die Bandbreite ω_B des geschlossenen Regelkreises ist die Frequenz, bei der der Amplitudengang um $3dB$ abgefallen ist. Zwischen den Frequenzgängen des offenen und geschlossenen Regelkreises besteht die Beziehung

$$F_W(\mathrm{j}\omega) = \frac{F_0(\mathrm{j}\omega)}{1 + F_0(\mathrm{j}\omega)} \ ,$$

bzw, es gilt für die Beträge

$$|F_W(\mathrm{j}\omega)| = \frac{|F_0(\mathrm{j}\omega)|}{|1 + F_0(\mathrm{j}\omega)|} \ .$$

Der Betrag des Frequenzgangs des geschlossenen Regelkreises wird nun wie folgt approximiert:

$$|F_W(\mathrm{j}\omega)| \approx \begin{cases} 1 & \text{für } |F_0(\mathrm{j}\omega)| \gg 1 \\ |F_0(\mathrm{j}\omega)| & \text{für } |F_0(\mathrm{j}\omega)| \ll 1 \ . \end{cases}$$

In der Umgebung von $|F_0(\mathrm{j}\omega)| = 1$ findet ein allmählicher Übergang des Kurvenverlaufs statt. Abb. 7.19 verdeutlicht diese Approximation.

Aufgrund dieser Approximation kann man damit aus dem Amplitudengang F_0 des aufgeschnittenen Regelkreises die Bandbreite ω_B des geschlossenen Kreises ablesen zu $\omega_B \approx \omega_D$, und damit auf die Anregelzeit der Regelgröße $x(t)$ schließen.

Wird die Bandbreitenforderung an den Regelkreis zu groß, d.h. verlangt man eine zu kleine Anregelzeit der Regelgröße, so wird im allgemeinen die *Stellamplitude*

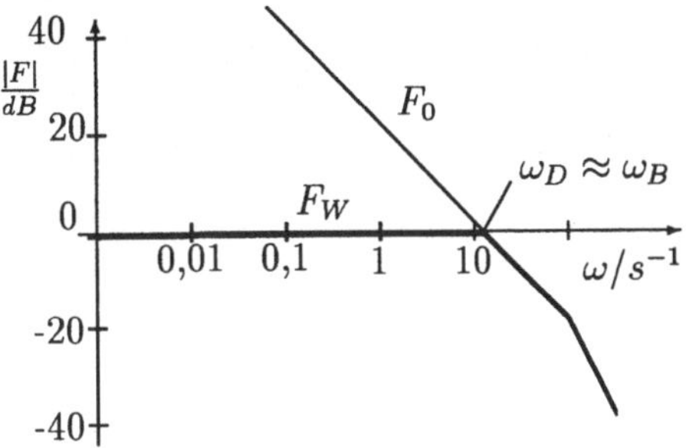

Abb. 7.19: Approximation des Amplitudengangs

u(t) zu groß. Dies hat Schneider [20] mit einfachen Betrachtungen im Frequenzbereich gezeigt. Für einen Regelkreis in der Standardform nach Abb. 6.1 gilt für die Übertragungsfunktion F_Y von der Führungsgröße w zur Stellgröße y die Beziehung

$$F_Y(s) = \frac{Y(s)}{W(s)} = \frac{F_R(s)}{1 + F_0(s)} = \frac{F_W(s)}{F_S(s)} \, ,$$

mit F_R und F_S als Regler- und Streckenübertragungsfunktionen. Für den Amplitudengang von F_Y resultiert dann:

$$\log |F_Y(\mathrm{j}\omega)| = \log |F_W(\mathrm{j}\omega)| - \log |F_S(\mathrm{j}\omega)| \, .$$

Abb. 7.20 zeigt Beispiele für Amplitudengänge mit unzulässiger und zulässiger Bandbreitenforderung an $F_W(\mathrm{j}\omega)$. Im linken Teilbild 7.20 steigt der Amplitudengang von F_Y im oberen Frequenzbereich auf große Werte an, da die Bandbreite des geschlossenen Regelkreises F_W wesentlich größer als die Bandbreite der Regelstrecke F_S ist. „Die Stellgröße muß quasi die fehlende Schnelligkeit der Strecke kompensieren.“ Bei einem Sprung der Führungsgröße $w(t)$ sind im Stellsignal viele hochfrequente Signalanteile enthalten. Das Stellsignal steigt somit schnell auf große Amplitudenwerte an.

Im rechten Teilbild 7.20 dagegen ist die Bandbreitenforderung an den Regelkreis deutlich geringer. Folglich sinkt auch der hochfrequente Signalanteil im Stellsignal, seine Amplitude wird geringer. Dies bestätigt eine Aussage, die schon in Abschnitt 4.3.2 im Zusammenhang mit einer Temperaturregelung gemacht wurde. Verlangt man von einer Raumheizung, daß sie in kürzester Zeit von z.B. 0° auf 20° C hochheizt, so ist dies nur mit einem überdimensionierten Heizkessel erreichbar. Denn nur ein derartiger Kessel kann die benötigte Heizleistung (großes Stellsignal) gewährleisten.

7.3.3 Anforderungen an das Störverhalten

Für die Festlegungen der Anforderungen an das Störverhalten im Frequenzbereich spielt die Betrachtung des Eingriffsorts der Störung eine wichtige Rolle. Bei den

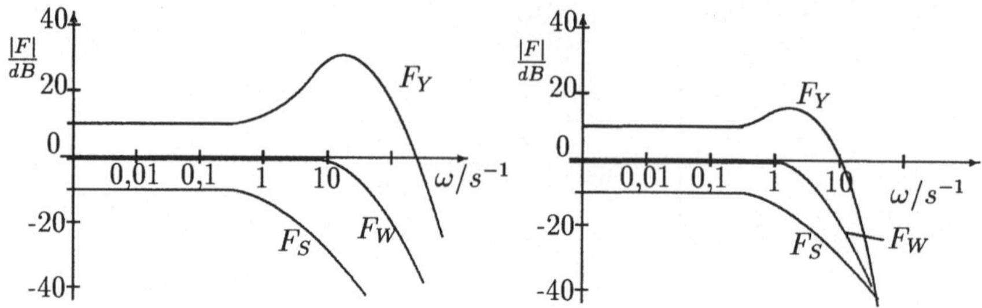

Abb. 7.20: Unzulässige und zulässige Bandbreitenforderung an $F_W(j\omega)$

bisherigen Betrachtungen des Standardregelkreises ist der Eingriffsort der Störung zwischen Regler und Regelstrecke gelegen. Nach den Definitionen von Kapitel 1 bezeichnet man derartige Störungen als Versorgungsstörungen $z_V(t)$. Liegt der Eingriffsort der Störung am Ausgang der Regelstrecke, so wie in Abb. 7.21 gezeigt, so spricht man von sogenannten Laststörungen.

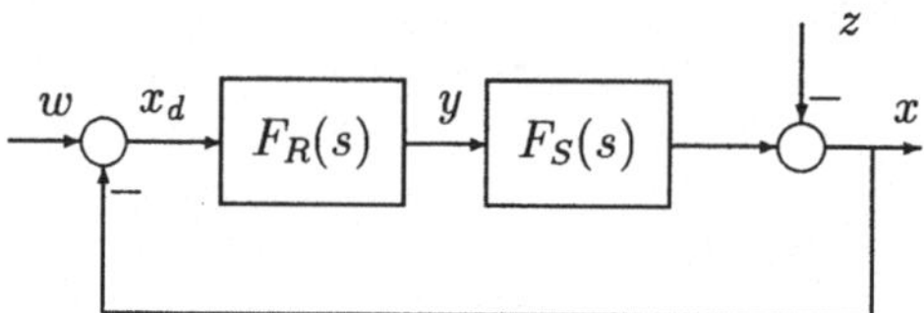

Abb. 7.21: Regelkreis mit Laststörgröße

Für einen derartigen Regelkreis lautet die Störübertragungsfunktion

$$F_Z(s) = -\frac{1}{1+F_0(s)} = F_W(s) - 1 \; . \tag{7.12}$$

Die Sprungantwort der Regelgröße auf einen Sprung der Störgröße ist damit gleich der Sprungantwort auf einen Sprung der Führungsgröße vermindert um Eins, d.h. vermindert um die Amplitude der Störung. Somit besteht in diesem Fall eine gewisse Analogie zwischen der Reglerauslegung für das Führungsverhalten und das Störverhalten.

Bei einer derartig wirkenden Laststörung kann man daher ähnliche Forderungen im Frequenzbereich an den Regelkreis stellen wie beim Führungsverhalten. Da in den meisten praktischen Fällen die Störgröße jedoch weder vor der Regelstrecke (Versorgungsstörung) noch am Ausgang der Regelstrecke (Laststörung) sondern „im Inneren" der Regelstrecke angreift, ist die Forderung eines Phasenrandes von größer 30° ausreichend. Denn aufgrund des Angriffspunkts der Störgröße im Inneren der Regelstrecke wird die Regelgröße weniger zu Schwingungen angeregt, und ein geringerer Phasenrand ist für ein zufriedenstellendes Störverhalten ausreichend.

7.4 Reglersynthese mit dem Bode-Diagramm

7.4.1 Reglersynthese für Verzögerungsstrecken

Das Bode-Diagramm soll nun zum Entwurf von Reglern angewendet werden. Dabei soll durch einen systematischen Entwurf versucht werden, die geforderten Entwurfsbedingungen zu erfüllen. Das Vorgehen wird zunächst an der bekannten PT_3-Regelstrecke vom Beispiel 6.1 demonstriert. Die Übertragungsfunktion der Regelstrecke lautet

$$F_S(s) = \frac{2}{(1+1,2\ s)\cdot(1+0,5\ s)\cdot(1+0,1\ s)}\ .$$

Die geregelte Strecke soll eine Anregelzeit $T_{An} \leq 3\ s$ bei einem maximalen Überschwingen von 5 % aufweisen.

Der Amplitudengang des PT_3-Gliedes wird aus der Addition der Amplitudengänge dreier PT_1-Glieder konstruiert. Die folgende Abb. 7.22 zeigt vereinfacht die

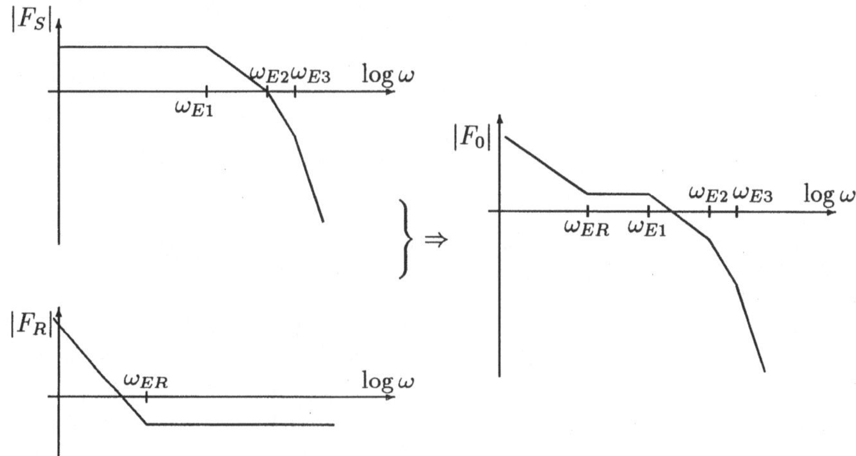

Abb. 7.22: Konstruktion des Amplitudengangs des aufgeschnittenen Regelkreises aus dem Amplitudengang von Regler und Strecke

prinzipielle Vorgehensweise bei der Konstruktion des Amplitudengangs des aufgeschnittenen Regelkreises aus den Amplitudengängen von Regelstrecke und PI-Regler.

Die ω_{Ei} sind die Eckfrequenzen der Regelstrecke als Inversion der Zeitkonstanten ($\omega_{Ei} = 1/T_i$) und ω_{ER} ist die Eckfrequenz des PI-Reglers als Inverse der Nachstellzeit. In gleicher Art und Weise wird der Phasengang konstruiert. Nachstellzeit und Verstärkung des Reglers sind nun aufgrund von Überlegungen im Bode-Diagramm so auszuwählen, daß die Entwurfsbedingungen erfüllt werden.

Die folgende Abb. 7.23 zeigt zur besseren Auflösung einen Ausschnitt aus Amplituden- und Phasengang der Regelstrecke (Kurve s) sowie des aufgeschnittenen

Regelkreises mit drei verschiedenen PI-Reglern. Es sind hierbei gewählt $\omega_{ER} < \omega_{E1}$, $\omega_{ER} = \omega_{E1}$ und $\omega_{ER} = \omega_{E2}$. Die Nachstellzeiten der drei verschiedenen Regler sind: Regler 1 Nachstellzeit $T_N = 3 \cdot T_{S,Max} = 3,6\ s$, d.h. $\omega_{ER} < \omega_1$ (Kurve 1), Regler 2 mit $T_N = T_{S,Max} = 1,2\ s$, d.h. $\omega_{ER} = \omega_{E1}$, (Kurve 2) und Regler 3 mit $T_N = 0,5\ s$, d.h. $\omega_{ER} = \omega_{E2}$, (Kurve 3). Die Reglerverstärkungen für alle drei Regler sind gleich Eins.

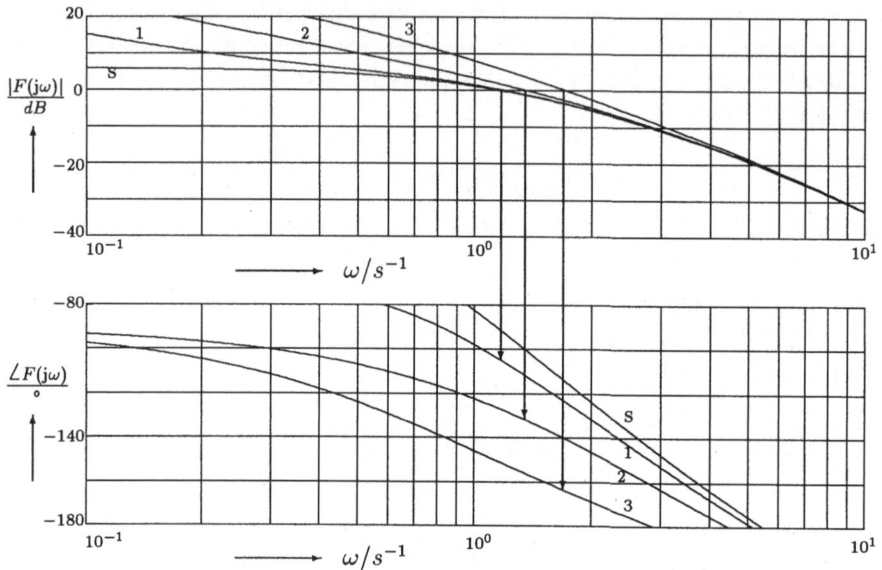

Abb. 7.23: Bode-Diagramme der Regelstrecke (Kurve s), und des aufgeschnittenen Kreises mit PI-Reglern unterschiedlicher Nachstellzeit (Kurve 1, 2 und 3)

Der Schnittpunkt des Amplitudengangs von F_0 mit der $0dB$-Linie ergibt ein Maß für die Bandbreite ω_B und damit die Anregelzeit des geschlossenen Kreises $T_{An} = \pi/\omega_B$ (siehe Abschnitt 7.2). Bildet man im zugehörigen Phasengang den Differenzwinkel $180° - \varphi(\omega_B)$ (siehe eingezeichnete Pfeile), so ergibt diese Differenz den Phasenrand φ_{Rand} , der ein Maß für die Stabilität des Kreises darstellt.

Die Untersuchung der drei verschiedenen Regler zeigt, daß mit steigender Eckfrequenz des Reglers die Bandbreite des Kreises zunimmt (und damit die Anregelzeit sinkt), aber gleichzeitig nimmt auch die Stabilität des Kreises ab. So gilt mit den aus dem Diagramm 7.23 abgelesenen Zahlenwerten für Regler 1 dann $\omega_B \approx 1,1\ s^{-1}$ und $\varphi_{Rand} \approx 75°$, für Regler 2 gilt $\omega_B \approx 1,5\ s^{-1}$ und $\varphi_{Rand} \approx 50°$, und für Regler 3 gilt $\omega_B \approx 1,7\ s^{-1}$ und $\varphi_{Rand} \approx 15°$. Je schneller der Regelkreis, umso weniger stabil wird er.

Zu dem geforderten Überschwingen von maximal 5 % gehört für ein Verzögerungssystem 2. Ordnung eine Dämpfung von $D \approx 0{,}7$ und ein Phasenrand $\varphi_{Rand} \approx 65°$. Die Anregelzeit $T_{An} \leq 3\ s$ wird für die gewählte Reglerverstärkung von 1 für alle drei Regler erfüllt.

Als weiteres Auswahlkriterium für die Festlegung des Reglers wird der Amplitudenverlauf des Frequenzgangs der Stellübertragungsfunktion $F_Y(s) = Y(s)/W(s)$ untersucht, um einen Hinweis auf den Energieinhalt der Stellgröße $y(t)$ zu erhalten. Abb. 7.24 zeigt (mit den gleichen Bezeichnungen wie in Abb. 7.23) diesen Amplitudenverlauf für die drei oben eingeführten Regler. Die Amplitudenverläufe sind für niedrige Frequenzen und große Frequenzen praktisch gleich. Sie unterscheiden sich nur im „mittleren" Frequenzbereich deutlich. Dort verlangt Regler 1 ($T_N = 3\ T_1$) die geringste und Regler 3 ($T_N = T_2$) die höchste Stellenergie. Dies würde zur Auswahl von Regler 1 führen.

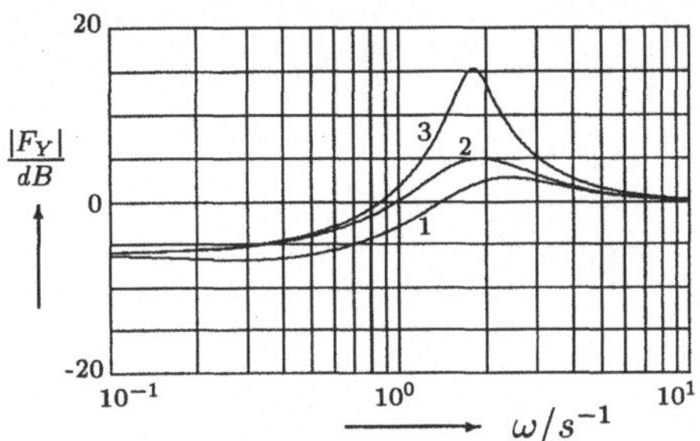

Abb. 7.24: Amplitudengang von F_Y mit PI-Reglern unterschiedlicher Nachstellzeit (Kurven 1, 2 und 3)

Betrachtet man jedoch noch einmal den Amplitudengang des aufgeschnittenen Kreises mit Regler 1 in Abb. 7.23, so fällt auf, daß dieser Amplitudengang bis zur Durchgangsfrequenz ω_B relativ flach mit einer Steigung von nur ungefähr $-10dB$ pro Dekade verläuft. Somit ist bei diesem Regler in einem größeren Frequenzbereich als bei den anderen Reglern die Bedingung $|F_0(j\omega)| \gg 1$ nicht erfüllt. Dies

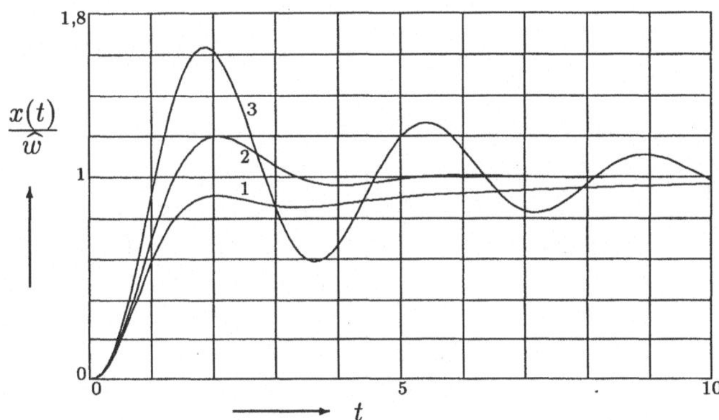

Abb. 7.25: Übergangsfunktionen für den Kreis mit verschiedenen Reglern

hat zur Folge, daß das Führungsverhalten des geschlossenen Kreises nicht genau genug durch ein Verzögerungsglied 2. Ordnung angenähert werden kann, wie Abb. 7.25 zeigt.

Die Sprungantwort der Regelgröße bei Verwendung von Regler 2 und 3 entspricht im wesentlichen der Sprungantwort für ein Verzögerungsglied 2. Ordnung. Für Regler 1 *„kriecht"* die Sprungantwort jedoch gegen den Wert der Führungsgröße. Es ist noch ein „langsamer" Pol des Kreises nahe bei Null vorhanden, der dieses kriechende Verhalten bewirkt. Somit kann man auf die weitere Verwendung von Regler 1 verzichten. Die Überprüfung der Anregelzeiten bei Verwendung der Regler 2 und 3 zeigt, daß die Verwendung der Durchtrittsfrequenz ω_D als Näherung für die Bandbreite ω_B etwas zu kleine Frequenzen und damit etwas zu große

Anregelzeiten liefert, denn die Anregelzeiten liegen in Abb. 7.25 im Bereich 1 ... 1,5 s.

Regler 2 ($T_N = T_{S,Max} = 1,2\ s$) weist eine hinreichend schnelle Anregelzeit auf, der Phasenrand ist mit 50° jedoch noch zu gering. Verringert man nun die Reglerverstärkung, so verschiebt man den Amplitudengang nach unten, d.h. die Durchtrittfrequenz ω_D in Abb. 7.23 wandert nach links und gleichzeitig wird der Phasenrand größer. Die Größe der Absenkung des Amplitudengangs kann man über die Bandbreite und damit die Anregelzeit festlegen. Eine geeignete Wahl der Reglerverstärkung ist $K_P = 0,5$.

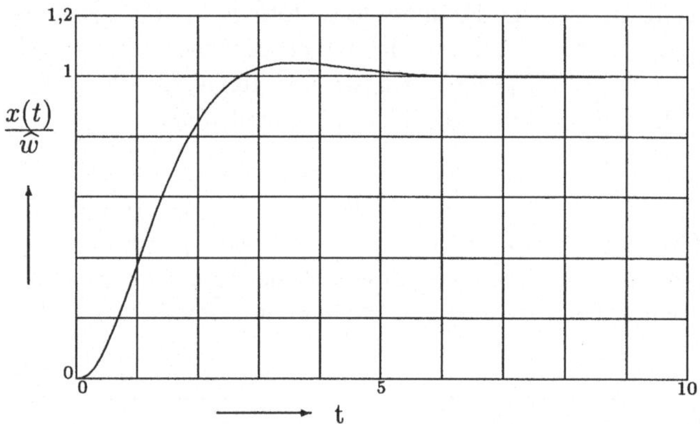

Abb. 7.26: Übergangsfunktion des geschlossenen Kreises für einen PI-Regler mit $T_N = 1,2\ s$ und $K_P = 0,5$

Für diese Wahl der Reglerverstärkung wird die Anregelzeit $T_{An} \approx 2,6\ s$, und das Überschwingen liegt bei ca 5 %. Damit sind die geforderten Entwurfsbedingungen erfüllt, wie das Abb. 7.26 zeigt. Die Nachstellzeit muß nicht exakt bei der größten Zeitkonstanten der Regelstrecke liegen, wie es in diesem Beispiel gezeigt wurde. Je nach Anforderungen für den Reglerentwurf kann eine andere Wahl geeigneter sein. Ist eine kleine Stellenergie von Bedeutung, so kann eventuell Regler 3 eine bessere Lösung liefern. Der Vorteil bei Verwendung des Entwurfsverfahrens im Frequenzbereich liegt darin, daß man den Regler gezielt nach vorgegebenen quantitativen Entwurfsanforderungen auslegen kann.

Beispiel 7.1: Nachdem bisher die meisten Reglerentwürfe auf nicht schwingungsfähige Regelstrecken angewendet wurden, wird in diesem Beispiel die Anwendung an einer schwingungsfähigen Strecke 2. Ordnung demonstriert. Die Strecke könnte wie in Kapitel 3 untersucht, z.B. ein schwingungsfähiges Feder-Masse-System sein, dessen Daten zu der folgenden Übertragungsfunktion der Regelstrecke führen mögen:

$$F_S(s) = \frac{1}{1 + 2\ s + 25\ s^2} \ .$$

Die ungeregelte Strecke ist schwach gedämpft ($D = 0,2$) und relativ langsam (Kreisfrequenz $\omega_0 = 0,2\ s^{-1}$). Aus Abb. 3.15 liest man für eine derartige Regelstrecke eine Anregelzeit $T_{An} \approx 1,8/\omega_0 = 9\ s$ ab.

Das Ziel des Reglerentwurfs ist die Erhöhung der Dämpfung der geregelten Strecke (d.h. des Regelkreises) auf $D \approx 0,5$ und eine Verringerung der Anregelzeit auf $T_{An} \leq 5\ s$, ohne daß eine bleibende Regeldifferenz auftritt.

Die Suche nach einer geeigneten Reglerstruktur führt bald zu einem PID-Regler. Der I-Anteil ist erforderlich zur Vermeidung der bleibenden Regeldifferenz, und der D-Anteil wird benötigt zur Vergrößerung des Phasenrandes des Regelkreises, wie die Analyse von Abb. 7.27 zeigt. Der Phasenrand der ungeregelten Strecke für die Dämpfung $D = 0,2$ liegt bei ca. 30°. Also ist im oberen Frequenzbe-

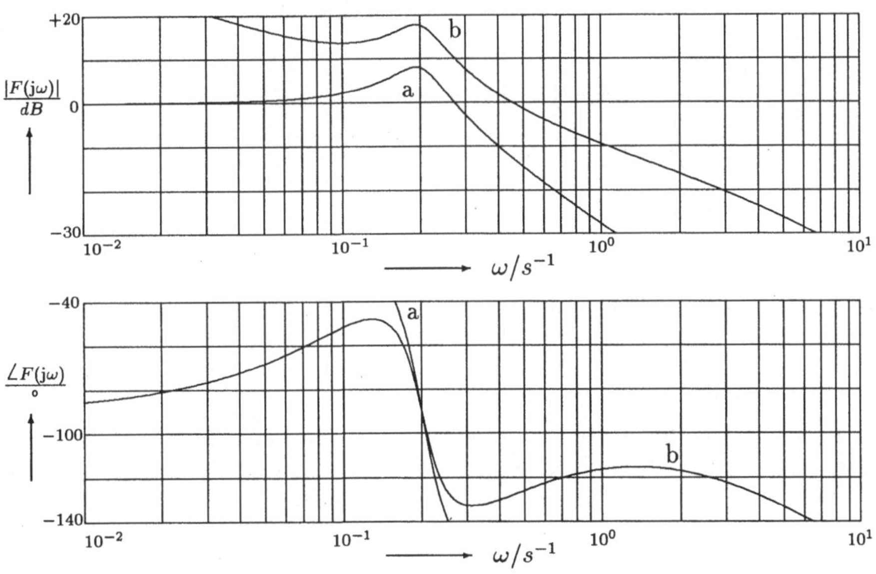

Abb. 7.27: Bode-Diagramme von Strecke (a) und aufgeschnittenem Kreis (b)

reich eine Phasenanhebung durch den D-Anteil des Reglers erforderlich, damit eine Dämpfung von $D \approx 0,5$ erreicht wird. Im unteren Frequenzbereich dagegen wird der I-Anteil des Reglers wirksam. Da für den praktischen Einsatz nur ein realer PID-Regler in Frage kommt, sind drei Eckfrequenzen bzw. Zeitkonstanten festzulegen. Dies sind die Größen $\omega_{E1} = 1/T_N$, $\omega_{E2} = 1/T_V$, $\omega_{E3} = 1/T_D$ und der Verstärkungsfaktor K_P.

Nach einigen Versuchen ergibt die Wahl von $\omega_{E1} = 1/T_N = 0,1\ s^{-1}$, $\omega_{E2} = 1/T_V = 0,4\ s^{-1}$, $\omega_{E3} = 1/T_D = 6\ s^{-1}$ und $K_P = 3$ ein zufriedenstellendes Ergebnis. Abb. 7.27 zeigt das Bode-Diagramm für die ungeregelte Strecke $F_S(s)$ (Kurve a) und die Übertragungsfunktion des aufgeschnittenen Regelkreises $F_0(s)$ (Kurve b). Die Bandbreite des aufgeschnittenen Kreises (Schnittpunkt des Amplitudengangs mit der $0dB$ Linie) ist deutlich größer als die der Strecke. Sie liegt jetzt bei ca. 0,5 s^{-1}. Damit ist eine Anregelzeit von $T_{An} \approx \pi/\omega_B = 3,14/(0,5 s^{-1}) = 6,3\ s$ zu erwarten. Der Phasenrand liegt bei ca. 50°. Dies entspricht einer Dämpfung von ca. 0,5. Vergleicht man dieses Ergebnis mit der Übergangsfunktion in Abb. 7.28, so stimmen die analytisch ermittelten Werte für T_{An} und D nicht mit den tatsächlich vorliegenden Zahlenwerten überein. Der Grund liegt darin, daß die Näherung für Anregelzeit und Dämpfung als Führungsübertragungsfunktion eine Übertragungsfunktion zweiter Ordnung voraussetzen, welches jedoch im vorliegenden Fall nicht gegeben ist.

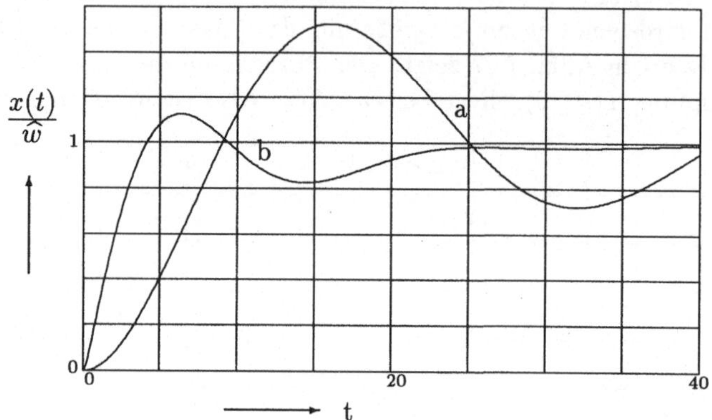

Abb. 7.28: Übergangsfunktionen von der Regelstrecke (Kurve a) und vom geschlossenem Regelkreis (Kurve b)

Der tatsächliche Zeitverlauf der Übergangsfunktion weist eine Anregelzeit von ca. 4 s. und eine Überschwingweite von ca. 18 % auf. Die Anregelzeit ist also deutlich besser als mit der Näherungsgleichung ermittelt. Für ein System 2. Ordnung entspricht einer Überschwingweite von 18 % gemäß Gleichung 6.3 eine Dämpfung von ca. $D = 0,5$. □

7.4.2 Reglersynthese für integrierende Regelstrecken

Bei der Synthese von Reglern für integrierende Strecken mit Verzögerung kann man die Einstellregeln nach dem sogenannten „symmetrischen Optimum“ sehr gut einsetzen. Dieses Verfahren wurde von Keßler [16], [17] für Verzögerungsstrecken entwickelt. Man kann es jedoch, wie z.B. in der Antriebstechnik [25], auch für integrierende Regelstrecken mit Verzögerung einsetzen. Diese Möglichkeit soll hier betrachtet werden.

Es werde eine integrierende Regelstrecke mit Verzögerung 1. Ordnung, wie z.B. ein hydraulischer Stellzylinder mit Feder-Dämpfer-Ansteuerung (siehe Abschnitt 3.2.2) betrachtet. Liegen Verzögerungen höherer Ordnung vor, so ist vorausgesetzt, daß man die Zeitkonstanten zu einer Summenzeitkonstanten $T_1 = \sum_i T_i$ zusammenfassen kann. Die Regelstrecke wird somit durch die folgende Übertragungsfunktion beschrieben

$$F_S(s) = \frac{K_S}{s \cdot (1 + T_1\ s)} \ .$$

Diese Regelstrecke soll durch einen PI-Regler geregelt werden. Wie Gleichung 7.13 zeigt, führt die Auswahl der Nachstellzeit des PI-Reglers nach den Regeln der dynamischen Kompensation ($T_N = T_1$) zu einem grenzstabilen Regelkreis. Es gilt

$$\begin{aligned} F_0(s) &= \frac{K_P \cdot (1 + T_N\ s)}{T_N\ s} \cdot \frac{K_S}{s \cdot (1 + T_1\ s)} \\ &= \frac{K_P \cdot K_S}{T_1\ s^2} = \frac{c_0^2}{s^2} \ . \end{aligned} \tag{7.13}$$

Die charakteristische Gleichung lautet dann

$$1 + F_0(s) = c_0^2 + s^2 = 0 \ ,$$

es fehlt der Dämpfungsterm mit s^1. Daher ist der geschlossene Regelkreis grenzstabil.

Läßt man zunächst ein allgemeines $T_N \neq T_1$ zu und berechnet die charakteristische Gleichung, so erhält man nach Einführung der Abkürzung $K = K_P \cdot K_S$

$$K + KT_N\ s + T_N\ s^2 + T_1 T_N\ s^3 = 0 \ .$$

Die Anwendung des Hurwitz-Kriteriums (Gleichung 5.16) führt nur dann zu einem stabilen Kreis, wenn die nachfolgende Gleichung mit dem „>"-Zeichen erfüllt ist

$$a_1 a_2 - a_0 a_3 = KT_N^2 - KT_1 T_N > 0 \ . \tag{7.14}$$

Aus Gleichung 7.14 folgt, daß für einen stabilen Regelkreis die Nachstellzeit T_N des PI-Reglers größer als die Zeitkonstante T_1 der Regelstrecke sein muß, also $T_N > T_1$.

Wie nachfolgend gezeigt wird, führen Überlegungen anhand des Bode-Diagramms zur Festlegung der Zahlenwerte der Reglerparameter. Für eine IT_1-Regelstrecke mit einem PI-Regler zeigt Abb. 7.29 den Amplituden- und Phasengang für den aufgeschnittenen Regelkreis. Der Amplitudengang nimmt bis zur Eckfrequenz $\omega_{E1} = 1/T_N$ mit $40dB$ pro Dekade ab, verläuft dann flacher mit einem Abfall von $20dB$ pro Dekade bis zur Eckfrequenz $\omega_{E2} = 1/T_1$, und nimmt dann wieder zu bis auf einen Abfall von $40dB$ pro Dekade.

Beim Durchgang durch die $0dB$-Linie beträgt der Abfall ungefähr $-20dB$. Der Phasenwinkel beginnt für niedrige Frequenzen bei $-180°$, steigt dann je nach Größe der Zeitkonstanten auf maximal $-90°$ an und fällt dann wieder auf $-180°$ ab. An der Stelle des Nulldurchgangs des Amplitudengangs kann man (wie mit dem Pfeil eingezeichnet) den positiven Phasenrand ablesen. Bei der Wahl von $T_N > T_1$ ist der Phasenrand immer positiv, d.h. der Kreis ist, wie schon zuvor abgeleitet, immer stabil. Der maximale Phasenrand liegt dann vor, wenn der Nulldurchgang des Amplitudenverlaufs genau in der Mitte der Eckfrequenzen von Regler und Strecke erfolgt, also „symmetrisch" zu diesen beiden Frequenzen liegt.

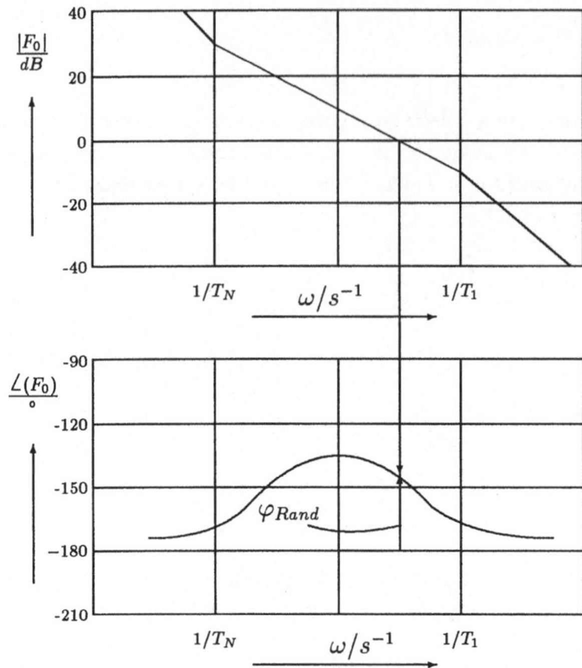

Abb. 7.29: Bode-Diagramm des aufgeschnittenen Kreises

Aufgrund der logarithmischen Skalierung der Omega-Achse gilt für die Durchtrittsfrequenz ω_D (durch die 0 dB-Linie) die Beziehung

$$\begin{aligned} \log\,\omega_D &= \log\,\omega_R + \frac{\log\,\omega_S - \log\,\omega_R}{2} = \frac{1}{2}\cdot\{\log\,\omega_S + \log\,\omega_R\} \qquad \text{bzw} \\ \omega_D &= \sqrt{\omega_S\cdot\omega_R} = \frac{1}{\sqrt{T_1\cdot T_N}}\;. \end{aligned} \tag{7.15}$$

Der Amplitudengang wird in der Umgebung von ω_D im wesentlichen durch den I-Anteil der Strecke bestimmt. Somit gilt bei der Frequenz ω_D

$$|F_0(\mathrm{j}\omega)|_{\omega=\omega_D} = \frac{K_P K_S}{\omega_D} = 1\;.$$

Aufgelöst nach K_P folgt nach dem Einsetzen von Gleichung 7.15 für ω_D die Beziehung

$$K_P = \frac{1}{K_S\cdot\sqrt{T_N\cdot T_1}}\;. \tag{7.16}$$

Sofern der maximale Phasenrand für den Regelkreis gewünscht ist, besteht zwischen der Reglerverstärkung K_P und der Nachstellzeit T_N der Zusammenhang von Gleichung 7.16. Liegt T_N fest, so liefert Gleichung 7.16 die dann zu wählende Verstärkung K_P. Für z.B. $T_N = 4T_1$ ergibt $K_P = 1/(2K_ST_1)$ den maximalen Phasenrand. Der Entwurf eines PI-Reglers nach dem *symmetrischen Optimum* wird auf die Auswahl der „richtigen“ Nachstellzeit des Reglers reduziert. Diese Nachstellzeit wird zweckmäßigerweise so gewählt, daß die an den Kreis gestellten Entwurfsanforderungen erfüllt werden.

Führungsverhalten: Soll der geregelte Kreis ein zufriedenstellendes Führungsverhalten aufweisen, z.B. ausgedrückt durch eine vorgegebene Anregelzeit, so kann man wie folgt vorgehen. Für verschiedene Werte T_N wird die Durchtrittsfrequenz ω_D mit Hilfe von Gleichung 7.15 bestimmt und die Anregelzeit über die Beziehung

$$T_{An} \approx \pi/\omega_D$$

abgeschätzt. Ist das Entwurfsziel errreicht, d.h. ein T_N gefunden, wird mit Gleichung 7.16 die dazugehörige Reglerverstärkung K_P berechnet.

Bei dieser Vorgehensweise wird zunächst versucht, die gewünschte Anregelzeit einzuhalten. Den Phasenrand liest man anschließend aus der Kurve des Phasenverlaufs ab. Dieser Phasenrand ist zwar für das gewählte T_N maximal, ob er jedoch im Bereich von ca. $50° \ldots 65°$ liegt, ist offen. Phasenrand und Nachstellzeit können also nicht unabhängig voneinander eingestellt werden.

Wird eine *zu kleine Anregelzeit* gefordert, dann ist die Phasenreserve oft so gering, daß das Einschwingverhalten unbefriedigend wird. Der PI-Regler ist dann zur Erfüllung der Entwurfsbedingungen nicht geeignet. Umgekehrt kann auch eine *relativ große Anregelzeit* zulässig sein, die bei Auslegung nach dem symmetrischen Optimum zu einer sehr großen Phasenreserve ($> 65°$) führt. Es kann in diesem Fall sinnvoller sein, die Auswahl der Reglerparameter nicht nach dem symmetrischen Optimum vorzunehmen, sondern K_P und T_N unabhängig voneinander einzustellen.

Störverhalten: Soll mit der Methode des symmetrischen Optimums der Regler so eingestellt werden, daß ein günstiges Störverhalten vorliegt, so hängt die Einstellung wesentlich vom Eingriffsort der Störung ab. Bei Einwirkung der Störgröße am Ausgang der Regelstrecke (Abb. 7.21) gibt es eine Analogie zwischen dem Führungs- und Störverhalten. Man kann die Überlegungen für das Führungsverhalten übernehmen.

Greift die Störgröße zwischen Regler und Strecke ein (Standardregelkreis), dann sind im allgemeinen die Anforderungen für ein gutes Führungs- und Störverhalten zueinander kontrovers. Ein Phasenrand von 30° wird in diesen Fällen meist als ausreichend erachtet. Eine zusätzliche Betrachtung des Zeitverhaltens der Regelgröße nach Einwirkung einer Störgröße und/oder Führungsgröße zur Festlegung der Reglerparameter ist jedoch in der Regel sinnvoll.

Beispiel 7.2: Das oben dargestellte Entwurfsschema wird in diesem Beispiel auf die folgende integrierende Regelstrecke angewendet:

$$F_S(s) = \frac{K_S}{s \cdot (1 + T_1\, s)} = \frac{0,1}{s \cdot (1 + 2\, s)} \,.$$

Es soll ein PI-Regler zur Regelung verwendet werden. Zwei unterschiedliche Entwürfe werden untersucht und die Ergebnisse in Abb. 7.30 dargestellt.

Ziel von *Auslegung 1* ist die Erzielung eines Phasenrandes von ca. 65° für ein gutes Führungsverhalten. Beim Entwurf wird nun die Nachstellzeit solange verändert

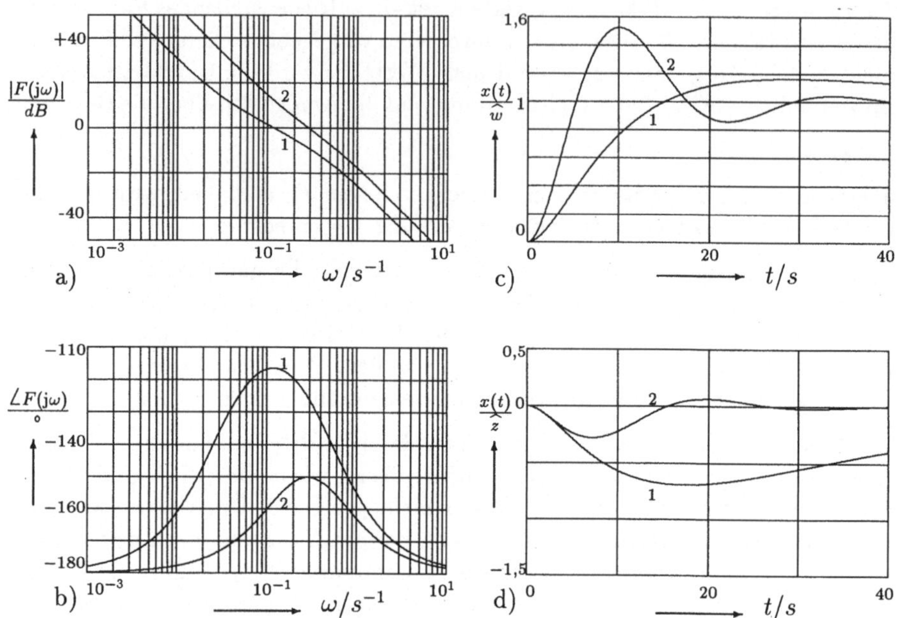

Abb. 7.30: Amplitudengang (Abb. a) und Phasengang (Abb. b) sowie Verlauf der Regelgröße nach einem Sprung der Führungs- (Abb. c) bzw. Störgröße (Abb. d)

und gleichzeitig mit Gleichung 7.16 der Verstärkungsfaktor berechnet, bis der geforderte Phasenrand erreicht ist. Ein Phasenrand von ca. 65° wird erzielt bei einer Nachstellzeit von $T_N = 36\ s$ und einer zugehörigen Reglerverstärkung von $K_P = 1,18$. Die mit 1 bezeichneten Kurven in Abb. 7.30 zeigen Amplituden- und Phasengang sowie das Führungs- und Störverhalten des Systems. Aufgrund der geringen Bandbreite ($\omega_B \approx 0,2\ s^{-1}$) liegt die Anregelzeit bei ca. 15 s. Der Einschwingvorgang der Regelgröße auf den Sollwert verläuft sehr langsam, aber mit dem erwarteten geringen Überschwingen. Das Störverhalten nach einem Störsprung zeigt jedoch eine große lang andauernde Regelabweichung.

In *Auslegung 2* zur Erzielung eines guten Störverhaltens wird ein Phasenrand von nur 30° angestrebt. Dieser Phasenrand wird erreicht bei einer Nachstellzeit von $T_N = 6\ s$ und einer zugehörigen Reglerverstärkung von $K_P = 2,89$. Die Bandbreite des Systems ist größer, die Anregelzeit wird folglich deutlich kleiner. Die Regelgröße schwingt nach einem Führungssprung aufgrund der geringeren Phasenreserve aber mehr. Das Störverhalten ist jedoch entscheidend verbessert. Die Maximalablage ist kleiner und die Störung ist wesentlich schneller ausgeregelt.

7.4.3 Phasenkorrigierende Netzwerke

Unter einem phasenkorrigierenden Netzwerk versteht man ein Übertragungsglied, mit dem eine Korrektur des Phasenwinkels des Systems vorgenommen wird. Man unterscheidet zwischen phasenanhebenden und -absenkenden Korrekturgliedern und solchen, die sowohl die Phase in einem Frequenzbereich absenken und im anderen wieder anheben. Häufig wird auch die aus dem Englischen stammende Bezeichnung Lead- (für anhebend) und Lag- (für absenkend) bzw. Lag-Lead-Netzwerk gebraucht.

Ein Lag-Netzwerk wird beschrieben durch die Übertragungsfunktion

$$F_{Lag}(s) = K \cdot \frac{1 + T_1\ s}{1 + \alpha T_1\ s} \qquad \text{mit} \quad \alpha > 1$$

im Unterschied zum Lead-Netzwerk dessen Übertragungsfunktion lautet

$$F_{Lead}(s) = \frac{K}{\alpha} \cdot \frac{1 + T_2\ s}{1 + \frac{T_2}{\alpha} \cdot s} \qquad \text{mit} \quad \alpha > 1\ .$$

Die Kombination beider Netzwerke ergibt das Lag-Lead-Netzwerk, welches durch Gleichung 7.17 beschreiben wird.

$$F_{LL}(s) = K \cdot \frac{(1 + T_1\ s) \cdot (1 + T_2\ s)}{(1 + \alpha T_1\ s) \cdot (1 + \frac{T_2}{\alpha}\ s)} \tag{7.17}$$

mit $\alpha > 1$ und auch $T_1 > T_2$.

Abb. 7.31 zeigt den Amplituden- und Phasenverlauf für ein Lag-Lead-Netzwerk mit $T_1 = 10\ s$, $T_2 = 1\ s$, $K = 1$ und verschiedenen α-Werten. Im unteren Frequenzbereich ist die phasennacheilende Wirkung des Lag-Gliedes zu erkennen. Phasenwinkel und Amplitude nehmen negative Werte an. Ab der Mitte der Eckfrequenzen $\omega_{E1} = 1/T_1$ und $\omega_{E2} = 1/T_2$ (geometrisches Mittel) steigt der Amplitudenverlauf wieder.

Gleichzeitig geht der Phasenwinkel in den positiven Bereich. Hier beginnt die phasenvoreilende Wirkung des Lead-Gliedes. Je größer der Wert α, umso größer werden Phasenvor- bzw. -nacheilung sowie die maximale Amplitudenabsenkung des Lag-Lead-Gliedes. Die Werte für α, T_1 und T_2 sind beim Reglerentwurf so auszuwählen, daß die phasenverschiebende Wirkung im gewünschten Frequenzbereich stattfindet. Setzt man die Zeitkonstante T_2 des Lead-Anteils gleich der größten Zeitkonstanten der Regelstrecke, so erreicht man in diesem Frequenzbereich eine phasenanhebende Wirkung. Die Stabilitätsreserve wird vergrößert. Durch den Lag-Anteil im unteren Frequenzbereich hebt man gleichzeitig die Verstärkung des offenen Kreises wieder an und verringert so eventuell auftretende bleibende Regeldifferenzen. Mit Rechnersimulationen findet man relativ schnell die geeigneten Werte für die Reglerparameter.

Die Anwendung eines Lag-Lead-Gliedes wird bei der Regelung eines Verzögerungsgliedes 2. Ordnung mit der folgenden Übertragungsfunktion gezeigt:

$$F_S(s) = \frac{K_S}{(1 + T_{S1}\ s) \cdot (1 + T_{S2}\ s)} = \frac{30}{(1 + s) \cdot (1 + 0{,}1\ s)}\ .$$

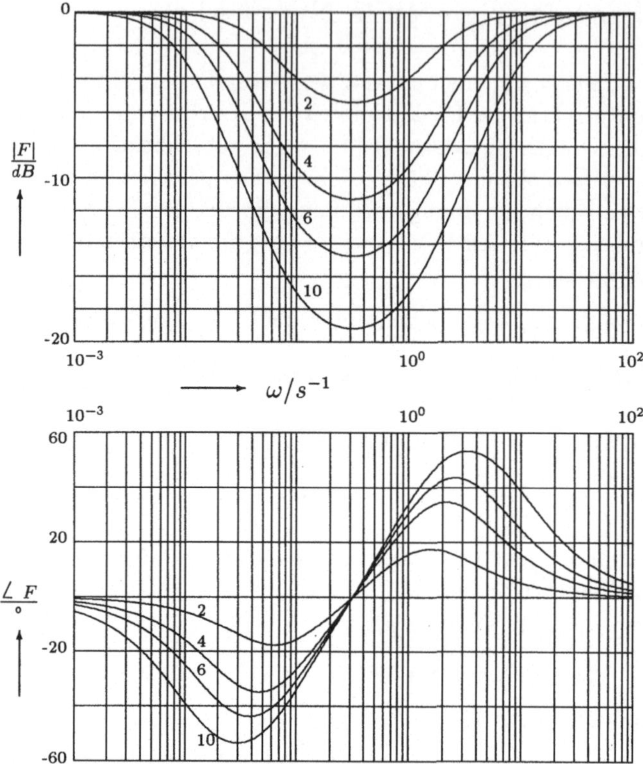

Abb. 7.31: Amplituden- und Phasenverlauf eines Lag-Lead-Gliedes mit $K = 1$, $T_2 = 1\ s$, $T_1 = 10\ s$ und den Werten $\alpha = 2$, 4, 6 und 10

Nach den obigen Entwurfsrichtlinien wird die Zeitkonstante des Lead-Anteils T_2 gleich der größten Streckenzeitkonstanten $T_{S1} = 1\ s$ gesetzt. Nach einigen Rechnersimulationen ergibt die weitere Einstellung des Lag-Lead-Gliedes mit den Zahlenwerten $T_1 = 10\ s$, $K = 1$ und $\alpha = 6$ das in Abb. 7.32 gezeigte Ergebnis.

Die mit „1" gekennzeichneten Kurven zeigen den von Abb. 7.31 bekannten Amplituden- und Phasenverlauf des Lag-Lead-Gliedes. Die Regelstrecke ist mit „2" gekennzeichnet. Zur Verdeutlichung der Entwurfsergebnisse sind die Kurven bei Verwendung eines Lead-Reglers (Kurve 3) und eines Lag-Lead-Reglers (Kurve 4) in Abb. 7.32 aufgetragen. Durch das Lead-Glied und das Lag-Lead-Glied wird die Phasenreserve des Systems um ca. 20° verbessert (Abb. b). Die Amplitudenabsenkung des Lead-Gliedes führt jedoch zu einer deutlichen bleibenden Regelabweichung. Durch eine Verstärkungsanhebung kann diese Abweichung zwar verringert werden, doch nur zulasten einer erneuten Verringerung der Phasenreserve. Hier zeigt sich nun der Gewinn bei Einsatz des Lag-Lead-Gliedes. Im unteren Frequenzbereich wird durch den Lag-Anteil die Amplitude wieder angehoben, sodaß die bleibende Regeldifferenz (Abb. c, Kurve 4) kleiner wird. Abb. d zeigt den Amplitudenverlauf der Führungsfrequenzgänge. Auch hier ist im un-

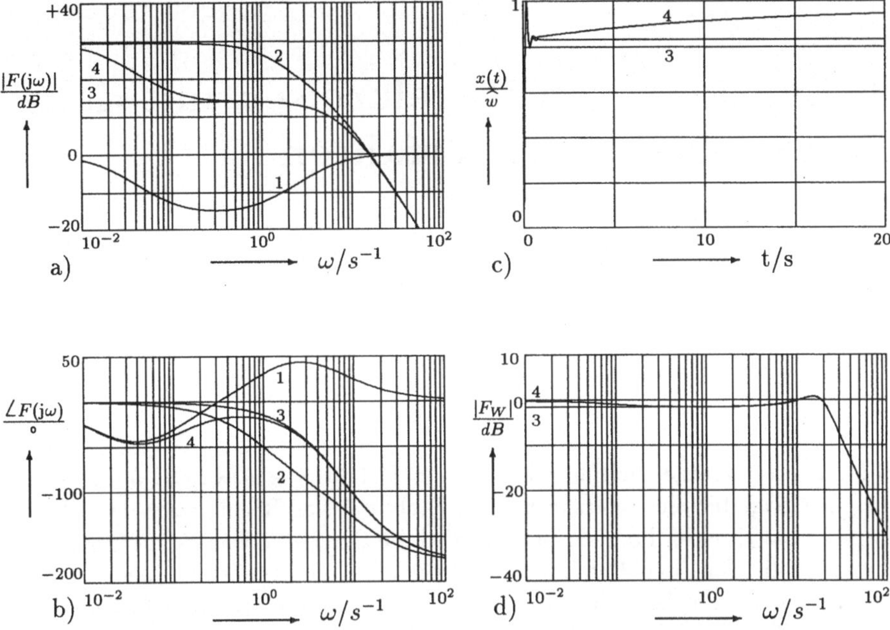

Abb. 7.32: Amplitudengang (Abb. a) und Phasengang (Abb. b) des Beispiels, sowie Führungsübergangsfunktion (Abb. c) und der Amplitudengang des Führungsfrequenzgangs (Abb. d); Weitere Kennzeichnung: 1 - Lag-Lead-Glied; 2 - Regelstrecke; 3 - Strecke mit Lead-Glied als Regler; 4 Strecke mit Lag-Lead-Glied als Regler

teren Frequenzbereich die Verbesserung durch das Lag-Lead-Glied erkennbar.

Die in diesem Beispiel aufgezeigten Möglichkeiten der gezielten Verbesserung des Phasenverlaufs des aufgeschnittenen Regelkreises sollen zur Demonstration des Entwurfsverfahrens dienen. Es ist ein Probierverfahren dessen Anwendung einige Übung verlangt.

8 Synthese von Regelkreisen mit dem Wurzelortskurvenverfahren

Die charakteristische Gleichung $1 + F_0(s) = 0$ stellt, wie in Kapitel 5 dargestellt, die Grundlage für die Untersuchung der Stabilität von Regelkreisen dar. Bei der Regelkreisanalyse im Frequenzbereich wird die Ortskurve von $F_0(j\omega)$ hinsichtlich ihres Amplituden- und Phasenverlaufs speziell in der Umgebung des kritischen Punktes -1 untersucht. Anhand dieser Verläufe wird die Stabilität beurteilt, und es werden Empfehlungen für die Auslegung der Regler gewonnen. Dadurch können quantitative Entwurfsanforderungen erfüllt werden.

8.1 Definition der Wurzelortskurve

Man kann nun die oben erwähnte charakteristische Gleichung $1 + F_0(s) = 0$ auch direkt zur Stabilitätsanalyse verwenden, indem man ihre Wurzeln (Pole) berechnet. Sofern die Wurzeln negativen Realteil aufweisen, ist der geschlossene Kreis stabil. Stellt man nun diese Wurzeln in der s-Ebene in Abhängigkeit von *einem* Reglerparameter dar, so kann man diesen Reglerparameter so auswählen, daß der Kreis stabil ist. Diese graphische Darstellung des Wurzelortes in der s-Ebene nennt man *Wurzelortskurve*. Im Prinzip kann man die Wurzelortskurve in Abhängigkeit von jedem Reglerparameter K_P, T_N, T_V ... graphisch darstellen. Üblich ist die Darstellung der Wurzelorte des Regelkreises allein in Abhängigkeit von der Reglerverstärkung K_P. Diese graphische Darstellung wird gemeinhin als Wurzelortskurve bezeichnet.

Für den Standardregelkreis nach Abb. 6.1 lautet die charakteristische Gleichung

$$1 + F_0(s) = 1 + F_R(s) \cdot F_S(s) = 0 \ , \tag{8.1}$$

mit $F_R(s)$ und $F_S(s)$ als Übertragungsfunktionen von Regler und Strecke. Ersetzt man die Übertragungsfunktionen durch ihre Zähler- und Nennerpolynome $Z(s)$ und $N(s)$, und zieht die Reglerverstärkung $K \widehat{=} K_P$ aus dem Zählerpolynom des

Reglers heraus, so geht Gleichung 8.1 über in

$$\begin{aligned} 1 + K \cdot \frac{Z_R(s)}{N_R(s)} \cdot \frac{Z_S(s)}{N_S(s)} &= 0 \quad \text{bzw.} \\ 1 + K \cdot \frac{Z_0(s)}{N_0(s)} &= 0 \quad \text{bzw.} \\ N_0(s) + K \cdot Z_0(s) &= 0 \ , \end{aligned} \tag{8.2}$$

mit $Z_0(s) = Z_R(s) \cdot Z_S(s)$ und $N_0(s) = N_R(s) \cdot N_S(s)$. Zur Ermittlung der Wurzelortskurve müssen also alle Strecken- und Reglerparameter bis auf die Reglerverstärkung K gegeben, bzw. ausgewählt sein. D.h. bei gegebener Regelstrecke muß man — nach später vorgestellten Entwurfsrichtlinien — alle Reglerparameter bis auf die Verstärkung K vorgeben. Anschließend werden mit einem Nullstellenbestimmungsprogramm (siehe Abschnitt 12.3) die Nullstellen der Gleichung 8.2 für einen vorzugebenden Wertebereich von K berechnet und in der s-Ebene graphisch dargestellt.

Dieses Vorgehen soll in Beispiel 8.1 an einer einfachen Regelstrecke demonstriert werden.

Beispiel 8.1: Gegeben ist die Verzögerungsstrecke mit der Übertragungsfunktion

$$F_S(s) = \frac{0,5}{(1 + 0,5\ s) \cdot (1 + 0,25\ s)} \ .$$

Diese Regelstrecke soll mit einem einfachen P-Regler $F_R(s) = K$ geregelt werden. Die charakteristische Gleichung für dieses Regelsystem lautet dann

$$N_0(s) + K \cdot Z_0(s) = (1 + 0,5\ s) \cdot (1 + 0,25\ s) + 0,5 \cdot K = 0 \ .$$

Die Auflösung dieser Gleichung führt zu

$$0,125\ s^2 + 0,75\ s + (1 + 0,5K) = 0 \ .$$

K	s_1	s_2
0	$-4,00$	$-2,00$
0,1	$-3,775$	$-2,225$
0,25	-3	
1	$-3\pm$ 1,73j	
2	$-3\pm$ 2,65j	
4	$-3\pm$ 3,87j	
10	$-3\pm$ 6,25j	

Tabelle 8.1: Wurzeln

In der nebenstehenden Tabelle sind die Wurzeln $s_{1,2}$ dieser Gleichung für einige Werte der Verstärkung K aufgetragen. Da eine quadratische Gleichung vorliegt müssen, abhängig von der Verstärkung K, immer zwei Wurzeln auftreten. Für kleine Verstärkungen sind die Wurzeln reell. Bei $K = 0,25$ liegt eine Doppelwurzel vor. Für Verstärkungen $K > 0,25$ sind die Wurzeln konjugiert komplex. Die graphische Darstellung dieser Wurzeln zeigt die nachfolgende Abb. 8.1.

Die Wurzelortskurve besitzt zwei Äste. Ast 1 beginnt für $K = 0$ bei -2 und verläuft dann mit wachsender Verstärkung entlang der negativ reellen Achse bis -3. Dort liegt eine Doppelwurzel für $K = 0,25$ vor. Bei -3 verzweigt der Ast dann mit wachsender Verstärkung nach oben bzw. unten. Der zweite Ast beginnt für $K = 0$ bei -4. Er verläuft dann mit wachsendem K bis -3 und verzweigt dann nach unten bzw. oben. Die Wurzelortskurve ist symmetrisch zur imaginären Achse. Für $K \to \infty$ geht die Wurzelortskurve ebenfalls ins Unendliche.

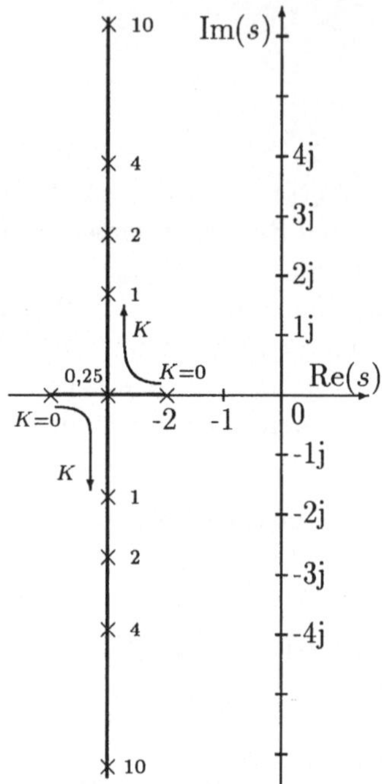

Abb. 8.1: Wurzelortskurve

Einzelne Werte des Verstärkungsfaktors sind in der obigen Abb. 8.1 eingetragen. Die gesamte Wurzelortskurve verläuft für alle positiven Verstärkungen K in der offenen linken s-Halbebene. Die Wurzeln weisen somit immer einen negativen Realteil auf, der geschlossene Regelkreis ist für alle positiven Verstärkungswerte K stabil. Mit zunehmender Verstärkung K nimmt jedoch die Dämpfung $D = \delta/\sqrt{\omega_e^2 + \delta^2}$ ab. Den Wert der Verstärkung K am Verzweigungspunkt kann man durch die folgende Rechnung ermitteln.

Man bildet die Ableitung von

$$V(s) = -\frac{1}{F_0(s)} = -\frac{N_0(s)}{Z_0(s)} = K \qquad \text{und setzt} \tag{8.3}$$

$$\frac{\mathrm{d}V(s)}{\mathrm{d}s} = -\frac{Z_0(s) \cdot N_0(s)' - N_0(s) \cdot Z_0(s)'}{Z_0(s)^2} = 0\ . \tag{8.4}$$

Dann berechnet man die Wurzeln s_i der Gleichung $\frac{\mathrm{d}V(s)}{\mathrm{d}s} = 0$. Von diesen Wurzeln werden nur die reellen Wurzeln weiter betrachtet, deren Realteil im gesuchten Bereich liegt. Diese reellen Wurzeln s_i werden in Gleichung 8.3 eingesetzt und ergeben die Verstärkungen K_i.

Für die gegebenen Zahlenwerte des Beispiels ergeben die Berechnungen

$$V(s) = -\frac{0,125\ s^2 + 0,75\ s + 1}{0,5}$$

$$\begin{aligned} \frac{\mathrm{d}V(s)}{\mathrm{d}s} &= 0,25\,s + 0,75 = 0 \\ \Rightarrow s_1 &= -3 \\ \Rightarrow K_1 &= V(s_1) = 0,25 \end{aligned}$$ □

Die Anfangs- und Endpunkte der Wurzelortskurve lassen sich durch die Untersuchung von Gleichung 8.1, $N_0(s) + K \cdot Z_0(s) = 0$, bestimmen. Setzt man $K = 0$, so folgt für diese Gleichung

$$N_0(s) = 0 \ .$$

Die Wurzeln dieser Gleichung sind die Pole des Nenners der Übertragungsfunktion des aufgeschnittenen Regelkreises. Im obigen Beispiel sind dies die Wurzeln der Übertragungsfunktion der Regelstrecke ($s_1 = -2$ und $s_2 = -4$), da der Regler ein reiner P-Regler ist. Für $K \to \infty$ geht Gleichung 8.1 dagegen über in

$$Z_0(s) = 0 \ .$$

Die Wurzeln dieser Gleichung sind die Nullstellen der Übertragungsfunktion des aufgeschnittenen Regelkreises. Im obigen Beispiel liegen diese Nullstellen bei $s_{01,02} = \pm\infty$, den „Unendlichkeitsstellen" des Nenners. Die Wurzelortskurve beginnt für $K = 0$ somit in den Polen von $F_0(s)$ verläuft entlang der berechneten Kurve — gegebenenfalls mit Verzweigungen — und endet für $K \to \infty$ in den Nullstellen von $F_0(s)$.

Die Anzahl der Äste der Wurzelortskurve ist durch die Ordnung n des Nenners von $F_0(s)$ festgelegt. Im untersuchten Beispiel ist $n = 2$, die Wurzelortskurve hat somit 2 Äste.

Der Verlauf der Wurzelortskurven ändert sich entscheidend bei Hinzufügung zusätzlicher Pole und/oder Nullstellen von $F_0(s)$. Dieses Hinzufügen von Polen und Nullstellen entspricht der Auswahl verschiedener Reglerstrukturen für die gegebene Regelstrecke. Nachfolgend wird zum einen ein Pol bei $s = 0$ ergänzt, dies bedeutet die Verwendung eines integrierenden Reglers $F_R(s) = K/s$, und zum anderen wird eine Nullstelle bei $s = -1/T_V$ ergänzt, dies entspricht dem Einsatz eines idealen PD-Reglers $F_R(s) = K \cdot (1 + T_V\ s)$. Die sich dann ergebenden Wurzelortskurven für die Regelstrecke von Beispiel 8.1 zeigt Abb. 8.2.

Die linke Abb. 8.2 zeigt die Wurzelortskurve bei Verwendung eines I-Reglers. Die Kurve besitzt nun drei Äste. Sie beginnen für $K = 0$ in den drei Polen ($s_1 = 0$, $s_2 = -2$ und $s_3 = -4$) von $F_0(s)$ und enden in den Nullstellen, die im Unendlichen liegen. Die Pole sind mit einem „×" gekennzeichnet. Mit wachsender Verstärkung K wandern die Pole des geschlossenen Kreises entlang der drei Äste der Ortskurve. Für die kritische Verstärkung $K_{Krit} = 12$ liegen die zwei Pole auf den beiden rechten Ästen genau auf der imaginären Achse. Somit ist der geschlossene Kreis für $K < K_{Krit}$ stabil und für $K > K_{Krit}$ instabil. Der dritte Pol (auf dem linken Ast) bleibt dagegen stabil. Durch den Pol im Ursprung (I-Regler) verschwindet die bleibende Regeldifferenz, dafür kann der Regelkreis mit wachsender Verstärkung nun instabil werden. Die Reglerverstärkung muß nun nach den im nächsten Abschnitt vorgestellten Kriterien so ausgewählt werden, daß die Entwurfsziele erfüllt werden.

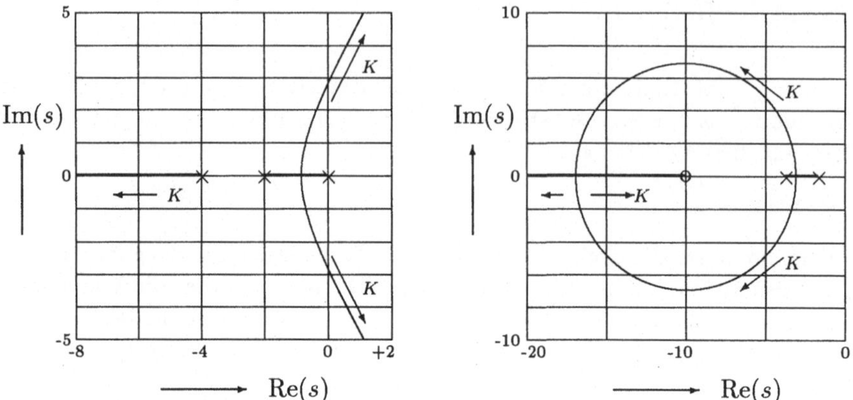

Abb. 8.2: Wurzelortskurven der PT_2-Strecke mit I-Regler (linke Abb.) und idealem PD-Regler (rechte Abb.)

Die rechte Abb. zeigt die Wurzelortskurve bei Verwendung eines idealen PD-Reglers. Die Wurzelortskurve besitzt nur zwei Äste, die in den Polen ($s_1 = -2$ und $s_2 = -4$) von $F_0(s)$ beginnen. Durch den PD-Regler (mit $T_V = 0,1s$) erhält $F_0(s)$ eine Nullstelle bei $s_{01} = -1/T_V = -10s^{-1}$, die zweite Nullstelle liegt im Unendlichen. Die Ortskurve beginnt für $K = 0$ in den beiden Polen (gekennzeichnet mit einem „×") und verzweigt dann in Äste entlang zweier Halbkreise. Mit zunehmender Verstärkung vereinigen sich die beiden Äste dann wieder bei $s = -16,93$. Der eine Ast verzweigt dann zur Nullstelle bei $s = -10$ (gekennzeichnet mit einem „o") und der andere Ast zur Nullstelle im Unendlichen. Die gesamte Wurzelortskurve verläuft in der linken s-Halbebene. Der geschlossene Regelkreis ist für beliebige Reglerverstärkungen stabil. Aufgrund des fehlenden Pols im Ursprung (vom I-Regler) tritt jedoch eine bleibende Regeldifferenz auf.

Der Reglerentwurf mit dem Verfahren der Wurzelortskurve wird in mehreren Schritten durchgeführt. Zunächst wird eine Reglerstruktur ausgewählt und hierfür die Wurzelortskurve berechnet. Dann wird die noch freie Reglerverstärkung K so bestimmt, daß die Pole des geschlossenen Kreises im gewünschten Bereich in der s-Ebene liegen. Die Berechnung und Eingrenzung dieses „Zielbereichs" in der s-Ebene ist das Thema des nächsten Abschnitts. Verläuft die Wurzelortskurve nicht durch diesen Zielbereich, dann muß solange eine andere Reglerstruktur gewählt werden, bis die Wurzelortskurve durch diesen Zielbereich verläuft. Erst dann kann die endgültige Reglerverstärkung K festgelegt werden.

Aufgabe 8.1: Berechnen Sie für die PT_2-Strecke von Beispiel 8.1 mit dem idealen PD-Regler die Reglerverstärkungen an den Verzweigungspunkten der Wurzelortskurve.

Lösung: $K_1 = 0,3590$ und $K_2 = 69,64$. □

Aufgabe 8.2: Es soll eine schwingungsfähige Regelstrecke mit den Parametern $K_S = 1$, $D = 0,5$ und $\omega_0 = 1\ s^{-1}$ mit einem idealen PD-Regler mit der Vorhaltzeit $T_V = 1\ s$ geregelt werden.

1. Berechnen und zeichnen Sie die Wurzelortskurve für dieses System.
2. Wie groß ist die Verstärkung K an der Verzweigungsstelle der Wurzelortskurve?
3. Wie groß sind die Dämpfung D und die Kreisfrequenz ω_0 des geschlossenen Regelkreises für die Reglerverstärkung $K = 2$?

Lösung:
1. Wurzelortskurve siehe nebenstehendes Diagramm.
2. $K_1 = 3$.
3. $D = 0,866$ und $\omega_0 = 1,73\ s^{-1}$.

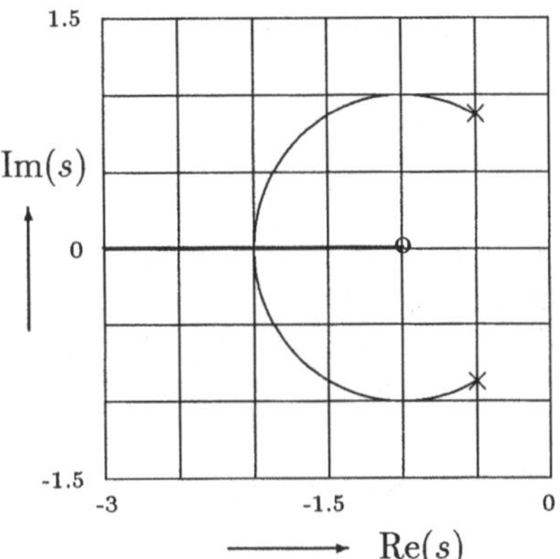

□

Aufgabe 8.3: Die Regelstrecke von Beispiel 8.1 soll mit einem realen PD-Regler mit der Vorhaltzeit $T_V = 0,1\ s$ und der Zeitkonstanten $T_D = 0,01\ s$ geregelt werden.

1. Berechnen und zeichnen Sie die Wurzelortskurve für dieses System.
2. Wie groß sind die Verstärkungen K an den Verzweigungsstellen der Ortskurve?
3. Wo liegen die Pole des geschlossenen Regelkreises für eine Verstärkung von $K = 2$ für den idealen und realen PD-Regler?

Lösung:
1. Wurzelortskurve siehe nebenstehendes Diagramm.
2. $K_1 = 0,3480$, $K_2 = 57,35$ und $K_3 = 69,30$.
3. $s_{1,2} = -3,4000 \pm j2,1071$ (idealer PD-Regler)
   $s_{1,2} = -3,3855 \pm j2,1594$; $s_3 = -99,2290$ (realer PD-Regler)

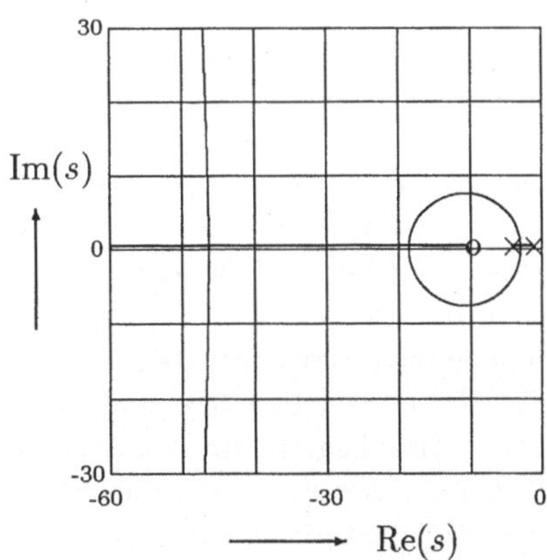

□

8.2 Entwurfsspezifikationen in der s-Ebene

Wie beim Reglerentwurf mit dem Bode-Diagramm sollen die in Abschnitt 6.1 formulierten Anforderungen an den Regelkreis so formuliert werden, daß sie beim Entwurf mit der Wurzelortskurve angewendet werden können.

8.2.1 Stabilitätsanforderungen

Die Umsetzung der Stabilitätsforderung des Regelkreises in eine Forderung in der s-Ebene erübrigt sich, da die grundlegende Stabilitätsforderung von Gleichung 5.11 und 5.12 bereits eine Forderung in der s-Ebene darstellt. Der geschlossene Kreis ist stabil, wenn alle Pole der charakteristischen Gleichung negativen Realteil aufweisen. Nur der Wertebereich der Verstärkungen der Äste der Wurzelortskurve in der linken s-Halbebene führt zu einem stabilen System.

8.2.2 Anforderungen an das Führungsverhalten

Die Anforderungen an ein gutes Führungsverhalten der Regelgröße $x(t)$ nach einem Sprung der Führungsgröße werden in die Teilforderungen bezüglich stationärer Genauigkeit, Überschwingweite sowie An- und Ausregelzeit formuliert.

Für eine sprungförmige Eingangsgröße w ist die *bleibende Regeldifferenz* der Regelgröße Null, sofern die Übertragungsfunktion $F_0(s)$ des aufgeschnittenen Regelkreises einen integrierenden Anteil aufweist. Damit muß $F_0(s)$ einen Pol im Ursprung aufweisen, in dem ein Ast der Wurzelortskurve mit $K = 0$ beginnt.

Für die Betrachtung der *weiteren Teilforderungen* des Führungsverhaltens führt man den Begriff des dominierenden Polpaares ein. Das Führungsverhalten des geschlossenen Kreises wird im wesentlichen durch das Polpaar „in der Nähe" des Ursprungs (das *dominierende Polpaar*) bestimmt. Die weiter links in der s-Ebene liegenden Pole sind nur von geringer Bedeutung für das Einschwingverhalten der Regelgröße. In Aufgabe 8.3 wurde in Frage 3 nach den Polen des geschlossenen Kreises mit idealem und realem PD-Regler bei einer bestimmten Reglerverstärkung gefragt. Das Polpaar $s_{1,2} = -3,3855 \pm \mathrm{j}2,1594$ liegt wesentlich näher am Ursprung als der Pol $s_3 = -99,2290$. Dieser dritte Pol ist durch die sehr kleine Zeitkonstante T_D des PD-Regler bedingt. Dieser Pol spielt für das Einschwingen der Regelgröße praktisch keine Rolle, da er einen wesentlich schnelleren Bewegungsanteil (Eigenmode) darstellt als die beiden anderen Pole $s_{1,2}$. Die beiden Pole $s_{1,2}$ sind die dominierenden Pole des geschlossenen Regelkreises. Ihre Lage ist für das Einschwingen der Regelgröße $x(t)$ entscheidend. Für die Lage dieses dominierenden Polpaares in der linken Halbebene werden nachfolgend Gebiete in der s-Ebene beschrieben. Durch diese Beschränkung auf ein dominierendes Polpaar wird für die Führungsübertragungsfunktion des Kreises ein Verzögerungsglied 2. Ordnung unterstellt.

Betrachtet man als erstes die *Überschwingweite* der Regelgröße $x(t)$, so besteht zwischen Überschwingweite $\ddot{u}$ und *Dämpfung* D eines Verzögerungsgliedes 2. Ordnung nach Gleichung 6.3 die Beziehung

$$\ddot{u} = \exp \frac{-\pi \cdot D}{\sqrt{1-D^2}} \qquad \text{bzw.} \qquad D = \frac{\ln \ddot{u}}{\sqrt{\pi^2 + (\ln \ddot{u})^2}} \; .$$

Somit kann die Forderung nach einer bestimmten Überschwingweite in eine geforderte Dämpfung umgesetzt werden. Abb. 8.3 zeigt nun die grafische Darstellung des dominierenden Polpaares in der s-Ebene. Die Pole $s_{1,2} = \sigma_e \pm j\ \omega_e$ sind konjugiert komplex.

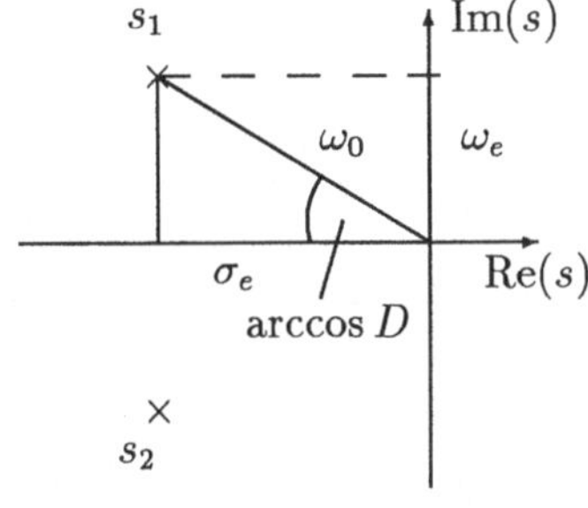

Abb. 8.3: Wurzeln des dominierenden Polpaares

Mit den Definitionen von Gleichung 3.22 und 3.24 gilt für

$$\omega_0 = \sqrt{\omega_e^2 + \sigma_e^2} \qquad \text{und} \tag{8.5}$$

$$\sigma_e = -\delta = -D \cdot \omega_0 \; . \tag{8.6}$$

Daraus folgt nach einfacher Umrechnung, daß die Dämpfung D gleich dem Kosinus des Winkels zwischen dem Pol s_1 und der negativ reellen Achse ist.

$$\cos\varphi = D \qquad \text{bzw.} \qquad \varphi = \arccos D. \tag{8.7}$$

Fordert man nun für das dominierende Polpaar eine Dämpfung $D > D_{Min}$, so muß die Reglerverstärkung K (als Parameter der Wurzelortskurve) so gewählt werden, daß das dominierende Polpaar innerhalb des durch $\pm\varphi_{Min}$ beschriebenen Sektors liegt. Dabei ist φ_{Min} der zu D_{Min} gehörende Winkel φ gemäß Gleichung 8.7.

In der folgenden Abb. 8.4 sind die Sektoren für verschiedene Dämpfungen D dargestellt. Der Sektor für $D = 0$ ist die geschlossene linke s-Halbebene, und der Sektor für $D \geq 1$ wird durch die negativ reelle Achse gebildet. Für die häufig angestrebte Dämpfung von 0,7071 umfaßt der Sektor den Bereich von $-45°$ bis $+45°$. Soll der geschlossene Regelkreis eine Dämpfung von $D > 0{,}7$ aufweisen, so muß die Reglerverstärkung so gewählt werden, daß das dominierende Polpaar innerhalb des $\pm 45°$ Sektors um die negativ reelle Achse liegt. Ein Beispiel verdeutlicht die Anwendung dieses Entwurfsschemas.

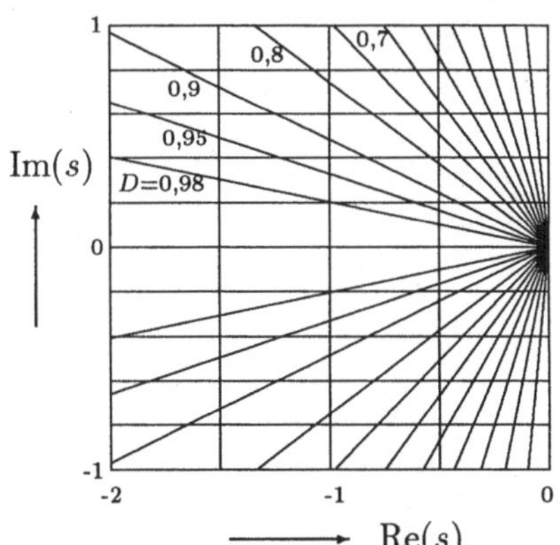

Abb. 8.4: Sektoren in der s-Ebene für die Dämpfungen $D = 0{,}1;\ 0{,}2 \ldots 0{,}8;\ 0{,}9;\ 0{,}95;\ 0{,}98$

Beispiel 8.2: Die PT$_2$-Strecke von Beispiel 8.1 wird mit einem I-Regler geregelt.

Die Übertragungsfunktion $F_0(s)$ lautet dann

$$F_0(s) = K \cdot \frac{0.5}{s \cdot (1 + 0.5\ s) \cdot (1 + 0.25\ s)} .$$

Die Reglerverstärkung K soll so bestimmt werden, daß die dominierenden Pole des geschlossenen Kreises eine Dämpfung von $D = 0,7$ aufweisen. Zur Erfüllung dieser Forderung wird zunächst die Wurzelortskurve von F_0 berechnet und gezeichnet. Der zu der Dämpfung $D = 0,7$ gehörende $\pm 45°$-Sektor wird eingetragen.

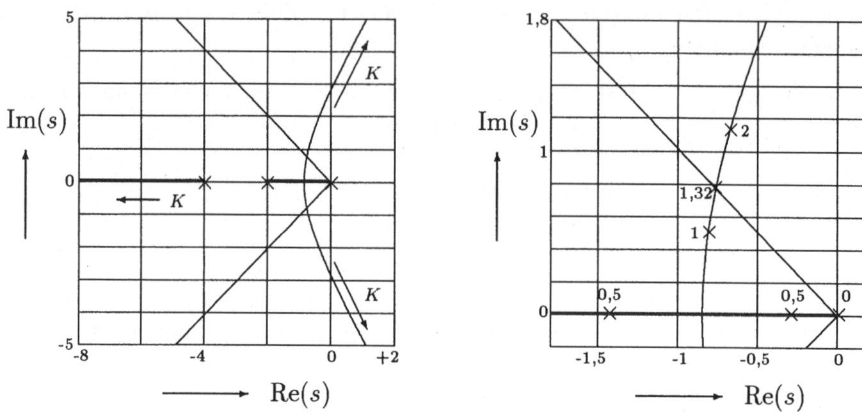

Abb. 8.5: Wurzelortskurve von $F_0(s)$ mit Sektor für $D = 0{,}7$ (linke Abb.) und Ausschnittvergrößerung (rechte Abb.) mit eingetragenen Verstärkungsfaktoren

Die Wurzelortskurve von Abb. 8.5 besitzt drei Äste (linke Abb.). Die Pole auf dem linken Ast liegen so weit vom Ursprung entfernt, daß die Pole auf den rechten Ästen als die dominierenden Pole angesehen werden können. In der Ausschnittvergrößerung des rechten Teilbildes sind die Verstärkungsfaktoren des Reglers mit eingetragen. Für $K = 1,3248$ liegen die dominierenden Pole genau auf der Linie, die den Dämpfungsbereich von $D > 0,7$ einschließt. Somit schwingt für diese Reglerverstärkung die Regelgröße $x(t)$ nach einem Sprung der Führungsgröße w mit der Dämpfung $D = 0,7$ auf den Endwert $\widehat{w}$ ein. Für Verstärkungen kleiner als diese Grenzverstärkung wird die Dämpfung des Einschwingverhaltens größer als 0,7 und für Verstärkungen größer als diese Grenzverstärkung wird sie kleiner als 0,7. □

Auch Entwurfsforderungen an die *Anregelzeit* der Regelgröße $x(t)$ nach einem Führungssprung können als Anforderung an die Lage der dominierenden Pole in der s-Ebene formuliert werden. Die Anregelzeit von $x(t)$ ist die Zeitdauer bis zum erstmaligen Erreichen des Sollwertes $\widehat{w}$. Diese Zeit hängt von der Dämpfung des Kreises ab. Für die Dämpfung $D = 1/\sqrt{2}$ wird in Gleichung 6.8 die Anregelzeit für eine Führungsübertragungsfunktion 2. Ordnung angenähert durch die Beziehung

$$T_{An} = \frac{\pi}{\omega_B} = \frac{\pi}{\omega_0} .$$

Darin ist ω_0 die Kreisfrequenz des ungedämpften Systems. Aus Abb. 8.3 erkennt man, daß die dominierenden Pole mit gleicher Kreisfrequenz ω_0, d.h. mit gleicher Anregelzeit, auf einem Halbkreis mit dem Radius $r_i = \omega_0$ in der linken s-Halbebene liegen. Je kleiner der Radius r_i, d.h. je näher die Pole am Ursprung liegen, umso größer ist die Anregelzeit. Um ein System schnell zu machen, müssen die Pole also möglichst weit links vom Ursprung liegen. Diese Forderung ist kontrovers zu der Forderung nach der Vermeidung einer bleibenden Regeldifferenz. Die Verwendung eines I-Reglers verhindert durch den Pol im Ursprung diese Regeldifferenz, gleichzeitig wird jedoch durch diesen zusätzlichen Pol die Wurzelortskurve in der Tendenz zum Ursprung hin bewegt.

Abb. 8.6 zeigt die Linien konstanter Anregelzeit für ein System mit der Dämpfung $D = 0,7$ als Halbkreise in der linken s-Halbebene. Ist eine andere Dämpfung als 0,7 gefordert, so ändern sich auch entsprechend die Anregelzeiten. Aus Abb.

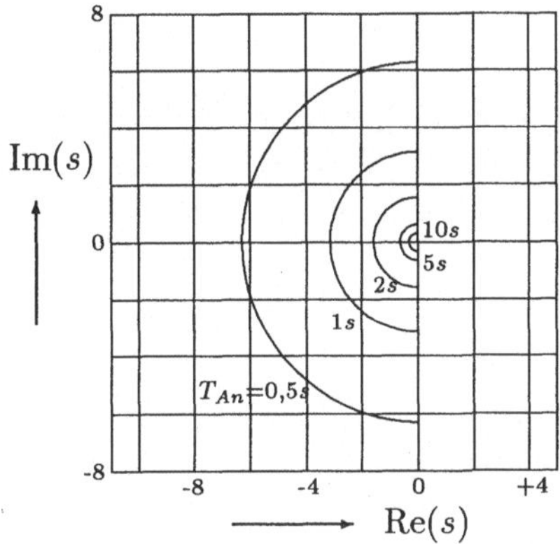

Abb. 8.6: Halbkreise konstanter Anregelzeit für T_{An} = 0,5s; 1s; 2s; 5s; 10s und D = 0,7

6.4 entnimmt man als Zeit bis zum erstmaligen Erreichen des Sollwertes z.B. für $D = 0,5$ den Wert $\omega_0 \cdot t \approx 2,5$. Dann berechnet man die entsprechenden Grenzwerte konstanter Anregelzeit *näherungsweise* als Halbkreise mit den Radien $r = \omega_0 = 2,5/T_{An}$. Soll die Regelgröße $x(t)$ eine vorgegebene Anregelzeit einhalten bzw. unterschreiten, so muß das dominierende Polpaar außerhalb des mit dem obigen Schema berechneten Halbkreises in der linken s-Halbebene liegen. Auch diese Darstellung ist nur gültig, sofern das dominierende Polpaar das Einschwingverhalten ausreichend genau beschreibt.

Die oben berechneten Linien konstanter Dämpfung und Anregelzeit beschreiben in der linken s-Halbebene ein nach links offenes Gebiet. Man kann dieses Gebiet durch einen Halbkreis mit dem Radius r_a abschließen. Eine mögliche Wahl von r_a ist die Festlegung des Abstands zu den nicht berücksichtigten Polen $s_{3,4}, \ldots$ zu z.B. $r_a = 0,5 \cdot \omega_{0_{3,4}}$. Ebenso kann man bei einer geforderten Anregelzeit $T_{An,Max}$ eine untere Grenze von z.B. $T_{An,Min} = 0,2 \cdot T_{An,Max}$ vorgeben, um eine zu schnelle Systemreaktion und damit zu große Stellamplituden zu vermeiden. Die Kurvenzüge für $T_{An,Min}$, $T_{An,Max}$ sowie $D = const.$ legen dann ein Zielgebiet für das dominierende Polpaar in der komplexen Ebene fest. Abb. 8.7 zeigt Beispiele für Zielgebiete der dominierenden Pole.

Für Gebiet 1 gelten die Entwurfsanforderungen $D \leq 0,9$ und $1\ s \leq T_{An} \leq 8\ s$. Für Gebiet 2 gilt $D \leq 0,7$ sowie $5\ s \leq T_{An} \leq 10\ s$ und für Gebiet 3 gilt $D \leq 0,3$

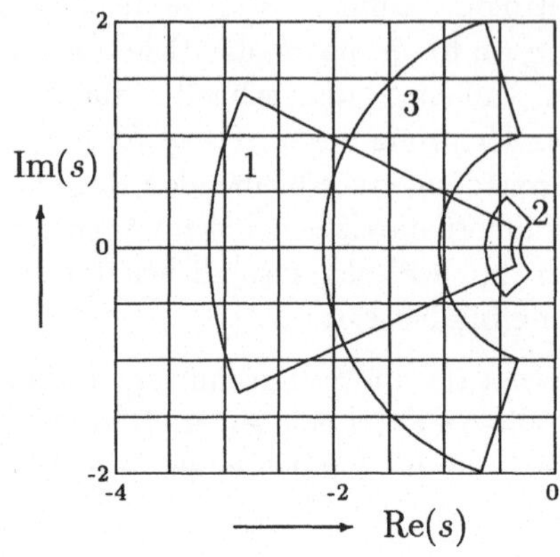

Abb. 8.7: Gebiete 1, 2 und 3 mit vorgeschriebener Mindestdämpfung und Grenzen der Anregelzeiten

und $1,5\ s \leq T_{An} \leq 3\ s$. Die Wurzelortskurve muß durch Auswahl geeigneter Pole und Nullstellen des Reglers, d.h. durch Wahl eines PI-, PD-, PID- ... Reglers, so geformt werden, daß sie durch das geforderte Zielgebiet verläuft. Dann werden durch die Auswahl der noch freien Reglerverstärkung K die Pole des geschlossenen Kreises festgelegt. Nur das dominierende Polpaar liegt in dem Zielgebiet, die weiteren Pole sollen möglichst weit links liegen.

In ähnlicher Art und Weise werden Gebiete in der s-Ebene für konstante *Ausregelzeiten* T_{Aus} spezifiziert. Die Ausregelzeit ist die Zeit bis zum letztmaligen Eintritt der Regelgröße $x(t)$ in das Fehlerband ϵ um den stationären Sollwert (siehe Abb. 6.3). Das gedämpfte Einschwingen der Regelgröße wird gemäß Gleichung 3.28 beschrieben zu

$$x(t) = \widehat{w} \cdot \left(1 - e^{-\delta t} \cdot \sqrt{1 + \frac{\delta^2}{\omega_e^2}} \cdot \sin(\omega_e t + \varphi)\right) .$$

Dieser Zeitverlauf stellt eine abklingende Sinusschwingung dar. Die einhüllende e-Funktion dieser Schwingung wird durch die Abklingkonstante δ beschrieben. Es wird nun untersucht, wann diese Einhüllende in das spezifizierte Fehlerband ϵ eintritt. Dieser Eintrittszeitpunkt stellt eine konservative (d.h. obere Grenze der) Approximation der Ausregelzeit T_{Aus} dar. Es gilt

$$e^{-\delta T_{Aus}} = \epsilon \qquad \Rightarrow \qquad \delta = -\frac{\ln \epsilon}{T_{Aus}} .$$

Die Größe δ ist nun jedoch identisch mit dem Betrag des Realteils σ_e des dominierenden Polpaares. Somit muß zur Erzielung einer Höchstausregelzeit von $T_{Aus,Max}$ das dominierende Polpaar links der durch die Gleichung 8.8

$$\sigma_e = -\delta = -\frac{\ln \epsilon}{T_{Aus,Max}} \tag{8.8}$$

definierten Senkrechten in der linken s-Halbebene liegen. Für die verschiedenen Fehlerbänder (der Breite 2 ϵ) gelten die σ_e-Grenzwerte:

$$\sigma_{e,1\%} \quad = \quad -4,61/T_{Aus}$$

$$\begin{aligned}\sigma_{e,2\%} &= -3,91/T_{Aus}\\ \sigma_{e,5\%} &= -3,00/T_{Aus}\\ \sigma_{e,10\%} &= -2,30/T_{Aus}\,.\end{aligned} \tag{8.9}$$

Die mit 1, 2, 3 und 4 bezeichneten Linien des 5 % Fehlerbandes in Abb. 8.8 gehören zu den Ausregelzeiten T_{Aus} = 1,8 ; 4; 7 und 10 s. Je kleiner die Ausregelzeit, d.h. je schneller $x(t)$ einschwingen soll, umso weiter nach links wandert die Grenzlinie.

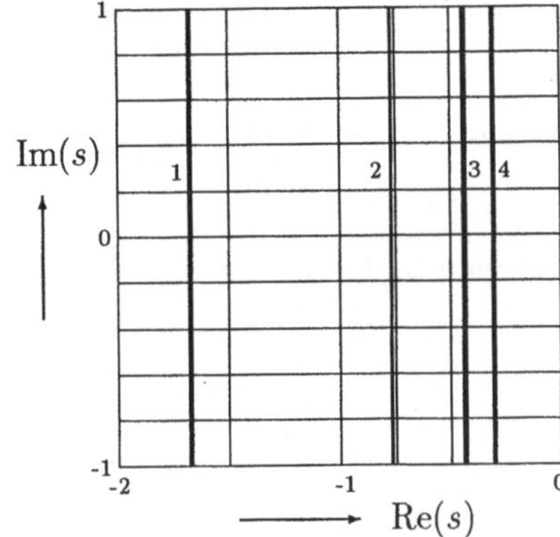

Abb. 8.8: Linien konstanter Ausregelzeit für ein 5 % Fehlerband

Werden gleichzeitig Forderungen an die maximalen An- und Ausregelzeiten sowie die Dämpfung gestellt, so muß das Zielgebiet entsprechend den Anforderungen berechnet werden. Dabei wird jeweils die schärfere Bedingung berücksichtigt. Für die Darstellung der Zielgebiete sind kleine Rechenprogramme erforderlich, die zusätzlich zum Wurzelortskurvenprogramm aufzurufen sind.

8.2.3 Anforderungen an das Störverhalten

Hinsichtlich des Reglerentwurfs für ein günstiges Störverhalten spielt wie bei der Darstellung der Kriterien für den Entwurf im Frequenzbereich der Angriffspunkt der Störung eine wesentliche Rolle. Greift die Störung z direkt an der Regelgröße x ein (siehe Abb. 7.21), so ähneln Stör- und Führungsübertragungsfunktion einander (siehe Gleichung 7.12). Damit können gegebenenfalls die Auslegungskriterien für das Führungsverhalten übernommen werden. Greift die Störgröße im Inneren der Regelstrecke ein, bzw. als Versorgungsstörgröße vor der Regelstrecke, so kann eine geringere Dämpfung als beim Führungsverhalten als Auslegungsziel definiert werden. Entsprechend einem Phasenrand von 30° für das Störverhalten kann man z.B. eine Dämpfung von $D \approx 0,3$ fordern.

8.3 Reglerentwurf mit der Wurzelortskurve

8.3.1 Einfluß zusätzlicher Pole und Nullstellen des Reglers

Der Reglerentwurf mit dem Wurzelortskurvenverfahren wird entscheidend beeinflußt durch die Wahl der richtigen Reglerübertragungsfunktion. Da die Wurzelortskurve nur einen Hinweis auf die günstige Einstellung der *Reglerverstärkung* liefert, kommt der Auswahl der Pole und Nullstellen des Reglers, also der Reglerstruktur, eine wesentliche Bedeutung zu. Daher ist es erforderlich, zu wissen wie die Wurzelortskurve durch die Pole und Nullstellen des Reglers verformt wird. Durch diese Verformung soll erreicht werden, daß die Kurve durch das gewünschte Zielgebiet verläuft (siehe Abschnitt 8.2).

Nicht schwingungsfähige Verzögerungsstrecke 2. Ordnung

Die Beeinflußung des Verlaufs der Wurzelortskurve wird als erstes für eine Verzögerungsstrecke 2. Ordnung mit reellen Polen und einem PI-Regler gezeigt. Die

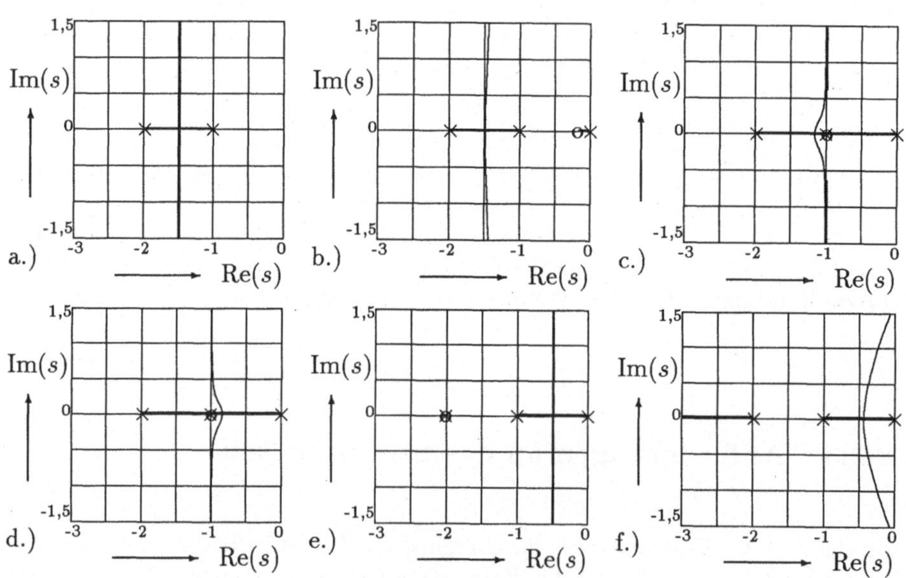

Abb. 8.9: Wurzelortskurven für eine PT_2-Strecke (Abb. a) mit PI-Regler für die Nachstellzeiten $T_N = 5\ s$ (Abb. b); 1,01 s (c); 0,99 s (d); 0,5 s (e) 0,1 s(f)

Übertragungsfunktion der Regelstrecke lautet

$$F_S(s) = \frac{K_S}{(1 + T_1\ s) \cdot (1 + T_2\ s)} = \frac{1}{(1 + s) \cdot (1 + 0{,}5\ s)}\ .$$

Der PI-Regler soll die bleibende Regelabweichung zu Null machen. Abb. 8.9 zeigt den Wurzelortskurvenverlauf für verschiedene Nachstellzeiten T_N des Reglers. Die

Wurzelortskurve der Strecke mit P-Regler (Abb. a) verläuft von den Polen bei -1 und -2 zum Verzweigungspunkt bei -1,5 und geht dann zu den Nullstellen im Unendlichen. Durch den PI-Regler mit der Nachstellzeit $T_N = 5s$ (Abb. b) wird ein dritter Ast vom Ursprung bis zur Nullstelle $1/T_N = -0,2\ s^{-1}$ hinzugefügt. Der Pol des geschlossenen Kreises auf diesem Ast und die naheliegende Nullstelle heben sich bei genügend großem K in ihrer Wirkung jedoch nahezu auf. Wandert die Nullstelle nach links bis kurz vor den Pol bei -1 (Abb. c), so verläuft der dritte Ast wie zuvor bis zu dieser Nullstelle. Ein Pol des geschlossenen Kreises liegt auf diesem Ast. Der Verzweigungspunkt der beiden anderen Äste wandert in Richtung der Nullstelle. Nicht eingezeichnet ist eine exakte Kompensation des Pols bei -1 durch eine Nullstelle, da dies praktisch aufgrund von Parameterschwankungen der Strecke nicht erreichbar ist. Liegt die Nullstelle direkt links neben dem Pol bei -1 (Abb. d), so verzweigen zwei Äste rechts bei ca. -0,833. Durch eine entsprechend große Verstärkung K, kann nun eine genügende Dämpfung für die Pole auf diesen beiden Ästen erreicht werden, obwohl der Pol auf dem 3. Ast (von -2 bis -1,01) nicht vernachlässigt werden darf. Wird mit der Nullstelle der Pol bei -2 kompensiert (Abb. e), so verschiebt sich die Wurzelortskurve zum Ursprung. Die Anregelzeit wird wieder größer. Schließlich in Abb. f liegt die Nullstelle weit links vom Pol bei -2. Der geschlossene Kreis wird durch die Pole auf den Ästen am Ursprung dominiert. Der Verstärkung sind jedoch Grenzen gesetzt, da der Kreis nun instabil werden kann.

Dieselbe Regelstrecke wird nun wie zuvor mit einem realen PD-Regler geregelt. Die Verzögerungszeit T_D dieses PD-Reglers wird dabei jeweils zu $0,1 \cdot T_V$ gesetzt. Abb. 8.10a zeigt den Wurzelortskurvenverlauf für $T_V = 10\ s$, d.h. für die Nullstelle bei $-0,1$. Wegen $T_D = 0{,}1 \cdot T_V$ entsteht bei -1 eine doppelte Polstelle. Die Wurzelortskurve besitzt drei Äste. Der Pol auf dem Ast beim Ursprung kann bei kleiner Verstärkung beim Führungsverhalten nicht vernachlässigt werden. Mit der Wahl $T_V \approx T_1 = 1\ s$ (Abb. b) wird durch den Pol die Nullstelle bei -1 in ihrer Wirkung aufgehoben. Die Ortskurve wandert weit nach links und führt somit zu kleinen Anregelzeiten. Setzt man $T_V = 0,51\ s$ (Abb. c), so entsteht eine Nullstelle rechts vom Pol bei -2. Mit steigender Verstärkung wirkt sich der Pol auf dem Ast von -1 nach -2 immer weniger aus. Für $T_V = 0,1\ s$ (Abb. d) wandert die Nullstelle weit nach links von den Streckenpolen. Das Führungsverhalten kann sehr schnell gemacht werden, jedoch zu Lasten großer Stellamplituden.

Im Unterschied zum vorher eingesetzten PI-Regler kann das System nun zwar schneller gemacht werden, es bleibt jedoch eine bleibende Regeldifferenz erhalten, da ein I-Term fehlt.

Zusätzlich zu den Polen des geschlossenen Kreises, die auf der Wurzelortskurve liegen, wird die Übertragungsfunktion durch ihre Nullstellen beschrieben. Die Nullstellen des geschlossenen Kreises sind für das Führungsverhalten identisch mit den Nullstellen des aufgeschnittenen Kreises. Je näher eine Nullstelle bei einem Pol liegt, umso geringer ist die Wirkung dieses Pols beim Einschwingverhalten. Da jedoch das Führungsverhalten des geschlossenen Kreises häufig durch ein reines Verzögerungsverhalten (gegebenenfalls höherer Ordnung) beschrieben wird, reicht in diesen Fällen die alleinige Betrachtung der Pole des geschlossenen Kreises aus.

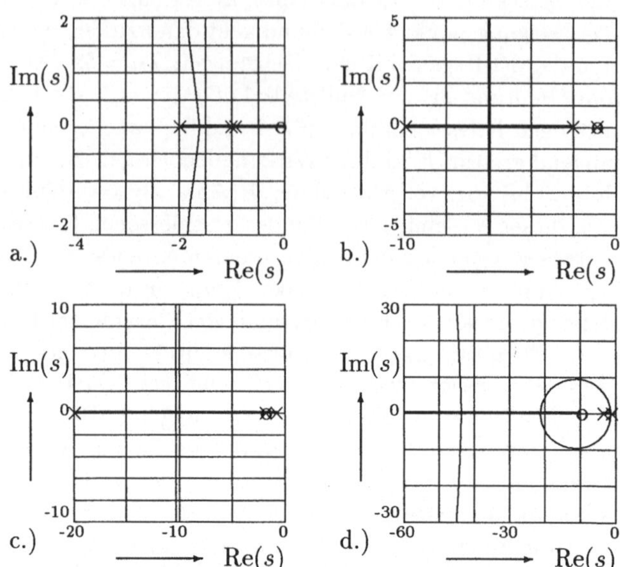

Abb. 8.10: Wurzelortskurven für eine PT_2-Strecke mit realem PD-Regler ($T_D = 0,1\,T_V$) für die Vorhaltzeiten $T_V = 10\ s$ (Abb. a); $1\ s$ (b); 0,51 s (c) und 0,1 s (d)

Schwingungsfähige Verzögerungsstrecke 2. Ordnung

Es wird nun, im Unterschied zum Abschnitt vorher, die Wirkung von zusätzlichen Polen und Nullstellen des Reglers auf den Verlauf der Wurzelortskurve für eine schwingungsfähige Verzögerungsstrecke 2. Ordnung untersucht. Die Strecke sei schwach gedämpft mit $D = 0,3$, ihre Kreisfrequenz laute $\omega_0 = 1s^{-1}$ und die Verstärkung K_S sei Eins. Damit lautet die Übertragungsfunktion

$$F_S(s) = K_S \cdot \frac{\omega_0^2}{s^2 + 2D\omega_0 s + \omega_0^2} = \frac{1}{s^2 + 0,6s + 1} .$$

Die Pole der Regelstrecke liegen damit bei $s_{1,2} = -0,3 \pm j0,95$. Diese Strecke wird mit einem PI-Regler mit unterschiedlichen Nachstellzeiten T_N geregelt. Die Abbildungen 8.11b und c zeigen die zugehörigen Wurzelortskurven.

In Abb. 8.11a ist zunächst die Wurzelortskurve der Strecke mit proportionaler Rückführung dargestellt. Die Äste laufen von den Polen ins Unendliche. Die Einfügung des PI-Reglers führt zu einem 3. Ast der Wurzelortskurve auf der reellen Achse, der vom Ursprung zur jeweiligen Nullstelle bei -1/T_N führt. Die anderen beiden Äste tendieren mit abnehmender Nachstellzeit T_N immer schneller in die rechte s-Halbebene. Für $T_N = 1\ s$ (Abb. b) liegt die Nullstelle bei -1, und für $T_N = 0,1\ s$ bei -10 (Abb. c). Somit kann mit dem PI-Regler die bleibende Regeldifferenz zwar beseitigt werden, die Stabilität nimmt jedoch mit abnehmender Nachstellzeit und wachsender Verstärkung K ab.

Anstelle des PI-Reglers wird nun ein realer PD-Regler zur Regelung der PT_2-Strecke eingesetzt. Dabei wird die Zeitkonstante des Reglers zu $T_D = 0,1 \cdot T_V$

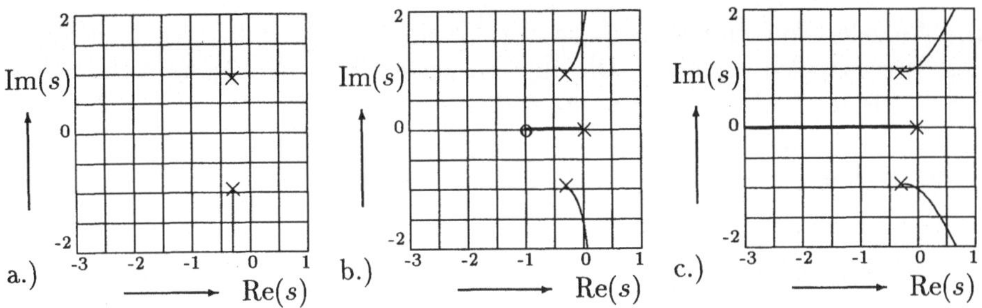

Abb. 8.11: Wurzelortskurven für eine schwingungsfähige PT_2-Strecke (Abb. a) mit PI-Regler für die Nachstellzeiten $T_N = 1\ s$ (Abb. b); 0,1 s (Abb. c)

gesetzt. Abb. 8.12 zeigt die Wurzelortskurven des Systems. Für große Vorhaltzeiten (Abb. a und b) verlaufen 2 Äste der Wurzelortskurve von den Streckenpolen nach links oben in der linken s-Halbebene. Der dritte Ast verläuft auf der negativ reellen Achse vom Reglerpol in die Reglernullstelle. Eine wesentliche Erhöhung der Dämpfung wird erst für kleine Vorhaltzeiten (Abb. c) erzielt. Dann krümmen sich die in den Streckenpolen beginnenden Äste zur reellen Achse. Durch eine geeignete Auswahl der Verstärkung kann damit eine deutliche Stabilitätsverbesserung erreicht werden.

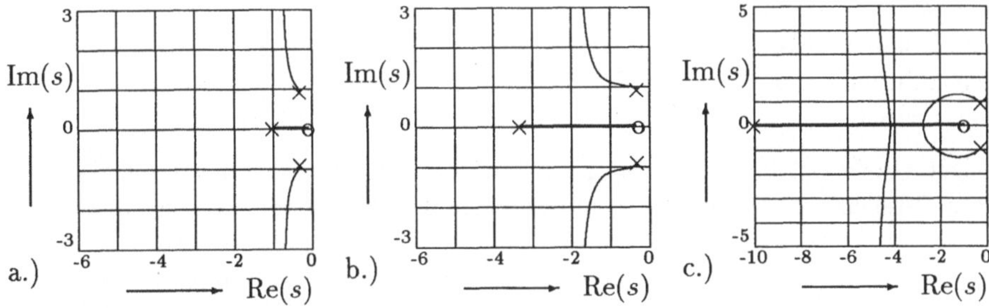

Abb. 8.12: Wurzelortskurven für eine schwingungsfähige PT_2-Strecke mit realem PD-Regler für die Vorhaltzeiten $T_V = 10\ s$ (Abb. a); 3 s (Abb. b) und 1 s (Abb. c)

Als weitere Stabilisierungsmethode der schwingungsfähigen Verzögerungsstrecke 2. Ordnung wird nun die Verwendung eines Reglers mit 2 Nullstellen und 2 Polen untersucht. Die Reglergleichung laute

$$F_R(s) = K \cdot \frac{s^2 + 2D_1\omega_{01}s + \omega_{01}^2}{\omega_{01}^2 s \cdot (1 + T_D s)} \ .$$

Durch diese Form des Reglers mit reellen bzw. komplexen Nullstellen ist auch eine Kompensation der komplexen Streckenpole möglich. Es wird $\omega_{01} = \omega_0$ gesetzt, sodaß Streckenpole und Reglernullstellen gleichen Abstand vom Ursprung aufweisen. Ein Pol des Reglers liegt im Ursprung, der andere wird willkürlich nach $-1/T_D = -10\ s^{-1}$ gelegt. Untersucht werden verschiedene Vorgaben des Parameters D_1 der Reglernullstelle. Die hiermit erzielten Verläufe der Wurzelortskurve zeigt Abb. 8.13.

Die Wurzelortskurven bestehen aus vier Ästen, von denen zwei (Ast 1 und 2) in den Streckenpolen beginnen. Die anderen beiden Äste (Ast 3 und 4) fangen in den Polen des Reglers im Ursprung bzw. bei -10 an. Für $D_1 = 0,1 < D$ (Abb. a) wird die Dämpfung des geschlossenen Kreises durch die Pole auf Ast 1 und 2 weiter verringert. Erst für $D_1 = 0,7 > D$ (Abb. b) verlaufen Ast 1 und 2 der

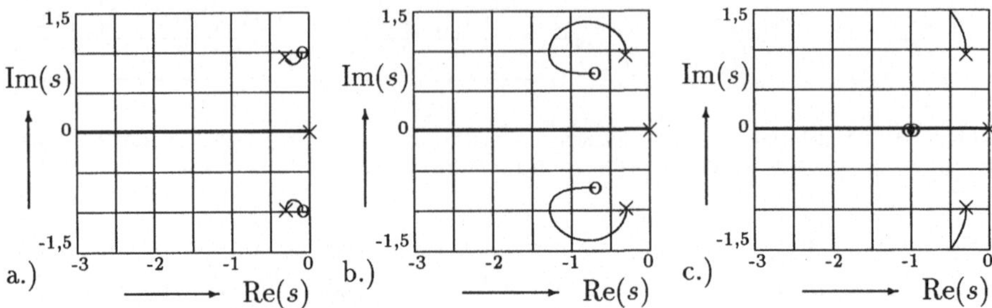

Abb. 8.13: Wurzelortskurven für eine schwingungsfähige PT_2-Strecke mit einem Regler mit der Form $F_R(s) = K \cdot \frac{s^2+2D_1\omega_{01}s+\omega_{01}^2}{\omega_{01}^2 s\cdot(1+T_D s)}$ für $\omega_{01} = \omega_0$ und $D_1 = 0{,}1$ (Abb. a), $D_1 = 0{,}7$ (Abb. b) und $D_1 = 1$ (Abb. c)

Wurzelortskurve in Richtung der negativ reellen Achse der s-Ebene. Ast 3 und 4 laufen (außerhalb des Bereichs von Abb. b) aufeinander zu und verzweigen links von -3. Für $D_1 = 1$ (Abb. c) entsteht eine doppelte Nullstelle bei -1, auf die Ast 3 und 4 zulaufen. Die Äste 1 und 2 streben jedoch zu den Nullstellen im Unendlichen. Eine Erhöhung der Dämpfung des geschlossenen Kreises wird nicht gewährleistet.

Nicht gezeigt ist eine „exakte" Kompensation der Streckenpole durch die Reglernullstellen. Da dann der komplexe Streckenpol und die Reglernullstelle an derselben Stelle liegen, wird die Wirkung des Streckenpols, nahezu unabhängig von der Reglerverstärkung, kompensiert. Dadurch resultiert eine Führungsübertragungsfunktion, die im wesentlichen durch ein PT_2-Verhalten mit einstellbaren Zeitkonstanten bzw. Dämpfung beschrieben werden kann.

Diese Untersuchungen zeigen, daß der Auswahl der Struktur des Reglers, d.h. der Wahl der Reglerpole und Nullstellen eine entscheidende Bedeutung zukommt. Erst nach dieser Festlegung, die im allgemeinen mehrere Probierversuche umfaßt, kann die Reglerverstärkung als Parameter der Wurzelortskurve gemäß den Entwurfsanforderungen eingestellt werden.

8.3.2 Regelung einer Verzögerungsstrecke 3. Ordnung

Es soll nun die schon im Kapitel 7.4.1 untersuchte Verzögerungsstrecke 3. Ordnung mit einem PI-Regler so geregelt werden, daß eine Anregelzeit $T_{An} \leq 3\ s$ bei einem Überschwingen kleiner 5 % erzielt wird.

Die Nachstellzeit des PI-Reglers wird so gewählt, daß dadurch die größte Zeitkonstante $T_1 = 1,2\ s$ kompensiert wird. Mit $T_N = 1,201\ s$ resultiert die in Abb. 8.14

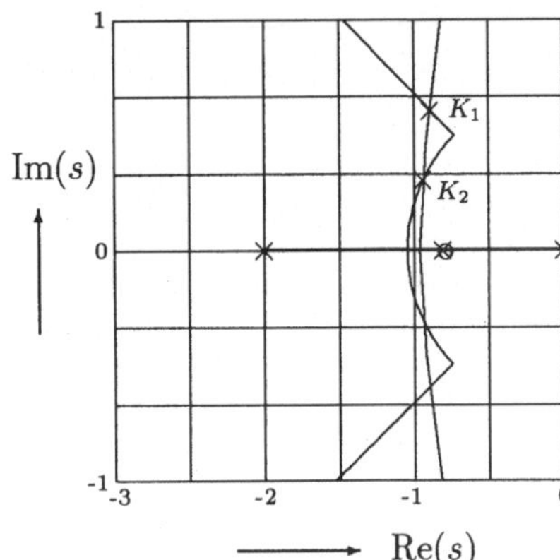

Abb. 8.14: Wurzelortskurve und Zielgebiet der Verzögerungsstrecke mit PI-Regler

gezeigte Wurzelortskurve. Eingezeichnet ist weiterhin das Zielgebiet für die Lage der Wurzeln des geschlossenen Kreises, als Kurvenzug mit zwei Geradenstücken. Die Wurzelortskurve weist vier Äste auf, von denen drei in Abb. 8.14 gezeigt sind. Ast 1 beginnt im Ursprung und endet im Pol bei $-1/1,201$. Äste 2 und 3 beginnen in den Streckenpolen bei -1/1,2 und -1/0,5 , laufen aufeinander zu und verzweigen dann ins Unendliche. Ast 4 ist nicht gezeigt. Er fängt bei -1/0,1 an und verläuft entlang der negativ reellen Achse ins negative Unendliche. Das dominierende Polpaar des geschlossenen Kreises liegt auf den Ästen 2 und 3, die durch das gesuchte Zielgebiet mit $T_{An} \leq 3\ s$ und $D \geq 0,7$ verlaufen.

Der Pol des geschlossenen Kreises auf Ast 1 ist kein dominierender Pol. Es sei K_x eine Verstärkung auf Ast 2 und 3 der Wurzelortskurve, für die die Kurve im gewünschten Zielgebiet verläuft. Der offene Kreis besitzt Pol und Nullstelle bei $-1/1,2$. Der geschlossene Kreis besitzt eine Nullstelle bei -1/1,201 und für $K = K_x$ einen Pol s_x sehr nahe bei -1/1,201. Im geschlossenen Kreis heben sich die Wirkungen dieses Pols s_x und der Nullstelle bei -1/1,201 auf. Daher bilden die Pole auf Ast 2 und 3 das dominierende Polpaar.

Auf der Wurzelortskurve sind die Verstärkungen K_1 = 0,5 und K_2 = 0,34 eingetragen, die auf den Grenzen des Zielgebiets liegen. Berechnet und zeichnet man die Übergangsfunktionen für diese Verstärkungen so ergibt sich der Verlauf von Abbildung 8.15.

Während die Übergangsfunktion für die Verstärkung K_1 (Kurve 1) die Anregelzeit von 3 s erwartungsgemäß unterschreitet, erfüllt die Antwort für die Verstärkung für K_2 (Kurve 2) die Anforderung nicht. Die Regelgröße nähert sich aperiodisch dem Sollwert $\hat{w}$. Die Verstärkung K_2 ergibt eine Dämpfung der Regelgröße von ca. 0,9. Das Zielgebiet für die Anregelzeit (der Kreissektor) gilt jedoch nur *näherungsweise* für eine Dämpfung von $D = 0,7$. Der exakte Verlauf der Grenze für eine konstante Anregelzeit entspricht eher einem parabelförmigen Verlauf. Da jedoch häufig eine Dämpfung von $\approx$ 0,7 gefordert ist, reicht in den meisten Fällen der Kreissektor als Grenze.

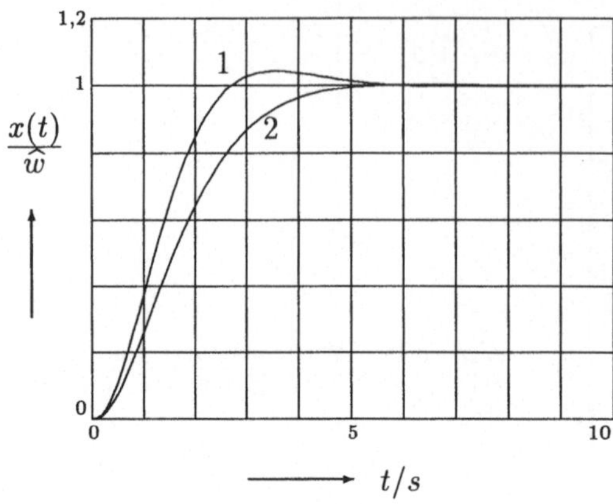

Abb. 8.15: Übergangsfunktion des geschlossenen Kreises für einen PI-Regler mit $T_N = 1,2\ s$ sowie den Verstärkungen K_1 (Kurve 1) und K_2 (Kurve 2)

8.3.3 Regelung einer instabilen Regelstrecke

In Kapitel 3.4.2 wurde als Streckengleichung für die Auslenkung (Winkel φ) eines balancierten Stabes aus der Vertikalen eine Übertragungsfunktion der folgenden Form

$$F_S(s) = \frac{\Phi(s)}{F_x(s)} = \frac{b}{s^2 - a_0}$$

mit $\Phi(s)$ als Laplace-transformiertem Auslenkungswinkel φ und $F_x(s)$ als Laplace-transformierter Stellkraft F_x abgeleitet. Mit den Zahlenwerten eines Labormodells für ein derartiges System ergibt sich die folgende Streckenübertragungsfunktion

$$F_S(s) = \frac{-0,6}{s^2 - 12} \ .$$

Die Pole der Regelstrecke liegen bei $+\sqrt{12}$ und $-\sqrt{12}$, also auf der reellen Achse in der rechten und linken s-Halbebene. Der Pol in der rechten Halbebene führt zur Instabilität des ungeregelten Stabes.

Durch einen geeigneten Regler soll der Stab nun derart stabilisiert werden, daß er nach einer Auslenkung aus der Vertikalen durch eine Störung z wieder in die Vertikale zurückkehrt. Die Störung wirke direkt auf die Stabauslenkung, d.h. auf die Regelgröße $\Phi(s)$. Dann ähnelt die Auslegung für das Störverhalten, wie in Gleichung 7.12 gezeigt, der Auslegung für das Führungsverhalten. Gefordert ist eine Dämpfung von $D \geq 0,7$.

Zunächst wird die Wurzelortskurve des Systems „Stab mit P-Regler“ berechnet und gezeichnet (Abb. 8.16). Die 2 Äste der Wurzelortskurve beginnen in den Polen der Regelstrecke bei $\pm\sqrt{12}$. Sie laufen dann gegen den Ursprung, wo sie nach plus/minus Unendlich verzweigen. Mit der P-Rückführung ist das System von einer bestimmten kritischen Verstärkung K an grenzstabil. Pole und Nullstelle des Reglers müssen nun so ausgewählt werden, daß die Wurzelortskurve in den negativen Bereich der s-Ebene „gezogen“ wird. Betrachtet man in Abb. 8.9 die Teilbilder b und c, so erkennt man, daß die Einfügung eines Reglerpols und einer Nullstelle die Wurzelortskurve zur Nullstelle hin verformt. Die Polstelle des Reglers muß dabei „hinter" der Nullstelle, d.h. links von der Nullstelle und dem zu verformenden Ortskurvenast, liegen. Beim balancierten Stab muß zur Stabilisierung die Wurzelortskurve nach links in die s-Halbebene „verbogen" werden. Wählt man daher eine Nullstelle bei $s_{01} = -5$ und einen Pol noch weiter links bei $s_1 = -15$, so sollte ein derartiger Regler zum gewünschten Ergebnis führen.

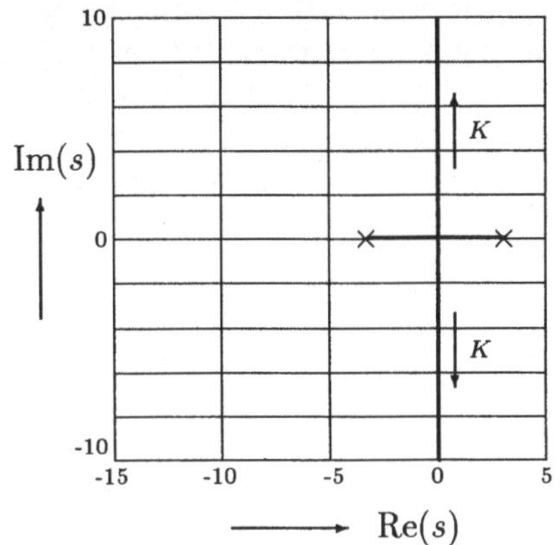

Abb. 8.16: Wurzelortskurve des balancierten Stabes mit P-Regler

Ein Regler mit einer derartigen Pol-/Nullstellenkonfiguration ist der folgende reale PD-Regler

$$F(j\omega)_R(s) = K \cdot \frac{1 + T_V' \, s}{1 + T_D \, s} = K' \cdot \frac{5 + s}{15 + s} \ .$$

Die Reglernullstelle links von den Polen der Strecke „zieht" die Wurzelortskurve in die linke s-Halbebene. Der Verzweigungspunkt der beiden Äste 1 und 2 wandert ebenfalls nach links. Damit ist der geregelte Stab ab einer kritischen Verstärkung (hier $K_1 \approx 60$) stabil. Bei $K_2 \approx 70$ schneidet die Wurzelortskurve die Zielgebietsgrenze mit $D^* = 0,7$. Zur Erreichung einer gewünschten Dämpfung $D > 0,7$ darf also die Reglerverstärkung K im Bereich $60 \leq K \leq 70$ liegen. Der dritte Ast der Wurzelortskurve läuft vom Reglerpol bei -15 in die Reglernullstelle bei -5. Der Pol des geschlossenen Kreises auf Ast 3 liegt so weit von den Polen auf Ast 1 und 2 entfernt in der linken Halbebene, daß die beiden Pole auf Ast 1 und 2 als das dominierende Polpaar des geschlossenen Kreises angesehen werden können.

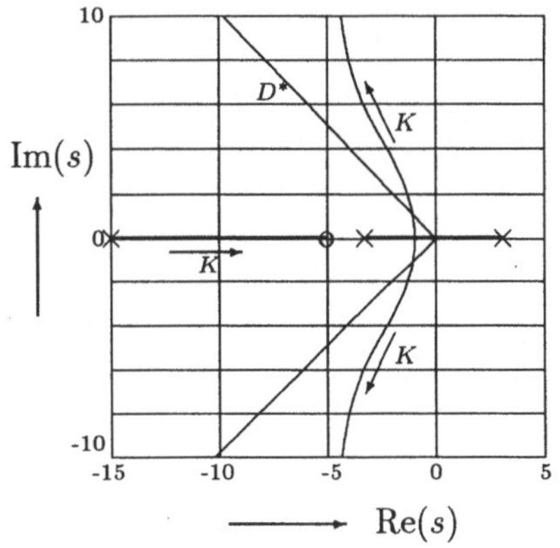

Abb. 8.17: Wurzelortskurve des balancierten Stabes mit PD-Regler und eingezeichnetem Zielgebiet (Kurve D^*)

Abschließend wird die Stabbewegung nach einer impulsförmigen Störung untersucht. Die Reglerverstärkung wird zu $K = 65$ gewählt. Damit ist ein Ausregeln der Störgröße mit einer Dämpfung D von ungefähr 0,8 bis 0,9 zu erwarten. Betrachtet man in Abb. 8.18 die Auslenkung φ des Stabes nach dieser impulsförmigen Störung, so erkennt man, daß der Stab nach Einwirken der Störung langsam bis auf ca. -8° aus der Vertikalen auswandert, bevor die Regelung ihn wieder in die Vertikale zurückbringt. Das Dämpfungsverhalten entspricht in etwa der erwarteten Dämpfung von 0,8 bis 0,9.

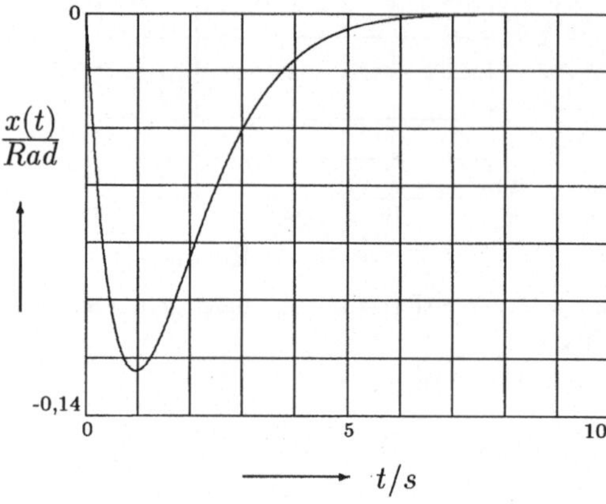

Abb. 8.18: Antwort der Regelgröße $x(t) = \varphi(t)$ nach einer impulsförmigen Störung $0{,}5 \cdot \delta_z(0)$

9 Regelkreise mit nichtlinearen Übertragungsgliedern

Die bisherigen Untersuchungen beschränken sich auf lineare Regelkreise, d.h. auf Regelkreise, die durch lineare Differentialgleichungen beschrieben werden können. Sowohl Regler als auch Stellglied und Regelstrecke sind linear. Etwaige nichtlineare Effekte werden durch die in Kapitel 1.3 dargestellte Einstellung eines Arbeitspunktes erfaßt. Dabei geht man davon aus, daß der Regelkreis „an einem Arbeitspunkt" betrieben wird. Dieser Arbeitspunkt wird durch geeignete Maßnahmen eingestellt. Abweichungen von diesem Arbeitspunkt werden dann wiederum durch lineare Differentialgleichungen beschrieben. Diese Vorgehensweise ist gerechtfertigt, solange die Abweichungen von dem Arbeitspunkt so klein sind, daß die Beschreibung durch die linearen Differentialgleichungen gültig ist. Wird z.B. ein Ventil mit einer nichtlinearen Kennlinie nur in einem relativ kleinen Arbeitsbereich betrieben, so kann die Ventilkennlinie in diesem Arbeitsbereich durch eine lineare Gleichung (eine Gerade) beschrieben werden. Sobald das Ventil jedoch voll geöffnet oder geschlossen wird — also an den Anschlag kommt — reicht die Beschreibung der Ventilkennlinie durch eine Gerade nicht mehr aus. Mit den Methoden, die dann anzuwenden sind, beschäftigt sich dieses Kapitel.

9.1 Nichtlineare Übertragungsglieder

Nichtlineare Übertragungsglieder im Regelkreis können sowohl der Regler als auch das Stellglied oder die Regelstrecke sein. Nimmt man einen elektronischen Verstärker, z.B. den bisher in Kapitel 4.1.1 behandelten Operationsverstärker, so kann dieser Verstärker unerwünschte nichtlineare Effekte aufweisen. Das Ausgangssignal kann eine bestimmte Maximalspannung (Sättigungsgrenze) von z.B. 10 V nicht überschreiten bzw. bei negativen Spannungen unterschreiten. Das Ausgangssignal ist begrenzt auf ± 10 V. Ein derartiges Verhalten wird durch eine Kennlinie, in diesem Fall die sogenannte *Begrenzer*-Kennlinie (Abb. 9.1a), beschrieben.

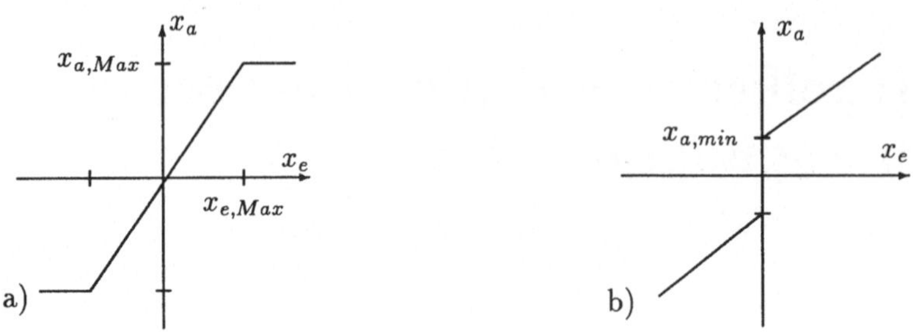

Abb. 9.1: Begrenzerkennlinie (Abb. a) und Vorlast (Abb. b)

Bleibt das Eingangssignal $x_e(t)$ unter dem zulässigen Maximalwert des Begrenzers, dann ist das Ausgangssignal $x_a(t)$ gleich dem mit dem Verstärkungsfaktor K verstärkten Eingangssignal. Bei Überschreiten von $x_{e,Max}$ wird das Ausgangssignal auf den Maximalwert begrenzt. Der Begrenzer kann symmetrisch sein, dann sind die positiven und negativen Begrenzungswerte gleich groß, oder er kann unsymmetrisch sein bei Vorliegen ungleicher Begrenzungswerte. Dies schließt auch den sogenannten einseitigen Begrenzer ein, dessen Ober- bzw. Untergrenze bei Null liegt. In dieser Funktion läßt ein Begrenzer nur positive oder negative Signale durch, die gegebenenfalls dann zusätzlich nach oben oder unten begrenzt werden. Beispiele für ein derartiges Verhalten sind Dioden, Gleichrichterschaltungen ... .

Weiterhin kann infolge ungenauer Verstärkerabstimmung beim Nulldurchgang des Eingangssignals das Ausgangssignal in der Nähe von Null von einem kleinen negativen Wert auf einen kleinen positiven Wert springen. Dieses Verhalten bezeichnet man als eine sogenannte *Vorlast.* Abb. 9.1b zeigt die zugehörige Kennlinie.

Ein dritter unerwünschter Effekt eines Verstärkers ist die sogenannte *Ansprechempfindlichkeit* oder *Tote Zone,* bei der ein bestimmter Eingangssignalpegel erforderlich ist, bevor am Ausgang ein Signal erscheint (siehe Abb. 9.2a).

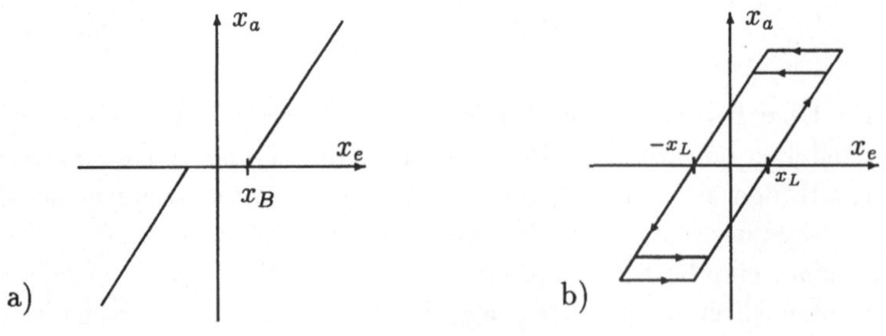

Abb. 9.2: Tote Zone, Ansprechempfindlichkeit (Abb. a), Lose (Abb. b)

Dieselben oder andere nichtlineare Effekte können auch beim Stellglied im Regelkreis auftreten. Z.B. wird die Kennlinie eines Stellventils nach oben und unten durch den Anschlag begrenzt. Dieses Verhalten wird durch die oben dargestellte Begrenzerfunktion beschrieben. Ein Stellgetriebe kann eine sogenannte Getriebelose aufweisen. Bei einer Drehrichtungsumkehr in einem Getriebe löst sich das antreibende Zahnrad von der einen Zahnflanke des abtreibenden Zahnrads und dreht einen kleinen Winkel, bevor es die andere Zahnflanke des abtreibenden Zahnrads berührt. Dieses „Spiel" bezeichnet man als *Lose*, und die zugehörige Kennlinie ist in Abb. 9.2b dargestellt.

Als Beispiel für ein nichtlineares Verhalten einer Regelstrecke kann die *Magnetisierungskennlinie* eines Gleich- oder Drehstrommotors dienen. Die Induktion B hängt nichtlinear von der magnetischen Feldstärke H ab. Bei wachsender Feldstärke H nimmt ab einem bestimmten Wert die Induktion nur noch wenig zu. Das Verhalten kann näherungsweise durch eine Begrenzerkennlinie oder genauer durch die Magnetisierungskennlinie von Abb. 9.3 beschrieben werden. Diese Kennlinie besteht dann nicht aus Geradenstücken, sondern aus Kurven. Weitere Beispiele für Kennlinien von nichtlinearen Übertragungsgliedern werden in Kapitel 9.3 betrachtet.

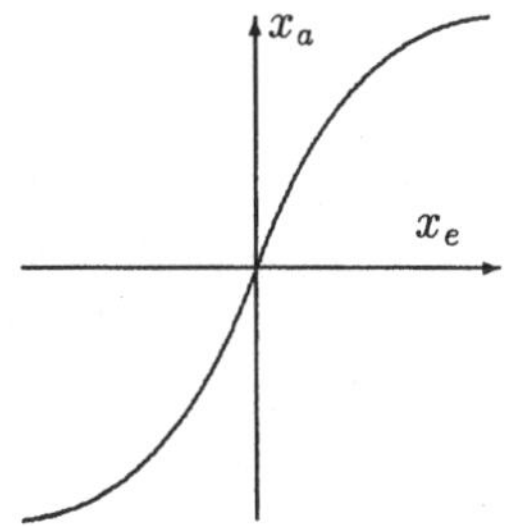

Abb. 9.3: Magnetisierungskennlinie

Im Blockschaltbild von Regelkreisen werden die linearen Übertragungsglieder durch Blökke dargestellt, die entweder durch ihre Übertragungsfunktion $F(s)$ oder durch die symbolische Darstellung der Sprungantwort gekennzeichnet sind. Nichtlineare Übertragungsglieder dagegen werden durch ihre Kennlinie des Ein-/Ausgangsverhaltens beschrieben. Zur Unterscheidung von den Blöcken linearer Übertragungsglieder werden für die nichtlinearen Baugruppen ebenfalls Blöcke verwendet, in die jedoch die Kennlinie eingezeichnet ist. Diese Blöcke beschreiben das stationäre nichtlineare Übertragungsverhalten. Zur Hervorhebung der Tatsache, daß ein nichtlinearer Block vorliegt, werden diese Blöcke doppelt umrahmt. Abb. 9.4 zeigt einen Regelkreis mit einer PT_3-Strecke, einem PI-Regler und einem Stellglied mit Begrenzung.

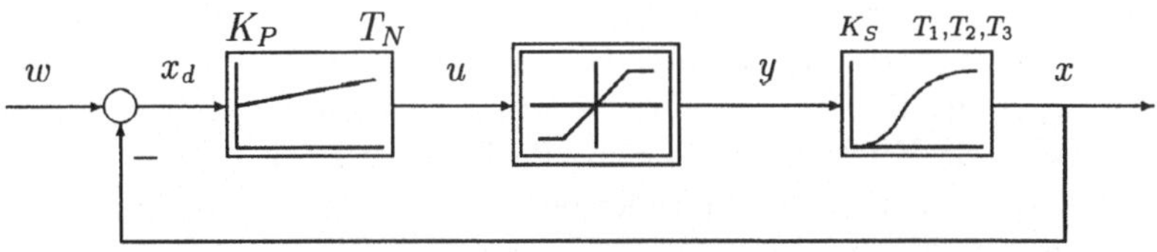

Abb. 9.4: Nichtlinearer Regelkreis mit einem Begrenzer

9.2 Die harmonische Balance als Analysemethode

Die Untersuchung des dynamischen Verhaltens und der Stabilität von Regelkreisen wurde bisher an einem Arbeitspunkt x_B des Regelsystems durchgeführt (Abb. 9.5). Über das Stellsignal y_B wird der Arbeitspunkt eingestellt. Dann wird geprüft, ob die Abweichungen der Regelgröße vom Arbeitspunkt so klein sind, daß zur Beschreibung der Abweichungen lineare Differentialgleichungen ausreichen. Die entworfenen Regler stabilisieren dann das System. Diese Stabilität bezeichnet man auch als „Stabilität im Kleinen", d.h. in der Umgebung des Arbeitspunktes.

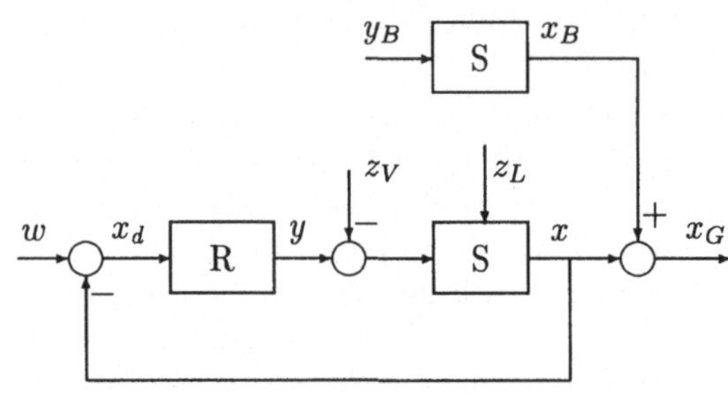

Abb. 9.5: Linearisierter Regelkreis mit Einstellung des Arbeitspunktes x_B

Sind die Abweichungen der Regelgröße vom Arbeitspunkt nicht mehr klein genug, so muß die Nichtlinearität genauer berücksichtigt werden. Das Vorgehen wird an eine PT_3-Strecke mit einem P-Regler mit Begrenzung erläutert. Die Struktur dieses Kreises zeigt Abb. 9.6. Die Steigung des Begrenzers entspricht der Verstärkung K_P des P-Reglers, die Begrenzung liege bei $\pm x_{a,Max}$.

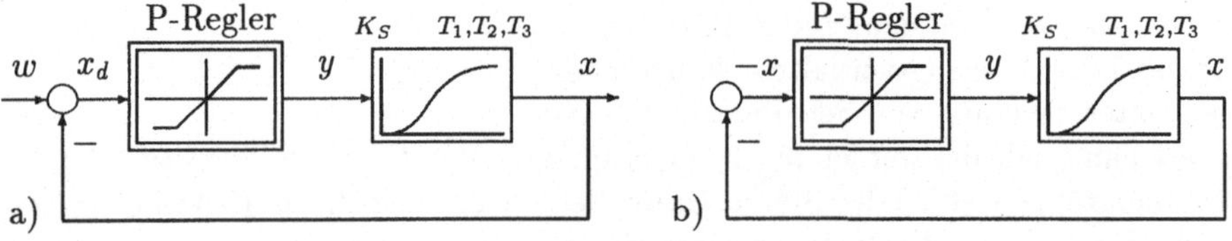

Abb. 9.6: Regelkreis mit P-Regler und PT_3-Strecke (Abb. a), Ersatzkreis bei der Analyse von Dauerschwingungen (Abb. b)

Als erstes wird ein P-Regler ohne Begrenzung betrachtet. Die Verstärkung K_P des P-Reglers sei klein, der Kreis ist stabil und Schwingungen im Kreis klingen ab. Nun wird die Verstärkung solange erhöht, bis der Kreis Dauerschwingungen an der Stabilitätsgrenze durchführt. Die kritische Verstärkung $K_{P,Krit}$ sowie die Frequenz ω_{Krit} der Dauerschwingung kann mit dem Hurwitz-Kriterium ermittelt werden. Wird die Verstärkung über die kritische Verstärkung hinaus erhöht, so wird der Kreis instabil, die Amplituden der Schwingung wachsen immer weiter an und werden unendlich groß.

Nun erhalte der P-Regler eine Begrenzung $|x_a| \mathrel{\widehat{=}} |y| \leq x_{a,Max}$. Bei einer Reglerverstärkung von $K_P < K_{P,Krit}$ trete z.B. eine von außen angeregte Schwingung der Amplitude $x_a < x_{a,Max}$ auf. Die Begrenzung wird in diesem Fall nicht aktiv und das Regelkreisverhalten entspricht dem ohne Begrenzung. Nun wird die Reglerverstärkung über die kritische Verstärkung hinaus erhöht, d.h. es wird $K_P > K_{P,Krit}$. Im Regelkreis vorhandene bzw. von außen angeregte Schwingungen klingen nun auf. Durch die Wirkung der Begrenzung wird das Stellsignal y am Streckeneingang jedoch auf $x_{a,Max}$ begrenzt. Die mit diesem Stellsignal beaufschlagte Regelstrecke antwortet mit der Regelgröße x, die wiederum zurückgeführt und begrenzt wird. Im eingeschwungenen Zustand stellt sich eine Dauerschwingung mit der Amplitude $\widehat{x}_0$ und der Frequenz ω_0 ein. Infolge der Begrenzung klingen die Amplituden der Dauerschwingung nicht ins Unendliche auf, sie bleiben endlich. Der Regelkreis ist „stabil im Großen".

Bei den meisten praktischen Anwendungen sind diese Dauerschwingungen unerwünscht. Tritt z.B. eine Stellgliedbegrenzung im Regelkreis auf, so wird im allgemeinen die Reglerverstärkung nicht solange erhöht, bis diese Dauerschwingungen auftreten. Es wird vielmehr der Regler ohne Berücksichtigung der Begrenzung ausgelegt. Die Begrenzung des Stellsignals und damit die Verlangsamung der Einschwingvorgänge wird als unvermeidbar akzeptiert.

Bei anderen Anwendungen dagegen wird das Auftreten von Dauerschwingungen bei der Regelung ausgenutzt. Vergrößert man z.B. die Steigung des linearen Teils der Begrenzerkennlinie auf Unendlich, so wird aus dem Begrenzer ein *Zweipunktschalter* (Verstärkungsfaktor ∞). Ein derartiger einfacher Zweipunktschalter als Regler wird z.B. bei der Temperaturregelung eingesetzt und in Kapitel 10 näher untersucht. Die Temperatur schwingt dann um einen Mittelwert, der z.B. der Solltemperatur entspricht.

Die Bestimmung von Amplitude $\widehat{x}_0$ und Frequenz ω_0 der aufgrund der nichtlinearen Übertragungsglieder auftretenden Dauerschwingungen wird mittels der sogenannten *harmonischen Balance* durchgeführt. Bei diesen Untersuchungen wird davon ausgegangen, daß nur ein nichtlineares Übertragungsglied im Regelkreis vorhanden ist. Gegebenenfalls müssen, falls möglich, mehrere eventuell vorhandene Nichtlinearitäten zu einer Nichtlinearität zusammengefaßt werden. Die linearen Regelkreisglieder werden ebenfalls zu einem linearen Regelkreisglied zusammengefaßt.

Führt die Regelgröße $x(t)$ eine sinusförmige Dauerschwingung durch, dann ist das Eingangssignal in das nichtlineare Übertragungsglied ein Sinussignal, das Ausgangssignal jedoch wird durch die Nichtlinearität verzerrt. Dieses verzerrte Signal kann nach Fourier [6] in eine Summe sinusförmiger Signale zerlegt werden, die sich aus der Grundschwingung mit der Frequenz ω und den höheren Harmonischen mit den Frequenzen 2ω, 3ω ... zusammensetzt. Damit das verzerrte Signal am Eingang der Strecke wieder zu einem nur aus der Grundschwingung bestehenden Ausgangssignal führt, müssen die höheren Harmonischen durch die Regelstrecke weggedämpft werden. Die Regelstrecke muß somit Tiefpaßeigenschaft aufweisen.

Die regelungstechnische Beschreibung des Übertragungsverhaltens des nichtlinearen Übertragungsgliedes geschieht durch die sogenannte *Beschreibungsfunktion*.

Für ein sinusförmiges Eingangssignal

$$x_e(t) = \widehat{x}_e \cdot \sin \omega t$$

resultiert bei einer Nichtlinearität wieder ein periodisches Ausgangssignal $x_a(t)$, welches durch eine Fourier-Zerlegung in der folgenden Form dargestellt werden kann:

$$x_a(t) = \frac{a_0}{2} + \sum_{k=1}^{\infty} \{a_k \cos k\omega t + b_k \sin k\omega t\} \ .$$

Darin sind die sogenannten Fourier-Koeffizienten a_k und b_k bestimmt zu

$$\begin{aligned} a_k &= \frac{2}{T} \int_0^T x_a(t) \cdot \cos k\omega t \ \mathrm{d}t \qquad k = 0, 1, 2, \ldots \\ b_k &= \frac{2}{T} \int_0^T x_a(t) \cdot \sin k\omega t \ \mathrm{d}t \qquad k = 1, 2, \ldots , \end{aligned} \tag{9.1}$$

mit T als Periodendauer und ω als Kreisfrequenz der Dauerschwingung. Die Grundwelle des Ausgangssignals $x_a(t)$ ohne Gleichanteil lautet nun

$$x_{a1}(t) = a_1 \cos \omega t + b_1 \sin \omega t \ .$$

Wie bei der Definition des Frequenzgangs werden die Ein- und Ausgangsschwingungen nun in der Gaußschen Zahlenebene durch ihre komplexen Zeiger

$$\begin{aligned} \sin \omega t &\;\widehat{=}\; \mathrm{e}^{\mathrm{j}\omega t} \\ \cos \omega t &\;\widehat{=}\; \mathrm{e}^{\mathrm{j}(\omega t + \pi/2)} = \mathrm{j} \cdot \mathrm{e}^{\mathrm{j}\omega t} \end{aligned} \tag{9.2}$$

dargestellt. Dann resultiert für die komplexen Ein- und Ausgangsschwingungen

$$\begin{aligned} x_e^*(t) &= \widehat{x}_e \cdot \mathrm{e}^{\mathrm{j}\omega t} \\ x_{a1}^*(t) &= b_1 \cdot \mathrm{e}^{\mathrm{j}\omega t} + \mathrm{j} a_1 \cdot \mathrm{e}^{\mathrm{j}\omega t} \ . \end{aligned} \tag{9.3}$$

Das Verhältnis der komplexen Ausgangsschwingung $x_{a1}^*(t)$ zur komplexen Eingangsschwingung $x_e^*(t)$ bezeichnet man als *Beschreibungsfunktion* $N(\widehat{x}_e)$

$$N(\widehat{x}_e) = \frac{x_{a1}^*(t)}{x_e^*(t)} = \frac{b_1 \cdot \mathrm{e}^{\mathrm{j}\omega t} + \mathrm{j} a_1 \cdot \mathrm{e}^{\mathrm{j}\omega t}}{\widehat{x}_e \cdot \mathrm{e}^{\mathrm{j}\omega t}} = \frac{b_1 + \mathrm{j} a_1}{\widehat{x}_e} \ .$$

Die Koeffizienten der Grundwelle sind bestimmt zu

$$\begin{aligned} a_1 &= \frac{2}{T} \int_0^T x_a(t) \cdot \cos \omega t \ \mathrm{d}t \qquad \text{und} \\ b_1 &= \frac{2}{T} \int_0^T x_a(t) \cdot \sin \omega t \ \mathrm{d}t \ . \end{aligned} \tag{9.4}$$

Einfacher ist meist die Berechnung dieser Koeffizienten bei Verwendung des Winkels $\alpha = \omega \cdot t$ als Laufvariable. Es gilt dann

$$a_1 = \frac{1}{\pi}\int_0^{2\pi} x_a(\alpha)\cdot\cos\alpha\;d\alpha \qquad \text{und}$$

$$b_1 = \frac{1}{\pi}\int_0^{2\pi} x_a(\alpha)\cdot\sin\alpha\;d\alpha\;. \tag{9.5}$$

Die Beschreibungsfunktion ist im allgemeinen eine komplexe Größe, die nur von der Amplitude $\widehat{x}_e$ der Eingangsschwingung abhängt. Ist die Kennlinie des Übertragungsgliedes eine ungerade Funktion, d.h. wenn gilt $x_a(x_e) = -x_a(-x_e)$, dann sind die Fourier-Koeffizienten $a_k = 0$, und $N(\widehat{x}_e)$ ist eine rein reelle Funktion. In diesem Fall gilt für die Berechnung von b_1

$$b_1 = \frac{2}{\pi}\int_0^{\pi} x_a(\alpha)\cdot\sin\alpha\;d\alpha\;. \tag{9.6}$$

Für eine gerade Funktion dagegen (z.B. einen Betragsbildner) gilt $x_a(x_e) = x_a(-x_e)$ und es werden alle $b_k = 0$; $N(\widehat{x}_e)$ wird eine rein imaginäre Funktion und man berechnet a_1 einfacher zu:

$$a_1 = \frac{2}{\pi}\int_0^{\pi} x_a(\alpha)\cdot\cos\alpha\;d\alpha\;.$$

Die Berechnung der Beschreibungsfunktion soll am Beispiel des Begrenzers gezeigt werden, dessen Übertragungsverhalten in Abb. 9.7 dargestellt ist.

Abbildung a zeigt den Zeitverlauf des Eingangssignals $x_e(\alpha)$, Abb. b die Kennlinie des Begrenzers und Abb. c den Verlauf des exakten Ausgangssignals $x_a(\alpha)$. Das Ausgangssignal wird durch die Kennlinie des Begrenzers auf die Maximalamplitude x_M begrenzt. Da die Kennlinie des Begrenzers eine ungerade Funktion ist, wird der Fourier-Koeffizient a_1 der Grundwelle Null, und es muß zur Bestimmung der Beschreibungsfunktion $N(\widehat{x}_e)$ nur der Fourier-Koeffizient b_1 mit Hilfe von Gleichung 9.6 berechnet werden. Da in diesem Fall das Produkt $x_a(\alpha)\cdot\sin\alpha$ symmetrisch zu $\alpha = \pi/2$ ist, gilt auch

$$b_1 = \frac{4}{\pi}\int_0^{\pi/2} x_a(\alpha)\cdot\sin\alpha\;d\alpha\;. \tag{9.7}$$

Für den Verlauf von $x(\alpha)$ gilt

$$x_a(\alpha) = \begin{cases} \widehat{x}_e\cdot\sin\alpha & \text{für } 0 \le \alpha \le \alpha_1 \\ x_M & \text{für } \alpha_1 \le \alpha \le \pi/2\;. \end{cases}$$

Dabei wird α_1 aus der Beziehung $x_M = \widehat{x}_e\cdot\sin\alpha_1$ berechnet. Man erhält nun

$$b_1 = \frac{4}{\pi}\left\{\int_0^{\alpha_1} \widehat{x}_e\;\sin^2\alpha\;d\alpha + \int_{\alpha_1}^{\pi/2} x_M\sin\alpha\;d\alpha\right\}$$

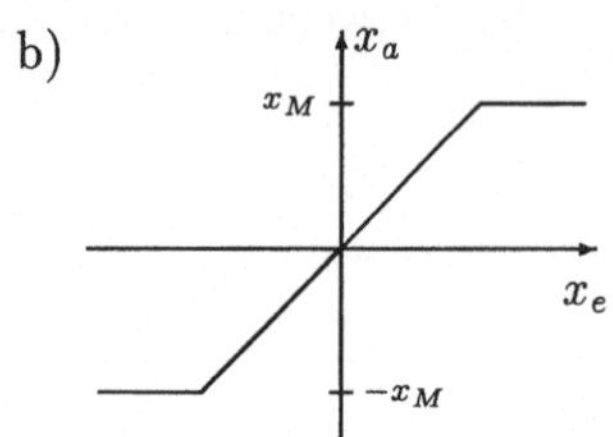

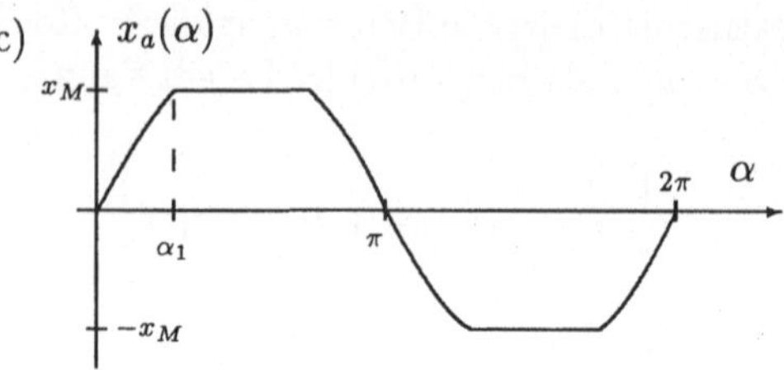

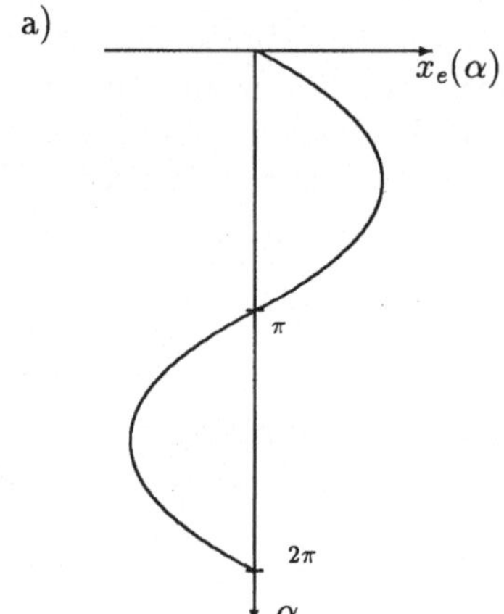

Abb. 9.7: Übertragungsverhalten eines Begrenzers mit Eingangssignalverlauf $x_e(\alpha)$ (Abb. a), Kennlinie des Begrenzers (Abb. b) und Ausgangssignalverlauf $x_a(\alpha)$ (Abb. c)

$$
\begin{aligned}
b_1 &= \frac{4}{\pi}\left\{\widehat{x}_e\left[\frac{1}{2}\,\alpha - \frac{1}{4}\cdot 2\,\sin\alpha\,\cos\alpha\right]_0^{\alpha_1} - x_M\,\cos\alpha\Big|_{\alpha_1}^{\pi/2}\right\} \\
&= \frac{4}{\pi}\left\{\widehat{x}_e\left[\frac{1}{2}\,\alpha_1 - \frac{1}{2}\cdot\sin\alpha_1\cos\alpha_1\right] + x_M\,\cos\alpha_1\right\} \\
&= \frac{4\widehat{x}_e}{\pi}\left\{\frac{1}{2}\,\alpha_1 - \frac{1}{2}\cdot\sin\alpha_1\cos\alpha_1 + \frac{x_M}{\widehat{x}_e}\,\cos\alpha_1\right\} \\
&= \frac{4\widehat{x}_e}{\pi}\left\{\frac{1}{2}\,\alpha_1 - \frac{1}{2}\cdot\sin\alpha_1\cos\alpha_1 + \sin\alpha_1\cos\alpha_1\right\} \\
&= \frac{2\widehat{x}_e}{\pi}\left\{\alpha_1 + \sin\alpha_1\cos\alpha_1\right\}\ .
\end{aligned}
$$

Damit lautet die Beschreibungsfunktion für den symmetrischen Begrenzer

$$N(\widehat{x}_e) = \frac{b_1}{\widehat{x}_e} = \frac{2}{\pi}\left\{\alpha_1 + \sin\alpha_1\cos\alpha_1\right\} \qquad \text{für } \widehat{x}_e > x_M$$

und mit $\sin\alpha_1 = x_M/\widehat{x}_e$. In der folgenden Tabelle ist $N(\widehat{x}_e)$ für einige Zahlenwerte von $\widehat{x}_e/x_M$ berechnet:

$\widehat{x}_e/x_M$	1	1,5	2	3	4	5	10	∞
$N(\widehat{x}_e)$	1	0,7809	0,6090	0,4164	0,3150	0,2529	0,2171	0

Abb. 9.8a zeigt die Beschreibungsfunktion in Abhängigkeit von $x_M/\widehat{x}_e$, und in

Abb. 9.8b ist die Beschreibungsfunktion in der komplexen Ebene aufgetragen. Da beim Begrenzer N eine reelle Funktion von $\widehat{x}_e$ ist, verläuft die Beschreibungsfunktion nur auf der reellen Achse.

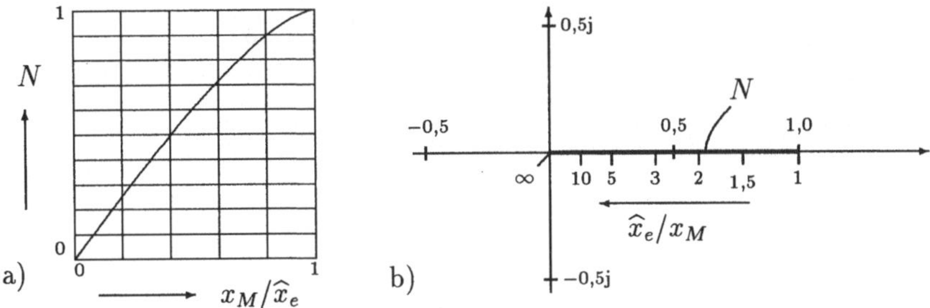

Abb. 9.8: Darstellung der Beschreibungsfunktion $N(\widehat{x}_e)$ des Begrenzers in Abhängigkeit von $x_M/\widehat{x}_e$ (Abb. a), sowie in der komplexen Ebene (Abb. b)

Bevor in Abschnitt 9.4 die Anwendung der Beschreibungsfunktion bei der Stabilitätsanalyse von Regelkreisen untersucht wird, sollen in Abschnitt 9.3 die Beschreibungsfunktionen von weiteren nichtlinearen Übertragungsfunktionen berechnet werden.

9.3 Ermittlung einzelner Beschreibungsfunktionen

9.3.1 Beschreibungsfunktion eines Gliedes mit Vorlast

Bei einer Vorlast wird das Ausgangssignal $x_a(t)$ um den Wert x_V der Vorlast für ein positives Eingangssignal $x_e(t)$ nach oben, und für negatives Eingangssignal

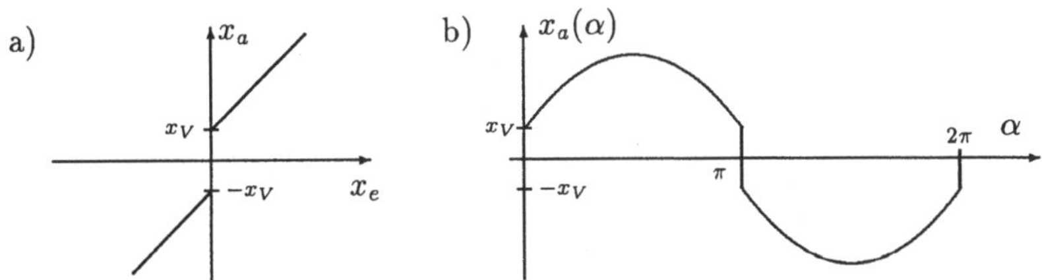

Abb. 9.9: Kennlinie (Abb. a) und Verlauf des Ausgangssignals $x_a(\alpha)$ (Abb. b) bei einer Vorlast

nach unten verschoben. Die Steigung der beiden Kennlinienäste sei 1 : 1. Abb. 9.9 zeigt die Kennlinie der Vorlast (Abb. a) und den Verlauf des Ausgangssignals x_a mit α als Variable.

Da die Kennlinie eine ungerade Funktion darstellt, braucht nur der Fourier-Koeffizient b_1 unter Verwendung von Gleichung 9.6 berechnet zu werden. Es gilt

$$\begin{aligned}
b_1 &= \frac{2}{\pi} \cdot \int_0^{\pi} x_\alpha \sin\alpha \; d\alpha = \frac{2}{\pi} \cdot \int_0^{\pi} [x_V + \widehat{x}_e \; \sin\alpha] \sin\alpha \; d\alpha \\
&= \frac{2}{\pi} \cdot \left\{ x_V \int_0^{\pi} \sin \; \alpha \; d\alpha + \widehat{x}_e \int_0^{\pi} \sin^2 \; \alpha \; d\alpha \right\} \\
&= \frac{2}{\pi} \cdot \left\{ x_V(-\cos \; \alpha)\Big|_0^{\pi} + \widehat{x}_e \left[\frac{1}{2} \; \alpha - \frac{1}{4} \; \sin 2\alpha \right]_0^{\pi} \right\} \\
&= \frac{2}{\pi} \cdot \left\{ 2 \; x_V + \widehat{x}_e \; \frac{\pi}{2} \right\} = \widehat{x}_e \cdot \left\{ 1 + \frac{4 \; x_V}{\pi \; \widehat{x}_e} \right\} .
\end{aligned}$$

Damit lautet die Beschreibungsfunktion für das Übertragungsglied mit Vorlast

$$N(\widehat{x}_e) = 1 + \frac{x_V}{\widehat{x}_e} \cdot \frac{4}{\pi} \qquad \text{für} \quad \widehat{x}_e > 0 \; .$$

Abb. 9.10a zeigt die Beschreibungsfunktion in Abhängigkeit von $x_V/\widehat{x}_e$, und in Abb. 9.10b ist die Beschreibungsfunktion in der komplexen Ebene aufgetragen. Die Beschreibungsfunktion kommt für $\widehat{x}_e/x_V = 0$ aus dem Unendlichen und verläuft entlang der reellen Achse. Für $\widehat{x}_e/x_V \to \infty$ endet die Beschreibungsfunktion bei $+1$.

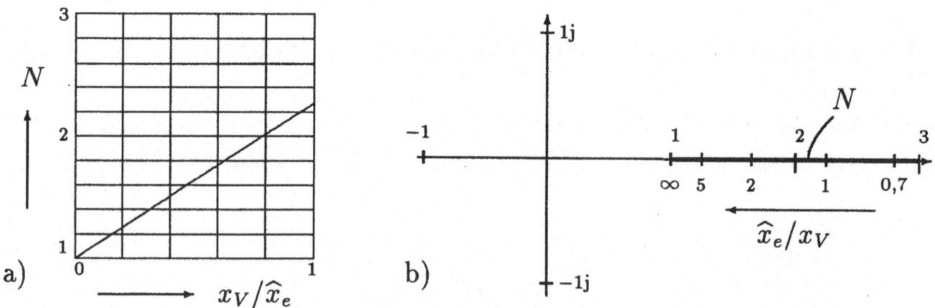

Abb. 9.10: Darstellung der Beschreibungsfunktion $N(\widehat{x}_e)$ der Vorlast in Abhängigkeit von $x_V/\widehat{x}_e$ (Abb. a), sowie in der komplexen Ebene (Abb. b)

Aufgabe 9.1: Berechnen Sie die Beschreibungsfunktion für ein Übertragungsglied mit einer toten Zone $x_{e,Min} = x_T$ (siehe Abb. 9.2). Die Steigung des linearen Teils der Kennlinie sei 1.

Lösung: $N(\widehat{x}_e) = 1 - \frac{2}{\pi} \cdot \{\alpha_1 + \sin\alpha_1 \; \cos\alpha_1\}$ mit $\sin\alpha_1 = x_T/\widehat{x}_e$ □

9.3.2 Beschreibungsfunktion eines idealen Zweipunktreglers

Ein idealer Zweipunktregler ist ein Schalter, der für positive Eingangssignale ein konstantes positives Signal ausgibt und für negative Eingangssignale ein konstantes negatives Signal. Abb. 9.11 zeigt Kennlinie und Signalverlauf.

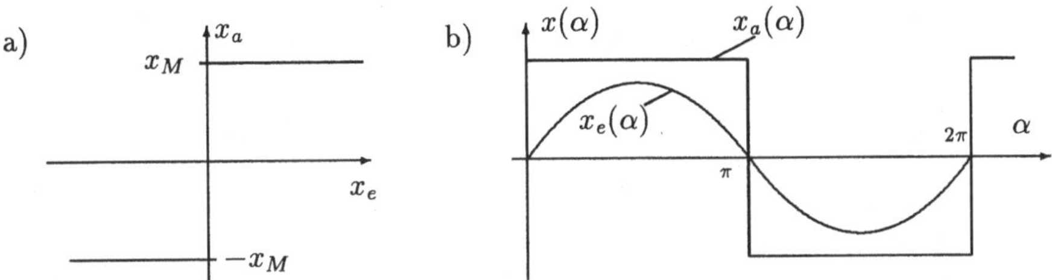

Abb. 9.11: Kennlinie (Abb. a) und Verlauf des Ausgangssignals $x_a(\alpha)$ (Abb. b) bei einem Zweipunktregler

Aufgrund der Symmetrie der Kennlinie führt die Anwendung von Gleichung 9.6 für die Berechnung von b_1 zu

$$b_1 = \frac{2}{\pi} \int_0^\pi x_M \sin\alpha \, d\alpha = \frac{2}{\pi} x_M \left(-\cos\alpha\right)\Big|_0^\pi = \frac{4}{\pi} x_M .$$

Damit lautet die Beschreibungsfunktion für diesen Regler

$$N(\widehat{x}_e) = \frac{4}{\pi} \cdot \frac{x_M}{\widehat{x}_e} \qquad \text{für } \widehat{x}_e > 0 .$$

Die Darstellung der Beschreibungsfunktion in Abhängigkeit von $x_M/\widehat{x}_e$, sowie ihren Verlauf in der komplexen Ebene zeigt Abb. 9.12. Sie kommt in der komplexen Ebene für $\widehat{x}_e/x_M = 0$ aus dem Unendlichen und verläuft entlang der reellen Achse. Für $\widehat{x}_e/x_M \to \infty$ endet die Beschreibungsfunktion im Ursprung.

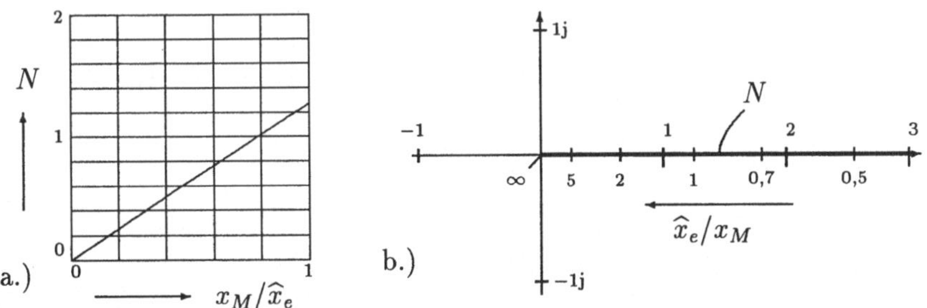

Abb. 9.12: Darstellung der Beschreibungsfunktion $N(\widehat{x}_e)$ des Zweipunktreglers in Abhängigkeit von $x_M/\widehat{x}_e$ (Abb. a), sowie in der komplexen Ebene (Abb. b)

Aufgrund der Symmetrie der Kennlinie ist diese Beschreibungsfunktion, wie alle bisher untersuchten Beschreibungsfunktionen, eine rein reelle Funktion. Dies bedeutet, daß es zu keiner Phasenverschiebung zwischen dem Eingangssignal und der Grundwelle des Ausgangssignals kommt. Dies ist jedoch bei der im folgenden Abschnitt beschriebenen Kennlinie nicht mehr der Fall.

9.3.3 Beschreibungsfunktion für einen Zweipunktregler mit Hysterese

Beim zuvor untersuchten Zweipunktregler findet die Umschaltung vom Maximalwert der Ausgangsgröße auf den Minimalwert — bzw. umgekehrt — beim Nulldurchgang der Eingangsgröße statt. Diese Umschaltung kann jedoch auch verzögert auftreten, so daß es zu einer Phasenverschiebung α_1 zwischen dem Eingangssignal des nichtlinearen Gliedes und dem Ausgangssignal kommt. Diese Verzögerung der Umschaltung wird als Hysterese bezeichnet. Die Kennlinie für ein derartiges Verhalten zeigt Abb. 9.13. Im Unterschied zum vorher untersuchten Zweipunktschalter hängt der Umschaltzeitpunkt nun vom vorherigen Wert der Ausgangsgröße ab. Ein derartiges Verhalten eines Reglers wird absichtlich erzeugt, um ein permanentes Umschalten beim Nulldurchgang und damit eine vorzeitige Abnutzung zu vermeiden. Die Kennlinie ist eine zweiwertige Funktion. Für einen Wert des Eingangssignals x_e kann die Ausgangsgröße zwei verschiedene Werte, je nach dem vorherigen Wert von x_a, annehmen. Die Phasenverschiebung bewirkt einen komplexen Anteil bei der Beschreibungsfunktion.

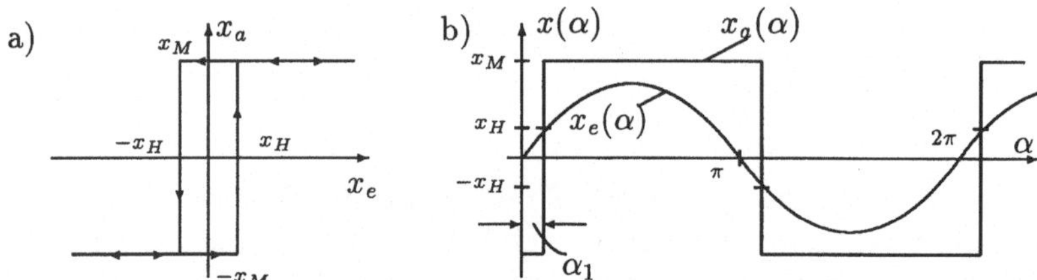

Abb. 9.13: Kennlinie (Abb. a) und Verlauf des Ausgangssignals $x_a(\alpha)$ (Abb. b) bei einem Zweipunktregler mit Hysterese

Zur Berechnung der Fourier-Koeffizienten b_1 und a_1 werden die Gleichungen 9.5 herangezogen. Damit wird

$$\begin{aligned}
b_1 &= \frac{1}{\pi} \cdot \int_0^{2\pi} x_a(\alpha)\ \sin\alpha\ d\alpha \\
&= \frac{1}{\pi} \cdot \left\{ \int_0^{\alpha_1} (-x_M)\ \sin\alpha\ d\alpha + \int_{\alpha_1}^{\pi+\alpha_1} x_M\ \sin\alpha\ d\alpha + \int_{\pi+\alpha_1}^{2\pi} (-x_M)\ \sin\alpha\ d\alpha \right\} \\
&= \frac{1}{\pi} \cdot \left\{ -x_M\ (-\cos\alpha)\Big|_0^{\alpha_1} + x_M\ (-\cos\alpha)\Big|_{\alpha_1}^{\pi+\alpha_1} + (-x_M)(-\cos\alpha)\Big|_{\pi+\alpha_1}^{2\pi} \right\} \\
&= \frac{x_M}{\pi} \cdot 4\ \cos\alpha_1
\end{aligned}$$

und ebenso resultiert

$$\begin{aligned}
a_1 &= \frac{1}{\pi} \cdot \int_0^{2\pi} x_a(\alpha)\ \cos\alpha\ \mathrm{d}\alpha \\
&= \frac{1}{\pi} \cdot \left\{ \int_0^{\alpha_1} (-x_M)\ \cos\alpha\ \mathrm{d}\alpha + \int_{\alpha_1}^{\pi+\alpha_1} x_M\ \cos\alpha\ \mathrm{d}\alpha + \int_{\pi+\alpha_1}^{2\pi} (-x_M)\ \cos\alpha\ \mathrm{d}\alpha \right\} \\
&= \frac{1}{\pi} \cdot \left\{ (-x_M)\ \sin\alpha \Big|_0^{\alpha_1} + x_M\ \sin\alpha \Big|_{\alpha_1}^{\pi+\alpha_1} - x_M\ \sin\alpha \Big|_{\pi+\alpha_1}^{2\pi} \right\} \\
&= -\frac{x_M}{\pi} \cdot 4\ \sin\alpha_1 \ .
\end{aligned}$$

Die Beschreibungsfunktion des Zweipunktreglers mit Hysterese ergibt sich damit zu

$$N(\widehat{x}_e) = \frac{4}{\pi} \cdot \frac{x_M}{\widehat{x}_e} \{\cos\alpha_1 - \mathrm{j}\sin\alpha_1\} \qquad \text{für} \quad \widehat{x}_e > x_H$$

mit $x_H = \widehat{x}_e \cdot \sin\alpha_1$. Die Darstellung der Beschreibungsfunktion in der komplexen Ebene für $x_H = 1$ und $x_M = 3$ mit $\widehat{x}_e$ als Parameter zeigt Abb. 9.14. Die Ortskurve der Beschreibungsfunktion ist ein Halbkreis im 4. Quadranten. Gegenüber der Eingangsschwingung weist die Ausgangsschwingung je nach Amplitude der Eingangsschwingung eine Phasennacheilung von 0° bis 90° auf. Je größer die Amplitude von x_e, umso geringer wird die Phasennacheilung der Ausgangsschwingung x_a. Diese Phasennacheilung ist auf die Hysterese zurückzuführen. Das Eingangssignal muß erst den Schwellenwert x_H der Hysterese überwinden, bevor das Ausgangssignal sein Vorzeichen umkehrt.

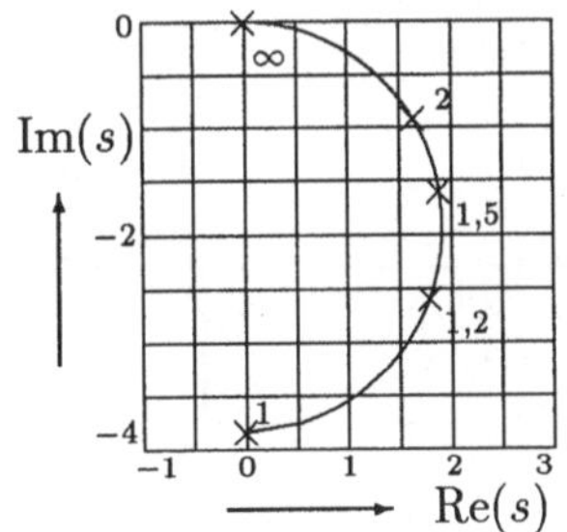

Abb. 9.14: Beschreibungsfunktion des Zweipunktreglers mit Hysterese in der komplexen Ebene mit $\widehat{x}_e$ als Laufparameter für $x_H = 1$ und $x_M = 3$

Aufgabe 9.2: Berechnen Sie die Beschreibungsfunktion für einen Begrenzer mit der Verstärkung $K \neq 1$. Es gilt also:

$$x_a(\alpha) = \begin{cases} -K \cdot x_{eM} & \text{für} \ \ x_e(\alpha) < -x_{eM} \\ K \cdot x_e(\alpha) & \text{für} \ \ -x_{eM} \le x_e(\alpha) \le x_{eM} \\ K \cdot x_{eM} & \text{für} \ \ x_e(\alpha) > x_{eM} \end{cases}$$

Lösung: $N(\widehat{x}_e) = \frac{K}{\pi} \cdot \{2\ \alpha_1 + \sin 2\alpha_1\}$ für $\widehat{x}_e > x_{eM}$ und $x_{eM} = \widehat{x}_e \cdot \sin\alpha_1$.

□

Aufgabe 9.3: Es soll die Reihenschaltung von zwei nichtlinearen Übertragungsgliedern untersucht werden. Einer toten Zone mit der Halbbreite x_B (siehe Abb. 9.2a) und der Steigung 1 : 1 wird ein Zweipunktschalter mit dem Ausgangswert x_M nachgeschaltet.

1. Konstruieren Sie den Ausgangssignalverlauf $x_a(\alpha)$ dieser Reihenschaltung für einen sinusförmigen Eingang $x_e(\alpha)$.
2. Welches nichtlineare Übertragungsglied weist das gleiche Übertragungsverhalten wie die Reihenschaltung auf?

Lösung: Zweipunktschalter mit Hysterese □

9.3.4 Beschreibungsfunktion für einen Dreipunktregler

Das häufige Umschalten zwischen Maximal- und Minimalwert des Ausgangssignals beim Zweipunktregler wird beim Dreipunktregler vermieden. Ein derartiger Dreipunktregler, oder auch Dreipunktschalter genannt, liefert in der Umgebung des Nulldurchgangs der Eingangsgröße das Ausgangssignal Null. Dadurch wird die Schalthäufigkeit bei Regelvorgängen wesentlich reduziert. Abb. 9.15 zeigt die Kennlinie und den Signalverlauf für einen derartigen Dreipunktregler.

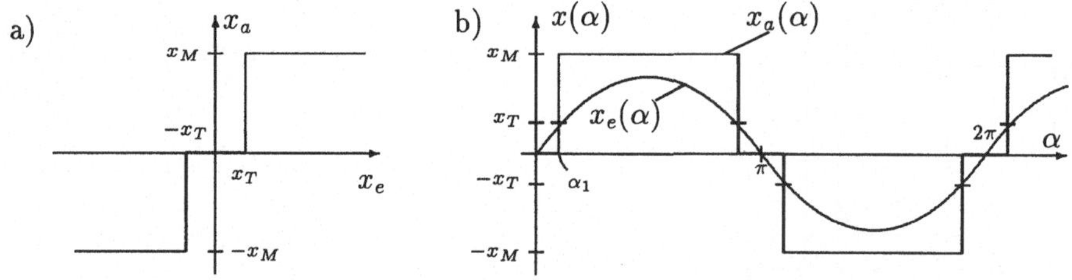

Abb. 9.15: Kennlinie (Abb. a) und Verlauf von Ein- und Ausgangssignal (Abb. b) bei einem Dreipunktregler ohne Hysterese

Da die Kennlinie eine ungerade Funktion von x_e und zusätzlich $x_a(\alpha)$ symmetrisch zu $\pi/2$ ist, kann zur Berechnung der Fourier-Koeffizienten Gleichung 9.7 herangezogen werden. Damit berechnet man b_1 zu:

$$\begin{aligned} b_1 &= \frac{4}{\pi}\cdot \int\limits_0^{\pi/2} x_a(\alpha)\ \sin\alpha\ \mathrm{d}\alpha \\ &= \frac{4}{\pi}\cdot \left\{ \int\limits_0^{\alpha_1} 0\cdot \sin\alpha\ \mathrm{d}\alpha + \int\limits_{\alpha_1}^{\pi/2} x_M\ \sin\alpha\ \mathrm{d}\alpha \right\} \\ &= \frac{4}{\pi}\ x_M\ (-\cos\alpha)\Big|_{\alpha_1}^{\pi/2} = \frac{4}{\pi}\ x_M\ \cos\alpha_1\ . \end{aligned}$$

Somit lautet die Beschreibungsfunktion

$$N(\widehat{x}_e) = \frac{4}{\pi} \cdot \frac{x_M}{\widehat{x}_e} \cdot \cos\alpha_1 = \frac{4}{\pi} \cdot \frac{x_M}{\widehat{x}_e} \cdot \sqrt{1 - \left(\frac{x_T}{\widehat{x}_e}\right)^2}\,, \qquad \text{für } \widehat{x}_e > x_T$$

und mit $x_T = \widehat{x}_e \cdot \sin\alpha_1$. Der Dreipunktregler weist zwei veränderliche Parameter auf. Für die Darstellung der Beschreibungsfunktion in Abb. 9.16 ist als Bezugsgröße jeweils x_M, der Maximalwert des Schalters gewählt. Hält man zunächst den Scharparamter x_T/x_M konstant, so erkennt man aus Abb. 9.16a, daß die Beschreibungsfunktion mit zunehmendem Verhältnis $\widehat{x}_e/x_M$ von Null auf einen Maximalwert anwächst, die Richtung umkehrt und wieder gegen Null abfällt. Für $x_T/x_M = 0{,}25$ liegt der Maximalwert von N bei ca 2,6. Mit zunehmender toter Zone (x_T) wird der Maximalwert der Beschreibungsfunktion kleiner.

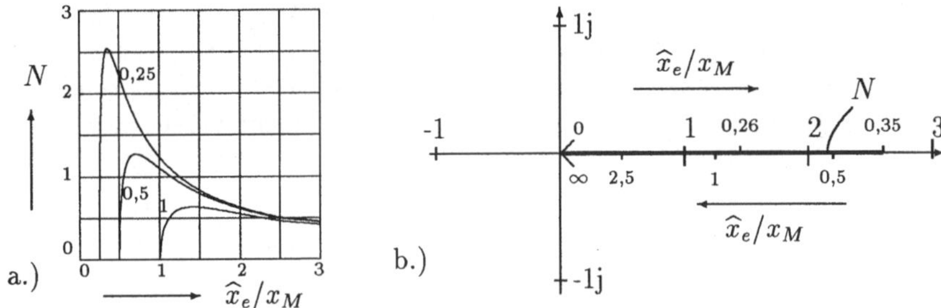

Abb. 9.16: Darstellung der Beschreibungsfunktion $N(\widehat{x}_e)$ des Dreipunktreglers in Abhängigkeit von $\widehat{x}_e/x_M$ mit x_T/x_M als Parameter (Abb. a), sowie in der komplexen Ebene (Abb. b) für $x_T/x_M = 0,25$

Bei der Darstellung der Beschreibungsfunktion in der komplexen Ebene muß man sich zunächst auf einen Parameterwert x_T/x_M festlegen, bevor man die Beschreibungsfunktion zeichnen kann. In Abb. 9.16b ist $x_T/x_M = 0,25$ gewählt und die Beschreibungsfunktion in Abhängigkeit von $\widehat{x}_e/x_M$ dargestellt. Sie beginnt im Ursprung und wächst in Richtung der positiven reellen Achse gegen den Maximalwert von ca. 2,6 für $\widehat{x}_e/x_M \approx 0,35$. Dort wechselt sie die Richtung und strebt mit wachsendem $\widehat{x}_e/x_M$ wieder in den Ursprung. Die Beschreibungsfunktion bleibt für alle Parameterwerte reell, es liegt keine Phasenverschiebung des Ausgangssignals gegenüber der Eingangsschwingung vor.

9.3.5 Beschreibungsfunktion für eine Magnetisierungskennlinie

Im Unterschied zu den bisher betrachteten Kennlinien nichtlinearer Übertragungsglieder, ist die Magnetisierungskennlinie nicht aus Geradenstücken zusammengesetzt. Die Kennlinie ist in Form einer Tabelle oder als Kurve vorgegeben. Das Ausgangssignal bleibt stetig und enthält keine Sprungstellen. Vernachlässigt man die Hystereseeigenschaft der Magnetisierungskennlinie, dann ergibt sich der in Abb. 9.17 gezeigte Verlauf von Kennlinie und Ein-/Ausgangssignalen.

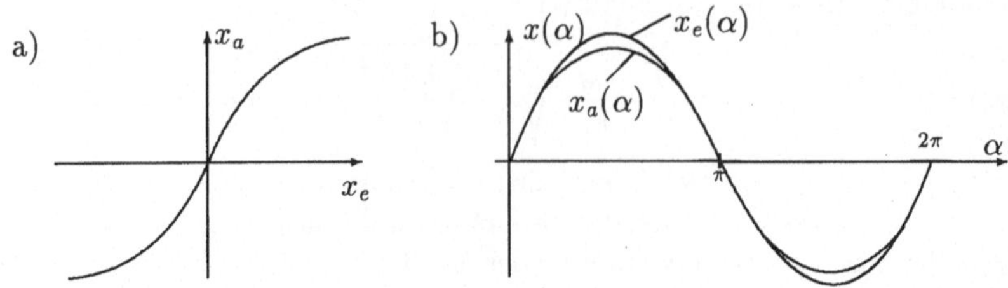

Abb. 9.17: Magnetisierungskennlinie (Abb. a) und Verlauf des Eingangs- und Ausgangssignals (Abb. b)

Aufgrund des Sättigungseffekts der Magnetisierungskennlinie wird das Ausgangssignal verformt und die Amplitude reduziert. Das Ausgangssignal hat keinen sinusförmigen Verlauf mehr. Da die Kennlinie eine ungerade Funktion von x_e ist, kann Gleichung 9.6 zur Berechnung des Fourier-Koeffizienten b_1 der Grundschwingung des Ausgangssignals verwendet werden. Drei mögliche Vorgehensweisen sollen angedeutet werden.

1. Kennlinie als Tabelle: Wenn die Kennlinie als Tabelle gegeben ist, dann müssen die zur Berechnung des Koeffizienten b_1 notwendigen Integrale numerisch ermittelt werden.
2. Reihenentwicklung: Man kann ebenso eine Approximation der Kurve durch eine Potenzreihe vornehmen, und dann die Potenzreihe in die Integrationsformel einsetzen und auswerten.
3. Geradenapproximation: Da die Berechnung der Grundschwingung des Ausgangssignals ohnehin nur eine näherungsweise Beschreibung darstellt, reicht in den meisten Fällen die Approximation der Magnetisierungskennlinie durch Geradenstücke aus. Hierzu bietet sich z.B. die Verwendung des Begrenzers von Aufgabe 9.2 an. Ebenso kann man die Magnetisierungskennlinie durch 2 oder mehrere Geradenstücke unterschiedlicher Steigung approximieren (siehe Aufgabe 9.4).

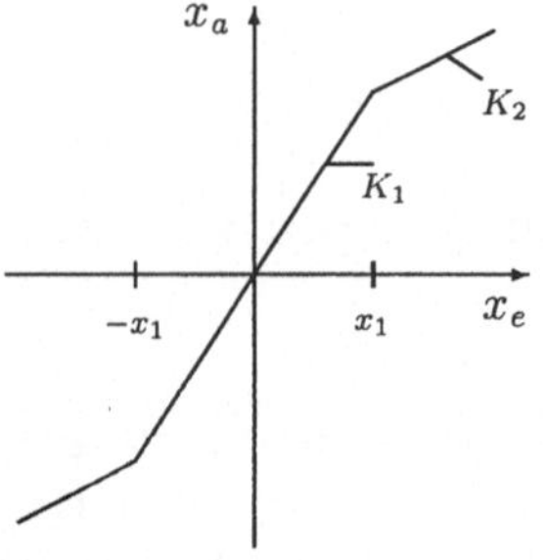

Aufgabe 9.4: Berechnen Sie die Beschreibungsfunktion für folgende Kennlinie bestehend aus zwei Geradenstücken mit den Steigungen K_1 und K_2.
Lösung:
$N(\widehat{x}_e) = \frac{K1-K_2}{\pi}\{2\alpha_1 + \sin\alpha_1 \cos\alpha_1\} + K_2$

für $|\widehat{x}_e| > |x_1|$;

dabei gilt $\widehat{x}_e \cdot \sin\alpha_1 = x_1$. □

9.4 Stabilitätsuntersuchung mit dem Zweiortskurvenverfahren

Die Beschreibungsfunktion reduziert das Übertragungsverhalten eines nichtlinearen Übertragungsgliedes auf die Beschreibung des Ein-/Ausgangsverhaltens der Grundwelle einer auftretenden Dauerschwingung. Das so beschriebene Übertragungsverhalten bleibt nichtlinear, da die für eine Eingangsschwingung berechneten Amplituden- und Phasenänderungen der Ausgangsschwingung amplitudenabhängig sind. Dennoch ermöglicht diese quasi „Teillinearisierung" — es entfallen ja in der Beschreibung die Oberwellen — die Anwendung der Stabilitätsanalyse mit dem Nyquist-Kriterium.

Betrachtet man den Regelkreis nach Abb. 9.18, so wird zunächst angenommen, daß die Führungsgröße $w(t)$ und die Störgröße $z(t)$ Null sein sollen. Dann werden die linearen Übertragungsfunktionen von Regler und Strecke zu einer Übertragungsfunktion $F(s)$ zusammengefaßt. Es wird nun angenommen, daß der Regelkreis Dauerschwingungen an der Stabilitätsgrenze durchführe. Mit dem Eingangssignal in die Nichtlinearität

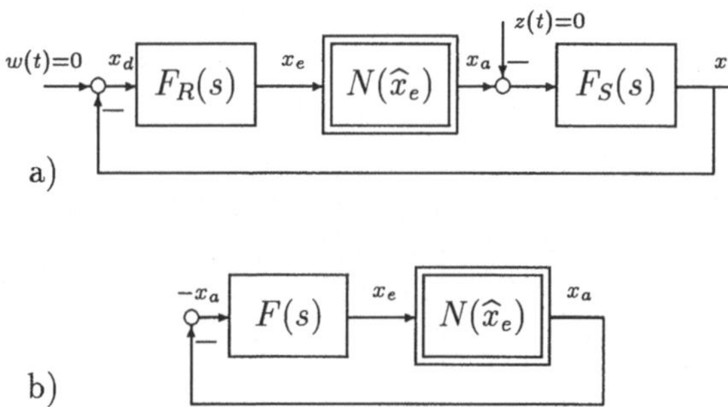

Abb. 9.18: Regelkreis mit einer Nichtlinearität (Abb. a), Ersatzregelkreis für die Untersuchung des Regelkreises an der Stabilitätsgrenze (Abb. b)

$$x_e(t) = \widehat{x}_e \cdot \sin \omega t \ , \tag{9.8}$$

wird die Grundschwingung des Ausgangssignals der Nichtlinearität

$$x_a(t) = \widehat{x}_e \cdot |N(\widehat{x}_e)| \cdot \sin(\omega t + \varphi(\widehat{x}_e)) \ .$$

Diese Grundschwingung des Ausgangssignals der Nichtlinearität durchläuft die linearen Übertragungsglieder $F(s)$ und ergibt als Ausgangsschwingung von $F(s)$ das Signal

$$x_e(t) = -\widehat{x}_e \cdot |N(\widehat{x}_e)| \cdot |F(\mathrm{j}\omega)| \cdot \sin(\omega t + \varphi(\widehat{x}_e) + \varphi_F(\omega)) \ , \tag{9.9}$$

mit $\varphi_F(\omega)$ als Phasenverschiebung infolge $F(\mathrm{j}\omega)$. Da jedoch vorausgesetzt ist, daß der Kreis Dauerschwingungen an der Stabilitätsgrenze durchführt, müssen die Signale $x_e(t)$ nach Gleichung 9.8 und 9.9 gleich sein. D.h. es gelten die Amplituden- und Phasenbedingungen

$$|N(\widehat{x}_e)| \cdot |F(\mathrm{j}\omega)| = 1 \quad \text{und} \tag{9.10}$$

$$\varphi(\widehat{x}_e) + \varphi_F(\omega) = \pi \cdot (2n+1) \quad \text{für } n = 0, 1, \ldots \tag{9.11}$$

Das Minusvorzeichen von Gleichung 9.9 zusammen mit der Phasenverschiebung von 180° aus Gleichung 9.11 (für $n = 0$) ergibt eine Gesamtphasenverschiebung von 360°, d.h. es liegt eine Dauerschwingung vor. Die Zusammenfassung der Amplituden- und Phasenbedingung zu einer Bedingung ergibt

$$N(\widehat{x}_e) \cdot F(\mathrm{j}\omega) = -1 \quad \text{bzw.} \quad F(\mathrm{j}\omega) = -1/N(\widehat{x}_e)\,. \tag{9.12}$$

Diese Gleichung 9.12 ähnelt der Stabilitätsbeziehung nach dem Nyquist-Kriterium $F_0(\mathrm{j}\omega) = -1$. Beim Nyquist-Kriterium wird der Verlauf der Nyquist-Ortskurve $F_0(\mathrm{j}\omega)$ in Bezug auf den kritischen Punkt -1 untersucht, hier wird der Ortskurvenverlauf von $F(\mathrm{j}\omega)$ in Bezug auf die negativ inverse Beschreibungsfunktion untersucht.

Wenn die Ortskurve des Frequenzgangs $F(\mathrm{j}\omega)$ und die Ortskurve der negativ inversen Beschreibungsfunktion sich schneiden, dann treten im Regelkreis Dauerschwingungen auf. Die Frequenz $\omega = \omega_0$ der Ortskurve $F(\mathrm{j}\omega)$ im Schnittpunkt bestimmt die Frequenz der auftretenden Dauerschwingung, und der Parameterwert $\widehat{x}_e = \widehat{x}_{e0}$ der Ortskurve der negativ inversen Beschreibungsfunktion bestimmt die Amplitude der Dauerschwingung.

Für die Untersuchung der Stabilität dieser Dauerschwingungen wird auf Ergebnisse der Stabilitätsuntersuchung mittels der Nyquist-Ortskurven zurückgegriffen. Die Ortskurve $F(\mathrm{j}\omega)$ in der Ortskurvenebene ist die Abbildung der positiven $\mathrm{j}\omega$-Achse der komplexen Ebene (siehe Abb. 5.6 und 5.7). Die folgende Abb. 9.19 zeigt die Ortskurve von $F(\mathrm{j}\omega)$ und zusätzlich die Ortskurven $F(+\sigma_1 + \mathrm{j}\omega)$ und $F(-\sigma_1 + \mathrm{j}\omega)$ (mit $\sigma_1 > 0$) und je eine beliebige Ortskurve einer negativ inversen Beschreibungsfunktion.

Zunächst wird Abb. 9.19a für die Beschreibungsfunktion 1 (nach links wachsendes $\widehat{x}_e$) betrachtet. Die Ortskurven von $F(\mathrm{j}\omega)$ und $-1/N(\widehat{x}_e)$ schneiden sich in dem mit „×" gekennzeichneten Punkt P. Auf der Ortskurve von $F(\mathrm{j}\omega)$ liest man die Frequenz ω_0 und auf der Ortskurve von -1/N liest man die Amplitude $\widehat{x}_{e0}$ der Dauerschwingung ab. Wächst nun die Amplitude der Dauerschwingung aufgrund einer Störung z.B. auf einen Wert $\widehat{x}_{e1} > \widehat{x}_{e0}$ an, so liegt der neue Schnittpunkt P_1 dann auf der Ortskurve $F(-\sigma_1+\mathrm{j}\omega)$. d.h. im Bereich abklingender Schwingungen. Somit klingt die Amplitude der Dauerschwingungen wieder auf den Wert $\widehat{x}_{e0}$ ab. Führt dagegen eine Störung zu einem Abklingen der Amplitude der Dauerschwingung, so liegt der neue Schnittpunkt P_2 im Bereich aufklingender Schwingungen von $F(\mathrm{j}\omega)$ und die Amplitude wächst wieder auf den Wert $\widehat{x}_{e0}$ an. Somit liegen im Schnittpunkt P stabile Dauerschwingungen des Regelkreises mit der Amplitude $\widehat{x}_{e0}$ und der Frequenz ω_0 vor.

In Abb. 9.19b für die Beschreibungsfunktion 2 (Umkehrung des Verlaufs von $\widehat{x}_e$) dagegen liegt der Schnittpunkt P_1 für ein Anwachsen der Amplitude der Dauerschwingung im Bereich aufklingender Schwingungen von $F(+\sigma + \mathrm{j}\omega)$, d.h. die

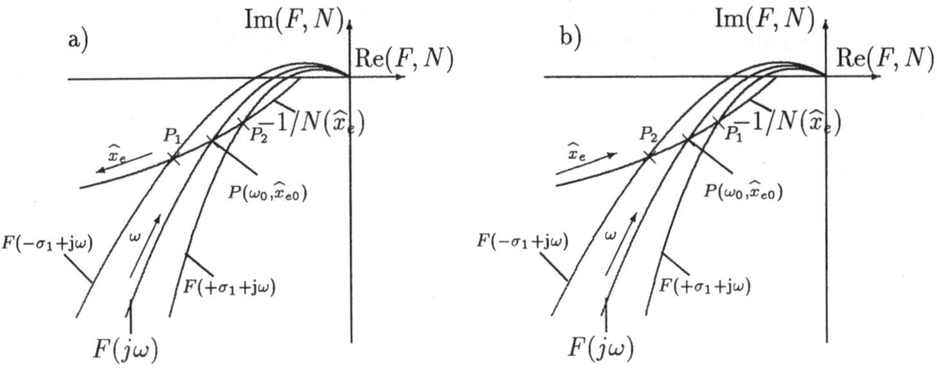

Abb. 9.19: Ortskurve der Frequenzgangs $F(j\omega)$ und der negativ inversen Beschreibungsfunktion $N(\widehat{x}_e)$ für stabile (Abb. a) und instabile Dauerschwingungen (Abb. b)

Amplitude der Schwingung wächst weiter gegen Unendlich. Dagegen klingt die Amplitude vom Punkt P_2 gegen Null ab. Im Schnittpunkt P liegen somit instabile Dauerschwingungen vor, die je nach Störung gegen Unendlich anwachsen oder auf Null abklingen.

Wenn die Ortskurve von $F(j\omega)$ keinen Schnittpunkt mit der negativ inversen Ortskurve von $N(\widehat{x}_e)$ aufweist, dann wird die Stabilität des Kreises entsprechend dem Nyquist-Stabilitätskriterium in der vereinfachten Form beurteilt. Liegt die Ortskurve der negativ inversen Beschreibungsfunktion beim Durchlaufen der Ortskurve $F(j\omega)$ in Richtung wachsender ω links von $F(j\omega)$, dann ist der geschlossene Kreis stabil. Liegt die Ortskurve von -$1/N$ dagegen rechts von $F(j\omega)$, so ist der geschlossene Kreis instabil. Abb. 9.20 zeigt diese beiden Stabilitätsfälle. Beim stabilen Kreis läßt sich aus dem Schnittpunkt des Einheitskreises mit den Ortskurven von $F(j\omega)$ und $-1/N(\widehat{x}_e)$ auch der Phasenrand φ_{Rand} ablesen.

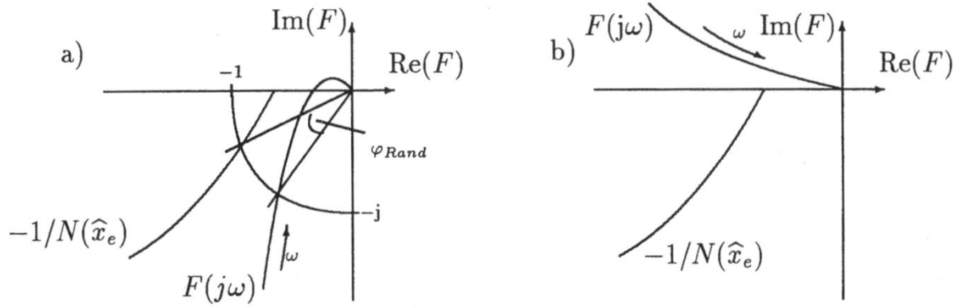

Abb. 9.20: Ortskurve des Frequenzgangs $F(j\omega)$ und der negativ inversen Beschreibungsfunktion $N(\widehat{x}_e)$ für ein stabiles (Abb. a) und instabiles System ohne Auftreten von Dauerschwingungen

Die Stabilitätsanalyse mit dem Zweiortskurvenverfahren soll auf einen Regelkreis bestehend aus einer Verzögerungsstrecke 3. Ordnung, einem PI-Regler und einem

Stellglied mit Vorlast angewendet werden. Abb. 9.21 zeigt das untersuchte System. Die Zahlenwerte der Regelstrecke sind aus Beispiel 6.1 übernommen mit K_S= 2, $T_1 = 1,2\ s$, $T_2 = 0,5\ s$ und $T_3 = 0,1\ s$. Der PI-Regler sei auf $K_P = 2$ und $T_N = 1,2\ s$ eingestellt. Der Wert der Vorlast sei x_V = 0,2 und die Steigung des linearen Teils der Kennlinie sei 1 : 1. Der Sollwert der Regelgröße ist Null, aber es wirke kurzzeitig eine Störung $z(t) = 0,2$ für $0 < t \leq 0,5\ s$. Diese Störung führt zur Anregung von Dauerschwingungen im Regelkreis.

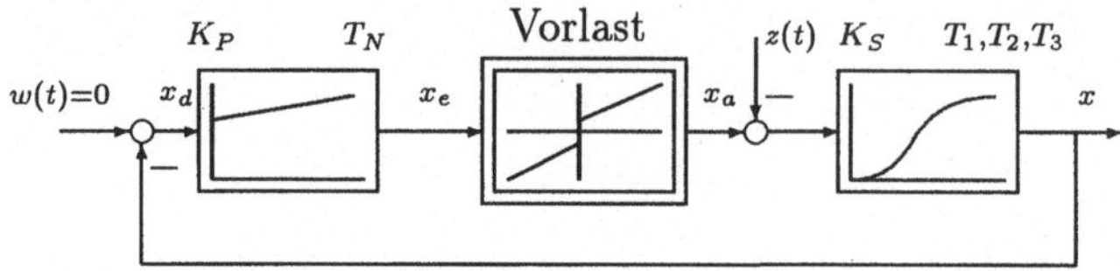

Abb. 9.21: Untersuchtes Regelsystem

Für diesen Regelkreis lauten dann der Frequenzgang von $F(j\omega) = F_R(j\omega) \cdot F_S(j\omega)$ und die Beschreibungsfunktion für die Vorlast

$$F(j\omega) = \frac{4}{1,2j\omega \cdot (1 + 0,5j\omega) \cdot (1 + 0,1j\omega)} \tag{9.13}$$

$$N(\widehat{x}_e) = 1 + \frac{x_V}{\widehat{x}_e} \cdot \frac{4}{\pi} \quad \text{sowie} \tag{9.14}$$

$$\frac{-1}{N(\widehat{x}_e)} = \frac{-1}{1 + \frac{x_V}{\widehat{x}_e} \cdot \frac{4}{\pi}} \, .$$

Die Darstellung der Ortskurve des Frequenzgangs $F(j\omega)$ und der negativ inversen Beschreibungsfunktion in einem Diagramm zeigt Abb. 9.22.

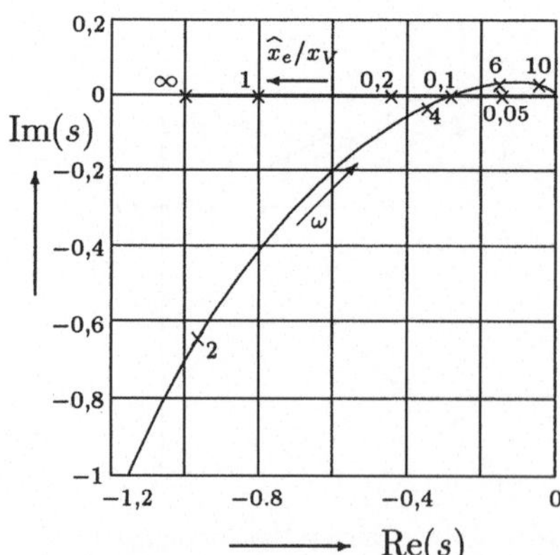

Abb. 9.22: Ortskurve und negativ inverse Beschreibungsfunktion des Regelsystems

Die Ortskurve von $F(j\omega)$ verläuft in Richtung wachsender Frequenzen ω in der negativ reellen Halbebene von $-j\infty$ in den Ursprung. Aufgrund der Kompensation von Pol und Nullstelle bei $s = -1,2$ liegt eine Übertragungsfunktion eines

IT_2-Gliedes vor. Die Ortskurve der negativ inversen Beschreibungsfunktion muß aus der Beschreibungsfunktion der Vorlast berechnet werden. Diese Ortskurve der negativ inversen Beschreibungsfunktion beginnt im Ursprung und strebt für wachsende $\widehat{x}_e/x_V$-Werte gegen -1. Die beiden Ortskurven von F und $-1/N$ schneiden sich auf der negativ reellen Achse. Die Frequenz auf der Ortskurve von $F(\mathrm{j}\omega)$ wird durch Nullsetzen des Imaginärteils von $F(\mathrm{j}\omega)$ berechnet bzw. abgelesen. Es resultiert

$$F(\mathrm{j}\omega) = \frac{4/1,2}{\mathrm{j}[\omega - 0,5 \cdot 0,1\,\omega^3] - \omega^2[0,5 + 0,1]},$$

und damit wird der Imaginärteil von F gleich Null für die Bedingung

$$\omega - 0,5 \cdot 0,1\,\omega^3 = 0\ .$$

Die Frequenz der Ortskurve von $F(\mathrm{j}\omega)$ im Schnittpunkt mit der Ortskurve der negativ inversen Beschreibungsfunktion ist damit

$$\omega_1 = 4,4721\ s^{-1}\ .$$

Für diese Frequenz wird der Wert der Ortskurve ermittelt zu $F(\mathrm{j}\omega_1) = -0,2778$. Dieser Zahlenwert wird in die Gleichung der negativ inversen Beschreibungsfunktion eingesetzt und diese für $x_V = 0,2$ nach $\widehat{x}_e$ aufgelöst zu

$$\widehat{x}_{e1} = \frac{4 \cdot x_V}{\pi \cdot \left\{\dfrac{-1}{(-1/N(\widehat{x}_{e1})} - 1\right\}} = \frac{4 \cdot x_V}{\pi \cdot \{(1/0,2778) - 1\}} = 0,0980\ .$$

Damit sind Frequenz und Amplitude der auftretenden Dauerschwingung der Eingangsgröße $x_e(t)$ in die Vorlast berechnet zu

$$\omega_1 = 4,4721\ s^{-1} \qquad \text{und} \qquad \widehat{x}_{e1} = 0,0980\ .$$

Die Dauerschwingung ist stabil, da in Richtung wachsender ω-Werte links von $F(\mathrm{j}\omega)$ zunehmende Amplitudenwerte $\widehat{x}_e$ der negativ inversen Beschreibungsfunktion liegen (siehe Abb. 9.19).

Zur Überprüfung der mit dem Zweiortskurvenverfahren berechneten Amplitude und Frequenz der Dauerschwingung wird das Zeitverhalten des Regelsystems mit Vorlast berechnet und in Abb. 9.23 dargestellt. In der oberen Abb. erkennt man im Zeitbereich $0 < t \leq 0,5\ s$ die Anregung der Schwingungen im Regelkreis durch den kurzen Impuls der Störgröße $z(t)$. Nach dieser Anregung bauen sich infolge des nichtlinearen Übertragungsverhaltens der Vorlast die Schwingungen im Regelkreis auf. Die Regelgröße $x(t)$ und die Eingangsgröße $x_e(t)$ in die Vorlast (untere Abb.) führen nahezu sinusförmige Schwingungen durch. Infolge der Vorlast $x_V = 0,2$ schwingt die Ausgangsgröße $x_a(t)$ der Vorlast mit einem nichtsinusförmigen Verlauf. Aufgrund des Tiefpaßverhaltens der Regelstrecke werden die hochfrequenten Signalanteile des Signals $x_a(t)$ jedoch so stark gedämpft, daß der Eingang $x_e(t)$ in die Vorlast praktisch wieder sinusförmig verläuft. Diese Tiefpaßeigenschaft der Regelstrecke war eine Voraussetzung für die Anwendung des Zweiortskurvenverfahrens. Amplitude und Frequenz der Dauerschwingung von $\widehat{x}_e(t)$ können aus Abb. 9.23 abgelesen werden zu $\omega_1 \approx 2\pi/T = 6,28/1,4s = 4,48\ s^{-1}$ und

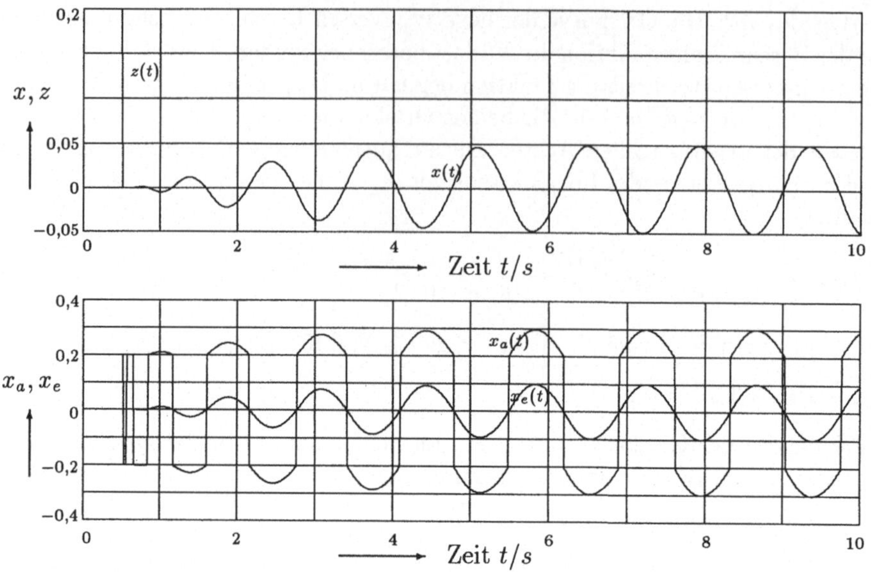

Abb. 9.23: Zeitverhalten des Systems mit Vorlast und $w(t) = 0$

$\widehat{x}_{e1}(t) \approx 0,1$. Die Berechnungen mit dem Zweiortskurvenverfahren werden damit bestätigt.

Da die Untersuchung eines Regelsystems für einen Sollwert $w(t) = 0$ nicht den Normalfall darstellt, soll abschließend der Einfluß der Vorlast bei einem Sollwert ungleich Null untersucht werden. Dargestellt sind in Abb. 9.24 die Zeitverläufe der Regelgröße $x(t)$ und der Ausgangsgröße $x_a(t)$ der Vorlast für einen Sollwert $w(t) = 1$ bei Auftreten einer Störung $z(t) = 0,2$ im Intervall $0 < t \leq 0,5\ s$.

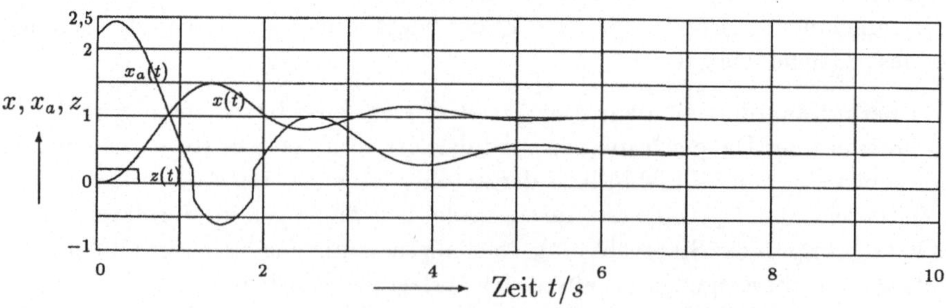

Abb. 9.24: Zeitverhalten des Systems mit Vorlast und $w(t) = 1$

Die Analyse des Zeitverlaufs der Regelgröße $x(t)$ zeigt, daß infolge des PI-Reglers die Regelgröße $x(t)$ den Sollwert $\widehat{w} = 1$ erreicht. Da die Verstärkung des Reglers mit $K_P = 2$ relativ groß im Vergleich zur Auslegung von Beispiel 2 ist, — dort war $K_P = 0,58$ — schwingt hier die Regelgröße um ca 50 % über. Die Wirkung der Vorlast ist am Signalverlauf von $x_a(t)$ deutlich erkennbar. Eine Dauerschwingung um den Sollwert $\widehat{w}$ tritt nicht auf, da die Eingangsgröße $x_e(t)$ der Nichtlinearität nicht um die Unstetigkeitsstelle der Nichtlinearität herum schwankt. Der Zeitverlauf des Einschwingvorgangs von $x(t)$ auf den Sollwert $\widehat{w}$ wird also durch die Nichtlinearität nicht entscheidend beeinflußt.

Aufgabe 9.5: Eine schwingungsfähige PT$_2$-Strecke mit den Parametern $K_S = 2$, $\omega_0 = 0,2\ s^{-1}$ und $D = 0,5$ wird mit einem I-Regler geregelt. Das nichtlineare Stellglied, ein Begrenzer mit der Steigung $1:1$ des linearen Teils, begrenzt das Stellsignal auf einen Maximalwert von $x_M = 0{,}5$. Der Sollwert der Regelgröße sei $\widehat{w} = 0$. Es wirke kurzzeitig eine hinreichend große Störgröße $z(t)$ im Regelkreis, welche eine Dauerschwingung anregt.

1. Wie groß muß K_I mindestens sein, damit im Regelkreis Dauerschwingungen auftreten können?
2. Berechnen Sie für $K_I = 0,2$ Amplitude $\widehat{x}_{e1}$ und Frequenz ω_1 der Dauerschwingung.
3. Ist die Dauerschwingung stabil?

Lösung: 1.) $K_I \geq 0,1$ 2.) $\widehat{x}_{e1} = 1,2379$ und $\omega_1 = 0,2\ s^{-1}$ 3.) Stabil □

9.5 Nichtlineare Regler

Der im vorhergehenden Abschnitt untersuchte Regelkreis nach Abb. 9.18 soll nun dahingehend modifiziert werden, daß der analoge Regler $F_R(s)$ durch eine Nichtlinearität, z.B. einen Zwei- oder Dreipunktschalter ersetzt wird. Abb. 9.25 zeigt die Struktur des sich ergebenden Regelkreises. Die Stabilität dieses Kreises kann ebenso wie im Abschnitt vorher, mit dem Zweiortskurvenverfahren untersucht werden. Nun jedoch können auch für Sollwerte $\widehat{w} \neq 0$ Dauerschwingungen auftreten. Die Berechnung der auftretenden Dauerschwingungen und die Untersuchung des Einschwingverhaltens soll für die Regelung einer integrierenden Regelstrecke mit einem Dreipunktschalter als Regler durchgeführt werden.

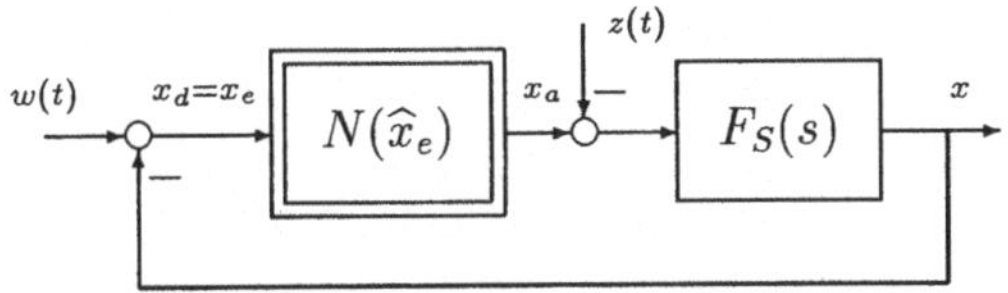

Abb. 9.25: Regelkreis mit einer Nichtlinearität als Regler

Die Übertragungsfunktion der Regelstrecke lautet

$$F_S(s) = \frac{K_S}{s \cdot (1 + T_1 s) \cdot (1 + T_2 s)} = \frac{2}{s \cdot (1 + 2\ s) \cdot (1 + 0,5\ s)},$$

und als Regler wird ein Dreipunktregler ohne Hysterese verwendet. Maximalwert und Tote Zone des Dreipunktreglers sind angesetzt zu $x_M = 2$ und $x_T = 0,5$. Die

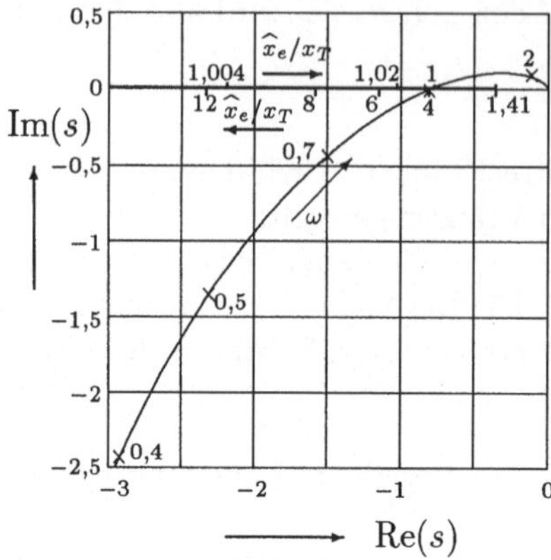

Abb. 9.26: Ortskurve und negativ inverse Beschreibungsfunktion des Regelkreises

Darstellung der Ortskurven von Regelstrecke und negativ inverser Beschreibungsfunktion zeigt Abb. 9.26.

Die Ortskurve der negativ inversen Beschreibungsfunktion kommt für $\widehat{x}_e/x_T = 1$ aus dem negativ Unendlichen und wandert entlang der reellen Achse bis zu ihrem Maximalwert bei $\widehat{x}_e/x_T = 1,41$. Für steigende Werte von $\widehat{x}_e/x_T$ geht der Ast der negativ inversen Beschreibungsfunktion dann wieder gegen minus Unendlich. Die Ortskurve der Regelstrecke schneidet die Ortskurve der negativ inversen Beschreibungsfunktion auf der reellen Achse bei -0,8. Die Frequenz der Ortskurve von $F(\mathrm{j}\omega)$ beträgt an dieser Stelle $\omega_1 = 1s^{-1}$. Für die Amplitudenverhältnisse auf der negativ inversen Beschreibungsfunktion berechnet man die Werte $\widehat{x}_e/x_T$ = 1,03 und 3,94. Da die Beschreibungsfunktion zwei Äste besitzt, können Dauerschwingungen mit zwei verschiedenen Amplituden auftreten. Überprüft man die Stabilität dieser beiden Dauerschwingungen, so zeigt sich, daß die Dauerschwingung mit der Amplitude $\widehat{x}_e/x_T = 1,03$ eine instabile Dauerschwingung darstellt und für die Amplitude $\widehat{x}_e/x_T = 3,94$ eine stabile Dauerschwingung vorliegt.

Die folgende Abb. 9.27 zeigt den Zeitverlauf des Einschwingverhaltens für eine sprungförmige Führungsgröße $w(t) = \widehat{w} \cdot \sigma(t)$. Der Sprung der Führungsgröße regt den Regelkreis an und führt zu einer Dauerschwingung mit der Amplitude von $\widehat{x}_e = \widehat{x}_d \approx 2$. Dieser Zahlenwert der Amplitude entspricht dem Ergebnis aus der Stabilitätsanalyse mit dem Zweiortskurvenverfahren, bei dem die stabile Dauerschwingung für das Verhältnis $\widehat{x}_e/x_T = 3,94$ erreicht wird. Mit dem Wert der toten Zone von $x_T = 0,5$ resultiert dann für $\widehat{x}_e = 1,97$, wie es auch Abb. 9.27 zeigt. Die Frequenz der Dauerschwingung liegt, wie zuvor ermittelt, bei ca. $\omega_1 \approx 1\ s^{-1}$. Die sprungförmige Stellgröße $y(t) = x_a(t)$ weist die Zahlenwerte -2, 0 und $+2$ auf, die durch den Dreipunktregler bedingt sind. Die Umschaltung von 0 auf + oder -2 erfolgt jeweils bei der Regeldifferenz $x_d(t) = \pm 0,5$. Bei dieser Regelkreisstruktur ist somit die Analyse der Dauerschwingungen mit dem Zweiortskurvenverfahren auch für Sollwerte $\widehat{w} \neq 0$ möglich bzw. erforderlich. Da die Amplitude der Dauerschwingung jedoch ca. das Doppelte des Sollwertes $\widehat{w}$

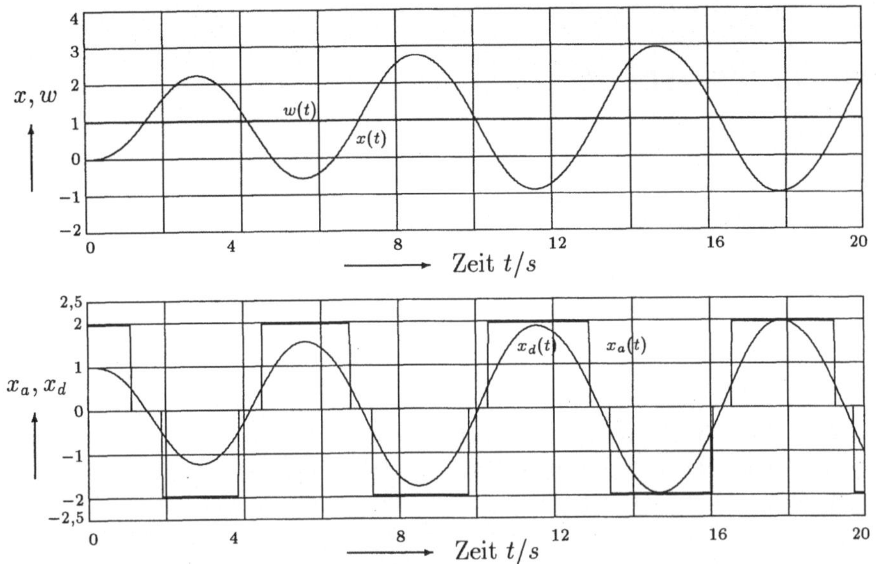

Abb. 9.27: Einschwingverhalten des Regelkreises mit IT_2-Strecke und einem Dreipunktregler

beträgt, kann ein derartiges Regelverhalten nicht akzeptiert werden.

Aufgabe 9.6: Eine integrierende Regelstrecke mit Verzögerung wird beschrieben durch die Übertragungsfunktion

$$F_S(s) = \frac{K_S}{s \cdot (1 + T_1 s) \cdot (1 + T_2 s)} = \frac{2}{s \cdot (1 + 4\ s) \cdot (1 + s)} \ .$$

Zur Regelung dieser Strecke soll ein Zweipunktschalter mit dem Schaltpegel $x_M = 2$ verwendet werden.

1. Berechnen Sie die Periodendauer T_P und die Amplitude $\widehat{x}_e = \widehat{x}_d$ der sich einstellenden Dauerschwingung.
2. Ist die Dauerschwingung stabil?
3. Wie hoch darf der Schaltpegel x_M des Zweipunktschalters höchstens werden, wenn die Regeldifferenz kleiner als 0,1 bleiben soll?

Lösung: 1.) $T_P = 3,14\ s$ und $\widehat{x}_d = 0{,}51$ 2.) Stabil 3.) $x_M \leq 0,3927$ □

10 Entwurf nichtlinearer Regler

Nichtlineare Übertragungsglieder im Regelkreis führen, wie in Kapitel 9 gezeigt, häufig zu unerwünschten Dauerschwingungen im Regelkreis. Dies trifft insbesondere auf die nichtlinearen Eigenschaften von Stellgliedern und Regelstreckenanteilen zu. Zwar sind diese Dauerschwingungen infolge nichtlinearer Regler (Zwei- und Dreipunktregler) im Grunde ebenso unerwünscht, jedoch bei vielen einfachen z.B. Temperatur- und Füllstandsregelstrecken stören geringe dauernde Schwankungen der Regelgröße nicht. Der Vorteil der Verwendung dieser Regler liegt auf der Kostenseite; denn die schaltenden Zwei- und Dreipunktregler sind preisgünstiger und einfacher als analoge oder digitale Regler. Zudem beziehen sie ihre Stellenergie oft aus dem zu regelnden Prozeß und benötigen daher keine zusätzliche Hilfsenergie. Außerdem kann der Sensor der Regelgröße oft die Funktion des Reglers quasi mit übernehmen, wie es bei einem Bimetall-Temperatursensor der Fall ist. Das Bimetall ist ein Temperaturfühler und schaltet bei Verbiegung infolge Erwärmung durch das Berühren von Kontakten einen Laststrom. Viele Haushaltsgeräte wie Bügeleisen, Kocher ... arbeiten mit solchen schaltenden Reglern.

10.1 Realisierung nichtlinearer Regler

Die am häufigsten verwendeten nichtlinearen Regler sind Zwei- und Dreipunktregler mit und ohne Umschaltverzögerung (Hysterese). Einige Beispiele dieser schaltenden Regler werden nachfolgend beschrieben.

Zweipunktregler ohne Hysterese (Bimetall): Ein Bimetall-Temperaturregler besteht aus einem Metallstreifen von zwei verschweißten Blechen mit unterschiedlichem Wärmeausdehnungskoeffizienten. Der über diese Bleche geleitete elektrische Strom führt zur Erwärmung und Verbiegung der Streifen. Nach einer einstellbaren Weglänge bei der Verbiegung wird ein elektrischer Kontakt berührt und der Strom ein- bzw. ausgeschaltet. Die Grundstruktur eines derartigen Reglers zeigt Abb. 10.1.

Der Schaft der Stellschraube ist elektrisch leitend und führt bei Berührung des Bimetalls den Strom über das Bimetall. Falls die Stellschraube von Hand berührt werden soll, muß für eine entsprechende Isolation gesorgt werden. Bei Erwärmung des Bimetalls infolge einer Heizwicklung R verbiegt es sich zur Stellschraube, berührt diese und schaltet den Strom ein (z.B. einen Lüfter). Bei anderer Verbiegungsrichtung liegt das Bimetall im Ruhezustand an der Stellschraube an und löst sich bei Erwärmung von der Stellschraube und schaltet den Strom aus. Beide Schaltrichtungen sind realisierbar. Da der Kontakt des Bimetalls mit der Stellschraube langsam erfolgt, kommt es infolge des Lichtbogens beim Schalten rasch zu Funktionsstörungen. Eine Verbesserung des Schaltvorgangs wird durch einen kleinen Anzugsmagneten erreicht (siehe Abb. 10.2).

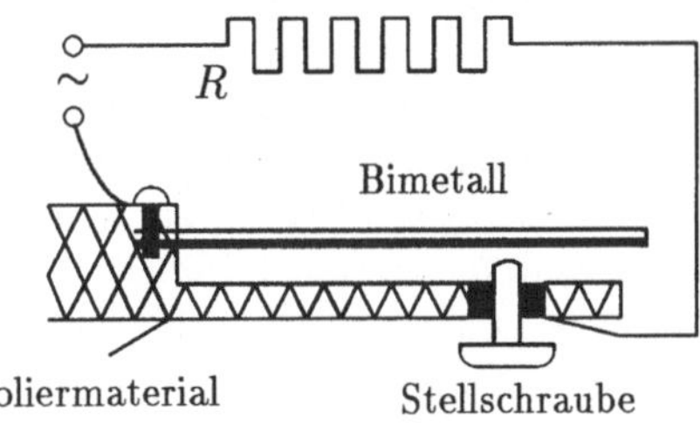

Abb. 10.1: Bimetallregler

Zweipunktregler mit Hysterese (Bimetall): Klebt man auf das Bimetall ein Stück Weicheisen und auf dem Isoliermaterial gegenüber einen Magneten mit Nord- und Südpol (Abb. 10.2), so wird der Vorgang der Berührung beschleunigt. Sobald das Bimetall einen gewissen Abstand zum Magneten unterschreitet, zieht der Magnet das Eisenstück und damit das Bimetall an. Der Schaltvorgang wird dadurch wesentlich verkürzt und die beim Schalten auftretenden Lichtbögen reduziert.

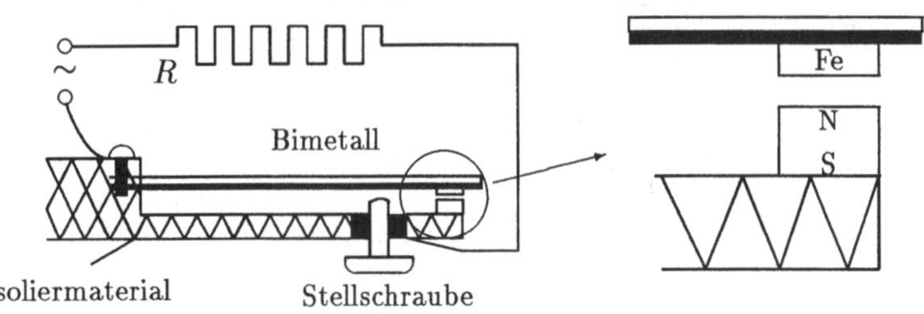

Abb. 10.2: Bimetall mit Anzugsmagnet

Infolge der Magnetwirkung löst sich die Bimetallfeder jedoch nicht bei derselben Verbiegung wie beim Berührungsvorgang. Die Bimetallfeder wird vom Magneten zurückgehalten und löst sich erst bei einer größeren Federkraft wieder vom Magneten. Dadurch wird in der Wirkung ein Zweipunktregler mit Hysterese erzeugt.

Stabregler: Auf dem gleichen Prinzip der unterschiedlichen Längenausdehnung von Werkstoffen mit kleinem und großem Wärmeausdehnungskoeffizienten beruht der Stabregler. Er besteht außen aus einem Werkstoff mit großem Ausdehnungskoeffizienten und innen aus einem Stab mit sehr geringem Ausdehnungskoeffizienten.

Infolge der Erwärmung des Ausdehnungsrohrs in der aufzuheizenden Flüssigkeit dehnt sich das Rohr aus und zieht den Stab mit geringem Ausdehnungskoeffizienten mit. Dadurch löst sich die Feder von der Einstellschraube, und die Stromführung einer Heizwicklung wird unterbrochen. Bei Abkühlung zieht sich das Ausdehnungsrohr wieder zusammen, und der Kontakt wird wieder geschlossen. Fügt man der Feder noch ein Eisenstück und auf der Gegenseite einen kleinen Magneten zu, wird — wie beim Bimetall — aus dem Zweipunktregler ohne Hysterese ein Zweipunktregler mit Hysterese.

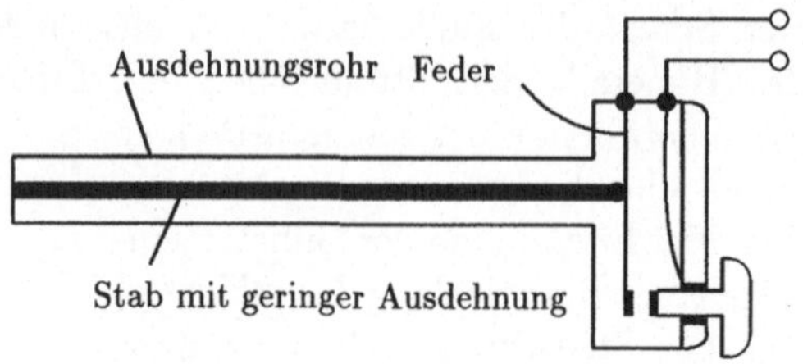

Abb. 10.3: Stabregler

Schwimmerschalter: Bei der Füllstandsregelung von Flüssigkeitsbehältern wird wegen seines einfachen Aufbaus oft ein Schwimmerschalter mit nachgeschalteter Schützschaltung eingesetzt. Abb. 10.4 zeigt das Prinzip von Schwimmerschalter und Schützschaltung.

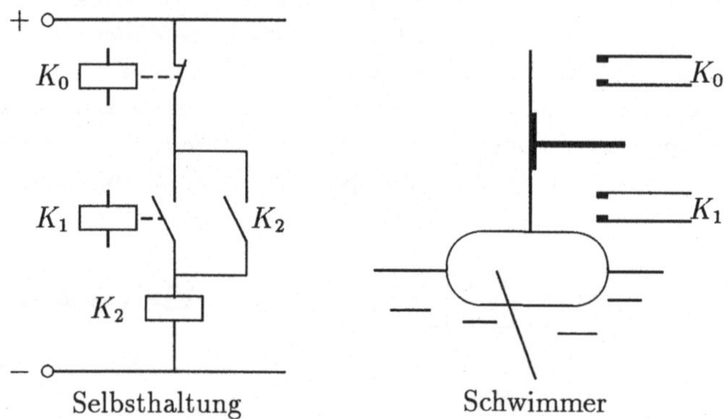

Abb. 10.4: Schwimmerschalter mit Selbsthaltung

Der Hebel am Schwimmer schließt in der unteren Stellung das Schütz K_1 (Schließer). Der Hilfsstromkreis der Selbsthaltung wird geschlossen und im (nicht gezeichneten) Laststromkreis durch K_2 z.B. ein Zulaufventil geöffnet oder eine Förderpumpe eingeschaltet. Das Schütz K_2 hält den Stromkreis geschlossen, auch wenn der Schwimmer infolge des Zulaufs wieder ansteigt und der Kontakt K_1 geöffnet wird. Erst wenn der Schwimmer den Kontakt K_0 betätigt (Öffner), wird der Hilfsstromkreis wieder geöffnet und der Laststromkreis unterbrochen. Diese einfache mit Hilfsenergie arbeitende Schaltung entspricht einem Zweipunktschalter mit Hysterese. Die Schwankungsbreite des Füssigkeitsspiegels ist über die Position der Schwimmerkontakte einzustellen.

Dasselbe Prinzip kann bei einer Druckmessung über einen Faltenbalg mit zwei Grenzkontakten und nachfolgender Selbsthaltung angewendet werden.

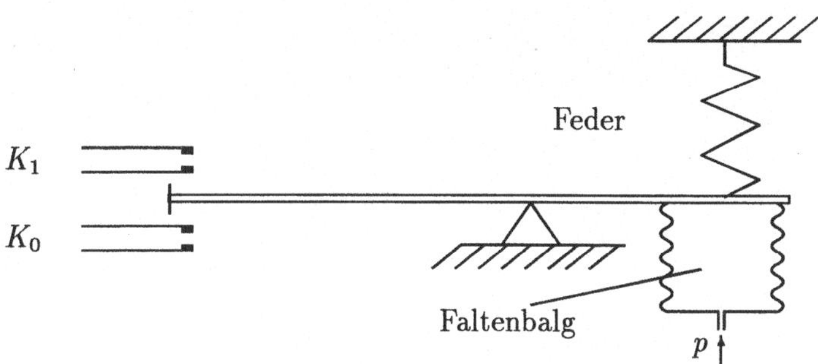

Abb. 10.5: Druckmessung mit Grenzkontakten K_0 und K_1

Der Druck p im Faltenbalg wird über die Fläche in eine Kraft F umgesetzt, die gegen die Feder arbeitet und zu einer Auslenkung der Wippe führt. Die zwei Grenzkontakte K_0 und K_1 schalten über eine nachfolgende Selbsthaltung Ventile im Druckregelkreis.

Bei einfachen Positionsregelungen werden nach dem gleichen Prinzip elektrische Schleifkontakte eingesetzt. Die Selbsthaltung kann elektronisch ebenso über eine Transistorschaltung eines Flip-Flop realisiert werden.

Dreipunktschalter: Der Einsatz eines Schleifkontakts mit einer nichtleitenden Zone in der Mitte ergibt in einfacher Weise einen Dreipunktschalter.

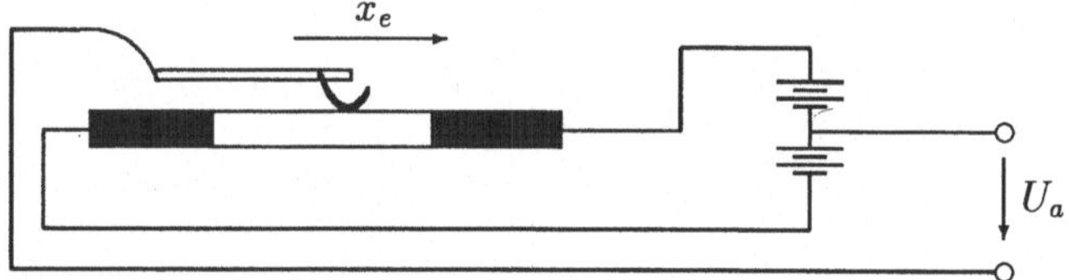

Abb. 10.6: Schleifkontakt als Dreipunktschalter

Je nach Position des Schleifkontakts steht an den Anschlußklemmen eine positive, negative Spannung oder keine Spannung als Signal zur Verfügung.

Anstelle dieses Schleifkontakts kann ebenso ein Bimetall eingesetzt werden, an dessen Ende ein Schleifkontakt über drei Kontakte geführt wird. Dabei können über die Schleifkontakte direkt die Heizwiderstände hinzugeschaltet werden, wie Abb. 10.7 zeigt. Der dargestellte Dreipunktregler weist als Ruhekontakt nicht den mittleren Kontakt 2 sondern den oberen Kontakt 3 auf. Die Nullpunktposition des Reglers ist somit verschoben. Bei der dargestellten Temperaturregelung über Heizwiderstände wird über Kontakt 1 die maximale Heizleistung zugeschaltet, über Kontakt 2 z.B. eine mittlere Heizleistung (Grundlast) und keine Heizleistung über Kontakt 3.

Klebt man zusätzlich Weicheisenteile auf das Bimetall und fügt auf beiden Seiten Anzugsmagnete hinzu, so wird aus dem Bimetall als Dreipunktregler ohne Hysterese ein Dreipunktregler mit Hysterese.

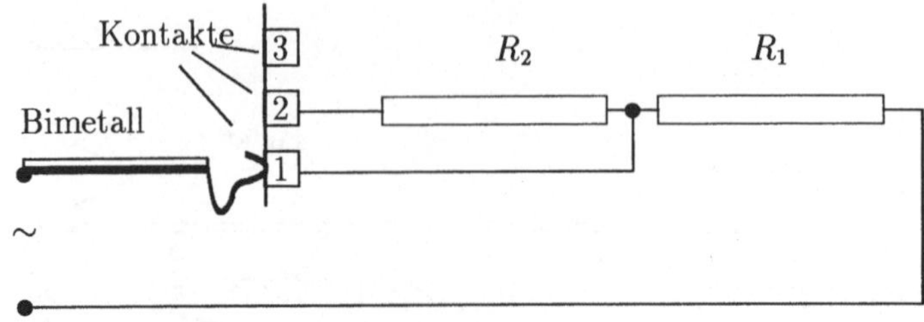

Abb. 10.7: Bimetall als Dreipunktregler mit Heizwiderständen R_1 und R_2

10.2 Regelung von Verzögerungsstrecken

Die im vorangehenden Abschnitt vorgestellten Zwei- und Dreipunktregler werden in der Regel bei einfachen Temperatur-, Druck- und Füllstandsregelungen eingesetzt. Temperatur- und Druckregelstrecken sind im allgemeinen proportionale Regelstrecken mit Verzögerungen höherer Ordnung. Dagegen sind Füllstandsregelstrecken meist näherungsweise integrierende Regelstrecken, die im nächsten Abschnitt untersucht werden. In Kapitel 3.1.3 wird gezeigt, daß Regelstrecken mit Verzögerungen höherer Ordnung sich relativ einfach durch die sogenannte Verzugszeit T_u und die Ausgleichszeit T_g beschreiben lassen. Die Sprungantwort einer derartigen Regelstrecke zeigt Abb. 10.8.

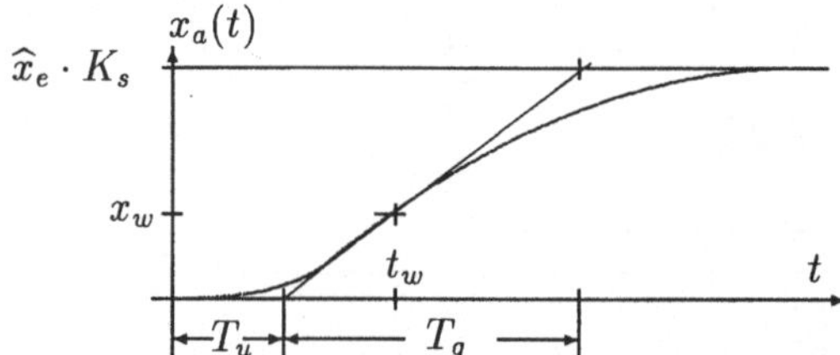

Abb. 10.8: Sprungantwort einer Verzögerungsstrecke höherer Ordnung

Nach Anlegen der Wendetangente im Wendepunkt (x_W, t_W) werden aus den Achsenabschnitten die Verzugs- und Ausgleichszeit ermittelt. Die Verzugszeit T_u der Regelstrecke entspricht näherungsweise einer Totzeit und die Ausgleichszeit T_g entspricht der Zeitkonstanten eines Verzögerungsgliedes 1. Ordnung. Somit kann man mit guter Näherung verzögerte Regelstrecken höherer Ordnung durch die Reihenschaltung von Totzeit- und PT_1-Glied darstellen.

Die Übertragungsfunktion derartiger Verzögerungsstrecken lautet damit

$$F_S(s) = \frac{K_S}{1 + T_g\, s} \cdot e^{-sT_u} = \frac{K_S}{1 + T_1\, s} \cdot e^{-sT_t}\,. \tag{10.1}$$

10.2.1 Idealer Zweipunktregler

Eine typische Anwendung für einen Regelkreis mit Zweipunktregler stellt die Temperaturregelung einer Flüssigkeit mit einer Heizspirale und einem Stabregler dar. Abb. 10.9 zeigt das Blockschaltbild dieses Regelkreises.

Die in diesem Regelkreis auftretenden Dauerschwingungen können mit dem in Kapitel 9 entwickelten Verfahren der harmonischen Analyse berechnet werden. Ebenso erlaubt das Zweiortskurvenverfahren eine Aussage über die Stabilität des Kreises. Diese Verfahren ermöglichen eine numerische Berechnung der auftretenden Amplituden und Frequenzen der Dauerschwingung. Ist jedoch die analytische Untersuchung der Einflußgrößen der Amplitude und Frequenz der Dauerschwingungen für den Entwurf des Regelkreises von Interesse, dann empfiehlt sich die direkte Betrachtung des Zeitverhaltens der auftretenden Dauerschwingungen.

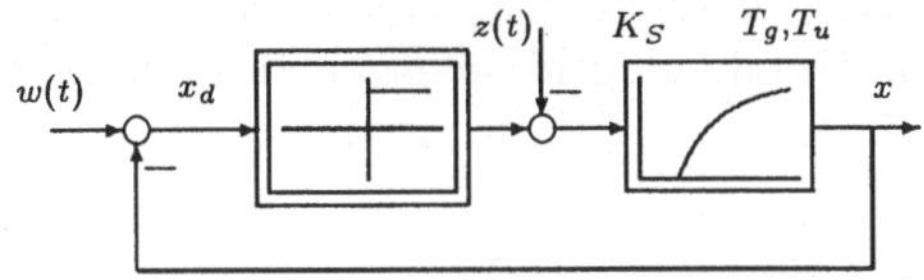

Abb. 10.9: PT_1T_T-Regelstrecke mit Zweipunktregler

Zu diesem Zweck wird in allgemeiner Form das Führungs- und Störverhalten des Regelkreises mit einem Zweipunktregler und einer PT_1T_T-Regelstrecke (nach Gleichung 10.1) mit $T_u = 0,5\ min$, $T_g = 2\ min$ sowie dem Verstärkungsfaktor $K_S = 2$ untersucht. Der Zweipunktregler weist die obere Schaltstufe $+x_M = 0,4$ und die untere Schaltstufe 0 auf. Er ist also nicht symmetrisch zur Nullinie. Damit wird der maximale Endwert der Regelgröße $x_\infty = x_M \cdot K_S$. Auf diesen maximalen Endwert der Regelgröße sind $x(t)$ und $w(t)$ in Abb. 10.10 normiert. Der obere

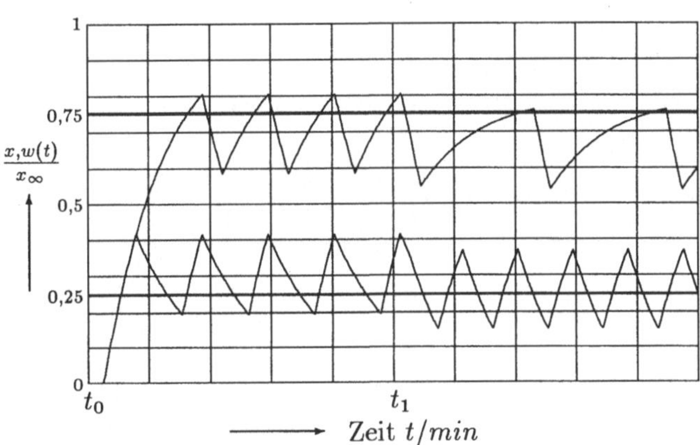

Abb. 10.10: Führungs- und Störverhalten des Regelkreises

Kurvenverlauf gilt für einen Sollwertsprung bei $t = t_0$ von $\widehat{w} = 0,75\ x_\infty$ und der untere für $\widehat{w} = 0,25\ x_\infty$. Zum Zeitpunkt $t = t_1 = 10\ min$ wird bei beiden Signalverläufen zusätzlich eine Störgröße $\widehat{z} = 0,1\ x_\infty$ aufgeschaltet.

Die Regelgröße $x(t)$ startet bei Null und strebt nach Ablauf der Totzeit T_u mit einer Exponentialfunktion gegen den Endwert x_∞. Sobald $x(t) > \widehat{w}$ schaltet der Zweipunktregler das Stellsignal aus. Infolge der Totzeit T_u steigt die Regelgröße dennoch weiter an. Erst nach Ablauf der Totzeit fällt $x(t)$ gegen Null ab. Bei Unterschreiten von $\widehat{w}$ schaltet der Regler die Stellgröße wieder zu, was sich jedoch erst nach Ablauf der Totzeit auf die Regelgröße auswirkt. Die Regelgröße schwingt somit um den Sollwert $\widehat{w}$ herum.

Die zum Zeitpunkt t_1 aufgeschaltete Störgröße $\widehat{z}$ führt zu einem Absinken des Mittelwertes der Schwingung der Regelgröße $x(t)$. Dieses Absinken führt beim oberen

Kurvenverlauf zu einer großen mittleren Regeldifferenz, beim unteren Kurvenverlauf wird die Regeldifferenz jedoch infolge der Störung verkleinert. Das Führungs- und Störverhalten wird nachfolgend genauer untersucht.

Führungsverhalten

Eine vergrößerte Darstellung der Regelschwingung $x(t)$ um den Sollwert $\widehat{w}$ zeigt Abb. 10.11. In Abb. a ist der Zweipunktschalter mit $x(t)$ als Eingangsgröße und der Stellgröße $y(t)$ als Ausgangsgröße gezeichnet. Da $x_d = \widehat{w} - x(t)$ die wahre Eingangsgröße darstellt, erscheint der Sprung des Zweipunktschalters bei der geänderten Darstellung bei $x = \widehat{w}$. Abb. b zeigt die Schwingung der Regelgröße $x(t)$ und Abb. c die Ausgangsgröße $y(t)$ des Zweipunktschalters.

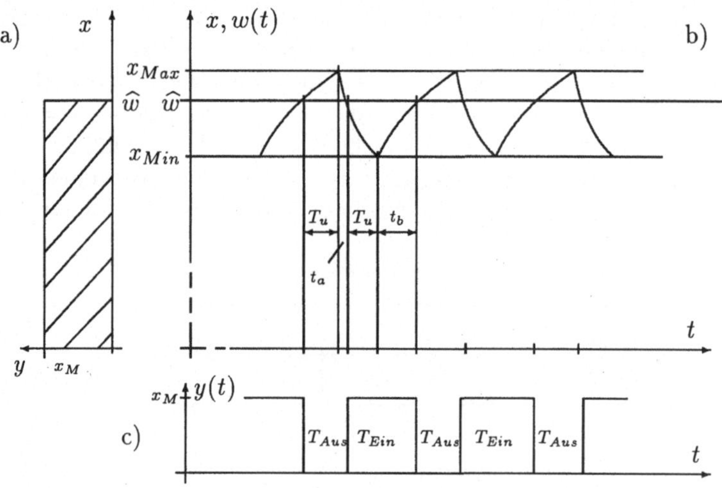

Abb. 10.11: Zweipunktschalter (Abb. a), Verlauf der Regelgröße $x(t)$ (Abb. b) und Verlauf der Stellgröße (Abb. c)

Die kennzeichnenden Größen der Dauerschwingung werden durch die Analyse der auf- und abklingenden Teilverläufe der e-Funktionen bestimmt. Für diese Teilverläufe gelten allgemein die Gleichungen

$$x_{Auf}(t) = x_{Auf}(0) + (x_\infty - x_{Auf}(0)) \cdot (1 - \mathrm{e}^{-t/T_g}) \tag{10.2}$$

$$x_{Ab}(t) = x_{Ab}(0) \cdot \mathrm{e}^{-t/T_g} \tag{10.3}$$

mit $x_\infty = K_S \cdot x_M$.

Durch Einsetzen der jeweiligen Anfangs- und Endwerte in die Gleichungen 10.2 und 10.3 werden werden nun abschnittsweise die vier durch T_u, t_a, T_u und t_b gekennzeichneten Zeitverläufe in Abb. 10.11b berechnet. Es gelten für die vier Zeitabschnitte in der angegebenen Reihenfolge die Gleichungen

$$x_{Max} = \widehat{w} + (K_S \cdot x_M - \widehat{w}) \cdot (1 - \mathrm{e}^{-T_u/T_g}) \tag{10.4}$$

$$\widehat{w} = x_{Max} \cdot \mathrm{e}^{-t_a/T_g} \tag{10.5}$$

$$x_{Min} = \widehat{w} \cdot \mathrm{e}^{-T_u/T_g} \tag{10.6}$$

$$\widehat{w} \;=\; x_{Min} + (K_S \cdot x_M - x_{Min}) \cdot (1 - \mathrm{e}^{-t_b/T_g}) \,. \tag{10.7}$$

Extremwerte, Mittelwert und Regeldifferenz: Ohne weitere Rechnung sind über die Gleichung 10.4 der *Maximalwert* x_{Max}

$$x_{Max} = \widehat{w} + (K_S \cdot x_M - \widehat{w}) \cdot (1 - \mathrm{e}^{-T_u/T_g}) \tag{10.8}$$

und über Gleichung 10.6 der *Minimalwert* x_{Min}

$$x_{Min} = \widehat{w} \cdot \mathrm{e}^{-T_u/T_g} \tag{10.9}$$

der Schwingung der Regelgröße $x(t)$ bestimmt.

Die Differenz der Gleichungen 10.4 und 10.6 ergibt die *Schwankungsbreite* der Schwingung zu:

$$\Delta x = x_{Max} - x_{Min} = K_S \cdot x_M \cdot (1 - \mathrm{e}^{-T_u/T_g}) \,.$$

Der *Mittelwert der Schwingung* resultiert zu

$$\bar{x} = \frac{x_{Max} + x_{Min}}{2} = \frac{K_S \cdot x_M}{2} \cdot (1 - \mathrm{e}^{-T_u/T_g}) + \widehat{w} \cdot \mathrm{e}^{-T_u/T_g} \,.$$

Damit folgt dann die *mittlere Regeldifferenz* als

$$\bar{x}_d = \widehat{w} - \bar{x} = \left(\widehat{w} - \frac{K_S \cdot x_M}{2}\right) \cdot (1 - \mathrm{e}^{-T_u/T_g}) \,. \tag{10.10}$$

Die mittlere Regeldifferenz wird Null, sofern als Sollwert $\widehat{w}$ genau die Hälfte des Maximalwertes $x_\infty = K_S \cdot x_M$ gefordert wird. Die graphische Darstellung der Regeldifferenz und der Schwankungsbreite zeigt die nachfolgende Abb. 10.12.

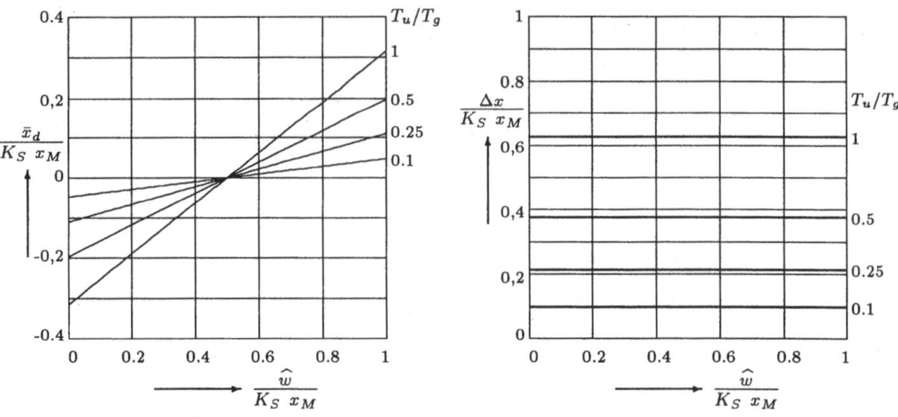

Abb. 10.12: Normierte Regeldifferenz (linke Abb.) und normierte Schwankungsbreite (rechte Abb.) als Funktion des normierten Sollwertes mit T_u/T_g = 0,1; 0,25; 0,5 und 1 als Parameter

Die Regeldifferenz ist gleich Null für $\widehat{w} = (K_S \cdot x_M)/2$. Für größere Sollwerte wird sie positiv und für kleinere negativ. Außerdem nimmt sie mit wachsendem Verhältnis T_u/T_g zu. Die Schwankungsbreite ist unabhängig vom Sollwert, sie hängt allein vom Verhältnis T_u/T_g ab.

Periodendauer, Frequenz und Ein-/Ausschaltverhältnis: Die Berechnung dieser Größen erfordert zuerst die Ermittlung der Zeiten t_a und t_b aus den Gleichungen 10.5 und 10.7. Es gilt

$$\begin{aligned} t_a &= -T_g \cdot \ln\left(\frac{\widehat{w}}{x_{Max}}\right) \\ t_b &= -T_g \cdot \ln\left(\frac{K_S\ x_M - \widehat{w}}{K_S\ x_M - x_{Min}}\right) . \end{aligned}$$

Dann erhält man durch Einsetzen die *Periodendauer* zu

$$T_P = 2\ T_u + t_a + t_b = 2\ T_u - T_g \cdot \left\{\ln\frac{\widehat{w}}{x_{Max}} + \ln\frac{K_S\ x_M - \widehat{w}}{K_S\ x_M - x_{Min}}\right\} , \qquad (10.11)$$

sowie die *Schaltfrequenz*

$$f_P = 1/T_P .$$

Das *Ein-/Ausschaltverhältnis* ergibt sich zu

$$\frac{T_{Ein}}{T_{Aus}} = \frac{T_u + t_b}{T_u + t_a} = \frac{T_u - T_g \cdot \ln\left(\frac{K_S\ x_M - \widehat{w}}{K_S\ x_M - x_{Min}}\right)}{T_u - T_g \cdot \ln\left(\frac{\widehat{w}}{x_{Max}}\right)} . \qquad (10.12)$$

Für eine graphische Darstellung der Ergebnisse ist eine Normierung von $\widehat{w}$ über $K_S\ x_M$ zweckmäßig. Hierzu müssen dann in den obigen Gleichungen x_{Min} und x_{Max} durch die Gleichungen 10.9 und 10.8 ersetzt werden, bevor durch $K_S\ x_M$ dividiert wird.

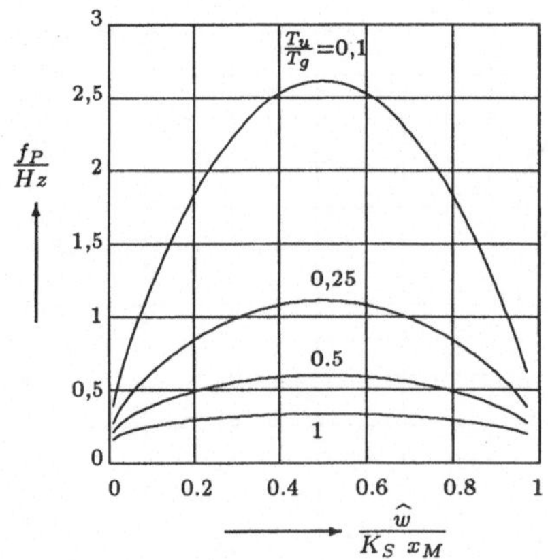

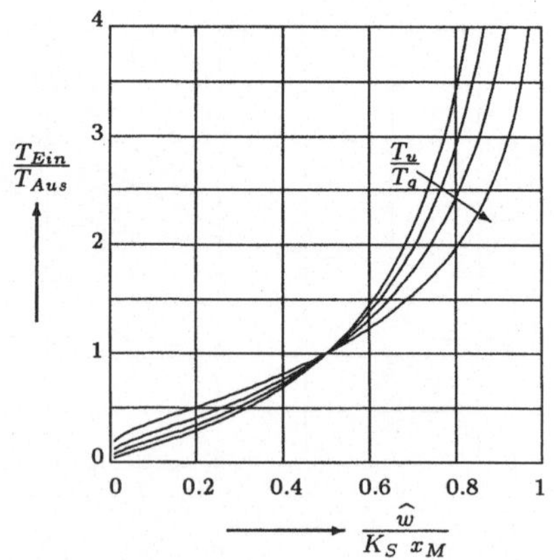

Abb. 10.13: Frequenz (linke Abb.) und Ein-/Ausschaltverhältnis (rechte Abb.) der Dauerschwingung als Funktion des normierten Sollwertes mit T_u/T_g = 0,1; 0,25; 0,5 und 1 als Parameter ; (f_p in $[Hz]$ für T_u, T_g in $[s]$)

Wie Abb. 10.13 zeigt, nimmt die Frequenz der Dauerschwingung mit wachsendem T_u/T_g ab. Das Frequenzmaximum liegt jeweils bei $\widehat{w} = (K_S \cdot x_M)/2$. Das Ein-/Ausschaltverhältnis wächst monoton mit zunehmendem Sollwert.

Störverhalten

Infolge der Störgröße $\widehat{z}$ wird in Abb. 10.10 der Mittelwert der Schwingung der Regelgröße $x(t)$ nach unten verschoben. In den Gleichungen 10.2 und 10.3 muß daher der Wert $K_S\,\widehat{z}\cdot(1-\mathrm{e}^{-t/T_g})$ subtrahiert werden.

Extremwerte, Mittelwert und Regeldifferenz: Die Schwankungsbreite der Schwingung bleibt unverändert. Von den anderen Größen wie Maximalwert, Minimalwert, Mittelwert und der mittleren Regeldifferenz dagegen wird der Wert $\widehat{z}\cdot K_S\cdot(1-\mathrm{e}^{-T_u/T_g})$ subtrahiert.

Periodendauer, Frequenz und Ein-/Ausschaltverhältnis: Diese Größen werden bei Auftreten einer Störgröße $\widehat{z}$ modifiziert zu

$$\begin{aligned}
T_P &= 2\,T_u - T_g\cdot\left\{\ln\frac{\widehat{w}+K_S\,\widehat{z}}{x_{Max}+K_S\,\widehat{z}}+\ln\frac{K_S\,[x_M-\widehat{z}]-\widehat{w}}{K_S\,[x_M-\widehat{z}]-x_{Min}}\right\}\\
f_P &= 1/T_P\\
\frac{T_{Ein}}{T_{Aus}} &= \frac{T_u - T_g\cdot\ln\left(\dfrac{K_S\,[x_M-\widehat{z}]-\widehat{w}}{K_S\,[x_M-\widehat{z}]-x_{Min}}\right)}{T_u - T_g\cdot\ln\left(\dfrac{\widehat{w}+K_S\widehat{z}}{x_{Max}+K_S\widehat{z}}\right)}\,.
\end{aligned}$$

10.2.2 Zweipunktregler mit Hysterese

Wird der ideale Zweipunktregler ersetzt durch einen Zweipunktregler mit Hysterese, so erfolgt die Umschaltung bei den Werten $x_e = \pm x_H$. Wiederum ist angenommen, daß der Regler nur eine Ein-/Ausschaltung vornimmt und nicht eine Umschaltung zwischen einem positiven und einem negativen Wert. Abb. 10.14 zeigt die Kennlinie des verwendeten Zweipunktschalters mit Hysterese.

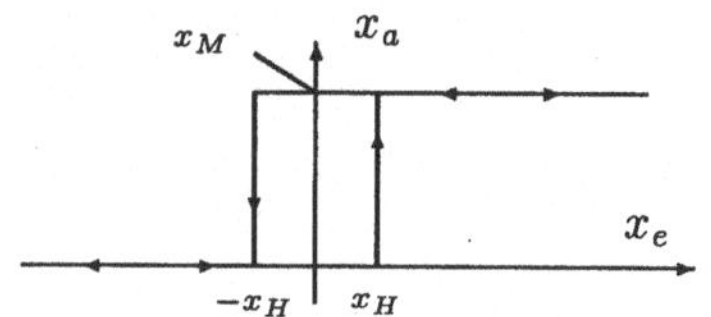

Abb. 10.14: Zweipunktschalter mit Hysterese

Führungsverhalten

Die Verwendung dieses Zweipunktschalters führt zu der in Abb. 10.15 dargestellten Dauerschwingung der Regelgröße bei Vorgabe eines Sollwertes $\widehat{w}$.

Für die Berechnung der Kenngrößen der Dauerschwingung wird wiederum von den Gleichungen 10.2 und 10.3 ausgegangen, die unverändert gültig sind. Für die Berechnung der Zeitverläufe der in Abb. 10.15 durch T_u, t_a, T_u und t_b gekennzeichneten Zeitabschnitte, werden die jeweiligen Anfangs- und Endwerte in die Gleichungen 10.2 und 10.3 eingesetzt. Dann resultieren die folgenden vier

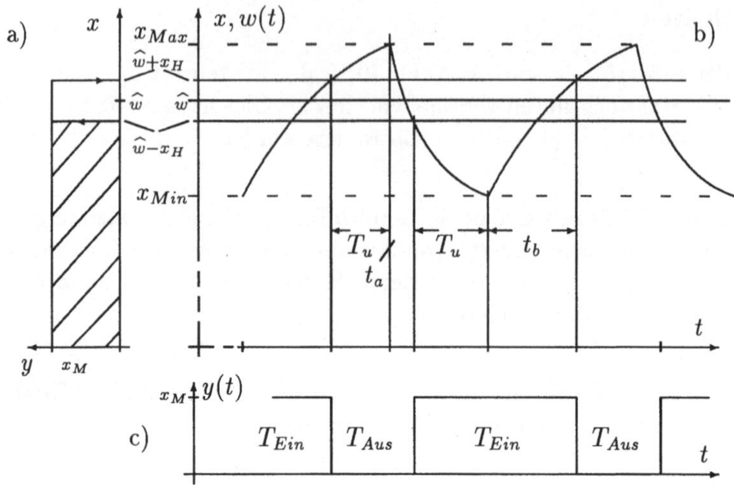

Abb. 10.15: Zweipunktschalter mit Hysterese (Abb. a), Verlauf der Regelgröße (Abb. b) und Verlauf der Stellgröße (Abb. c)

Ausgangsgleichungen:

$$\begin{aligned} x_{Max} &= (\widehat{w} + x_H) + (K_S \cdot x_M - [\widehat{w} + x_H]) \cdot (1 - \mathrm{e}^{-T_u/T_g}) & (10.13)\\ \widehat{w} - x_H &= x_{Max} \cdot \mathrm{e}^{-t_a/T_g} & (10.14)\\ x_{Min} &= (\widehat{w} - x_H) \cdot \mathrm{e}^{-T_u/T_g} & (10.15)\\ \widehat{w} + x_H &= x_{Min} + (K_S \cdot x_M - x_{Min}) \cdot (1 - \mathrm{e}^{-t_b/T_g}) & (10.16) \end{aligned}$$

Schwankungsbreite und Regeldifferenz: Mit den Gleichungen 10.13 bis 10.16 erhält man für die *Schwankungsbreite*

$$\Delta x = x_{Max} - x_{Min} = K_S \cdot x_M \cdot (1 - \mathrm{e}^{-T_u/T_g}) + 2\, x_H \cdot \mathrm{e}^{-T_u/T_g} \tag{10.17}$$

und für die *mittlere Regeldifferenz*

$$\bar{x}_d = \widehat{w} - \bar{x} = (\widehat{w} - \frac{K_S \cdot x_M}{2}) \cdot (1 - \mathrm{e}^{-T_u/T_g})\,. \tag{10.18}$$

Erwartungsgemäß nimmt infolge der Hysterese die Schwankungsbreite der Dauerschwingung zu. Die mittlere Regeldifferenz bleibt jedoch unbeeinflußt von der Hysterese. Zahlenwerte für die mittlere Regeldifferenz $\bar{x}_d$ können somit aus Abb. 10.12 für verschiedene Verhältnisse T_u/T_g abgelesen werden.

Periodendauer, Frequenz und Ein-/Ausschaltverhältnis: Für die Ermittlung dieser Größen werden zunächst die Zeiten t_a und t_b berechnet zu

$$\begin{aligned} t_a &= -T_g \cdot \ln\left(\frac{\widehat{w} - x_H}{x_{Max}}\right)\\ t_b &= -T_g \cdot \ln\left(\frac{K_S\, x_M - (\widehat{w} + x_H)}{K_S\, x_M - x_{Min}}\right)\,. \end{aligned}$$

Dann erhält man durch Einsetzen die *Periodendauer* zu

$$T_P = 2\,T_u + t_a + t_b = 2\,T_u - T_g \cdot \left\{ \ln \frac{\widehat{w} - x_H}{x_{Max}} + \ln \frac{K_S\,x_M - (\widehat{w} + x_H)}{K_S\,x_M - x_{Min}} \right\} ,$$

sowie die Schaltfrequenz

$$f_P = 1/T_P \; .$$

Das *Ein-/Ausschaltverhältnis* ergibt sich zu

$$\frac{T_{Ein}}{T_{Aus}} = \frac{T_u + t_b}{T_u + t_a} = \frac{T_u - T_g \cdot \ln \left(\dfrac{K_S\,x_M - (\widehat{w} + x_H)}{K_S\,x_M - x_{Min}} \right)}{T_u - T_g \cdot \ln \left(\dfrac{\widehat{w} - x_H}{x_{Max}} \right)} \; .$$

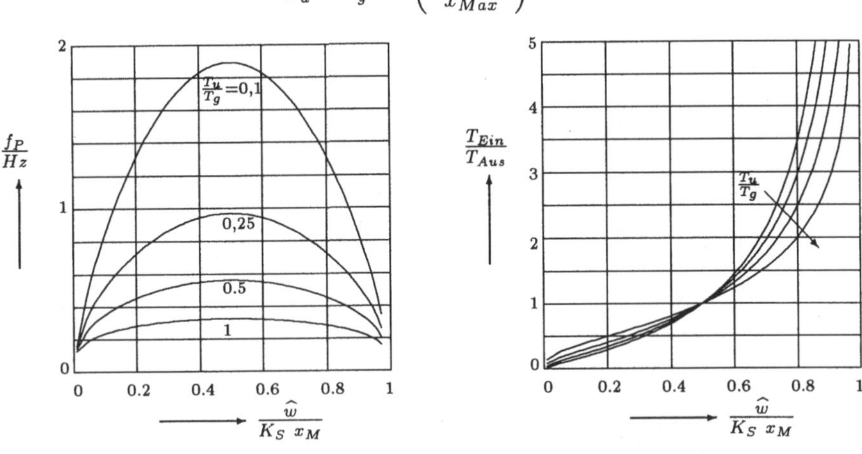

Abb. 10.16: Frequenz der Dauerschwingung (linke Abb.) und Ein-/Ausschaltverhältnis (rechte Abb.) als Funktion des normierten Sollwertes mit T_u/T_g = 0,1; 0,25; 0,5 und 1 als Parameter für einen Hysteresewert von $x_H = 0,02 \cdot K_S\,x_M$; ($f_p$ in $[Hz]$ für T_u, T_g in $[s]$)

Für die graphische Darstellung der Frequenz der Dauerschwingung der Regelgröße und das Ein-/Ausschaltverhältnis ist eine Hysterese von 2 % von x_∞, d.h. $x_H = 0,02 \cdot x_\infty = 0,02 \cdot K_S\,x_M$ angenommen. Abb. 10.16 zeigt die ermittelten Diagramme. Infolge der größeren Schwankungsbreite der Dauerschwingung steigt die Periodendauer an, und damit nimmt die Frequenz ab. Bei T_u/T_g = 0,1 sinkt infolge der Hysterese die maximale Schaltfrequenz um ca. 30% von 2,7 Hz auf 1,9 Hz (für T_u, T_g in $[s]$). Dieses Absinken der Schaltfrequenz führt zu einer Erhöhung der Lebensdauer des Schalters/Reglers. Der Einfluß der Hysterese auf das Ein-/Ausschaltverhältnis ist praktisch vernachlässigbar, wie der Vergleich mit Abb. 10.13 zeigt.

10.2.3 Zweipunktregler mit Hysterese für eine PT$_1$-Strecke ohne Totzeit

Wesentlich übersichtlicher werden die Verhältnisse bei einer Verzögerungsstrecke ohne Totzeit. Als Beispiel für ein derartiges Regelsystem wird eine PT$_1$-Regelstrecke durch einen Zweipunktregler mit Hysterese geregelt. Das Führungsverhalten dieses Systems wird in Abb. 10.17 dargestellt.

Die Berechnung von Schwankungsbreite der Regelgröße, Regeldifferenz und Frequenz wird bei diesem Zeitverlauf sehr einfach. Bei einer um den Nullpunkt des Schalters symmetrischen Hysterese resultiert die *Schwankungsbreite der Dauerschwingung* zu $\Delta x = 2\ x_H$, und die *mittlere Regeldifferenz* $\bar{x}_d$ ist Null. Unter Verwendung der Gleichungen 10.2 und 10.3 resultiert für den Zeitverlauf der aufklingenden e-Funktion

$$\widehat{w} + x_H = (\widehat{w} - x_H) + (K_s\ x_M - [\widehat{w} - x_H]) \cdot (1 - \mathrm{e}^{-T_{Ein}/T_1}) \ .$$

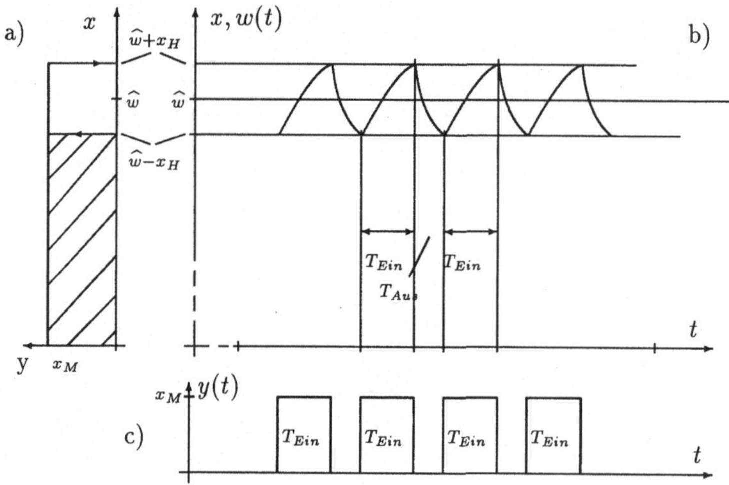

Abb. 10.17: Zweipunktschalter mit Hysterese (Abb. a), Verlauf der Regelgröße (Abb. b) und Verlauf der Stellgröße (Abb. c)

Für die abklingende e-Funktion wird angesetzt

$$\widehat{w} - x_H = (\widehat{w} + x_H) \cdot \mathrm{e}^{-T_{Aus}/T_1} \ .$$

Dann ergeben sich *Ein- und Ausschaltdauer* zu

$$\begin{aligned} T_{Aus} &= -T_1 \cdot \ln \frac{\widehat{w} - x_H}{\widehat{w} + x_H} = T_1 \cdot \ln \frac{\widehat{w} + x_H}{\widehat{w} - x_H} \\ T_{Ein} &= -T_1 \cdot \ln \frac{K_S\ x_M - (\widehat{w} + x_H)}{K_S\ x_M - (\widehat{w} - x_H)} = T_1 \cdot \ln \frac{K_S\ x_M - (\widehat{w} - x_H)}{K_S\ x_M - (\widehat{w} + x_H)} \ . \end{aligned}$$

Damit sind dann die *Periodendauer* und *Frequenz* der Dauerschwingung bestimmt zu

$$\begin{aligned} T_P &= T_{Ein} + T_{Aus} = T_1 \cdot \left\{ \ln \frac{\widehat{w} + x_H}{\widehat{w} - x_H} + \ln \frac{K_S\ x_M - (\widehat{w} - x_H)}{K_S\ x_M - (\widehat{w} + x_H)} \right\} \\ f_P &= 1/T_P \ . \end{aligned}$$

Bei der Strecke ohne Totzeit wird über die Hysterese des Reglers direkt die Schwankungsbreite der Regelgröße $x(t)$ eingestellt. Je kleiner die Hysterese, umso kleiner wird auch die Schwankungsbreite von $x(t)$. Mit abnehmender Schwankungsbreite steigt aber die Frequenz der Schwingung und damit auch die Schalthäufigkeit des Schalters, was sich wiederum negativ auf seine Lebensdauer auswirkt. Somit ist ein Kompromiß zwischen Schwankungsbreite und Schalthäufigkeit zu schließen. Diese Problematik tritt grundsätzlich bei allen schaltenden Reglern auf.

10.2.4 Zweipunktregler mit Hysterese und Rückführung

Eine Verbesserung des Regelverhaltens einer mit einem schaltenden Regler geregelten Verzögerungsstrecke kann durch Verwendung von Reglern mit Rückführung erzielt werden. Die Struktur des Reglers wird durch diese Rückführung gemäß Abb. 10.18 verändert. Die am häufigsten verwendeten Rückführungen sind verzögerte und nachgebend verzögerte Rückführungen. Dabei wird unter einer verzögerten Rückführung ein $\mathrm{PT_1}$-Verhalten von $F_r(s)$ verstanden und unter einer nachgebend verzögerten Rückführung ein $\mathrm{PDT_1}$-Verhalten. Beide Rückführungen können konstruktiv sehr einfach bei schaltenden Reglern realisiert werden. Als erstes wird nachfolgend die Regelung einer Verzögerungsstrecke höherer Ordnung, beschrieben durch die Verzugs- und Ersatzzeitkonstanten T_u und T_g, durch einen Zweipunktregler mit Hysterese und verzögerter Rückführung beschrieben.

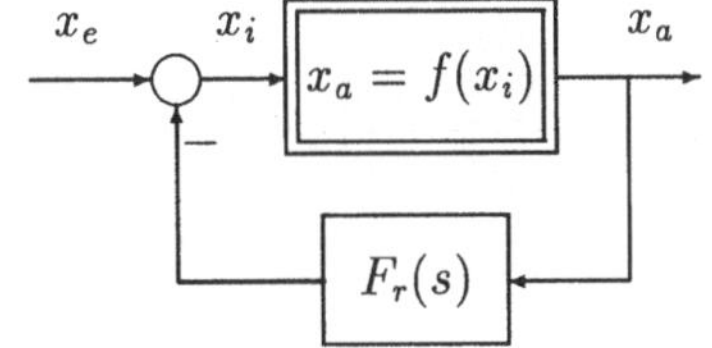

Abb. 10.18: Schaltender Regler mit Rückführung

Zweipunktregler mit Hysterese und verzögerter Rückführung

Bei der Temperaturregelung einer Verzögerungsstrecke höherer Ordnung wird der Zweipunktregler mit Hysterese, wie zuvor gezeigt, durch ein Bimetall realisiert. Bei Kontakt mit der Stellschraube wird der Heizkreis geschlossen und der Heizwiderstand R an die Stromquelle gelegt. Führt man nun parallel zum Heizwiderstand R über einen Vorwiderstand R_V einen zweiten Heizwiderstand R_1 zum Bimetall und heizt direkt das Bimetall auf, so kann damit die große Verzögerung bei

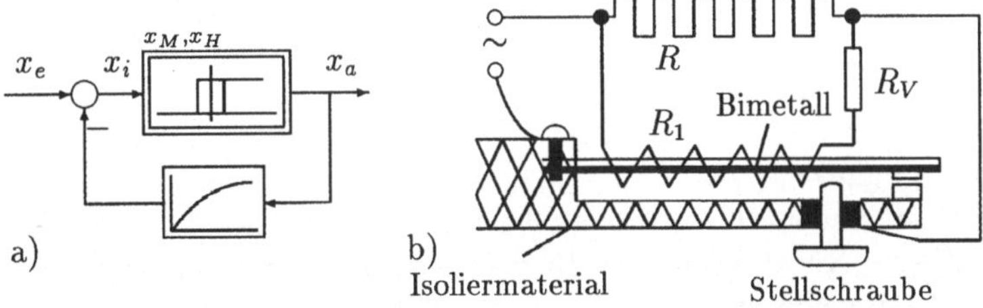

Abb. 10.19: Struktur (Abb. a) und Realisierung (Abb. b) eines Zweipunktreglers mit Hysterese und interner verzögerter Rückführung

der Aufheizung der Regelstrecke (Heizofen, Wasserbehälter ...) reduziert werden.

Dadurch steigt zwar die Schalthäufigkeit des Reglers, aber die Schwankungsbreite der Regelgöße nimmt ab. Abb. 10.19 zeigt die Struktur dieses Reglers und die einfache Realisierung beim Bimetall.

Mit einem derartigen Regler mit Rückführung ergibt sich bei Regelung einer Verzögerungsstrecke höherer Ordnung (beschrieben als PT_1T_T-Glied) dann der Regelkreis vom Abb. 10.20. Man erkennt, daß die interne Rückführung des Reglers im Gesamtkreis zu einer Parallelschaltung von zwei Verzögerungen erster Ordnung — aber mit unterschiedlichen Zeitkonstanten — führt.

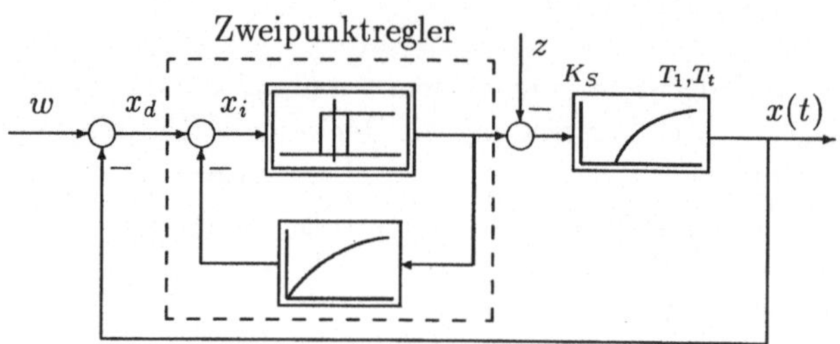

Abb. 10.20: Regelung einer Verzögerungsstrecke höherer Ordnung mit einem Zweipunktregler mit verzögerter Rückführung ($T_1 = T_u$, $T_t = T_g$)

Es soll nun die Regelung dieser Verzögerungsstrecke höherer Ordnung, beschrieben durch ein PT_1T_T-Glied mit $K_S = 2$, $T_1 = 2\ min$ und $T_T = 0,5\ min$ untersucht werden. Als Regler wird ein Zweipunktschalter mit Hysterese mit den Werten $x_M = 0,5$ und $x_H = 0,05$ mit der verzögerten Rückführung mit den Werten $K_r = 0,4$ und $T_r = 0,1\ min$ eingesetzt. Abb. 10.21 zeigt den Zeitverlauf des Führungs- und Störverhaltens für einen Sollwert der Führungsgröße von $\widehat{w} = 0,75\ x_\infty =$

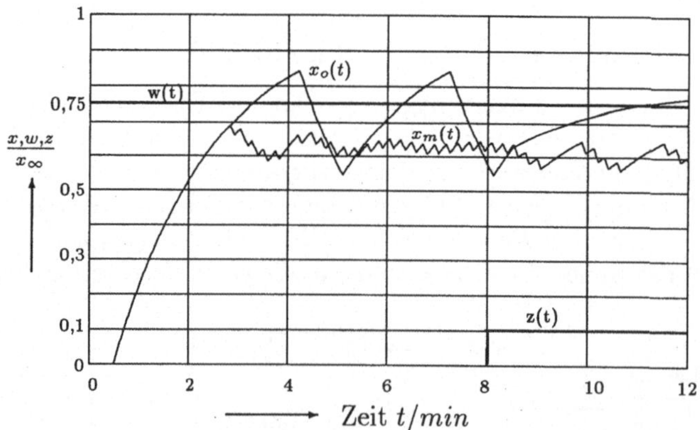

Abb. 10.21: Führungs- und Störverhalten des Regelkreises

$0,75 \cdot K_S\ x_M$ zum Zeitpunkt Null und einer Störgröße $\widehat{z} = 0,1\ x_\infty$ zum Zeitpunkt $t = 8\ min$. Die mit $x_o(t)$ bezeichnete Kurve stellt den Verlauf der Regelgröße $x(t)$ *ohne* verzögerte Rückführung des Reglers dar, und die Kurve $x_m(t)$ bezeichnet den Verlauf *mit* verzögerter Rückführung des Reglers.

Die Untersuchung des *Führungsverhaltens* zeigt, daß ohne verzögerte Rückführung die Schwankungsbreite Δx und die mittlere Regeldifferenz $\bar{x}_d$ der Dauerschwingung der Regelgröße mit Hilfe der Gleichungen 10.17 und 10.18 berechnet werden zu $\Delta x = 0,2991\ x_\infty$ und $\bar{x}_d = 0,0553\ x_\infty$. Durch die Verwendung der verzögerten Rückführung geht die Schwankungsbreite auf ca $0,03\ x_\infty$ zurück und die mittlere Regeldifferenz steigt auf $0,12\ x_\infty$. Die Frequenz der Dauerschwingung steigt ebenfalls ca. um den Faktor 10 ... 15. Durch eine Sollwertanpassung, d.h. Vorgabe eines größeren Sollwertes als wirklich gefordert, kann die Regeldifferenz praktisch zum Verschwinden gebracht werden. Fordert man z.B. einen Sollwert von $\widehat{w} = 0,63\ x_\infty$, stellt aber über die Sollwerteinstellung einen Sollwert von $\widehat{w} = 0,75\ x_\infty$ ein, so schwingt, wie Abb. 10.21 zeigt, die Regelgröße mit einer sehr kleinen Amplitude um den Wert 0,63.

Auch für das *Störverhalten* wird durch die verzögerte Rückführung eine Verbesserung des Regelverhaltens erzielt. Die Amplitude der Dauerschwingung nach Einwirkung einer Störung von $\widehat{z} = 0,1\ x_\infty$ wird deutlich reduziert.

Für eine echte Verzögerungsstrecke höherer Ordnung wird das Regelverhalten noch günstiger, da infolge des Wegfalls der Totzeit der Regelvorgang insgesamt glatter wird. Die Einstellung der Rückführung muß empirisch gefunden werden. Die durch die Rückführung eingeführte zusätzliche Regeldifferenz sollte möglichst klein gehalten werden.

Zweipunktregler mit Hysterese und nachgebend verzögerter Rückführung

Die durch die verzögerte Rückführung bewirkte zusätzliche Regeldifferenz wird durch Einsatz einer nachgebend verzögerten Rückführung vermieden. Eine nachgebend verzögerte Rückführung wird auf einfache Art und Weise durch Parallelschaltung und anschließende Differenzenbildung von zwei Verzögerungsgliedern gleicher Verstärkung aber mit unterschiedlichen Zeitkonstanten erzeugt (siehe Abb. 10.22).

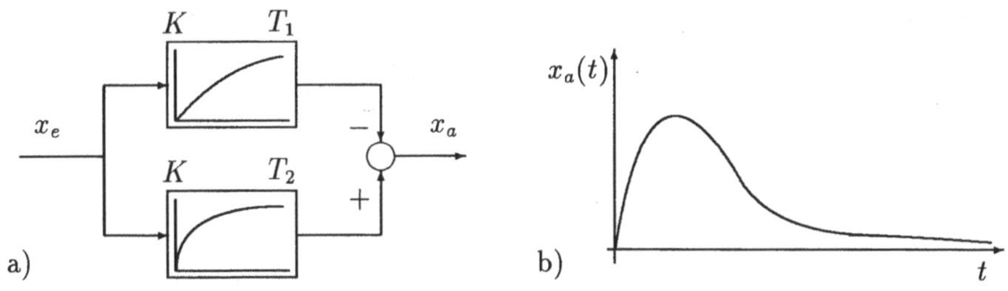

Abb. 10.22: Parallelschaltung zweier PT_1-Glieder (Abb. a) und die Sprungantwort $x_a(t)$ für ein sprungförmiges Eingangssignal $x_e(t)$ (Abb. b) mit $T_1 > T_2$

Die nachfolgende kurze Berechnung zeigt, daß diese nachgebend verzögerte Rückführung ein DT_2-Verhalten aufweist.

$$\begin{aligned} F(s) &= \frac{K}{1+T_2\ s} - \frac{K}{1+T_1\ s} = \frac{K \cdot (T_1 - T_2) \cdot s}{(1+T_1\ s)\cdot(1+T_2\ s)} \\ &= \frac{K_D \cdot s}{(1+T_1\ s)\cdot(1+T_2\ s)}\ . \end{aligned}$$

Auf einen Sprungeingang reagiert der Ausgang sofort, er geht jedoch asymptotisch wieder nach Null zurück. Wird bei einem Zweipunktschalter eine derartige Rückführung verwendet, dann wird durch die „schnelle" Reaktion der Rückführung der Totzeit der Regelstrecke entgegengewirkt.

Es wird nun das dynamische Verhalten des Zweipunktreglers mit Hysterese und nachgebend verzögerter Rückführung näher untersucht. Die zu diesem Zweck berechnete Sprungantwort $y(t)$ und der normierte Mittelwert $\bar{y}(t) = (1/T) \cdot \int_0^T y(\tau)\,\mathrm{d}\tau$ sind in Abb. 10.23 aufgetragen. Die Sprungantwort des Reglers mit Rückführung entspricht näherungsweise der Sprungantwort eines PID-Reglers, dessen maximaler Ausgangswert begrenzt ist.

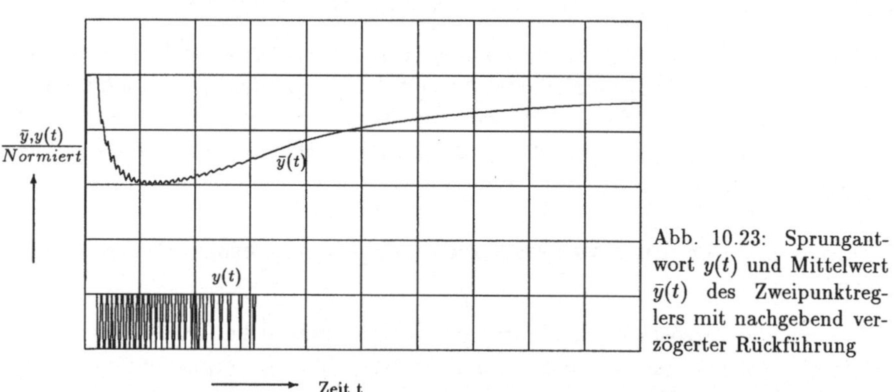

Abb. 10.23: Sprungantwort $y(t)$ und Mittelwert $\bar{y}(t)$ des Zweipunktreglers mit nachgebend verzögerter Rückführung

Die Realisierung einer derartigen nachgebend verzögerten Rückführung kann auf einfache Art und Weise durch eine Gegenschaltung von zwei Thermoelementen Th_1 und Th_2 mit unterschiedlichen Zeitkonstanten erfolgen (siehe Abb. 10.24). Das Relais (mit Magnet) in diesem Thermokreis bildet den Zweipunktschalter mit Hysterese. Dieses Relais schaltet den zweiten Kreis mit Heizwiderständen und das Hauptschütz für den Starkstromkreis.

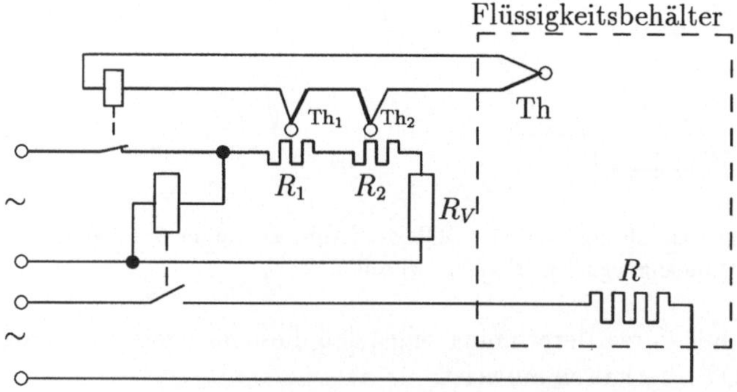

Abb. 10.24: Temperaturregelung einer Flüssigkeit durch einen Zweipunktschalter mit Hysterese und nachgebend verzögerter Rückführung

Das Prinzip des Reglers ist ähnlich dem Bimetallschalter mit nachgebender Rückführung von Abb. 10.19, bei dem auch eine zusätzliche Heizwicklung über einen

Vorwiderstand R_V die Rückführung realisiert.

Zur Untersuchung der Regeleigenschaften eines derartig rückgeführten Zweipunktreglers wird das Führungs- und Störverhalten bei der Regelung einer PT_1T_T-Strecke betrachtet.

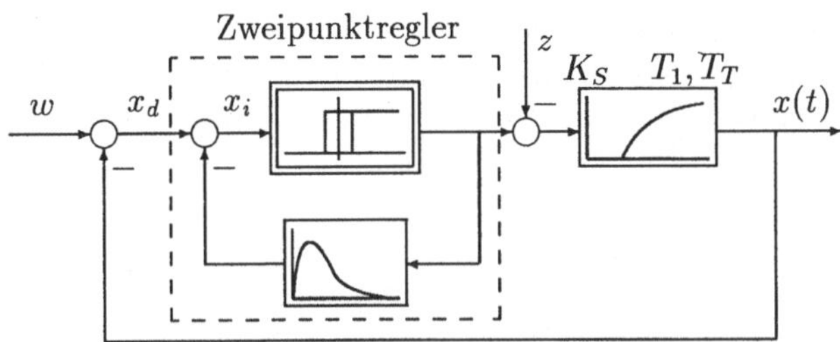

Abb. 10.25: Regelung einer Verzögerungsstrecke höherer Ordnung mit einem Zweipunktregler mit nachgebend verzögerter Rückführung

Die für die Untersuchung zugrunde gelegte Strecke ist die zuvor schon betrachtete PT_1T_T-Strecke mit den Parameterwerten $K_S = 2$, $T_1 = 2\ min$ und $T_T = 0,5\ min$. Der Zweipunktregler besitzt als Stellamplitude $x_M = 0,5$ und als Hysterese den Wert $x_H = 0,05$. Die nachgebend verzögerte Rückführung ist aus zwei PT_1-Gliedern mit $T_1 = 0,4\ min$, $T_2 = 0,1\ min$ und $K_D = 3$ realisiert.

Das *Führungsverhalten* der Regelgröße $x(t)$ zeigt nach einem Sprung des Sollwertes von $\hat{w} = 0,75x_\infty$ ein schwingendes Regelverhalten. Infolge der näherungsweisen PID-Wirkung des Zweipunktreglers ist die Regelgröße nach ca. 20 *min* auf den Sollwert eingeschwungen. Dieses gute Regelverhalten wird durch eine hohe Schaltfrequenz des Zweipunktreglers erkauft. Als Auslegungsempfehlung wird von

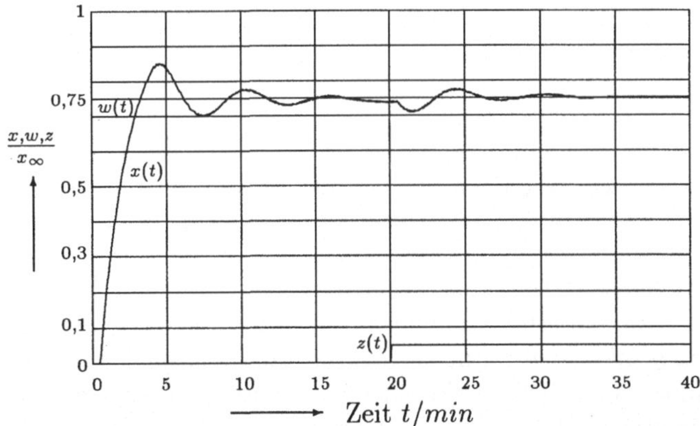

Abb. 10.26: Führungs- und Störverhalten des Regelkreises mit PT_1T_T-Strecke und Zweipunktregler mit nachgebend verzögerter Rückführung

Samal [28] angegeben, daß für den näherungsweisen PID-Regler als Nachstellzeit

$T_N \approx T_1$ und als Vorhaltzeit $T_V \approx T_2$ anzusetzen sind, mit T_1 und T_2 als Zeitkonstanten der PT_1-Glieder der nachgebend verzögerten Rückführung nach Abb. 10.22.

Das *Störverhalten* des Regelkreises bei einem Sprung der Störgröße von $\hat{z} = 0,05\ x_\infty$ weist ebenfalls keine bleibende Regelabweichung auf. Auch hier wird das gute Regelverhalten mit einer hohen Schaltfrequenz des Zweipunktreglers erkauft. Für größere Störgrößen können positive *und* negative bleibende konstante Regelabweichungen auftreten. Dies ist insbesondere dann der Fall, wenn bei dauernd ein- oder ausgeschaltetem Regler die Regeldifferenz innerhalb der Hysterese von $\pm x_H$ bleibt. Bei sehr großen Störamplituden werden die bleibenden Regeldifferenzen auch größer als x_H, da infolge des Angriffspunktes der Störung vor der Regelstrecke das Stellglied mit $x_M = 0,4$ nicht mehr genügend Stellenergie bereitstellen kann, um die Störung zu kompensieren.

10.2.5 Dreipunktregler mit Hysterese

Zur Regelung von Verzögerungsstrecken höherer Ordnung sollen zunächst die verschiedenen Realisierungen von Dreipunktreglern betrachtet werden. Hierzu werden in der folgenden Abb. drei unterschiedliche Varianten eines Dreipunktreglers dargestellt.

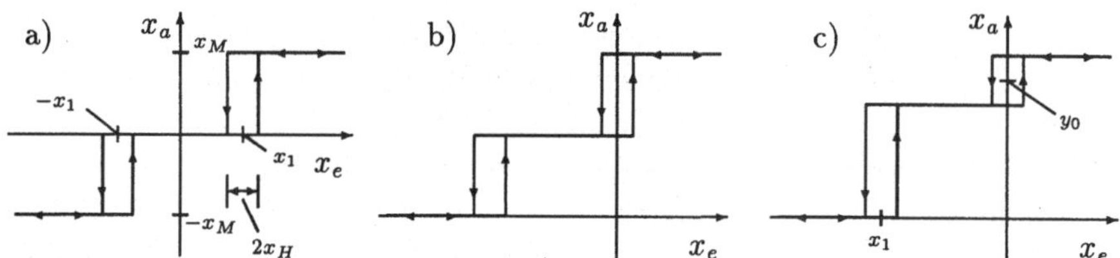

Abb. 10.27: Kennlinie eines symmetrischen Dreipunktreglers (Abb. a), eines unsymmetrischen Dreipunktreglers (Abb. b), und eines unsymmetrischen Dreipunktreglers mit Arbeitspunktanpassung (Abb. c)

Der symmetrische Dreipunktregler von Abb. 10.27a kann bei Stelleinrichtungen mit positiven und negativen Stellsignalen verwendet werden. Dies sind z.B. Verstärker mit positiven und negativen Ausgangsspannungen oder Stellmotoren mit positiven und negativen Drehrichtungen. Bei Temperatur- oder Füllstandsregelungen, bei denen z.B. Heizwiderstände oder Stellventile eingesetzt werden, kann ein derartiger symmetrischer Dreipunktregler jedoch nicht verwendet werden, da Heizwiderstände oder Stellventile keine negativen Stellsignale ermöglichen. Dann sind „unsymmetrische" Dreipunktregler mit „unterer Ruhelage" (Abb. 10.27b oder c) zu verwenden. Diese Stelleinrichtungen kann man für $x_e \ll 0$ in Stellung AUS bringen; dann ist der Heizwiderstand abgeschaltet oder das Stellventil ist zu. In der oberen Endlage ist der Heizwiderstand dann voll eingeschaltet bzw. das Ventil voll geöffnet. Die Zwischenlage kann sich nun z.B. in der Mitte zwischen der oberen und unteren Endlage befinden (Abb. 10.27b), dann geben die

Stellelemente in dieser Position die Hälfte des maximalen Stellsignals ab. Bei manchen Anwendungen ist es jedoch sinnvoll, die obere Endlage und die „Mittenlage" symmetrisch zum Arbeitspunkt $\widehat{w} = K_S \cdot y_0$ (Abb. 10.27c) mit K_S als Streckenverstärkung anzuordnen. Dadurch können die Schwankungen der Regelgröße um den Sollwert klein gehalten werden.

Setzt man einen unsymmetrischen Dreipunktregler mit Hysterese zur Regelung einer PT_1T_T-Regelstrecke ein, so resultiert der folgende Regelkreis. Die Kennlinie des Dreipunktreglers, die Dauerschwingung der Regelgröße $x(t)$ und das Zeitverhalten der Stellgröße $y(t)$ sind in Abb. 10.29 wiedergegeben.

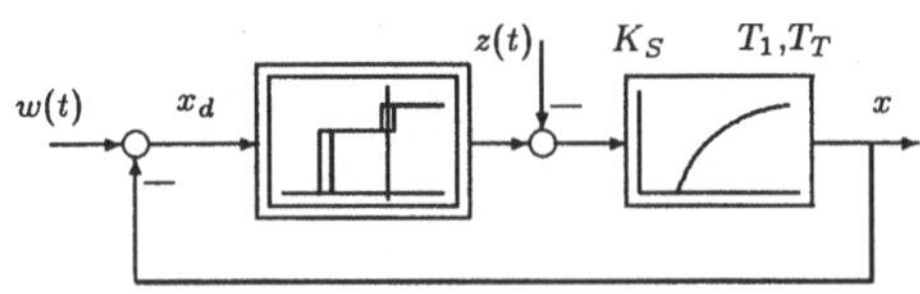

Abb. 10.28: PT_1T_T-Regelstrecke mit unsymmetrischem Dreipunktregler

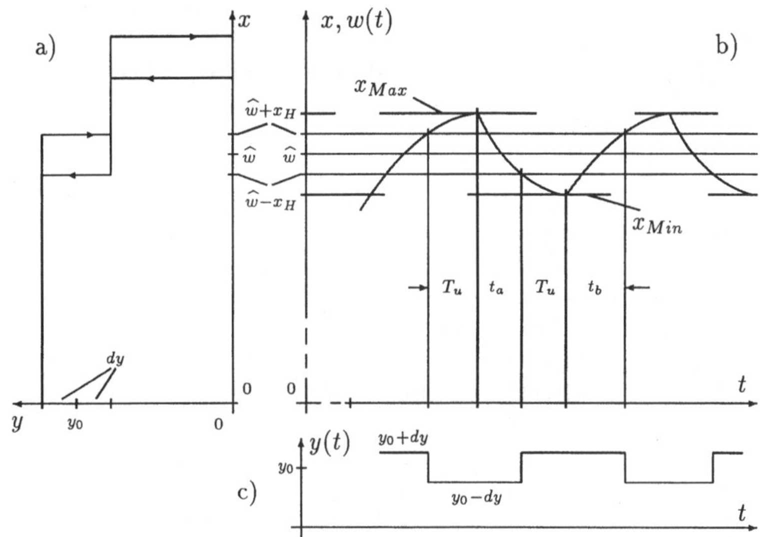

Abb. 10.29: Unsymmetrischer Dreipunktregler mit Hysterese (Abb. a), Dauerschwingung der Regelgröße (Abb. b) und Zeitverlauf der Stellgröße (Abb. c)

Die Kennlinie des Dreipunktreglers (Abb. 10.29a) zeigt, daß das Stellsignal y symmetrisch zum Sollwert $\widehat{w}$ gewählt ist. Zum Betriebspunkt $x_0 = \widehat{w}$ gehört das Stellsignal y_0. Für kleine Änderungen der Regelgröße $x(t)$ um den Sollwert $\widehat{w}$ schaltet der Dreipunktregler zwischen $y_0 + dy$ und $y_0 - dy$ hin und her (Abb. 10.29b). Erst für große Abweichungen von x vom Sollwert ($x(t) \gg \widehat{w}$) schaltet der Regler die Stellgröße auf Null. Der Regler arbeitet im Nennbetriebsbereich praktisch als Zweipunktregler (Abb. 10.29c). Aufgrund der geringen Schwankungsbreite der Stellgröße um $\pm dy$ ist die Schwankungsbreite Δx der Regelgröße auch relativ gering im Vergleich zum Zweipunktregler.

Für die Auslegung des Dreipunktreglers für das gewünschte Führungsverhalten müssen Arbeitspunkt y_0 und Stellgrößenschwankung dy geeignet gewählt werden. Wird das dy zu klein gewählt, dann kann die Stellgröße beim Auftreten von

Störgrößen $z(t)$ nicht mehr genügend Stellamplitude zur Verfügung stellen. Daher muß gewährleistet sein, daß das Eingangssignal in die Regelstrecke $y_0 + dy - \widehat{z}$ ausreicht, um die Regelgröße $x(t)$ zum Sollwert $\widehat{w}$ zu führen, d.h. es muß gelten $(y_0+dy-\widehat{z})\cdot K_S > \widehat{w}$. Die Berechnung der charakteristischen Kennwerte der Dauerschwingung wird in Anlehnung an die Gleichungen 10.13 bis 10.16 durchgeführt. Es gelten hier die abgewandelten Gleichungen

$$\begin{aligned}
x_{Max} &= (\widehat{w} + x_H) + (K_S\,[y_0 + dy] - [\widehat{w} + x_H]) \cdot (1 - \mathrm{e}^{-T_u/T_g}) \\
\widehat{w} - x_H &= x_{Max} + (K_S\,[y_0 - dy] - x_{Max}) \cdot (1 - \mathrm{e}^{-t_a/T_g}) \\
x_{Min} &= (\widehat{w} - x_H) + (K_S\,[y_0 - dy] - [\widehat{w} - x_H]) \cdot (1 - \mathrm{e}^{-T_u/T_g}) \\
\widehat{w} + x_H &= x_{Min} + (K_S\,[y_0 + dy] - x_{Min}) \cdot (1 - \mathrm{e}^{-t_b/T_g})\ ,
\end{aligned}$$

aus denen die gesuchten Parameter abzuleiten sind.

10.3 Regelung von integrierenden Regelstrecken

Die Betrachtung der Regelung von integrierenden Regelstrecken, wie z.B. Füllstandsregelstrecken, mit schaltenden Reglern ist aufgrund der relativ einfachen Sprungantwort der Regelstrecke einfacher als bei Verzögerungsstrecken höherer Ordnung. Im folgenden werden Regelkreise untersucht, in denen reine integrierende Regelstrecken ohne Verzögerung, beschrieben durch die nebenstehende Sprungantwort, eingesetzt sind.

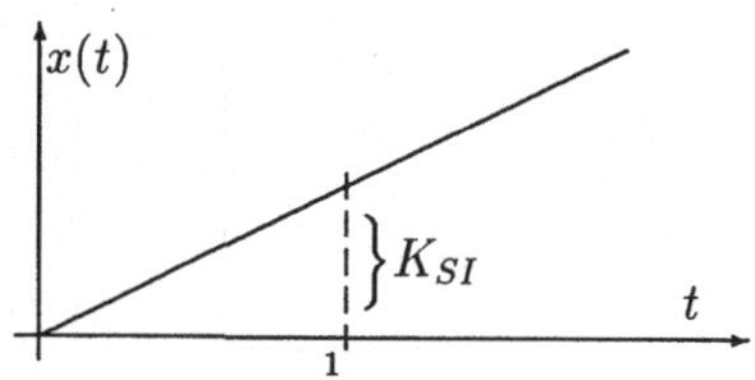

Abb. 10.30: Sprungantwort der Regelstrecke auf einen Einheitssprung

10.3.1 Zweipunktregler mit Hysterese

Bei Verwendung des Zweipunktreglers von Abb. 10.14 hat der untersuchte Regelkreis die nebenstehend gezeigte Struktur. Die Hysterese des Zweipunktreglers ist symmetrisch zum Nullpunkt, die untere Ruhelage des Zweipunktreglers liegt bei Null, da z.B. ein eingesetztes Stellventil in den Endlagen nur ZU oder AUF sein kann. Als integrierende Regelstrecke wird im folgenden eine Füllstandsregelstrecke angenommen.

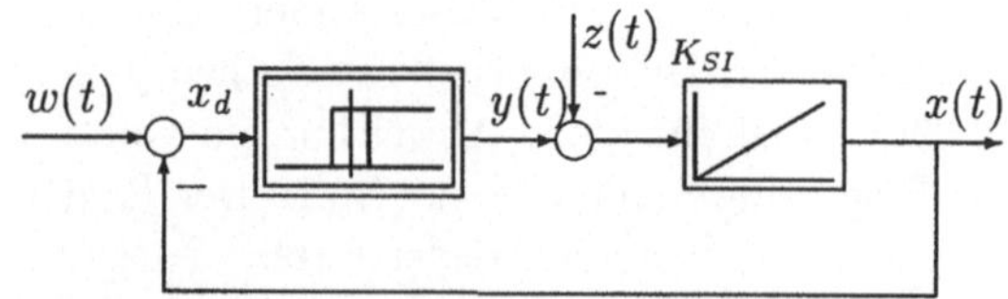

Abb. 10.31: Regelkreis mit Zweipunktregler

Für diese Füllstandsregelstrecke mit Zulauf $q_{Zu}(t)$, (füllstandsunabhängigem) Ablauf $q_{Ab}(t)$ und Querschnittsfläche A gilt als Gleichung der Regelstrecke

$$h(t) = \frac{1}{A} \cdot \int_0^t (q_{Zu}(\tau) - q_{Ab}(\tau))\, \mathrm{d}\tau \; .$$

Der über ein Stellventil gesteuerte Zulauf ist die Stellgröße $y(t) = q_{Zu}(t)$, und der Ablauf stellt die Störgröße dieses Regelkreises dar, $z(t) = q_{Ab}(t)$. Das Ziel der Regelung ist es, unabhängig vom Abfluß immer einen möglichst gleichen Füllstand, ausgedrückt durch die Höhe $\widehat{w} = h_{Soll}$, zu gewährleisten. Regelgröße $x(t)$ ist also die Füllstandshöhe $h(t)$.

Der Zweipunktregler besitze die Hysteresebreite $x_H = 0,05$ und die Stellamplitude $x_M = 0,4$. Der Integrierbeiwert der Regelstrecke ist zu $K_{IS} = 2/min$ angenommen. Der Füllstandssollwert beträgt für die gezeigte Simulation 0,7 Einheiten. Die Abflußmenge q_{Ab} beträgt im Zeitintervall $0 \leq t < 1\ min$ Null Einheiten, im Zeitintervall $1 \leq t < 2\ min$ 0,25 Einheiten und im Zeitintervall $2 \leq t \leq 4\ min$ dann 0,75 Einheiten. Für dieses Regelsystem ergeben sich die in Abb. 10.32 gezeigten Dauerschwingungen.

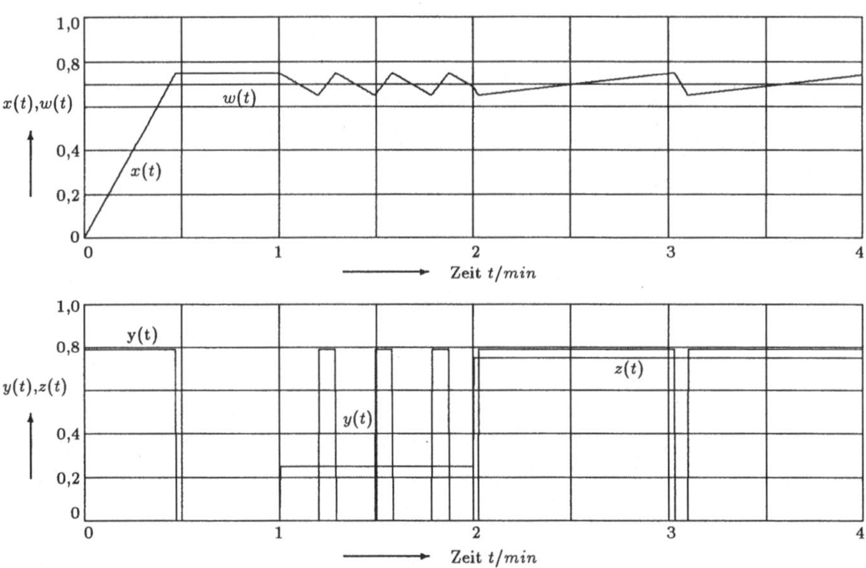

Abb. 10.32: Zeitverhalten des Systems mit Zweipunktregler

Die Füllstandshöhe pendelt innerhalb der Hysteresebreite des Zweipunktreglers hin und her. Die maximale Ablage vom Sollwert ist durch die Hysterese $x_H = 0,05$ Einheiten vorgegeben. Über die Einschaltdauer des Zuflußventils wird bei unterschiedlichem Abfluß $q_{Ab}(t) = z(t)$ die Füllstandshöhe gehalten.

10.3.2 Dreipunktschalter mit Hysterese

Nun wird anstelle eines Zweipunktreglers ein Dreipunktregler mit Hysterese bei der integrierenden Regelstrecke eingesetzt. Die Realisierung des Dreipunktreglers mit Hysterese könnte beim Beispiel einer Füllstandsregelung über vier Füllstandskontakte mit nachfolgender Selbsthalteschaltung ähnlich Abb. 10.4 erfolgen. Damit wird zum einen für den oberen Füllstandsbereich und zum anderen für den unteren Füllstandsbereich die jeweilige Hysteresebreite eingestellt.

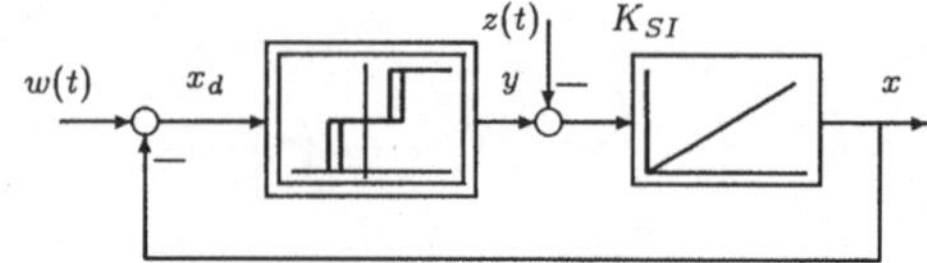

Abb. 10.33: Integrierende Regelstrecke mit Dreipunktregler

Der Dreipunktregler verstetigt in gewisser Weise den Zulauf in den Füllstandsbehälter, da der Zufluß nun nicht mehr zwischen Null und maximalem Zufluß hin und her schwankt. Die zusätzliche Einstellung eines mittleren Zuflusses kann gegebenenfalls an einen mittleren Abfluß angepaßt werden. Die Umschaltpunkte des Dreipunktreglers lassen nun jedoch größere Regeldifferenzen $x_d(t)$ zu, sodaß ein größerer mittlerer Fehler zu erwarten ist.

Die Daten des verwendeten Dreipunktreglers sind in der nebenstehenden Abb. zusammengestellt. Der Integrierbeiwert der integrierenden Regelstrecke beträgt $K_{IS} = 2/min$. Mit diesem System erhält man für verschiedene Abflußmengen $z(t) = q_{Ab}(t)$ die in Abb. 10.35 dargestellten Zeitverläufe. Der Füllstandssollwert beträgt für die gezeigte Simulation 0,7 Einheiten. Die Abflußmenge q_{Ab} beträgt im Zeitintervall $0 \leq t < 6\ min$ Null Einheiten, im Zeitintervall $6 \leq t < 12\ min$ dann 0,25 Einheiten im Zeitintervall $12 \leq t \leq 20\ min$ dann 0,75 Einheiten.

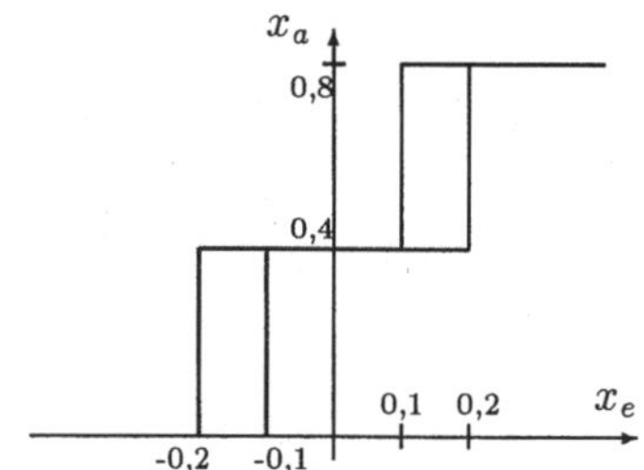

Abb. 10.34: Kennlinie des verwendeten Dreipunktreglers

Der Dreipunktregler führt bei der gezeigten Konfiguration zu einem schlechteren Regelverhalten als der Zweipunktregler. Die Schwankungsbreite der Füllstandshöhe bleibt zwar wie beim Zweipunktregler nur von der Hysteresebreite abhängig, die mittlere Regelabweichung nimmt jedoch deutlich zu. Dies ist auf die gewählte Kennlinie des Dreipunktreglers zurückzuführen, die insgesamt Schwankungen des Eingangssignals x_e von $\pm 0,2$ Einheiten zuläßt im Vergleich zu $\pm 0,05$ Einheiten beim Zweipunktregler. Durch Einsatz eines unsymmetrischen Dreipunktreglers mit Arbeitspunkteinstellung (Abb. 10.27c) kann die Regelgüte für den jeweiligen Arbeitspunkt jedoch deutlich verbessert werden.

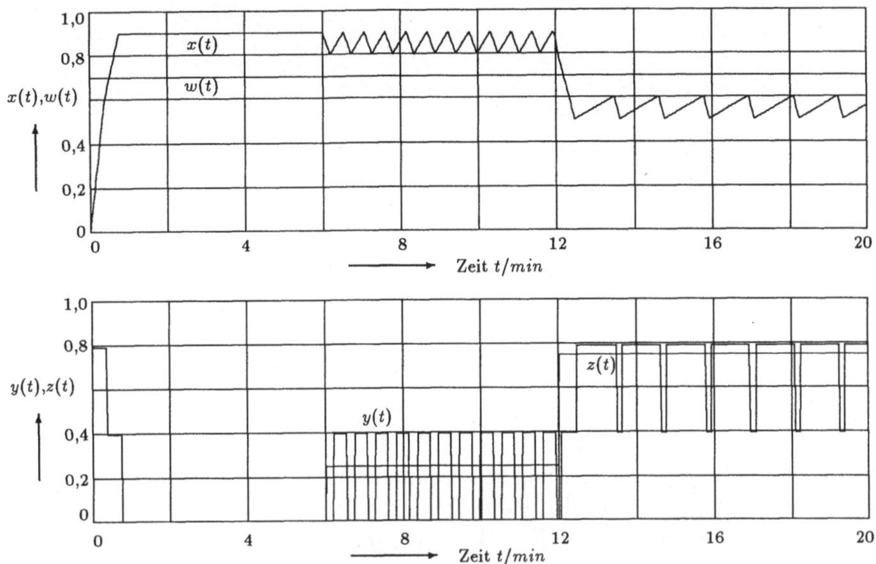

Abb. 10.35: Zeitverhalten des Systems mit Dreipunktregler

11 Anwendungsbeispiele

In diesem Kapitel werden zwei Anwendungsbeispiele für die Regelung von technischen Regelstrecken untersucht. Die Betonung bei dieser Untersuchung liegt auf der Anwendung der in diesem Buch behandelten Entwurfsverfahren von Reglern. Auch die betrachteten Regelstrecken sind in den vorangehenden Kapiteln schon behandelt worden, sodaß ihre Beschreibung als bekannt vorausgesetzt werden kann.

11.1 Drehzahlregelung einer Gleichstrommaschine mit einer Kaskadenregelung

Unter der Kaskadenregelung einer Regelstrecke wird eine Regelstruktur mit mehreren überlagerten Regelschleifen verstanden. Das in Kapitel 6.5.1 behandelte Verfahren wird in der Antriebstechnik auch als sogenanntes *Stromleitverfahren* bezeichnet.

11.1.1 Struktur der Regelstrecke Gleichstromantrieb

Den technischen Aufbau eines Gleichstromantriebs mit einer Kaskadenregelung zeigt Abb. 11.1. In einer unterlagerten Regelschleife wird der Ankerstrom I_A gemessen und über den Stromregler zurückgeführt. In der überlagerten Regelschleife wird mit einem Tachogenerator die Drehzahl gemessen und über den Drehzahlregler zurückgeführt. Das Stellsignal des Stromreglers bestimmt den Zeitpunkt der Zündimpulse für die nachfolgende Drehstrombrückenschaltung. Diese Drehstrombrückenschaltung ist eine Stromrichterschaltung, die eine Gleichspannung als Ankerspannung U_A für die Steuerung des Antriebs zur Verfügung stellt. Über den Zeitpunkt der Zündimpulse kann durch eine sogenannte *Phasenanschnittsteuerung* eine positive oder negative Ankerspannung variabler Amplitude erzeugt werden. Das Erregerfeld des Gleichstromantriebs wird durch eine getrennte Gleichrichterschaltung erzeugt. Der Antrieb ist auf der Abtriebsseite mit einem Lastmoment

$m_w(t)$ belastet, welches im allgemeinen von einem Arbeitsgerät herrührt. Dieses Arbeitsgerät kann z.B. ein Bohrer, eine Fräseinrichtung, ein Aufzug ... sein. Das Arbeitsgerät erhöht, häufig über ein Getriebe, ebenfalls das Trägheitsmoment der Antriebseinheit.

GM Gleichstrommotor
GR Gleichrichter
S Sollwert
TG Tachogenerator
m_w Lastmoment

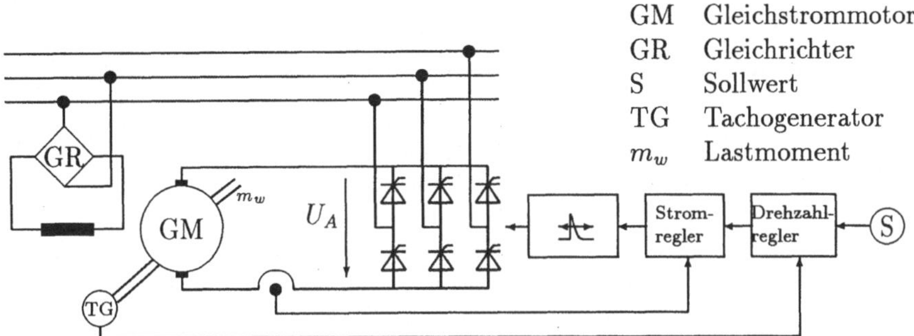

Abb. 11.1: Kaskadenregelung eines Gleichstrommotors mit unterlagerter Stromregelung und überlagerter Drehzahlregelung

Das Blockschaltbild der Regelstrecke Gleichstromantrieb wurde in Kapitel 2.3.1 als Beispiel für die Entwicklung von Blockschaltbildern angegeben.

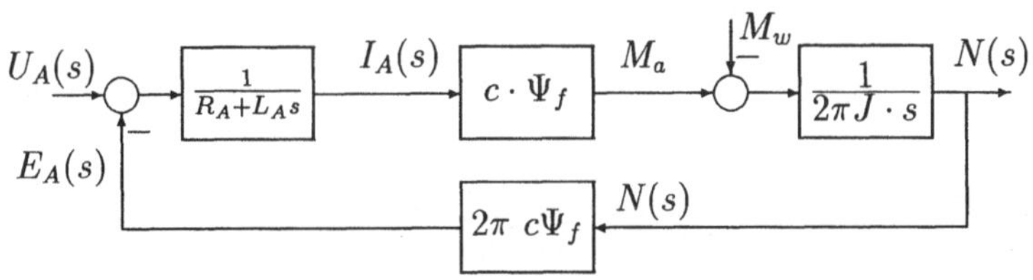

Abb. 11.2: Blockschaltbild der Gleichstrommaschine

Für einen Beispielantrieb werden aus den Datenblättern die folgenden Maschinendaten entnommen:

Motorleistung	$P = 11\ kW$	Wirkungsgrad	$\eta = 86\ \%$
Massenträgheitsmoment	$J_M = 0,192\ kgm^2$	Erregerleistung	$P_e = 175\ W$
Masse	$M = 150\ kg$	Ankerspannung	$U_A = 440\ V$
Nennstrom	$I_{AN} = 29\ A$	Nenndrehzahl	$n_N = 1500\ \frac{U}{min}$
Nennmoment	$M_{aN} = 71,5\ Nm$	Leerlaufdrehzahl	$n_0 = 1704,5\ \frac{U}{min}$
Ankerkreiswiderstand	$R_A = 1,82\ \Omega$	Bauform	B 3
-induktivität	$L_A = 15\ mH$	Schutzart	IP 23

Bauform B 3 bedeutet Aufstellung auf Unterbau, 2 Lagerschilde, Stator mit Füßen und einem freien Wellenende. Schutzart IP 23 bedeutet Schutz gegen mittelgroße Fremdkörper und Sprühwasser. Aus den Maschinendaten kann der Faktor $c\ \Psi_f = 2,4651\ Vs$ berechnet werden. Als zusätzliche Daten für Sensoren, Stellglied und Belastung werden angesetzt

Zeitkonstante Stromwandler	$T_{gi} = 3\ ms$	Totzeit Stromrichter	$T_t = 1,67\ ms$
Zeitkonstante Drehzahlwandler	$T_{gn} = 3\ ms$	Lastträgheitsmoment	$J_L = 1\ kgm^2$

Für diesen Antrieb werden Strom- und Drehzahlregler ausgelegt.

11.1.2 Auslegung des Stromregelkreises

In der Antriebstechnik wird für die Auslegung des Stromregelkreises oft vereinfachend angenommen, daß die Rückwirkung der induzierten Ankerspannung $E_A(s)$ infolge der langsamen Änderung der Drehzahl sehr träge erfolgt. Mit dieser Annahme kann dann die induzierte Ankerspannung vernachlässigt werden, sodaß der folgende vereinfachte Stromregelkreis für die Reglerauslegung genommen wird.

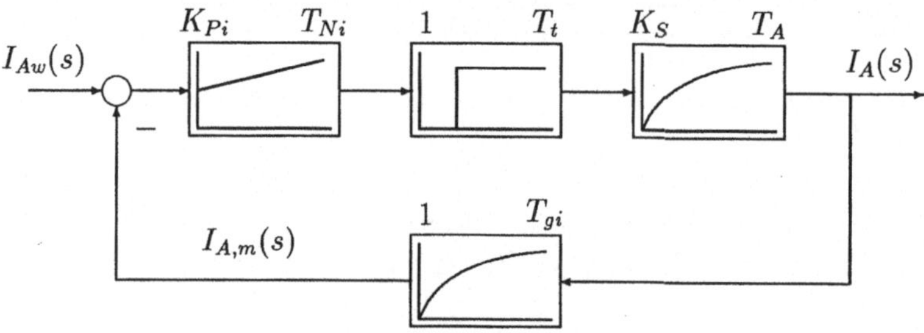

Abb. 11.3: Stromregelkreis des Gleichstromantriebs unter Vernachlässigung der induzierten Ankerspannung

Im Vorwärtszweig des Stromregelkreises liegen von links nach rechts die Blökke von Stromregler, Stromrichter und Stromregelstrecke beschrieben durch die folgenden Übertragungsfunktionen

$$\begin{aligned} F_{Ri}(s) &= \frac{K_{Pi} \cdot (1 + T_{Ni}\, s)}{T_{Ni}\, s} \\ F_{St}(s) &= e^{-sT_t} \\ F_S(s) &= \frac{1}{R_A + L_A s} = \frac{1/R_A}{1 + (L_A/R_A)\, s} = \frac{K_S}{1 + T_A s}\ . \end{aligned}$$

Der Stromregler ist in den meisten Fällen ein PI-Regler, und der Stromrichter wird bei einer sechspulsigen Brückenschaltung durch ein Totzeitglied mit der Totzeit $T_t = 1,67\ ms$ beschrieben. Im Rückwärtszweig des Stromregelkreises befindet sich der Stromwandler mit der Übertragungsfunktion

$$F_m(s) = \frac{1}{1 + T_{gi} s}\ .$$

Da die Bedeutung des Stromregelkreises als unterlagertem Regelkreis deutlich geringer als die Bedeutung des Drehzahlregelkreises ist, wird für die Auslegung des Stromreglers der Regelkreis nach Abb. 11.3 weiter vereinfacht. Man faßt das Totzeitglied des Stromrichters und das Verzögerungsglied des Stromwandlers zu einem Verzögerungsglied mit der Zeitkonstanten $T_1 = T_t + T_{gi}$ zusammen und plaziert dieses Übertragungsglied (zur Vereinfachung der Auslegung) im Vorwärtszweig. Dies führt zu dem folgenden Blockschaltbild:

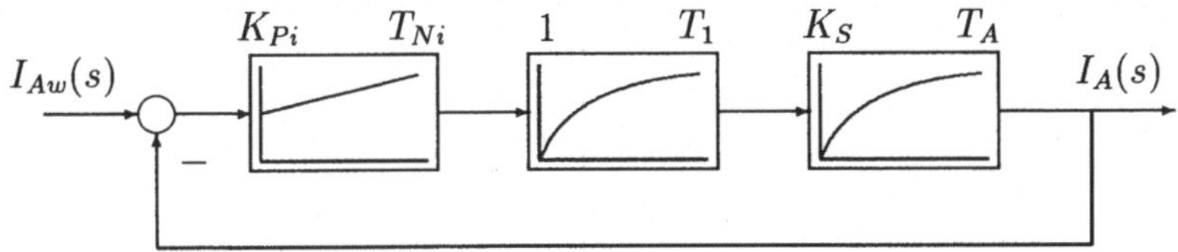

Abb. 11.4: Modifizierte Struktur des Stromregelkreises für die Reglerauslegung

Die Regelstrecke in Abb. 11.4 besteht aus einer Reihenschaltung von zwei Verzögerungsgliedern 1. Ordnung. Bei Verwendung eines PI-Regler kann man nach dem *Verfahren der dynamischen Kompensation* mit der Auswahl der Nachstellzeit T_{Ni} die größte Zeitkonstante im Regelkreis, hier T_A, kompensieren. Es wird dann mit $T_{Ni} = T_A$

$$\begin{aligned} F_{0i}(s) &= F_{Ri}(s) \cdot F_S(s) = \frac{K_{Pi}\,(1 + T_{Ni}\,s)}{T_{Ni}} \cdot \frac{K_S}{(1 + T_1\,s) \cdot (1 + T_A\,s)} \\ &= \frac{K_{Pi}\,K_S}{T_A\,s \cdot (1 + T_1\,s)} \,. \end{aligned}$$

Die Übertragungsfunktion des geschlossenen Stromregelkreises ergibt sich mit dieser Nachstellzeit des PI-Reglers zu

$$F_{Wi}(s) = \frac{K_{Pi}\,K_S}{K_{Pi}\,K_S + T_A s + T_A T_1 s^2} = \frac{1}{1 + \frac{T_A}{K_{Pi}\,K_S}\,s + \frac{T_A T_1}{K_{Pi}\,K_S}\,s^2} \,. \qquad (11.1)$$

Die noch freie Reglerverstärkung K_{Pi} wird nun so berechnet, daß die Dämpfung D des geschlossenen Stromregelkreises $1/\sqrt{2}$ wird. Aus Gleichung 11.1 folgt

$$\frac{2D}{\omega_0} = \frac{T_A}{K_{Pi}\,K_S} \qquad \text{und} \qquad \frac{1}{\omega_0^2} = \frac{T_A T_1}{K_{Pi}\,K_S} \,. \qquad (11.2)$$

Einsetzen von $D = 1/\sqrt{2}$ in Gleichung 11.2 ergibt nach kurzer Rechnung

$$K_{Pi} = \frac{T_A}{2\,K_S\,T_1} \,.$$

Die Parameter des PI-Stromreglers lauten damit

$$\boxed{K_{Pi} = \frac{T_A}{2\,K_S\,T_1} = 1{,}6060\ 1/\Omega \qquad \text{und} \qquad T_{Ni} = T_A = 8{,}24\ ms\,.} \qquad (11.3)$$

Die Auslegung dieses Stromreglers mit den zwei Vereinfachungen während der Auslegung soll nun am „echten“ Gleichstrommotor untersucht werden.

Der echte Gleichstrommotor mit Stromregelkreis wird unter Verwendung von Abb. 11.2 durch das Blockschaltbild in Abb. 11.5 beschrieben.

Die bei der Reglerauslegung vorgenommenen Vereinfachungen treten naturgemäß in der echten Regelstrecke nicht auf. Um die Güte der Stromregelung zu testen, wird ein Sollwertsprung von $i_{Aw}(t) = I_{AN}\,\sigma(t)$ zum Zeitpunkt $t = 0$ angelegt. Die Reaktion des Gleichstrommotors auf diesen Sollwertsprung zeigt Abb. 11.6.

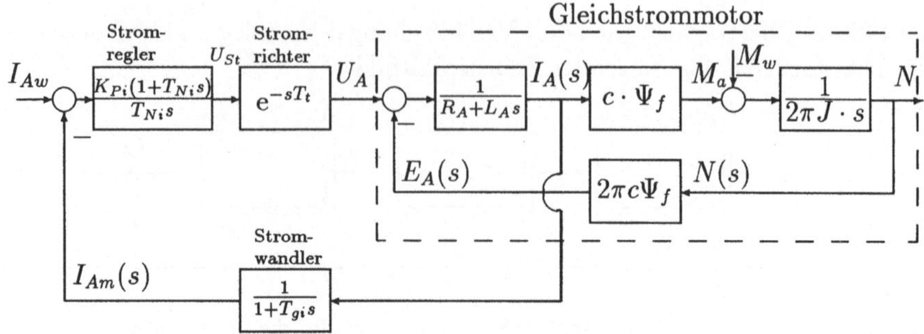

Abb. 11.5: Gleichstrommotor mit Stromregelkreis

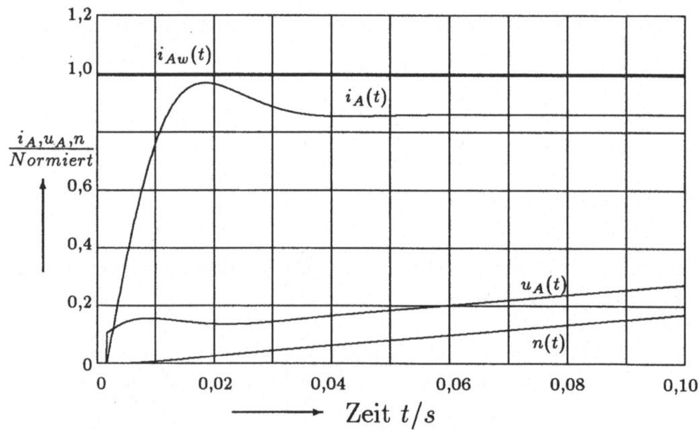

Abb. 11.6: Reaktion des Gleichstrommotors nach einem Sprung $i_{Aw}(t) = I_{AN} \cdot \sigma(t)$; Normierungswerte von Strom und Spannung: I_{AN}, U_{AN} und Drehzahl: n_0

Nach der Totzeit des Stellgliedes steigt der Ankerstrom steil bis auf ca. 96 % des Nennstroms an und endet nach ca. 40 ms bei 0,86 I_{AN} = 24,94 A. Der Sollwert I_{AN} wird nicht erreicht: Aufgrund der Vereinfachungen bei der Reglerauslegung bleibt bei der Stromregelung eine bleibende Regelabweichung von 14 % übrig. Die Ankerspannung $u_A(t)$ wird über den Stromregler nach einem kurzen Überschwinger zu Beginn linear erhöht. Ebenso steigt die Drehzahl $n(t)$ linear an und würde gegen Unendlich anwachsen, da die Drehzahlregelschleife nicht geschlossen ist.

Aufgrund der Vernachlässigung der induzierten Ankerspannung bei der Auslegung des Stromreglers wird anstelle der richtigen DT_2-Regelstrecke eine PT_2-Strecke für die Stromregelung angenommen. Der verwendete PI-Regler kann dann jedoch eine bleibende Regeldifferenz beim Ankerstrom nicht verhindern. Im allgemeinen wird diese Abweichung bei der unterlagerten Stromregelung jedoch zugunsten des einfachen PI-Reglers toleriert.

Nach Abb. 6.16 wird der geschlossene innere Regelkreis ein Teil der Regelstrecke des äußeren Drehzahlregelkreises. Zu diesem Zweck wird als Vereinfachung von Gleichung 11.1 der geschlossene Stromregelkreis durch ein Verzögerungsglied 1.

Ordnung beschrieben als

$$F_{Wi} = \frac{1}{1 + \frac{T_A}{K_{Pi}\,K_S}\,s} = \frac{1}{1 + 2T_1\,s}\,.$$

Soll die bleibende Regeldifferenz des Stromregelkreises explizit erfaßt werden, dann kann anstelle dieser Gleichung auch die folgende Gleichung angesetzt werden

$$F_{Wi} = \frac{K_{Si}}{1 + 2T_1\,s}\,,$$

wobei bei der obigen Auslegung für $K_{Si} = 0,86$ anzunehmen ist.

11.1.3 Auslegung des Drehzahlregelkreises

In Anlehnung an Abb. 11.3 ergibt sich dann als vereinfachte Struktur des Drehzahlregelkreises das folgende Blockschaltbild:

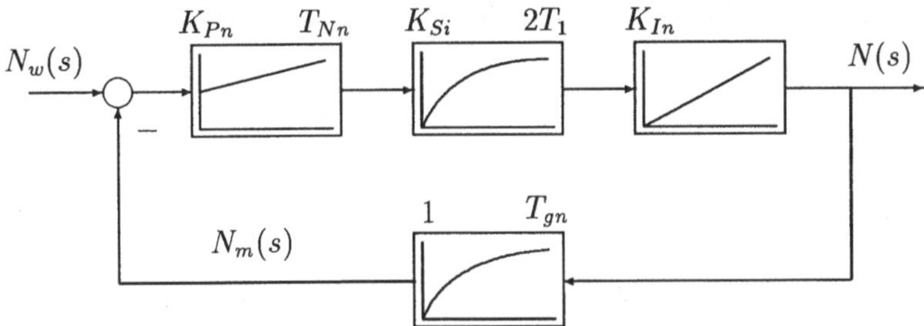

Abb. 11.7: Vereinfachter Drehzahlregelkreis für die Auslegung des Drehzahlreglers

Im Vorwärtszweig des Drehzahlregelkreises liegen von links nach rechts die Blöcke von Drehzahlregler, geschlossenem Stromregelkreis und Integrator für die Bildung der Drehzahl, die durch die folgenden Übertragungsfunktionen beschrieben werden

$$\begin{aligned} F_{Rn}(s) &= \frac{K_{Pn} \cdot (1 + T_{Nn}\,s)}{T_{Nn}\,s} \\ F_{Wi}(s) &= \frac{K_{Si}}{1 + 2T_1\,s} \\ F_S(s) &= \frac{1}{2\pi J \cdot s} = \frac{K_{In}}{s}\,. \end{aligned}$$

Auch bei der Drehzahlregelung wird als Regler in den meisten Fällen ein PI-Regler eingesetzt. Die Zeitkonstante T_{gn} der Drehzahlmessung des Verzögerungsgliedes im Rückwärtszweig wird dann der Zeitkonstanten $2T_1$ des geschlossenen Stromregelkreises zugeschlagen, sodaß $2T_1$ durch $T_{Si} = 2T_1 + T_{gn}$ ersetzt wird. Damit resultiert die modifizierte Struktur des Drehzahlregelkreises von Abb. 11.8 für die Auslegung des Drehzahlreglers.

Die modifizierte Regelstrecke des Drehzahlregelkreises besteht somit aus der Reihenschaltung einer Verzögerungsstrecke 1. Ordnung und eines Integrators, d.h.

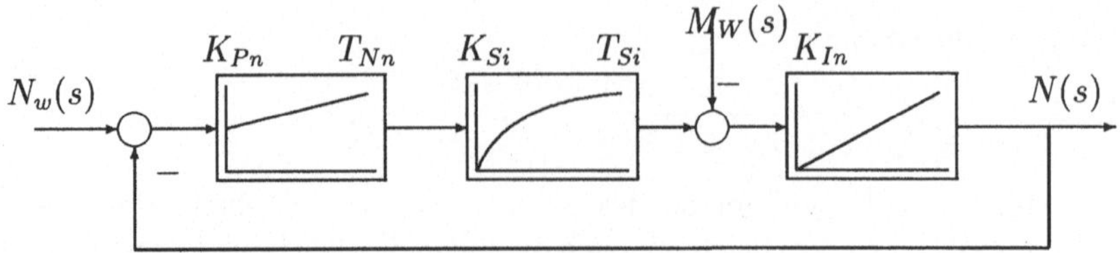

Abb. 11.8: Modifizierte Struktur des Drehzahlregelkreises für die Reglerauslegung

aus einer IT_1-Strecke. Der PI-Regler für eine derartige Regelstrecke wird in Kapitel 7.4.2 nach der *Methode des symmetrischen Optimums* ausgelegt. Nach Gleichung 7.16 besteht zwischen der Verstärkung und der Nachstellzeit des PI-Reglers dann der Zusammenhang

$$K_{Pn} = \frac{1}{K_{SI}K_{In} \cdot \sqrt{T_{Nn} \cdot T_{Si}}} \, . \tag{11.4}$$

Sofern T_{Ni} bekannt ist, liegt über Gleichung 11.4 dann auch K_{Pn} fest. Über Simulationen des Störverhaltens findet man nach Pfaff und Meier [25] eine geeignete Nachstellzeit zu $T_{Nn} = 4T_{Si}$. Die Parameter des PI-Drehzahlreglers lauten damit (für $K_{Si} = 1$)

$$\boxed{\begin{aligned} T_{Nn} &= 4\ T_{Si} = 49,36\ ms \\ K_{Pn} &= \frac{1}{K_{In} \cdot \sqrt{T_{Nn} \cdot T_{Si}}} = 303,47\ As\ . \end{aligned}} \tag{11.5}$$

Die Realisierung dieses Drehzahlreglers führt zu einem großen Überschwingen der Drehzahl beim Einschwingvorgang. Im Zuge dieses Überschwingens tritt eine große Stromüberhöhung auf, sodaß im allgemeinen die zulässigen Stromgrenzen für die Ankerwicklung überschritten werden. Zur Vermeidung dieser Stromüberhöhung werden bei Gleichstromantrieben zwei Schranken eingebaut. *Zum einen* kann der Sollwert der Drehzahl nur über einen Hochlaufgeber vorgegeben werden. Dies ist im wesentlichen ein Integrator mit Begrenzung, dessen Steilheit auf die zulässige Stromgrenze abgestimmt ist. *Zum anderen* wird zusätzlich das Ausgangssignal des Drehzahlreglers durch einen Begrenzer für den Stromsollwert geschickt. Dadurch wird der Stromsollwert auf einen Maximalwert begrenzt, den der Stromistwert meist aufgrund der bleibenden Regeldifferenz des Stromregelkreises ohnehin nicht erreicht. Beim Anlaufvorgang der Maschine wird die Drehzahl damit entweder durch den Hochlaufgeber oder den Strombegrenzer begrenzt.

Die Regelkreisstruktur der Kaskadenregelung eines Gleichstromantriebs von Abb. 11.9 beinhaltet nur die Strombegrenzung durch einen analogen/digitalen Stromwertbegrenzer.

Zur Überprüfung des entworfenen Strom- und Drehzahlreglers wird ein Sollwertsprung des Drehzahlsollwertes auf die Drehzahlregelschleife geschaltet und der Einschwingvorgang in Abb. 11.10 dargestellt.

Nach Aufbau des Erregerfeldes wird zum Zeitpunkt $t = 0$ die Gleichstrommaschine mit dem Lastmoment $M_w = 0,1\ M_{aN}$ bei einem Sollwertsprung von $n_w(t)$

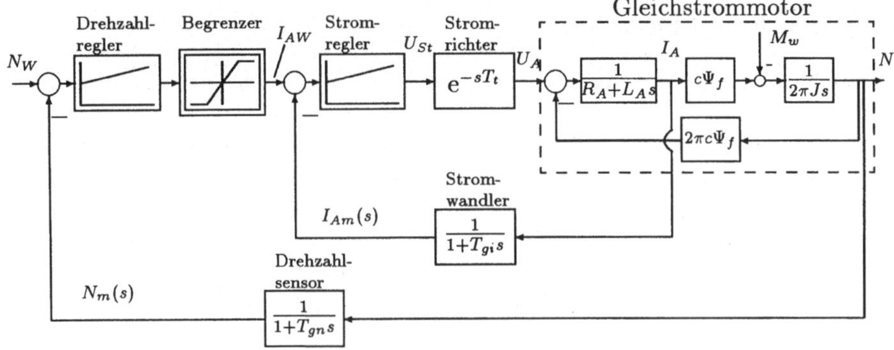

Abb. 11.9: Aufbau der Kaskadenregelung eines Gleichstromantriebs

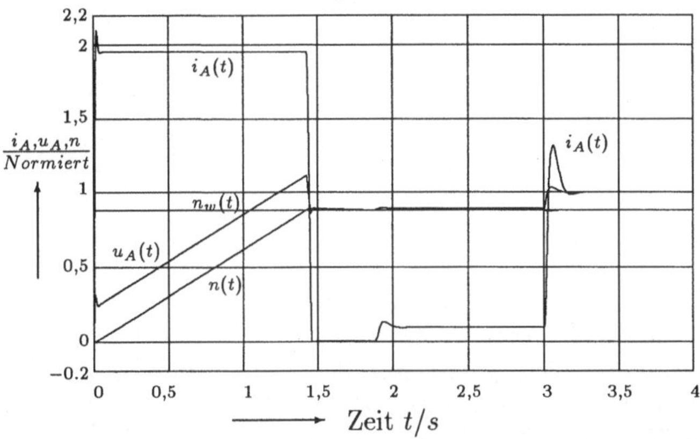

Abb. 11.10: Einschwingverhalten eines Gleichstrommotors nach einem Sprung des Drehzahlsollwerts auf n_N; Lastmoment: für $0 \leq t < 3\ s$ beträgt $M_w = 0,1\ M_{aN}$; für $t \geq 3\ s$ beträgt $M_w = M_{aN}$; Normierungswerte von Strom und Spannung: I_{AN}, U_{AN} und Drehzahl: n_0

$= n_N \cdot \sigma(t) = 0,88\ n_0 \cdot \sigma(t)$ hochgefahren. Das Trägheitsmoment J des Antriebs ist die Summe der Trägheitsmomente von Motor und Last. In der Anlaufphase wird der Ankerstrom durch die Begrenzung des Ankerstromsollwerts auf knapp zweifachen Nennstrom begrenzt. Die Ankerspannung $u_A(t)$ fährt in dieser Phase nahezu linear hoch. Sobald die Solldrehzahl überschritten ist, wird vom Drehzahlregler die Ankerspannung auf 88% der Nennspannung heruntergefahren. Die Last zieht den Antrieb auf Nenndrehzahl herunter. Der Ankerstrom bleibt infolge der Ventilwirkung der Stromrichterventile Null bzw. knapp positiv. Sobald der Antrieb die Nenndrehzahl erreicht hat, fährt der Stromregler den Ankerstrom auf den erforderlichen Laststrom. Da nur 10 % des Nennmoments als Lastmoment anliegen, wird auch nur 10 % des Ankernennstroms benötigt.

Bei $t = 3\ s$ wird das Lastmoment auf Nennmoment erhöht. Der Ankerstromregler fährt den Ankerstrom mit ca. 40 % Überschwingen auf Nennstrom hoch. Gleichzeitig wächst die Ankerspannung auf Nennspannung an. Der Einbruch der Drehzahl ist infolge des großen Trägheitsmoments und der schnellen Stromregelung praktisch nicht feststellbar.

Die abschließende Bewertung der Drehzahlregelung der Gleichstrommaschine zeigt, daß die Vernachlässigungen beim Entwurf des Strom- und Drehzahlreglers zu keinen wesentlichen Beeinträchtigungen des Regelverhaltens führen. Dies ist beim Stromregler darauf zurückzuführen, daß die Güte des Führungsverhaltens durch die Strombegrenzung dominiert wird. Auch die Güte des Drehzahlreglers ist ausreichend. Dies ist teilweise auf das große Trägheitsmoment der Last zurückzuführen. Die Verwendung von PI-Reglern für Strom und Drehzahl ist bei der Regelung von Gleichstromantrieben ein in der Antriebstechnik durchaus übliches Verfahren. Es werden dann natürlich auch, anders als bei den obigen Modellrechnungen, Stromrichterschaltungen als Stellglied eingesetzt. Das Zeitverhalten dieser Stromrichter wird durch das hier verwendete Totzeitglied jedoch gut angenähert.

11.2 Stabilisierung eines instabilen Pendels

Das sogenannte *instabile Pendel* wurde in Abschnitt 3.4.2 eingeführt. Abb. 11.11 zeigt in einer freigeschnittenen Darstellung das Pendel mit dem motorgetriebenen Wagen. Durch Verfahren des Wagens in der Ebene wird die Stabilisierung des Pendels bewerkstelligt. Die Beschreibung dieser Anordnung führt zu einem nichtlinearen Differentialgleichungssystem, dessen Linearisierung ebenfalls in Kapitel 3.4.2 vorgestellt wurde. Die Regelgröße für diese Anordnung ist der Winkel φ, und Stellgröße ist die Stellkraft F_x bzw. das Stellmoment M_m des verwendeten Motors.

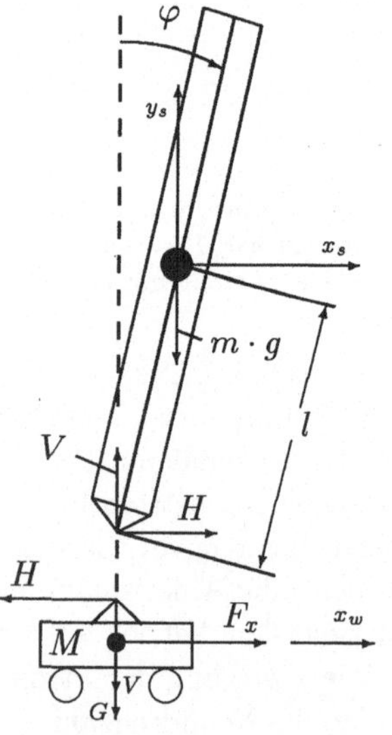

Abb. 11.11: Instabiles Pendel

Die Regelung dieser instabilen Regelstrecke wurde in Abschnitt 8.3.3 unter der vereinfachenden Annahme durchgeführt, daß ein idealer Stellmotor verwendet wird, der verzögerungsfrei die vom Regler kommandierte Stellkraft F_x realisiert. Ein PD-Regler reichte bei diesen Voraussetzungen zur Stabilisierung der Strecke aus. Dabei wurde als alleinige Meßgröße in diesem System der Winkel $\varphi(t)$ verwendet. In diesem Abschnitt wird nun der ideale Motor durch einen realen Gleichstrommotor ersetzt und bei der Reglerauslegung berücksichtigt. Außerdem wird zwischen Motor und Antriebsrädern des Wagens ein Getriebe vorgesehen [12].

11.2.1 Dynamikgleichungen von Stellmotor und Getriebe

In Beispiel 2.3 werden die Grundgleichungen für die Beschreibung des dynamischen Verhaltens eines Gleichstrommotors angegeben zu:

$$\begin{aligned} u_A &= R_A i_A + L_A \frac{\mathrm{d}i_A}{\mathrm{d}t} + e_A && \text{Maschengleichung} \\ e_A &= 2\pi n \cdot c\Psi_f && \text{Induktionsgesetz} \\ m_a &= i_A \cdot c\Psi_f && \text{Momentengleichung} \\ m_a - m_w &= 2\pi J \cdot \frac{\mathrm{d}n}{\mathrm{d}t} && \text{Impulssatz (Bewegungsgleichung).} \end{aligned}$$

Überträgt dieser Motor über ein Getriebe das Antriebsmoment auf die Räder des Wagens, so gehen die Übertragungseigenschaften des (als verlustlos angenommenen) Getriebes, das Trägheitsmoment $J_{Räder}$ der Antriebsräder (Radius r_{Rad}) sowie für den Wagen mit der Masse M sein Ersatzträgheitsmoment $J_{Wagen} = M \cdot r_{Rad}^2$ mit in die dynamischen Gleichungen des Antriebs ein. Für ein Getriebe ist das Übersetzungsverhältnis $ü$ definiert zu: $ü = \omega_1/\omega_2 = r_2/r_1$ mit ω_1, r_1 und ω_2, r_2 als antriebs- bzw. abtriebsseitige Parameter des Getriebes. Das Gesamtträgheitsmoment J für den Motor wird dann verändert zu:

$$J = J_{Mot} + \frac{1}{ü^2} \cdot \left(J_{Räder} + M r_{Rad}^2\right) = J_{Mot} + \frac{r_1^2}{r_2^2} \cdot \left(J_{Räder} + M \cdot r_{Rad}^2\right) \ . \tag{11.6}$$

Bei einem verlustlosen Getriebe ist die primärseitig zugeführte Leistung gleich der sekundärseitig wirksamen Leistung, d.h. es gilt

$$m_1 \cdot \omega_1 = m_2 \cdot \omega_2 \ , \tag{11.7}$$

mit m_1, m_2 als primär- und sekundärseitige Momente. Die Vorschubkraft F_x der Räder hängt zusätzlich noch vom Radius r_{Rad} der Räder ab, der verschieden vom Radius r_2 auf der Radseite des Getriebes sein kann. Damit gilt dann für die Vorschubkraft F_x allgemein

$$F_x = m_2 \cdot \frac{1}{r_{Rad}} \ ,$$

bzw. nach Einarbeitung des Übersetzungsverhältnisses und der Gleichung 11.7

$$F_x = m_a \cdot \frac{1}{r_{Rad}} \cdot \frac{r_2}{r_1} = m_a \cdot \frac{r_2}{r_{Rad} \cdot r_1} \ ,$$

mit m_a als Antriebsmoment des Motors.

Vernachlässigt man nun noch die Rollreibung der Räder auf der Bewegungsebene, so entfällt in den Grundgleichungen des Motors auch das Widerstandsmoment m_w.

Damit kann dann aus den Grundgleichungen des Gleichstrommotors das Übertragungsverhalten des Motors berechnet werden. Eingangsgröße des Stellgliedes Motor ist die Ankerspannung U_A, und Ausgangsgröße ist das Stellmoment m_a, bzw. die Stell- oder Vorschubkraft F_x.

Aufgabe 11.1: Ermitteln Sie aus den obigen Grundgleichungen des Gleichstrommotors die Übertragungsfunktion des Stellgliedes Motor mit der Ankerspannung

$U_A(s)$ als Eingangsgröße und dem Antriebsmoment $M_a(s)$ als Ausgangsgröße unter Vernachlässigung des Widerstandsmoments ($M_w(s) = 0$).

$$\text{Lösung: } F(s) = \frac{M_a(s)}{U_A(s)} = \frac{\dfrac{J}{c\Psi_f} \cdot s}{1 + \dfrac{J\,R_A}{(c\Psi_f)^2} \cdot s + \dfrac{J\,L_A}{(c\Psi_f)^2} \cdot s^2} . \qquad \square$$

In der Lösung von Aufgabe 11.1 kann im allgemeinen die Ankerkreisinduktivität L_A vernachlässigt werden, da die hierdurch bestimmte Ankerkreiszeitkonstante $T_A = L_A/R_A$ klein gegenüber anderen mechanischen Zeitkonstanten im Gesamtsystem Motor mit Wagen und Stab ist.

Damit lautet die Übertragungsfunktion des Stellgliedes Motor

$$F_{St}(s) = \frac{F_x(s)}{U_A(s)} = \frac{r_2}{r_{Rad} \cdot r_1} \cdot \frac{\dfrac{J}{c\Psi_f} \cdot s}{1 + \dfrac{J\,R_A}{(c\Psi_f)^2} \cdot s} = \frac{b_{1St} \cdot s}{1 + T_{1St} \cdot s}$$

mit dem Ersatzträgheitsmoment J wie in Gleichung 11.6 berechnet. Das Stellglied Gleichstrommotor wird also in diesem Regelsystem durch ein DT_1-Verhalten beschrieben.

Der Regelkreis für die Stabregelung hat damit die in Abb. 11.12 gezeigte Struktur. Die Übertragungsfunktion $F_\varphi(s)$ der Regelstrecke ist von Gleichung 3.64 übernommen. Es ist zusätzlich als Störgröße eine Störkraft $F_z(s)$ (z.B. Fahrwiderstand) eingeführt. Andere Störgrößen wie Getriebe- oder Rollreibungsverluste sind vernachlässigt. Dieses Modell ist aufgrund der Linearisierungen bei der Aufstellung der Übertragungsfunktion der Regelstrecke nur gültig für kleine Auslenkungen φ des Stabes. Außerdem dürfen bei der Vorschubbewegung die Räder nicht durchdrehen, also die am Radumfang auf die Ebene übertragene Kraft muß kleiner als die Haftreibungskraft sein.

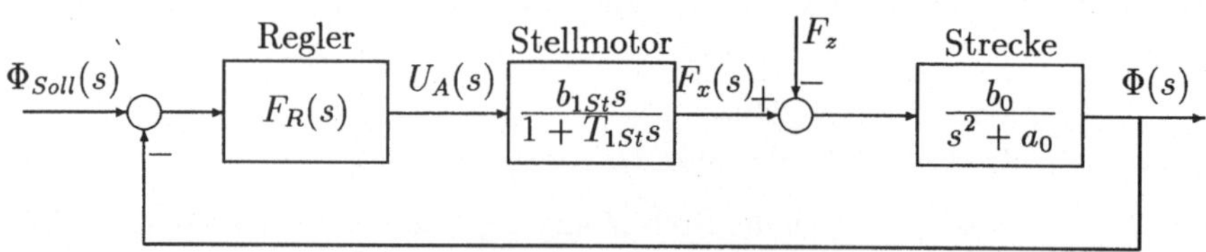

Abb. 11.12: Regelkreis des instabilen Pendels

In diesem Modell der Stabregelung wird die Vorschubbewegung des Wagens insofern außer Acht gelassen, als keine Messung der Vorschubbewegung $x_w(t)$ oder der Geschwindigkeit $\dot{x}_w(t)$ zur Regelung verwendet wird. Es wird nur der Ablagewinkel $\varphi(t)$ gemessen und zur Stabilisierung verwendet. Nach Einwirkung einer Störung wird (bei richtiger Reglerauslegung) der Ablagewinkel ausgeregelt und nach Abschluß des Regelvorgangs steht der Wagen an einer anderen Stelle als vor Beginn des Einwirkens der Störung.

11.2.2 Analyse des Regelkreises

Bevor eine Auslegung des Regelkreises erfolgen kann, muß zunächst das Übertragungsverhalten dieses Kreises mit der instabilen Regelstrecke und dem differenzierend wirkenden Stellglied näher untersucht werden. Die Übertragungsfunktion $F_0(s)$ des aufgeschnittenen Regelkreises von Abb. 11.12 lautet

$$F_0(s) = F_R(s) \cdot F_{St}(s) \cdot F_S(s) = F_R(s) \cdot \frac{-b_S \cdot s}{(s^2 - a_S) \cdot (1 + T_1 s)} ,$$

mit $b_S = -b_0 \cdot b_{1St}$, $T_1 = T_{1St}$ und $a_S = -a_0$, sowie a_0, b_0 nach Gleichung 3.63 jeweils mit negativem Vorzeichen. Die Größen a_S und b_S besitzen aufgrund dieser Definition damit positive Vorzeichen. Den so vereinfachten Regelkreis zeigt Abb. 11.13.

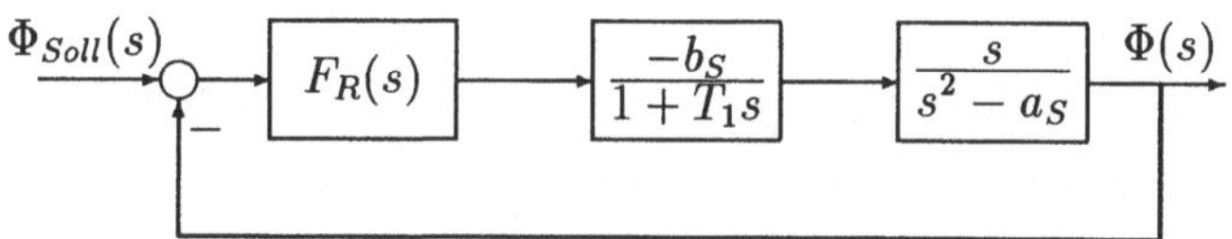

Abb. 11.13: Vereinfachter Regelkreis

Für diesen Regelkreis soll die Wirksamkeit verschiedener Regler untersucht werden.

Proportionaler Regler

Als erstes wird ein proportionaler oder P-Regler zur Stabilisierung des Kreises eingesetzt. Mit $F_R(s) = K_P$ resultiert dann die folgende charakteristische Gleichung $1 + F_0(s) = 0$ des Regelkreises:

$$-a_S - (b_S K_P + a_S T_1) \cdot s + T_1 s^3 = 0 .$$

Diese charakteristische Gleichung soll mit dem Hurwitz-Kriterium (Kapitel 5.2) überprüft werden. Das Pendel ist mit einem P-Regler mit positiver oder auch negativer Verstärkung nicht zu stabilisieren, da die Hurwitz Bedingung $a_2 > 0$ nicht erfüllbar ist. Es fehlt in der charakteristischen Gleichung der s^2-Term.

PDT$_D$-Regler

Als nächstes soll der schon in Abschnitt 8.3.3 für diese Regelstrecke erfolgreich verwendete PDT$_D$-Regler geprüft werden. Mit

$$F_R(s) = K_P' \cdot \frac{s + b_R}{s + a_R'}$$

ergibt sich dann die folgende charakteristische Gleichung

$$T_1 s^4 + s^3(1 + a_R' T_1) + s^2(a_R' - a_S T_1 - b_S K_P') - \ldots$$
$$-s\left(b_S b_R K_P' + a_S(1 + a_R' T_1)\right) - a_S a_R' = 0 \qquad (11.8)$$

Die 1. Hurwitz-Bedingung für die Vermeidung monotoner Instabilität verlangt, daß alle Koeffizienten der charakteristischen Gleichung vorhanden sind und gleiches Vorzeichen aufweisen. Die Anwendung dieser Bedingung auf die einzelnen Terme ergibt:

s^0-Term:

$$-a_S a_R' > 0 \quad \Rightarrow \quad a_R' < 0 \quad \text{bzw. mit} \quad a_R = -a_R' \quad \Rightarrow \quad \boxed{a_R > 0}$$

s^3-Term:

$$1 + a_R' T_1 = 1 - a_R T_1 > 0 \quad \Rightarrow \quad \boxed{a_R < 1/T_1}$$

s^2-Term:

$$a_R' - a_S T_1 - b_S K_P' = -a_R - a_S T_1 - b_S K_P' > 0 \quad \Rightarrow \quad K_P' < 0$$
$$\text{bzw. mit} \quad K_P = -K_P' \quad \Rightarrow \quad \boxed{K_P > 0}$$

s^1-Term:

$$b_S b_R K_P' + a_S(1 + a_R' T_1) = -b_S b_R K_P + a_S(1 - a_R T_1) < 0 \quad \Rightarrow \quad \boxed{b_R > 0}$$

Hieraus ergibt sich der folgende PDT$_D$-Regler

$$F_R(s) = -K_P \frac{s + b_R}{s - a_R}$$

mit positiven Koeffizienten K_P, a_R und b_R. Die Anwendung der weiteren Hurwitz-Bedingungen zur Überprüfung der oszillatorischen Instabilität führt zu sehr komplexen Bedingungen für die Reglerparameter. Einfachere Bedingungen für den „stabilen“ Wertebereich der Reglerparameter erhält man bei der Anwendung der Stabilitätsbedingungen in der Form von Routh [27], die von D'Azzo und Houpis [4] ausführlich beschrieben sind. Diese Bedingungen führen für die charakteristische Gleichung in der Form

$$a_4 s^4 + a_3 s^3 + a_2 s^2 + a_1 s + a_0 = 0$$

zu den zusätzlichen Forderungen

$$R_1 = a_2 - \frac{a_4 a_1}{a_3} > 0 \tag{11.9}$$

$$R_2 = a_1 - \frac{a_3 a_0}{R_1} > 0\,. \tag{11.10}$$

Die Anwendung dieser Stabilitätsforderungen auf die aus Gleichung 11.8 abgeleitete charakteristische Gleichung

$$T_1 s^4 + s^3(1 - a_R T_1) + s^2(-a_R - a_S T_1 + b_S K_P) - \ldots$$
$$-s\,(-b_S b_R K_P + a_S(1 - a_R T_1)) + a_S a_R = 0 \tag{11.11}$$

führt nach längerer Rechnung zu den zusätzlichen Stabilitätsforderungen

$$a_R + b_R \quad < \quad 1/T_1 \tag{11.12}$$

$$K_P \quad > \quad K_{P,Min} = \frac{(1 - T_1 a_R) \cdot \left(\frac{a_R b_R}{T_1} + a_S(\frac{1}{T_1} - a_R - b_R) \right)}{b_S b_R \cdot \left(\frac{1}{T_1} - a_R - b_R \right)} > 0\ . \tag{11.13}$$

Für Verstärkungsfaktoren K_P größer als der durch Gleichung 11.13 definierte Minimalwert $K_{P,Min}$ ist der geschlossene Regelkreis stabil, sofern die Forderung nach Gleichung 11.12 ebenfalls erfüllt ist.

Die Stabilitätsforderung nach Gleichung 11.12 kann in einem *Stabilitätsdiagramm* (Abb. 11.14) veranschaulicht werden. Bei Erfüllung der Bedingung $K_P > K_{P,Min}$ ist für alle Wertepaare von a_R und b_R, die innerhalb des schraffierten Gebietes liegen, der geschlossenene Regelkreis des instabilen Pendels stabil. Ein derartiges Stabilitätsdiagramm ist für die Auswahl von Wertepaaren der Reglerparameter außerordentlich hilfreich, da man hiermit, anders als bei der Wurzelortskurve, *zwei* Reglerparameter in ihrem zulässigen Wertebereich einschränken kann. Bei der Wurzelortskurve wird nur der zulässige Wertebereich *eines* Reglerparameters, der Reglerverstärkung K_P, eingeschränkt. Derartige Stabilitätsgebiete können auch für *drei und mehr* Parameter berechnet werden, eine anschauliche graphische Darstellung der Stabilitätsgebiete ist dann meist jedoch kaum noch möglich.

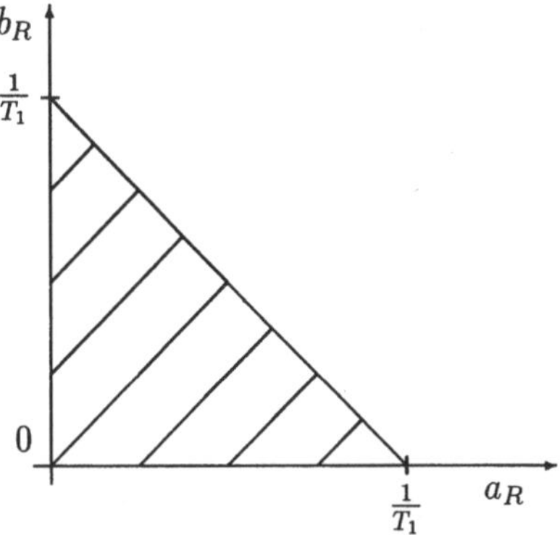

Abb. 11.14: Stabilitätsgebiet

11.2.3 Auslegung des Regelkreises

Für ein Labormodel eines derartigen instabilen Pendels und eines geeigneten Antriebsmotors mit den Daten $M = 7\ kg$, $m = 0,3\ kg$, $l = 1\ m$, $c\Psi_f = 0,07\ Vs$, $J_{Mot} = 0,4\ kgcm^2$, $J_{Räder} = 4\ kgcm^2$, $ü = 5$, $R_A = 1\ \Omega$, $r_{Rad} = 5\ cm$ ergeben sich die folgenden gerundeten Parameterwerte der Regelstrecke:

$$a_S = 7,59\ s^{-2}$$
$$b_S = 0,11\ (Vs)^{-1}$$
$$T_1 = 0,154\ s\ .$$

Mit diesen Zahlenwerten lautet die Bedingung 11.12 dann

$$a_R + b_R < 6,49\ s.$$

Für die Zahlenwerte $a_R = 0,5\ s^{-1}$ und $b_R = 2\ s^{-1}$ resultiert dann die minimale Verstärkung aus Gleichung 11.13 zu

$$K_{P,Min} = 38,67\ .$$

Die Einstellung der Reglerverstärkung K_P soll mit Hilfe der Wurzelortskurve vorgenommen werden. Abb. 11.15 zeigt den Verlauf der Wurzelortskurve mit eingezeichneten Polen („×") und Nullstellen („o"). Die Wurzelortskurve weist vier Äste auf, die von den Polen zu den Nullstellen verlaufen. Für $K_P = K_{P,Min}$ schneiden die rechten beiden Äste, die in je einem Pol der Strecke und des Reglers beginnen, die imaginäre Achse, d.h. die Stabilitätsgrenze, bei ca. $\pm 1,4$j, und streben dann gegen die Nullstellen auf der reellen Achse. Diese Nullstellen sind die Nullstelle der Strecke im Ursprung und die eingeführte Nullstelle des Reglers bei -2. Die beiden anderen Äste verlaufen zunächst bis zum Verzweigungspunkt auf der reellen Achse und verzweigen dann ins Unendliche. Der Regelkreis ist für Verstärkungen $K_P > K_{P,Min}$, wie schon zuvor berechnet, stabil. Auf den beiden rechten Ästen ist mit einem Stern („*") die Verstärkung $K_P \approx 1,5\ K_{P,Min}$ gekennzeichnet. Die Pole des geschlossenen Kreises weisen für diese Verstärkung eine Dämpfung von $D \approx 0,7$ auf. Da die Pole auf den beiden anderen Ästen wesentlich weiter vom Ursprung entfernt liegen, stellen die mit einem Stern gekennzeichneten Pole das dominierende Polpaar dar.

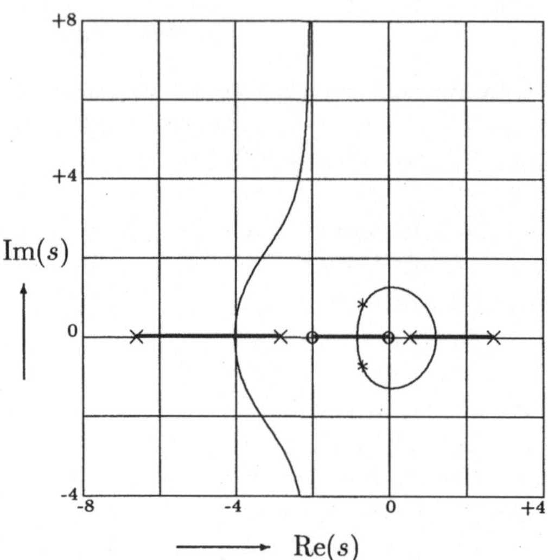

Abb. 11.15: Wurzelortskurve des balancierten Stabes mit PD-Regler

Abschließend wird die Reaktion des geschlossenen Regelkreises auf eine impulsförmige Störgröße $F_z(t)$ untersucht und in Abb. 11.16 dargestellt. Als Regelparameter sind die obigen Werte für a_R und b_R sowie $K_P = 1,5\ K_{P,Min}$ verwendet.

Der Stab wandert nach Einwirkung der Störung um ca. $+1,5°$ aus, bis die Wirkung der Regelung durch Verfahren des Wagens einsetzt. Durch die Gegenbewegung des Wagens wird der Stab auf ca. $-0,7°$ ausgelenkt und dann mit einem Überschwinger in die vertikale Lage zurückgeregelt.

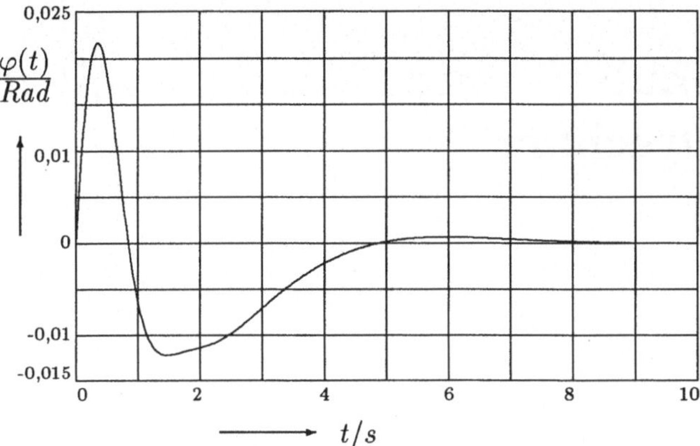

Abb. 11.16: Auswanderung des Stabes aus der Senkrechten nach einer impulsförmigen Störung

12 Simulation und Analyse mit dem Digitalrechner

Die Analyse und Synthese von Regelsystemen erfolgt heute fast ausschließlich unter Zuhilfenahme eines Digitalrechners. Dabei werden zunächst *dynamische Modelle* von Regelstrecke, Regler, Stellglied ... erarbeitet. Im Zuge dieser Modellbildung werden, wie in Kapitel 3.4 beschrieben, z.B. die Parameter der Regelstrecke durch analytische Berechnung, Untersuchung der Sprungantwort, der Ortskurve oder auch mit Methoden der Parameteridentifizierung ermittelt. Speziell bei der Parameteridentifizierung von Regelstrecken ist dabei z.B. bei der „Methode der kleinsten Quadrate" die Anwendung von Rechenprogrammen für die *Lösung linearer Gleichungssyteme* hoher Ordnung erforderlich. Da dieses Thema in diesem Buch jedoch nur am Rande gestreift wird, soll auf die Rechenverfahren zur Lösung linearer Gleichungssysteme auch nicht speziell eingegangen werden.

Nach der Erarbeitung des Modells der Regelstrecke wird das dynamische Modell der Regelstrecke bezüglich seiner Pole und Nullstellen untersucht, und es werden Ortskurven- und Bode-Diagramm-Darstellungen berechnet. Die Berechnung der Pole und Nullstellen erfordert die Verwendung von Rechenprogrammen, welche die Nullstellen von Polynomen höherer Ordnung auch bei Vorhandensein mehrfacher bzw. dicht beeinander liegender Nullstellen ermöglicht. Die gleichen Programme werden eingesetzt bei der Stabilitätsanalyse des geschlossenen Regelkreises zur Berechnung der Wurzeln der charakteristischen Gleichung. Ebenso werden sie bei der Berechnung der Wurzelortskurven benötigt. Der Darstellung der numerischen Methoden zur Bestimmung der *Nullstellen von Polynomen* ist daher ein Abschnitt in diesem Kapitel gewidmet. Die Berechnung von Ortskurven und Bode-Diagramm-Darstellungen beruht auf der Anwendung der komplexen Rechnung und bedarf keiner besonderen Erläuterung.

Nach dem Entwurf des Reglers wird das Führungs- und Störverhalten des geschlossenen Regelkreises untersucht, d.h. es wird das Zeitverhalten des Regelkreises für verschiedene Eingangssignale berechnet. Diesen Vorgang bezeichnet man als Simulation des Regelsystems. Enthält der Regelkreis nur lineare Regelkreisglieder, dann kann man die Simulation vorteilhaft durch eine Transformation des Systems in den Zustandsraum und anschließende Berechnung der zeitdiskreten Lösung durchführen. Die dafür verwendeten Methoden werden im Abschnitt über die *Simulation linearer Systeme* vorgestellt. Bei Vorhandensein von nichtlinearen

Regelkreisgliedern versagt dieses Verfahren. Dann transformiert man die nichtlinearen Systemgleichungen in eine Vektordifferentialgleichung 1. Ordnung und löst diese mit numerischen Integrationsverfahren. Dieser *Simulation nichtlinearer Systeme* ist ebenso ein Abschnitt gewidmet.

Für die Durchführung der oben genannten Berechnungen stehen heute eine Anzahl leistungsfähiger Programme zur Verfügung. Hierzu zählen z.B. die Programmsysteme ACSL, MATLAB, MATRIXx, PROSIM, SIMULINK ... die in Industrie und Hochschule zahlreiche Anwender haben. In diesem Buch wurde auf die Programmsysteme ACSL [2] und MATLAB^{TM} [24] zurückgegriffen, und daher lehnen sich die nachfolgenden Abschnitte an die in diesen Programmen gemachten Ansätze an.

12.1 Simulation linearer Systeme

Bei der Simulation linearer Systeme besteht die Aufgabe in der Ermittlung der Systemantwort für gegebene Eingangssignale wie Sprungfunktion, Rampenfunktion, Sinusfunktion oder für beliebige Eingangssignale. Die Berechnung der Antwort des linearen Übertragungssystems auf ein derartiges Eingangssignal erfolgt in zwei Schritten, die in den folgenden Abschnitten erläutert werden.

12.1.1 Darstellung linearer Systeme im Zustandsraum

In Kapitel 2 wurden für die Beschreibung des Übertragungsverhaltens linearer Systeme Differentialgleichungen, Übertragungsfunktion und Frequenzgang als gleichwertig dargestellt. Eine Überführung der einen Beschreibungsform in die andere ist ohne Schwierigkeiten möglich. Für die Simulation des Übertragungsverhaltens linearer kontinuierlicher Systeme wenden die heutigen Rechenprogramme vorzugsweise die Darstellung des Systems durch seine Zustandsgleichungen an, da sich hierauf effiziente Algorithmen aufbauen lassen. Daher wird zunächst die Umformung von linearen Differentialgleichungen in Zustandsdifferentialgleichungen behandelt.

Die Vorgehensweise wird als erstes an einer Differentialgleichung 2. Ordnung gezeigt. Führt man bei der Differentialgleichung

$$a_2\, \ddot{x}_a \;+\; a_1\, \dot{x}_a \;+\; a_0\, x_a = b_0\, x_e \tag{12.1}$$

die Substitutionen

$$x_1 \;=\; x_a \qquad \text{und} \tag{12.2}$$
$$\dot{x}_1 \;=\; \dot{x}_a = x_2 \tag{12.3}$$

ein, dann kann Gleichung 12.1 umgeformt werden zu

$$\ddot{x}_a = \dot{x}_2 = \frac{1}{a_2} \cdot (-a_1\, \dot{x}_a - a_0\, x_a + b_0\, x_e) \tag{12.4}$$

$$= \frac{1}{a_2} \cdot (-a_1\, x_2 - a_0\, x_1 + b_0\, x_e)\ . \tag{12.5}$$

Die Gleichungen 12.3 und 12.5 werden nun als Vektordifferentialgleichung 1. Ordnung geschrieben zu

$$\begin{pmatrix} x_1 \\ x_2 \end{pmatrix}^{\bullet} = \begin{pmatrix} 0 & 1 \\ -\frac{a_0}{a_2} & -\frac{a_1}{a_2} \end{pmatrix} \cdot \begin{pmatrix} x_1 \\ x_2 \end{pmatrix} + \begin{pmatrix} 0 \\ \frac{b_0}{a_2} \end{pmatrix} \cdot x_e\ .$$

Die Ausgangsgröße $x_a(t)$ folgt dann aus Gleichung 12.2 zu

$$x_a = \begin{pmatrix} 1 & 0 \end{pmatrix} \cdot \begin{pmatrix} x_1 \\ x_2 \end{pmatrix}\ .$$

Infolge der Substitutionen wird die Differentialgleichung 2. Ordnung in zwei Differentialgleichungen 1. Ordnung umgeformt. Die Größen x_1 und x_2 bilden den sogenannten Zustandsvektor $\boldsymbol{x}(t)$ zu

$$\boldsymbol{x}(t) = \begin{pmatrix} x_1(t) \\ x_2(t) \end{pmatrix}\ .$$

Weiterhin werden die folgenden Abkürzungen

$$\boldsymbol{A} = \begin{pmatrix} 0 & 1 \\ -\frac{a_0}{a_2} & -\frac{a_1}{a_2} \end{pmatrix} \qquad \boldsymbol{b} = \begin{pmatrix} 0 \\ \frac{b_0}{a_2} \end{pmatrix} \qquad \boldsymbol{c}^T = \begin{pmatrix} 1 & 0 \end{pmatrix}$$

als Zustandsmatrix $\boldsymbol{A}$, Eingangsvektor $\boldsymbol{b}$ und als Ausgangsvektor $\boldsymbol{c}^T$ bezeichnet. Darin ist $\boldsymbol{c}^T$ der transponierte Vektor von $\boldsymbol{c}$. Mit diesen Abkürzungen kann dann die Differentialgleichung 2. Ordnung als Vektordifferentialgleichung 1. Ordnung in der allgemeinen Form

$$\dot{\boldsymbol{x}} = \boldsymbol{A} \cdot \boldsymbol{x} + \boldsymbol{b} \cdot x_e$$

$$x_a = \boldsymbol{c}^T \cdot \boldsymbol{x}$$

geschrieben werden.

Eine derartige Umformung einer Differentialgleichung n-ter Ordnung in n Differentialgleichungen 1. Ordnung bzw. in eine Vektordifferentialgleichung 1. Ordnung mit einem n-dimensionalen Zustandsvektor $\boldsymbol{x}$ ist immer möglich.

Das Simulationsdiagramm dieser Vektordifferentialgleichung zeigt Abb. 12.1. Darin entspricht der Block mit dem Integralzeichen einer Integration, und die anderen Blöcke stellen die Multiplikation mit einer konstanten Verstärkung dar. Ein derartiges Simulationsdiagramm führt auch zum Koppelplan eines *Analogrechners*, mit dem eine analoge Lösung der Differentialgleichung 12.1 ermöglicht wird.

Mit diesem Simulationsdiagramm können auf einfache Art und Weise die *Zustandsgleichungen für allgemeine Differentialgleichungen n-ter Ordnung* mit Ableitungen der Ausgangsgröße $x_a(t)$ als auch der Eingangsgröße $x_e(t)$ hergeleitet

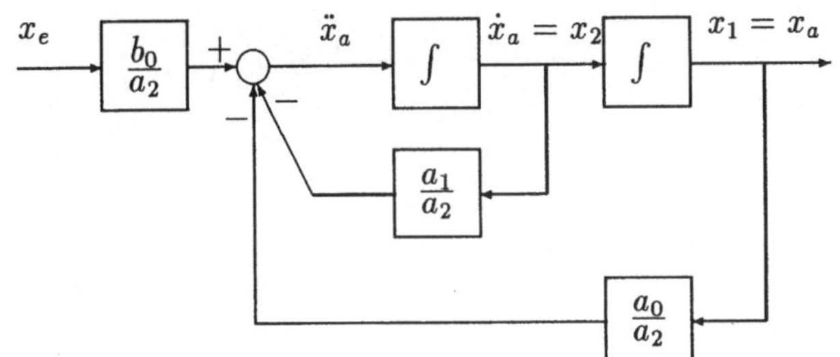

Abb. 12.1: Simulationsdiagramm der Vektordifferentialgleichung

werden. Das Vorgehen soll wieder für eine Differentialgleichung 2. Ordnung entwickelt werden. Die Differentialgleichung laute

$$a_2\, \ddot{x}_a + a_1\, \dot{x}_a + a_0\, x_a = b_0\, x_e + b_1\, \dot{x}_e + b_2\, \ddot{x}_e\ . \tag{12.6}$$

Anstelle dieser Differentialgleichung wird zunächst die reduzierte Differentialgleichung

$$a_2\, \ddot{x}_1 + a_1\, \dot{x}_1 + a_0\, x_1 = x_e \tag{12.7}$$

analysiert. Für diese reduzierte Differentialgleichung gilt analog zu Abb. 12.1 das Simulationsdiagramm von Abb. 12.2.

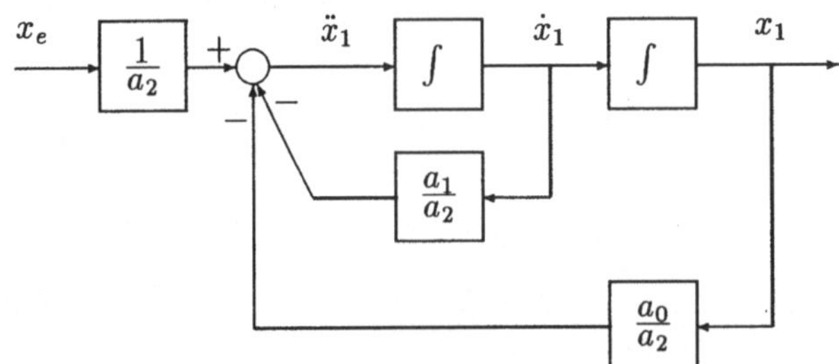

Abb. 12.2: Simulationsdiagramm der reduzierten Differentialgleichung

Für das reduzierte System ist die Eingangsgröße allein x_e, und die zugehörige Ausgangsgröße resultiert dabei als $x_1(t)$. Die rechte Seite der Differentialgleichung 12.6, d.h. die Anregung der Differentialgleichung lautet vollständig jedoch

$$b_0\, x_e + b_1\, \dot{x}_e + b_2\, \ddot{x}_e\ .$$

Daher muß die Ausgangsgröße x_a dieser Differentialgleichung sich dann als lineare Überlagerung ergeben zu

$$b_0\, x_1 + b_1\, \dot{x}_1 + b_2\, \ddot{x}_1\ .$$

Dieser Aufbau des Ausgangssignals x_a ergibt dann eine Erweiterung des Simulationsdiagramms 12.2 und ist in Abb. 12.3 dargestellt [14].

Aus diesem Simulationsdiagramm 12.3 kann dann die Zustandsdarstellung der Differentialgleichung 2. Ordnung abgeleitet werden. Es gilt:

$$\dot{x}_1 = x_2 \tag{12.8}$$

$$\ddot{x}_1 = \dot{x}_2 = \frac{x_e}{a_2} - \frac{a_1}{a_2}\, x_2 - \frac{a_0}{a_2}\, x_1 \tag{12.9}$$

$$x_a = b_0\, x_1 + b_1\, x_2 + b_2\, \dot{x}_2 \tag{12.10}$$

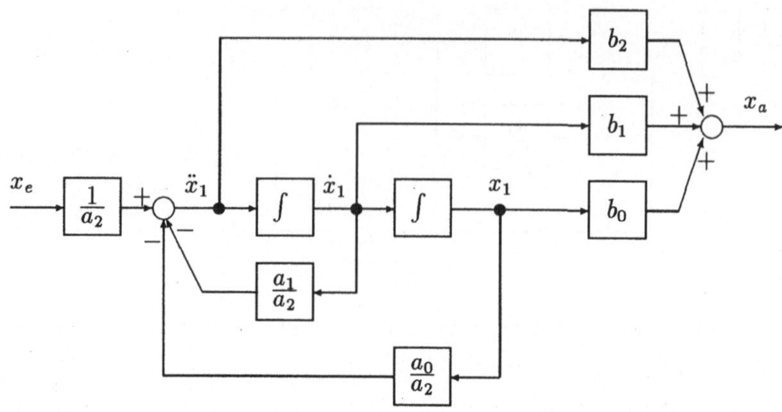

Abb. 12.3: Simulationsdiagramm der vollständigen Differentialgleichung 2. Ordnung

Die Gleichungen 12.8 und 12.9 lauten als Vektorgleichung

$$\begin{pmatrix} x_1 \\ x_2 \end{pmatrix}^{\bullet} = \begin{pmatrix} 0 & 1 \\ -\frac{a_0}{a_2} & -\frac{a_1}{a_2} \end{pmatrix} \cdot \begin{pmatrix} x_1 \\ x_2 \end{pmatrix} + \begin{pmatrix} 0 \\ \frac{1}{a_2} \end{pmatrix} \cdot x_e$$

mit der Zustandsmatrix $\boldsymbol{A}$ und dem Eingangsvektor $\boldsymbol{b}$ wie folgt

$$\boldsymbol{A} = \begin{pmatrix} 0 & 1 \\ -\frac{a_0}{a_2} & -\frac{a_1}{a_2} \end{pmatrix} \qquad \boldsymbol{b} = \begin{pmatrix} 0 \\ \frac{1}{a_2} \end{pmatrix} . \tag{12.11}$$

Das Einsetzen von Gleichung 12.9 in 12.10 ergibt dann

$$\begin{aligned} x_a &= b_0\, x_1 + b_1\, x_2 + b_2\, \dot{x}_2 && (12.12) \\ &= b_0\, x_1 + b_1\, x_2 + b_2 \cdot \left\{ \frac{x_e}{a_2} - \frac{a_1}{a_2}\, x_2 - \frac{a_0}{a_2}\, x_1 \right\} && (12.13) \\ &= \left(b_0 - b_2 \frac{a_0}{a_2} \right) \cdot x_1 + \left(b_1 - b_2 \frac{a_1}{a_2} \right) \cdot x_2 + \frac{b_2}{a_2}\, x_e && (12.14) \\ &= \begin{pmatrix} b_0 - b_2 \frac{a_0}{a_2} & b_1 - b_2 \frac{a_1}{a_2} \end{pmatrix} \cdot \begin{pmatrix} x_1 \\ x_2 \end{pmatrix} + \left(\frac{b_2}{a_2} \right) \cdot x_e \, . && (12.15) \end{aligned}$$

Damit lauten die mit Ausgangsvektor $\boldsymbol{c}^T$ und Durchgangsfaktor d bezeichneten Größen

$$\boldsymbol{c}^T = \begin{pmatrix} b_0 - b_2 \frac{a_0}{a_2} & b_1 - b_2 \frac{a_1}{a_2} \end{pmatrix} \qquad d = \left(\frac{b_2}{a_2} \right) . \tag{12.16}$$

Dieser Durchgangsfaktor d ist nur bei einem sprungfähigen System, d.h. bei einer Differentialgleichung mit gleicher Ordnung der höchsten Ableitung von x_a und x_e von Null verschieden.

Aus den Gleichungen 12.11 und 12.16 können die Zustandsgleichungen für eine Differentialgleichung n-ter Ordnung abgeleitet werden zu

$$\begin{aligned} \dot{\boldsymbol{x}} &= \boldsymbol{A} \cdot \boldsymbol{x} + \boldsymbol{b} \cdot x_e && (12.17) \\ x_a &= \boldsymbol{c}^T \cdot \boldsymbol{x} + d \cdot x_e \, , && (12.18) \end{aligned}$$

mit

$$
\boldsymbol{A} = \begin{pmatrix} 0 & 1 & 0 & \cdots & 0 \\ 0 & 0 & 1 & \cdots & 0 \\ \vdots & \vdots & \vdots & & \vdots \\ 0 & 0 & 0 & \cdots & 1 \\ -\frac{a_0}{a_n} & -\frac{a_1}{a_n} & -\frac{a_2}{a_n} & \cdots & -\frac{a_{n-1}}{a_n} \end{pmatrix} \qquad \boldsymbol{b} = \begin{pmatrix} 0 \\ 0 \\ \vdots \\ 0 \\ \frac{1}{a_n} \end{pmatrix} \tag{12.19}
$$

$$
\boldsymbol{c}^T = \begin{pmatrix} b_0 - b_n\frac{a_0}{a_n} & b_1 - b_n\frac{a_1}{a_n} & b_2 - b_n\frac{a_2}{a_n} & \cdots & b_{n-1} - b_n\frac{a_{n-1}}{a_n} \end{pmatrix} \tag{12.20}
$$

$$
d = \left(\frac{b_n}{a_n}\right) . \tag{12.21}
$$

Bei einem nicht sprungfähigen System (d.h. $b_n = 0$) vereinfachen sich bei unveränderter Zustandsmatrix $\boldsymbol{A}$ und Eingangsvektor $\boldsymbol{b}$ der Ausgangsvektor $\boldsymbol{c}^T$ und der Durchgangsfaktor d zu:

$$
\boldsymbol{c}^T = \begin{pmatrix} b_0 & b_1 & b_2 & \cdots & b_{n-1} \end{pmatrix} \qquad \text{und} \qquad d = 0 . \tag{12.22}
$$

Besonders einfach wird die Zustandsdarstellung bei einer normierten Differentialgleichung mit $a_n = 1$. Dann gilt für eine Differentialgleichung mit $b_n = 0$ die Zustandsdarstellung mit den Elementen

$$
\boldsymbol{A} = \begin{pmatrix} 0 & 1 & 0 & \cdots & 0 \\ 0 & 0 & 1 & \cdots & 0 \\ \vdots & \vdots & \vdots & & \vdots \\ 0 & 0 & 0 & \cdots & 1 \\ -a_0 & -a_1 & -a_2 & \cdots & -a_{n-1} \end{pmatrix} \qquad \boldsymbol{b} = \begin{pmatrix} 0 \\ 0 \\ \vdots \\ 0 \\ 1 \end{pmatrix} \tag{12.23}
$$

$$
\boldsymbol{c}^T = \begin{pmatrix} b_0 & b_1 & b_2 & \cdots & b_{n-1} \end{pmatrix} \qquad d = 0 . \tag{12.24}
$$

Wird das zu untersuchende Systemverhalten nicht durch die Differentialgleichung sondern durch die Übertragungsfunktion

$$
F(s) = \frac{X_a(s)}{X_e(s)} = \frac{b_0 + b_1\, s + b_2\, s^2 + \ldots + b_n\, s^n}{a_0 + a_1\, s + a_2\, s^2 + \ldots + a_n\, s^n} = \frac{Z(s)}{N(s)} \tag{12.25}
$$

beschrieben, dann können die Koeffizienten des Zähler- und Nennerpolynoms sofort in die Matrizen bzw. Vektoren von Gleichung 12.19 bis 12.21 übertragen werden.

Ist die Übertragungsfunktion des Systems schon in der Pol-/Nullstellendarstellung wie folgt mit $m \leq n$ gegeben

$$
F(s) = \frac{b_m}{a_n} \cdot \frac{(s - s_{01}) \cdot (s - s_{02}) \cdot \cdots \cdot (s - s_{0m})}{(s - s_{p1}) \cdot (s - s_{p2}) \cdot \cdots \cdot (s - s_{pn})} , \tag{12.26}
$$

dann kann durch eine Partialbruchzerlegung Gleichung 12.26 auf die folgende Form gebracht werden

$$
F(s) = \frac{X_a(s)}{X_e(s)} = \alpha_0 + \frac{\alpha_1}{s - s_{p1}} + \frac{\alpha_2}{s - s_{p2}} + \cdots + \frac{\alpha_n}{s - s_{pn}} .
$$

Der Term α_0 tritt nur für $m = n$ auf. Jeder Einzelterm $X_{ai}(s)/X_e(s) = \frac{\alpha_i}{s - s_{pi}}$ entspricht hierbei einer Differentialgleichung 1. Ordnung

$$\dot{x}_{ai} = s_{pi} \cdot x_{ai} + \alpha_i \cdot x_e \; .$$

Der Ausgang $x_a(t)$ ist dann die Summe der n einzelnen Terme $x_{ai}(t)$. Hieraus kann man direkt eine einfache Zustandsdarstellung ableiten zu

$$\begin{pmatrix} x_1 \\ x_2 \\ \vdots \\ x_n \end{pmatrix}^{\bullet} = \begin{pmatrix} s_{p1} & 0 & \cdots & 0 \\ 0 & s_{p2} & \cdots & 0 \\ \vdots & \vdots & & \vdots \\ 0 & 0 & \cdots & s_{pn} \end{pmatrix} \cdot \begin{pmatrix} x_1 \\ x_2 \\ \vdots \\ x_n \end{pmatrix} + \begin{pmatrix} \alpha_1 \\ \alpha_2 \\ \vdots \\ \alpha_n \end{pmatrix} \cdot x_e$$

$$x_a = \begin{pmatrix} 1 & 1 & \cdots & 1 \end{pmatrix} \cdot \begin{pmatrix} x_1 \\ x_2 \\ \vdots \\ x_n \end{pmatrix} + \alpha_0 \cdot x_e$$

mit den Systemmatrizen und Vektoren

$$\boldsymbol{A} = \begin{pmatrix} s_{p1} & 0 & \cdots & 0 \\ 0 & s_{p2} & \cdots & 0 \\ \vdots & \vdots & & \vdots \\ 0 & 0 & \cdots & s_{pn} \end{pmatrix} \qquad \boldsymbol{b} = \begin{pmatrix} \alpha_1 \\ \alpha_2 \\ \vdots \\ \alpha_n \end{pmatrix}$$

$$\boldsymbol{c}^T = \begin{pmatrix} 1 & 1 & \cdots & 1 \end{pmatrix} \qquad d = (\alpha_0) \; .$$

Die obigen Ausführungen zeigen, daß für jede Differentialgleichung eine bzw. mehrere Darstellungen in Zustandsform existieren. Die Zustandsmatrizen und -vektoren sind dabei je nach gewählter Umformung unterschiedlich. Sie führen jedoch alle zu einer Zustandsdarstellung in Form der Gleichungen 12.17 und 12.18. Diese Zustandsgleichungen eignen sich hervorragend für die Ermittlung der Lösung der zugrunde liegenden Differentialgleichung n-ter Ordnung.

12.1.2 Simulation des zeitdiskreten Systems

Die Lösung des Vektordifferentialgleichungssystems

$$\dot{\boldsymbol{x}} = \boldsymbol{A} \cdot \boldsymbol{x} + \boldsymbol{b} \cdot x_e \qquad (12.27)$$

$$x_a = \boldsymbol{c}^T \cdot \boldsymbol{x} + d \cdot x_e \; , \qquad (12.28)$$

basiert auf der Lösung der folgenden skalaren Differentialgleichung 1. Ordnung

$$\dot{x} = a \cdot x + b \cdot x_e \; . \qquad (12.29)$$

Die Lösung dieser Differentialgleichung ergibt sich nach der Vorgehensweise von Kapitel 2.1.1 zu

$$x(t) = \mathrm{e}^{a(t-t_0)} \cdot x(t_0) + \int_{t_0}^{t} \mathrm{e}^{a(t-\tau)} \cdot b \; x_e(\tau) \mathrm{d}\tau$$

$$x(t) = e^{a(t-t_0)} \cdot x(t_0) + e^{at} \cdot \int\limits_{t_0}^{t} e^{-a\tau} \cdot b\, x_e(\tau) d\tau \, . \tag{12.30}$$

Ist das Eingangssignal $x_e(t)$ nun konstant, z.B. $x_e(t) = x_e(t_0)$, dann kann das Integral geschlossen gelöst werden. Die Lösung von Gleichung 12.30 lautet dann

$$\begin{aligned} x(t) &= e^{a(t-t_0)} \cdot x(t_0) + e^{at} \cdot \frac{-1}{a} \cdot e^{-a\tau}\Big|_{t_0}^{t} \cdot b\, x_e(t_0) \\ &= e^{a(t-t_0)} \cdot x(t_0) + e^{at} \cdot \frac{-1}{a} \left(e^{-at} - e^{-at_0}\right) \cdot b\, x_e(t_0) \\ &= e^{a(t-t_0)} \cdot x(t_0) - \frac{1}{a} \cdot \left(1 - e^{a(t-t_0)}\right) \cdot b\, x_e(t_0) \\ &= e^{a(t-t_0)} \cdot x(t_0) + \frac{1}{a} \cdot \left(e^{a(t-t_0)} - 1\right) \cdot b\, x_e(t_0) \, . \end{aligned} \tag{12.31}$$

Diese Lösung der skalaren Differentialgleichung 12.29 kann für die Lösung der Vektordifferentialgleichung 12.27 übernommen werden [8], indem der Skalar a durch die Matrix $\boldsymbol{A}$ und der Skalar b durch den Spaltenvektor $\boldsymbol{b}$ ersetzt wird. Die Division durch a in Gleichung 12.31 geht dabei über in die Matrixinversion $\boldsymbol{A}^{-1}$, und die Eins wird durch die Einheitsmatrix $\boldsymbol{I}$ ersetzt. Somit lautet die Lösung der Vektordifferentialgleichung 12.27

$$\boldsymbol{x}(t) = e^{\boldsymbol{A}(t-t_0)} \cdot \boldsymbol{x}(t_0) + \boldsymbol{A}^{-1} \cdot \left(e^{\boldsymbol{A}(t-t_0)} - \boldsymbol{I}\right) \cdot \boldsymbol{b} \cdot \boldsymbol{x}_e(t_0) \, . \tag{12.32}$$

Die Matrixexponentialfunktion $e^{\boldsymbol{A}t}$ wird in Analogie zur Potenzreihenentwicklung der normalen Exponentialfunktion

$$e^{a(t-t_0)} = 1 + \frac{a(t-t_0)}{1!} + \frac{\{a(t-t_0)\}^2}{2!} + \frac{\{a(t-t_0)\}^3}{3!} + \cdots$$

definiert zu

$$e^{\boldsymbol{A}(t-t_0)} = \boldsymbol{I} + \frac{\boldsymbol{A}(t-t_0)}{1!} + \frac{\{\boldsymbol{A}(t-t_0)\}^2}{2!} + \frac{\{\boldsymbol{A}(t-t_0)\}^3}{3!} + \cdots \, . \tag{12.33}$$

Diese Reihenentwicklung konvergiert unabhängig von der Matrix $\boldsymbol{A}$. Die Konvergenzgeschwindigkeit steigt dabei mit abnehmendem $(t - t_0)$. Die Ausgangsgröße des Systems wird unverändert aus Gleichung 12.28 gebildet zu

$$x_a = \boldsymbol{c}^T \cdot \boldsymbol{x} + d \cdot x_e \, . \tag{12.34}$$

Die Gültigkeit der obigen Lösung von Gleichung 12.31 und 12.32 soll an einem Beispiel demonstriert werden.

Beispiel 12.1: Es soll die Sprungantwort einer Übertragungsfunktion 2. Ordnung mit Methoden des Zustandsraums berechnet und mit der Lösung bei Verwendung der Laplace-Transformation verglichen werden.

Begonnen wird mit der Lösung bei *Verwendung der Laplace-Transformation.* Die Übertragungsfunktion lautet

$$F(s) = \frac{2s+4}{s^2+4s+3} = \frac{2s+4}{(s+3)\cdot(s+1)} \, .$$

Daraus läßt sich die folgende Differentialgleichung ableiten zu

$$\ddot{x}_a + 4\dot{x}_a + 3x_a = 4x_e + 2\dot{x}_e \,.$$

Nach der Partialbruchzerlegung der Übertragungsfunktion in

$$F(\mathrm{j}\omega)(s) = \frac{X_a(s)}{X_e(s)} = \frac{1}{s+3} + \frac{1}{s+1}\,,$$

lautet die Laplace-transformierte Ausgangsgröße $X_a(s)$ nach einem Einheitssprung der Eingangsgröße $X_e(s) = 1/s$

$$X_a(s) = \frac{1}{s(s+3)} + \frac{1}{s(s+1)}\,.$$

Die Rücktransformation in den Zeitbereich ergibt die Sprungantwort $x_a(t)$ zu

$$x_a(t) = \frac{1}{3}\cdot\left(1-\mathrm{e}^{-3t}\right) + \left(1-\mathrm{e}^{-t}\right) = \frac{4}{3} - \mathrm{e}^{-t} - \frac{1}{3}\cdot\mathrm{e}^{-3t}\,.$$

Die Ermittlung der Lösung mit den *Methoden des Zustandsraums* erfordert zunächst die Aufstellung der Zustandsraumgleichungen. Für die Übertragungsfunktion 2. Ordnung ergibt die Anwendung der Gleichungen 12.23 und 12.24

$$\begin{pmatrix} x_1 \\ x_2 \end{pmatrix}^{\bullet} = \begin{pmatrix} 0 & 1 \\ -3 & -4 \end{pmatrix}\cdot\begin{pmatrix} x_1 \\ x_2 \end{pmatrix} + \begin{pmatrix} 0 \\ 1 \end{pmatrix}\cdot x_e \tag{12.35}$$

$$x_a = (4 \quad 2)\cdot\begin{pmatrix} x_1 \\ x_2 \end{pmatrix}, \tag{12.36}$$

mit

$$\boldsymbol{A} = \begin{pmatrix} 0 & 1 \\ -3 & -4 \end{pmatrix} \qquad \boldsymbol{b} = \begin{pmatrix} 0 \\ 1 \end{pmatrix} \qquad \boldsymbol{c}^T = (4 \quad 2) \qquad \text{und} \qquad \boldsymbol{x} = \begin{pmatrix} x_1 \\ x_2 \end{pmatrix}.$$

Zur Berechnung der Lösung von Gleichung 12.31 ist zunächst die Matrixexponentialfunktion $\mathrm{e}^{\boldsymbol{A}t}$ mit Hilfe von Gleichung 12.33 zu ermitteln. Einsetzen der Zustandsmatrix $\boldsymbol{A}$ in Gleichung 12.33 ergibt:

$$\begin{aligned} \mathrm{e}^{\boldsymbol{A}(t-t_0)} &= \begin{pmatrix} 1 & 0 \\ 0 & 1 \end{pmatrix} + \begin{pmatrix} 0 & 1 \\ -3 & -4 \end{pmatrix}\cdot\frac{t-t_0}{1!} + \begin{pmatrix} -3 & -4 \\ 12 & 13 \end{pmatrix}\cdot\frac{(t-t_0)^2}{2!} + \\ &+ \begin{pmatrix} 12 & 13 \\ -39 & -40 \end{pmatrix}\frac{(t-t_0)^3}{3!} + \begin{pmatrix} -39 & -40 \\ 120 & 121 \end{pmatrix}\frac{(t-t_0)^4}{4!}\ldots \end{aligned} \tag{12.37}$$

Das Element (1,1) dieser Matrizensumme lautet

$$f_{1,1} = 1 + 0\cdot\frac{t-t_0}{1!} - 3\cdot\frac{(t-t_0)^2}{2!} + 12\cdot\frac{(t-t_0)^3}{3!} - 39\cdot\frac{(t-t_0)^4}{4!} + \ldots\,.$$

Vergleicht man diese Summe mit der Potenzreihendarstellung der folgenden zwei Exponentialfunktionen

$$\begin{aligned} \mathrm{e}^{-(t-t_0)} &= 1 - \frac{t-t_0}{1!} + \frac{(t-t_0)^2}{2!} - \frac{(t-t_0)^3}{3!} + \frac{(t-t_0)^4}{4!} + \ldots \\ \mathrm{e}^{-3(t-t_0)} &= 1 - \frac{3(t-t_0)}{1!} + \frac{9(t-t_0)^2}{2!} - \frac{27(t-t_0)^3}{3!} + \frac{81(t-t_0)^4}{4!} + \ldots \end{aligned}$$

so erkennt man nach einem Koeffizientenvergleich, daß gilt

$$f_{1,1} = \frac{3}{2} \cdot e^{-(t-t_0)} + \frac{1}{2} \cdot e^{-3(t-t_0)} .$$

Entsprechende Lösungen gelten für die weiteren Elemente der Matrizensumme von Gleichung 12.37. Die Matrixexponentialfunktion besitzt damit die geschlossene Lösung

$$e^{\boldsymbol{A}(t-t_0)} = \begin{pmatrix} \frac{3}{2}e^{-(t-t_0)} + \frac{1}{2}e^{-3(t-t_0)} & \frac{1}{2}e^{-(t-t_0)} - \frac{1}{2}e^{-3(t-t_0)} \\ -\frac{3}{2}e^{-(t-t_0)} + \frac{3}{2}e^{-3(t-t_0)} & -\frac{1}{2}e^{-(t-t_0)} + \frac{3}{2}e^{-3(t-t_0)} \end{pmatrix} .$$

Mit der Kenntnis von $e^{\boldsymbol{A}t}$ kann dann für konstante Eingangssignale auch der zweite Term der Lösung von Gleichung 12.31 ermittelt werden zu

$$\boldsymbol{A}^{-1} \cdot \left(e^{\boldsymbol{A}(t-t_0)} - \boldsymbol{I}\right) \cdot \boldsymbol{b} = \begin{pmatrix} \frac{1}{3} - \frac{1}{2}e^{-(t-t_0)} + \frac{1}{6}e^{-3(t-t_0)} \\ \frac{1}{2}e^{-(t-t_0)} - \frac{1}{2}e^{-3(t-t_0)} \end{pmatrix}$$

Befindet sich das System zum Zeitpunkt $t_0 = 0$ in Ruhe, so sind die Elemente des Zustandsvektors $x_1(t_0)$ und $x_2(t_0)$ ebenfalls Null, und die Lösung für den Zustandsvektor im Zeitbereich lautet für ein konstantes Eingangssignal $x_e(t_0) = 1$ dann

$$\begin{pmatrix} x_1(t) \\ x_2(t) \end{pmatrix} = \begin{pmatrix} \frac{1}{3} - \frac{1}{2}e^{-t} + \frac{1}{6}e^{-3t} \\ \frac{1}{2}e^{-t} - \frac{1}{2}e^{-3t} \end{pmatrix} .$$

Unter Verwendung von Gleichung 12.36 resultiert dann die Lösung für das Ausgangssignal $x_a(t)$ zu

$$x_a(t) = (4 \quad 2) \cdot \begin{pmatrix} x_1(t) \\ x_2(t) \end{pmatrix} = \frac{4}{3} - e^{-t} - \frac{1}{3} \cdot e^{-3t} .$$

Die Lösung unter Verwendung der Zustandsgleichungen ist identisch mit der Lösung bei Verwendung der Laplace-Transformation. □

Aufgabe 12.1: Gegeben ist die folgende Übertragungsfunktion eines Systems 2. Ordnung:

$$F(s) = \frac{X_a(s)}{X_e(s)} = \frac{2s+3}{s^2+3s+2} .$$

Berechnen Sie

1. mit Hilfe der Laplace-Transformation die Sprungantwort von $x_a(t)$.
2. Wie lauten die Matrizen bzw. Vektoren der Zustandsraumdarstellung dieses Systems?
3. Berechnen Sie $e^{\boldsymbol{A}t}$.
4. Wie lautet $\boldsymbol{A}^{-1} \cdot \left(e^{\boldsymbol{A}t} - \boldsymbol{I}\right) \cdot \boldsymbol{b}$?
5. Berechnen Sie den Zustandsvektor $\boldsymbol{x}(t)$ für ein sprungförmiges Eingangssignal $x_e(t) = 1 \cdot \sigma(t)$ und $x_1(0) = x_2(0) = 0$.
6. Wie lautet unter Verwendung von $\boldsymbol{x}(t)$ die Lösung von $x_a(t)$?

Lösung:

1. $x_a(t) = \frac{3}{2} - \mathrm{e}^{-t} - \frac{1}{2}\mathrm{e}^{-2t}$

2. $\boldsymbol{A} = \begin{pmatrix} 0 & 1 \\ -2 & -3 \end{pmatrix}$ $\qquad \boldsymbol{b} = \begin{pmatrix} 0 \\ 1 \end{pmatrix}$ $\qquad \boldsymbol{c}^T = (3 \quad 2)$

3. $\mathrm{e}^{\boldsymbol{A}t} = \begin{pmatrix} 2\mathrm{e}^{-t} - \mathrm{e}^{-2t} & \mathrm{e}^{-t} - \mathrm{e}^{-2t} \\ -2\mathrm{e}^{-t} + 2\mathrm{e}^{-2t} & -\mathrm{e}^{-t} + 2\mathrm{e}^{-2t} \end{pmatrix}$

4. $\boldsymbol{A}^{-1} \cdot \left(\mathrm{e}^{\boldsymbol{A}t} - \boldsymbol{I}\right) \cdot \boldsymbol{b} = \begin{pmatrix} \frac{1}{2} - \mathrm{e}^{-t} + \frac{1}{2}\mathrm{e}^{-2t} \\ -\mathrm{e}^{-t} - \mathrm{e}^{-2t} \end{pmatrix}$

5. $\boldsymbol{x}(t) = \begin{pmatrix} x_1(t) \\ x_2(t) \end{pmatrix} = \begin{pmatrix} \frac{1}{2} - \mathrm{e}^{-t} + \frac{1}{2}\mathrm{e}^{-2t} \\ -\mathrm{e}^{-t} - \mathrm{e}^{-2t} \end{pmatrix}$

6. $x_a(t) = \frac{3}{2} - \mathrm{e}^{-t} - \frac{1}{2}\mathrm{e}^{-2t}$

□

Die analytische Lösung 12.31 der Vektordifferentialgleichung ist gültig für konstante Eingangssignale $x_e(t) = x_e(t_0) \cdot \sigma(t)$. Bei der Simulation linearer Systeme treten jedoch beliebige Eingangssignale $x_e(t)$ auf. Nimmt man nun, wie in der nebenstehenden Abb. gezeigt, diese Eingangssignale als stückweise konstant an, dann kann mit einer kleinen Modifikation die Lösung 12.31 auch für beliebige Eingangssignale verwendet werden.

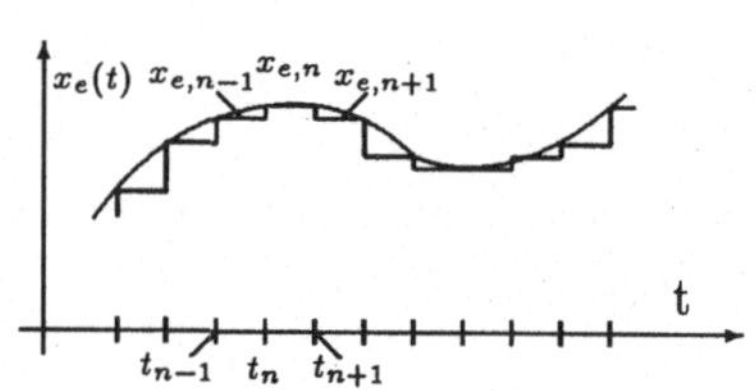

Abb. 12.4: Stückweise konstantes Eingangssignal $x_e(t)$

Betrachtet man nur das Zeitintervall $t_n < t < t_{n+1}$, dann geht für dieses Zeitinterval die Lösung 12.31

$$\boldsymbol{x}(t) = \mathrm{e}^{\boldsymbol{A}(t - t_0)} \cdot \boldsymbol{x}(t_0) + \boldsymbol{A}^{-1} \cdot \left(\mathrm{e}^{\boldsymbol{A}(t - t_0)} - \boldsymbol{I}\right) \cdot \boldsymbol{b} \cdot x_e(t_0)$$

aufgrund der Konstanz von x_e über in

$$\boldsymbol{x}(t_{n+1}) = \mathrm{e}^{\boldsymbol{A}(t_{n+1} - t_n)} \cdot \boldsymbol{x}(t_n) + \boldsymbol{A}^{-1}\left(\mathrm{e}^{\boldsymbol{A}(t_{n+1} - t_n)} - \boldsymbol{I}\right)\boldsymbol{b} \cdot x_e(t_n) \,. \tag{12.38}$$

Die Simulation eines linearen Systems erfolgt damit durch die rekursive Berechnung der Vektorgleichung

$$\boldsymbol{x}(t_{n+1}) = \boldsymbol{\Phi} \cdot \boldsymbol{x}(t_n) + \boldsymbol{\Gamma} \cdot x_e(t_n) \tag{12.39}$$

für $n = 0, 1, \ldots$ mit

$$\boldsymbol{\Phi} = \mathrm{e}^{\boldsymbol{A}\Delta t} = \boldsymbol{I} + \frac{\boldsymbol{A}\Delta t}{1!} + \frac{\{\boldsymbol{A}\Delta t\}^2}{2!} + \frac{\{\boldsymbol{A}\Delta t\}^3}{3!} + \cdots \tag{12.40}$$

$$\boldsymbol{\Gamma} = \boldsymbol{A}^{-1} \cdot (\boldsymbol{\Phi} - \boldsymbol{I}) \cdot \boldsymbol{b} \qquad \text{und} \tag{12.41}$$

$$\Delta t = t_{n+1} - t_n = t_n - t_{n-1} = \cdots \,. \tag{12.42}$$

Die Ausgangsgröße $x_a(t_n)$ wird aus Gleichung 12.34 berechnet zu

$$x_a(t_n) = \boldsymbol{c}^T \cdot \boldsymbol{x}(t_n) + d \cdot x_e(t_n) \ . \tag{12.43}$$

Je kleiner Δt, umso schneller konvergiert die Reihenentwicklung von Gleichung 12.40, und umso exakter wird die Lösung von $x_a(t)$ für beliebige Eingangssignale $x_e(t)$. Das Zeitintervall Δt sollte ca. 5 bis 10 mal kleiner als die Periodendauer der Schwingung mit der größten Frequenz ω sein. Auf die unterschiedlichen Verfahren zur Ermittlung der Matrizen $\boldsymbol{\Phi}$ und $\boldsymbol{\Gamma}$ wird nicht näher eingegangen, da an dieser Stelle nur das Prinzip der numerischen Lösung von Differentialgleichungen dargestellt werden soll.

Die *Ermittlung der numerischen Lösung von Differentialgleichungen* mit beliebigen Eingangssignalen $x_e(t)$, bzw. der Systemantwort von Übertragungsfunktionen $F(s)$ mit beliebigen Anregungen, und den Anfangsbedingungen $x_a(t_0) = \dot{x}_a(t_0) = \ldots = 0$ erfolgt somit in den folgenden Schritten:

1. Aufstellung der Systemmatrizen und -vektoren $\boldsymbol{A}$, $\boldsymbol{b}$, $\boldsymbol{c}^T$ und gegebenenfalls auch von d.
2. Berechnung der Matrizen $\boldsymbol{\Phi}$ und $\boldsymbol{\Gamma}$.
3. Lösung der Rekursionsgleichungen 12.39 und 12.43 .
4. Grafische Darstellung der Lösung.

Die Vorgehensweise soll an einem Beispiel demonstriert werden.

Beispiel 12.2: Für die Übertragungsfunktion des Beispiels 12.1

$$F(s) = \frac{X_a(s)}{X_e(s)} = \frac{2s+4}{s^2+4s+3} = \frac{2s+4}{(s+3)\cdot(s+1)} \ .$$

soll für das Eingangssignal

$$x_e(t) = 1 - \mathrm{e}^{-0{,}8t} \cdot \cos(2t)$$

das Ausgangssignal $x_a(t)$ berechnet werden. Das System sei zu Beginn in der Ruhelage.

Schritt 1 - Ermittlung der Systemmatrizen und -vektoren: Die Matrizen und Vektoren wurden bereits in Beispiel 12.1 berechnet zu

$$\boldsymbol{A} = \begin{pmatrix} 0 & 1 \\ -3 & -4 \end{pmatrix} \qquad \boldsymbol{b} = \begin{pmatrix} 0 \\ 1 \end{pmatrix} \qquad \boldsymbol{c}^T = (4 \quad 2) \qquad \text{und} \qquad \boldsymbol{x} = \begin{pmatrix} x_1 \\ x_2 \end{pmatrix}$$

sowie $d = 0$.

Schritt 2 - Berechnung der Matrizen $\boldsymbol{\Phi}$ und $\boldsymbol{\Gamma}$: Für ein Zeitintervall von $\Delta t = 0{,}1$ s lauten die Einzelterme der Reihenentwicklung von $\boldsymbol{\Phi}$:

$$\frac{\boldsymbol{A}\Delta t}{1!} = \begin{pmatrix} 0 & 0{,}1 \\ -0{,}3 & -0{,}4 \end{pmatrix} \qquad \frac{(\boldsymbol{A}\Delta t)^2}{2!} = \begin{pmatrix} -0{,}015 & -0{,}02 \\ 0{,}06 & 0{,}065 \end{pmatrix}$$

$$\begin{aligned} \frac{(\boldsymbol{A}\Delta t)^3}{3!} &= \begin{pmatrix} 0,002 & 0,0022 \\ -0,0065 & -0,0067 \end{pmatrix} \\ \frac{(\boldsymbol{A}\Delta t)^4}{4!} &= \begin{pmatrix} -0,1625 & -0,1667 \\ 0,5 & 0,5042 \end{pmatrix} \cdot 10^{-3} \\ \frac{(\boldsymbol{A}\Delta t)^5}{5!} &= \begin{pmatrix} 0,1 & 0,1008 \\ -0,3025 & -0,3033 \end{pmatrix} \cdot 10^{-4} \end{aligned} \qquad (12.44)$$

Bereits nach 4 Schritten ändern sich bei der Reihenentwicklung zur Berechnung von $\boldsymbol{\Phi}$ die Einzelelemente nur noch ab der 5. Stelle nach dem Komma. Auf 4 Stellen genau lautet somit die Matrix $\boldsymbol{\Phi}$:

$$\boldsymbol{\Phi} = \begin{pmatrix} 0,6588 & -0,2460 \\ 0,0820 & 0,9868 \end{pmatrix} .$$

Nach kurzer Rechnung ergibt sich dann die Matrix $\boldsymbol{\Gamma}$ zu

$$\boldsymbol{\Gamma} = \begin{pmatrix} 0,0044 \\ 0,0820 \end{pmatrix} .$$

Schritt 3 - Lösung der Rekursionsgleichungen: Bei Verwendung des Simulationsprogramms MATLAB erfolgt die Berechnung des Ausgangssignals mittels Eingabe des folgenden Programms:

```
t = 0:0.1:10;                      % Zeitintervall: t0 = 0; Δt = 0,1 und tE = 10
xe = 1 - exp(-0.8*t).*cos(2*t);    % Berechnung des Eingangssignals xe(t)
num = [0 2 4];                     % Vorgabe des Zählers der Übertragungsfunktion
den = [1 4 3];                     % Vorgabe des Nenners der Übertragungsfunktion
xa = lsim(num,den,xe,t);           % Berechnung von xa(t) durch Aufstellen von
                                   % A, b, c^T und Lösung der Rekursionsgleichungen
plot(t,xa,'-g',t,xe,'-r'),         % Erstellung des Diagramms von xe(t) und xa(t)
grid;                              % Erstellung eines Gitternetzes
meta bild1;                        % Abspeicherung der Abb. in einem Metafile
pause;                             % Pause
exit;                              % Programmende
```

Schritt 4 - Erstellung des Liniendiagramms von $x_e(t)$ und $x_a(t)$: Abb. 12.5 zeigt das mit MATLAB berechnete Liniendiagramm für die angegebenen Ein- und Ausgangssignale. □

Aufgabe 12.2: Gegeben ist die folgende Übertragungsfunktion eines Systems 2. Ordnung von Aufgabe 12.1

$$F(s) = \frac{X_a(s)}{X_e(s)} = \frac{2s+3}{s^2+3s+2} .$$

Berechnen Sie die Matrizen $\boldsymbol{\Phi}$ und $\boldsymbol{\Gamma}$ aus den in Aufgabe 12.1 ermittelten Matrizen $\boldsymbol{A}$ und $\boldsymbol{b}$ für das Zeitintervall $\Delta t = 0,1\ s$.

Lösung: $\boldsymbol{\Phi} = \begin{pmatrix} 0,9909 & 0,0861 \\ -0,1722 & 0,7326 \end{pmatrix}$ $\qquad \boldsymbol{\Gamma} = \begin{pmatrix} 0,0045 \\ 0,0861 \end{pmatrix}$ □

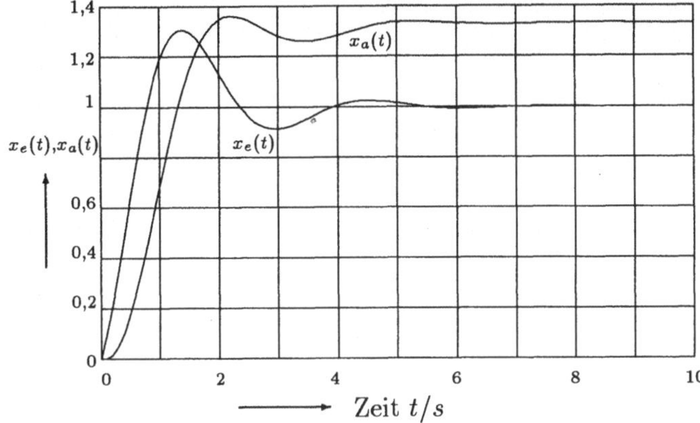

Abb. 12.5: Antwort $x_a(t)$ der Übertragungsfunktion $F(s)$ auf das Anregungssignal von Beispiel 12.2

12.2 Simulation nichtlinearer Systeme

Im Unterschied zu den linearen Systemen können bei den nichtlinearen Systemen z.B. Produkte, Quotienten, Begrenzungen, Schalter oder auch nichtlineare Funktionen von Systemvariablen bzw. Funktionen der Zeit t auftreten. Die Berechnung der Systemantwort $x_a(t)$ auf ein Eingangssignal $x_e(t)$ erfordert dann einen Lösungsansatz, der auf der Verwendung von numerischen Integrationsalgorithmen beruht. Dabei wird zunächst das nichtlineare Übertragungssystem als Vektordifferentialgleichung 1. Ordnung formuliert. Auf der linken Seite der Differentialgleichung stehen die abgeleiteten Größen und auf der rechten Seite die zu integrierenden Größen. Diese Vektordifferentialgleichung 1. Ordnung wird dann mit einem numerischen Integrationsalgorithmus (z.B. Runge-Kutta-Verfahren) integriert und liefert den Zeitverlauf der Systemvariablen.

12.2.1 Formulierung der Vektordifferentialgleichung 1. Ordnung eines nichtlinearen Übertragungssystems

Betrachtet man z.B. die komplette Kaskadenregelung eines Gleichstrommotors von Abb. 11.10, so enthält ein derartiger Regelkreis neben den linearen Übertragungselementen wie PT_1-, I- und PI-Gliedern auch nichtlineare Elemente wie einen Begrenzer, sowie das Produkt von Strom I_A und Fluß Ψ_f zur Bildung des Antriebsmoments M_a. Der Erregerfluß Ψ_f wird wiederum durch die Erregerfeldspannung — die nicht dargestellt ist — aufgebaut. Dabei hängen Erregerspannung U_f bzw. -strom I_f und Fluß Ψ_f über eine nichtlineare Magnetisierungskennlinie $\Psi_f = f(I_f)$ zusammen.

Die Beschreibung der *linearen Übertragungsglieder* durch eine Vektordifferentialgleichung 1. Ordnung entspricht im wesentlichen der Zustandsraumdarstellung von Abschnitt 12.1.1. So wird z.B. das PT_1-Glied

$$F(s) = \frac{X_1(s)}{X_2(s)} = \frac{K}{1+Ts}$$

beschrieben durch

$$\dot{x}_1(t) = -\frac{1}{T} \cdot x_1(t) + \frac{K}{T} \cdot x_2(t) \ ,$$

ein I-Glied

$$F(s) = \frac{X_3(s)}{X_4(s)} = \frac{K_I}{s}$$

beschrieben durch

$$\dot{x}_3(t) = K_I \cdot x_4(t)$$

und der PI-Regler

$$F(s) = \frac{X_5(s)}{X_6(s)} = K_P + \frac{K_I}{s}$$

beschrieben durch

$$\begin{aligned} \dot{x}_h(t) &= K_I \cdot x_6(t) \\ x_5(t) &= K_P \cdot x_6 + x_h(t) \ . \end{aligned}$$

Hierbei steht dann $x_5(t)$ wieder auf der rechten Seite einer nachfolgenden Integration, oder es taucht direkt als Ausgangsgröße auf.

Nichtlineare Übertragungsglieder wie z.B. Multiplikationen werden direkt als Multiplikation formuliert:

$$x_7(t) = x_8(t) \cdot x_9(t) \ .$$

Auch nichtlineare Funktionen wie z.B. eine Magnetisierungskennlinie werden direkt als Funktion geschrieben

$$x_{10} = f(x_{11}) \ .$$

Treten Unstetigkeitsstellen wie z.B. eine Begrenzerkennlinie, eine Hysterese, eine tote Zone, Zweipunktschalter oder dergleichen auf, dann werden diese Unstetigkeiten vorteilhafterweise in einer Art „Unterprogramm“ formuliert. Bei Erreichen der Unstetigkeitsstelle ändert der Integrationsalgorithmus dann, wie später beschrieben, seine Arbeitsweise.

Nach Formulierung der Gleichungen bzw. Differentialgleichungen der einzelnen Übertragungsglieder konfiguriert das Simulationsprogramm dann das Gesamtsystem in eine Vektordifferentialgleichung 1. Ordnung in der folgenden allgemeinen Schreibweise:

$$\begin{pmatrix} x_1(t) \\ x_2(t) \\ \vdots \\ x_n(t) \end{pmatrix}^{\bullet} = \begin{pmatrix} f_1(\boldsymbol{x}(t),t) \\ f_2(\boldsymbol{x}(t),t) \\ \vdots \\ f_n(\boldsymbol{x}(t),t) \end{pmatrix} \qquad \text{bzw.} \qquad \dot{\boldsymbol{x}}(t) = \boldsymbol{f}(\boldsymbol{x}(t),t) \ , \tag{12.45}$$

mit $f_i(\cdot, t)$ bzw. $\boldsymbol{f}(\cdot, t)$ als nichtlineare Funktionen bzw. Vektorfunktion. Den Vektor $\boldsymbol{x}(t)$ nennt man, wie in Abschnitt 12.1.1, Zustandsvektor und die einzelnen Elemente $x_1(t)$, $x_2(t)$ ... Zustandsgrößen. Zusätzlich zu dieser Vektordifferentialgleichung sind zur Behandlung der Unstetigkeiten einzelner Zustandsgrößen „Unterprogramme" zur Abarbeitung der Unstetigkeitsstellen vorhanden. Außerdem werden gegebenenfalls Ausgangsgrößen durch Überlagerung einzelner Zustandsgrößen gebildet.

Die Simulation des nichtlinearen Systems geschieht nun durch Integration der nichtlinearen Vektordifferentialgleichung 12.45 mit Integrationsverfahren, die im nachfolgenden Abschnitt beschrieben werden.

12.2.2 Integration von Differentialgleichungen

Die Simulation eines nichtlinearen Systems erfordert die Ermittlung des Zeitverlaufs der Variablen $x_1(t)$, $x_2(t)$, ... im Bereich $t_0 \leq t \leq t_E$ aus der Vektordifferentialgleichung

$$\dot{\boldsymbol{x}}(t) = \boldsymbol{f}(\boldsymbol{x}(t), t) \ ,$$

für die gegebene Anfangsbedingung $\boldsymbol{x}(t_0) = \boldsymbol{x}_0$. Die Lösung lautet

$$\boldsymbol{x}(t) = \boldsymbol{x}_0 + \int_{t_0}^{t} \boldsymbol{f}(\boldsymbol{x}(\tau), \tau) \mathrm{d}\tau \ .$$

Da $\boldsymbol{f}(\boldsymbol{x}(t), t)$ im allgemeinen nicht exakt integriert werden kann, sind Näherungslösungen zur numerischen Berechnung des Integrals

$$\boldsymbol{L} = \int_{t_0}^{t} \boldsymbol{f}(\boldsymbol{x}(\tau), \tau) \mathrm{d}\tau$$

erforderlich. Die numerischen Integrationsverfahren unterscheiden sich im wesentlichen in der Methode der Ermittlung dieses Integrals. Die Berechnung des Integrals über den gesamten Zeitbereich wird zurückgeführt auf eine Lösung in einem kleinen Zeitintervall, die dann rekursiv auf das gesamte Zeitintervall ausgedehnt wird.

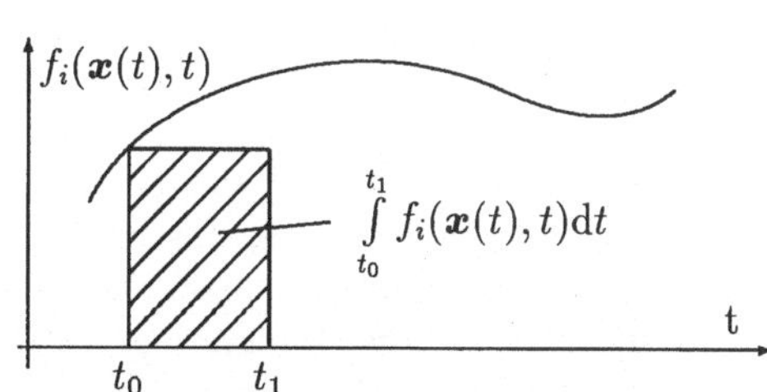

Abb. 12.6: Integration einer Funktion

Die Integration einer Funktion wird auf die Berechnung der Fläche unter der Funktion zurückgeführt. Die einfachste Möglichkeit dieser Flächenberechnung zeigt Abb. 12.6. Die angewendete Regel ist die sogenannte Rechteckregel und das daraus abgeleitete Integrationsverfahren das *Euler-Cauchy-Polygonzugverfahren:*

$$\begin{aligned} \boldsymbol{x}(t_0) &= \boldsymbol{x}_0 && \text{für } n = 0, \text{ und} \\ \boldsymbol{x}(t_n) &= \boldsymbol{x}(t_{n-1}) + h \cdot \int\limits_{t_{n-1}}^{t_n} \boldsymbol{f}(\boldsymbol{x}(t), t) \mathrm{d}t && \text{für } n > 0 \end{aligned}$$

mit $h = t_n - t_{n-1} = t_{n-1} - t_{n-2} = \ldots$ als sogenannte Schrittweite der Integration. Rekursiv wird, beginnend bei $t = t_0$, die Fläche unter jedem Kurvenzug $f_i(\boldsymbol{x}(t), t)$ — die ja identisch ist mit $x_i(t)$ — durch Auswertung der Funktion $f_i(\boldsymbol{x}(t), t)$ an der Stelle $\{\boldsymbol{x}(t_n), t_n\}$ und nachfolgende Multiplikation mit h ermittelt. Die Lösung für $\boldsymbol{x}(t_n)$ wird solange berechnet, bis $t_n = t_E$ erreicht ist. Die numerische Integration der nichtlinearen Vektordifferentialgleichung 12.45 wird also auf eine rekursive Auswertung der rechten Seite der Differentialgleichung und nachfolgende Multiplikation mit der Schrittweite h zurückgeführt. Für jeden Integrationsschritt wird die rechte Seite der Differentialgleichung nur einmal ausgewertet.

Dieses Euler-Cauchy-Polygonzugverfahren ist auch bei kleiner Schrittweite h ein relativ ungenaues numerisches Integrationsverfahren, da es nur auf der Funktionsauswertung am jeweiligen Startpunkt $\{\boldsymbol{x}(t_n), t_n\}$ beruht. Ein wesentlich genaueres Abbild der Funktion $f_i(\boldsymbol{x}(t_n), t_n)$ in der Umgebung des jeweiligen Startpunktes $\{\boldsymbol{x}(t_n), t_n\}$ erhält man durch eine Taylor-Reihenentwicklung der Funktion f_i an dem jeweiligen Startpunkt. Ersetzt man die dabei auftretenden Ableitungen von x_i durch die rechten Seiten $f_i(\boldsymbol{x}(t_n), t_n)$, so führt diese Vorgehensweise zu einem wesentlich genaueren Integrationsalgorithmus. Als Beispiel hierfür soll das sogenannte *klassische Runge-Kutta-Verfahren 4. Ordnung* [11] betrachtet werden, welches durch das folgende Integrationsschema beschrieben wird:

$$\begin{aligned} \boldsymbol{x}(t_n) &= \boldsymbol{x}(t_{n-1}) + \frac{h}{6} \cdot (\boldsymbol{k}_1 + 2\,\boldsymbol{k}_2 + 2\,\boldsymbol{k}_3 + \boldsymbol{k}_4) && \text{mit} \\ \boldsymbol{k}_1 &= \boldsymbol{f}(\boldsymbol{x}(t_{n-1}), t_{n-1})) \\ \boldsymbol{k}_2 &= \boldsymbol{f}(\boldsymbol{x}(t_{n-1}) + \frac{h}{2} \cdot \boldsymbol{k}_1, t_{n-1} + \frac{h}{2}) \\ \boldsymbol{k}_3 &= \boldsymbol{f}(\boldsymbol{x}(t_{n-1}) + \frac{h}{2} \cdot \boldsymbol{k}_2, t_{n-1} + \frac{h}{2}) \\ \boldsymbol{k}_4 &= \boldsymbol{f}(\boldsymbol{x}(t_{n-1}) + h \cdot \boldsymbol{k}_3, t_{n-1} + h)\ . \end{aligned}$$

Am Startwert $\{\boldsymbol{x}(t_{n-1}), t_{n-1}\}$ wird zunächst $\boldsymbol{k}_1$ berechnet. Dann folgt an der Stelle $\{\boldsymbol{x}(t_{n-1}) + \frac{h}{2} \cdot \boldsymbol{k}_1, t_{n-1} + \frac{h}{2}\}$ die Berechnung von $\boldsymbol{k}_2$ usw. Insgesamt wird die rechte Seite der Differentialgleichung bei jedem Integrationsschritt viermal an dicht beieinander liegenden Stellen ausgewertet. Dieses Integrationsverfahren heißt dennoch *Einschrittverfahren*, da bei jedem Integrationsschritt von einem Startwert $\{\boldsymbol{x}(t_{n-1}), t_{n-1}\}$ ausgegangen wird. Das Integrationsverfahren heißt weiterhin Integrationsverfahren *4. Ordnung*, da die Taylor-Reihenentwicklung für die exakte Lösung und die Näherungslösung an der Stelle $t_{n-1} + h$ bis zur 4. Potenz von h übereinstimmen.

Neben diesen Einschrittverfahren gibt es Mehrschrittverfahren, die von mehreren Startwerten zur Berechnung des nächsten Rekursionsschritts ausgehen. Die Berechnung von $\boldsymbol{x}(t_n)$ kann, wie beim Runge-Kutta-Verfahren, explizit erfolgen, aber es existieren auch Verfahren, bei denen die Berechnung implizit, d.h. im Rahmen einer Iteration erfolgt. Weiterhin wird zwischen Integrationsverfahren mit fester Schrittweite (wie beim obigen Runge-Kutta-Verfahren) und solchen mit variabler Schrittweite unterschieden. Für Systeme, deren Kennfrequenzen um mehrere Zehnerpotenzen auseinanderliegen (sogenannte „steife“ Differentialgleichungssysteme), existieren spezielle Algorithmen.

Die Integrationsverfahren führen bei kontinuierlichen und differenzierbaren Zustandsgrößen $x_i(t)$ im allgemeinen zu akzeptablen Ergebnissen. Probleme verursachen die oben beschriebenen Unstetigkeitsstellen wie Begrenzungen, Schalter und dergleichen, welche zu diskontinuierlichen Änderungen der Zustandsgrößen führen. In Programmen wie z.B. ACSL werden derartige Unstetigkeiten vorteilhaft durch eine Art „Unterprogramm“ abgefangen. An einer Unstetigkeitsstelle verringert das Programm die Schrittweite h solange, bis die betreffende Zustandsgröße innerhalb einer Fehlertoleranz sich an der Unstetigkeitsstelle befindet. Nach der Aktion an der Unstetigkeitsstelle — beim Zweipunktschalter z.B. Sprung des Ausgangssignals — startet die Integrationsroutine dann von neuem. Etwaige gespeicherte Ableitungen von Funktionen werden gestrichen, da sie infolge der Unstetigkeit wertlos geworden sind.

Das nachfolgende Beispiel der Regelung eines instabilen Stabes dient zur Verdeutlichung der obigen Ausführungen.

Beispiel 12.3: In Kapitel 11.2 wird als Anwendungsbeispiel der Entwurf eines Reglers für das in Kapitel 3.4.2 als Beispiel für eine instabile Regelstrecke eingeführte instabile Pendel untersucht. Es wird dabei gezeigt, daß der für die linearisierte Regelstrecke entworfene Regler zu einer stabilen Lösung führt. Um einen kleinen Einblick in die Simulation nichtlinearer Systeme zu gewinnen, soll dieser Regler nun an der nichtlinearen Strecke erprobt werden, deren Gleichungen in Abschnitt 3.4.2 entwickelt wurden.

1. Modellierung des Regelsystems mit ACSL: Der in Tabelle 12.1 dargestellte Programmausschnitt zeigt die Programmierung der nichtlinearen Gleichungen der Regelstrecke sowie des linearen Reglers und Stellglieds in der Programmiersprache ACSL. Die programmierten nichtlinearen Gleichungen der Regelstrecke entsprechen dabei im wesentlichen den Gleichungen 3.51 bis 3.56.

Das Abbild der Regelstrecke zeigen die Zeilen 1 bis 14. Die Endungen „d“ bzw „dd“ der Variablen entsprechen dabei der 1. bzw. 2. Ableitung dieser Variablen und die Endungen „ic“ kennzeichnen Anfangsbedingungen. Der Vergleich mit den Gleichungen 3.51 bis 3.54 zeigt die Übereinstimmung dieser Gleichungen mit den Zeilen 3, 6, 9 und 12. Die Zeilen 4 und 5 bzw. 10 und 11 stellen die Integration der jeweiligen Variablen dar. Die Zeilen 7 und 8 bzw. 13 und 14 repräsentieren die zweifache Ableitung von Gleichung 3.55 bzw. 3.56. Da diese beiden Gleichungen

```
DERIVATIVE SECT1
______________________________Stabdynamik______________________________
fz     = KZ * PULSE(TZ, PER, WID)                                  $ Zeile 1
fsum   = fx - fz                                                   $ Zeile 2
xwdd   = (fsum - h)/MW                                             $ Zeile 3
xwd    = INTEG(xwdd,xwdic)                                         $ Zeile 4
xw     = INTEG(xwd,xwic)                                           $ Zeile 5
h      = MS*xsdd                                                   $ Zeile 6
xsdd   = IMPL(fx/MW, errbd1, 10, ef1, ...                          $ Zeile 7
         xwdd + L*(phidd*cos(phi) - (phid**2)*sin(phi) ), errbd2)  $ Zeile 8
phidd  = (v*L*sin(phi) - h*L*cos(phi))/JS                          $ Zeile 9
phid   = INTEG(phidd,phidic)                                       $ Zeile 10
phi    = INTEG(phid,phiic)                                         $ Zeile 11
v      = MS*(ysdd + G)                                             $ Zeile 12
ysdd   = IMPL(0.0 , errbd1, 10, ef2, ...                           $ Zeile 13
         -L*(phidd*sin(phi) + (phid**2)*cos(phi) ), errbd2)        $ Zeile 14
______________________________Stabregler______________________________
xd     = PHIW - phi                                                $ Zeile 15
ua     = (KP*BR/AR) * LEDLAG(1/BR, 1/AR, xd, uaic)                 $ Zeile 16
______________________________Stellmotor______________________________
fxcal  = (B1ST/T1) * (ua - REALPL(T1, ua, fxic) )                  $ Zeile 17
SCHEDULE FXMOT .xz. FXMAX - fx                                     $ Zeile 18
fx     = RSW(LMAX, FXMAX, fxcal)                                   $ Zeile 19
END $ " of DERIVATIVE SECT1 "

DISCRETE FXMOT                                                     $ Zeile 20
LMAX  =  .NOT. LMAX                                                $ Zeile 21
END $ " of DISCRETE "                                              $ Zeile 22
```

Tabelle 12.1: ACSL-Programm der Stabregelung

implizite Gleichungen sind, muß der Funktionsaufruf IMPL angewendet werden. Die Zeilen 1 und 2 modellieren die Störgröße und die nachfolgende Summationsstelle.

Der lineare Regler wird in den Zeilen 15 und 16 erfaßt. Für die Beschreibung des Stellmotors reicht Zeile 17 aus. Weist der Stellmotor eine Begrenzung FXMAX auf, so kann diese Begrenzung durch die Zeilen 18 und 19, sowie eine Art Subroutine (Zeilen 20 bis 22) beschrieben werden. In dieser Subroutine „DISCRETE FXMOT“ wird die logische Variable LMAX bei Überschreiten der Grenze FXMAX negiert. In Zeile 19 wird dann für LMAX = .TRUE. der Wert fx = FXMAX und sonst fx = fxcal gesetzt.

2. Simulation eines Störimpulses: Wiederum wirke ein kurzer Störimpuls auf den Stab ein. Dann resultiert der in Abb. 12.7 gezeigte Zeitverlauf der Stabauslenkung des geregelten Systems bei Verwendung der Zahlenwerte für Regler, Stellglied und Strecke von Abschnitt 11.2.2 und 11.2.3.

Im Vergleich zu Abb. 11.16 ist kein wesentlicher Unterschied in den Zeitverläufen

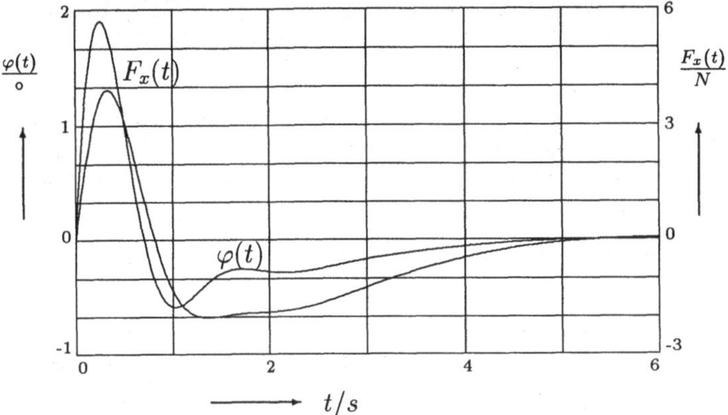

Abb. 12.7: Auswanderung des Stabes aus der Senkrechten nach einer impulsförmigen Störung

festzustellen. Nur der Nulldurchgang ist etwas verschieden. Da nur kleine Stabauslenkungen vorliegen, stimmen die Ergebnisse für das lineare System (Abb. 11.16) gut mit den Ergebnissen des nichtlinearen Systems überein. Dies trifft für große Stabauslenkungen φ jedoch nicht mehr zu. Zusätzlich mit dargestellt ist die Stellkraft $F_x(t)$.

3. Begrenzung der Stellkraft $F_x(t)$: Abschließend wird zur Demonstration der Möglichkeiten der nichtlinearen Systemsimulation die oben beschriebene Stellkraftbegrenzung auf einen Wert von FXMAX $= 3N$ vorgenommen. Nach Einwirkung der impulsförmigen Störung kann das Stellglied keine ausreichende Stellkraft mehr aufbringen (Abb. 12.8). Der Winkel φ wächst stetig an und erreicht schon nach 1,6 s einen Wert von ca. 10°, wobei die Geschwindigkeit immer mehr zunimmt. Wenig später würde er auf den Boden auftreffen.

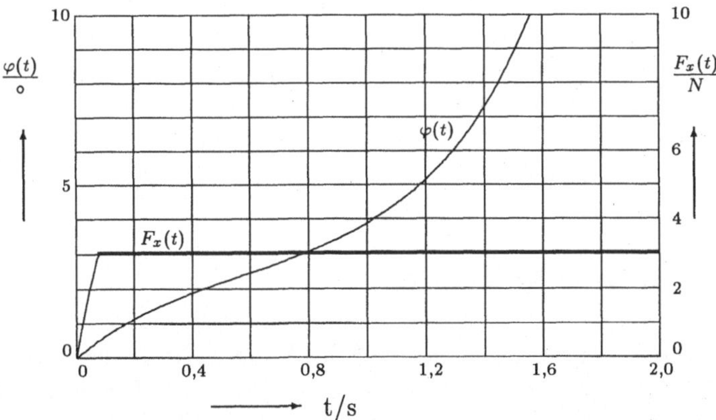

Abb. 12.8: Auswanderung des Stabes aus der Senkrechten nach einer impulsförmigen Störung und Stellkraftbegrenzung

12.3 Nullstellenberechnung von Polynomen

Die Pole und Nullstellen von Übertragungsfunktionen spielen bei der Analyse und Synthese von Regelsystemen eine wichtige Rolle. Diese Pole und Nullstellen sind die Wurzeln von Polynomen, Zähler- oder Nennerpolynom der jeweiligen Übertragungsfunktionen. Die Bestimmung der Wurzeln eines derartigen Polynoms mit konstanten Koeffizienten a_i in der allgemeinen Form

$$P_n(s) = a_n\, s^n + \ldots + a_1\, s + a_0 \,, \tag{12.46}$$

soll hier betrachtet werden. Für ein beliebiges s_1 ist der Rest der Division von $P_n(s)$ durch $(s - s_1)$ gleich $P_n(s_1)$:

$$P_n(s) = (s - s_1) \cdot P_{n-1}(s) + P_n(s_1) \,.$$

Ist nun $P_n(s)$ ohne Rest durch $(s - s_1)^k$, nicht aber durch $(s - s_1)^{k+1}$ teilbar, so nennt man s_1 eine k-fache Wurzel der Gleichung $P_n(s) = 0$ bzw. des Polynoms $P_n(s)$. Die Größe k heißt die *Vielfachheit der Wurzel* s_1 [6]. Die Wurzeln des Polynoms sind also die Wurzeln der algebraischen Gleichung

$$a_n\, s^n + \ldots + a_1\, s + a_0 = 0 \,.$$

Sind alle Wurzeln bekannt (und reell), so kann man das Polynom $P_n(s)$ (für $a_n = 1$) in der folgenden Produktdarstellung angeben

$$P_n(s) = (s - s_1)^{k_1} \cdot (s - s_2)^{k_2} \cdot \ldots \cdot (s - s_n)^{k_n} \,,$$

mit k_i als Vielfachheit der jeweiligen Wurzel. Für komplexe Wurzeln gilt eine ähnliche Produktdarstellung.

Die Bestimmung der Wurzeln von Polynomen wird in der numerischen Mathematik häufig auf die Berechnung von Eigenwerten spezieller Matrizen zurückgeführt. Da das Verständnis dieser Methoden umfassende mathematische Vorkenntnisse voraussetzt, wird der Leser auf die entsprechende Literatur wie z.B. Stoer [32] verwiesen. Einfachere Lösungsansätze für die Bestimmung der Wurzeln basieren auf der direkten Auswertung des Polynoms $P_n(s)$ bzw. dessen Ableitung $\mathrm{d}P_n(s)/\mathrm{d}s = P_n'(s)$. Wichtig ist bei diesen Berechnungen, daß das verwendete Rechenverfahren sicher zu den richtigen Lösungen konvergiert, unabhängig vom Startwert und davon, ob die Wurzeln reell, komplex, einfach oder mehrfach sind.

12.3.1 Laguerre's Methode

Eines der Verfahren, welches bei allen Arten der Wurzeln (reell, komplex, einfach und mehrfach) konvergiert, ist die sogenannte Methode von Laguerre [19]. Die Lösungsgleichungen dieses Verfahrens gehen aus von der Produktdarstellung des betrachteten Polynoms

$$P_n(s) = (s - s_1) \cdot (s - s_2) \cdot \ldots \cdot (s - s_n) \,.$$

Es gilt dann weiterhin

$$\ln|P_n(s)| = \ln|s-s_1| + \ln|s-s_2| + \cdots + \ln|s-s_n| \tag{12.47}$$

$$\frac{\mathrm{d}\ln|P_n(s)|}{\mathrm{d}s} = +\frac{1}{s-s_1} + \frac{1}{s-s_2} + \cdots + \frac{1}{s-s_n} = \frac{P_n'}{P_n} \equiv G \tag{12.48}$$

$$-\frac{\mathrm{d}^2\ln|P_n(s)|}{\mathrm{d}x^2} = \frac{1}{(s-s_1)^2} + \frac{1}{(s-s_2)^2} + \cdots + \frac{1}{(s-s_n)^2} = \tag{12.49}$$

$$= \left(\frac{P_n'}{P_n}\right)^2 - \frac{P_n''}{P_n} \equiv H\ . \tag{12.50}$$

Ausgehend von diesen Ansatzgleichungen, werden folgende Annahmen getroffen: Die gesuchte Wurzel s_1 liege um den Abstand a vom vorangehenden i-ten Schätzwert $\hat{s}_{1,i}$ entfernt, und *alle anderen Wurzeln* liegen um den Abstand b von $\hat{s}_{1,i}$ entfernt. Es gilt also

$$a = \hat{s}_{1,i} - s_1 \qquad \text{und} \qquad b = \hat{s}_{1,i} - s_j \qquad \text{für} \qquad j = 2,3,\ldots n\ .$$

Die Gleichungen 12.48 und 12.50 können unter Verwendung dieser Ansatzgleichungen dann geschrieben werden als

$$\frac{1}{a} + \frac{n-1}{b} = G \qquad \text{und}$$
$$\frac{1}{a^2} + \frac{n-1}{b^2} = H\ .$$

Aus diesen zwei Gleichungen wird dann der Abstand a bestimmt zu

$$a = \frac{n}{G \pm \sqrt{(n-1)\cdot(nH - G^2)}}\ , \tag{12.51}$$

wobei das Vorzeichen so gewählt wird, daß der Nenner betragsmäßig maximal wird. Mit dieser Lösung 12.51 für a lautet dann der nächste Schätzwert für $\hat{s}_{1,i+1}$

$$\hat{s}_{1,i+1} = \hat{s}_{1,i} - a\ .$$

Iterativ wird dann die Schätzung für s_1 verbessert, bis a hinreichend klein ist.

Ist der Schätzwert $\hat{s}_1$ für die Wurzel s_1 hinreichend genau, so wird die Iteration abgebrochen. Dann wird die Ordnung des Polynoms um 1 reduziert, indem $P_n(s)$ durch $s - \hat{s}_1$ dividiert wird. Nun wird erneut die Laguerre Methode angewendet um die nächste Wurzel zu berechnen. Durch diese Polynomdivision wird der Rechenaufwand für die Wurzelbestimmung wesentlich reduziert. Sind hinreichend genaue Schätzwerte für alle n Wurzeln des Polynoms berechnet, kann eventuell eine Nachiteration („Polishing") mit einem anderen Wurzelberechnungsverfahren, wie z.B. der Methode von Bairstow [19] erfolgen, um die Genauigkeit der berechneten Wurzeln weiter zu erhöhen.

A Die Laplace-Transformation

A.1 Definition der Laplace-Transformation

Für die Untersuchung von linearen dynamischen Systemen hat sich die Verwendung der Laplace-Transformation als zweckmäßig erwiesen. Dabei werden nur Zeitfunktionen $f(t)$ betrachtet, die für $t < 0$ verschwinden. Für derartige, sogenannte kausale Zeitfunktionen $f(t)$, wird die *Laplace-Transformierte* $F(s)$ durch das folgende Laplace-Integral definiert:

$$\boxed{\mathcal{L}\{f(t)\} = F(s) = \int_0^\infty f(t)\, \mathrm{e}^{-st} \mathrm{d}t,} \tag{A.1}$$

mit $s = \sigma + \mathrm{j}\omega$ als komplexe Variable.

Das Laplace-Integral konvergiert für alle Zeitfunktionen, die nicht stärker ansteigen als eine Exponentialfunktion [33]. Damit werden praktisch alle in der Regelungstechnik vorkommenden Zeitfunktionen erfaßt. Die Dimension der Laplace-Transformierten $F(s)$ ergibt sich nach Gleichung A.1 aus dem Produkt der Dimension von $f(t)$ multipliziert mit der Dimension der Zeit t, da der Exponentialterm dimensionslos ist. Für einen Strom $i(t)$ als Zeitfunktion $f(t)$ ist die Dimension von $F(s)$ somit As, sowie für eine Kraft $F_x(t)$ in Newton entsprechend Ns. Da der Exponent des Exponentialterms dimensionslos ist, weist die Laplace-Variable s die Dimension $s^{-1}(\widehat{=} sec^{-1})$ auf.

Gleichung A.1 wird auch als eine *Abbildung* der Orginalfunktion $f(t)$ vom Zeitbereich in den Bildbereich mit $F(s)$ als Bildfunktion bezeichnet.

Beispiel A.1:

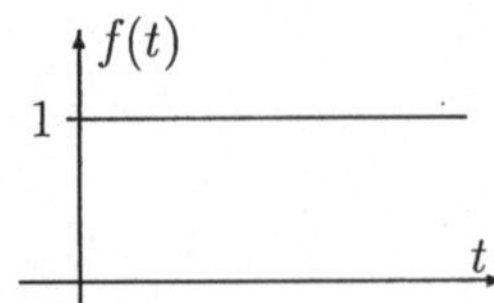

Es soll die Laplace-Transformierte $F(s)$ für die Sprungfunktion $f(t) = \sigma(t)$ berechnet werden. Für die Sprungfunktion gilt:

$$\sigma(t) = \begin{cases} 1 & \text{für } t \geq 0 \\ 0 & \text{für } t < 0\,. \end{cases}$$

Mit $f(t) = 1$ wird dann $F(s) = \int\limits_0^\infty 1 \cdot \mathrm{e}^{-st} \mathrm{d}t = \left[\frac{1}{-s} \cdot \mathrm{e}^{-st} \right]_{t=0}^{\infty} = \frac{1}{s}$. □

Beispiel A.2:

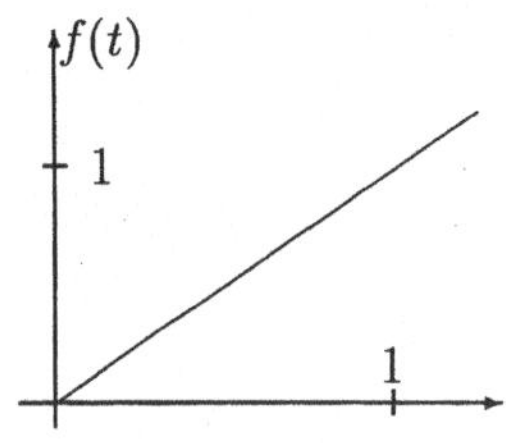

Es soll die Laplace-Transformierte $F(s)$ für die Rampenfunktion $f(t) = t$ bestimmt werden. Für die Rampenfunktion gilt:

$$f(t) = \begin{cases} t & \text{für} \quad t \geq 0 \\ 0 & \text{für} \quad t < 0 \,. \end{cases}$$

Mit $f(t) = t$ wird dann $F(s) = \int\limits_0^\infty t \cdot \mathrm{e}^{-st} \mathrm{d}t = \left[\frac{\mathrm{e}^{-s\,t}}{s^2} \cdot (-st - 1) \right]_{t=0}^{\infty} = \frac{1}{s^2}$. □

Beispiel A.3:

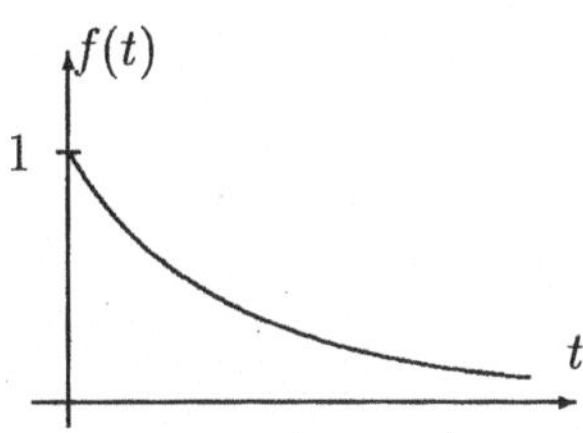

Es soll die Laplace-Transformierte $F(s)$ für die Exponentialfunktion $f(t) = \mathrm{e}^{-a\,t}$ bestimmt werden. Für die Exponentialfunktion gilt:

$$f(t) = \begin{cases} \mathrm{e}^{-a\,t} & \text{für} \quad t \geq 0 \\ 0 & \text{für} \quad t < 0 \,. \end{cases}$$

Mit $f(t) = \mathrm{e}^{-a\,t}$ wird

$$F(s) = \int\limits_0^\infty \mathrm{e}^{-at} \cdot \mathrm{e}^{-st} \mathrm{d}t = \int\limits_0^\infty \mathrm{e}^{-(s+a)t} \mathrm{d}t = \left[\frac{\mathrm{e}^{-(s+a)t}}{-(s+a)} \right]_{t=0}^{\infty} = \frac{1}{s+a} \,. \qquad \square$$

Aufgabe A.1:

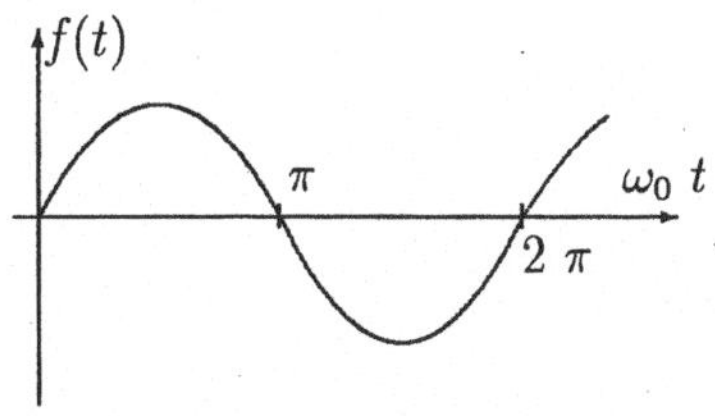

Bestimmen Sie die Laplace-Transformierte $F(s)$ für die Sinusfunktion $f(t) = \sin \omega_0 t$. Für die Sinusfunktion gilt:

$$f(t) = \begin{cases} \sin \omega_0 t & \text{für} \quad t \geq 0 \\ 0 & \text{für} \quad t < 0 \,. \end{cases}$$

Lösung: Mit $f(t) = \sin\omega_0 t = \dfrac{e^{j\omega_0 t} - e^{-j\omega_0 t}}{2j}$ wird $F(s) = \dfrac{\omega_0}{s^2 + \omega_0^2}$. □

Eine Zusammenstellung häufig verwendeter Transformationsbeziehungen zeigt Tabelle A.1 am Ende dieses Anhangs auf den Seiten 323 und 324.

A.2 Rechenregeln der Laplace-Transformation

Überlagerungssätze

Aus der Gültigkeit der beiden anschließenden Überlagerungssätze folgt, daß die Laplace-Transformation eine lineare Transformation ist.

Satz 1 *Ist a_1 eine beliebige Konstante so gilt*

$$\mathcal{L}\{a_1\ f(t)\} = a_1\ \mathcal{L}\{f(t)\} = a_1\ F(s)\ .$$

Satz 2 *Für eine Linearkombination von Zeitfunktionen gilt:*

$$\mathcal{L}\{f_1(t) + f_2(t)\} = \mathcal{L}\{f_1(t)\} + \mathcal{L}\{f_2(t)\} = F_1(s) + F_2(s)\ .$$

Beispiel A.4:

Es sei die Zeitfunktion $f(t) = e^{-at}$. Dann lautet die Laplace-Transformierte von $\mathcal{L}\{a_1 \cdot e^{-a\ t}\}$

$$\mathcal{L}\{a_1 \cdot e^{-at}\} = a_1 \cdot \mathcal{L}\{e^{-at}\} = \frac{a_1}{s+a}\ .$$ □

Beispiel A.5:

Gegeben sind die Zeitfunktionen $f_1(t) = e^{-a\ t}$ und $f_2(t) = e^{-b\ t}$. Dann lautet die Laplace-Transformierte von $\mathcal{L}\{e^{-a\ t} + e^{-b\ t}\}$

$$\mathcal{L}\{e^{-a\ t} + e^{-b\ t}\} = \mathcal{L}\{e^{-a\ t}\} + \mathcal{L}\{e^{-b\ t}\} = \frac{1}{s+a} + \frac{1}{s+b} = \frac{2\ s + (a+b)}{(s+a)\cdot(s+b)}\ .$$ □

Ähnlichkeitssatz

Satz 3 *Ist $a_1 > 0$ eine beliebige Konstante so gilt:*

$$\mathcal{L}\{f(a_1\ t)\} = \frac{1}{a_1}\ \mathcal{L}\{f(t/a_1)\} = \frac{1}{a_1} \cdot F(s/a_1)\ .$$

Beispiel A.6:

Gegeben sei die Zeitfunktion $f(t) = \sin \omega_0 t$. Dann lautet die Laplace-Transformierte von $\mathcal{L}\{\sin(\omega_0 2t)\}$

$$\mathcal{L}\{\sin(\omega_0 2t)\} = (1/2) \cdot \mathcal{L}\{\sin(\omega_0 t/2)\} = \frac{1}{2} \cdot \frac{\omega_0}{(s/2)^2 + \omega_0^2} = \frac{2\,\omega_0}{s^2 + 4\,\omega_0^2} \quad . \qquad \square$$

Verschiebungssatz

Der Verschiebungssatz spezifiziert die Laplace-Transformierte einer nach rechts verschobenen Zeitfunktion.

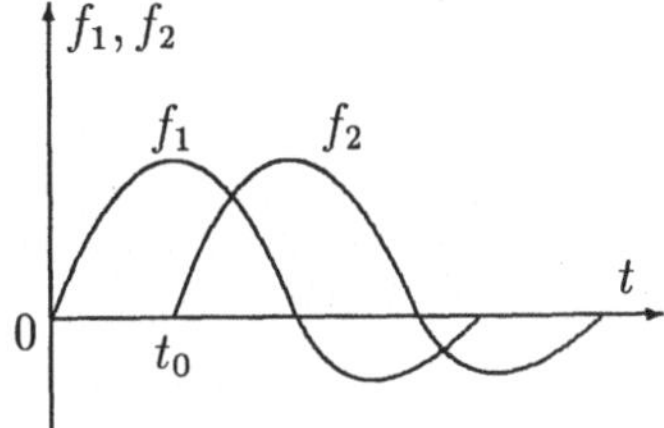

Ist $f_2(t)$ die um das Zeitintervall t_0 nach rechts verschobene Zeitfunktion $f_1(t - t_0)$ mit der Spezifikation:

$$f_2(t) = \begin{cases} f_1(t - t_0) & \text{für} \quad t \geq t_0 \\ 0 & \text{für} \quad t < t_0 \end{cases}$$

so gilt der folgende Satz:

Satz 4 $\mathcal{L}\{f_2(t)\} = \mathrm{e}^{-st_0} \cdot \mathcal{L}\{f_1(t)\}$.

Beispiel A.7:

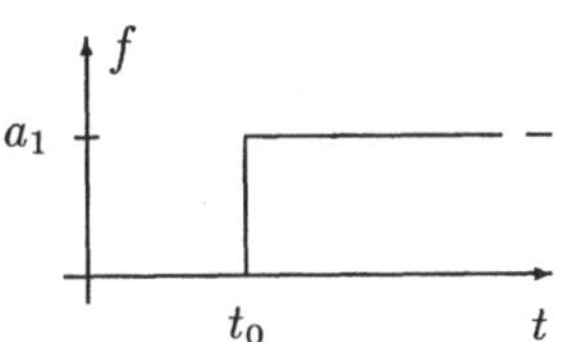

Ist $f(t)$ die um die Zeit t_0 nach rechts verschobene Sprungfunktion $\sigma(t)$ mit der Höhe a_1, dann lautet die zugehörige Laplace-Transformierte:

$$\mathcal{L}\{f(t)\} = a_1 \cdot \mathrm{e}^{-st_0} \cdot \mathcal{L}\{\sigma(t)\} = a_1 \cdot \frac{\mathrm{e}^{-st_0}}{s} \qquad \square$$

Differentiation und Integration

Für die *Ableitung einer Funktion f(t)* nach der Zeit gilt der folgende Satz:

Satz 5 *Ist f(t) eine Funktion, deren Ableitung für t > 0 existiert, so gilt:*

$$\mathcal{L}\left\{\frac{\mathrm{d}f(t)}{\mathrm{d}t}\right\} = s \cdot F(s) - f(0^+) \quad ,$$

mit $f(0^+)$ als Funktionswert einer eventuell vorhandenen Sprungstelle bei $t = 0$.

Für die zweite Ableitung gilt entsprechend:

$$\mathcal{L}\left\{\frac{\mathrm{d}^2 f(t)}{\mathrm{d}t^2}\right\} = s^2 \cdot F(s) - s\, f(0^+) - \dot{f}(0^+) \quad .$$

Beispiel A.8:

Ist $f(t)$ die Sinusfunktion $\sin\omega_0 t$, so ergibt sich für die Laplace-Transformation ihrer Ableitung (unter Berücksichtigung des Ähnlichkeitssatzes):

$$\mathcal{L}\left\{\frac{\mathrm{d}\,\sin\,\omega_0 t}{\mathrm{d}t}\right\} = s\cdot\frac{1}{\omega_0}\cdot F(s/\omega_0) = s\cdot\frac{1}{\omega_0}\cdot\frac{1}{(s/\omega_0)^2+1} = \omega_0\cdot\frac{s}{s^2+\omega_0^2} \quad . \qquad \square$$

Für die Laplace-Transformierte des *Integrals einer Zeitfunktion* gilt der Satz:

Satz 6 *Ist f(t) eine Zeitfunktion für t > 0 so gilt:*

$$\mathcal{L}\left\{\int\limits_0^t f(\tau)\mathrm{d}\tau\right\} = \frac{1}{s}\cdot\mathcal{L}\{f(t)\} = \frac{1}{s}\cdot F(s) \quad .$$

Beispiel A.9:

Ist $f(t)$ die Sprungfunktion mit der Höhe a, so ergibt sich für die Laplace-Transformierte des Integrals der Sprungfunktion die Rampenfunktion:

$$\mathcal{L}\left\{\int\limits_0^t a\cdot\sigma(\tau)\,\mathrm{d}\tau\right\} = a\cdot\mathcal{L}\left\{\int\limits_0^t \sigma(\tau)\,\mathrm{d}\tau\right\} = a\cdot\frac{1}{s}\cdot\mathcal{L}\{\sigma(t)\} = \frac{a}{s^2} \quad . \qquad \square$$

Dämpfungssatz

Für eine exponentiell abklingende Funktion der Form $f_2(t) = f_1(t)\cdot \mathrm{e}^{-at}$ gilt der Satz:

Satz 7 *Ist $f_1(t)$ eine gegebene Zeitfunktion, so folgt für die Laplace-Transformierte der abklingenden Zeitfunktion $f_2(t) = f_1(t)\cdot\mathrm{e}^{-a\,t}$*

$$\mathcal{L}\{f_1(t)\cdot\mathrm{e}^{-at}\} = F_1(s+a) \quad .$$

Beispiel A.10:

Es sei $f_1(t) = \sin\omega_0 t$. Dann lautet die Laplace-Transformierte von $f_2(t) = f_1(t)\cdot \mathrm{e}^{-at}$

$$\mathcal{L}\{f_1(t)\cdot\mathrm{e}^{-at}\} = F_1(s+a) = \frac{\omega_0}{(s+a)^2+\omega_0^2} \quad . \qquad \square$$

Faltungssatz

Man bezeichnet im Zeitbereich als *Faltungsprodukt zweier Funktionen*, geschrieben $f_1(t) * f_2(t)$, die Lösung des folgenden Faltungsintegrals:

$$f_1(t) * f_2(t) = \int_0^t f_1(\tau) \cdot f_2(t-\tau)\mathrm{d}\tau \quad .$$

Satz 8 *Die Laplace-Transformierte des Faltungsproduktes zweier Zeitfunktionen beträgt:*

$$\mathcal{L}\{f_1(t) * f_2(t)\} = F_1(s) \cdot F_2(s) \quad .$$

Der Faltungssatz wird meist im Zusammenhang mit Übertragungsfunktionen angewendet und daher in Abschnitt A.4.2 an einem Beispiel demonstriert.

Grenzwertsätze

Sofern die Laplace-Transformierten von $f(t)$ und $\dot{f}(t)$ existieren, dann gelten:

Satz 9 *Der Anfangswert der Funktion $f(t)$ zum Zeitpunkt $t = 0^+$ beträgt:*

$$f(0^+) = \lim_{t\to 0^+} f(t) = \lim_{s\to\infty} s\ F(s) \quad ,$$

sofern $\lim_{t\to 0^+} f(t)$ existiert.

Satz 10 *Der Endwert der Funktion $f(t)$ zum Zeitpunkt $t \to \infty$ beträgt:*

$$f(\infty) = \lim_{t\to\infty} f(t) = \lim_{s\to 0} s\ F(s) \quad ,$$

sofern $\lim_{t\to\infty} f(t)$ existiert.

Beispiel A.11:

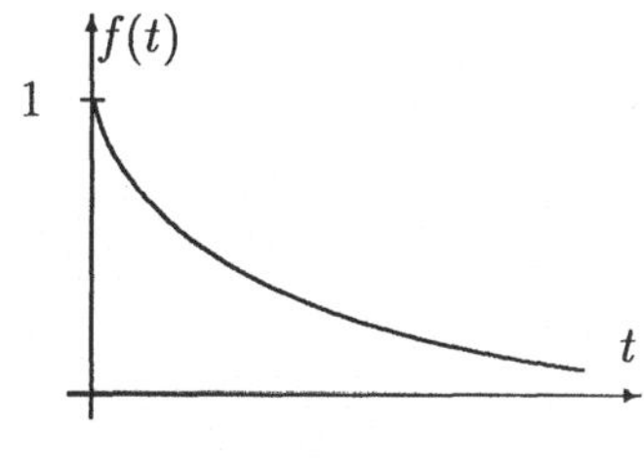

Für die abklingende Exponentialfunktion $\mathrm{e}^{-a\ t}$ gilt nach visueller Überprüfung $f(0^+) = 1$ und $f(\infty) = 0$.

Die Anwendung der Grenzwertsätze liefert:

$$\begin{aligned} f(0^+) &= \lim_{t\to 0^+} f(t) = \lim_{s\to\infty} s\ F(s) = \lim_{s\to\infty}\ s \cdot \frac{1}{s+a} = 1 \\ f(\infty) &= \lim_{t\to\infty} f(t) = \lim_{s\to 0} s\ F(s) = \lim_{s\to 0} s \cdot \frac{1}{s+a} = 0 \quad . \end{aligned}$$ □

A.3 Die inverse Laplace-Transformation

Definition

Die Rücktransformation der Bildfunktion $F(s)$ vom Bildbereich in den Zeitbereich wird als inverse Laplace-Transformation bezeichnet, und sie ist über das folgende Umkehrintegral definiert:

$$f(t) = \frac{1}{2\pi \mathrm{j}} \int_{\sigma_0 - \mathrm{j}\infty}^{\sigma_0 + \mathrm{j}\infty} F(s)\, \mathrm{e}^{st}\, \mathrm{d}s \qquad \text{für} \qquad t > 0 \ ,$$

wobei $f(t) = 0$ für $t < 0$ gilt. Für dieses Integral muß σ_0 größer als der größte Realteil der singulären Punkte von $F(s)$ sein [33].

Für die inverse Laplace-Transformation schreibt man in *Operatorschreibweise*

$$f(t) = \mathcal{L}^{-1}\{F(s)\} \ .$$

In der Regelungstechnik wird die Rücktransformation vom Bildbereich in den Zeitbereich meist durch eine Partialbruchzerlegung von $F(s)$ mit anschließender Rücktransformation anhand der Korrespondenztabelle A.1 auf den Seiten 323 und 324 durchgeführt. Daher wird auf eine weitere Betrachtung der inversen Laplace-Transformation verzichtet und auf die Literatur verwiesen [33].

A.4 Anwendungen der Laplace-Transformation

A.4.1 Lösung von Differentialgleichungen

Für die Lösung von Differentialgleichungen mit Hilfe der Laplace-Transformation wird nach folgendem Schema vorgegangen:

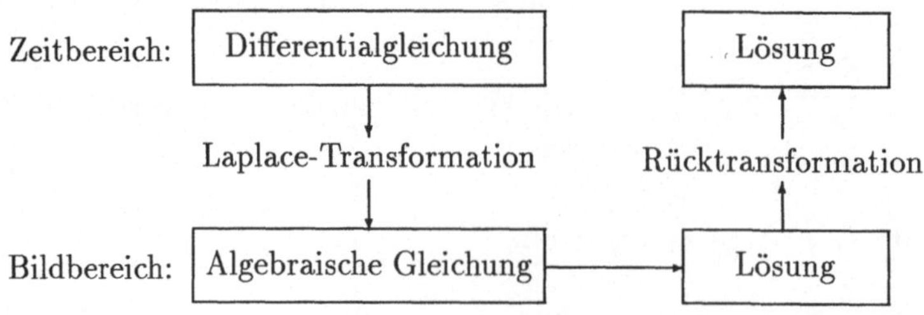

Die Differentialgleichung in der Variablen $x(t)$ wird vom Zeitbereich in den Bildbereich transformiert. Es folgt die Auflösung nach $X(s) = \mathcal{L}\{x(t)\}$ und die anschließende Rücktransformation vom Bildbereich wieder in den Zeitbereich.

Beispiel A.12 Homogene Differentialgleichung:
Gegeben sei die folgende homogene Differentialgleichung (Zeitbereich):

$$x(t) + a_1 \cdot \dot{x}(t) + a_2 \cdot \ddot{x}(t) = 0 \quad .$$

Dann lautet die Laplace-Transformierte dieser Differentialgleichung (Bildbereich):

$$X(s) + a_1 \cdot \{s\ X(s) - x(0^+)\} + a_2 \cdot \{s^2\ X(s) - s\ x(0^+) - \dot{x}(0^+)\} = 0$$

Daraus folgt nach der Umstellung und unter Berücksichtigung von $\mathcal{L}\{0\} = 0$ (Lösung im Bildbereich):

$$X(s) = \frac{a_1 \cdot x(0^+) + a_2 \cdot \dot{x}(0^+) + a_2 \cdot s \cdot x(0^+)}{1 + a_1\ s + a_2\ s^2} \quad .$$

Abschließend folgt die Rücktransformation in den Zeitbereich. Dazu seien zur Vereinfachung die folgenden Zahlenwerte angenommen: $a_1 = 5/6$, $a_2 = 1/6$, $x(0^+) = 1$ und $\dot{x}(0^+) = 0$.

Somit lautet die Lösung für $X(s)$ im Bildbereich mit anschließender Partialbruchzerlegung

$$X(s) = \frac{5/6 + 1/6 \cdot s}{1 + 5/6 \cdot s + 1/6 \cdot s^2} = \frac{s+5}{6 + 5\ s + s^2} = \frac{3}{s+2} - \frac{2}{s+3}$$

Die Lösung im Zeitbereich ist dann:

$$x(t) = \mathcal{L}^{-1}\{X(s)\} = 3\ \mathrm{e}^{-2t} - 2\ \mathrm{e}^{-3t} \quad .$$ □

Beispiel A.13 Inhomogene Differentialgleichung:
1. Gegeben sei die inhomogene Differentialgleichung im Zeitbereich

$$a_1\ \dot{x}(t) + x(t) = \mathrm{e}^{-2\ t} \ .$$

Gesucht ist die Lösung dieser Differentialgleichung. Die Vorgehensweise ist wie bei der Lösung der homogenen Differentialgleichung.

2. Transformation in den Bildbereich:

$$a_1 \cdot \{s\ X(s) - x(0^+)\} + X(s) = \frac{1}{s+2} \quad .$$

3. Lösung im Bildbereich:

$$X(s) = \frac{1}{(s+2)\cdot(1 + a_1\ s)} + \frac{a_1\ x(0^+)}{1 + a_1\ s} \quad .$$

Mit den Zahlenwerten $a_1 = 1/3$ und $x(0^+) = -3$ resultiert

$$X(s) = \frac{3}{(s+2)\cdot(s+3)} - \frac{3}{s+3} \quad .$$

4. Rücktransformation in den Zeitbereich nach vorheriger Partialbruchzerlegung:

$$x(t) = \mathcal{L}^{-1}\{X(s)\} = 3\ \mathrm{e}^{-2t} - 3\ \mathrm{e}^{-3t} - 3\ \mathrm{e}^{-3t} = 3\ \mathrm{e}^{-2t} - 6\ \mathrm{e}^{-3t} \ .$$ □

A.4.2 Die Übertragungsfunktion

Eine gewöhnliche Differentialgleichung wird in allgemeiner Form beschrieben durch

$$a_n \overset{n}{x_a} + a_{n-1} \overset{n-1}{x_a} + \ldots + a_2 \ddot{x}_a + a_1 \dot{x}_a + a_0 x_a =$$

$$b_0 x_e + b_1 \dot{x}_e + b_2 \ddot{x}_e + \ldots + b_{m-1} \overset{m-1}{x_e} + b_m \overset{m}{x_e} \ . \tag{A.2}$$

Setzt man nun alle Anfangsbedingungen von $x_e(t)$ und $x_a(t)$ gleich Null, so erhält man für die Laplace-Transformation dieser Differentialgleichung A.2 mit $X_a(s) = \mathcal{L}\{x_a(t)\}$ sowie $X_e(s) = \mathcal{L}\{x_e(t)\}$:

$$a_n s^n X_a(s) + a_{n-1} s^{n-1} X_a(s) + \ldots + a_2 s^2 X_a(s) + a_1 s X_a(s) + a_0 X_a(s) =$$

$$b_0 \, X_e(s) + b_1 s X_e(s) + b_2 \, s^2 \, X_e(s) + \ldots + b_{m-1} s^{m-1} X_e(s) + b_m s^m X_e(s) \tag{A.3}$$

Ausklammern von $X_e(s)$ und $X_a(s)$ führt zu

$$\left[a_n \, s^n \; + \; a_{n-1} \, s^{n-1} \; + \; \ldots \; + \; a_2 \, s^2 \; + \; a_1 \, s \; + \; a_0 \,\right] \cdot X_a(s) =$$

$$\left[b_0 \; + \; b_1 \, s \; + \; b_2 \, s^2 \; + \; \ldots \; + \; b_{m-1} \, s^{m-1} \; + \; b_m \, s^m\right] \cdot X_e(s) \ .$$

Das Verhältnis der Laplace-transformierten Ausgangsgröße $X_a(s)$ zur Laplace-transformierten Eingangsgröße $X_e(s)$ wird definiert als Übertragungsfunktion $F(s)$, d.h. es gilt

$$F(s) = \frac{X_a(s)}{X_e(s)} = \frac{b_0 \; + \; b_1 \, s \; + \; b_2 \, s^2 + \ldots + b_m \, s^m}{a_0 \; + \; a_1 \, s \; + \; a_2 \, s^2 + \ldots + a_n \, s^n} = \frac{Z(s)}{N(s)}$$

mit $Z(s)$ und $N(s)$ als Zähler- bzw. Nennerpolynom in s sowie $n \geq m$. $F(s)$ darf nicht mit der Laplace-Transformierten $\mathcal{L}\{f(t)\} = F(s)$ verwechselt werden.

Mit Hilfe dieser Definition der Übertragungsfunktion $F(s)$ kann bei gegebener Laplace-transformierter Eingangsgröße $X_e(s)$ die Laplace-transformierte Ausgangsgröße $X_a(s)$ eines Systems gemäß

$$X_a(s) = F(s) \cdot X_e(s) \tag{A.4}$$

berechnet werden.

$X_e(s)$ → [$F(s)$] → $X_a(s)$

Darstellung der Übertragungsfunktion als Blockschaltbild mit Eingangsgröße $X_e(s)$ und Ausgangsgröße $X_a(s)$.

Beispiel A.14 Übertragungsfunktion:
Gegeben sei die Übertragungsfunktion eines Systems zu $F(s) = \dfrac{1}{s+2}$. Gesucht ist der Systemausgang $x_a(t)$ für den Sprungeingang $x_e(t) = \sigma(t)$.

Lösung: 1. Laplace-Transformation des Eingangssignals

$$\mathcal{L}\{\sigma(t)\} = X_e(s) = \frac{1}{s} \quad .$$

2. Berechnung des Laplace-transformierten Ausgangssignals

$$X_a(s) = F(s) \cdot X_e(s) = \frac{1}{s+2} \cdot \frac{1}{s} = \frac{1}{s \cdot (s+2)} \quad .$$

3. Rücktransformation in den Zeitbereich (mit Hilfe von Tabelle A.1 auf Seite 323)

$$x_a(t) = \mathcal{L}^{-1}\{X_a(s)\} = \frac{1}{2} \cdot \left[1 - \mathrm{e}^{-2\,t}\right] \quad .$$

□

Die Gewichtsfunktion

Wählt man als Eingangssignal $x_e(t)$ die Impulsfunktion $\delta(t)$, so lautet ihre Laplace-Transformierte

$$\mathcal{L}\{\delta(t)\} = X_e(s) = 1 \quad .$$

Die Systemantwort auf eine Erregung am Eingang mit der Impulsfunktion nennt man die Impulsantwort. Die Anwendung der Gleichung A.4 liefert für diese Systemantwort

$$X_a(s) = F(s) \cdot X_e(s) = F(s) \cdot 1 = F(s) \quad .$$

Die Rücktransformation dieses $F(s)$ bzw. $X_a(s)$ in den Zeitbereich heißt Gewichtsfunktion $g(t)$:

$$\boxed{g(t) = \mathcal{L}^{-1}\{F(s)\} \qquad \text{bzw.} \qquad F(s) = \mathcal{L}\{g(t)\} \quad .} \tag{A.5}$$

Beispiel A.15 Gewichtsfunktion:
Es sei die Übertragungsfunktion eines Systems gegeben zu $F(s) = \dfrac{2}{s+2}$. Gesucht ist die Gewichtsfunktion $g(t)$.

Die Anwendung von Gleichung A.5 liefert:

$$g(t) = \mathcal{L}^{-1}\{F(s)\} = \mathcal{L}^{-1}\{\frac{2}{s+2}\} = 2 \cdot \mathrm{e}^{-2\,t} \quad .$$

□

Beispiel A.16 Faltungssatz:
Gegeben sei die Übertragungsfunktion eines Systems zu $F(s) = \dfrac{2}{s+2}$. Gesucht ist die Systemantwort $x_a(t)$ für die Anregung $x_e(t) = \mathrm{e}^{-3\,t}$.

1. Lösung mit Anwendung der Definition der Übertragungsfunktion:

Bestimmung von $X_e(s)$

$$X_e(s) = \mathcal{L}\{\mathrm{e}^{-3\,t}\} = \frac{1}{s+3} \quad .$$

Berechnung von $X_a(s)$

$$X_a(s) = F(s) \cdot X_e(s) = \frac{2}{s+2} \cdot \frac{1}{s+3} = \frac{2}{(s+2)\cdot(s+3)} = \frac{2}{s+2} - \frac{2}{s+3}$$

Rücktransformation in den Zeitbereich

$$x_a(t) = \mathcal{L}^{-1}\{X_a(s)\} = 2 \cdot [\mathrm{e}^{-2\,t} - \mathrm{e}^{-3\,t}] \quad .$$

2. Anwendung des Faltungssatzes (Satz 8):

Berechnung von $g(t)$

$$g(t) = \mathcal{L}^{-1}\{F(s)\} = \mathcal{L}^{-1}\{\frac{2}{s+2}\} = 2 \cdot \mathrm{e}^{-2\,t} \quad .$$

Faltungssatz:

$$x_a(t) = \mathcal{L}^{-1}\{F(s) \cdot X_e(s)\} = g(t) * x_e(t) = \int_0^t g(\tau) \cdot x_e(t-\tau)\mathrm{d}\tau$$

Dann wird nach dem Einsetzen von $x_e(t)$:

$$\begin{aligned} x_a(t) &= \int_0^t 2 \cdot \mathrm{e}^{-2\tau} \cdot \mathrm{e}^{-3\,(t-\tau)}\mathrm{d}\tau = 2 \cdot \mathrm{e}^{-3\,t} \cdot \int_0^t \mathrm{e}^{\tau}\mathrm{d}\tau = 2 \cdot \mathrm{e}^{-3\,t} \cdot [\mathrm{e}^{\tau}]_0^t \\ &= 2 \cdot \mathrm{e}^{-3\,t} \cdot \left[\mathrm{e}^{t} - 1\right] = 2 \cdot \left[\mathrm{e}^{-2\,t} - \mathrm{e}^{-3\,t}\right] \quad . \end{aligned}$$

□

	Zeitfunktion $f(t)$	Laplace-Transformierte $F(s)$
1	δ-Impuls $\delta(t)$	1
2	Sprungfunktion $\sigma(t)$	$\frac{1}{s}$
3	t	$\frac{1}{s^2}$
4	t^2	$\frac{2}{s^3}$
5	t^3	$\frac{6}{s^4}$
6	t^n	$\frac{n!}{s^{n+1}}$
7	e^{-at}	$\frac{1}{s+a}$
8	$t \cdot \mathrm{e}^{-at}$	$\frac{1}{(s+a)^2}$
9	$t^2 \cdot \mathrm{e}^{-at}$	$\frac{2}{(s+a)^3}$
10	$(t - \frac{at^2}{2}) \cdot \mathrm{e}^{-at}$	$\frac{s}{(s+a)^3}$
11	$(1 - 2at + \frac{(at)^2}{2}) \cdot \mathrm{e}^{-at}$	$\frac{s^2}{(s+a)^3}$
12	$t^n \cdot \mathrm{e}^{-at}$	$\frac{n!}{(s+a)^{n+1}}$
13	$1 - \mathrm{e}^{-at}$	$\frac{a}{s \cdot (s+a)}$
14	$\mathrm{e}^{-at} - \mathrm{e}^{-bt}$	$\frac{b-a}{(s+a) \cdot (s+b)}$
15	$a\mathrm{e}^{-at} - b\mathrm{e}^{-bt}$	$\frac{(a-b) \cdot s}{(s+a) \cdot (s+b)}$
16	$1 + \frac{b\,\mathrm{e}^{-at} - a\,\mathrm{e}^{-bt}}{a-b}$	$\frac{a \cdot b}{s \cdot (s+a) \cdot (s+b)}$
17	$1 - (1+at) \cdot \mathrm{e}^{-at}$	$\frac{a^2}{s \cdot (s+a)^2}$
18	$a\,t - 1 + \mathrm{e}^{-at}$	$\frac{a^2}{s^2 \cdot (s+a)}$

Tabelle A.1: Korrespondenztabelle der Laplace-Transformation

	Zeitfunktion $f(t)$	Laplace-Transformierte $F(s)$
19	$\frac{e^{-at}}{(b-a)(c-a)} + \frac{e^{-bt}}{(c-b)(a-b)} + \frac{e^{-ct}}{(a-c)(b-c)}$	$\frac{1}{(s+a)(s+b)(s+c)}$
20	$\frac{1}{abc} \cdot \left\{1 - \frac{bc \cdot e^{-at}}{(b-a)(c-a)} - \frac{ca \cdot e^{-bt}}{(c-b)(a-b)} - \frac{ab \cdot e^{-ct}}{(a-c)(b-c)}\right\}$	$\frac{1}{s(s+a)(s+b)(s+c)}$
21	$\sin \omega_0 t$	$\frac{\omega_0}{s^2+\omega_0^2}$
22	$\cos \omega_0 t$	$\frac{s}{s^2+\omega_0^2}$
23	$\sin(\omega_0 t + \varphi)$	$\frac{s \sin \varphi + \omega_0 \cos \varphi}{s^2+\omega_0^2}$
24	$1 - \cos \omega_0 t$	$\frac{\omega_0^2}{s \cdot (s^2+\omega_0^2)}$
25	$\frac{1}{2} t \sin \omega_0 t$	$\frac{\omega_0 s}{(s^2+\omega_0^2)^2}$
26	$\frac{1}{2}(\sin \omega_0 - \omega_0 t \cdot \cos \omega_0 t)$	$\frac{\omega_0^3}{(s^2+\omega_0^2)^2}$
27	$\frac{1}{2}(\sin \omega_0 + \omega_0 t \cdot \cos \omega_0 t)$	$\frac{\omega_0 s^2}{(s^2+\omega_0^2)^2}$
28	$\sin^2 \omega_0 t$	$\frac{2\omega_0^2}{s \cdot (s^2+4\omega_0^2)}$
29	$\cos^2 \omega_0 t$	$\frac{s^2+2\omega_0^2}{s \cdot (s^2+4\omega_0^2)}$
30	$e^{-at} \cdot \sin \omega_0 t$	$\frac{\omega_0}{(s+a)^2+\omega_0^2}$
31	$e^{-at} \cdot \cos \omega_0 t$	$\frac{s+a}{(s+a)^2+\omega_0^2}$
32	$\frac{1}{\omega_e} e^{-\delta t} \sin \omega_e t$	$\frac{1}{\omega_0^2 + 2D\omega_0 s + s^2}$
	mit: $\delta = D \cdot \omega_0$; $D < 1$; $\omega_e = \omega_0 \cdot \sqrt{1-D^2}$	
33	$1 - \frac{e^{-\delta t}}{\omega_e}(\delta \sin \omega_e t + \omega_e \cos \omega_e t)$	$\frac{\omega_0^2}{s \cdot (\omega_0^2 + 2D\omega_0 s + s^2)}$
		Abkürzungen siehe Nr. 32; $D < 1$

Tabelle A.1: Korrespondenztabelle der Laplace-Transformation (Fortsetzung)

B Tabelle häufig vorkommender Regelkreisglieder

In der Tabelle auf den folgenden Seiten sind Systembezeichnung, Differentialgleichung, Übertragungsfunktion, Übergangsfunktion, Ortskurve $F(j\omega)$, Amplituden- und Phasenverlauf des Bodediagramms, Pol-/Nullstellenverteilung in der s-Ebene sowie eine technische Realisierung von häufig vorkommenden Regelkreisgliedern aufgelistet.

	System	Differentialgleichung	Übertragungsfunktion $F(s)$	Übergangsfunktion	Ortskurve $F(j\omega)$
1	P	$x_a(t) = K \cdot x_e(t)$	K	$h(t)$, K, t	Im, K
2	PT_1	$T_1\dot{x}_a + x_a = Kx_e(t); \quad T_1 > 0$	$\frac{K}{1+T_1 s}$	h, T_1, K, t	Im, K, ω, $\omega_e = 1/T_1$
3	PT_2	$T_1T_2\ddot{x}_a+(T_1+T_2)\dot{x}_a+x_a=Kx_e$ (nicht schwingungsfähig)	$\frac{K}{1+(T_1+T_2)s+T_1T_2s^2}$	h, K, t	Im, K, ω_0, ω, $\omega_0=1/\sqrt{T_1T_2}$
4	PT_2	$T_2^2\ddot{x}_a + T_1\dot{x}_a + x_a = Kx_e$ (schwingungsfähig)	$\frac{K}{1+T_1s+T_2^2s^2}$	h, K, t	Im, K, $\frac{KT_2}{T_1}$, $\frac{1}{T_2}$, ω
5	I	$x_a(t) = K_I \cdot \int x_e(\tau)d\tau$	$\frac{K_I}{s}$	h, K_I, 1, t	Im, $\omega=\infty$, ω
6	IT_1	$T_1\dot{x}_a + x_a = K_I \cdot \int x_e(\tau)d\tau$	$\frac{K_I}{s\cdot(1+T_1s)}$	h, K_I, 1, T_1, t	Im, K_IT_1, $\omega=\infty$, ω
7	D	$x_a(t) = K_D \cdot \frac{dx_e(t)}{dt}$	$K_D \cdot s$	h, t	Im, ω, $\omega=0$
8	DT_1	$T_1\dot{x}_a + x_a = K_D \cdot \frac{dx_e(t)}{dt}$	$\frac{K_D\cdot s}{1+T_1s}$	h, $\frac{K_D}{T_1}$, T_1, t	Im, $\omega_e=1/T_1$, ω, $\omega=\infty$, $\omega=0$, $\frac{K_D}{T_1}$

	Bode-Diagramm		s-Ebene	Technische Realisierung
	Amplitudengang	Phasengang	o Nullstelle × Polstelle	
1	$\frac{\lvert F\rvert}{dB}$ K ω	$\frac{\varphi}{Rad}$ 0 ω	keine Nullstelle kein Pol $j\omega$ σ	u_e R u_a
2	$\frac{\lvert F\rvert}{dB}$ K $\frac{-20dB}{Dek}$ $1/T_1$ ω	$\frac{\varphi}{Rad}$ 0 $1/T_1$ ω $-\frac{\pi}{2}$	$j\omega$ $\frac{1}{T_1}$ σ	R C u_e u_a
3	$\frac{\lvert F\rvert}{dB}$ K $\frac{-20dB}{Dek}$ $\frac{-40dB}{Dek}$ $1/T_2$ $1/T_1$ ω	$\frac{\varphi}{Rad}$ 0 ω_0 ω $-\frac{\pi}{2}$ $-\pi$	$j\omega$ $\frac{1}{T_1}$ $\frac{1}{T_2}$ σ	R_1 R_2 C_1 C_2 u_e u_a
4	$\frac{\lvert F\rvert}{dB}$ K $1/T_2$ $\frac{-40dB}{Dek}$ ω	$\frac{\varphi}{Rad}$ 0 ω_0 ω $-\frac{\pi}{2}$ $-\pi$	$j\omega$ ω_e σ_e σ $-\omega_e$	M c F_e d x_a
5	$\frac{\lvert F\rvert}{dB}$ $\frac{-20dB}{Dek}$ ω	$\frac{\varphi}{Rad}$ 0 ω $-\frac{\pi}{2}$	$j\omega$ σ	Q_{Zu} h_a Q_{Ab}
6	$\frac{\lvert F\rvert}{dB}$ $\frac{-20dB}{Dek}$ $\frac{-40dB}{Dek}$ $1/T_1$ ω	0 $\frac{\varphi}{Rad}$ $1/T_1$ ω $-\frac{\pi}{2}$ $-\pi$	$j\omega$ σ $\frac{1}{T_1}$	R φ_a U_e N + S
7	$\frac{\lvert F\rvert}{dB}$ $\frac{20dB}{Dek}$ ω	$\frac{\pi}{2}$ $\frac{\varphi}{Rad}$ 0 ω	$j\omega$ σ	u_e i_a C
8	$\frac{\lvert F\rvert}{dB}$ $\frac{20dB}{Dek}$ $\frac{K_D}{T_1}$ $1/T_1$ ω	$\frac{\pi}{2}$ $\frac{\varphi}{Rad}$ 0 $1/T_1$ ω	$j\omega$ σ $\frac{1}{T_1}$	R u_e L u_a

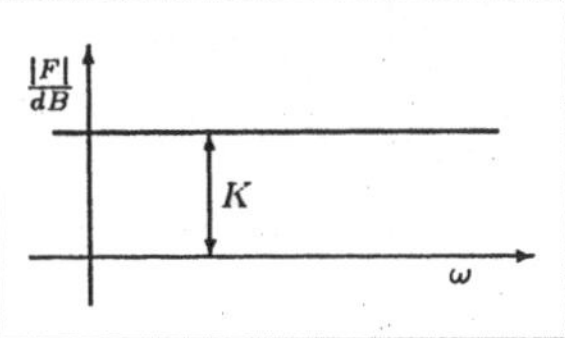

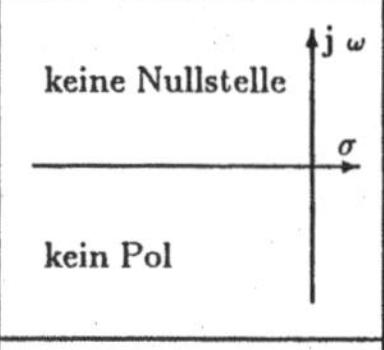

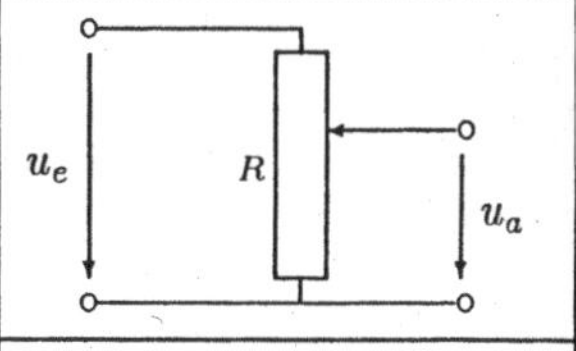

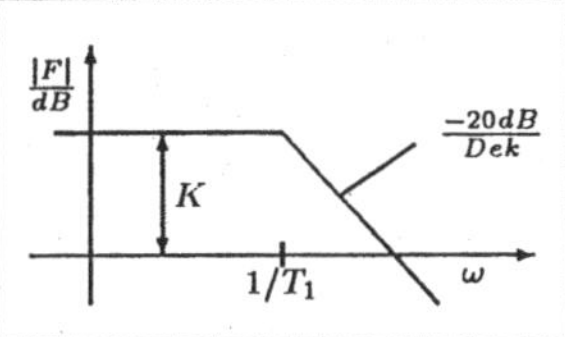

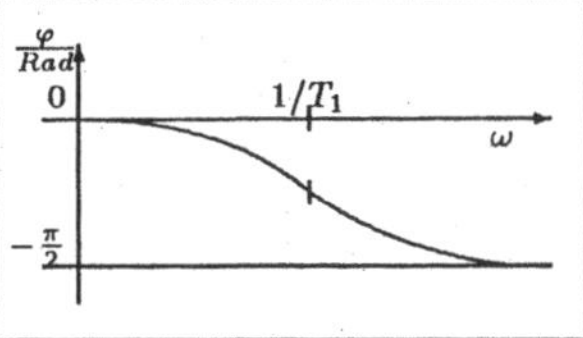

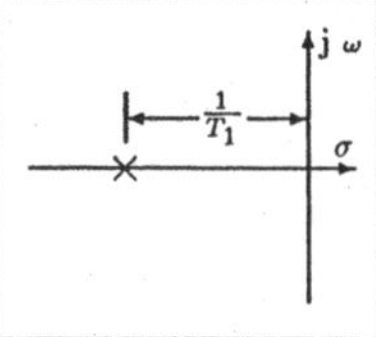

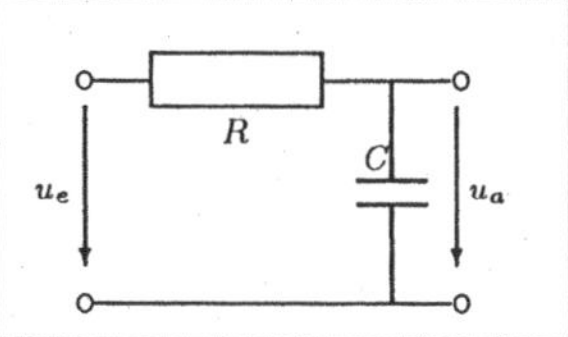

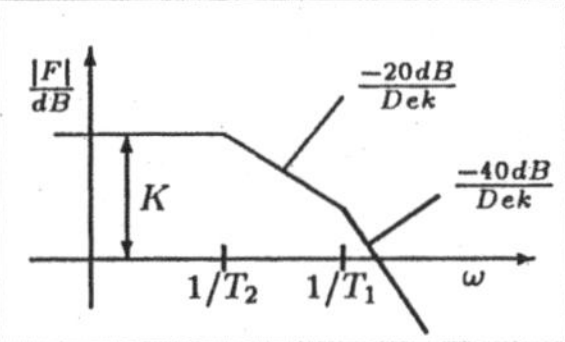

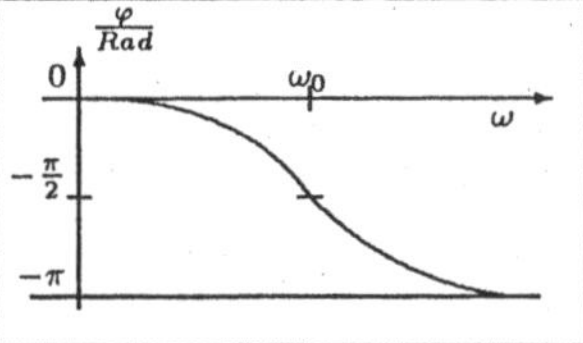

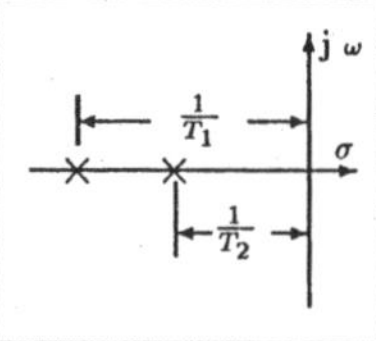

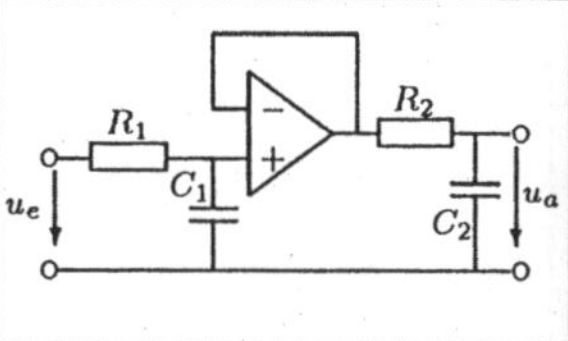

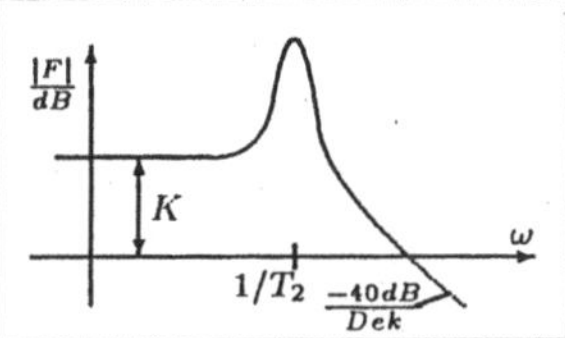

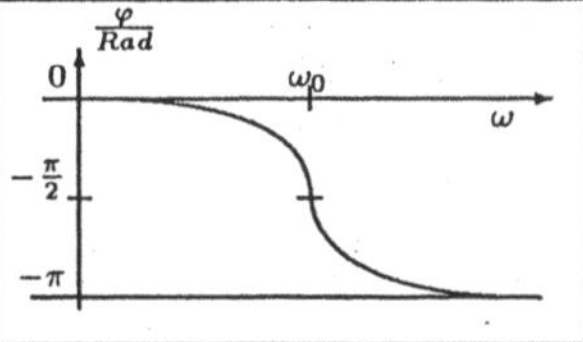

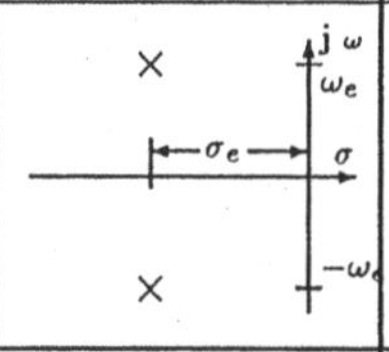

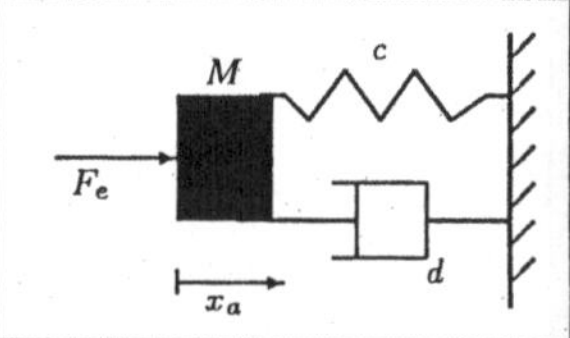

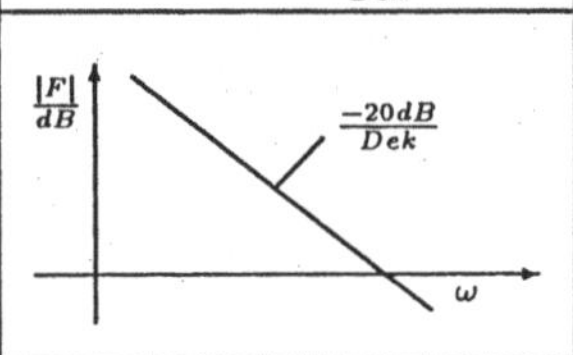

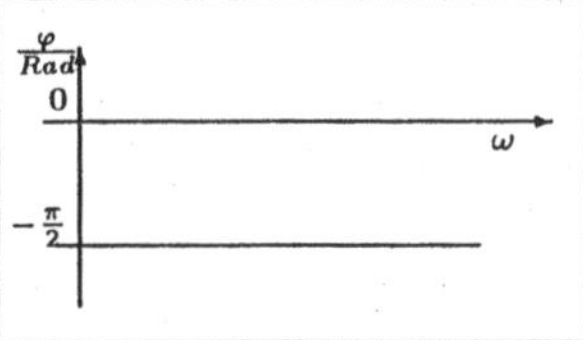

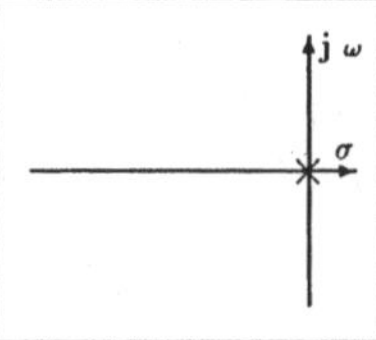

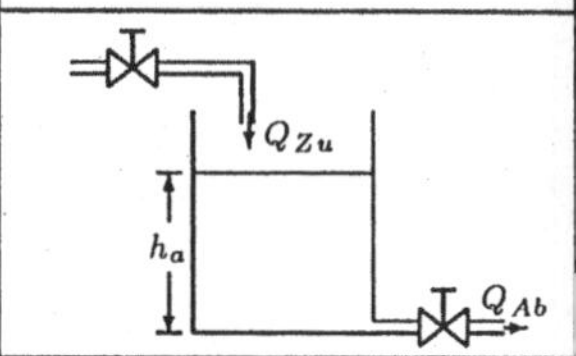

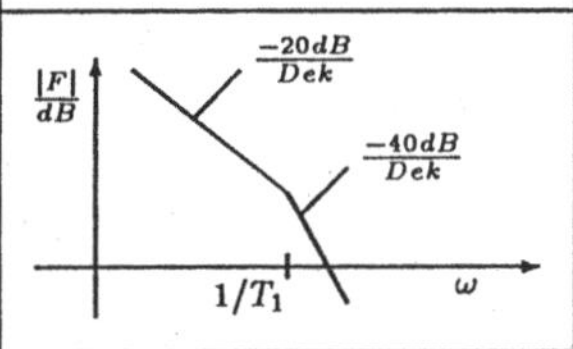

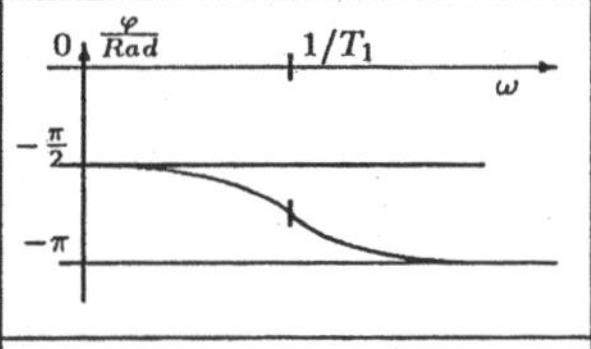

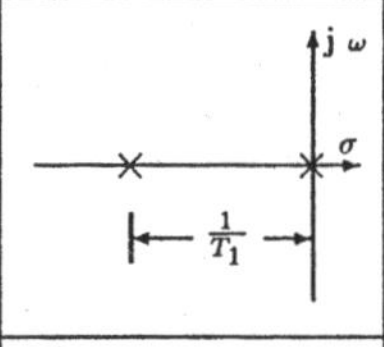

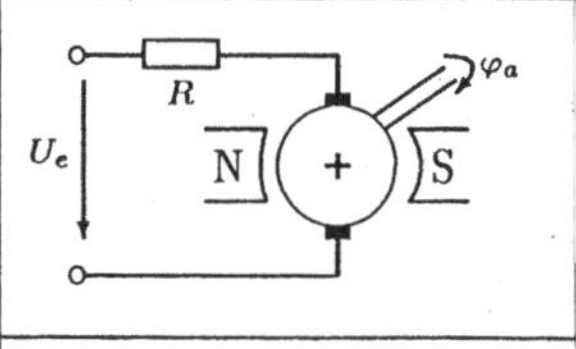

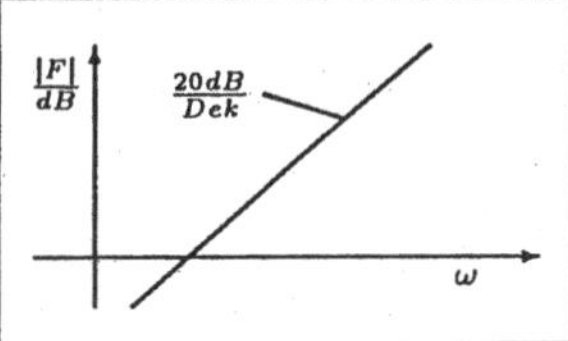

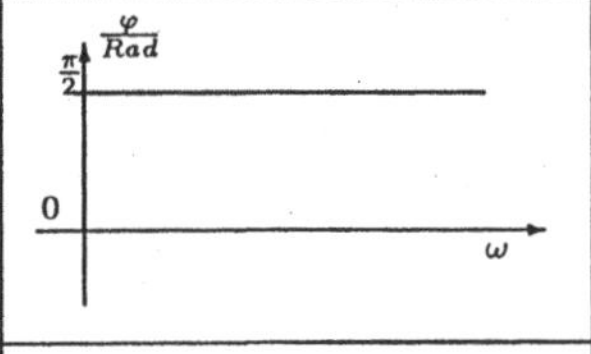

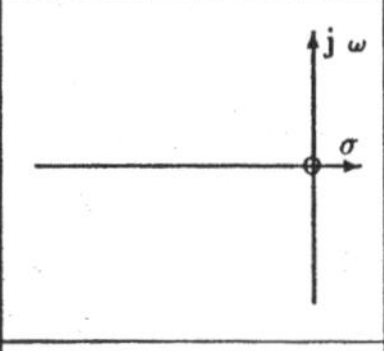

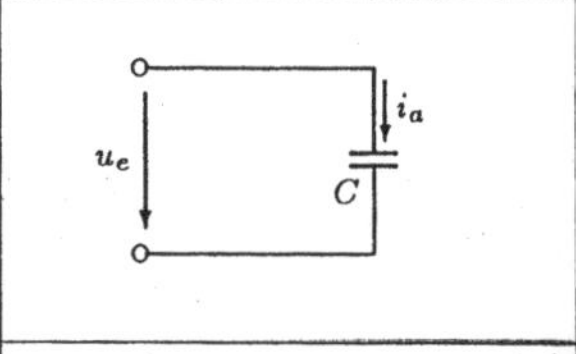

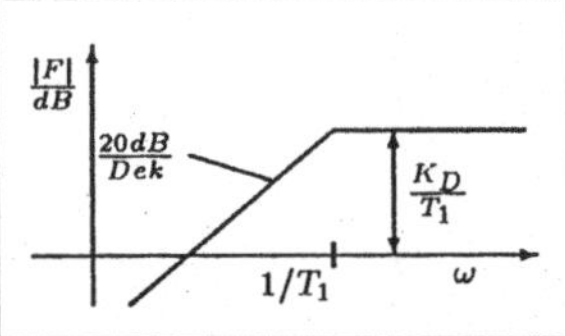

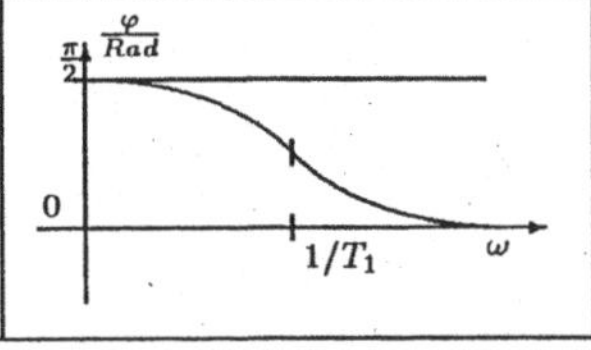

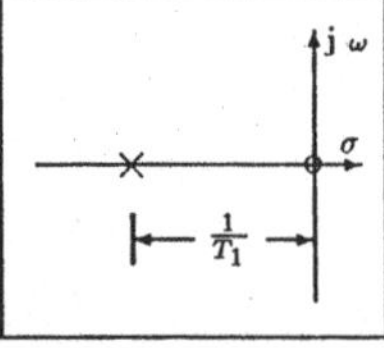

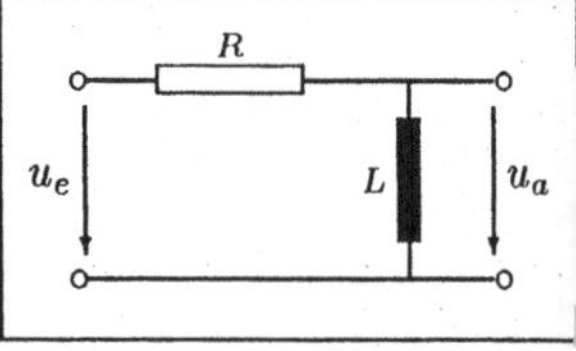

	System	Differentialgleichung	Übertragungsfunktion $F(s)$	Übergangsfunktion	Ortskurve $F(j\omega)$
9	PI	$x_a = K_P(x_e + \frac{1}{T_N}\int x_e(\tau)d\tau)$	$\frac{K_P\cdot(1+T_N s)}{T_N s}$	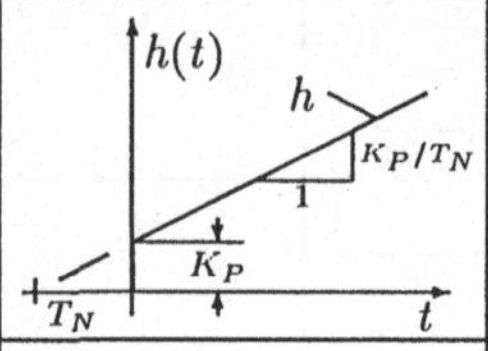	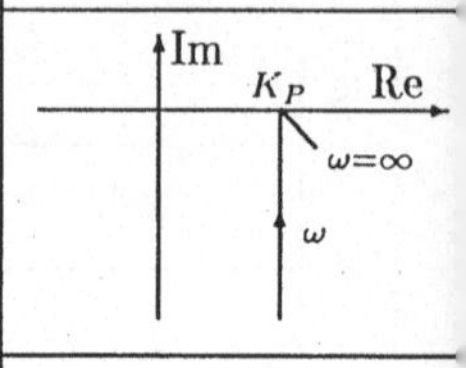
10	PD	$x_a(t) = K_P(x_e + T_V\frac{dx_e(t)}{dt})$	$K_P\cdot(1+T_V s)$	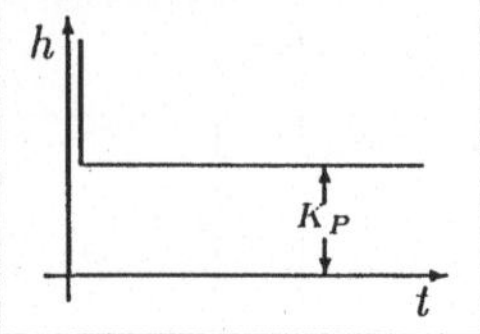	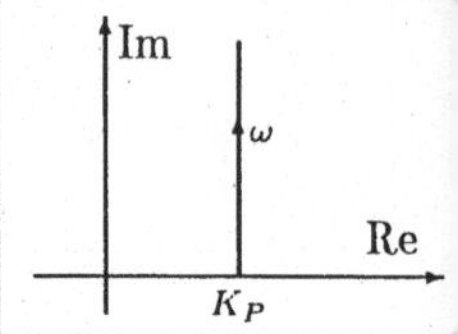
11	$\mathrm{PDT_1}$	$T_D\dot{x}_a + x_a = K_P(x_e + T_V\frac{dx_e(t)}{dt})$	$K_P\cdot\frac{1+T_V s}{1+T_D s}$	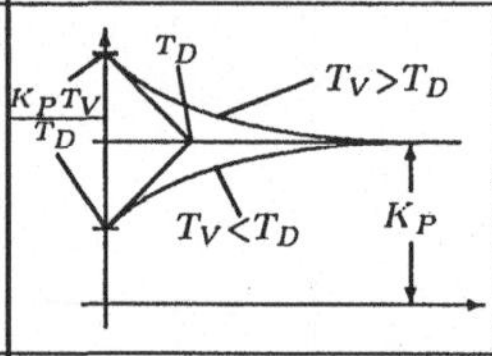	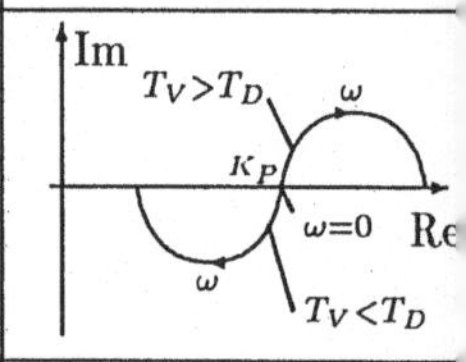
12	PID	$x_a = K_P(x_e + \frac{1}{T_N}\int x_e d\tau + T_V\frac{dx_e}{dt})$	$K_P\cdot(1+\frac{1}{T_N s}+T_V s)$	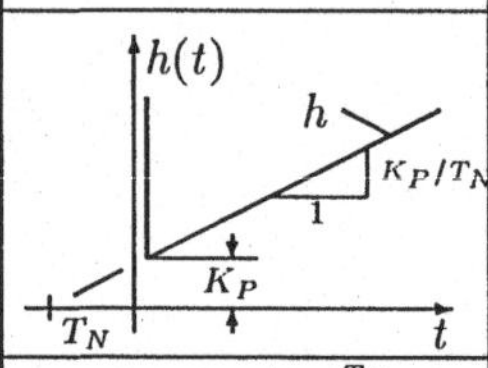	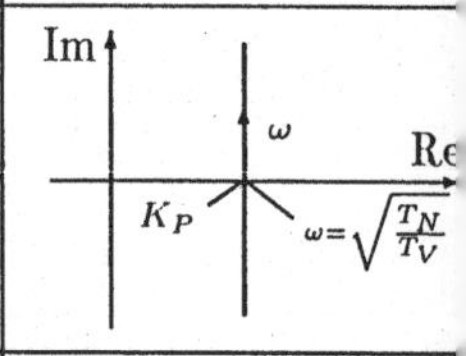
13	$\mathrm{PI\text{-}DT_1}$	$T_D\dot{x}_a + x_a = K_P\{(1+\frac{T_D}{T_N})x_e + \frac{1}{T_N}\int x_e d\tau + (T_D+T_V)\frac{dx_e}{dt}\}$	$K_P\{1+\frac{1}{T_N s}+\frac{T_V s}{1+T_D s}\}$	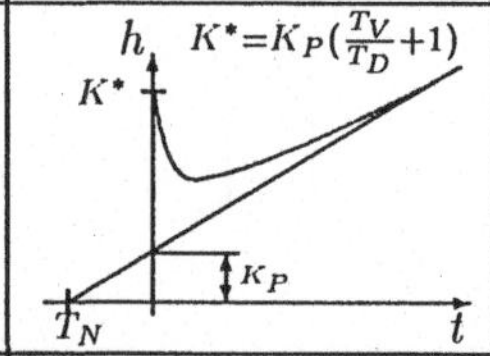	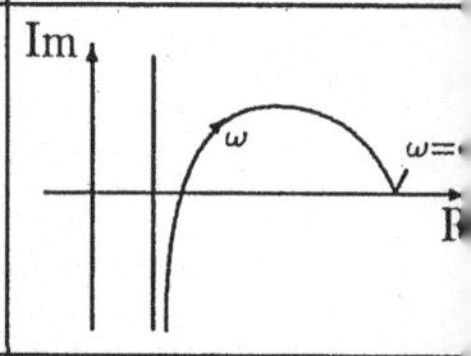
14	$\mathrm{PID\text{-}T_1}$	$T_D\dot{x}_a + x_a = K_P\{x_e + \frac{1}{T_N}\int x_e d\tau + T_V\frac{dx_e}{dt}\}$	$K_P\frac{1+\frac{1}{T_N s}+T_V s}{1+T_D s}$	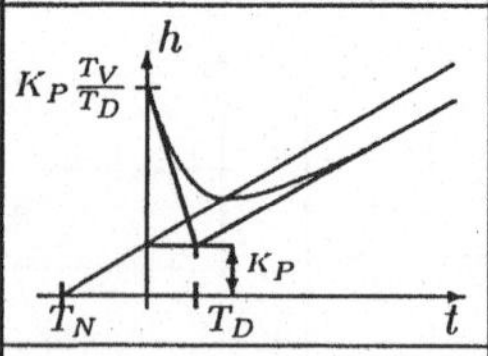	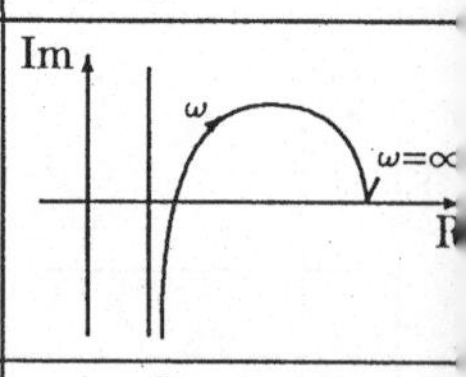
15	T_t	$x_a(t) = x_e(t-T_t)$	e^{-sT_t}	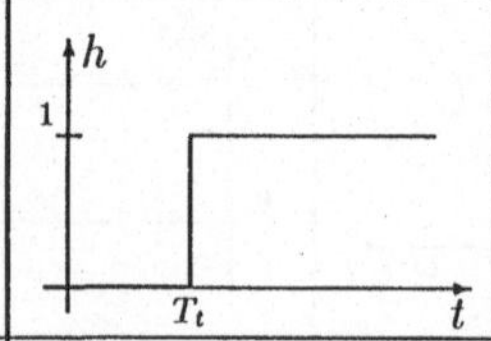	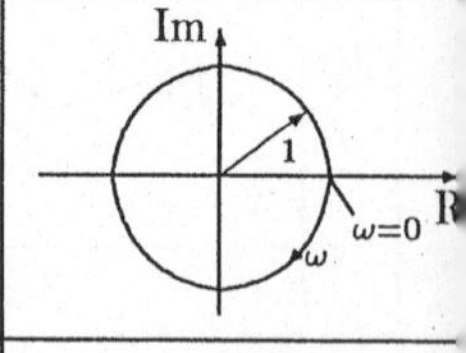
16	Allpaß	$T_1\dot{x}_a + x_a = K(T_1\dot{x}_e - x_e)$	$K\frac{1-T_1 s}{1+T_1 s}$	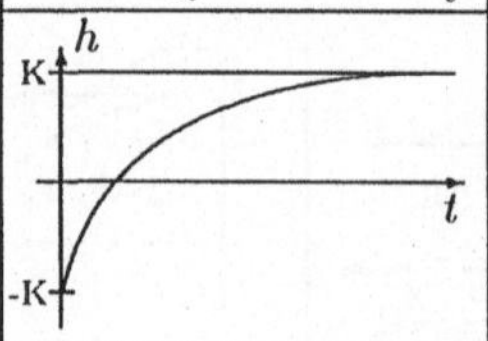	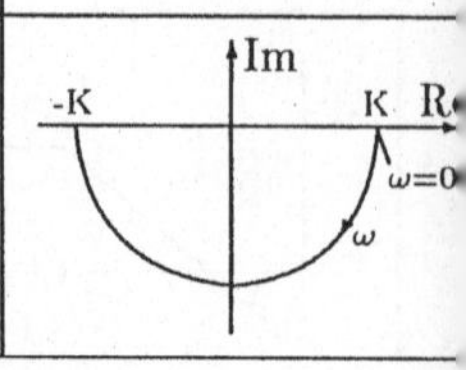

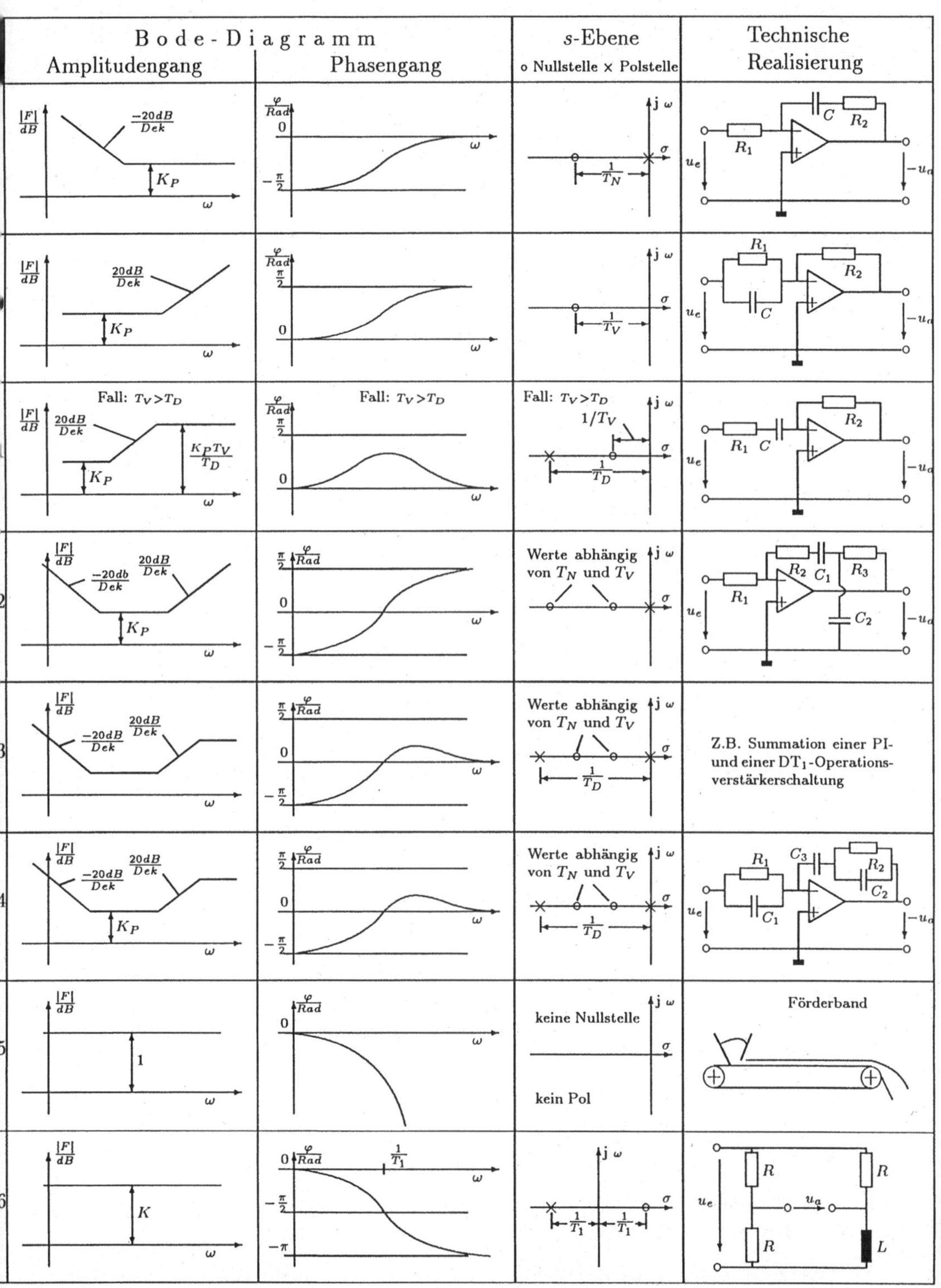
Bode-Diagramm
Amplitudengang
Phasengang
s-Ebene
o Nullstelle × Polstelle
Technische Realisierung
Fall: $T_V > T_D$
Werte abhängig von T_N und T_V
Z.B. Summation einer PI- und einer DT_1-Operationsverstärkerschaltung
Förderband
keine Nullstelle
kein Pol
2
3
4
5
6

Literaturverzeichnis

[1] J. Ackermann: *Robuste Regelung.* Springer Verlag, Berlin/Heidelberg, 1993

[2] *Advanced Continuous Simulation Language (ACSL) Reference Manual.* Mitchell and Gauthier Ass., Concord, Mass., 1987

[3] D. P. Atherton: *Nonlinear Control Engineering.* Van Nostrand Reinhold Comp., London/N.Y., 1982

[4] J. D'Azzo, C. H. Houpis: *Linear Control System - Analysis and Design.* McGraw-Hill Book Company, New York, 1981

[5] H. W. Bode: *Network Analysis and Feedback Amplifier Design.* Van Nostrand, New York, 1945

[6] I. N. Bronstein, K. A. Semendjajew: *Taschenbuch der Mathematik.* Verlag Harri Deutsch, Thun/Frankfurt(Main), 1981

[7] K. L. Chien, J. A. Hrones, J. B. Reswick: On the automatic control of generalized passive systems, *Transactions of the ASME 74*, (1952), S. 175 - 185

[8] P. M. Derusso, R. J. Roy, C. M. Close: *State Variables for Engineers.* John Wiley & Sons Inc., New York, 1967

[9] R. F. Drenick: *Die Optimierung linearer Regelsysteme.* Oldenbourg Verlag, München, 1967

[10] O. Föllinger: *Regelungstechnik.* 5. Auflage, Hüthig Verlag, Heidelberg, 1985

[11] E. Hairer, S. P. Nørsett, G. Wanner: *Solving Ordinary Differential Equations I.* Springer Verlag, Berlin, 1987

[12] H. Heinze: Erstellung eines mathematischen Modells und Entwurf von Reglern zu einer instabilen Strecke, *Diplomarbeit*, TU-Berlin

[13] A. Hurwitz: Über die Bedingungen, unter welchen eine Gleichung nur Wurzeln mit negativ reellen Teilen besitzt, *Math. Ann. 46* (1895), S. 273 - 284

[14] T. Kailath: *Linear Systems.* Prentice-Hall, Inc., Englewood Cliffs, N.J., 1980

[15] C. Kessler: Über die Vorausberechnung optimal abgestimmter Regelkreise, Teil III. Die optimale Einstellung des Reglers nach dem Betragsoptimum, *Zeitschrift Regelungstechnik,* (1955) Heft 2, S. 40 - 49

[16] C. Kessler: Das symmetrische Optimum, Teil I, *Zeitschrift Regelungstechnik,* (1958) Heft 11, S. 395 - 400

[17] C. Kessler: Das symmetrische Optimum, Teil I, *Zeitschrift Regelungstechnik,* (1958) Heft 12, S. 432 - 436

[18] G. Kreisselmeier, R. Steinhauser: Systematische Auslegung von Reglern durch Optimierung eines vektoriellen Gütekriteriums, *Zeitschrift Regelungstechnik,* (1979) Nr. 27, S. 76 - 79

[19] W. H. Press et al.: *Numerical Recipes, The Art of Scientific Computing.* Cambridge University Press, Cambridge, 1986

[20] Chr. Landgraf, G. Schneider: *Elemente der Regelungstechnik.* Springer Verlag, Berlin/Heidelberg, 1970

[21] W. Leonhard: *Einführung in die Regelungstechnik.* Vieweg Verlag, Braunschweig/München, 1985

[22] G. C. Newton, L. A. Gould, J. F. Kaiser: *Analytical design of linear feedback controls.* J. Wiley & Sons, New York/London, 1957

[23] W. Oppelt: *Kleines Handbuch technischer Regelvorgänge.* 5. Auflage, Verlag Chemie, 1972

[24] PC-MATLAB™ Users's Guide, The MathWorks Inc., South Natick, Mass., 1989

[25] G. Pfaff, Ch. Meier: *Regelung elektrischer Antriebe II.* R. Oldenbourg Verlag, München/Berlin, 1982

[26] M. Reuter: *Regelungstechnik für Ingenieure.* Vieweg Verlag, Braunschweig/Wiesbaden, 1986

[27] E. J. Routh: Stability of a Given State of Motion, Adams Prize Essay, Macmillan, London, 1877

[28] E. Samal: *Grundriß der praktischen Regelungstechnik.* R. Oldenbourg Verlag, München/Wien, 1985

[29] J. F. Schaefer, R. H. Cannon Jr.: On the Control of unstable mechanical Systems, *Preprints of the 3rd IFAC-Congress,* (1966), Paper 6.C.

[30] G. Schmidt: *Grundlagen der Regelungstechnik.* Springer Verlag, Berlin/Heidelberg, 1987

[31] W. I. Smirnow: *Lehrgang der höheren Mathematik, Teil II.* VEB Deutscher Verlag der Wissenschaften, Berlin 1990

[32] J. Stoer, R. Bulirsch: *Einführung in die numerische Mathematik.* Springer Verlag, Berlin/Heidelberg, 1973

[33] H. Weber: *Laplace-Transformation für Ingenieure der Elektrotechnik.* Teubner Studienskripten, Teubner Verlag, Stuttgart, 1984

[34] W. Weber: Ein systematisches Verfahren zum Entwurf linearer und adaptiver Regelungssysteme, *ETZ-A 88* (1967), S. 138 - 144

[35] W. Weber: Ein leicht zu berechnender Regler für vorgeschriebenes Zeitverhalten des Regelkreises, *Zeitschrift Regelungstechnik*, (1968) Heft 6, S. 260 - 262

[36] J. G. Ziegler, N. B. Nichols: Optimum settings for automatic controller, *Transactions of the ASME 64*, (1942), S. 759

Sachverzeichnis

Springer-Verlag und Umwelt

Als internationaler wissenschaftlicher Verlag sind wir uns unserer besonderen Verpflichtung der Umwelt gegenüber bewußt und beziehen umweltorientierte Grundsätze in Unternehmensentscheidungen mit ein.

Von unseren Geschäftspartnern (Druckereien, Papierfabriken, Verpackungsherstellern usw.) verlangen wir, daß sie sowohl beim Herstellungsprozeß selbst als auch beim Einsatz der zur Verwendung kommenden Materialien ökologische Gesichtspunkte berücksichtigen.

Das für dieses Buch verwendete Papier ist aus chlorfrei bzw. chlorarm hergestelltem Zellstoff gefertigt und im pH-Wert neutral.